Thieme

Manuelle Pferdetherapie

Das Praxisbuch für Osteopathie und Physiotherapie

Renate Ettl

3., aktualisierte Auflage

288 Abbildungen

Georg Thieme Verlag
Stuttgart • New York

Anschrift
Renate **Ettl**
Trainings- und Therapiezentrum
Silver Horse Ranch
Akademie für Pferdetherapie
Gschaid 2
84163 Marklkofen
Deutschland
Email: SilverHorseRanch@aol.com
www.manuellepferdetherapie.de

Bibliografische Information der Deutschen Nationalbibliothek
Die Deutsche Nationalbibliothek verzeichnet diese Publikation in der Deutschen Nationalbibliografie; detaillierte bibliografische Daten sind im Internet über http://dnb.d-nb.de abrufbar.

Ihre Meinung ist uns wichtig! Bitte schreiben Sie uns unter:
www.thieme.de/service/feedback.html

Georg Thieme Verlag KG
Rüdigerstr. 14, 70469 Stuttgart, Germany

Printed in Germany
1. Auflage 2013
Sonntag in MVS Medizinverlage Stuttgart GmbH & Co. KG
2. Auflage 2017
Sonntag Verlag in Georg Thieme Verlag KG

Zeichnungen: Heike Hübner, Berlin; Christiane von Solodkoff, Neckargemünd
Covergestaltung: © Thieme
Coverfoto: Peter Ettl
Fotos: Renate und Peter Ettl
Satz: L42 AG, Berlin
Druck: Aprinta Druck GmbH, Wemding

DOI 10.1055/b000-000 857

ISBN 978-3-13-245400-2 1 2 3 4 5 6

Auch erhältlich als E-Book:
eISBN (PDF) 978-3-13-245401-9
eISBN (epub) 978-3-13-245402-6

Vorwort zur 3. Auflage

Nichts steht still. Alles ist dem Wandel der Zeit unterworfen. Auch die Therapieformen entwickeln sich für Mensch und Pferd stetig weiter. Manches hat lange Bestand, doch vieles wird neu erfunden und optimiert. Der Gewinn an Erfahrung, die Informationen, die einem die Pferde über Jahre hinweg geben, sowie die Forschung auf dem Gebiet der Pferdeanatomie und -physiologie bringen neue Therapieformen hervor. In dieser nun 3. Auflage, die einerseits zeigt, dass die Manuelle Pferdetherapie fest etabliert ist, andererseits dem Fluss des Zeitwandels unterworfen ist, habe ich meine neuen Techniken zur globalen Fasziendehnung mit aufgenommen. Eine wortwörtlich faszinierende Form der Behandlung!

Gschaid, im Januar 2023
Renate Ettl

Tipp
Videos zur Ganganalyse (S. 278).

Vorwort zur 2. Auflage

Die ganzheitliche Pferdetherapie wird immer beliebter, weil die Pferdebesitzer erkannt haben, wie gut es ihren Pferden nach einer professionellen Behandlung geht. Um jedoch ein guter Therapeut zu werden, müssen sich die Lernenden viel Zeit nehmen. Zeit, die viele glauben, dass sie sie nicht haben. Schnell möchte man Erfolge sehen und so verstricken sich viele darin, minimalistisch strukturierte Crashkurse zu belegen oder Bücher nur oberflächlich zu studieren, und laborieren letztendlich viel zu früh am Lebewesen Pferd herum.

Ungenügend ausgebildete Therapeuten bilden sich Erfolge möglicherweise nur ein, reden Fehler schön oder entdecken gar Fehler, wo keine sind. Schließlich verbuchen halbwissende Behandler die Selbstheilungskräfte des Organismus als Folge ihres eigenen Handelns. Und nicht zuletzt können Fehlbehandlungen fatale negative Auswirkungen auf das Pferd haben. Darum sei den angehenden Therapeuten geraten, das vorliegende Buch genau zu studieren, sich damit Zeit zu lassen und vor allem eine zusätzliche, umfassende praktische Ausbildung zu absolvieren, um die Techniken und Fähigkeiten zu perfektionieren. Nur dann kann man den Pferden – neben einer adäquaten tierärztlichen Behandlung – eine zusätzliche Stütze auf dem Weg zu einem körperlichen und seelischen Wohlbefinden sein.

Mein Ansinnen ist es deshalb, mit diesem Werk eine Gedankenstütze und ein Begleitinstrument für eine umfassende Ausbildung zu geben, damit der Leser stets den fundierten und ehrlichen Weg zur hilfreichen Befundung und Therapie für jedes Pferd individuell finden kann. Es soll unter anderem den Pferdebesitzer und interessierten Leser die Möglichkeit bieten, sich in die Materie einzuarbeiten, um die Qualität der therapeutischen Arbeit besser beurteilen zu können. Viele Techniken sind aber auch vom Pferdebesitzer selbst umsetzbar – worauf im Text dann speziell hingewiesen wird.

Kein Reiter ist in der Lage, ein Pferd perfekt zu reiten, wenn ihm der Reitlehrer nur erklärt, wie er die Hilfen zu geben hat. Auch hier muss der Reiter durch jahrelanges Üben das Gleichgewicht im Sattel finden, das richtige Gespür für die Reaktionen des Pferdes und den gefühlvollen Einsatz der Hilfen erlangen. Reiten und Therapieren haben dieselben Eigenschaften: Es ist jeweils eine Kunst und man lernt dabei nie aus!

Jeder seriöse Therapeut nimmt sich deshalb die Zeit, die er benötigt, um das Feeling zu entwickeln, das Gewebe zu lesen und schließlich beeinflussen zu lernen. Eine Unterstützung in Form einer praxisnahen Ausbildung ist unabdingbar. Dieses Buch soll den Weg zu einem kompetenten Therapeuten etwas leichter gestalten. Es soll helfen, Zusammenhänge und Abläufe besser zu verstehen, um die Techniken am Pferd adäquater und erfolgreicher umzusetzen.

In der vorliegenden zweiten Auflage wurden Text und Bildmaterial erweitert, um die Techniken noch transparenter und anschaulicher zu gestalten. Die Technik des Kinesiotapings wurde zudem den ergänzenden Therapieformen hinzugefügt. Weiter sind viele Details für ein besseres Verständnis optimiert worden. Für die hilfreichen Hinweise zur Verbesserung des Werkes bedanke ich mich insbesondere bei meinen Tierärzten, den Sattelexperten, meinen Kollegen und Schülern.

Gschaid, im März 2017
Renate Ettl

Vorwort zur 1. Auflage

Jeder gute Pferdetrainer und Reitlehrer weiß, dass es im Unterricht nicht darum geht, den Reitschülern lediglich die Technik der Hilfengebung zu vermitteln, um ihnen das Reiten und Trainieren von Pferden beizubringen. Vielmehr steht im Vordergrund eines jeden Unterrichts, das Gefühl für das Pferd zu entwickeln, denn beim Reiten hat man es mit einem lebenden Wesen zu tun. Dabei gilt es, mit dem Pferd kommunizieren zu lernen, wobei das Gefühl eine überaus wichtige Rolle spielt. Das klingt zunächst einfach, ist es aber nicht, denn immer weniger Menschen sind in der Lage, Sensitivität und Gefühl zu entfalten – die Voraussetzung, Pferde in ihrer Art zu verstehen. Der Gefühlssinn geht den Menschen leider immer mehr verloren, weil dieser viel zu selten geschult wird und der Fokus im Alltag auf andere Dinge gerichtet ist. Dennoch gibt es erfreulicherweise immer noch viele talentierte und gefühlvolle Menschen, die mit einem Pferd gut harmonieren – ob vom Boden aus oder im Sattel.

Als ich vor 25 Jahren begann, mich mit den verschiedensten Therapiemethoden für Mensch und Tier auseinanderzusetzen, erkannte ich recht schnell, dass eine manuelle Behandlung nicht allein aus dem Erlernen verschiedener Techniken besteht, sondern dass das richtige Gefühl – das „Feeling“ – die Grundvoraussetzung dafür ist, eine Technik korrekt umzusetzen. Auch in diesem Fall hat das Gefühl mit Kommunikation zu tun und zwar mit dem zu behandelnden Gewebe. „Das Gewebe spricht Bände“ – unter Osteopathen ein geflügeltes Wort, doch erst nach vielen Jahren der praktischen Tätigkeit wurde mir klar, wie viel Wahrheit in diesem Satz steckt. „Hör auf das Gewebe, fühle in das Gewebe hinein und es wird Dir den Weg zur richtigen Therapie weisen“, klingen noch die Ermahnungen meiner Ausbilder in der Humanosteopathie und Chiropraktik nach.

Merke

Die Behandlung eines Pferdes hat in erster Linie mit der Kommunikation des Therapeuten mit dem Gewebe zu tun und erst in zweiter Instanz mit der richtigen Umsetzung der Technik.

Ich habe die Mahnungen und Weisungen meiner hervorragenden Ausbilder nicht vergessen und gebe sie heute gerne meinen Schülern und Lesern weiter. Jede technische Anweisung und noch so gute Erklärung ist wertlos, wenn sie nicht mit Gefühl umgesetzt wird. Das Gefühl ist entscheidend für die Qualität der Therapie: erfolgreich oder erfolglos.

In diesem Sinne möchte ich vor einem gedankenlosen Nachmachen der vorgestellten Therapien ohne praktische Anweisungen warnen. Ich möchte aber diejenigen ermutigen, sich mit den Therapieformen vertraut zu machen, die gewillt sind, uneingeschränkt ihr ganzes Leben zu lernen und ihr Gefühl immer weiter zu entwickeln, denn wie beim Reiten lernt man auch beim Therapieren nie aus.

Gschaid, im Juli 2012
Renate Ettl

Danksagung

Ich empfinde es als großes Geschenk, das Talent mit auf den Weg bekommen zu haben, Pferde therapieren zu können. Doch das Talent allein reicht nicht aus, um den vierbeinigen Geschöpfen zu helfen. Viele Menschen und Tiere haben es mir ermöglicht, Pferde zu behandeln und meine Erfahrungen letztendlich in diesem Buch niederzuschreiben.

Meine Dankbarkeit richtet sich deshalb an meine zahlreichen Ausbilder in der Pferde- und Humanosteopathie, Chiropraktik und Physiotherapie, an deren Wissen ich teilhaben durfte und die meinen therapeutischen Weg geprägt haben.

Ich bedanke mich bei meinem geduldigen Ehemann Peter, der mir beim Schreiben des Buches stets den Rücken freigehalten hat und mir als Assistent bei der Therapie von Pferden seit Jahren zur Seite steht. Nicht zuletzt gilt ihm der Dank für die Unterstützung beim Anfertigen der Fotos in diesem Buch.

Besten Dank auch an meine Schüler, die mich veranlassten, stets neue und bessere Wege zu erforschen, um die Pferdetherapie noch effizienter zu gestalten, sowie für die Zurverfügungstellung ihrer Pferde für Fotoaufnahmen und Unterstützung bei den Aufnahmen.

Herzlichen Dank an den Programmbereichsleiter des Sonntag Verlags, Dr. med. vet. Martin Schäfer, der dieses Buchprojekt möglich gemacht hat. Ebenso bedanke ich mich bei meiner Lektorin Dr. med. vet. Maren Warhonowicz für die tatkräftige Unterstützung bei diesem Projekt.

Zu großem Dank bin ich auch allen meinen Kunden verpflichtet, die mir großes Vertrauen entgegenbringen und mir erlauben, ihre Pferde zu behandeln und dauerhaft zu betreuen.

Ein herzliches Dankeschön an die Tierärzte, Hufschmiede, Trainer und Sattler meiner Kundenpferde für die gute Zusammenarbeit. Ebenfalls Danke an PD Dr. Johann Maierl vom Lehrstuhl für Anatomie, Histologie und Embryologie der Veterinärmedizinischen Fakultät München für die Erlaubnis zur Ablichtung der Pferdepräparate und die stets gute Zusammenarbeit.

Nicht zuletzt bedanke ich mich bei allen Therapiepferden, da sie mir die Erlaubnis geben, ihnen zu helfen, und mir hierfür ihr uneingeschränktes Vertrauen entgegenbringen.

Ein ganz besonderer Dank geht an meine Pferde, die sich stets mit viel Geduld meinen Schülern als „Versuchskaninchen“ zur Verfügung stellen und für die Fotoaufnahmen zu diesem Buch stets parat standen. Ich danke meiner 36-jährigen New-Forest-Stute Dunya, meiner Araberstute Sidi, meiner Quarter-Horse-Stute Silena und meiner Haflingerstute Ronja für ihre Bereitschaft, ihre Gutmütigkeit, ihr Vertrauen und ihre Treue.

Renate Ettl

Inhaltsverzeichnis

Teil 3

Befundung und Behandlung

Teil 4

Anhang

Autorenvorstellung

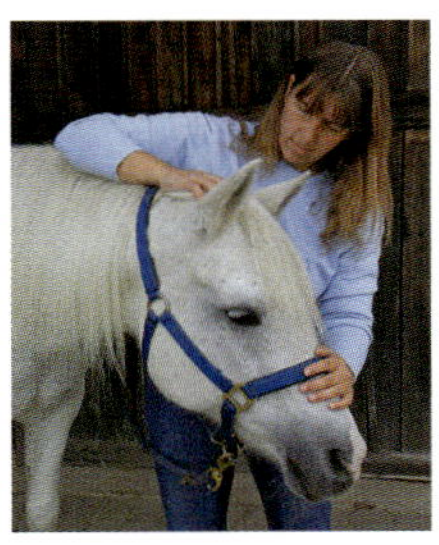

Renate Ettl, geb. am 18. Februar 1966 in Landshut, lebt mit ihrem Mann, vier Pferden und vielen Katzen auf dem Reiterhof „Silver Horse Ranch" in Marklkofen/Bayern. Die hauptberufliche Pferdebuchautorin und Fotografin ist ausgebildete Pferdeosteopathin, Pferdephysiotherapeutin, Pferdesporttherapeutin und Tierheilpraktikerin. Zudem hat sie mehrjährige Ausbildungen zum Humanheilpraktiker und Humanosteopathen absolviert.

Renate Ettl betreibt eine Schule zur Ausbildung in Manueller Therapie für Pferde mit dem Schwerpunkt Osteopathie, Chiropraktik und Physiotherapie.

Sie ist Trainer B Westernreiten, Trainer B Breitensport/Reiten, Ausbilder im Reiten als Gesundheitssport, EWU-Richter und FN-Prüfer.

Teil 1
Grundlagen

1 Ausgangslage

1.1 Hilfe zur Selbstheilung

Die Heilung, die Gesunderhaltung und Leistungssteigerung von Pferden steht nicht nur im Interesse der freizeitmäßigen Reiter und Pferdebesitzer, sondern hat auch große Bedeutung für den kommerziellen Wirtschaftszweig Pferd. Heilungs- und Therapieerfolge werden umso bedeutender, je mehr Profit das Pferd durch sportliche Erfolge erzielen kann. Der finanzielle Einsatz ist hoch und der Ertrag kann bei erfolgreichem Management und Training enorm sein. Kranke, verletzte und nicht leistungsfähige Pferde bedeuten herbe Verluste und sind deshalb für das gewinnorientierte Unternehmen nicht lohnend.

Da es sich beim Pferd allerdings nicht nur um einen kommerziellen Faktor, sondern auch um ein Lebewesen handelt, steht insbesondere die moralische Verpflichtung hinter einer bestmöglichen Behandlung zur Heilung und Gesunderhaltung des Tieres. Nicht zuletzt möchte selbst der freizeitreitende Pferdebesitzer sein Möglichstes für das Wohlergehen seines geliebten Vierbeiners tun.

Gute Gründe, die die Nachfrage nach wirksamen therapeutischen Techniken und Behandlungsansätzen aufrechterhalten und die Entwicklung der Pferdetherapie stetig vorantreiben. Dennoch kann auch ein guter Therapeut keine Wunder bewirken – er kann nicht einmal wirklich heilen! Ein Therapeut oder Tierarzt ist lediglich in der Lage, mithilfe verschiedener manueller Techniken, von Medikamenten oder Geräten die Selbstheilungskräfte des jeweiligen Individuums zu aktivieren und so den Heilungsprozess zu unterstützen und zu beschleunigen.

Die Kunst des Heilens besteht deshalb darin, den Körper in die Lage zu versetzen, sich selbst zu helfen. Dieser Grundsatz gilt für jegliche Therapieform, sodass es letztendlich nicht relevant ist, ob das Pferd homöopathisch, schulmedizinisch medikamentös, mit elektrischem Strom, Laserstrahlen, Magnetfeldern oder manuell behandelt wird. Das Prinzip bleibt stets dasselbe: Die Heilung findet über die Aktivierung der körpereigenen Selbstheilungskräfte statt.

> **Merke**
> **Die Kunst des Heilens besteht darin, den Körper in die Lage zu versetzen, sich selbst zu helfen.**

Dies verleitet nun allerdings zu der Annahme, dass die Therapieform vollkommen egal sei, um zu einem positiven Ergebnis zu kommen. Leider ist es nicht ganz so einfach. Jeder Körper reagiert individuell auf bestimmte Einflüsse von außen. Das hängt mit seiner Konstitution, seinem genetischen Profil, seinen Erfahrungen in seinem bisherigen Leben und seinem Trainingszustand zusammen. Die Art der Erkrankung, Verletzung oder Dysfunktion spielt ebenfalls eine entscheidende Rolle bei der Therapieauswahl. Die Fehlstellung eines Gelenks wird sich auf Gabe eines homöopathischen Mittels wohl kaum korrigieren. Hier steht sicherlich eine Manuelle Therapie an erster Stelle. Eine Gastritis hingegen kann zwar manuell sehr gut beeinflusst werden, wird aber auf medikamentöse Gaben vermutlich zunächst besser ansprechen.

Für alle Läsionen und Krankheiten gilt es jedoch, die Ursachen zu finden und zu eliminieren, um einen nachhaltigen Behandlungserfolg erzielen zu können. Am Beispiel der Gastritis spielen erwiesenermaßen Stressfaktoren eine große Rolle. Dieser Stress kann sich als Haltungs-, Fütterungs- oder Trainingsstress – um nur einige Beispiele zu nennen – darstellen. Die möglichen Ursachen sind vielfältig und nicht selten multipel. Das bedeutet, dass es meist nicht nur einen Auslöser gibt, sondern es sich um die Summe verschiedenster negativer Einflüsse handelt.

Irgendwann kann der Körper diese Einflüsse nicht mehr kompensieren und erkrankt. Dabei ist das Pferd ein „Kompensationswunder". Es kann enorm viele unnatürliche und belastende Faktoren verkraften und lange Zeit ausgleichen. Doch irgendwann – je nach Konstitution früher oder später – ist ein Punkt erreicht, der das Fass zum Überlaufen bringt: Der Körper ist nicht mehr in der Lage, negative Einflüsse wettzumachen – er erkrankt.

> **Merke**
> **Das Pferd ist ein „Kompensationswunder". Es kann viele belastende und krankmachende Faktoren über einen langen Zeitraum ausgleichen. Doch die Kompensationsreserven sind nicht unerschöpflich.**

Die Aufgabe des Therapeuten besteht deshalb in erster Linie darin, die Ursache aufzuspüren und möglichst zu beseitigen. Ein weiterer Auftrag im Dienste des Pferdes lautet, den Körper des Tieres bestmöglich zu unterstützen, um eine Heilung zu realisieren. Weil es nicht immer offensichtlich ist, welche Therapieform die geeignetste für das jeweilige Pferd ist, die Ursachen in den seltensten Fällen auf der Hand liegen und folglich aus diesem Wissen heraus die Therapieform bestimmen könnte, hat sich die ganzheitliche Betrachtungsweise einer Erkrankung bewährt. Eine Läsion kann die unterschiedlichsten Auslöser – und manchmal sogar mehrere Quellen – haben. Nicht immer wissen wir, was die Ursache und was die Auswirkung war. Die Strukturen beeinflussen sich stets gegenseitig.

Wenn einem Therapeuten ein Pferd mit muskulären Verspannungen, artikulären Läsionen und einer immer wiederkehrenden Kolik vorgestellt wird, kann allen Fakten eine einzige Ursache zugrunde liegen. Doch eine Läsion kann die andere bedingen und letztendlich unterhalten sie sich gegenseitig.

Interessanterweise liegen die wahren Ursachen und Auslöser von Läsionen meistens nicht klar auf der Hand, sondern sind in versteckten, unscheinbaren Faktoren verpackt, die eine Erkrankung unterhalten. Der Therapeut ist deshalb nicht nur ein Handwerker, der seine Techniken korrekt ansetzen muss, sondern auch ein Tüftler und Detektiv, der viele verwundene Wege gehen muss, um die Lösung zu finden. Der Therapeut muss aber auch ein sehr guter Psychologe sein, um eine Krankheit zu verstehen. Jede Läsion erzählt eine Geschichte und hat Aussagekraft. Nicht zuletzt steht jeder körperliche Schaden unmittelbar mit einer geschädigten Psyche in Verbindung. Negative Einflüsse auf die Psyche eines Pferdes, seien es Stressfaktoren, Langeweile, Angst oder Überforderung, wirken sich unmittelbar auf den Körper aus. Dieses Prinzip funktioniert aber auch umgekehrt. Physische Verletzungen, Funktionseinschränkungen und vor allem Schmerzen attackieren die Psyche mit voller Kraft. Nur in einem gesunden Körper kann auch ein gesunder Geist wohnen. Bei körperlichen Beeinträchtigungen aller Art muss darum nicht nur der Körper, sondern auch die Psyche behandelt werden.

Nur das Konzept der ganzheitlichen Therapie (▶ **Abb. 1.1**), das Körper, Geist und Seele miteinbezieht, kann unter Anwendung der geeigneten Haupt- und Begleittherapien zum Erfolg führen. Der Schwerpunkt dieses Buches widmet sich der manuellen, osteopathischen Therapie, denn die Osteopathie versteht sich als ganzheitliches Behandlungskonzept und zieht alle Aspekte des Körpers und Geistes mit ein. Bewährt haben sich neben der manuellen, osteopathischen Behandlung aber auch der Einsatz zusätzlicher begleitender Therapieformen, die eine Behandlung ergänzen, unterstützen und abrunden. Somit hat sich ein Konzept ergeben, das dem Pferd eine umfassende Hilfe zur Bewältigung seiner physischen und psychischen Probleme gibt.

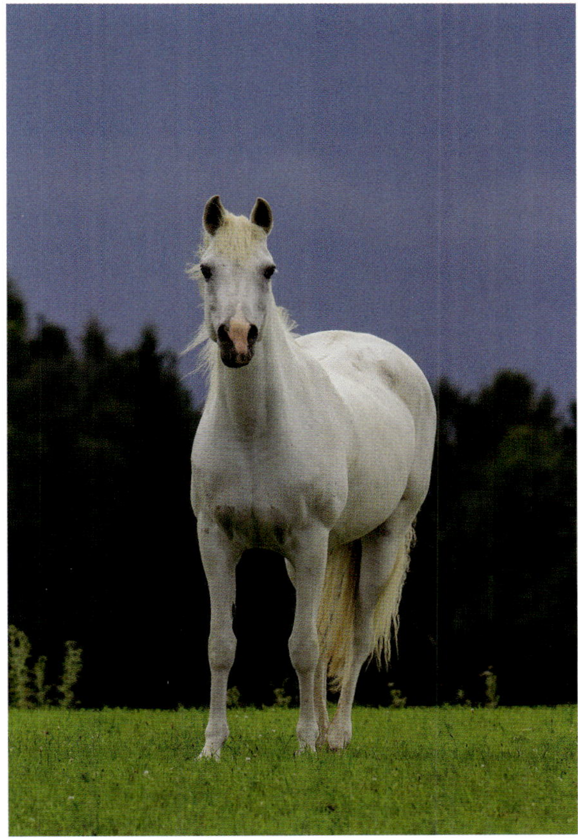

▶ **Abb. 1.1** Nur ein ganzheitliches Behandlungskonzept kann unter Anwendung von geeigneten Haupt- und Begleittherapien zum Erfolg führen.

1.2 Behandlungsindikationen

Ungeachtet der jeweiligen Therapieform, die der Pferdetherapeut anwendet, gilt es zunächst abzuklären, ob überhaupt eine Indikation für eine Behandlung besteht. Hierfür ist es von enormer Bedeutung, die eigenen Fähigkeiten richtig einzuschätzen und seine Grenzen zu kennen.

Pferdebesitzer haben bestimmte Erwartungen an den Therapeuten. Diese reichen von „das hilft sowieso nichts“ bis „einmal schnell einrenken und der läuft wieder“. Meistens hat weder die eine noch die andere Vorstellung Bestand. Obwohl es einerseits durchaus therapieresistente Fälle gibt, die auch auf die beste Therapie nicht ansprechen, andererseits aber auch seit Wochen lahmende Pferde, die mit einem einzigen Griff wieder zum Laufen gebracht werden können, liegen die meisten Fälle irgendwo dazwischen. Erfahrungsgemäß kann man 99 % aller Pferde helfen. Die Erfolgsquote, die Beständigkeit und Qualität einer Therapie hängen von vielen Faktoren ab. Neben der Therapieform und Auswahl der Technik wird sie sowohl vom Pferd, das sich therapiebereit zeigen muss, als auch von den Fähigkeiten und Erfahrungen des Therapeuten geprägt.

Weil die Therapiebereitschaft des Pferdes ein wesentlicher Faktor für eine erfolgreiche Therapie ist, sollte ein guter Therapeut in der Lage sein, das Pferd in die Lage zu versetzen, die Therapie anzunehmen. Hierzu gehört ein hohes Maß an Einfühlungsvermögen, das über das eines jeden Pferdeflüsterers oft weit hinausgeht. Keine Therapie kann erfolgreich sein, wenn das Pferd dem Therapeuten nicht vertraut. Für vertrauensbildende Maßnahmen hat der Therapeut weder Zeit noch Methoden zur Verfügung, allein dessen Hände müssen dem Pferd nur durch die Berührung innerhalb kürzester Zeit das notwendige Vertrauen abringen. Natürlich spielen das gesamte Auftreten und Verhalten des Therapeuten ebenfalls eine wichtige Rolle, ob das Pferd diesem – durchaus zunächst meist unbekannten – Menschen Vertrauen schenkt.

Vertrauen ist eine Voraussetzung, um Therapien überhaupt anwenden zu können. Bei vielen Pferden ist das

Grundvertrauen in den Menschen durch allgemein schlechte Erlebnisse oder falsche Behandlung verloren gegangen. Umso mehr ist der Therapeut gefordert, Vertrauen zu vermitteln, um eine Therapie erfolgreich durchführen zu können. Nur „berufene“ Therapeuten bringen das notwendige Talent hierfür mit.

Neben dem Einfühlungsvermögen, das jede Grundlage für die Arbeit am Pferd darstellt, muss der Therapeut ein entsprechendes medizinisches Basiswissen und letztendlich auch die technischen Fähigkeiten mitbringen, eine Therapie am Pferd umzusetzen. Ohne medizinisches Hintergrundwissen kann der Therapeut eine Erkrankung oder Verletzung nicht beurteilen und läuft so Gefahr, dem Pferd mehr zu schaden als zu nützen.

All diese Faktoren zusammen ermöglichen dem Therapeuten, einen Fall richtig einzuschätzen, um zu wissen, ob und welche Behandlungen möglich sind oder ob er besser die Finger davon lässt!

Merke

Das medizinische Hintergrundwissen ist für die Arbeit des Therapeuten unentbehrlich.

1.2.1 Lahmheiten

Lahmheiten gehören zu den häufigsten Gründen, aus denen ein Therapeut zu Hilfe gerufen wird. Häufig handelt es sich um chronische Lahmheiten, die bereits seit mehreren Wochen oder gar Monaten bestehen. Nicht selten bekommt der Pferdetherapeut auch schulmedizinisch austherapierte Fälle vorgestellt.

Für den Pferdetherapeuten ist die Art der Lahmheit entscheidend für die weitere Vorgehensweise. Darum ist das Anamnesegespräch sehr wichtig, um zu erfahren, wie lange die Lahmheit besteht, wie sie sich äußert und was bisher gemacht worden ist. Sind diese Fragen geklärt, kann der Therapeut bereits im Vorfeld so manche Entscheidung treffen, ob eine manuelle Behandlung indiziert ist. In der Regel gehören akute und offensichtliche Lahmheiten, die infolge von Verletzungen entstanden sind, zunächst in die Hände des Tierarztes. Der Tierarzt sollte im Vorfeld eine Diagnose stellen und einen Therapievorschlag unterbreiten. In den meisten Fällen kann der Therapeut dann auch schon in Absprache mit dem Tierarzt begleitend behandeln.

Immer wieder kommen aber auch Situationen vor, in denen der Therapeut gerufen wird, weil die vorausgegangene Behandlung durch den Tierarzt im Ergebnis unbefriedigend war. Dann handelt es sich meist um bereits chronische Lahmheiten unterschiedlichster Genese. Nach eingehender Befragung ist allerdings häufig festzustellen, dass die diagnostischen Möglichkeiten oft nur unzureichend ausgeschöpft wurden oder der Pferdebesitzer den – nicht selten teuren – Therapieweg scheut. Die Gründe hierfür liegen weder am Unwillen noch an der Unkenntnis des Tierarztes, sondern meist am Pferdebesitzer, der dem Aufwand und den Kosten für eine gezielte Diagnostik ablehnend gegenüber steht. In solchen Fällen macht es Sinn, den Pferdebesitzer zu ermutigen, eine Diagnose sichern zu lassen, da dies eine gezieltere Therapie mit besseren Heilungschancen ermöglicht.

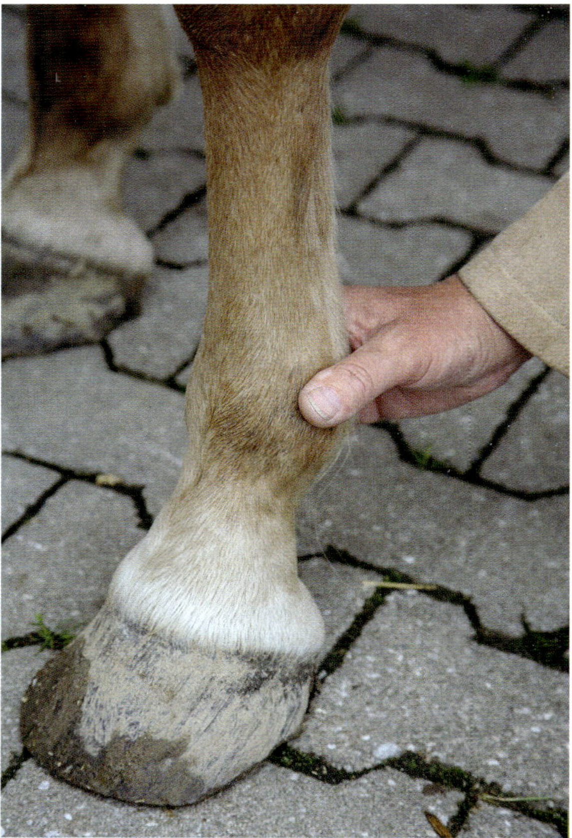

▸ **Abb. 1.2** Manchmal ist es schwierig, trotz Ausschöpfung aller zur Verfügung stehenden Mittel, eine gesicherte Diagnose zu stellen. Eine Pulsation am Fesselkopf deutet wie in diesem Fall auf eine Entzündung im Hufbereich hin.

Auch eine Rücksprache mit dem behandelnden Tierarzt macht Sinn für die weitere Vorgehensweise. Ein aktueller Befund der jeweils geschädigten Struktur hilft dem Therapeuten außerdem, die Läsion richtig einzuschätzen.

Manchmal kann trotz Ausschöpfung aller zur Verfügung stehenden Mittel keine sichere Diagnose gestellt werden. Weder ein bildgebendes Verfahren, wie Röntgen oder Sonografie, noch die diagnostische Gelenkanästhesie durch örtliche Nervenblockaden zeigen einen eindeutigen Befund. Die physische Untersuchung (▸ Abb. 1.2), Beugeproben, Manipulationstests und Gangbewertung lassen lediglich eine Verdachtsdiagnose zu.

In diesen Fällen ist eine genaue Befundung durch den Manualtherapeuten eine wichtige zusätzliche Informationsquelle, um die Lahmheitsursache zu ergründen. Gar nicht mal so selten ergeben sich „lediglich“ minimale Gelenkblockaden, die eine Lahmheit auslösen. In keinem bildgebenden Verfahren werden diese ersichtlich, wenn sich nicht bereits Entzündungen oder anderweitige Strukturveränderungen eingestellt haben. Eine kleine Fehlstellung kann die gesamte Statik des Pferdes in Mitleidenschaft ziehen und multiple Negativauswirkungen auf den gesamten Bewegungsapparat zur Folge haben. Wird das Gelenk wieder frühzeitig reponiert, ist auch die Lahmheit sofort verschwunden. In diesen Fällen ist die osteopathische Arbeit unentbehrlich.

1.2.2 Reiterliche Probleme

Körperliche Beschwerden des Pferdes werden dem Reiter häufig erst dann bewusst, wenn bestimmte Lektionen nur noch unwillig absolviert werden oder gar nicht mehr funktionieren. Probleme bei Stellung und Biegung sind nicht seltene Auswirkungen von Blockaden der Wirbelsäule. Verwerfen im Genick, Schiefhalten des Schweifes, fehlender Raumgriff, Taktunreinheiten, Verspannungen und „über die Schulter schieben" sind nur einige Aspekte, über die Pferdebesitzer klagen. Selbst hervorragende Reiter sind verzweifelt: „Das lässt sich auch nicht weggymnastizieren", müssen sie eingestehen. Dabei hat dies nichts mit mangelndem reiterlichen Können zu tun. Vielmehr kann eine Blockierung – je nach Ursache und Art – oft nur mit ganz gezielten therapeutischen Griffen gelöst werden.

In einigen Fällen scheint eine Auflösung der Blockierung durch adäquate Gymnastizierung stattzufinden. Tatsächlich jedoch wird das Pferd lediglich in die Lage versetzt, die Dysfunktion zu kompensieren, indem andere Strukturen entsprechend trainiert und so das Bewegungsdefizit aufgefangen werden kann. Längerfristig wird sich die Blockierung jedoch chronifizieren und eine Rückführung in den Normalzustand erschweren.

Jede Problematik, die sich reiterlich bemerkbar macht – sofern sie nicht auf eine ungenügende Ausbildung zurückzuführen ist – ist zweifelsohne eine Indikation für eine Manuelle Therapie, denn in der Regel handelt es sich um Bewegungsdefizite, die nicht durch Training und Gymnastizierung ausgeglichen werden können. Vor allem wenn die Leistungsfähigkeit eines Pferdes trotz regelmäßigen, fachgerechten Trainings sinkt, ist dies für den Pferdebesitzer und Reiter ein untrügliches Zeichen für Probleme im Bewegungsapparat und verlangt nach einem osteopathischen Check.

Leider treten Probleme unter dem Sattel sehr häufig auf, was unter anderem auch mit dem reiterlichen Niveau zusammenhängt. Ein Reiter, der sein Pferd aufgrund eigener Fehlstatik, mangelndem Gefühl und fehlender Koordination falsch belastet, wird Läsionen verursachen, ohne sich dessen bewusst zu sein. Hinzu kommt, dass das Pferd von Natur aus nicht für das Reiten geschaffen ist. Daran kann auch die (Reitpferde-)Zucht nicht allzu viel ändern. Die in der Reiterei geforderten Lektionen sowie das – häufig unausbalancierte – Reitergewicht sind für mannigfaltige Dysfunktionen verantwortlich.

Nicht umsonst werden die Pferde hochkarätiger Turnierreiter regelmäßig physiotherapeutisch, osteopathisch beziehungsweise chiropraktisch – sprich manuell – behandelt. Eine prophylaktische Behandlung kann schon kleinste Bewegungsdefizite eliminieren, sodass größere Läsionen vermieden werden können und trägt zudem zu einer spür- und messbaren Leistungssteigerung bei. Bei Turnier- und Rennpferden kann dies über Sieg und Niederlage entscheiden.

1.2.3 Verhaltensauffälligkeiten

Eine gute Beobachtungsgabe ist die Voraussetzung, um das Verhalten eines Pferdes richtig einzuschätzen. Bei Verhaltensänderungen sowie schon länger oder bereits immer bestehender unnatürlicher, merkwürdiger beziehungsweise nicht einzuordnender Verhaltensauffälligkeiten sind Indizien für Unregelmäßigkeiten im Körper und sollten sowohl schulmedizinisch als auch manualtherapeutisch untersucht werden. Nicht selten verbergen sich dahinter Dysfunktionen, die mit einer osteopathischen Behandlung gelöst werden können.

Problematisch wird die Einschätzung einer Verhaltensauffälligkeit, wenn sie schon immer vorhanden war und der Pferdebesitzer diese bei seinem Pferd als „normal" einstuft. Aussagen wie „Der war schon immer so" oder „Das ist typisch für ihn" bedeuten nicht, dass dieses Verhalten physiologisch ist.

Nicht selten verbergen sich Traumen durch frühere Unfälle und Schockerlebnisse hinter den unterschiedlichsten Läsionen. Tief in die Psyche eingegrabene Erlebnisse prägen ein Pferd ein Leben lang. Des Weiteren beeinflussen sie auch den Körper des Pferdes, weil Psyche und Physis nicht voneinander getrennt betrachtet werden können.

Ein einfaches Beispiel: Jedes Pferd, das vor einem bestimmten Ereignis oder einem speziellen Gegenstand Angst hat, wird darauf unweigerlich mit angespannter Muskulatur reagieren. Dies hat evolutionsbedingt durchaus Sinn, weil der gesamte Körper in einer gefährlichen Situation in höchste Alarmbereitschaft versetzt werden muss, um gegebenenfalls schnellstens fliehen zu können. Dauert dieser – zunächst ja durchaus physiologische – Zustand länger an, wird er pathologisch. Die Muskulatur bleibt in einer Daueranspannung, das heißt, sie verkrampft. Ein verspannter Muskel hingegen kann nicht mehr genügend durchblutet und somit ernährt werden. Infolgedessen hat er seine Trainierbarkeit verloren und wird atrophieren. Der Muskel wird weder seiner Aufgabe als Bewegungsakteur vollständig nachkommen können, noch seiner Funktion als Schutzmechanismus für Nerven, Organe und anderweitige Weichgewebe. Dies kann wiederum weiterführende Läsionen nach sich ziehen.

Merke

Ein verspannter Muskel wird nicht ausreichend durchblutet, wodurch der Stoffwechsel nur ungenügend stattfinden kann. Ein unterernährter Muskel kann seine Aufgabe nicht mehr zufriedenstellend wahrnehmen. Er hat seine Trainierbarkeit verloren und wird daraufhin atrophieren.

Der osteopathisch arbeitende Manualtherapeut kann diesen Teufelskreis unterbrechen, den Muskel in einen physiologischen Zustand zurückführen und damit auch die Psyche positiv beeinflussen.

Viele krankhafte Verhaltensauffälligkeiten wie Koppen, Weben, Zähneknirschen oder Kopfrotieren werden immer noch als „Untugenden" abgetan. Mittlerweile weiß man jedoch, dass es sich um pathologische Auswirkungen falschen Umgangs und unnatürlicher Haltungsformen handelt. Zwar kann der Pferdetherapeut durchaus dazu beitragen, die schädigenden Einflüsse des Fehlverhaltens zu verhindern oder wenigstens zu minimieren, dennoch liegt die einzig hilfreiche, dauerhafte Therapie darin, die Ursache des Fehlverhaltens abzustellen. Der Therapeut kann immer nur Schadensbegrenzung betreiben, solange die Ursache gegen die Therapie arbeitet.

Selbst übertriebene Verhaltensweisen wie Aggressivität (▸ **Abb. 1.3**), Lethargie oder Schreckhaftigkeit gedeihen auf dem Nährboden pathologischer Ursachen. Über fasziale, energetische und nervale Verbindungen bestehen stets Beziehungen zwischen Psyche, Organen, Muskeln und Gelenken. Aggressionen beispielsweise stehen in Verbindung mit dem Leber-Funktionskreis – eine Fehlstellung des Wirbels, über den die nervale Versorgung des Organs läuft, muss dabei stets in Betracht gezogen werden.

Symptome wie Berührungsempfindlichkeit (Kitzligkeit, Fliegenempfindlichkeit, Hypersensibilität) oder Gurtzwang können auch auf eine gestörte Physiologie hindeuten. In diese Überlegungen müssen nicht nur Bewegungsblockaden miteinbezogen werden, welche meistens lediglich die Auswirkungen darstellen, sondern insbesondere auch die Viszera, der Stoffwechsel und die Psyche. Dies erfordert eine ganzheitliche Betrachtungs- und Herangehensweise, wie sie die Manuelle Therapie speziell in Form der Osteopathie bietet.

▸ **Abb. 1.3** Bei ungewöhnlichen Verhaltensauffälligkeiten wie extremer Aggressivität können ursächlich verschiedene Pathologien zugrunde liegen.

1.3 Methoden im Überblick

Die manuelle Behandlung von Pferden wurde nicht neu erfunden, die meisten Techniken stammen vielmehr aus der Humanmedizin. Findige Physiotherapeuten, Osteopathen und Chiropraktiker haben die Techniken allerdings auf Pferde übertragen. Dabei konnten viele Anwendungen beileibe nicht eins zu eins übernommen werden, da man ein Pferd weder auf eine Behandlungsliege betten noch dem Pferd Anweisungen geben kann, dass es beispielsweise das Bein gegen den Widerstand der Therapeutenhand drücken soll. Somit scheiden für die Behandlung des Pferdes sehr wirksame Praktiken wie die „Muscle Energy Technique" (MET) leider aus. Dennoch bleibt ein großer Fundus von therapeutischen Maßnahmen übrig, die auf das Pferd modifiziert werden können. Die Methoden werden zudem immer umfangreicher, denn die Pferdetherapie steckt nach wie vor in den Kinderschuhen und entwickelt sich laufend weiter.

Wenn eine Technik sich als wirksam erweist, darf es keine Rolle spielen, ob sie dem osteopathischen, physiotherapeutischen oder chiropraktischen Lager entnommen wurde. Die Behandlungsmethoden überschneiden sich mittlerweile auch in den Praxen der Humanmedizin, sodass eine klare Abgrenzung nicht mehr möglich ist.

Merke

Da sich die Behandlungsmethoden der Physiotherapie, Osteopathie und Chiropraktik mittlerweile überschneiden, sind die Therapieformen nicht mehr klar voneinander abzugrenzen.

Ursprünglich widmete sich der Chiropraktiker ausschließlich der Wirbelsäule und behandelte diese allein mit Manipulationen, die auch als Manipulations-, Thrust-, HVLA- oder Impuls-Techniken bekannt sind. Der Osteopath hingegen hat den gesamten Körper miteinbezogen, erkannte den Zusammenhang und die gegenseitige Beeinflussung von Muskeln, Sehnen, Bändern, Faszien, Gelenken und sogar Organen, sodass auch heute noch eine ganzheitliche Betrachtungsweise das oberste Gebot eines Osteopathen darstellt. Unter den Osteopathen waren Manipulationen verpönt und auch unter Laien begriff man die Impulstechniken als „hartes Einrenken". Selbst Physiotherapeuten werden in Manipulationstechniken nicht ausgebildet, sie beschränken sich in der Regel auf Mobilisationen und Massagen.

Heutzutage allerdings haben Chiropraktiker erkannt, dass der Körper nicht aus der Wirbelsäule allein besteht, obwohl diese sicherlich eine zentrale Rolle einnimmt. Osteopathen verwenden selbstverständlich ebenfalls Impulstechniken, weil sie – richtig angewandt – keineswegs etwas mit „brutalem Einrenken" zu tun haben. Physiotherapeuten bilden sich in Manueller Therapie weiter und erweitern so ihr Behandlungsspektrum.

Mittlerweile sind deshalb die Techniken nicht mehr auf die eine oder andere Berufsbezeichnung fixiert, die Grenzen verschwimmen nach und nach, sodass sich letztendlich nur noch ein „guter Therapeut" von einem „schlechten" unterscheidet, nicht aber ein Chiropraktiker von einem Osteopathen. So arbeiten inzwischen Chiropraktiker auch viszeral und nennen dies durchaus immer noch Chiropraktik, wobei es sich um dieselben Techniken handelt, wie der viszeral arbeitende Osteopath sie praktiziert.

Wer welche Techniken anwendet, richtet sich nach der jeweiligen Ausbildung des Therapeuten, aber auch nach dessen Vorlieben, dessen Talent und natürlich nach der jeweiligen Struktur und Läsion, die zu behandeln ist. Eine klare Abgrenzung von osteopathischen oder chiropraktischen Techniken gibt es demnach nicht mehr. Alle Technikstile jedoch haben gemeinsam, dass sie manuell durchgeführt werden, der Therapeut benötigt allein seine Hände dazu. Aus diesem Grund ist jegliche Stilrichtung als „Manuelle Therapie" zu betrachten und kann als Oberbegriff verwendet werden.

1.3.1 Bewährte Techniken

Letztendlich ist es im Prinzip vollkommen irrelevant, ob eine Blockierung eines Gelenks „osteopathisch" oder „chiropraktisch" gelöst wird. Wichtig sind das langfristige Ergebnis und die damit in Verbindung stehenden Nebenwirkungen. Wenn eine artikuläre Dysfunktion eines Gelenks mit Mobilisierungen langsam wieder in seine ursprüngliche Funktion zurückgeführt werden kann, ohne dass es für das Pferd schmerzhaft ist, ist diese Methode uneingeschränkt indiziert. Benötigt man mehrere Behandlungen, um das Gelenk zu stabilisieren und die Blockierung dauerhaft zu lösen, liegt dies immer noch in einem akzeptablen Rahmen, ganz abgesehen davon, dass mehrere Nachbehandlungen in vielen Fällen grundsätzlich notwendig sind.

Deblockiert man das Gelenk durch eine gezielte, schmerzfreie Thrust-Technik mit demselben Ergebnis und der Notwendigkeit von möglichen Nachbehandlungen, um das neue Bewegungsausmaß auf Dauer zu erhalten, ist dies ebenso in Ordnung, s. Kap. Manipulationen (S. 123).

▸ **Abb. 1.4** Nachdem durch therapeutische Techniken die Statik verändert wurde, sollte das Pferd Gelegenheit bekommen, sich an den neuen Bewegungsumfang zu gewöhnen: Koppelgang und freie Bewegungsmöglichkeiten sind darum sehr wichtig.

Nicht akzeptabel hingegen sind Techniken, die dem Pferd übermäßige Schmerzen zufügen und eine längere Boxenruhe aufgrund geschwollener, entzündeter und schmerzender Strukturen bescheren. In diesen Fällen besteht der Verdacht einer falsch ausgeführten Behandlungstechnik, denn normalerweise sollen Pferde behandelt werden, um deren Bewegungsausmaß zu erweitern, und nicht, um dieses einzuschränken.

Auch die Umstellung der Statik erfordert ein gewisses Ausmaß an nachfolgender Bewegung (▸ **Abb. 1.4**), damit sich das Pferd an den neuen Bewegungsumfang gewöhnen kann.

Selbstverständlich führen verschiedene Wege zum Ziel und somit gibt es stets unterschiedliche Ansätze für die Behandlung ein und desselben Problems. Die Manuelle Therapie, welche die Osteopathie, die Physiotherapie und die Chiropraktik gleichermaßen abdeckt, beinhaltet ein weites Feld an Behandlungsmöglichkeiten und berücksichtigt dabei alle Strukturen des Pferdekörpers. Im Laufe der Zeit haben sich einige Behandlungsmethoden von bestimmten Problemen bei Pferden besonders bewährt, ganz unabhängig davon, welcher therapeutischen Stilrichtung innerhalb der Manuellen Therapie sie angehören mögen. Deshalb wurden hier bewährte Tests und Behandlungsmethoden ungeachtet der Zugehörigkeit von Therapierichtungen oder Technikstilen ausgewählt. Diese Kollektion ergab sich durch langjährige Erfahrung und Erprobung verschiedenster Praktiken am Pferd.

Neben den artikulären Techniken zum Lösen von Gelenkblockaden nehmen die Weichgewebepraktiken und dabei in erster Linie die muskeltherapeutischen Behandlungsformen einen hohen Stellenwert in der ganzheitlichen Pferdetherapie ein. Dies ergibt sich schon allein daraus, weil weit mehr als 80 % der somatischen Dysfunktionen muskulärer Natur sind.

1.4 Grundprinzipien bei der Behandlung von Pferden

Jeder Therapeut hat ein für sich gültiges Behandlungsschema, eine Struktur oder einen roten Faden, nach dem eine Therapie abläuft. Dies garantiert ihm, dass keine wichtigen Strukturen vergessen werden und die Behandlung ganzheitlich und vollständig praktiziert wird. Die meisten Therapeuten haben sich hierfür einen Befundbogen erstellt, der Punkt für Punkt abgearbeitet wird. Dieser dient zugleich auch als Dokumentation der Behandlung. Wie es in der Humanmedizin Pflicht ist, die Maßnahmen zu dokumentieren, sollte auch der Pferdetherapeut die Vorgehensweise gewissenhaft schriftlich festhalten. Bei Nachbehandlungen kann man schnell auf den letzten Therapiestand zurückgreifen und den Heilungsverlauf verfolgen.

1.4.1 Sicherheitsaspekte

Bei der Arbeit am Pferd muss dem Therapeuten stets bewusst sein, dass es sich um ein Tier handelt, das jederzeit unberechenbare Reaktionen zeigen kann. Selbst der beste Pferdekenner ist vor unvorhersehbaren Ereignissen nicht gefeit, denn beim Umgang mit dem Tier ist man der sogenannten „Tiergefahr" ausgesetzt. Ein Pferd reagiert stets nach seinen Instinkten. Es überlegt seine Reaktionen nicht. Umso wichtiger ist es für den Pferdetherapeuten, bestimmte Sicherheitsvorkehrungen zu treffen.

Pferde, die eine Therapie benötigen, haben mehr oder weniger starke Probleme und Schmerzen, die während der Behandlung zu Abwehrreaktionen Anlass geben können. Dies muss dem Therapeuten stets bewusst sein.

Aus diesem Grund ist es wichtig, auf notwendige Sicherheitsmaßnahmen zu achten, denn ein lädierter Pferdetherapeut nützt keinem – weder dem Pferd, dem Pferdebesitzer noch ihm selbst.

Zu den Sicherheitsmaßnahmen gehören deshalb:

- korrekte Kleidung und Ausrüstung
- umsichtiger Umgang mit dem Pferd
- ordentlicher Halfter und Führstrick
- ein geeigneter Therapieort
- ein geeigneter Helfer am Pferd
- fachgerechte Arbeitstechniken
- konzentriertes Arbeiten am Pferd

Korrekte Kleidung und Ausrüstung

Zur richtigen Kleidung bei der Therapie am Pferd gehört zunächst einmal unabdingbar ein festes Schuhwerk mit eingearbeiteten Stahlkappen. Des Weiteren eine der Witterung beziehungsweise Jahreszeit angemessene Kleidung, die nicht zu großzügig beschnitten sein sollte, dass der Therapeut an diversen Gegenständen hängen bleiben könnte oder das Pferd stört. Beispielsweise können weite Ärmel das Pferd stören oder kitzeln, wenn man mit den Händen am Pferd arbeitet. Eine zu enge Kleidung hingegen schränkt die Beweglichkeit des Therapeuten ein, was eine angemessene Behandlung behindert. Wichtig ist zudem, auf knisternde Kleidung wie Regenjacken zu verzichten, da manche Pferde vor raschelnden Geräuschen erschrecken.

Letztendlich sollte der Manualtherapeut auch keine Jacken oder Hosen anziehen, in deren Taschen Leckerli stecken oder aufbewahrt wurden. Das zu behandelnde Pferd wird dies riechen, daraufhin um Leckerli betteln, anstatt sich auf die Behandlung zu konzentrieren. Aus diesem Grund sollte der Therapeut in der Regel auch keine Leckerli verabreichen (Ausnahmen für bestimmte Behandlungsmaßnahmen werden an den entsprechenden Stellen erläutert).

Zusammenfassung

Die korrekte Kleidung des Therapeuten umfasst:

- Stahlkappenschuhe (!!!)
- keine knisternde oder raschelnde Kleidung
- keine zu enge oder zu weite Kleidung
- keine Leckerli oder der Geruch nach Leckerli in den Taschen

Je nach Arbeitsweise können dem Therapeuten neben einer zweckmäßigen Kleidung auch weitere Ausrüstungsgegenstände hilfreich sein. Um die eigenen Fingergelenke zu schonen, können Therapiestäbchen – bevorzugt aus Edelstahl – für gezielte punktuelle Reize zum unterstützenden Equipment gehören. Aus hygienischen Gründen sollte man auf Therapiestäbchen aus Holz möglichst verzichten. Weiter kann ein Fieberthermometer im Therapeutenkoffer nicht schaden, ebenso Sinn machen ein Stethoskop, eine Hufabdruckzange und ein Thermolaser. Wer mit erweiterten Therapien arbeitet, wird auch noch verschiedene homöopathische Mittel oder Phytotherapeutika mitführen. Der Pferdetherapeut wird außerdem noch kinesiologische Tapes und verschiedene Therapiegeräte wie Laser, Gerät zur Elektrotherapie oder Massagegeräte in seinem Fundus haben, wenn er die Manuelle Therapie damit noch unterstützen möchte.

Besonders wichtig ist ein Mittel zur Händedesinfektion, ergänzend feuchte und trockene Tücher. Damit wird die Gefahr einer möglichen Übertragung von Krankheitserregern von einem Pferd auf das andere minimiert.

Nicht zuletzt dürfen der Terminkalender, der Befundbogen und die Patientenkartei mit sämtlichen Behandlungsdokumentationen, gegebenenfalls auch Visitenkarten und Terminkärtchen nicht fehlen.

Umsichtiger Umgang mit dem Pferd

Der Therapeut arbeitet in der Regel mit Pferden, die er bis dato nicht kennengelernt hat. Auch wenn der Pferdebesitzer versichert, dass sein Pferd artig ist, nicht schlägt oder beißt, sollte man sich auf diese Aussage nicht verlassen. Manche Behandlungstechniken oder Tests sind für das Pferd unangenehm, sodass Abwehrreaktionen auch beim bravsten Pferd hervorgerufen werden könnten.

Grundsätzlich sollte der Therapeut aber so feinfühlig sein, bereits geringe Anzeichen von Unwohlsein beim Pferd zu erkennen. Hierzu zählen:

- Ohren anlegen
- skeptischer Blick (gegebenenfalls verdrehte Augen)
- Verspannen der Muskulatur
- Anheben und/oder Schütteln des Kopfes
- Anheben des Beines, vergleichsweise Scharren oder Aufstampfen
- Schweifschlagen
- Wegtreten und Tänzeln
- Hochziehen der Maulwinkel und Nüstern (Falten am Maulwinkel beziehungsweise über den Nüstern)

► **Abb. 1.5** Aus Sicherheitsgründen darf das Pferd während der Therapie nicht angebunden werden, sondern sollte von einem Assistenten am Führstrick gehalten werden.

Viele Therapiepferde haben in ihrer Vergangenheit eine unsachgemäße Behandlung erfahren und stehen einer therapeutischen Behandlung zunächst sehr skeptisch gegenüber. Es ist eine sehr wichtige Aufgabe des Therapeuten, das Vertrauen des Pferdes zu gewinnen, um in der Therapie letztendlich erfolgreich zu sein. Es geht nicht immer darum, eine Technik korrekt auszuführen, um einen Behandlungserfolg zu erzielen. Die Pferde müssen diese Behandlungen zunächst erst zulassen und schließlich auch annehmen. Nur dann ist eine Therapie erfolgreich. Wenn ein Pferd eine Therapie nicht annimmt, kann die Technik so gut sein wie sie will – sie wird nicht zum Erfolg führen! Pferde, die gelernt haben, ihrem Therapeuten zu vertrauen, arbeiten sogar regelrecht mit – sie halten durch, gehen mit und lassen los! Wer diese Zusammenarbeit mit dem Pferd erreicht hat, weiß, dass die Therapie von Erfolg gekrönt sein wird.

Jahrelange Erfahrung im Umgang, der Ausbildung und Erziehung von Pferden sowie gutes Einfühlungsvermögen, geradezu virtuoses Fingerspitzengefühl und Toleranz sind unabdingbare Voraussetzungen, um erfolgreich therapieren zu können!

Die Ausrüstung des Pferdes

Man sollte bei der Arbeit am Pferd darauf bestehen, dass das Pferd mit einem stabilen und passenden Stallhalfter (keine Knotenhalfter o. ä.) sowie einem Führstrick ausgestattet ist. Sehr häufig kommt es vor, dass Pferde mit einem Anbindestrick vorgestellt werden. Wenn der Pferdebesitzer keinen Führstrick zur Verfügung hat, ist es sinnvoll, in seinem Equipment selbst einen geeigneten Strick mitzuführen und diesen zu verwenden.

Definition

- Führstrick = Strick mit stabilem Karabinerhaken (auch sogenannte „bull snaps" sind möglich)
- Anbindestrick = Strick mit Panikhaken

Das Pferd darf während der Therapie aus Sicherheitsgründen nicht angebunden werden (► **Abb. 1.5**). Ein Helfer muss das Pferd am Führstrick halten. Der Führstrick sollte deshalb keinen Panikhaken haben, weil sowohl beim Führen als auch beim Halten des Pferdes schon eine geringe Reaktion (zum Beispiel Kopf hochnehmen) den Pferdehalter dazu veranlassen kann, reflexartig am Strick nachzufassen. Dabei besteht die Gefahr, dass er an den Panikverschluss greift und diesen versehentlich löst. Somit ist das Pferd frei und kann nicht mehr kontrolliert werden. Nicht immer kann man in einem umzäunten Bereich therapieren, sodass ein frei laufendes Pferd eine große Gefahr darstellt. Deshalb dürfen Pferde nur am Führstrick mit Karabinerhaken gehalten und geführt werden. Stricke mit Panikhaken hingegen gehören zum Anbinden eines Pferdes!

Geeigneter Therapieort

Das Pferd sollte möglichst an einem ruhigen Ort therapiert werden. Natürlich ist dies in der Praxis nicht immer realisierbar. Der Therapeut muss auch mit Situationen zurechtkommen, wenn großer Betrieb in der Stallgasse herrscht, Hunde umherlaufen oder Katzen von Balken springen. Man kann als Therapeut nicht den ganzen Trainingsbetrieb lahmlegen oder die hofeigenen Hunde einfangen. Gelegentlich bietet sich die Möglichkeit, einen ruhigen Ort zu organisieren, aber in der Regel muss man mit den jeweiligen Gegebenheiten klarkommen.

Hat man jedoch die Wahl, sollte man auf folgende ideale Bedingungen achten:

- Das Pferd sollte nach Möglichkeit nicht in der Box therapiert werden. Die Box ist meist eng und der Therapeut kann vom Pferd schnell gegen eine Wand gedrückt werden.
- Der vierbeinige Patient wird aus zweierlei Gründen mit einer Seite gegen eine Wand gestellt. Zum einen kann das Pferd nicht so leicht ausweichen, zum anderen hat es von der Wandseite aus Ruhe. Es kann sich

deshalb besser auf das Geschehen während der Therapie konzentrieren.

- Während das Pferd zwar an einer Wand steht, sollte der Therapeut einen großen Freiraum haben, um gegebenenfalls ausweichen zu können. Box oder schmale Stallgassen sind deshalb meist nicht die geeigneten Orte für die Therapie.
- Der Untergrund sollte möglichst eben und rutschfest sein. Bei abfallendem Gelände kann das Pferd schlecht stehen und sein Gleichgewicht halten. Außerdem sind Beurteilungen von Beckenschiefständen, Muskelverteilung, Balance etc. für den Therapeuten nur schwer möglich.
- Es ist für Pferd, Besitzer und Therapeut stets unangenehm, während der Therapie bis zu 2 Stunden an einem windigen, kalten Ort stehen zu müssen. Ein witterungsgeschützter, zugfreier Ort ist darum ebenfalls ein wichtiges Kriterium für eine erfolgreiche Therapie. Im Sommer ist man außerdem um einen schattigen Platz froh.

Gute Therapieorte können Anbindeplätze, Beschlagsstationen oder eine ruhige Ecke in einer Scheune sein. Vor der Behandlung lässt man sich den Stall und die Umgebung zeigen, um einen geeigneten Ort ins Auge zu fassen. Zudem ist es auch therapeutisch sinnvoll, die Lebensbedingungen des Pferdes, also den Stall und seine Umgebung, kennen zu lernen.

Der Assistent

Ein guter Assistent ist ein wichtiger Garant für die Sicherheit des Therapeuten. Erfahrene Pferdebesitzer können die Therapie sehr gut unterstützen, aber in den meisten Fällen wünscht man sich doch einen eingewiesenen Helfer, der weiß, worauf es ankommt. Erfolgreiche Therapeuten sind deshalb häufig zu zweit auf Tour. Der Assistent kann zum einen das Pferd professionell fixieren, zum anderen hilft er bei einigen Techniken, die besser zu zweit durchgeführt werden.

Wenn man keinen Gehilfen zur Verfügung hat, sollte man den Pferdebesitzer auf die wichtigsten Punkte hinweisen. Oft versucht der Pferdebesitzer, beruhigend auf sein Tier einzureden, streichelt es oder füttert es gar mit Leckerli. Besser ist es jedoch, wenn sich das Pferd auf die Arbeit des Therapeuten konzentrieren kann und nicht vom Pferdehalter abgelenkt wird. Das ist für den Pferdebesitzer nicht immer einfach umzusetzen, weil er normalerweise eine sehr innige Beziehung zu seinem Tier hat.

Der Pferdehalter benötigt eine konsequente, aber einfühlende Hand und stellt den Kopf des Vierbeiners für gewöhnlich leicht zu der Seite, auf der der Therapeut steht. Dies entspannt die Muskulatur auf der zu behandelnden Seite und bringt die Hinterhand bei Ausweichbewegungen vom Therapeuten weg.

Fachgerechte Arbeitstechniken

Man kann nur mit den richtigen Techniken arbeiten, wenn die Bedingungen dafür erfüllt sind. Dazu gehören oben besprochene Voraussetzungen, aber auch ordentliches Handwerkszeug. Das wichtigste und im Falle des Manualtherapeuten oft einzige Werkzeug sind dessen Hände. Diese gilt es zu schützen, sie sollten vor der Behandlung gut angewärmt werden. Im Winter sind bis zum Beginn der eigentlichen Therapie Handschuhe empfehlenswert! Sinnvoll sind auch einige Aufwärmübungen für die Fingergelenke, die bei manchen Massagetechniken stark beansprucht werden.

Neben den Händen kann der Therapeut – je nach Spezialgebiet oder Therapieform – auch Geräte und andere Hilfsmittel einsetzen. Auch hier ist auf größtmögliche Sicherheit zu achten. Alle Geräte wie Laser, Magnetfeld und Massagegeräte sollten mit Akkus betrieben werden. Nicht in jedem Stall ist ein Stromanschluss vorhanden, aber der Hauptgrund ist die Sicherheit. Stromkabel, die zum Pferd geführt werden müssen, sind immer eine Gefahrenquelle.

Bei der Arbeit am Pferd sollte der Therapeut aus Sicherheitsgründen stets beide Hände am Pferdekörper halten (▸ Abb. 1.6)! Man steht in breiter Schrittstellung, um eine gute Balance und Standfestigkeit zu haben. Entweder man steht direkt am Pferd (in Körperkontakt) oder so weit entfernt, dass ein schlagendes Pferdebein den Therapeuten nicht mehr erreichen kann. Die Standtechnik kommt auf die Umstände und die Therapieform an.

Zu den richtigen Arbeitstechniken gehört auch das rückenschonende Arbeiten. Vor allem ist darauf zu achten, dass man die Pferdebeine nie aus dem Kreuz heraus hebt. Besser ist es, in die Knie zu gehen und den Rücken gerade zu halten. Sinnvoll ist es auch, das Pferdebein am Oberschenkel abzulegen.

Bei Dehntechniken sollte man ebenfalls auf einen geraden Rücken achten. Will man die Arbeit eines Pferdetherapeuten über längere Zeit ausüben, muss man auf die eigene Gesundheit und Fitness achten. Die richtigen Hebetechniken sollten von Anfang an eingeübt und praktiziert werden.

▸ **Abb. 1.6** Zur Sicherheit des Therapeuten halten stets beide Hände Kontakt zum Pferdekörper.

1.4.2 Zusammenarbeit mit weiteren Fachleuten

Ein Pferdetherapeut ist nur dann kompetent, wenn er seine Grenzen kennt. Dies gebietet ihm, nur dann eine Behandlung anzusetzen, wenn er sich seines Befunds sicher ist. Vage Hinweise auf eine Läsion oder Vermutungen genügen nicht, um eine Technik anzusetzen.

Merke
Vage Hinweise auf bestimmte Läsionen genügen nicht, um eine Behandlung durchzuführen. Vielmehr muss ein Befund vor einer Behandlung absolut gesichert sein.

Der Tierarzt

Liegt eine Lahmheit vor, bekommt der Therapeut über die Anamnese, Ganganalyse und verschiedene Tests gewisse Hinweise auf eine bestimmte Erkrankung oder Verletzung. Vermutet man angesichts dessen beispielsweise eine Sehnenproblematik, sollte man die genaue Ultraschalldiagnostik durch den Tierarzt (▶ Abb. 1.7) in die Wege leiten. Für die Therapie ist es zunächst wichtig zu wissen, ob sich der Verdacht als richtig erweist, um die korrekte Struktur zu behandeln. Zudem ist das momentane Stadium und die Ausweitung der Verletzung ein unverzichtbarer Faktor für die Wahl der weiteren Therapiestrategie. Nicht zuletzt kann der Tierarzt schulmedizinisch – insbesondere bei akuten Verletzungen – oft besser therapeutisch eingreifen und damit wesentlich zum Heilungserfolg beitragen.

Bei bereits vom Tierarzt behandelten Verletzungen kann eine Rücksprache mit dem Veterinär weitere Aufschlüsse über die besondere Problemstellung der Lahmheit geben. Möglicherweise existieren Ultraschall- oder Röntgenbilder, die die Tierärzte in der Regel gerne zur Einsicht zur Verfügung stellen. Je besser man eine Verletzung kennt, desto einfacher lässt sich eine gezielte Therapie ausarbeiten.

Die beste Versorgung des Pferdes besteht in der Zusammenarbeit zwischen Tierarzt und Therapeut. Gegenseitige Überweisungen sollten selbstverständlich sein. Dies ist aber nur möglich, wenn der Therapeut weiß, wo seine therapeutischen Grenzen liegen. Kompetenzüberschreitungen führen zu Fehlbehandlungen, lösen aber zumindest den gerechtfertigten Missmut zuständiger Fachleute aus.

Merke
Ein Therapeut ist nur dann kompetent, wenn er seine therapeutischen Grenzen kennt und einhält.

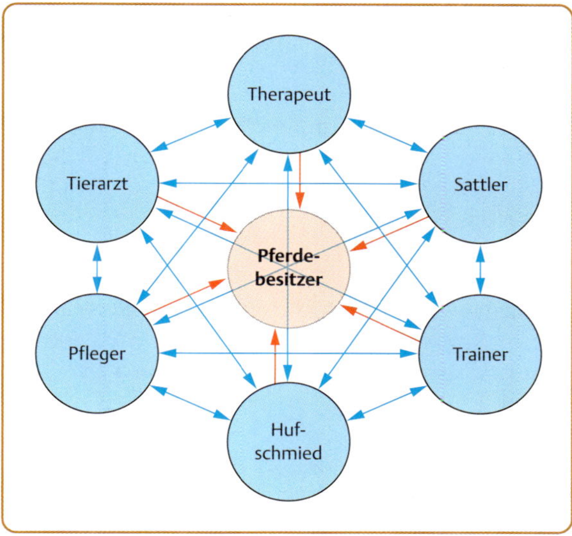

▶ **Abb. 1.7** Der Kontakt und die Zusammenarbeit mit weiteren Fachleuten ist für den Therapeuten unerlässlich.

Der Hufschmied

Eine gute Arbeit des Hufschmieds ist obligatorisch für ein leistungsfähiges Pferd (▶ Abb. 1.8). Fehlstellungen des Hufes übertragen sich auf die proximalen Strukturen und überlasten somit Bänder, Sehnen, Muskeln und Gelenke. Dies wiederum führt zu Schmerzen, Verspannungen und letztendlich auch Verletzungen. Kompensatorische Umbauten und chronische Lahmheiten können die Folge der Fehlbelastung sein.

Auch hier kann der Therapeut nur Schadensbegrenzung betreiben, wenn schädigende Einflüsse über eine Fehlstatik vom Huf ausgehend nicht beseitigt werden. Weist das Pferd beispielsweise Sehnenprobleme oder Fehlstellungen der Gelenke auf, ist eine Zusammenarbeit zwischen Therapeut und Hufschmied – aber auch Tierarzt – unverzichtbar. Denn was nützt die beste Therapie, wenn eine Fehlstellung des Hufes gegen die Heilung arbeitet?

Im Umkehrschluss kann der Hufschmied noch so geniale Entlastungsbeschläge für gewisse Strukturen ersinnen, wenn diese nicht über eine therapeutische Maßnahme Erleichterung erfahren. Somit wird das Problem weiterhin Bestand haben. Auch bei Gelenkblockaden ist der Hufschmied machtlos. Diese werden sich allein durch einen Spezialbeschlag nicht lösen. Deshalb kann nur ein Zusammenwirken von gut ausgebildetem Fachpersonal eine langfristige Lösung herbeiführen.

▸ **Abb. 1.8** Eine gute Arbeit am Huf ist für eine ausbalancierte Statik des Pferdes enorm wichtig. Falsch bearbeitete oder vernachlässigte Hufe verhindern eine korrekte Biomechanik der proximalen Gelenke und führen innerhalb kürzester Zeit zu wiederholten Blockierungen. Auch ein guter Therapeut kann ohne die Zuarbeit eines kompetenten Hufschmieds keine zufriedenstellenden Ergebnisse erzielen.

Der Sattler

Rückenproblematiken mit diversen Sekundärläsionen entstehen häufig durch ungeeignete Sättel. Wenn die Ursache eines unpassenden Sattels nicht abgestellt wird, wird es dem Therapeuten nicht gelingen, das Problem dauerhaft zu lösen. Das Pferd wird durch die therapeutische Behandlung sicherlich eine Erleichterung erfahren, die durch die Satteleinwirkung wieder zunichte gemacht wird. Eine korrekte Sattelanpassung ist deshalb ein unverzichtbarer Bestandteil einer vollständigen Therapie.

Der Therapeut sollte durchaus erkennen können, ob ein Ausrüstungsgegenstand passt oder nicht (dazu gehören selbstverständlich auch Gebisse, Geschirre und Longier- beziehungsweise Voltigiergurte), dennoch ist es nicht seine Aufgabe, Sättel oder weitere Ausrüstungsgegenstände (beispielsweise durch Aufpolstern oder Umbauten) anzupassen, denn hier endet die Kompetenz des Therapeuten. Deshalb sollte die Zusammenarbeit mit einem kundigen Sattler angestrebt werden, der gegebenenfalls einen besser passenden Sattel in seinem Repertoire hat oder einen Sattel entsprechend umbauen oder aufpolstern kann.

Der Trainer

Nicht zuletzt muss ein Pferd auch trainingstechnisch gut betreut werden, um bestimmte muskuläre Dysbalancen auszugleichen oder Atrophien abzubauen. Während der Therapeut beispielsweise muskuläre Blockaden löst und die Muskulatur wieder arbeitsfähig macht, liegt es anschließend am richtigen Training des Pferdes, die Muskulatur zu stärken. Der Muskelaufbau dient wiederum der Prävention, um Verletzungen zu vermeiden, denn fitte Pferde sind grundsätzlich gesünder und widerstandsfähiger. In diesem Zusammenhang ist es interessant zu wissen, dass ein untrainiertes Pferd deutlich mehr zu Muskelverspannungen (und selbstverständlich auch Verletzungen) neigt als ein nur mäßig trainiertes Pferd.

Merke
Ein untrainiertes Pferd ist anfälliger für Erkrankungen und Verletzungen als ein fittes Pferd, das laufend einem mäßigen Training ausgesetzt ist.

Weiter tragen ein ausbalancierter Sitz und eine korrekte Hilfengebung des Reiters dazu bei, das Pferd im Gleichgewicht zu halten und dessen Strukturen ausgewogen zu trainieren. Reiterliches Unvermögen durch schlecht ausgebildete Reiter sowie Turnierreiter, die ihre Pferde an die Grenze ihrer Leistungsfähigkeit (oder auch darüber hinaus = Überforderung!) bringen, schädigen den Körper des Pferdes und lassen multiple Läsionen entstehen. Auch hier muss der Therapeut eine Sisyphusarbeit leisten, wenn das Training nicht adäquat und korrekt durchgeführt wird.

Ein fachkundiger Reiter und Trainer ist deshalb eine weitere Komponente im Kreis der Fachleute um die Pflege der Pferdegesundheit.

Der Pfleger

Zu guter Letzt darf ein natürliches, soziales Umfeld für die Lebensbedingungen des Pferdes nicht vergessen werden. Die Haltungsform des Pferdes sowie dessen Fütterung spielen ebenfalls eine nicht zu unterschätzende Rolle bei der Entstehung von somatischen Dysfunktionen. Es obliegt dem Besitzer, seinem Pferd einen passenden Stall (▸ **Abb. 1.9**) zur Verfügung zu stellen, in dem es seine natürlichen Verhaltensweisen ausleben darf, Sozialkontakte pflegen kann und genügend Bewegung erfährt. Eine adäquate, den Leistungsanforderungen entsprechende, gesunde Fütterung mit qualitativ hochwertigen Futtermitteln trägt zudem zur Gesunderhaltung des Vierbeiners bei. Damit muss auch der Stallbesitzer, das Pflegepersonal beziehungsweise der Futtermeister ins Boot geholt werden.

Nur in enger Zusammenarbeit können Therapeut, Tierarzt, Hufschmied, Sattler, Trainer und Pflegepersonal für die bestmögliche Gesundheit eines Pferdes sorgen. An oberster Stelle steht allerdings der Pferdebesitzer, der allein die Verantwortung dafür trägt, dass eine Kooperation möglich ist, denn er ist derjenige, der den Auftrag an das jeweilige Fachpersonal erteilt.

▶ **Abb. 1.9** Die Lebensbedingungen des Pferdes sind mitverantwortlich für das Entstehen von somatischen Dysfunktionen.

2 Anatomie und Biomechanik

2.1 Basiswissen

Die Kenntnis der anatomischen Strukturen sowie der physiologischen und biomechanischen Funktionen ist die Basis für die Manuelle Therapie am Pferd. Der Pferdetherapeut muss die Zusammenhänge und Vorgänge im Körper des Pferdes verstehen, um heilsame Behandlungen ansetzen zu können. Manipulationen, Dehnungstechniken oder Druckpunktsysteme sind ohne ausreichende anatomische und physiologische Kenntnisse kontraproduktiv oder gar gefährlich. Für den praktizierenden Therapeuten ist es deshalb zwingend erforderlich, sich eingehend dem Studium der Anatomie und Physiologie des Pferdes zu widmen. In diesem Zusammenhang sei auch auf die weiterführende Literatur verwiesen.

Jede Berührung des Therapeuten hat Einfluss auf die Körperstrukturen des Pferdes. So ergeben sich mechanische Reaktionen beispielsweise durch einen Fingerdruck auf gewisse Strukturen, die Blut und Lymphflüssigkeit stauen oder den Weitertransport unterstützen. Über die Stimulation von Reflexpunkten reizt der Therapeut das Nervensystem und erreicht damit ganz gezielte Reaktionen, die beispielsweise entspannend, vitalisierend oder mobilisierend wirken. Die Auswirkungen erstrecken sich auf den gesamten Körper wie Muskeln, Nervensystem, Faszien, Herz- und Kreislaufsystem.

Die alleinige theoretische Kenntnis der Funktionalität der Strukturen reicht allerdings noch lange nicht aus, um Pferde zu therapieren. Was die therapeutischen Techniken zur Kunst macht und letztendlich dazu beiträgt, den Heilungsprozess in Gang zu bringen, ist das Einfühlungsvermögen des Therapeuten bei der Arbeit mit den anatomischen Strukturen. Ein Pferd ist kein mechanisches Gebilde wie ein Auto, das beispielsweise bei exakt 300 g Druck auf das Gaspedal eine gewisse Geschwindigkeit fährt.

Jeder Reiter weiß, dass manche Pferde sensibler reagieren als andere. Somit benötigt das Pferd eine für jenes Individuum exakt angepasste Hilfe, um eine gewünschte Reaktion zu erreichen. Bei einem Pferd sind es möglicherweise 2 kg Druck mit dem Unterschenkel, um es zum Angaloppieren zu bewegen, bei einem anderen hingegen reicht allein eine leichte Berührung aus. Für keines der Pferde gibt es allerdings eine mitgelieferte Bedienungsanleitung und doch sind gute Reiter in der Lage, die unterschiedlichsten Pferde zu reiten. Dies ist deshalb möglich, weil sie in der Lage sind, sich auf das jeweilige Individuum einzustellen und ein Gefühl dafür zu entwickeln, welche Hilfen es in welcher Form und Stärke benötigt.

Der Therapeut muss sich ebenfalls auf jedes Tier individuell einfühlen können, um den Zustand jeder einzelnen Faser im Körper beurteilen und letztendlich mit der richtigen Technik und der angebrachten Druckstärke behandeln zu können.

Dabei können die anatomischen Strukturen bei Pferden sehr unterschiedlich sein. Schon äußerlich ergibt sich ein höchst individuelles Erscheinungsbild. Diese Aussage wird am deutlichsten, vergleicht man nur verschiedene Pferderassen miteinander. Ein Kaltblutpferd wartet mit einer völlig anderen Konstitution auf als ein Araber. Doch auch innerhalb der Rassen lassen sich teils signifikante Unterschiede feststellen. Nicht jeder Haflinger gleicht dem anderen und selbst die absolut innerhalb ihrer Rasse rein gezogenen Isländer sind völlig einzigartige Individuen. Jedes Tier ist einmalig, sodass der Therapeut stets neutral auf ein Pferd zugehen und sich überraschen lassen muss, welche Gegebenheiten ihn mit dieser Körper-Psyche-Konstellation erwarten.

Bevor man sich jedoch mit Individualitäten befassen kann, müssen die Grundlagen der allgemeingültigen Anatomie gelegt werden.

2.2 Die Lagebezeichnungen am Pferdekörper

Sowohl in der Human- als auch der Tiermedizin werden standardmäßig spezielle Begriffe für die Lagebezeichnung (▸ **Tab. 2.1**) von anatomischen Strukturen verwendet, um der Problematik aus dem Weg zu gehen, dass „am Rücken oben" plötzlich nicht mehr „oben" ist, wenn das Pferd beispielsweise auf der Seite liegt. Aus diesem Grund verwendet man den Begriff „dorsal", wenn die Lage in Richtung Rücken (am stehenden Pferd wäre dies also oben, am liegenden Pferd wäre dies je nach Standpunkt allerdings links, rechts oder seitlich) gemeint ist. Damit sind alle Richtungen sowie Schnittebenen mit speziellen, allgemeingültigen Bezeichnungen belegt. Dies hilft bei der Beschreibung von Läsionen, Behandlungstechniken und Abbildungen von bildgebenden Verfahren wie Röntgenbildern. Diese Begriffe müssen dem Therapeuten absolut geläufig sein.

► **Tab. 2.1** Die Lagebezeichnungen am Pferdekörper.

Begriff	Bedeutung	Verwendung
dorsal	rückenwärts	am Rumpf, Kopf, distalen Gliedmaßen, Vorderseite Karpal- bzw. Sprunggelenk
ventral	bauchwärts	am Rumpf und am Kopf
kranial	kopfwärts	am Rumpf und Schweif
kaudal	schwanzwärts	am Rumpf und am Kopf
medial	zur Mitte hin	gesamter Körper
lateral	seitlich	gesamter Körper
proximal	rumpfwärts	Gliedmaßen und abstehende Strukturen
distal	vom Rumpf weg	Gliedmaßen und abstehende Strukturen
palmar	handflächenwärts	an den Vordergliedmaßen unterhalb des Karpalgelenks
plantar	fußsohlenwärts	an den Hintergliedmaßen unterhalb des Sprunggelenks
median	mittig	am Rumpf und am Kopf
axial	zur Achse hin von Hand- und Fußknochen	an den Zehen
abaxial	von der Achse des Hand- und Fußknochens weg	an den Zehen
rostral	in Richtung Nasenspitze	am Kopf
externus	außen gelegen	am Rumpf und an Organen
internus	innen gelegen	am Rumpf und an Organen
profundus	tief gelegen	am Rumpf, am Kopf und an Organen
superficialis	oberflächlich gelegen	am Rumpf und an Organen
temporal	in Richtung Schläfenbein (Os temporale)	am Auge
nasal	in Richtung Nase (Os nasale)	am Auge
oral	in Richtung Maul	am Kopf
apikal	zur Spitze hin	an Nase, Zehen, Schweif
superior	oben	am Augenlid
inferior	unten	am Augenlid
Medianebene	mittige Ebene, die den Körper in zwei Hälften von links und rechts teilt	–
Paramedianebene	parallel zur Medianebene in deren unmittelbarer Nähe	–
Sagittalebene	parallel zur Medianebene, aber etwas weiter außen gelegen	–
Horizontalebene	parallel zur dorsalen Fläche (waagerecht)	–
Transversalebene	senkrecht zur Längsachse	–

2.3 Der passive Bewegungsapparat des Pferdes

Mit Ausnahme der Zähne ist das Knochengerüst (► **Abb. 2.1**) die härteste Struktur des Pferdekörpers. Das Skelett – auch passiver Bewegungsapparat genannt – gibt dem Körper die äußere Form. Es stellt das Fundament des Pferdekörpers dar und dient als Verankerung der Muskulatur (= aktiver Bewegungsapparat). Weitere Aufgaben des Knochengerüsts sind der Schutz von lebenswichtigen Organen sowie des zentralen Nervensystems und die Funktion eines Hebelsystems für die Bewegung. Des Weiteren dient es als Mineralstofflager (vor allem Kalzium) und als Blutbildungsstätte (rotes Knochenmark).

2.3.1 Der Knochenaufbau

Knochenmaterial ist lebendes Gewebe und besteht aus etwa 25 % Wasser, anorganischen Mineralsalzen und organischer Knochenmatrix. Die eingelagerten Mineralstoffe bestehen – je nach Knochenart – zu etwa 37 % aus Kalzium, 18 % aus Phosphor und knapp 1 % aus Magnesium. Ein 500 kg schweres Pferd hat einen Kalziumvorrat von bis zu 10 kg im Skelett eingelagert. Dabei sind 99 % des gesamten Körperkalziums im Knochen gebunden.

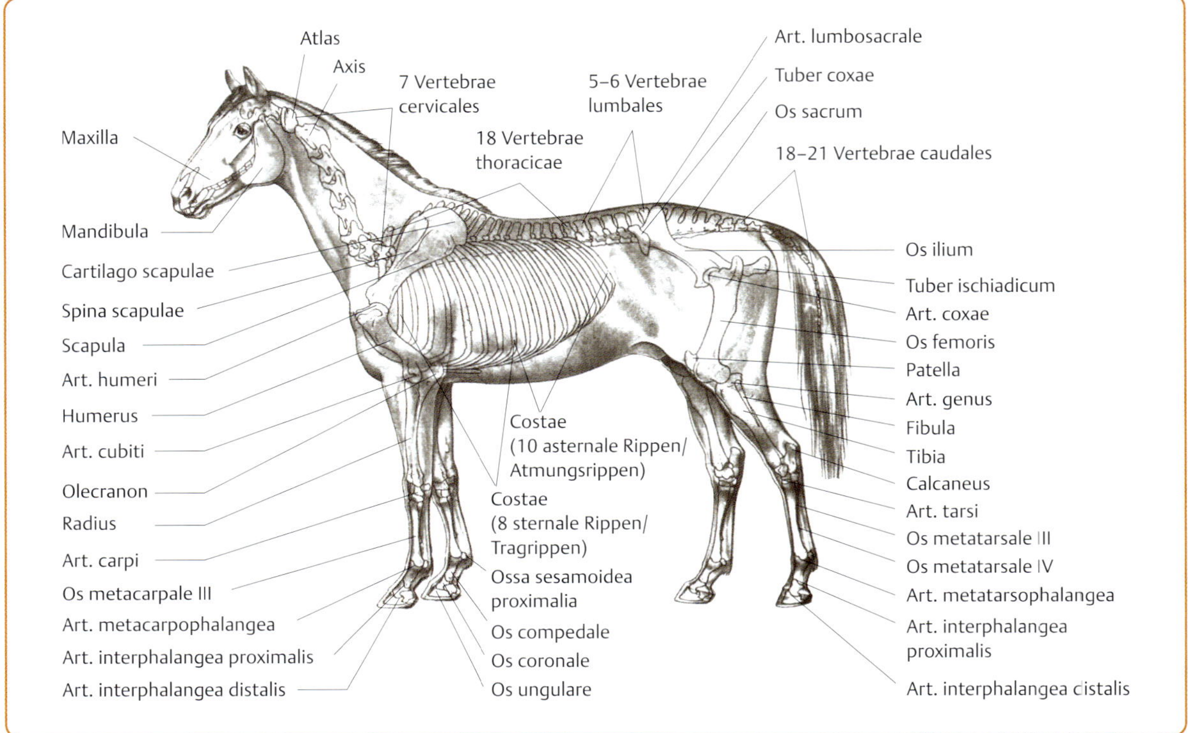

► **Abb. 2.1** Das Knochengerüst des Pferdes stellt den passiven Bewegungsapparat dar und ist mit Ausnahme der Zähne die härteste Körperstruktur. (Nickel R, Schummer A, Seiferle E, Hrsg. Lehrbuch der Anatomie der Haustiere, Bd. 1 Bewegungsapparat. 8. Aufl. Stuttgart: Parey Verlag in MVS Medizinverlage Stuttgart; 2004)

Trotz der Festigkeit des Knochenmaterials lässt sich ein Knochen umformen und trainieren. Durch Belastungen, Wachstum, Krankheiten oder Verletzungen ist der Knochen ständigen Umbauvorgängen unterworfen. Dieser Umbau geschieht allerdings nicht kurzfristig, sondern erstreckt sich über Wochen, Monate und Jahre hinweg.

Man unterscheidet verschiedene Arten von Knochen: Röhrenknochen (Beispiel: Femur), platte Knochen (Beispiel: Skapula), kurze Knochen (Beispiel: Kronbein) und unregelmäßige Knochen (Beispiel: Wirbel).

Die Röhrenknochen bilden im Gegensatz zu den kurzen und platten Knochen eine Markhöhle aus (► **Abb. 2.2**). Diese Markhöhle beinhaltet das fettreiche Knochenmark (Medulla ossium), das aus retikulärem Gewebe besteht. Dieses enthält Stammzellen, die beim jungen Pferd für die Blutbildung zuständig sind. Im Alter wird das rote Knochenmark zum Fettmark (gelbes Knochenmark) umgewandelt, womit schließlich keine Blutzellen mehr gebildet werden können.

Die platten und kurzen Knochen hingegen besitzen keine Markhöhle. Diese Knochen bestehen aus Spongiosa, einem geflechtartigen Gewebe. Die Hohlräume der Spongiosa sind mit rotem Knochenmark ausgefüllt, das zeitlebens die Fähigkeit zur Blutbildung hat.

Die Spongiosa ist bei kurzen und platten Knochen mit einer sogenannten Knochenrinde, der Kortikalis, umgeben. Die Röhrenknochen sind nur an den Knochenenden mit einer Spongiosa ausgestattet und von der Kompakta umhüllt. Umgeben ist der Knochen schließlich mit dem Periost (Knochenhaut), das aus straffem Bindegewebe, der Fibrosa sowie der Kambiumschicht (Osteoblastenzone) besteht.

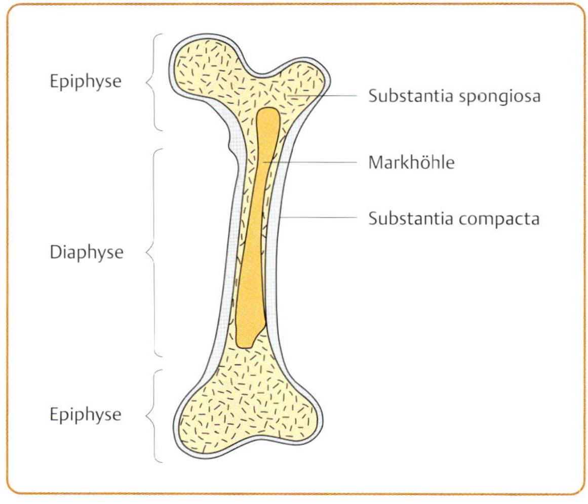

► **Abb. 2.2** Schnitt durch einen Röhrenknochen.

Vom Periost ausgehend verlaufen Blutgefäße und kollagene Faserbündel in den Knochen hinein, um diesen zu ernähren. Im Periost befinden sich außerdem Nervenbahnen. Bei Knochenverletzungen wie Brüchen schmerzt somit nicht der Knochen an sich, sondern das Periost.

Die parallel zur Knochenachse verlaufenden Blutgefäße nennt man Havers-Kanäle, die senkrecht angelegten Blutgefäße hingegen heißen Volkmann-Kanäle. Die Blutgefäße stehen mit den Knochenzellen, den Osteozyten, in Verbindung, um diese zu ernähren. Die Osteozyten unterscheiden sich in Osteoblasten (knochenaufbauende Zellen) und Osteoklasten (knochenabbauende Zellen). Die Osteozyten sind zwischen Lamellenstrukturen eingelagert, die kollagene Fasern enthalten und – je nach Verlauf – auf Zug oder Druck belastbar sind.

Ossifikation

Die Knochenbildung (Ossifikation) kann auf verschiedenen Wegen entstehen. Bei der **desmalen Osteogenese** entsteht der Knochen direkt aus dem embryonalen Bindegewebe. Vor allem die Knochen des Schädels werden auf diese Weise gebildet.

Die weiteren Skelettanteile werden über die **chondrale Osteogenese** gebildet, wobei aus dem Mesenchym zunächst knorpelige Strukturen (hyaliner Knorpel) entstehen, die schließlich verknöchern.

Man unterscheidet hierbei wiederum zwischen der **enchondralen Ossifikation**, der Verknöcherung von innen her, und der **perichondralen Ossifikation**, der Verknöcherung von außen. Bei der enchondralen Osteogenese kommt es im Bereich der Epiphysenfugen durch Chondroklasten (zuständig für den Knorpelabbau) und Osteoblasten (verantwortlich für den Knochenaufbau) zu einem ständigen Umbau, der das Längenwachstum des Knochens bewirkt. Bei der perichondralen Ossifikation lagern sich auf dem Perichondrium (Knorpelhaut) Osteoblasten ab, wodurch es zum Dickenwachstum des Knochens kommt.

Die zwischen der Diaphyse (Knochenschaft) und den Epiphysen (Knochenenden) liegende **Epiphysenfuge** verknöchert mit Abschluss des Knochenwachstums. Der Zeitpunkt für den Schluss der Epiphysenfugen ist sehr unterschiedlich, da sich manche Wachstumsfugen bereits vor der Geburt, andere erst nach mehreren Jahren schließen. Beim Pferd wird der Schluss der distalen Radiusepiphysenfuge als Gradmesser für die Belastbarkeit herangezogen. Diese verknöchert mit 22–28 Monaten.

Die letzten Epiphysenfugen aber – die des Sakrums und die Knorpelkappen der Dornfortsätze – schließen sich allerdings erst mit etwa 5 Jahren, sodass den Reitpferden eine entsprechende Belastung bis zu diesem Zeitpunkt nicht zugemutet werden sollte. Gerade der Rückenbereich muss in der Lage sein, das zusätzliche Reitergewicht zu kompensieren. Der eklatant hohe Prozentsatz der schon in jungen Jahren mit Rückenproblemen behafteten Reitpferde spricht für sich.

Letztendlich darf der Schluss der Epiphysenfugen nicht als alleiniges Kriterium für die Belastbarkeit von Reitpferden herangezogen werden. Berücksichtigt werden müssen auch die Gelenke, Sehnen und Bänder und nicht zuletzt die Art und Intensität der Belastung.

Merke
Die Verknöcherung der letzten Epiphysenfugen (Sakrum) ist mit 5 Jahren abgeschlossen. Mit Ablauf dieser Zeit ist in der Regel auch der Zahnwechsel vollzogen.

Nach dem Wachstumsabschluss der Knochen sind diese aber noch durchaus formbar. Es findet ein laufender Mineralstoffwechsel im Knochen statt. Die Struktur des Knochens folgt langfristig der funktionellen Anforderung, sie stellt sich also auf die Belastung ein. Darum sind nicht nur Muskeln, sondern auch Knochen trainierbar. Bei größeren Belastungen wird auch die Knochenfestigkeit erhöht. Körperliches Training festigt deshalb die Knochenstruktur, weil sie sich den Anforderungen anpasst. Diese Anpassung dauert im Falle der Knochensubstanz aber einige Jahre.

Bei Schonung (aber auch bei Fehlernährung) hingegen erfolgt ein relativ rascher Knochenabbau. Die Knochen werden brüchig und verlieren an Festigkeit. Starke Knochen erhält das Pferd also durch viel Bewegung und ein wohl dosiertes Training mit mäßiger Belastung. Überlastungen hingegen schwächen die Strukturen.

2.3.2 Die Gelenke

Gelenke sind als Knochenverbindungen definiert. Man unterscheidet echte von unechten Gelenken. Bei Ersteren liegt ein Gelenkspalt vor, man spricht von einer Diarthrose (= gelenkige Verbindungen zwischen 2 oder mehreren Knochen). Bei Letzteren handelt es sich um spaltfreie Knochenverbindungen, die als Synarthrosen, Fugen oder Haften bezeichnet werden. Unechte Gelenke sind mit knorpeligen oder bindegewebigen Knochenverbindungen ausgestattet. Für knorpelige Verbindungen stehen beispielsweise die Bandscheiben, für bindegewebige die Suturen (Schädelnähte).

Diarthrosen können kongruente oder nicht kongruente Gelenke darstellen. Bei kongruenten Gelenken passt der Gelenkkopf exakt in die Gelenkpfanne des Knochenpartners (zum Beispiel Hüftgelenk). Bei nicht kongruenten Gelenken fügen sich die gelenkigen Verbindungen nicht ineinander. Deshalb muss ein Ausgleich über Knorpelscheiben, sogenannte Disken oder Menisken, geschaffen werden. Menisken teilen Gelenke nur unvollständig und finden sich im Kniegelenk. Ein Diskus (Discus articularis) besteht aus Faserknorpel und gleicht die Inkongruenzen der Gelenkflächen aus. Einen Diskus findet man beispielsweise im Kiefergelenk. Unterschieden wird der Discus articularis, der Inkongruenzen in echten Gelenken

▶ **Tab. 2.2** Gelenkformen.

Gelenkart	Beispiel	Beschreibung	Bewegungsrichtung
Sattelgelenk	Hufgelenk, Krongelenk	2-achsiges Gelenk in Form eines Sattels	Extension, Flexion, Abduktion, Adduktion
Kugelgelenk	Schultergelenk	vielachsiges, kongruentes Gelenk mit einem Gelenkkopf und einer Gelenkpfanne	in alle Richtungen
Nussgelenk	Hüftgelenk	Sonderform des Kugelgelenks, bei dem die Gelenkpfanne den Gelenkkopf stärker umfasst	in alle Richtungen mit Einschränkungen aufgrund des stärker umfassten Gelenkkopfs durch die Pfannenränder
Ellipsoidgelenk (Eigelenk)	Atlantookzipitalgelenk	Gelenkpfanne (konkav) und Gelenkkopf (konvex) mit jeweils oval geformtem Querschnitt	Extension, Flexion, Abduktion, Adduktion
Zapfen-/Radgelenk	Atlantoaxialgelenk	Gelenkpartner sind walzen- und rinnenförmig ausgebildet, der Zapfen dreht sich innerhalb der Rinne	Rotation
Scharniergelenk	Humeroulnargelenk, Fesselgelenk	Sonderform des Walzengelenks mit zusätzlicher Führungsschiene („Kamm"), um eine bessere Richtungsfixierung zu erreichen	Extension, Flexion
Schlittengelenk	Femoropatellargelenk	2 knöcherne Erhöhungen bilden eine Art Schiene, in der der Partnerknochen gleiten kann	Gleitbewegung
Schnappgelenk	Ellbogen- und Sprunggelenk	Sonderform des Scharnier- oder Schraubengelenks	Extension, Flexion
Schraubengelenk	Sprunggelenk	schräg gestellte, stärker ausgeprägte Führungskämme fixieren die Bewegungsrichtung	Extension, Flexion
Walzengelenk	–	Gelenk in Walzenform mit mehreren Unterarten, wie Scharnier-, Schrauben-, Spiral-, Schnapp- und Schlittengelenk	Extension, Flexion
Schiebegelenk	Wirbelgelenk	die Gelenkflächen verschieben sich in einer Ebene gegeneinander	Gleitbewegung

ausgleicht, vom Discus intervertebralis, der Bandscheibe. Diese stellt eine faserknorpelige Knochenverbindung (Symphyse) zwischen den Wirbeln dar und ersetzt eine gelenkige Verbindung durch ihre flexible und abpuffernde Eigenschaft.

Die Bauart der Gelenke ist abhängig von ihrer Funktion. Die Funktionalität bestimmt jedoch auch die Form eines Gelenks. Somit sind Funktion und Struktur stets voneinander abhängig – ein wichtiger osteopathischer Grundsatz, s. Kap. Abhängigkeit von Struktur und Funktion (S. 111). Darum haben sich sehr unterschiedliche Gelenkformen herauskristallisiert (▶ Tab. 2.2).

Gelenkaufbau

Die aufeinandertreffenden Knochenenden sind jeweils mit einem hyalinen Knorpel überzogen, der mit seiner glatten Oberfläche für eine sprichwörtliche reibungslose Bewegung zwischen den Gelenkpartnern sorgt. Der Gelenkknorpel dient außerdem als Puffer und ist in der Lage, Stöße abzufangen. Aus diesem Grund besitzt das Pferd beispielsweise im Karpal- und Sprunggelenk gleich mehrere Knochenreihen (▶ Abb. 2.3), mit den jeweiligen knorpeligen Anteilen, was zu einer überaus guten Stoßdämpfung führt.

Der Gelenkknorpel wird über die Gelenkflüssigkeit, die Synovia, ernährt. Diese viskose, in gesundem Zustand klare Flüssigkeit, deren Hauptbestandteile Proteoglykane und Glykosaminoglykane (Hyaluronsäure) sind, bildet sich in der Innenschicht der Gelenkkapsel, der sogenannten Membrana synovialis. Die Bildung der umgangssprachlich genannten Gelenkschmiere wird allerdings durch Wechseldruckbelastungen angeregt. Diese erreicht man durch Bewegung des Gelenks (Be- und Entlasten im Wechsel).

Ein ruhendes, nicht bewegtes Gelenk (Boxenruhe, Verletzung) wird unterversorgt. Aufgrund fehlender Nährstoffe können in der Folge Ausfaserungen des Gelenkknorpels auftreten. Diese Knorpelschäden zeigen sich schließlich in Form von Arthrosen. Dies ist ein Grund, weshalb lahme Pferde so früh wie möglich wieder in Bewegung gebracht werden sollen. Die früher übliche, absolute Boxenruhe wird von den meisten Tierärzten nur noch in Ausnahmefällen verordnet. Ist eine dosierte Bewegung ohne Belastung der verletzten Struktur (Führen oder moderate Bewegung im Auslauf) jedoch nicht möglich, sollte der Pferdetherapeut die Gelenke des Pferdes zumindest passiv bewegen, um die Bildung der Synovia anzuregen und die Ernährung des Gelenkknorpels sicherzustellen.

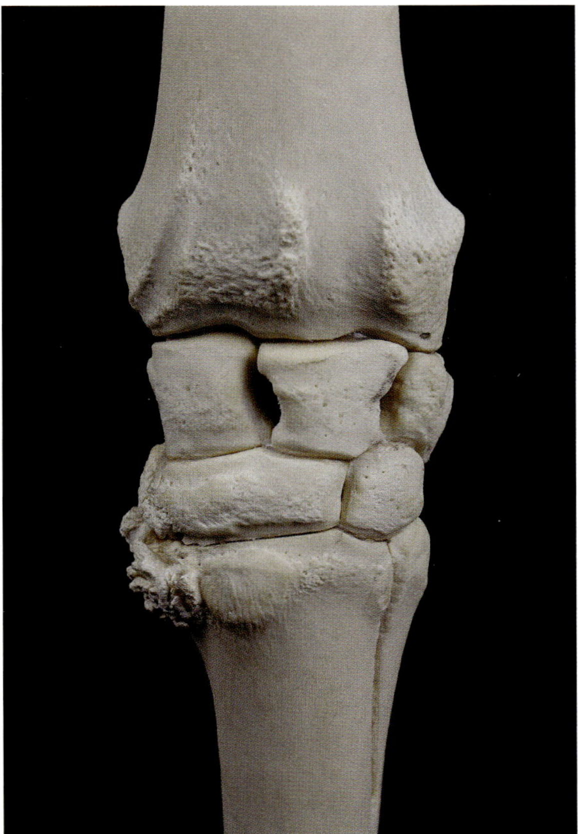

▶ **Abb. 2.3** Mehrere Knochenreihen – wie hier beim Karpalgelenk – erhöhen die Stoßdämpfung, da in jeder Knochenreihe ein Knorpel dazwischengeschaltet ist. Dieses Präparat zeigt an der medialen Seite eine pathologische Knochenzubildung.

Die Gelenkkapsel (Capsula articularis) besteht aus 2 Schichten. Die oben angeführte Synovialmembran stellt die innere Auskleidung der Gelenkkapsel dar, die äußere Schicht (Stratum fibrosum) ist aus straffem, kollagenem Bindegewebe aufgebaut und geht jeweils in das Periost des jeweiligen Knochenpartners über. Die Synovia bildende Membrana synovialis ist mit vielen Nerven und Blutgefäßen durchzogen.

Der Knorpel

Knorpelgewebe ist weicher, elastischer und biegsamer als Knochenstrukturen. Trotzdem dienen Knorpel mitunter als Stützgewebe im Körper und sind überall dort vorhanden, wo mechanische Zug- und Druckkräfte aufgefangen werden müssen. Knorpelige Strukturen sind die Bandscheiben, das Nasenseptum, die Ohrknorpel, die Trachea, die Rippenknorpel und die Knochenenden. Die extrazelluläre Matrix des Knorpels besteht aus etwa 70 % Wasser, das an Proteoglykane (vor allem Aggrecan, das an Hyaluronsäure – eine Untergruppe von Glykosaminoglykanen – gekoppelt ist) gebunden ist. Weitere Hauptbestandteile sind Kollagenfasern (vorwiegend Typ-II-Kollagen), in denen die Proteoglykane eingebettet sind.

> **Merke**
> **Im Knorpelgewebe verlaufen keine Nerven und nur in Ausnahmefällen Blutgefäße. Die Knorpelstruktur wird von ihrer Umgebung durch Diffusion ernährt.**

Aufgrund der Faserstruktur unterscheidet man verschiedene Knorpelarten:

- **hyaliner Knorpel:** Im bläulichen, hyalinen Knorpel sind größere Mengen von Chondroitinsulfat eingebunden. Kollagene Fasern (Typ II) sind unter dem Mikroskop nicht nachzuweisen. Hyaliner Knorpel besitzt selbst keine Blutgefäße. Die Knorpelmatrix wird durch Diffusion versorgt. Vorkommen: Nasenseptum, Kehlkopf, Trachea, Rippenknorpel, Primordialskelett (knorpelig angelegte Skelettstrukturen) und Gelenkknorpel.
- **Faserknorpel:** Die Belastbarkeit des Faserknorpels ist geringer als die des hyalinen Knorpels. Faserknorpel stellt eine Art Übergang zum faserreichen Bindegewebe dar und entsteht durch Umwandlung von Fibroblasten zu Chondrozyten, welche durch Zug- und Druckbelastung ausgelöst wird. Die Kollagenfasermengen vom Typ II sind typisch für den Faserknorpel. Er enthält aber auch die hauptsächlich im Bindegewebe vorkommenden Typ-I-Kollagenfasern. Vorkommen: Menisken, Discus intervertebralis (Bandscheiben), Discus articularis (Beispiel: Kiefergelenk), Labrum glenoidale des Schultergelenks und Symphysis pubica.
- **elastischer Knorpel:** Er ähnelt dem hyalinen Knorpel, hat jedoch eine gelbliche Farbe. Es sind zusätzliche, elastische Fasern (Elastin, Fibrillin) eingebettet. Vorkommen: Epiglottis und Ohrtrompete.

> **Merke**
> **Im Knorpel ist die Druckfestigkeit höher als die Zugfestigkeit!**

2.3.3 Knochen und Gelenke des Kopfes

Der Schädel setzt sich aus verschiedenen Knochenplatten zusammen, die über die Suturen (Knochennähte) verbunden sind. Die genaue Kenntnis der Lage von Suturen und Schädelknochen ist insbesondere für die kraniosakrale Therapie von großer Bedeutung (▶ **Abb. 2.4**). Am Kopf finden sich folgende Knochen: Os occipitale (Hinterhauptsbein), Os sphenoidale (Keilbein), Os parietale (Scheitelbein), Os interparietale (Zwischenscheitelbein), Os ethmoidale (Siebbein), Os temporale (Schläfenbein), Os nasale (Nasenbein), Os lacrimale (Tränenbein), Os zygomaticum (Jochbein), Maxilla (Oberkiefer), Mandibula (Unterkiefer) und Os incisivum (Zwischenkieferbein).

Hierbei unterscheidet man die Knochen der Mittellinie (Os occipitale, Os ethmoidale, Vomer, Os sphenoidale), die nach kraniosakralem Verständnis eine Flexions-Extensionsbewegung ausführen, und die peripheren, paarigen Schädelknochen, die sich in einer Innen- und Außenrotation bewegen.

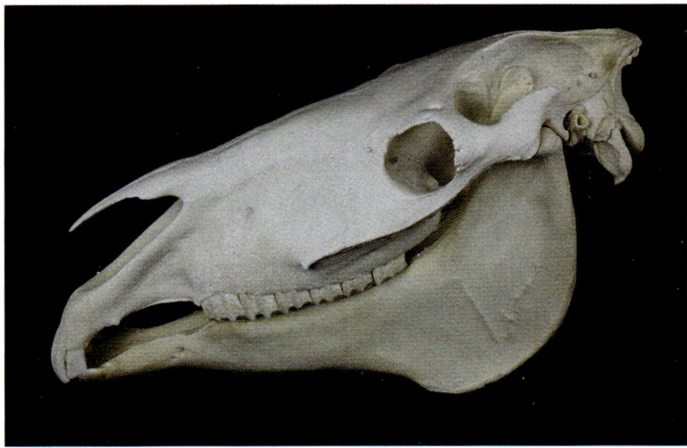

▶ **Abb. 2.4** Der Schädel des Pferdes setzt sich aus verschiedenen Knochenplatten zusammen, die über die Suturen verbunden sind.

Suturen

Lebende Schädelnähte sind für Flüssigkeiten, Nerven, Lymph- und Blutgefäße durchlässig. Suturen bestehen aus fibrösem Gewebe und lassen eine minimale Bewegung in Exspiration (Zusammenziehen) und Inspiration (Ausdehnung) zu. Ist die Ausdehnung eingeschränkt – beim Menschen beispielsweise durch das Tragen eines engen Hutes oder Stirnbands – kommt es zu Kopfschmerzen.

Man unterscheidet nach ihrer Form drei Arten von Suturen (S. 127):

- schuppige Suturen (Sutura squamosa)
- gezähnte Suturen (Sutura serrata oder denticulata)
- glatte Suturen (Sutura plana)

Articulatio temporomandibularis (Kiefergelenk)

Therapeutisch höchst bedeutsam ist das Kiefergelenk. Es handelt sich um ein inkongruentes Gelenk, welches mit einem Discus articularis versehen ist, um die Inkongruenz auszugleichen. Das Kiefergelenk wird vom Os temporale und der Mandibula gebildet.

Das Articulatio temporomandibularis steht mit dem Zungenbein, den Zähnen, den Schädelstrukturen und der Halswirbelsäule vor allem über Muskel- und Faszienverbindungen unmittelbar in Kontakt. Es beeinflusst allerdings auch entfernter liegende Körperteile, dabei insbesondere das (kontralaterale) Hüftgelenk und seine umgebenden Strukturen.

Das Kiefergelenk wirkt direkt auf das Kauverhalten des Pferdes ein. Somit unterliegen diverse Gebissveränderungen, wie Zahnhaken und Gebissanomalien, unmittelbar Blockierungen des Kiefergelenks oder Diskusverlagerungen aufgrund unphysiologischer Kaubewegungen.

Das Os hyoideum (Zungenbein)

Das Zungenbein ist unterhalb der Mandibula über muskuläre und fasziale Verbindungen aufgehängt. Es korrespondiert mit dem Unterkiefer, dadurch mit dem Kiefergelenk, dem Schädel und dient der Zunge als Stütze.

Das Os hyoideum gleicht über seine aufgehängte Position Muskelspannungen aus. Es beeinflusst auf diese Weise auch das Gehör und ist sehr wahrscheinlich bedeutsam für das Gleichgewicht des Pferdes. Treten Asymmetrien im Muskel- und Fasziensystem in Form von Verspannungen auf, hat dies eine direkte Rückkopplung auf die Stellung des Zungenbeins.

Das Zungenbein lässt sich lediglich am Processus lingualis palpieren und dessen Lage beurteilen, s. Kap. Os hyoideum (Zungenbein) (S. 200).

2.3.4 Die Wirbelsäule sowie Knochen und Gelenke des Rumpfes

Die Wirbelsäule teilt sich in 5 Abschnitte auf. Man unterscheidet die Halswirbelsäule mit 7 Wirbeln, die Brustwirbelsäule mit 18 Wirbeln, die Lendenwirbelsäule mit 5–6 Wirbeln, das über 5 Wirbel zusammengewachsene Kreuzbein und die Schweifwirbelsäule mit 18–21 Schweifwirbeln.

Bis auf einige Ausnahmen ist die Bauart aller Wirbel identisch (▶ **Abb. 2.5**), auch wenn das Aussehen aufgrund unterschiedlich langer Dorn- oder Querfortsätze oder verschiedener Wirbelkörpergrößen differiert.

Der Wirbelkörper (Corpus vertebrae) besitzt jeweils dorsal einen Wirbelbogen (Arcus vertebrae), durch den das Wirbelloch (Foramen vertebrale) gebildet wird. Durch die Wirbellöcher aller Wirbel, den sogenannten Wirbelkanal, verläuft das Rückenmark. Der Wirbelbogen verfügt dorsal über einen mehr oder weniger ausgeprägten Dornfortsatz sowie lateral zu jeder Seite einen Querfortsatz. Seitlich sorgen die Foramen intervertebrale für eine Durchtrittsmöglichkeit der Nervenbahnen, die weiter in die Peripherie führen. Zwischen den Wirbelkörpern sitzen in der Regel faserknorpelige Zwischenwirbelscheiben (Bandscheiben). Eine Ausnahme bildet die Verbindung zwischen Atlas und Axis aufgrund ihrer besonderen Zapfenverbindung. Auch zwischen Okziput und Atlas ist keine Bandscheibe eingebettet. Die 1. Bandscheibe findet man darum erst zwischen dem 2. und 3. Halswirbel.

Die eingangs beschriebene „normale“ Wirbelanzahl kann durchaus abweichen, Anomalien sind hier keine Seltenheit. Vor allem ist die Tendenz zu einer abweichenden Wirbelanzahl bei einigen Rassen zu erkennen. So haben Esel und Araber oft nur 5 Lendenwirbel, während die meisten anderen Pferderassen 6 Lendenwirbel aufweisen. Beim Achal Tekkiner und Andalusier finden sich häufig sogar 7 Lendenwirbel. In Ausnahmefällen kann das Kreuzbein aus 4 oder auch mal 6 Wirbeln bestehen.

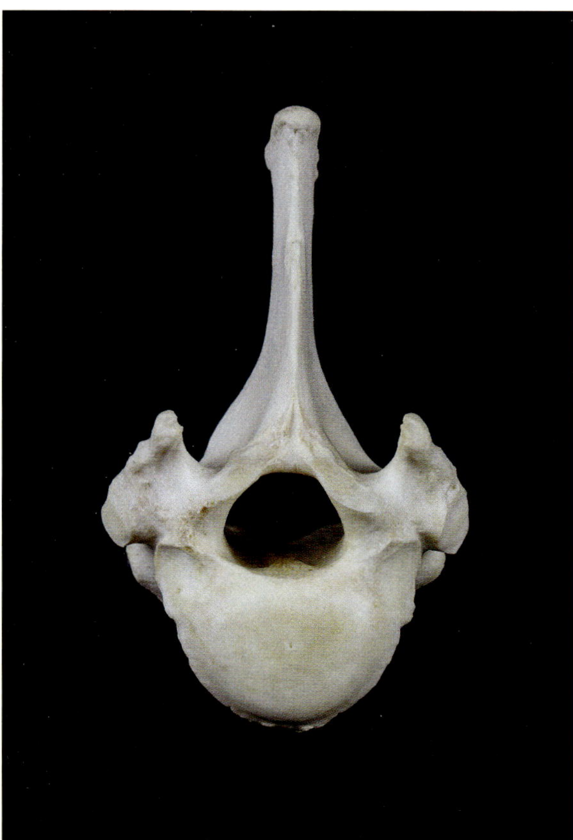

▶ **Abb. 2.5** Der 14. Brustwirbel von kranial.

Die gesamte Konstruktion der Wirbelsäule ist mit einer Hängebrücke vergleichbar, was sie sehr tragfähig macht. Die Wirbelsäule dient zudem als Kraftübertragung des Schubes von der Hinterhand auf die Vorhand beziehungsweise bis ins Genick.

Eine – wie in verschiedenen Reitlehren geforderte – gleichmäßige Biegung der Wirbelsäule bei Lektionen wie Volten oder Zirkel ist physiologisch gar nicht möglich, weil die Wirbelsäulenabschnitte unterschiedliche Bewegungsmöglichkeiten in Richtung Lateroflexion aufweisen. Am größten ist die laterale Biegsamkeit in der Halswirbelsäule. Die Brustwirbelsäule lässt sich nur eingeschränkt seitlich flektieren, weil die Rippen eine extreme Bewegung einschränken. Bei der Lendenwirbelsäule verhindern die langen Querfortsätze eine übermäßige seitliche Biegung.

Damit das Pferd dennoch geradegerichtet – sprich eingespurt – laufen kann, müssen insbesondere bei engen Wendungen bestimmte Wirbelabschnitte (beispielsweise Halswirbelsäule) stärker flektiert werden, um die weniger flexiblen Wirbelsäulenabschnitte (Brustwirbelsäule) zu kompensieren. Auf diese Weise ist es dem Pferd möglich, auch auf sehr engen Volten ausbalanciert zu laufen.

Die Halswirbelsäule

Die 7 Wirbel der Halswirbelsäule sind s-förmig angeordnet. Diese Form mit seinem Bogenwechsel zwischen dem 3. und 4. Halswirbel ergibt eine rechtwinklige Abstellung zum Zügelverlauf des gerittenen Pferdes. Daraus ergeben sich im mittleren Wirbelsäulenbereich ungünstige Shiftbewegungen, wenn der Reiter am Zügel zieht (▶ **Abb. 6.19**). Diese unphysiologische Bewegung versucht das Pferd zu vermeiden, indem es muskulär dagegen arbeitet. Somit ergeben sich häufig muskuläre, fasziale und infolgedessen auch artikuläre Blockierungen im gesamten Halswirbelbereich.

Der Atlas ist über 2 Ellipsoidgelenke mit dem Os occipitale verbunden. Dem Pferd wird dadurch ermöglicht, eine Nickbewegung auszuführen, was dem Gelenk umgangssprachlich auch den Namen „Ja-Sage-Gelenk“ eingebracht hat. Eine geringfügige Lateroflexion ist dennoch möglich.

Die Knochenverbindung zwischen Atlas und Axis gelingt durch eine Zapfenkonstruktion des Axis. Der Dens axis (Dens = Zahn) ist ein Knochenvorsprung, der in das Wirbelloch des Atlas hineinragt. Durch diese bandscheibenlose Gelenkverbindung ist es dem Pferd möglich, den Kopf zu rotieren, wodurch das Gelenk auch den Beinamen „Nein-Sage-Gelenk“ erhalten hat.

Während den Atlas ein gedrungener Wirbelkörper mit breiten Flügeln, die gut palpierbar sind, auszeichnet, zeigt sich der Axis lang und schlank. Der 2. Halswirbel ist der längste Wirbel des Pferdes und aufgrund seiner schmalen Form nur schwer palpierbar.

Die Wirbelkörper der restlichen Halswirbelsäule sind sehr formidentisch. Sie besitzen nur ansatzweise vorhandene Dorn- und Querfortsätze und sind durch Schiebegelenke miteinander verbunden. Die Größe der Wirbel nimmt nach kaudal hin stetig ab. Die Halswirbelsäule lässt aufgrund ihrer Wirbelkonstruktion eine große Beweglichkeit zu.

Hinweis

Im kranialen Bereich der Halswirbelsäule lassen sich Wachstumsfugen bis zum 4. Lebensjahr, im kaudalen Bereich bis zum 5. Lebensjahr nachweisen!

Die Brustwirbelsäule

Die Wirbel der Brustwirbelsäule zeichnen sich durch lange Processus spinosi aus. Vom 1. bis zum 5. Brustwirbel nimmt deren Länge zu, sodass am Widerrist die längsten Dornfortsätze aufzufinden sind. Mit kaudalem Verlauf verringert sich die Länge der Dornfortsätze wieder. Dies führt optisch zu einer lordotischen Rückenform, während die Brustwirbelsäule allerdings real in einer Kyphose steht. Dies ist auch nötig, da sie ansonsten nicht tragfähig wäre (▶ **Abb. 2.6**).

▶ **Abb. 2.6** Der tiefste Punkt der Sattelsitzfläche (Pfeil) sollte mit dem tiefsten Punkt des Pferderückens übereinstimmen.

Im kranialen Bereich zeigen die Processus spinosi nach kaudodorsal und schwenken nach dem 14. – 16. Brustwirbel nach kraniodorsal um. Um den 15. Brustwirbel stehen die Dornfortsätze senkrecht. Der 4. oder 5. Brustwirbel kennzeichnet den höchsten Punkt des Widerrists. Jeder Brustwirbel hat Kontakt zu jeweils 2 Rippen an jeder Seite, die dem Körper eine zusätzliche Stütze bieten.

Merke

Auf den Brustwirbeln mit kraniodorsal gerichteten Dornfortsätzen sollte kein Reitergewicht mehr lasten, da es dem Pferd ansonsten unmöglich wird, die Kraft für die Rückenaufwölbung aufzubringen. Würde die Hauptlast auf schräg angeordneten Dornfortsätzen liegen, käme es über die Hebelwirkung zu starken Wirbelflektierungen beziehungsweise -extensierungen.

Der Schwerpunkt des Sattels und somit des Reiters muss mit dem Tiefpunkt des Pferdes übereinstimmen. Dieser ist identisch mit der Lage des 14. – 16. Brustwirbels, deren Dornfortsätze senkrecht stehen.

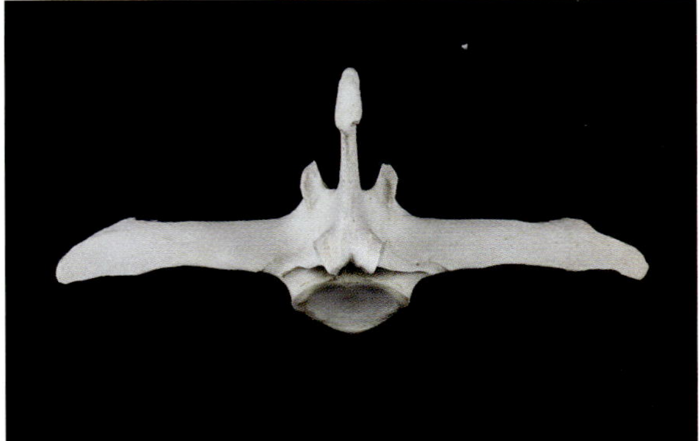

▶ **Abb. 2.7** Der 3. Lendenwirbel mit den typischen ausgeprägten Querfortsätzen.

Die Lendenwirbelsäule

5–6 Lendenwirbel mit ausgeprägten Querfortsätzen (▶ **Abb. 2.7**) bilden eine freitragende Wirbelkonstruktion im Anschluss an die Brustwirbelsäule. Die breiten, ausladenden Querfortsätze sind entwicklungsgeschichtlich zurückgebildete Rippen, die nun horizontal einen Schutz für die darunter liegenden Organe bieten. Weil stützende Rippen fehlen, ist die Lendenwirbelsäule als Schwachpunkt der gesamten Wirbelsäule anzusehen. Rückenproblematiken des Pferdes schließen die Lendenwirbelsäule fast immer mit ein, oft ist die Lendenwirbelsäule auch der primäre Auslöser.

An präparierten Skeletten fällt auf, dass die letzten beiden Lendenwirbel an den Enden der Querfortsätze oftmals miteinander verwachsen sind (▶ **Abb. 6.43**). Diese Verwachsungen verhindern schließlich eine Lateroflexion dieses Wirbelsäulenabschnitts und sind als pathologische Verschleißerscheinung zu betrachten. Überlegungen gehen allerdings dahin, diese Erscheinung aufgrund der Häufigkeit ihres Auftretens als normalen Entwicklungsprozess anzusehen. Die schmerzhaften Entzündungsprozesse während des Verwachsungsprozesses und die nachfolgende Bewegungseinschränkung dieses Lendenwirbelsäulenabschnitts werden damit allerdings nicht legitimer.

Das Sakrum

Das Kreuzbein nimmt eine Schlüsselposition der Hinterhand des Pferdes ein, da es die einzige knöcherne Verbindungsstelle vom Rumpf zu den hinteren Extremitäten darstellt. Aus diesem Grund wirken große Kräfte auf den aus 5 Wirbeln zusammengewachsenen Knochen ein, der somit häufigen Läsionen in Form von Kippungen über verschiedene Achsen unterworfen ist (▶ **Abb. 2.8**). Aufgrund der physiologischen Wirbelverschmelzung erreicht das Kreuzbein in sich eine große Stabilität.

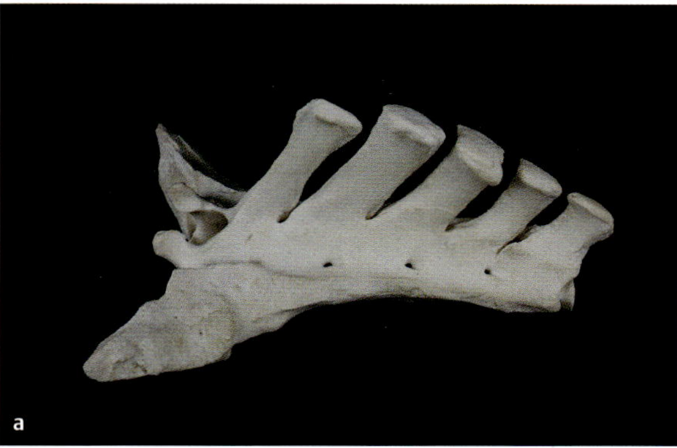
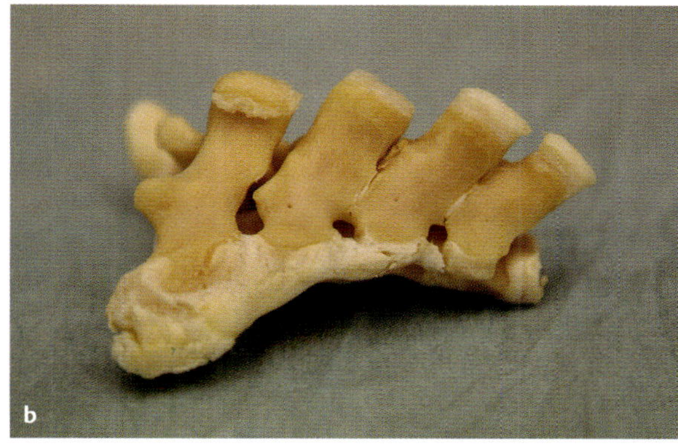

▶ **Abb. 2.8** Die 5 Kreuzbeinwirbel des Sakrums verknöchern beim Pferd mit etwa 5 Jahren.
a Sakrum eines erwachsenen Pferdes.
b Noch nicht verknöchertes Sakrum eines jungen, etwa 1½-jährigen Pferdes.

Damit das Becken bei Lektionen, die ein deutliches Untertreten der Hinterhand erfordern, abkippen kann, muss das Pferd hierfür auch das gesamte Kreuzbein senken. Dazu wird der gelenkige Übergang vom letzten Lendenwirbel zur Kreuzbeinbasis (Lumbosakralgelenk) stark beansprucht.

Über 2 bumerangförmige Gelenkflächen an der Kreuzbeinbasis besteht Kontakt zum Ilium und somit zur Hinterhand des Pferdes. Das Iliosakralgelenk ist ein straffes Gelenk, das nur wenig Bewegung zulässt, aber großen Kräften ausgesetzt ist. Dies hat häufige Läsionen in Form von Blockierungen und Reizungen zur Folge.

Merke

Die Verwachsungen der Kreuzbeinwirbel sind beim Pferd erst im Alter von etwa 5 Jahren abgeschlossen. Die reiterlichen Belastungen sollten darauf ausgerichtet werden.

Das Sakrum spielt eine Schlüsselrolle im kraniosakralen System. Über diesen Knochen können über den Duralschlauch viele weitere Strukturen beeinflusst werden, s. Kap. Sakrum im kraniosakralen System (S. 131).

Die Schweifwirbel

Die Zahl der Schweifwirbel schwankt in der Regel zwischen 18 und 21. Die ersten beiden Schweifwirbel sind noch im Rumpf des Pferdes integriert. Mit kaudalem Verlauf reduziert sich die Größe der Wirbel, bis schließlich nur noch rudimentäre Knochenfragmente vorhanden sind.

Die Schweifrübe sollte sich in alle Richtungen gut bewegen lassen. Einschränkungen und Schweifschiefhaltungen sind häufig muskulärer Natur, können aber auch auf allgemeine Rückenproblematiken hindeuten. Insbesondere kann ein schief gehaltener Schweif in Bewegung ein Hinweis auf eine Kreuzbeinläsion sein.

Die Annahme einer physiologischen Schweifschiefhaltung beim Araber basiert auf der Tatsache, dass diese recht häufig zu beobachten ist. Dennoch zeigen Erfahrungswerte, dass Araber exterieurbedingt nicht selten mit einem extensierten und lateroflektierten Sakrum zu kämpfen haben. Aus der Häufigkeit einer auftretenden Läsion kann man keine physiologische Komponente ableiten.

Biomechanische Überlegungen zur Wirbelsäule

Die Verbindungen der Wirbel untereinander unterscheiden sich von denen der übrigen Gelenke. Zunächst korrespondieren die Wirbelkörper über kraniale und kaudale Gelenkflächen miteinander und schließlich über Bandscheiben, die Stöße abfangen und Flexionsbewegungen in nicht fixierter Ebene ermöglichen.

Diese Bewegungsmöglichkeiten werden allerdings von mehreren Faktoren mitbeeinflusst. Zunächst sind die biomechanischen Bewegungsparameter von der genetisch vorgegebenen Lage zueinander abhängig, welche von Pferd zu Pferd erheblich abweichen kann. So kennen wir Pferde mit starkem Senkrücken (Lordose), Karpfenrücken (Kyphose), Schwanen- oder Hirschhals und diversen weiteren Formen. Wo die Grenze einer „normalen" Ausprägung zu einer unphysiologischen ist, ist weder festgelegt noch messbar. Man kann jedoch davon ausgehen, dass, je stärker eine Form von einer imaginären Idealposition abweicht, es umso schwieriger für den Körper ist, diesen Zustand über Stellungen und Bewegungen in den entsprechenden oder weiteren Strukturen (wie Gelenken, Muskeln, Faszien und Bändern) zu kompensieren. Die Folge von nicht oder schlecht kompensierbaren Bewegungen und Stellungen sind fehlendes Bewegungsausmaß, falsche Bewegungsrichtungen und der daraus folgende frühzeitige Verschleiß.

Weitere Faktoren für die Beeinflussung der Bewegungsmöglichkeiten sind die Einwirkung der Schwerkraft, die Ausformung und Ausrichtung der Gelenkfacetten, die Spannungsverhältnisse in den Gelenken, Muskeln, Faszien, Sehnen, Gelenkkapseln und Bändern sowie die Ausformung des Wirbelkörpers an sich.

Hinzu kommen unphysiologische, zusätzliche Belastungen durch das Reitergewicht und mehr oder weniger natürliche Bewegungen aufgrund der geforderten Lektionen innerhalb der jeweiligen Reitweisen. Es ist deshalb sehr schwierig, allgemeingültige Regeln für die Bewegungen und kompensatorischen Ausgleichsbewegungen der Wirbelsäulenabschnitte aufzustellen.

In der Humanosteopathie wurde mehrfach versucht, Gesetzmäßigkeiten zu finden, nach welchen sich die Wirbelsäule physiologisch bewegt. Der Arzt Robert A. Lovett publizierte bereits im Jahr 1907 eine Arbeit mit folgenden Regeln: Jeweils bei einer Seitneigung macht die Lendenwirbelsäule eine Rotation in die Konkavität, die Brustwirbelsäule eine Rotation in die Konvexität und die Halswirbelsäule eine Rotation in die Konkavität. Diese Theorie hat sich in der Praxis aber nicht immer bestätigt.

Harrison H. Fryette (1878–1960), ein Schüler des Osteopathie-Begründers Andrew Taylor Still (1828–1917) (S. 110), hat deshalb eigene Untersuchungen angestellt und seine Ergebnisse über das Verhalten von Wirbelgruppen beim Menschen schließlich in Gesetze zusammengefasst: Nach dem 1. Fryette'schen Gesetz findet in Neutralstellung der Wirbelsäule bei einer Seitneigung eine Rotation zur Gegenseite statt. Macht die Wirbelsäule eine Lateroflexion allerdings aus einer Flexions- oder Extensionsstellung heraus, besagt das 2. Fryette'sche Gesetz, dass die Wirbel zur gleichen Seite rotieren.

Fryette hatte nämlich festgestellt, dass die Rotationsrichtung nicht von der Wirbelsäulenstellung abhängig ist, sondern davon, ob die Gelenkfacetten der Wirbel in Kontakt sind oder nicht. Wenn sich die Gelenkfacetten der Wirbel kontaktieren, ist die Seitneigung und Rotation gleichsinnig. Sind sie es nicht, wie es bei der Neutralstellung die Regel ist, rotieren die Wirbel in die Gegenrichtung.

Die Wirbelsäulenkrümmung kann aber die Öffnung oder Schließung der Gelenkfacetten beeinflussen und ist somit ebenfalls ein entscheidender Faktor für die Rotationsrichtung, legt sie wohl aber nicht zwingend fest. Verschiedene andere Faktoren spielen für die tatsächliche Rotationsrichtung eine zusätzliche Rolle. Aus diesem Grund sind die so formulierten Gesetzmäßigkeiten von Fryette in Fachkreisen nach wie vor umstritten.

Für die Übertragung auf das Pferd muss man weitere Überlegungen anstellen. So könnten die Facetten in der Neutralstellung in einem anderen Kontaktverhältnis als beim Menschen zueinander stehen, schon allein aufgrund der um 90° veränderten Einwirkung der Schwerkraft. Hinzu kommt die veränderte Kräfteverteilung beim Pferd, das ja im Gegensatz zum Menschen seine Last bekanntlich auf 4 Beine verteilt.

Um der Komplexität der Vorgänge in den biomechanischen Wirbelkörperbewegungen dennoch eine Regel abzugewinnen, pauschalisieren viele Experten wie folgt (vgl. Robert A. Lovett): „Jeder lordotische Wirbelsäulenabschnitt rotiert bei einer Lateroflexion in dieselbe Richtung. Jeder kyphotische Wirbelsäulenabschnitt rotiert bei einer Lateroflexion in die Gegenrichtung." Diese Theorie würde allerdings nur greifen, wenn es sich nicht um die Neutralstellung handelte, denn die Überlegungen zu dieser Hypothese beziehen sich unter anderem auf die Verhältnisse von Zugkräften der Bänder. Dabei würden die Bänder auf der konvexen Seite unter Spannung geraten und schließlich zur Seite der Lateroflexion ausweichen, um die Spannung zu verringern. Damit ergibt sich automatisch eine Rotation des Wirbels in die Gegenrichtung bei einer Kyphose und eine Rotation des Wirbels in dieselbe Richtung bei einer Lordose.

Fest steht, dass jede Lateroflexion mit einer gleichzeitigen Rotation der Wirbelkörper verbunden ist. Die Rotationsrichtung kann nach heutigem Wissensstand nicht immer pauschal angegeben werden, da sie abhängig von der Wirbelsäulenkrümmung, dem frühen oder späten Kontakt der Facettengelenke, der Ausformung und Stellung der Gelenke zueinander sowie der Kräfteeinwirkung von außen (Zug durch die Bänder, Schwerkrafteinwirkung, innere und äußere Druckverhältnisse) ist.

Merke

Jede Lateroflexion eines Wirbelkörpers ist gleichzeitig mit einer gleich- oder gegensinnigen Rotation verbunden.

Die Rippen

Die 18 Rippenpaare werden in Trag- und Atmungsrippen unterschieden. Die kranial gelegenen 8 Rippenpaare sind fest mit dem Sternum verwachsen (▸ Abb. 2.9), während die 10 Atmungsrippen über eine knorpelige Verbindung mit dem Brustbein verfügen. Auf diese Weise ist eine Ausdehnung des Brustkorbs bei der Atmung möglich.

Bei der Inspiration bewegen sich die Rippen nach kranial und lateral, wobei sich der Thorax weiten kann. Bei der Exspiration schieben sich die Rippen nach kaudal und medial. Diese Bewegung erinnert an einen Eimer-

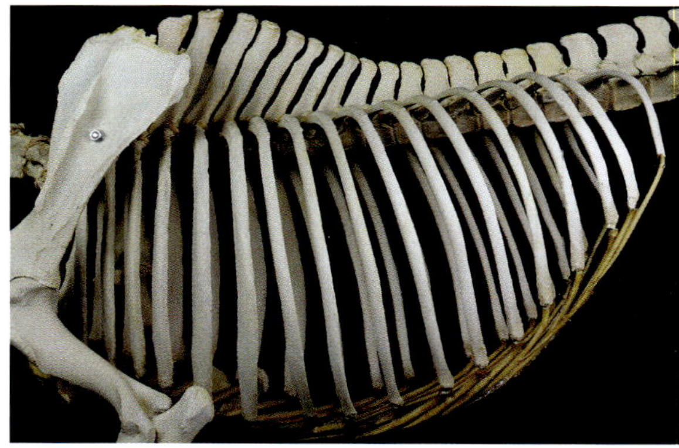

▸ **Abb. 2.9** 18 Rippenpaare korrespondieren direkt mit den Brustwirbeln und dem Sternum und bilden auf diese Weise den Brustkorb.

henkel, deshalb spricht man von einer Eimerhenkelbewegung. Diese wird deutlicher von den kaudalen Rippen ausgeführt, während die kranialen Rippen sich eher wie ein Pumpenschwengel eines Brunnens verhalten, also sich deutlicher lateromedial bewegen. Somit unterscheidet man die überwiegende Pumpenschwengelbewegung der kranialen Rippen von der Eimerhenkelbewegung der kaudalen Costae.

2.3.5 Knochen und Gelenke der Vordergliedmaßen

Die Vorderextremitäten dienen als Stütz- und Auffangapparat für die von der Hinterhand entwickelte Schubkraft. Aufgrund der nicht gelenkigen Verbindung des Schulterblatts mit dem Rumpf des Pferdes (das Pferd hat kein Schlüsselbein), der dafür stark sehnigen und muskulären Befestigung kann die Vorhand eine exzellente Stoßdämpferfunktion erfüllen. Dies ist auch vonnöten, denn das Pferd muss beim Galoppieren und über Sprüngen eine Last von etwa 5–7 Tonnen mit der Vorhand auffangen.

Bestehen fasziale und muskuläre Verklebungen und Verspannungen, ist der Stoßdämpfermechanismus eingeschränkt, was eine Überlastung der gesamten Vorderextremität in all seinen Strukturen zur Folge hat.

Das Vorderbein kann sich vor allem in Protraktion und Retraktion bewegen, eine Supination oder Pronation hat es aufgrund der Verwachsung von Radius und Ulna eingebüßt.

Die Winkelung der einzelnen Gelenke entscheidet über die Belastung der artikulären und muskulären Strukturen. Grundsätzlich gilt: Je spitzer die Gelenkwinkelungen ausgeprägt sind, desto weichere Gänge bietet das Pferd, was allerdings wiederum stärkere Sehnenbelastungen zur Folge hat. Je größer die Winkelung der Gelenke, desto steiler stehen die Knochen der vorderen Extremität zueinander, was folglich harte Gänge und vermehrte Gelenksbelastungen nach sich zieht.

Somit sollte aus züchterischer Sicht ein Mittelmaß angestrebt werden. Als ideale Winkelungen (▸ **Abb. 2.10**) sind zu sehen:

- **Vordergliedmaße**:
  - Schultergelenk: 90–100°
  - Ellbogengelenk: 130–140°
  - Karpalgelenk: 180°
  - Fesselgelenk: 135–140°
  - Hufwinkel zum Boden: 45°
- **Hintergliedmaße**:
  - Hüftgelenk: 90–100°
  - Kniegelenk: 90–100°
  - Sprunggelenk: 130–140°
  - Fesselgelenk: 135–140°
  - Hufwinkel zum Boden: 50°

Weil das Karpalgelenk in seiner gestreckten Haltung mehr Gewicht aufnehmen muss, ist es mit mehreren Knochenreihen ausgestattet, denn jeder der 7–9 Knochen besitzt eine eigene Knorpelfläche, die als Stoßdämpfer fungiert.

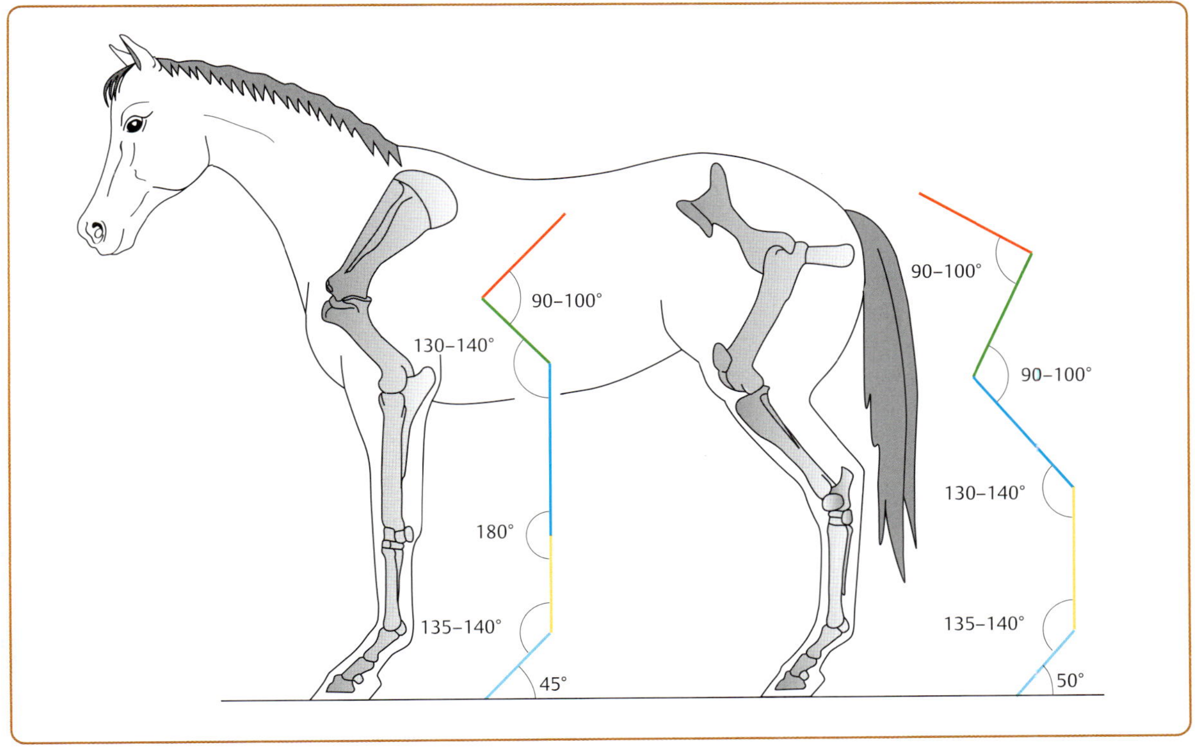

▸ **Abb. 2.10** Die aus züchterischer Sicht idealen Gliedmaßenwinkelungen.

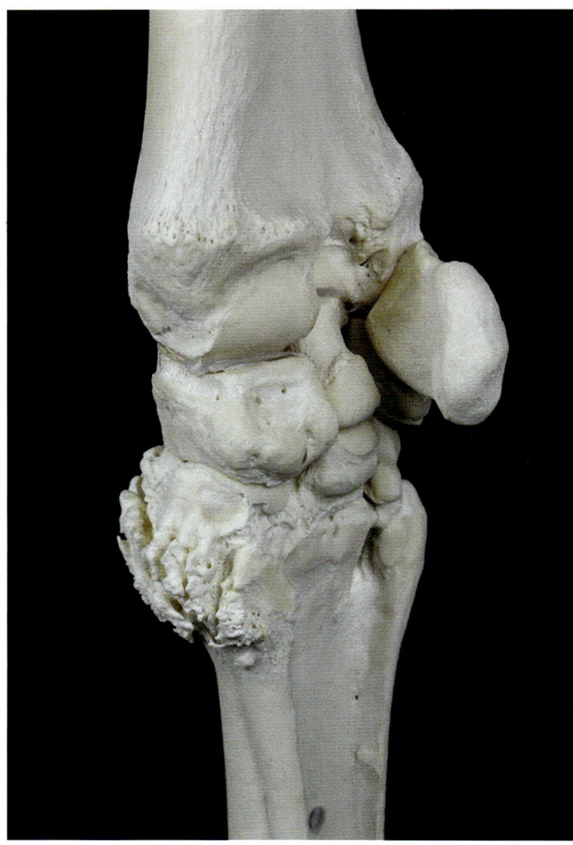

▸ **Abb. 2.11** Das Os carpi accessorium gehört zur proximalen Reihe der Karpalgelenkknochen. Bei einer Flexion gleitet es nach medial. Bei diesem Präparat ist an der distalen Knochenreihe des Karpalgelenks eine deutliche Knochenzubildung zu sehen, die die Beweglichkeit des Gelenks deutlich einschränkt.

Die muskulär aufgehängte Skapula des Pferdes ist mit einer markanten Spina versehen, die als Muskelansatzstelle dient und dem Therapeuten einen guten Orientierungspunkt bietet, um die Bewegungen der Schulter zu beurteilen. Der Drehpunkt des Schulterblatts liegt im proximalen Drittel im Verlauf des Schultergelenks zum Schulterblattknorpel.

Die Skapula ist über das Schultergelenk (Art. humeri) mit dem Oberarm verbunden. Der Humerus hat mit dem Unterarm über das Ellbogengelenk (Art. cubiti) Kontakt. Ulna und Radius sind beim Pferd miteinander verschmolzen, Drehbewegungen wie Supination und Pronation sind darum nicht möglich.

Am distalen Ende des Radius grenzt das Karpalgelenk an. Es besteht aus 7 (manchmal 9) kleinen Knochen. Palmar des Art. carpi findet sich das Os carpi accessorium (Os pisiforme, Erbsbein, ▸ **Abb. 2.11**), das bei der Flexion des Karpalgelenks nach medial gleitet und ein Sesambein darstellt. Das Os carpi accessorium gehört zur proximalen Reihe der Karpalgelenkknochen, zudem gehören das Os carpi radiale, das Os carpi intermedium und das Os carpi ulnare dazu. Zur distalen Reihe der Karpalgelenkknochen zählen das Os carpale primum (dieses ist selten nachweisbar, weil es mit dem Os carpale secundum verwachsen sein kann), das Os carpale secundum, das Os carpale tertium, das Os carpale quartum und eventuell das Os carpale quintum, das ebenfalls nicht immer vorhanden ist.

Distal des Art. carpi verläuft das Os metacarpale III (Vorderröhre) mit seinen lateral und medial angelegten Griffelbeinen. Die verdickte Griffelbeinbasis wird als Griffelbeinköpfchen, das distale Ende als Griffelbeinknöpfchen bezeichnet. Das medial gelegene Griffelbein ist bei den meisten Pferden etwas länger als das laterale. Die Griffelbeine sind am Griffelbeinköpfchen mit dem Os metacarpale III über ein straffes Gelenk verbunden.

Über den M. interosseus medius (Fesselträgeranteil) verlagert sich der distale Griffelbeinabschnitt in abaxialer Richtung. So kann es gelegentlich zu einem Ermüdungsbruch des Griffelbeins kommen. Durch mechanische Einwirkung sind insbesondere die lateralen Griffelbeine stark frakturgefährdet.

Distal des Röhrbeins folgt das hyperflektierte Fesselgelenk und schließlich das Fesselbein (Os compedale). Zum Art. metacarpophalangea gehören 2 palmar gelegene Sesambeine, die Ossa sesamoidea (Gleichbeine), die als Sehnenumlenkrollen dienen.

Das Os compedale steht parallel zur Winkelung der Skapula und bildet mit dem distal gelegenen Kronbein (Os coronale) das als Sattelgelenk ausgelegte Krongelenk (Art. interphalangea proximalis). Dieses Gelenk weist Bewegungen in Extension und Flexion, stark beschränkte Abduktion und Adduktion sowie eine geringfügige Torsionsbewegung von etwa 4° auf.

Schließlich findet sich unterhalb des Os coronale über das Art. interphalangea distalis (Hufgelenk) das in der Hufkapsel eingebettete Os ungulare (Hufbein). Das Hufgelenk ist ebenfalls ein Sattelgelenk, das neben Flexion und Extension, geringer Abduktion und Adduktion auch eine Rotation von bis zu 15° zulässt.

Exkurs

Erfahrungsgemäß ist beim Haflinger die Rotationskomponente deutlicher ausgeprägt als bei anderen Pferderassen. Dies hat möglicherweise damit zu tun, dass der als Gebirgspferd gezüchtete Haflinger besonders trittsicher sein musste, was eine größere Beweglichkeit der distalen Gelenke in Abduktion, Adduktion und Rotation erforderlich machte.

Zwei lateral und medial gelegene faserknorpelige Hufknorpel können den Hufmechanismus einschränken, wenn sie verknöchern, was bei älteren Pferden der Fall sein kann. Lahmheiten werden durch Hufknorpelverknöcherungen allerdings nicht hervorgerufen.

Zum Hufgelenk zählt man das palmar gelegene Strahlbein (Os sesamoidea distale, das in der Literatur auch als Os naviculare bezeichnet wird). Das Strahlbein dient als Umlenkrolle für die tiefe Beugesehne und ist deshalb auch ein Sesambein.

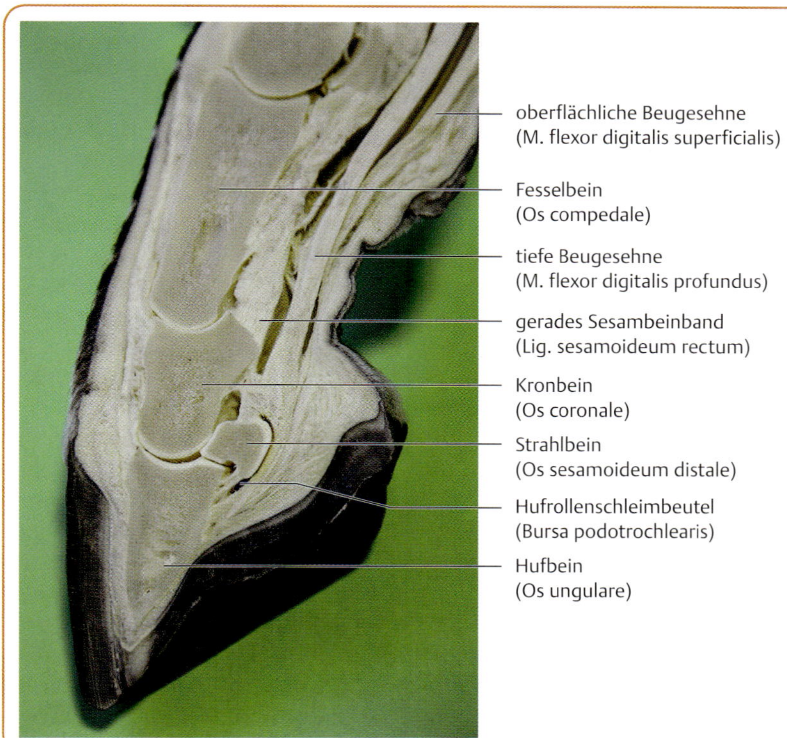

▶ **Abb. 2.12** Die 3 Bestandteile Os naviculare (Strahlbein), Bursa podotrochlearis und M. flexor digitalis profundus bilden als funktionelle Einheit den Hufrollenkomplex.

Die 3 Bestandteile Os naviculare (Strahlbein), Bursa podotrochlearis (Schleimbeutel) und der M. flexor digitorum profundus (tiefe Beugesehne) bilden als funktionelle Einheit die sogenannte Hufrolle (▶ Abb. 2.12).

2.3.6 Knochen und Gelenke der Hintergliedmaßen

Die Hinterhand des Pferdes ist für die Entwicklung der Schub- und Tragkraft verantwortlich. Der Vorwärtsschub wird über die Wirbelsäule auf die Vorhand und den Kopf des Pferdes übertragen. Nicht nur die Ausprägung der Muskulatur, sondern auch die Länge und Winkelung der Extremitätenknochen sind aufgrund entsprechender Hebelwirkung entscheidend für die jeweilige Kraftleistung, die auf die Vorhand übertragen wird. Die idealen Winkelungen hierfür müssen mit denen der Vorhand korrespondieren, s. Kap. Knochen und Gelenke der Vordergliedmaße (S. 37).

Der Beckenring bildet den Ausgangspunkt der Hinterextremität. Er ist als einziger Knochen der Hintergliedmaße unpaarig angelegt und hat über das straffe Iliosakralgelenk (ISG) eine relativ kleine Verbindungsstelle zur Wirbelsäule, speziell zum Sakrum.

Tastbare Knochenpunkte des Iliums findet man mit dem lateral der Lendenwirbelsäule liegenden, dorsal aufragenden Tuber sacrale und den seitlichen Tuber coxae. Als Referenzpunkt für die Lage des Beckens dienen zudem die kaudal liegenden Tuber ischiadica.

Das Ilium ist über das Art. coxae (Hüftgelenk) mit dem Femur verbunden. Dieser starke Knochen liegt in einem etwa 45°-Winkel unter großen Muskelpaketen. An seinem kranioventralen Ende bildet es zusammen mit der Tibia das Kniegelenk. Das Kniegelenk besteht aus 2 Gelenken, dem Articulatio femoropatellaris (Kniescheibengelenk) und dem Art. femorotibialis (Kniekehlgelenk).

Merke

Das Art. coxae steht mit dem Schulter- und Kiefergelenk durch Muskel- und Faszienketten in Verbindung. Mobilitätseinschränkungen in einem dieser Gelenke können sich unmittelbar auf die anderen Gelenke auswirken.

Der Unterschenkel des Pferdes wird durch die Tibia und der damit verwachsenen, nur noch rudimentär vorhandenen Fibula gebildet. Tibia und Fibula sind über das straffe Gelenk Art. tibiofibularis proximalis verbunden. Am distalen Ende des Unterschenkels findet sich das Tarsalgelenk (▶ Abb. 2.13), das aus 4 horizontalen Gelenkspalten aufgebaut ist. Die einzelnen Tarsalgelenkknochen sind über straffe, fast unbewegliche Gelenke miteinander verbunden. Markant ragt in dorsokaudaler Richtung der Calcaneus hervor, dessen sehniger Ausläufer des M. gastrocnemius – vereinigt mit der Sehne des eher untergeordneten M. soleus – die Achillessehne bildet. Das Sprunggelenk ist als Schraubengelenk ausgebildet, wobei die Tibia mit dem Talus korrespondiert. Distal des Talus schließt sich das Os tarsi centrale an und schließlich die Tarsalknochen Ossa metatarsale II–IV.

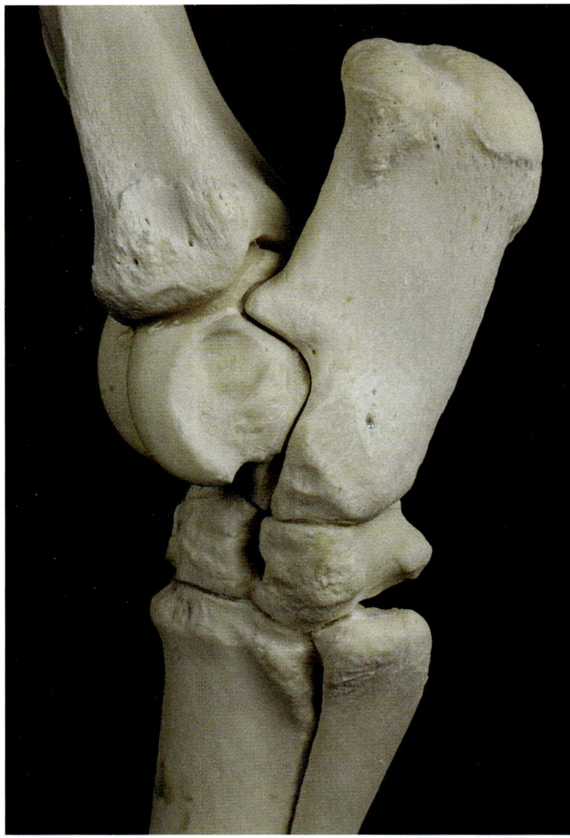

▸ **Abb. 2.13** Das Tarsalgelenk mit dem Calcaneus, Talus und kleinen Sprunggelenkknochen.

Im weiteren distalen Verlauf findet sich das Os metacarpale mit seinen beiden Griffelbeinen. Die weiteren Knochen und Gelenke sind mit denen der Vorhand identisch.

2.4 Der aktive Bewegungsapparat des Pferdes

Die Muskulatur wird als aktiver Bewegungsapparat bezeichnet, weil sie das Knochengerüst stützt und in Bewegung versetzt. Auch Faszien, Sehnen und Bänder bestimmen zusammen mit der Muskulatur die Festigkeit, Mobilität und Flexibilität der gesamten Körperstruktur. Weil keine Funktion im Körper autonom ist, haben Muskeln, Faszien, Sehnen und Bänder noch viele weitere Aufgaben innerhalb des Körpers.

Die Bestandteile des aktiven Bewegungsapparats sind anpassungsfähig und somit trainierbar. Muskeln können durch Training relativ schnell aufgebaut werden, weil sie gut durchblutet sind. Muskelverletzungen heilen rasch ab. Sehnen hingegen sind schlecht durchblutet. Sehnenverletzungen heilen demnach sehr langsam, man muss hierfür mehrere Monate einkalkulieren. Um die Flexibilität und Festigkeit der Sehnen durch Training zu verbessern, ist also ein sehr viel längerer Zeitraum zu veranschlagen.

2.4.1 Allgemeine Muskellehre

Die Skelettmuskulatur des Pferdes besteht aus über 250 paarigen und einigen unpaarigen Muskeln. Die Muskulatur macht über 40 % des Gesamtkörpergewichts des Pferdes aus. Die Aufgaben der Muskulatur neben der Bewegung sind folgende:

- Wärmeproduktion
- Schutz von Organen, Nerven und anderen empfindlichen Strukturen
- Konturgebung des Körpers

Muskeln verbinden meist 2 oder mehrere Knochen miteinander. Dabei bestehen die anhaftenden Teile aus Sehnenfasern, die in das Periost einwachsen und somit eine feste Verbindung zum Knochen darstellen. Die Sehnen – deren körpernahe Befestigung Ursprung genannt wird, die körperferne hingegen Ansatz – gehen mittig in einen Muskelbauch über. Dieser kann sich kontrahieren und auf diese Weise die Knochen über ein Gelenk in Bewegung versetzen. Aus diesem Grund nennt man diese Form der Muskeln Bewegungsmuskeln. Eine andere Art, welche die Knochen und Gelenke in einer bestimmten Stellung hält, wird hingegen als Haltemuskeln bezeichnet.

Ein Muskel kann sich lediglich zusammenziehen, sich aber nicht aktiv dehnen. Hierzu benötigt der Muskel deshalb einen Antagonisten. Durch die Kontraktion des Gegenspielers wird der Muskel wieder in die Länge gezogen. Ein Muskel beugt beispielsweise ein Gelenk, der Antagonist streckt es. Es gibt aber auch Muskeln, die bei einer Kontraktion dieselbe Bewegung herbeiführen. Diese Muskeln nennt man Synergisten (Zusammenspieler), bei entgegengesetzt arbeitenden Muskeln spricht man von Agonisten (Spieler) und Antagonisten (Gegenspieler).

Aus therapeutischem Standpunkt ist zu beachten, dass ein verletzter oder verspannter und somit nicht voll einsatzfähiger Muskel auf alle Muskeln seiner Umgebung und peripheren Strukturen, mit denen er über Muskel- und Faszienketten verbunden ist, Einfluss ausübt. Kann der Agonist nicht kontrahieren, wird auch der Synergist keine volle Leistung erbringen. Demzufolge ist ebenso die Tätigkeit des Antagonisten eingeschränkt. Diese Kettenreaktion setzt sich letztendlich durch den gesamten Körper fort.

Neben der aktiven Bewegung des Körpers leisten Muskeln durch deren Kontraktion auch eine gewisse Haltearbeit. Hierbei befinden sich die Muskeln in einer sogenannten Ruhespannung, die als Muskeltonus bezeichnet wird und vom Nervensystem individuell gesteuert wird. Es gibt Pferde mit einem physiologisch hohen oder niedrigen Muskeltonus. Für den Therapeuten gilt es zu unterscheiden, ob ein Pferd einen grundsätzlich hohen Muskeltonus hat oder ob die Muskulatur Verspannungen aufweist. Trainierte Pferde haben einen höheren Muskeltonus als untrainierte, ebenso Rassen mit sehniger Muskulatur (Araber, Vollblüter).

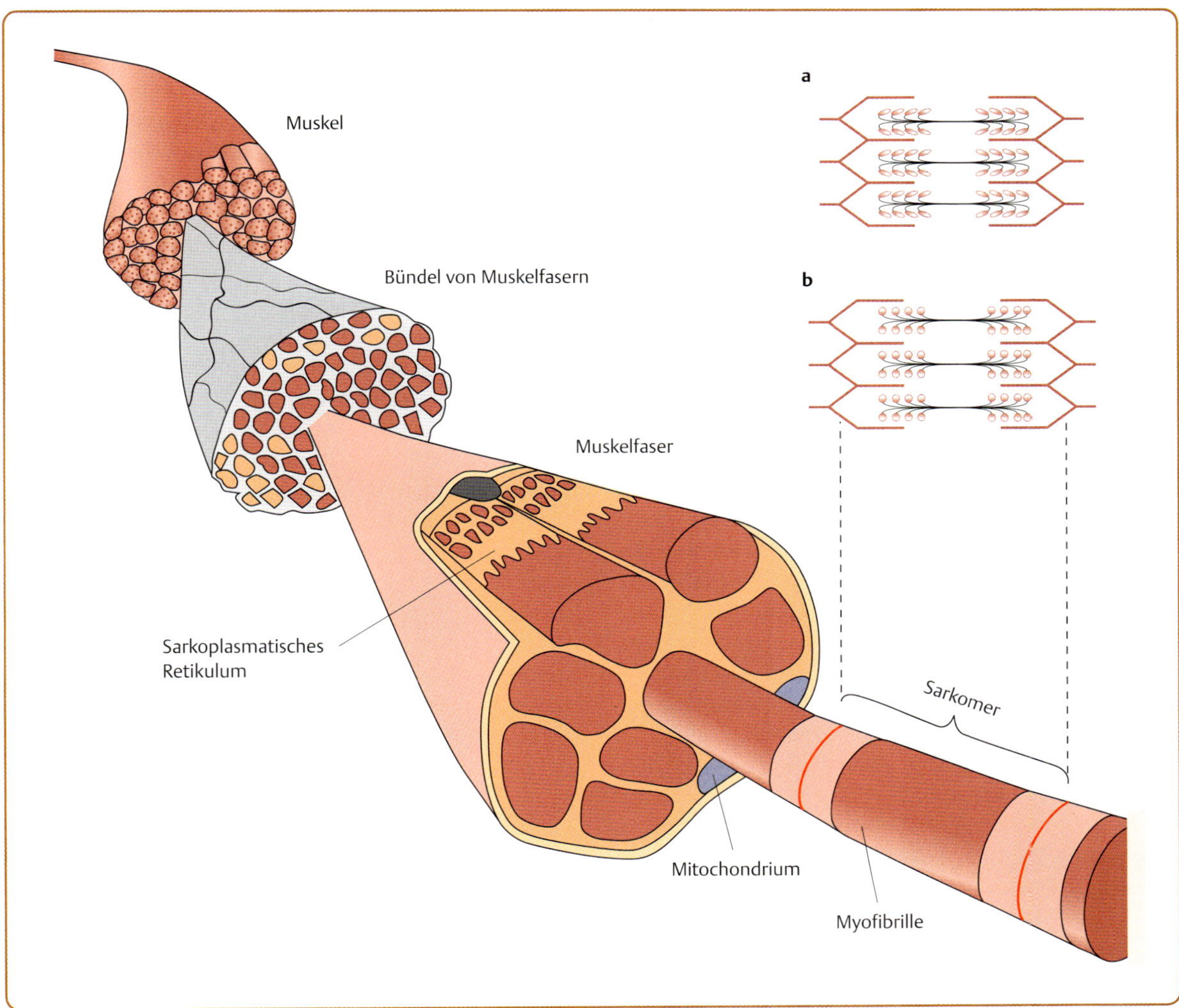

▸ **Abb. 2.14** Muskelaufbau.

Merke

Bei der mechanischen Muskelarbeit werden 25 % in Bewegungsenergie umgesetzt, der Rest von 75 % wird in Wärmeenergie umgewandelt.

Aufbau und Eigenschaften von Muskeln

Die Hauptbestandteile des Muskels sind Eiweißstoffe, die etwa 18 % der Muskelsubstanz ausmachen. Zusätzliche Stoffe sind Wasser (75 %) und zu 7 % weitere Verbindungen wie Kohlenhydrate, Fette und Mineralstoffe.

Das Muskeleiweiß teilt sich in lösliche und unlösliche Proteine auf. Die löslichen Proteine bestehen aus Myogen, Globulin und Myoglobin, die Sauerstoff binden und speichern. Die unlöslichen Proteine sind Myosin, Aktin und Troponin.

Der Muskel benötigt zwingenderweise Aktin und Myosin für die Kontraktion, deshalb spricht man auch von kontraktilen Eiweißstoffen. Um anspannen zu können, benötigt der Muskel die Ionen Magnesium, Kalzium, Natrium und Kalium. Die Energie hierzu liefert das Adenosintriphosphat (ATP), das zur Energiegewinnung in Adenosindiphosphat (ADP) gespalten wird, s. Kap. Energiestoffwechsel der Muskulatur (S. 43).

Die Skelettmuskelzellen können eine Länge von bis zu 10 cm erreichen, im Vergleich haben Skelettmuskeln also sehr große Muskelfasern. Diese sind von einer äußeren Hülle, dem Sarkolemm (= Zellmembran der Muskelzelle) umgeben. Unterhalb umschließt die Muskelfaser unmittelbar eine weitere dünne Schicht, die Basalmembran.

Die Muskelfasern sind in Bündel zusammengefasst, zwischen denen die Blutgefäße und Bindegewebsfasern verlaufen. Mehrere Muskelfaserbündel vereinigen sich zu Fasersträngen, welche den gesamten Muskel bilden (▸ **Abb. 2.14**). Der ganze Muskel wird von einer bindegewebigen Hülle, der sogenannten Faszie (S. 45), überzogen.

Die Energiekraftwerke der Muskelzelle stellen die Mitochondrien dar, die beim Skelettmuskel als Sarkosome bezeichnet werden. Dieses von einer Doppelmembran umschlossene Zellorganell kommt nur in Zellen mit einem

Zellkern vor. Das endoplasmatische Retikulum (ER), welches in Muskelzellen sarkoplasmatisches Retikulum (SR) genannt wird, dient als intrazellulärer Kalziumspeicher. Kalzium ist der Mediator für die Muskelkontraktion.

Muskeln müssen neben ihrer Kontraktilität auch elastisch sein. Um überhaupt Befehle des Gehirns umzusetzen, gehört zu den Muskeleigenschaften auch die Reizbarkeit und die Erregungsfähigkeit durch Nervenimpulse.

Die Elastizität schützt den Muskel vor Verletzungen. Bei einer starken Überdehnung kann es zum Zerreißen von Muskelfasern kommen. Diese Gefahr wird durch die Elastizität des Muskels deutlich herabgesetzt. Ein stärker durchbluteter Muskel (= aufgewärmter Muskel) ist wesentlich elastischer als ein „kalter" Muskel. Darum ist eine gute Aufwärmphase vor jedem Training obligatorisch, weil die Muskulatur dadurch elastischer und somit das Verletzungsrisiko durch Überdehnungen deutlich gemindert wird.

Über das Nervensystem wird der Muskel für bewusste und unbewusste Kontraktionen angesteuert. Die Skelettmuskulatur wird über Nervenfasern aus dem Rückenmark versorgt. Sie kann willentlich gesteuert werden. Die unwillkürliche Reizleitung für die „glatte" und somit unwillkürliche Muskulatur (der Organe und Blutgefäße) geschieht über das vegetative Nervensystem.

Jeder Muskel wird über einen einzelnen oder auch mehrere Nerven versorgt. Diese verlaufen mitsamt den Blutgefäßen in den Muskel hinein und verzweigen sich dort, sodass jede Muskelfaser angesteuert wird. Diese Verbindungsstellen nennt man motorische Endplatten.

Muskelarten

Es werden 3 verschiedene Formen der Muskulatur unterschieden:

1. quergestreifte Muskulatur (Skelettmuskeln)
2. glatte Muskulatur (Muskulatur von Organen und Blutgefäßen)
3. Herzmuskulatur (Herzmuskel)

1. Bei der quergestreiften Muskulatur sieht man unter dem Mikroskop sogenannte Glanzstreifen, die aus kontraktilen Myofibrillen (= Funktionseinheit innerhalb der Muskelfaser) bestehen. Diese sind parallel zueinander angeordnet. Jede Myofibrille ist abwechselnd aus dichteren und weniger dichteren Gliedern aufgebaut, die unter dem Mikroskop als Querstreifung erkennbar sind.

2. Die glatte Muskulatur weist keine Querstreifung auf, die feinen Myofibrillen der glatten Muskulatur durchziehen die Muskelfaser in Längsrichtung. Der Spannungszustand der glatten Muskulatur (Muskeltonus) wird über das vegetative Nervensystem (Sympathikus und Parasympathikus) gesteuert. Über den (dauerhaften) Muskeltonus der glatten Muskulatur wird die Weite der Blutgefäße, die Ausdehnung des Magen-Darm-Kanals und der weiteren Hohlräume des Körpers geregelt.

3. Die Herzmuskulatur weist zwar unter dem Mikroskop eine Querstreifung auf, ist aber nicht willentlich steuerbar. Somit nimmt die Herzmuskulatur eine Sonderstellung ein. Der Herzmuskel besitzt ein eigenes Erregungszentrum, das am Sinusknoten beginnt. Über sogenannte Gap Junctions fließen die Ionen von Zelle zu Zelle weiter, bis die Erregungsleitung über die Vorhöfe den Atrioventrikularknoten (AV-Knoten) und schließlich die Herzkammern erreicht.

Muskelfasertypen

Der Muskel weist verschiedene Muskelfasertypen auf (▸ **Tab. 2.3**), die sich in ihrer Funktion unterscheiden. Es gibt die schnell zuckenden, weißen oder blassen Muskelfasern (fast-twitch-Fasern vom Typ II) und die langsam zuckenden, roten oder dunklen Muskelfasern (slow-twitch-Fasern vom Typ I). Jedes Pferd besitzt beide Arten, jedoch in unterschiedlicher Verteilung. Ob ein Pferd mehr weiße oder rote Muskelfasern besitzt, ist zum einen rasseabhängig, erblich oder trainingstechnisch bedingt.

▸ **Tab. 2.3** Muskelfasertypen der Skelettmuskulatur.

Typ-I-Fasern (slow-twitch-Fasern)	Typ-II-Fasern (fast-twitch-Fasern)
Biochemische Eigenschaften	
langsam kontrahierende, rote (dunkle) Muskelfasern	schnell kontrahierende, weiße (blasse) Muskelfasern
höherer Myoglobinanteil (→ mehr roter Muskelfarbstoff)	geringerer Myoglobinanteil (→ wenig roter Muskelfarbstoff)
geringerer Anteil energiereicher Phosphate	höherer Anteil energiereicher Phosphate
mehr Mitochondrien	weniger Mitochondrien
Funktion	
ermüdungsresistent	schnelle Ermüdung
aerobe Kapazität	hohe anaerobe Kapazität
geringe, aber dauerhafte Kraftleistung	hohe, aber kurzfristige Kraftleistung
Eignung für Ausdauerleistungen (Halte-/Stützfunktionen, Dauerlauf)	Eignung für Schnellkraft (Sprints, explosive Bewegungen)

Mit gezieltem (Ausdauer-)Training lassen sich fast-twitch-Fasern teilweise in slow-twitch-Fasern transformieren, weil sich die Muskelzellen der jeweiligen Belastung anpassen. Die Funktion des jeweiligen Muskels ist darum auch mitbestimmend für die Verteilung von roten und weißen Muskelfasern. Eine Umwandlung von dunklen in blasse Muskelfasern hingegen ist schwieriger.

Haben Muskeln eine Stütz- und Haltefunktion, sind sie mit einem deutlich höheren Anteil roter Muskelfasern ausgestattet. Skelettmuskeln hingegen besitzen mehr weiße Muskelfasern, da sie für die Bewegung zuständig sind. Man geht davon aus, dass die durchschnittliche Verteilung von roten zu weißen Muskelfasern ein Verhältnis von 60:40 hat. Schnell kontrahierende Muskelfasern besitzen weniger sauerstoffbindendes Muskelprotein, das sogenannte Myoglobin. Myoglobin kann Sauerstoff vom Hämoglobin des Blutes aufnehmen und wieder abgeben. Es ist also zuständig für den intrazellulären Sauerstofftransport im Muskel. Besitzen Muskelfasern mehr Myoglobin, erscheinen diese Fasern rot, so wie die langsam kontrahierenden Typ-I-Muskelfasern.

Weiße Muskelfasern können eine schnelle und hohe Muskelkraft bereitstellen, da sie mit anaerober Kapazität arbeiten. Dafür ermüden diese Muskeln recht schnell, weil sie ein Sauerstoffdefizit eingehen. Rote Muskelfasern arbeiten unter Sauerstoffverbrauch, sind somit ausdauernder und ermüden langsamer. Solange die Muskulatur in aerober Kapazität arbeitet, das heißt, es wird so viel Sauerstoff für die Muskelarbeit verbraucht, wie das Myoglobin vom Blut aufnehmen kann, sind langanhaltende Ausdauerleistungen möglich. Somit ergibt sich, dass blasse Muskelfasern überwiegend für die Schnellkraft (Sprinter) zuständig sind, während dunkle Muskelfasern in erster Linie imstande sind, Ausdauerleistungen (Distanzläufer) zu vollbringen.

Aufgrund der besseren Durchblutung der roten Muskelfasern ist dieser Muskeltyp schneller trainierbar als blasse Muskelfasern. Jede Überanstrengung der Muskulatur bedeutet ein Sauerstoffdefizit. Da Sauerstoff am ehesten Verbindungen mit anderen Molekülen eingeht, ist Sauerstoff auch sehr gut in der Lage, Stoffwechselprodukte und Schadstoffe zu binden. Leiden die Zellen jedoch unter einem Sauerstoffdefizit, können Stoffwechselprodukte nur ungenügend abgebaut werden, was zu einer Übersäuerung des Gewebes mit Laktatbildung führt. Laktat ist das Salz der Milchsäure und fällt als Abfallprodukt des anaeroben Stoffwechsels an.

Exkurs

Von einer Übersäuerung der Muskulatur spricht man in der Regel, wenn sich zu viel Laktat (Abbauprodukt des Muskelstoffwechsels) in der Muskulatur ansammelt. Ist zu viel Glykogen (Speicherform von Glukose) im Muskel gespeichert, kann nicht genügend Sauerstoff bereitgestellt werden, um das Laktat abzubauen. Daraufhin geht das Myoglobin in den Blutkreislauf über und wird über die Nieren ausgeschieden, was zu einem dunklen Urin führt. Dieses Krankheitsbild ist als Kreuzverschlag bekannt. Andere Bezeichnungen hierfür sind paralytische Myoglobinurie, Feiertagskrankheit oder schwarze Harnwinde.

Bei einem Muskelkater hingegen ist die Übersäuerung der Muskulatur nicht entscheidend. Hierbei handelt es sich nach heutiger Lehrmeinung vielmehr um kleinste Muskelfaserrisse, also Mikroverletzungen der Muskulatur.

Energiestoffwechsel der Muskulatur

Für die Muskelkontraktion wird Energie benötigt, die durch chemische Prozesse gewonnen wird. Die unmittelbare Energiebereitstellung erfolgt durch die Spaltung von Adenosintriphosphat (ATP) in Adenosindiphosphat (ADP) und Phosphat (Energie). Der ATP-Speicher reicht allerdings nur für wenige Sekunden (1–3 Muskelkontraktionen) aus, sodass das ADP immer wieder zu ATP aufgebaut werden muss. Zu dieser ATP-Resynthese nutzt der Körper verschiedene Energiespeicher wie Kreatinphosphat, Glykogen und Fettsäuren. Aus diesen Energiespeichern kann in aerober oder anaerober Form Energie gewonnen werden.

Bei der anaeroben Energiegewinnung muss ATP blitzschnell über den zellulären Kreatinspeicher aufgefüllt werden. Die Energiegewinnung kann dabei mit oder ohne Laktatbildung ablaufen (▶ **Abb. 2.15**):

- anaerobe, alaktazide Energiegewinnung: ADP + Kreatinphosphat = ATP + Kreatin
- anaerobe, laktazide Energiegewinnung: ADP + P + Glukose = ATP + Laktat

Der Muskel ist also in der Lage, auch ohne Sauerstoffverbrauch zu arbeiten, dies allerdings nicht sehr lange, da der Muskel eine Sauerstoffschuld eingeht, die irgendwann ausgeglichen werden muss. Eine frühzeitige Ermüdung, die eine Erholung erforderlich macht, ist die Folge. Um weiterarbeiten zu können, ist eine aerobe Energiegewinnung notwendig, bei der neben Glukose auch Fette und in Notfällen Eiweiße (dies allerdings unter Zellschädigung) als Energieträger herangezogen werden:

- aerobe Energiegewinnung durch Glykolyse: ADP + Glukose + O_2 + P = ATP + CO_2 + H_2O
- aerobe Energiegewinnung durch Lipolyse: ADP + Fettsäuren + O_2 + P = ATP + CO_2 + H_2O

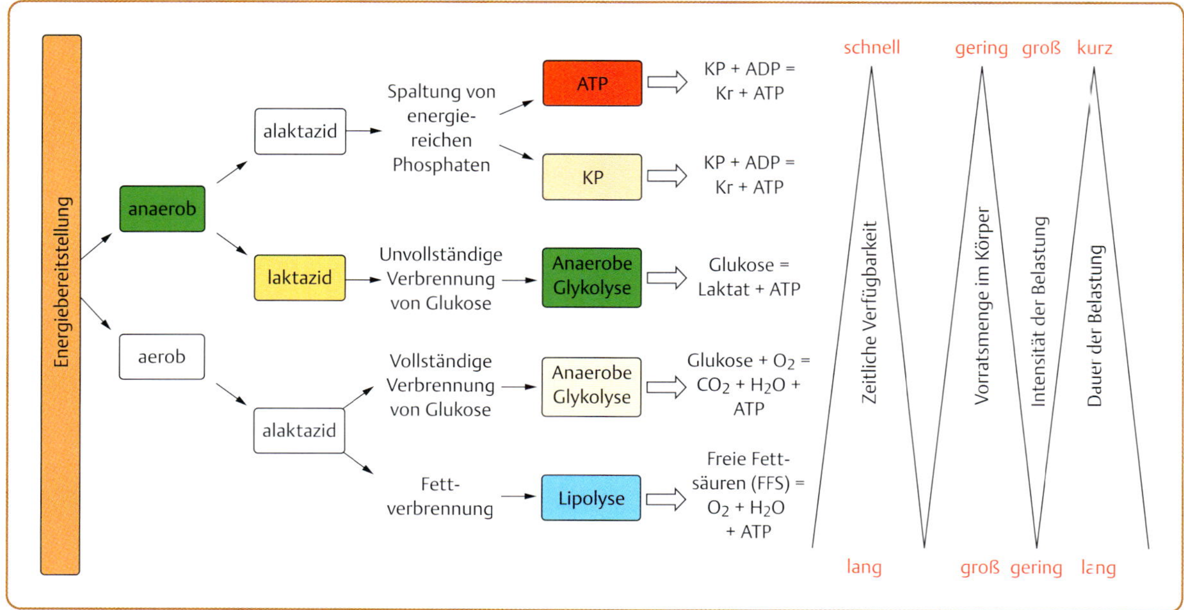

▶ **Abb. 2.15** Schema der Energiebereitstellung im Muskel. (aus: Renate Ettl. Pferde gut in Form - Richtiges Training für die Fitness und Gesundheit. Müller Rüschlikon: Stuttgart; 2007; mit freundlicher Genehmigung des Verlags)

Die primäre Energiequelle ATP wird nacheinander durch die Energieträger Kreatinphosphat (KP), die anaerobe Glykolyse, die aerobe Glykolyse und schließlich die aerobe Lipolyse (Fettverbrennung) versorgt. Dabei füllen sich die einzelnen Speicher jeweils auf Kosten der nachfolgenden Energiespeicher auf. Die Energiebereitstellung erfolgt in dieser Reihenfolge, allerdings nicht exakt voneinander abgetrennt, sondern überlappend.

2.4.2 Sehnen und Bänder

Sehnen

Die Muskeln sind über Kollagenfaserbündel, die Sehnen (Tendo), am Knochen fixiert. Das fibröse Gewebe der Sehnen ist extrem zugfest und weniger elastisch als Muskeln. Auch die wesentlich schlechtere Durchblutung der Sehnen führt zu höherer Verletzungsanfälligkeit, zu längerer Heilungsdauer (mehrere Monate!) und erschwerter Trainierbarkeit.

Sehnen, die die Kraft vom Muskel auf den Knochen übertragen, werden Zugsehnen genannt. Von Gleitsehnen spricht man, wenn die Sehnen über Knochenvorsprünge rutschen. Insbesondere lange Sehnenstränge wie beispielsweise die tiefe Beugesehne erfüllen oftmals beide Voraussetzungen. Gleitsehnen werden durch Umlenkrollen, welche die Sesambeine (Patella, Gleichbeine, Strahlbein) darstellen, sowie Schleimbeutel vor Verschleiß geschützt.

Sehnen sind schlecht durchblutete, aber ermüdungsfreie Strukturen. Das Pferd besitzt unter allen Haustieren die sehnigste Muskulatur. Dies ist ein Grund für die besondere Leistungsfähigkeit des Pferdes. Unterhalb des Tarsal- beziehungsweise Karpalgelenks besitzt das Pferd keine Muskeln, sondern nur noch Sehnen. Typischerweise gehen beim Pferd viele Muskeln frühzeitig in sehnige Strukturen über.

Bänder

Bänder (Ligamenta) stellen Verbindungselemente der Knochen dar und schränken die Gelenkbeweglichkeit ein. Sie geben den Gelenken die Bewegungsrichtung vor und dienen als stabilisierendes Element. Bänder sind Bindegewebsstränge aus Kollagenfasern, die äußerst unnachgiebig sind, aber flexibel genug, um eine physiologische Gelenkbewegung zuzulassen.

Das Pferd besitzt unterschiedliche Arten von Bändern. Insbesondere im Wirbelsäulenbereich gibt es sehr kurze und lange Bänder. Die einzelnen Wirbel sind untereinander mit kurzen Bändern verbunden. Diese Bänder verlaufen beispielsweise zwischen Wirbelbögen, zwischen den Dornfortsätzen (Ligamenta interspinalia) und zwischen den Seitenfortsätzen (Ligamenta intertransversaria). Der Wirbelsäulenbereich weist 4 lange Bänder auf: Das Ligamentum nuchae (Nackenband), das Ligamentum supraspinale (Rückenband), das Ligamentum longitudinale ventrale (ventrales Längsband) und das Ligamentum longitudinale dorsale (dorsales Längsband).

2.4.3 Faszien

Faszienstrukturen

Fasziale Strukturen bestehen zu 60 bis 70 % aus Kollagenfasern, außerdem aus der Grundsubstanz, den retikulären und elastischen Fasern und Bindegewebszellen.

Die **Grundsubstanz** stellt sich als homogenes, visköses Material dar, eine kolloidale Lösung, die u. a. verschiedene Glykosaminoglykane (GAG) beinhaltet, wie die Hyaluronsäure und Keratan-Chondroitin- und Heparansulfate. Diese sind als Knorpelschutzstoff bekannt.

Gewisse Makromoleküle im Interzellularraum beinhalten strukturierte Fasern, die der Grundsubstanz angehören. Diese Makromoleküle bezeichnet man als extrazelluläre Matrix. Sie sind für die Formgebung des Zellgewebes essenziell. Außerdem sind auch Proteine wie das Fibronektin in der Grundsubstanz vorhanden.

Der Hauptbestandteil des Faszien- und Bindegewebes sind allerdings die Kollagenfasern, parallel verlaufende Fibrillen. Diese werden von einer sogenannten Kittsubstanz zusammengehalten, sodass sich einzelne Faserbündel ergeben. Das Kollagen ist im Körper das am häufigsten vorkommende Protein und hat die Aufgabe, das Gewebe zusammenzuhalten (▶ **Abb. 2.16**). Es findet sich auch in Knochen, Sehnen und der Haut.

Elastische Fasern, die Mikrofibrillen, sind weitere Bestandteile des Bindegewebes. Sie bestehen aus strukturellen Glykoproteinen. Netzartig angeordnete Fasern finden sich ebenfalls in der extrazellulären Matrix, wobei diese retikulären Elemente den Kollagenfasern ähneln, allerdings kleinkalibriger sind. Sie bestehen aus Glykosaminoglykanen und Typ-III-Kollagen. Retikuläre Fasern sind zudem in lymphatischem Gewebe, den blutbildenden Organen und in den Basalmembranen der dermo-epidermalen Übergangszone von Fett-, Gefäß- und Nervenzellen sowie in den Muskelfasern anzutreffen. Viele weitere verschiedene Zellen wie Mesenchym-, Retikulum-, Mast-, Pigment-, Fett-, Plasma- und Fremdkörperriesenzellen, zudem Leukozyten, Makrophagen und Fibroblasten zählen ebenso zu den Bindegewebsstrukturen.

Man unterscheidet drei Arten an Faszien:

- **Oberflächliche Faszien**
- **Tiefe Faszien**
- **Viszerale Faszien**

Die **oberflächlichen Faszien** der Hypodermis bestehen aus lockerem Bindegewebe und Fettgewebe. Sie haben Kontakt sowohl zur Dermis als auch über Fasern zu darunter liegenden Geweben und Organen. Die superfizielle Faszie bildet die innere Hautbegrenzung und trennt diese von der Muskulatur ab. Sie enthält Nerven und Blutgefäße und hat isolierenden und schützenden Charakter.

Mit einer weiteren faszialen Netzwerkschicht verbinden die oberflächlichen Faszien die tief gelegenen viszeralen und Muskelfaszien. Aufgrund der netzartigen Struktur sind Faszien elastisch, stoßdämpfend und dehnbar.

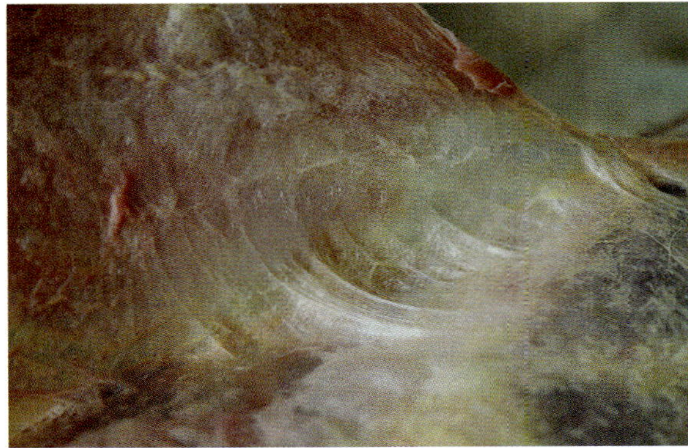

▶ **Abb. 2.16** Faszien bestehen aus kollagenem, faserigem Bindegewebe. Sie durchlaufen den Körper wie ein Netzwerk und umhüllen alle Körperstrukturen.

Die **tiefen Faszien** umhüllen einzelne Muskeln, Muskelfasern, Sehnen, Knochen und Bänder. Vereinzelt dienen sie als Ansatzstelle für Muskeln. Die tiefen Muskelfaszien sorgen für eine exakte Abgrenzung der Organe und Gewebe voneinander und stellen eine freie Muskelbewegung sicher. Die glatten Hüllfaszien werden von einer Flüssigkeit umspült, wodurch ein reibungsloses Gleiten der Organe und Muskeln möglich wird.

Die Faszien ziehen zudem durch den Muskel, so dass eine netzartige Struktur den Körper durchspannt. Dieses Netzwerk umfasst große Faszienstränge, die als Faszienlinien (S. 46) durch den gesamten Körper ziehen. Es ist somit einfach zu verstehen, dass Restriktionen und Spannungen innerhalb eines Bereichs über die Faszienstrukturen in andere Areale übertragen werden können.

Die **viszeralen Faszien** umhüllen die Organe und deren dazugehörigen Blutgefäße und Nevenbahnen.

Aufgaben von Faszien

Früher definierte man mit dem Begriff Faszien allein die Umhüllung von Geweben. Heutzutage zählt man alle Bindegewebe mit hohem Kollagenfaseranteil dazu, wie Sehnen, Bänder, Gelenkkapseln, Muskelsepten, Aponeurosen und Haltebänder von Organen.

Weil das Bindegewebe wie ein Bindeglied zwischen den Körperteilen und Organen fungiert, stehen diese Komponenten in Kontakt und beeinflussen sich gegenseitig. Dies gewährleistet einen Informationsaustausch zwischen den einzelnen Gewebsstrukturen, der zu einer Balance und harmonischen Funktionalität beiträgt.

Je nach Lage, Form und spezieller Gewebephysiologie erfüllen fasziale Strukturen unterschiedliche Aufgaben. Dabei spielt insbesondere das Verhältnis von Kollagen zu Elastin eine Rolle, welche Hauptfunktion sie ausüben:

- Träger- und Stützfunktion
- Schutz- und Stoßdämpfereigenschaft
- Abwehrfunktion
- Kommunikation und Informationsaustausch

- Biochemische Funktion
- Hämodynamik

Faszien sind v.a. bei der Kraftübertragung und Bewegungskontrolle des Körpers wichtig, entscheidend hierbei sind die kontraktilen Fasern, die die Muskelaktivität beeinflussen. Im Umkehrschluss sind allerdings auch pathologische Verspannungsmechanismen möglich.

Stützen und Tragen Sowohl Gefäß-, Lymph- und Nervensystem werden durch das Bindegewebe sprichwörtlich „getragen". Aus diesem Grund würden sie ihre Form beibehalten, auch wenn man das Skelett- und Muskelsystem entfernen würde. Diese Systeme werden von Faszien aber nicht nur umhüllt, sondern sind mit ihnen regelrecht verflochten. Diese Faszien sind an der Koordinierung der Muskeltätigkeit beteiligt, steuern die inneren Organe und halten diese an ihrem Platz.

Schützen und Abfedern Das Fasziensystem schützt das Körperinnere vor äußeren Einwirkungen wie Stößen, Spannungskräften und Stress. Die Organe, Nerven und Gefäße werden daher von sehr robusten Faszienfasern umhüllt. Gleichzeitig sind sie aber auch vom elastischen, weicheren Fasziengewebe umschlossen, das ein gutes Abfedern bei äußeren Einwirkungen ermöglicht. An peripheren Körperregionen, v.a. an Sehnen, Bändern und Gelenken, ist es dicker und robuster, um höheren Belastungen standzuhalten. Diese Stoßdämpfung wird durch Proteoglykane ermöglicht, die gitterförmig angeordnet sind und sich bei hoher Belastung in eine viskös-elastische Substanz umwandeln.

Abwehren Die Faszienhüllen um Organe, Gefäße, Muskeln und weiteren Körperstrukturen erfüllen eine überlebenswichtige Abwehrfunktion im Organismus, weil Krankheitserreger dadurch blockiert werden. Besonders interessant ist, dass die Grundsubstanz schon reagiert, noch bevor das Immunsystem aktiv wird. Auf diese Weise ist das fasziale System eine erste und somit überaus wichtige Barriere bei der Abwehrreaktion.

Informieren und Kommunizieren Grundsubstanz und extrazelluläre Flüssigkeit stehen im unmittelbaren Austausch, damit die Zellen sowohl Nährstoffe aus der Peripherie aufnehmen, als auch Abbauprodukte des Zellstoffwechsels an die Grundsubstanz der extrazellulären Matrix abgeben können. Diese Wechselwirkung zwischen den Körperzellen und dem Bindegewebe ist ein wichtiger Baustein für die Gesunderhaltung des Körpers.

Biochemische Eigenschaften Faszienfasern haben die Eigenschaft, sich bei hohem mechanischen Druck zusammenzuziehen und sich wieder zu entspannen, wenn die Belastung abnimmt. Dies zeigten Untersuchungen zu biomechanischen Auswirkungen von osteopathischen Griffen auf das Bindegewebe. Demzufolge lässt sich der zelluläre Stoffwechsel durch Faszientechniken wie manuelle Kompression, geräteunterstützende Energiezufuhr (Wärme, Licht oder Elektrizität) gezielt beeinflussen.

Hämodynamische Funktion Weil das Fasziensystem mit dem Blut- und Lymphsystem untrennbar verbunden ist, kann dieses die Pumpwirkung der Muskulatur zusätzlich unterstützen (venöser Rückfluss des Blutes).

Faszienlinien

Für die vielfältigen Aufgaben des Fasziensystems ist eine körperweite Vernetzung der Bindegewebsfasern unumgänglich. So stehen Faszien nicht nur mit dem unmittelbaren Gewebe in Verbindung, sondern sie leiten mittels zusammenhängender Faszienstränge, den **Faszienlinien** – ähnlich einer Autobahn – Informationen schnell in die Peripherie. Dieser Informationsfluss verläuft sowohl aufals auch absteigend. Auf diese Weise sind weit entfernte Strukturen in der Lage, auf peripher stattfindende Signale – auch therapeutische – zu reagieren. Bislang sind elf Faszienzugbahnen des Pferdes (S. 107) beschrieben:

- Oberflächliche Rückenlinie (Superficial Dorsal Line – SDL)
- Oberflächliche Bauchlinie (Superficial Ventral Line – SVL)
- Retraktionslinie der Vorhand (Front Limb Retraction Line – FLRL)
- Protraktionslinie der Vorhand (Front Limb Protraction Line – FLPL)
- Funktionslinie (Functional Line – FL)
- Spirallinie (Spiral Line – SL)
- Tiefe Rückenlinie (Deep Dorsal Line – DDL)
- Tiefe Bauchlinie (Deep Ventral Line – DVL)
- Laterallinie (Lateral Line – LL)
- Abduktionslinie der Vorhand (Front Limb Abduction Line – FABL)
- Adduktionslinie der Vorhand (Front Limb Adduction Line – FADL)

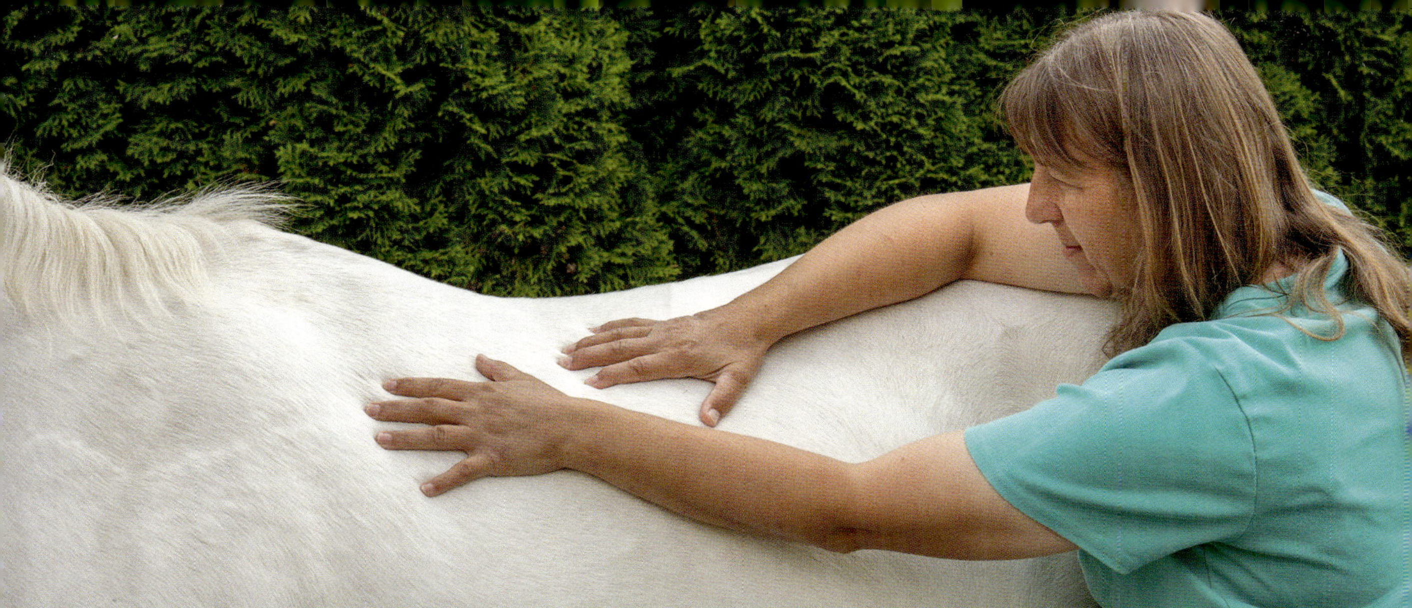

Teil 2 Therapiemethoden

3 Manuelle Therapie

3.1 Qualifikation des Manualtherapeuten

Das Werkzeug des Manualtherapeuten sind seine Hände. Da weder komplizierte Apparaturen noch anderweitige Hilfsmittel bei der Therapie verwendet werden, scheint sich die Manuelle Therapie recht simpel darzustellen. Ob eine Behandlungstechnik schwierig oder einfach ist, entscheidet aber nicht der Handgriff an sich, sondern die Voraussetzungen, die der Therapeut mitbringt. Jedes Handwerk und jede Kunstform wirkt bei einem Menschen, der sein Handwerk beherrscht, einfach. Nur Therapeuten, die nicht routiniert in ihrer Technik sind und kein Gefühl für die unter ihren Händen liegenden Strukturen aufbringen, werden die Manuelle Therapie als schwierig und kompliziert empfinden.

Manualtherapeuten haben den großen und entscheidenden Vorteil, dass ihre Werkzeuge, also ihre Hände, fühlen können. Dieses über die Finger vermittelte Gefühl ist entscheidend für die Form und Intensität einer Technik. Die Hände sind deshalb das komplizierteste Werkzeug, welches von der Natur geschaffen wurde und das wohl kein Mensch in dieser Perfektion konstruieren könnte.

Die Therapie mit Geräten kann dennoch eine sinnvolle Ergänzung des Gesamtkonzepts sein, aber eben nur eine Ergänzung.

Das Potenzial der Manuellen Therapie ist außerordentlich hoch, weil nicht nur die Hände des Therapeuten wunderbare Werkzeuge darstellen, sondern auch der Körper des Patienten besonders sensibel auf Berührungen reagiert. Die Hände als lebendiges Instrument können sich einem lebenden Patientenkörper wesentlich besser anpassen und sich darin einfühlen als jeder noch so ausgeklügelte mechanische Apparat. Die Reaktionen des Pferdes auf Manuelle Therapieformen sind darüber hinaus deutlich ausgeprägter als die eines Menschen. Pferde reagieren gefühlsmäßig, haben mehr Vertrauen und lassen so Heilungsprozesse eher geschehen als viele Menschen, die sich oft selbst im Weg stehen. Nicht wenigen Menschen ist das Gefühlsleben verloren gegangen und ihr Verstand blockiert den Fluss ihrer Lebensenergie.

3.2 Muskeltherapie

Während die Therapie des Skelettsystems, insbesondere der artikulären Blockaden, eine große Akzeptanz erfährt, steht die Therapie des myofaszialen Systems am Pferd noch in der Entwicklung. Die muskuläre Therapie wird oftmals mit einer Wellnessmassage gleichgesetzt, der man fälschlicherweise keine allzu große therapeutische Wirkung zuschreibt.

Das myofasziale System darf jedoch nicht unberücksichtigt bleiben, will man das Pferd umfassend und ganzheitlich behandeln. Es nimmt keineswegs nur denselben, sondern sogar einen noch größeren Stellenwert in der therapeutischen Arbeit ein, weil die Ursache von Läsionen oft im myofaszialen System verborgen liegt. Mindestens 80 % der beim Pferd befundeten Dysfunktionen haben ihren Ursprung im muskulären System. Nicht selten lösen Weichteilverletzungen durch Schonhaltungen und Adaptationsvorgänge artikuläre Blockierungen aus. Eine Therapie kann nur dann nachhaltig sein, wenn der Auslöser gefunden und beseitigt ist. Das Ziel des Therapeuten liegt darum in erster Linie darin, die Ursache aufzuspüren. Dies kann nur gelingen, wenn das gesamte Körpersystem untersucht wird und man sich nicht nur auf das Knochengerüst und die Gelenke beschränkt, sondern alle Weichgewebe wie Muskeln, Sehnen, Bänder, Faszien, Nerven, Lymph- und Blutgefäße, aber auch die Viszera miteinbezieht.

> **Merke**
> **Über 80 % der artikulären Läsionen haben ihren Ursprung im myofaszialen System.**

Die Muskulatur nimmt etwa 40 % des gesamten Körpergewichts ein. Das Muskelsystem zu ignorieren wäre allein schon deshalb ein fataler Fehler in der therapeutischen Arbeit. Die Muskeltherapie besteht aber nicht nur allein aus Massagetechniken, die lediglich zum Wohlbefinden des Pferdes beitragen, sondern kann mit ihren gezielten Techniken das gesamte Weichgewebesystem positiv beeinflussen. Stasen werden gelöst, Spasmen aufgehoben und die Funktionalität der Gewebe verbessert oder wiederhergestellt. Hierzu dienen spezielle Massagegriffe, aber auch Dehnungstechniken, Behandlungen mit Druckpunkten und Releaseverfahren. Immer geht es um mechanische Einwirkungen auf das Gewebe in einer speziellen Art und Weise, um Dysfunktionen aufzulösen.

Oft verschwinden bereits nach der Behandlung des muskulären Systems auch Gelenkblockaden, ohne eine Mobilisierung oder eine HVLA-Technik (HVLA = High Velocity Low Amplitude) angesetzt zu haben. Bei den meisten Osteopathen gehören die Weichgewebetechniken prinzipiell zu jeder Behandlung und stehen grundsätzlich vor einer artikulären Technik. Viele chiropraktisch arbeitende Therapeuten und Tierärzte jedoch verzichten oft auf Muskeltechniken, wohl weil sie sehr mühsam und zeitaufwändig sind. Soll eine Therapie jedoch länger Bestand haben, ist die Behandlung des muskulären Systems allerdings unverzichtbar. Ohne vorheriges Lösen der Muskulatur kann eine Manipulation zudem kontraindiziert sein.

Weichgewebetechniken wie die klassische Massage, Dehnungen, Myofascial Release Technique und die Triggerpunkttherapie können jeweils eigenständig angewendet werden. Eine Behandlung der artikulären Strukturen ist für eine sichere und erfolgreiche Muskeltherapie nicht zwingend erforderlich. Daher werden die myofaszialen Therapien an dieser Stelle des Buches eigenständig vorgestellt.

Artikuläre Techniken hingegen dürfen keinesfalls ohne vorherige Behandlung der Weichgewebe angewendet werden. Sie müssen in das Gesamtkonzept integriert werden. Die Beschreibung der osteopathischen, artikulären Diagnostik und Therapie der einzelnen Körperregionen erfolgt deshalb in der Beschreibung des gesamten Behandlungsablaufs detailliert in Teil III unter Kap. Diagnostik und Therapie (S. 191).

3.2.1 Grundlagen der Lehre

Jegliche Dysfunktion, ob durch Verletzung oder Fehlbelastung ausgelöst, zieht einen Adaptationsvorgang nach sich, der seinen Ausgangspunkt oft im neuromuskulären System nimmt. Die Weichgewebe verkürzen, der Körper nimmt eine Schonhaltung ein und verringert seine Bewegungsamplitude. Es kommt zu Weichgewebeadhäsionen, zu Muskelverspannungen und -verkürzungen.

Selbst nach ausgeheilter Verletzung bleiben die Schonhaltungen und die auf die Krankheit ausgelegten Adaptationsvorgänge weiter bestehen. Die verschiedenen Techniken der muskulären Therapie sorgen für die Wiederherstellung der physiologischen Bewegungs- und Stoffwechselkomponenten, unterstützen aber auch die Reparaturvorgänge während einer Verletzungsphase.

Die Techniken gehen dabei über eine Wellnessmassage weit hinaus. Neben der muskulären Behandlung über eine Vielzahl von Einwirkungsmöglichkeiten werden auch die faszialen Strukturen, die Lymph- und Blutgefäße, Nervenbahnen, Bänder und Sehnen nebenbei oder ganz gezielt beeinflusst.

Die muskeltherapeutischen Strategien helfen nicht nur, Heilungsprozesse anzuregen, sondern dienen ebenso der Prävention und Leistungssteigerung (► Abb. 3.1). Letzteres ist insbesondere für das Sportpferd interessant. Erfahrungsgemäß sind Leistungssteigerungen von 3–10 % möglich, welche im Rennen oder auf einem Turnier durchaus über Sieg und Niederlage entscheiden können. Durch die manuell unterstützte, verbesserte Leistungsfähigkeit der Muskulatur, die den Extremitäten einen nur wenige Zentimeter größeren Bewegungsumfang erlaubt, wird in der Summe der Galoppsprünge einem Rennpferd ein deutlicher Vorsprung von einer oder mehreren Pferdelängen verschafft. Das Springpferd profitiert von einigen Zentimetern höherem Sprungvermögen und kann somit den einen oder anderen Abwurf verhindern.

Nicht zuletzt gönnt man dem Pferd mit muskeltherapeutischen Maßnahmen eine sinnvolle Muskelpflege, die Verspannungen im Keim erstickt, Fehlhaltungen erst gar nicht aufkommen lässt und somit zur Gesunderhaltung des Pferdes einen großen Beitrag leistet.

► **Abb. 3.1** Die mithilfe von manualtherapeutischen Maßnahmen erreichte Leistungssteigerung ist insbesondere für Sportreiter interessant.

Kontraindikationen

Während die Muskeltherapie in vielen Situationen das therapeutische Mittel der Wahl ist, sind auch Kontraindikationen zu beachten. Die manuelle Muskelbehandlung ist generell dann nicht angezeigt, wenn akute Entzündungen bestehen. Die Entzündungsreaktion kann dabei überschießend ablaufen, wodurch noch mehr Gewebe zerstört wird, die Verletzung also ausgeweitet wird. Ebenso ist die Muskeltherapie bei fieberhaften Erkrankungen nicht angebracht, da der Körper zu stark belastet werden würde. Bei Gefäßerkrankungen wie Thrombophlebitiden und bei Hauterkrankungen (Keimverschleppung!) sind Muskelbehandlungen ebenso zu unterlassen wie bei traumatischen Verletzungen. Bei offenen Verletzungen wird das Verletzungsgebiet bei der Massage ausgespart, akute stumpfe Verletzungen sind durch die typischen Entzündungsanzeichen erkennbar und dürfen deshalb nicht massiert werden.

Merke

Die Kardinalsymptome der Entzündung sind:

- **Dolor (Schmerz)**
- **Calor (Überwärmung)**
- **Rubor (Rötung – beim Pferd nicht sichtbar!)**
- **Tumor (Schwellung)**
- **Functio laesa (Funktionseinschränkung)**

3.2.2 Klassische Massage

Die Behandlung der Muskulatur kann über verschiedene Techniken bewerkstelligt werden. Die Basis hierfür geben uns die Griffe der klassischen Massage. Dies ist die bekannteste Massageform, die nicht nur in der Humanmedizin häufig zur Anwendung kommt, sondern auch in der Tierbehandlung mit großem Erfolg eingesetzt wird. Mit der direkten Technik der klassischen Massage erzielt man therapeutische Effekte über die mechanische Beeinflussung von Haut, Muskeln und Bindegewebe. Die Haupthandgriffe der Massage bilden die Petrissage (Knetung), Effleurage (Streichung), Friktion (Reibung), Tapotement (Klopfung) und Vibration. Diese werden durch zusätzliche Griffe, die sich nicht in die Kategorien der Hauptgriffe einordnen lassen (Schüttelungen, Walkungen, Sägegriff etc.), ergänzt.

Für ein sinnvolles Massageprogramm ist ein gewisser Fundus an Massagegriffen sowie die Kenntnis über deren Anwendung und Wirkung wichtig. Die Intensität und Geschwindigkeit, mit der die Griffe ausgeführt werden, haben großen Einfluss auf den Effekt. Je langsamer und sanfter eine Technik zum Einsatz kommt, desto entspannender ist die Massage für das Pferd. Schnelle und intensive Griffe hingegen wirken tonisierend. Der Therapeut muss die Ausführungstechnik jeweils auf das Behandlungsziel abstimmen.

Merke

Faktoren wie Geschwindigkeit, Intensität (Druckstärke), Rhythmus und Arbeitsrichtung bestimmen zusätzlich den Effekt eines Massagegriffs und erweitern damit die Hauptwirkung einer Technik entscheidend.

Klassische Massage: Wirkungsmechanismen

Eine hypertone Muskulatur ist eine typische Indikation, die den Therapeuten dazu veranlasst, Massagetechniken einzusetzen. Mit den jeweiligen Techniken lassen sich Muskelspasmen lösen, dennoch erlauben bestimmte Massagegriffe, den Muskeltonus auch zu erhöhen. Man wendet tonisierende Griffe an, wenn die Muskulatur hypoton ist oder vor dem Wettkampf in eine höhere Grundspannung versetzt werden soll. Die Massage sorgt also dafür, dass die Muskulatur in den optimalen Tonus geführt wird.

Die Wirkprinzipien der Massage sind sehr weitreichend, neben mechanischen Effekten erzielt man mit einer Massagebehandlung auch biochemische, reflektorische und psychologische Reaktionen (► Abb. 3.2). Selbst Wirkungen auf das Immunsystem hat man durch eine Massagebehandlung festgestellt.

Die mechanischen Wirkprinzipien stehen meist an oberster Stelle der Motivation, eine Massage durchzuführen. Durch die Verschiebungen der einzelnen Gewebe gegeneinander ergibt sich eine Mobilisierung der Strukturen, die insbesondere bei der Narbenbehandlung und zum Lösen von pathologischen Crosslinks (= adaptive strukturelle Gewebsveränderungen, die die Gelenkbewegung einschränken) angestrebt wird. Bei jeder Behandlung mit Massagegriffen wird mehr oder weniger Druck auf das Gewebe ausgeübt. Durch die zunächst entstehende Ischämie folgen reflektorisch eine Vasodilatation und damit eine Steigerung der Durchblutung. Über diesen Effekt werden Stoffwechselendprodukte schneller abtransportiert und das Gewebe besser mit Sauerstoff und Nährstoffen versorgt. Der Abtransport der Lymphe wird ebenfalls beschleunigt und somit Ödeme abgebaut und das Gewebe entstaut (Lymphdrainage).

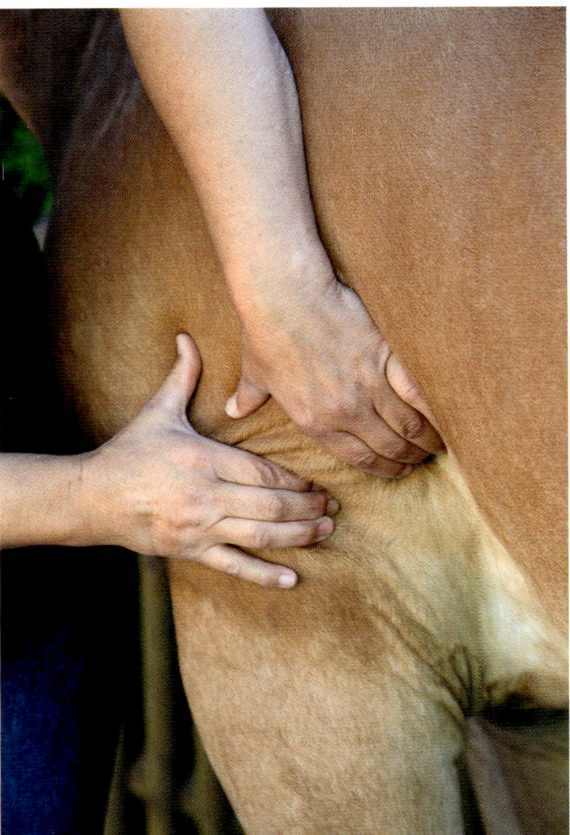

► **Abb. 3.2** Massagebehandlungen stimulieren nicht nur Haut und Muskulatur, sondern haben Einfluss auf die Psyche und reflektorisch auf die inneren Organe.

Definition

Pathologische Crosslinks sind Querverbindungen zwischen einzelnen Kollagenfasern (Kollagenmolekülen), die verhindern, dass sich das kollagene Geflecht vollständig entfalten kann. Damit wird die Mobilität eines Gelenks, Muskels oder Nervs eingeschränkt.

Pathologische Crosslinks entstehen durch Ruhigstellung eines Gelenks aufgrund von Verletzungen oder anderweitiger Immobilisation. Hierdurch wird die Produktion von Hyaluronsäure und Proteoglykanen verringert, die Herstellung von kollagenen Fasern jedoch erhöht. Die Proteoglykane sind für die Parallelisierung der neu gebildeten Fasern in Funktionsrichtung verantwortlich. Die kollagenen Fasern finden durch die eingeschränkte Bewegung und daraus resultierende verringerte Flüssigkeit in der Matrix (fehlende Proteoglykane) keine korrekte Wachstumsrichtung, sodass sie unsortiert und „planlos" Verbindungen schaffen. Diese fehlerhaften Verbindungen bestehen aus Wasserstoffbrücken und werden als afunktionelle oder pathologische Crosslinks bezeichnet. Sie verkleben das Bindegewebe und schränken somit die Beweglichkeit ein, können allerdings durch Massagen und physiologische, im schmerzfreien Bereich durchgeführte Bewegungen abgebaut werden. Zudem werden die Fibrozyten dazu angeregt, neue Fasern herzustellen. Die durch die Bewegung angeregte Wasserproduktion (Hyaluronsäure, Proteoglykane) sorgen schließlich für funktionelle Querverbindungen in paralleler Ausrichtung.

Häufig vorkommende Gewebeverklebungen, die durch Verletzungen, Fehlbelastungen und Minderaktivität zustande kommen, können gelöst werden. Narben werden geschmeidiger, glatter und das Schmerzlevel wird herabgesetzt.

Eine weitere Auswirkung von Massagebehandlungen ist die Freisetzung von Entzündungsmediatoren, wie Histamin, Serotonin oder Prostaglandinen. Auch diese bewirken eine Durchblutungssteigerung und sind insbesondere bei chronischen Verletzungszuständen von Bedeutung, um eine Entzündungsreaktion zu stimulieren. Eine Entzündungsreaktion ist für die Heilung des Gewebes von entscheidender Bedeutung. So kann der Heilungsverlauf durch den Einsatz von entzündungshemmenden Medikamenten aufgrund der Unterbrechung der ablaufenden Entzündungsreaktion gehemmt werden. Mithilfe der Massage und der damit verbundenen Stimulation der Ausschüttung von Entzündungsmediatoren kann der Entzündungsablauf beschleunigt werden.

Merke

Kontraindiziert ist eine Massage bei frischen Verletzungen sowie eine zu intensive Massagebehandlung, da es zu einer überschießenden Entzündungsreaktion mit nachfolgender Gewebeschädigung kommen kann.

Ein weiterer biochemischer Effekt ist neben der Freisetzung von Entzündungsmediatoren auch die Ausschüttung von Endorphinen, wobei es sich um körpereigene Schmerzstiller handelt. Dies ist mitunter ein Faktor der schmerzstillenden Reaktion auf Massage. Eine schmerzinhibitorische Wirkung hat die Massage aber auch auf reflektorischer Ebene, indem bestimmte Rezeptoren (Pacini-Körperchen) im Muskel, in der Haut (A-β-Fasern) oder Gelenkkapsel (Mechanorezeptoren) stimuliert werden. Man hat festgestellt, dass Vibrationen in wechselnden Frequenzen einen besonders schmerzlindernden Effekt haben.

Über viszerosomatische Zusammenhänge stehen Haut und innere Organe in Verbindung. Hierdurch werden Erkrankungen der Viszera über nervale Beziehungen über einen Reflexbogen (Verschaltung von Afferenzen und Efferenzen) auf Hautareale (Dermatome) übertragen. Zu diesen sogenannten Reflexzonen gehören beispielsweise die Head'schen Zonen. Viszeroafferenzen können allerdings auch auf Myotome (Muskelzonen) reflektiert werden. Diese Areale sind als MacKenzie-Zonen bekannt.

Über die Stimulierung von Haut und Muskulatur durch Massagebehandlungen erzielt man nun über die neuronal reflektorischen Beziehungen nicht nur einen positiven Effekt im behandelten Gebiet, sondern auch indirekt am entsprechenden Organ.

Nicht zuletzt sind mit gezielten Massagegriffen psychogene Auswirkungen am Pferdepatienten zu erreichen, welche als sehr bedeutendes Resultat registriert werden sollten. Es werden Muskeltonus, Schmerzwahrnehmung und Angstgefühle gemindert. Durch die entspannende Wirkung verbessert sich der Allgemeinzustand des Pferdes, die Ausschüttung der Stresshormone (Kortison, Adrenalin, Noradrenalin) und die Aktivität des Sympathikus werden gebremst.

Die Massage als Einstieg in den therapeutischen Behandlungsablauf einzuplanen, kann darum nur positive Wirkungen haben und die Compliance des – vor allem skeptischen und misstrauischen – Pferdes enorm steigern.

Effleurage (Streichungen)

Mit der Effleurage wird jede Massagebehandlung eingeleitet, sie dient zur Kontaktaufnahme mit dem Pferd. Man nutzt die Streichungen, um den Pferdekörper abzuscannen und Ödeme, Gewebetemperatur, Muskeltonus, Empfindlichkeiten oder gar Schmerzbereiche und eventuell unter dem Fell verborgene Hautverletzungen aufzuspüren. Diese Informationen sind wichtig, um eventuelle Kontraindikationen auszuschließen und die weitere Behandlung darauf auszurichten. Durch langsame, sanfte Streichungen über den gesamten Pferdekörper kann der Therapeut ein Vertrauensverhältnis aufbauen, das für die weitere Therapie von entscheidender Bedeutung ist. Ein guter Therapeut vermittelt dem Pferd mit einer sensibel und respektvoll durchgeführten Effleurage, dass es sich nun entspannen und ihm vertrauen kann.

Jede Massagebehandlung wird mit Streichungen eingeleitet und abgeschlossen. Auch im Anschluss an jeden Massagegriff und beim Übergang von einem Griff zum nächsten werden Effleuragen eingesetzt. Effleuragen sind darum das Gerüst einer jeden Massagebehandlung und machen diese Grifftechnik aufgrund ihres überaus vielseitigen Wirkungsspektrums zu einem sehr universellen Massagegriff.

Neben der Gewinnung von Gewebeinformationen haben Streichungen mannigfaltige Wirkungskomponenten. Je nach Druckstärke und Tempo wirken Effleuragen tonisierend oder detonisierend auf Muskulatur und Nervensystem. Streichungen haben einen drainierenden Effekt (Lymphsystem) und fördern den venösen Rückfluss. Sie senken den Sympathikus und dämpfen das Schmerzempfinden.

Durchführung

In der praktischen Anwendung von Effleuragen unterscheidet man Hand-, Finger- und Armstreichungen, die wiederum in unterschiedlichen Formen ausgeführt werden. Die in der Humanmedizin gelehrte Technik, Streichungen stets von der Peripherie zum Körperzentrum und an den Extremitäten von distal nach proximal auszuführen, muss beim Pferd relativiert werden. Tiere empfinden es unangenehm, wenn man gegen den Fellstrich arbeitet. Deshalb wird die Arbeitsweise in Fellstrichrichtung bevorzugt. Eine Ausnahme bilden jedoch gezielte

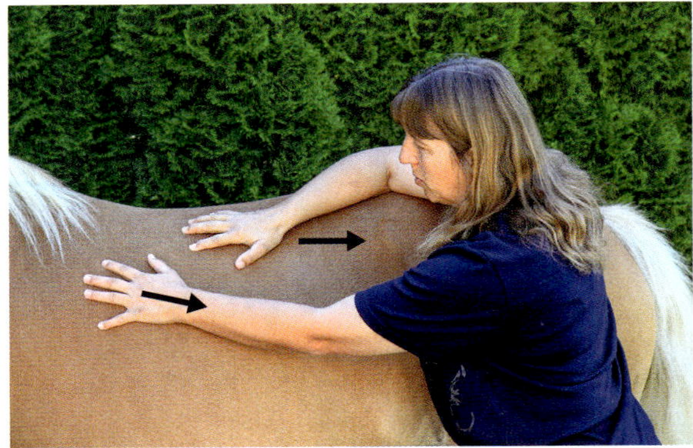

▶ **Abb. 3.3** Bei Fingerstreichungen werden die Finger in Fellstrichrichtung zum eigenen Körper gezogen (Pfeile). Der Blick des Therapeuten richtet sich zum Pferdekopf.

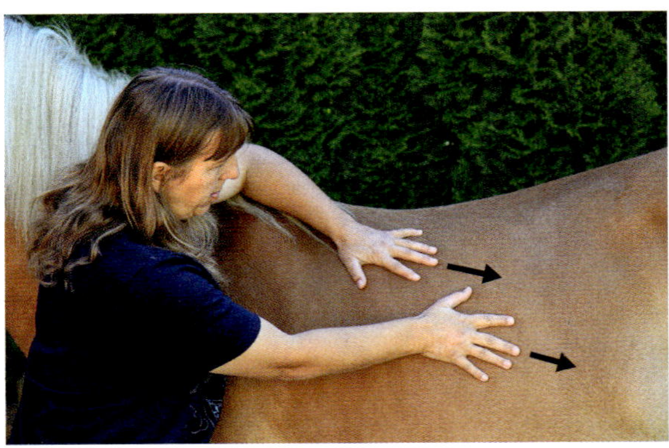

▶ **Abb. 3.4** Bei der Handstreichung blickt der Therapeut in Richtung Pferdeschweif und schiebt die Hände auf dem Pferdefell von sich weg (Pfeile).

Drainagestreichungen insbesondere an den Beinen, bei denen klassisch von distal nach proximal – entgegen der Fellstrichrichtung – ausgestrichen wird, da man der Lymphflussrichtung folgen muss.

Die erkundende Effleurage hingegen wird am Rumpf in Fellstrichrichtung durchgeführt und wenn möglich immer im Faserverlauf der Muskulatur.

Die Druckstärke der Effleurage für den Einstieg in die Behandlung mit Tonus senkender, entspannender und drainierender Wirkung geht über eine leichte Berührung nicht hinaus. Bei Fingerstreichungen bringt der Masseur etwa 200 g Druck auf, die Handstreichungen sind mit 500 g etwas intensiver. Bei Streichungen für die Lymphdrainage reduziert sich der Druck auf 100–200 g. Die Überprüfung der Druckstärke mittels einer Briefwaage ist für die Gefühlentwicklung empfehlenswert.

Das Tempo bei Streichungen ist sehr gering, die Beine werden innerhalb von 5–10 Sekunden einmal von distal nach proximal ausgestrichen. Die Massagestriche erfolgen möglichst großflächig, wobei der Therapeut den Massagegriff mit seinem ganzen Körper begleitet. Jede Streichung wird etwa 10-mal wiederholt. Erhöht man die Geschwindigkeit und die Druckstärke, erreicht man eine Tonisierung der Muskulatur, die für eine Behandlung vor dem Training oder dem Wettkampf indiziert ist.

Die Massagebehandlung eröffnet man mit sanften Fingerstreichungen, wobei die Finger leicht gespreizt werden, um eine möglichst große Fläche abzudecken. Der Therapeut steht mit Blickrichtung zum Pferdekopf und zieht die aufgesetzten Fingerbeeren in Fellstrichrichtung zu seinem Körper heran (▶ **Abb. 3.3**). Man beginnt am Hals des Pferdes und arbeitet mit wechselnden Handgriffen in Richtung Schweif. Für die Massage gilt grundsätzlich, dass immer mindestens eine Hand Körperkontakt mit dem Pferd haben sollte und die Griffübergänge in fließenden Bewegungen vonstatten gehen müssen. Dies ist die Voraussetzung, um einen für das Pferd angenehmen und entspannenden Effekt zu erzielen.

Für die Handstreichung (▶ **Abb. 3.4**) wird nun der Standort gewechselt, indem der Masseur seine Blickrichtung zum Schweif des Pferdes wendet. Die Hände werden flächig auf den Pferdekörper gelegt, sodass sowohl Handballen als auch Finger Kontakt halten. Die Strichrichtung erfolgt diesmal vom Körper des Therapeuten wegführend, aber wiederum in Fellstrichrichtung des Pferdes.

Exkurs

Bei Schwächung des lymphatischen Systems, zu wenig Bewegung (Boxenhaltung), körperlicher Überforderung oder bei genetisch zu spärlich angelegten Lymphgefäßen neigen Pferde zu angelaufenen Beinen. Das Lymphsystem ist nicht mehr in der Lage, die Stoffwechselendprodukte parallel zu ihrer Entstehung abzutransportieren. Eiweiße lagern sich im Interstitium ab und binden Wasser, wodurch es zu Ödemen kommt.

Die Therapie erfolgt über Lymphdrainagen, Bewegung und spezielle Kompressionsstrümpfe.

Beim Pferd bietet sich auch die Variante der Effleurage mit dem Unterarm an (▶ **Abb. 3.5**), da flächiger und somit effektiver gearbeitet werden kann. Hier können auch kreisende Bewegungen ausgeführt werden, die die Gewebeflüssigkeiten mobilisieren. Die Dosierung der Druckstärke bedarf hierfür jedoch etwas Übung.

Eine intensivere Variante der Fingerstreichung stellt der Rechen- oder Harkengriff dar (▶ **Abb. 3.6**). Die Ausführung ist identisch mit der Fingerstreichung, jedoch wendet der Therapeut mit den Fingerbeeren deutlich mehr Druck auf und führt den Griff in flotterem Tempo durch. Dadurch erreicht man einen stimulierenden und durchblutungsfördernden Effekt.

▶ **Abb. 3.5** Die Effleurage kann auch mit dem Unterarm ausgeführt werden, um größere Flächen abzudecken (Pfeil).

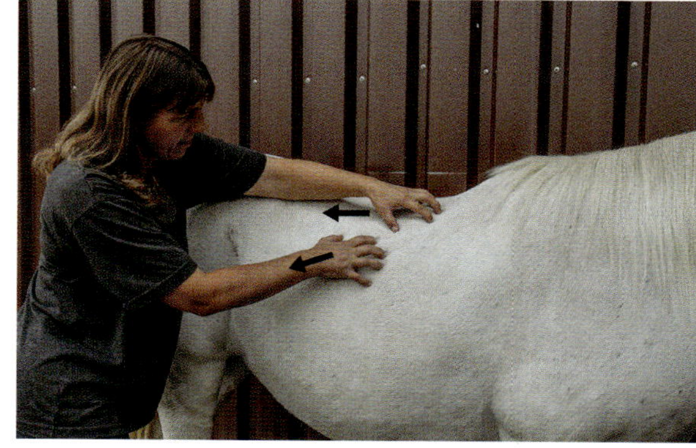

▶ **Abb. 3.6** Der Rechengriff intensiviert die Wirkung der Fingerstreichung. Die Finger werden in Fellstrichrichtung zum eigenen Körper gezogen (Pfeile)

Petrissage (Knetungen)

Die Knetung ist ein Basismassagegriff und kann sowohl am Muskel als auch an der Haut angewendet werden. Mit Hautknetungen erwirkt man eine Mobilisation der Haut (S. 56). Die Petrissage wird sowohl in Quer- als auch in Längsfaserrichtung des Muskels durchgeführt.

Knetungen sind besonders indiziert zum Lösen von verspannten Muskeln und Myogelosen. Sie führen die Muskulatur in eine optimale Grundspannung zurück, entstauen das Gewebe, lösen pathologische Crosslinks auf und machen den Muskel geschmeidig (▶ **Abb. 3.7**). Petrissagen stimulieren sowohl die Muskelspindeln als auch die in den Sehnenübergängen sitzenden Golgi-Organe. Die Muskeln entspannen, werden stärker durchblutet, wodurch wiederum der Stoffwechsel gesteigert wird.

Exkurs

Golgi-Sehnenorgane sitzen im Übergangsbereich vom Muskel zur Sehne und dienen zur Wahrnehmung der Tiefensensibilität. Es handelt sich um Sensoren des propriozeptiven Systems, welche die Muskelspannung messen und ans Zentralnervensystem weitergeben.

Muskelspindeln bestehen aus mit sensiblen Nervenfasern umwickelten, quergestreiften Muskelfasern und sind im Muskelbauch eingebettet. Sie erfassen die Länge (Dehnungszustand) der Muskelfasern und leiten sie ans zentrale Nervensystem weiter. Wird ein Muskel plötzlich stark gedehnt, registriert die Muskelspindel diesen Zustand und löst einen Dehnungsreflex aus, der eine sofortige Kontraktion des Muskels veranlasst. Auf diese Weise wird der Muskel vor Überdehnungen geschützt.

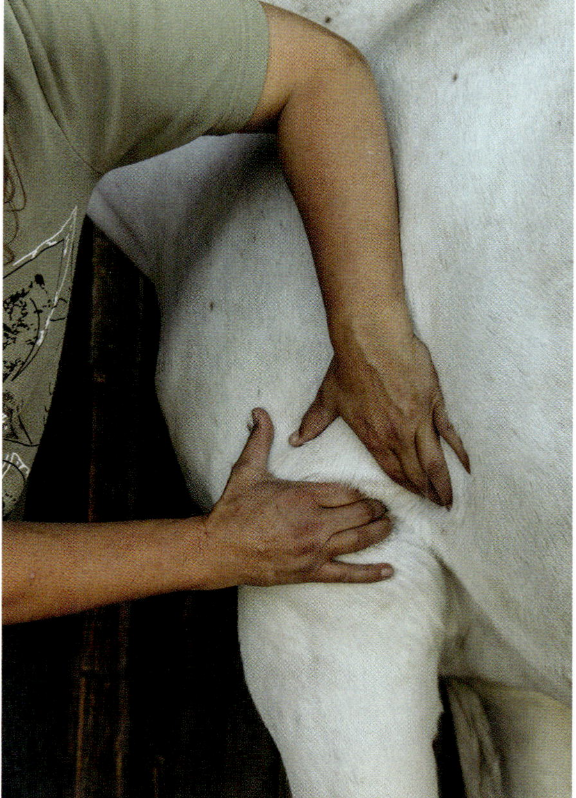

▶ **Abb. 3.7** Knetungen – wie hier am M. triceps brachii – führen den Muskel in eine optimale Grundspannung zurück, entstauen das Gewebe und lösen pathologische Crosslinks auf.

Durchführung

Man kann Knetungen mit verschiedenen Techniken ausführen. Die Durchführung ist abhängig von der Art des jeweiligen Muskels. Gut greifbare Muskelbäuche (M. semimembranosus, M. semitendinosus, M. triceps brachii, M. brachiocephalicus etc.) umschließt man flächig mit der ganzen Hand. Bei Knetungen quer zu Faser liegen die Fingerkuppen in der Grube am Übergang zum Nachbarmuskel, die Daumen sind versetzt zueinander angeordnet. Nun verwringt man den Muskel mit beiden Händen wechselseitig, indem man ihn abwechselnd mit der jeweiligen Hand vom Körper abhebt, zu sich herzieht, dann gegen die knöcherne Unterlage drückt und verschiebt, wobei man die Hand leicht verdreht, so als würde man einen Teig kneten. Die Daumen werden wechselseitig abgehoben und umkreisen sich dabei gegenseitig. Die Geschwindigkeit der Knetung ist moderat.

Bei der Längsknetung, die bevorzugt an den Extremitäten zur Anwendung kommt, bleibt die Basishaltung bestehen, der Muskelbauch wird aber in Richtung Längsfaser verschoben.

Kleinere Muskelbäuche, die nicht mit der ganzen Hand erfasst werden können, aber auch Sehnen sowie Hautbezirke knetet man zwischen Zeigefinger und Daumen. Dabei drückt man bevorzugt mit den Daumen den Muskelbauch bzw. die Sehne wechselseitig, womit man die Struktur s-förmig verwringt. Diese Technik ist auch als Schlangengriff geläufig (▶ **Abb. 6.67**), s. Kap. Sehnenbehandlung (S. 247).

Flächige Muskeln, deren Muskelbäuche sich nicht anheben lassen und die eine knöcherne Unterlage besitzen (z. B. M. infraspinatus, M. supraspinatus), werden mit dem Thenar gegen die knöcherne Unterlage gedrückt und verschoben. Hierzu liegen beide Hände flächig übereinander auf dem Muskelbauch. Diese Maßnahme ist äußerst tiefenwirksam.

Die Druckstärke bei der Knetung richtet sich nach der Art und dem Zustand des jeweiligen Muskels sowie nach der Zielführung der Massagebehandlung. Ein stark verspannter Muskel ist schmerzhaft, hier muss die Druckstärke so angepasst werden, dass das Pferd den Druck tolerieren kann. Hierzu sind die Erfahrung und das Gefühl des Therapeuten gefragt. Eine zu hohe Druckstärke hingegen wird den Muskel nicht in die Entspannung bringen, sondern den Tonus gegebenenfalls noch weiter erhöhen. Oft quittieren die Pferde einen zu hohen, schmerzhaften Druck dann auch mit Abwehrreaktionen.

Praxistipp

Die Massage kann nur effektiv sein, wenn sie in korrekter Technik ausgeführt wird. Deshalb sollte der Therapeut darauf achten, Fehlerquellen auszuschalten. Häufige Fehlerquellen sind unter anderem zu schnelles Arbeiten, zu viel Druck, zu wenig Körperkontakt, keine fließenden Übergänge, falscher Kraftvektor, verspannte Hände sowie überstreckte Daumen und Finger.

Kompressionen und direkter Druck

Eine Abwandlung der Knetung stellt die Kompression dar, die sich insbesondere von der Knetung dadurch unterscheidet, dass das Muskelgewebe nicht über die knöcherne Unterlage verschoben, sondern lediglich dagegen komprimiert wird. Der Griff kommt nur bei großen Muskelgruppen zum Einsatz, wobei ein sehr starker Druck von bis zu 15 kg aufgewendet wird (▶ **Abb. 3.8**). Der bis in die tiefen Muskelschichten reichende Druck hilft, das Muskelgewebe zu entstauen, frisches Blut in die Muskeln zu transportieren und damit den Stoffwechsel anzuregen.

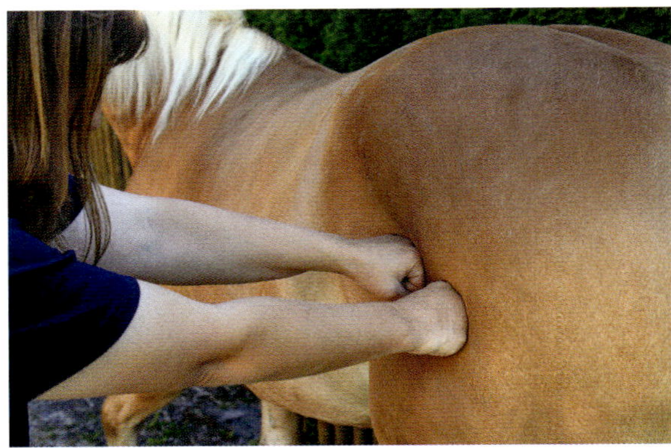

▶ **Abb. 3.8** Bei der Kompression wird starker Druck aufgebaut, der bis in die tiefen Muskelschichten reicht.

Der direkte Druck wird mit den Fingern oder Daumen gezielt an bestimmten Muskelstellen angewendet, um Triggerpunkte und Myogelosen aufzulösen.

Durchführung

Die Kompression kann je nach Muskelgröße mit dem Daumen, der Faust, dem Thenar, dem Ein- oder Zweifingerdruck oder dem Ellbogen durchgeführt werden. Dabei wird starker Druck auf den entsprechenden Muskel gebracht und wieder gelöst. Die Abfolge wird rhythmisch etwa 10-mal wiederholt. Bei diesem Griff ist auf einen korrekten Kraftvektor rechtwinklig zum Muskelfaserverlauf zu achten, damit der aufgewendete Druck auch im Muskel ankommt. Beim Pferd eignet sich die Kompression vor allem an der Glutealmuskulatur. Nimmt man einen Hocker zu Hilfe, ist es einfacher, den Druck von dorsal auf das Pferd zu bringen, da das eigene Körpergewicht miteingesetzt werden kann.

Friktion (Reibung)

Eine intensive, punktuelle Behandlung stellen Friktionen und im besonderen Maße die Querfriktionen dar. Es ist eine äußerst tiefenwirksame Massage, bei der die Haut zur darunter liegenden Muskel- oder Sehnenfaser unter relativ hohem Druck verschoben wird. Die Friktionstechnik wird hauptsächlich zum Lösen von Verklebungen eingesetzt, wofür die Technik quer zur Faser bevorzugt wird. Man kann sowohl Muskeln und Sehnen als auch Insertionen (Sehnen-Knochen-Übergänge), Sehnenscheiden, Gelenkkapseln und Ligamente mit Querfriktionen behandeln. Es ist aber darauf zu achten, dass keine Blutgefäße und Nervenbahnen einbezogen werden. In erster Linie werden Myogelosen, Muskelhartspann und Triggerpunkte ausmassiert, also punktuelle Muskelläsionen. Weiteres unter Kap. Triggerpunkttherapie (S. 59).

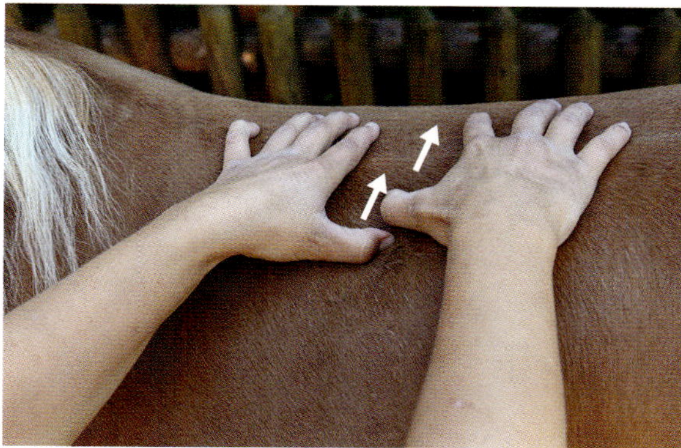

▶ **Abb. 3.9** Bei der Querfriktion am M. longissimus dorsi übt der Therapeut einen intensiven Daumendruck am Muskelbauch aus und gleitet quer zum Faserverlauf über den Muskel (Pfeile).

Querfriktionen sind auch bei chronischen Adhäsionen prädestiniert, weil dabei eine Entzündungsreaktion in Gang gebracht wird, die eine Wundheilung erst ermöglicht oder beschleunigt. Die mechanische Reizung führt zu einer Aktivierung von biochemischen Prozessen wie Ausschüttung von Entzündungsmediatoren, zu einer neuroreflektorischen Schmerzlinderung und Dämpfung des Sympathikus.

Die Behandlung kann bei chronischen Zuständen bis zu 10 Minuten ausgedehnt werden, ansonsten beschränkt man sich auf etwa 3 Minuten.

Ideal ist die Behandlung von Sehnenschäden beim Pferd mit Querfriktionen. Bei frischen Verletzungen (Sehnen- oder Muskelzerrungen oder Teilrupturen) kann man nach etwa 5–7 Tagen bereits mit der Behandlung beginnen. Kontraindiziert ist die Behandlung allerdings, wenn dem Pferd kortisonhaltige Medikamente verabreicht wurden, da Kortison den Entzündungsprozess unterdrückt. Ein therapeutischer Effekt ist dann nicht zu erzielen.

Durchführung

Der Therapeut übt einen punktuellen Druck auf das zu behandelnde Gewebe aus. Dabei setzt er die Finger, die Daumen (▶ **Abb. 3.9**) oder den Handballen ein. Bei etwas flächigeren Verklebungen und verhärtetem Muskelgewebe eignen sich Zirkelungen mit dem Thenar. Die Druckstärke wird dem jeweiligen Gewebe und dessen Lage in der Tiefe angepasst, um die Läsion auch zu erreichen.

Triggerpunkte und Myogelosen müssen zunächst mit den Fingern palpatorisch aufgespürt werden. Diese Muskelverhärtungen löst man schließlich mit einem intensiven Finger- oder Daumendruck und Reibung quer zur Muskelfaser. Die Finger dürfen dabei nicht über das Fell gleiten, die Haut wird vielmehr über das Läsionsgebiet verschoben. Es ist darauf zu achten, dass die Muskulatur bei der Behandlung möglichst entspannt ist. Wenn notwendig, löst man die Muskulatur vor der Friktion mit geeigneten Massagegriffen oder der Spindelzelltechnik (S. 220).

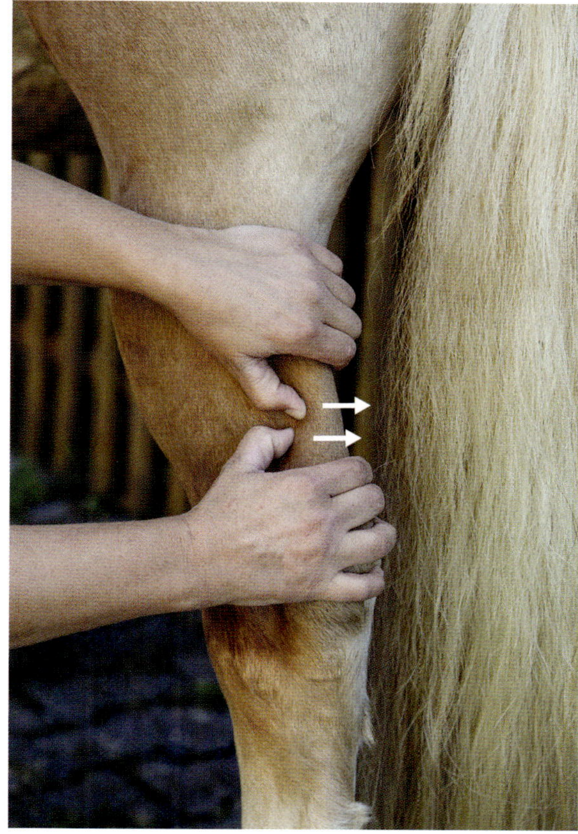

▶ **Abb. 3.10** Querfriktionen (Pfeile) eignen sich ebenfalls an sehnigen Strukturen wie der Achillessehne.

Sehnen, Sehnenscheiden und Bandstrukturen behandelt man mit der Friktionstechnik in angespanntem Zustand (▶ **Abb. 3.10**). Das Pferdebein bleibt auf dem Boden stehen, wenn man beispielsweise die Beugesehnen mit Querfriktionen behandeln möchte. Bei Knetungen (Schlangengriff) hingegen wird das Bein flektiert, s. Kap. Sehnenbehandlung (S. 247). Bevorzugt man die Fingertechnik sollte die Zweifingertechnik zum Einsatz kommen, bei der der Zeigefinger mit dem Mittelfinger gestützt wird. Alternativ kann man den Daumen verwenden, den man in gekröpfter Stellung ansetzt, um Gelenküberlastungen zu vermeiden.

Tapotements (Klopfung, Klatschen, Hacken)

Die hauptsächliche Wirkungsweise von Tapotements ist die Förderung der Durchblutung. Neuroreflektorisch aktivieren Klopfungen den sympathischen Anteil des vegetativen Nervensystems. Allerdings sind auch detonisierende Wirkungen möglich, wenn die Intensität und Geschwindigkeit deutlich reduziert werden.

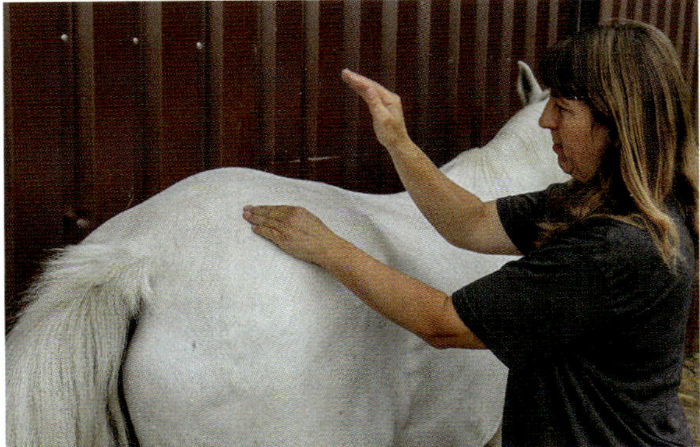

▶ **Abb. 3.11** Klopfen mit der Hohlhand weckt die Muskulatur auf und bringt sie in einen höheren Grundtonus.

▶ **Abb. 3.12** Der tonisierende Effekt wird beim Hacken noch intensiviert. Die Technik darf allerdings nur über großen Muskelgruppen Anwendung finden.

Durchführung

Man kann die Klopfungen, das Klatschen oder Hacken mit unterschiedlichen Techniken ausführen. Klopfungen werden mit der hohlen Hand ausführt (▶ **Abb. 3.11**), die Finger und der Daumen werden dabei aneinandergelegt und die Finger so weit flektiert, dass eine Hohlhand entsteht. Man klopft abwechselnd im Rhythmus über großen Muskelgruppen, wobei man die Hände ohne große Anspannung auf die Muskulatur fallen lässt. Dadurch entsteht ein hohler, dumpfer Ton.

Beim Klatschen spreizt man die Finger etwas und kontaktiert mit der flachen Hand den Pferdekörper, wiederum in rhythmischer Abwechslung beider Hände. Damit sich das Pferd an die klatschende oder klopfende Berührung und das damit verbundene Geräusch gewöhnt, beginnt man zunächst mit sanfteren Schlägen und geringerer Frequenz. Mit zunehmender Akzeptanz lassen sich Stärke und Geschwindigkeit steigern, um einen tonisierenden, aufweckenden Effekt zu erzielen.

Noch intensiver ist die Hacktechnik, mit der der Therapeut mit den Handkanten auf die Muskulatur klopft (▶ **Abb. 3.12**). Es ist wichtig, dass die Bewegung aus den Handgelenken kommt und locker ausgeführt wird. Das Hacken hat sich am Pferd als aufweckende Technik vor dem Wettkampf hervorragend bewährt. Es lassen sich auch Regionen gezielter ansteuern. Geeignet hierfür sind die Glutealmuskulatur, die Rückenmuskulatur und die Muskeln der Extremitäten.

Hautmobilisationen (Verwindungen, Anheben, Hautrollen)

Maßnahmen zur Hautmobilisierung sind zugleich auch Techniken zum Lösen der oberflächlichen Körperfaszie. Die Hautmobilität reagiert über segmentale Verbindungen bei Störungen von Organen, Muskeln und Gelenken. Somit ist insbesondere das Hautrollen (Kibler'sche Falte) eine hervorragende diagnostische Möglichkeit. Es ist aber auch eine Therapie zur Mobilisierung der Haut und zum Lösen von Verklebungen zwischen den Gewebeschichten. Für die Narbenbehandlung sind die Techniken zur Hautmobilisation ebenso indiziert. Die pathologisch entstandenen Crosslinks werden beseitigt und Bindegewebsablagerungen gelöst.

Durchführung

Eine geringe Mobilisation erreicht man bereits mit Effleuragen, somit ist dieser Griff auch ein guter Einstieg in die Techniken der Hautmobilisation. Die Handstreichungen führt man mit etwas stärkerem Kontakt aus und geht dazu über, die Haut nun mit der Handbewegung mitzunehmen. Der Therapeut verschiebt nun die Haut in Bezug zur Körperfaszie, ohne über das Fell des Pferdes zu gleiten. Man zieht die Haut langsam in eine Richtung, bis sich ein Widerstand aufbaut, hält kurze Zeit inne und löst die Spannung langsam, indem man die Haut sanft zurückgleiten lässt. Diese Technik wendet man mit einer Hautpartie in unterschiedliche Richtungen an.

Als nächsten Schritt werden beide Hände eingesetzt und die Haut mit der flachen Hand oder den Daumen gegeneinander verschoben. Bei dieser Verwindung bilden sich Hautfalten und die Kutis und Subkutis werden gegenüber der Körperfaszie mobilisiert. Am Unterschenkel beziehungsweise Unterarm des Pferdes lässt sich die Haut durch Anheben, einem Verschieben nach proximal, mobilisieren (▶ **Abb. 3.13**). Man kann die Technik auch variieren und die Haut zunächst nach dorsal und schließlich nach proximal oder umgekehrt schieben. Langsam lässt man die Haut anschließend in seine ursprüngliche Lage zurückgleiten.

Eine weitere, intensivere Technik ist das Abheben der Haut. Man greift hierzu eine Hautfalte und zieht diese von der Unterlage weg. Wird der Zug gelöst, sollte die Haut elastisch zurückgleiten und keine Falte bestehen bleiben. Glättet sich die Haut übrigens nicht innerhalb von 2 Sekunden, besteht der Verdacht einer leichten Dehydrierung. Ein ausgeprägter Flüssigkeitsmangel zeigt

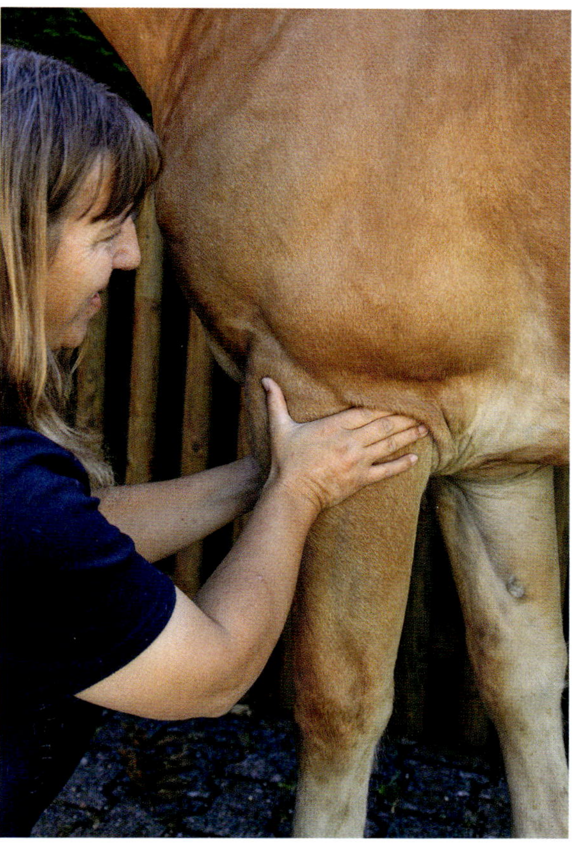

► **Abb. 3.13** Das Anheben mobilisiert die Haut und löst die oberflächlichen Körperfaszien.

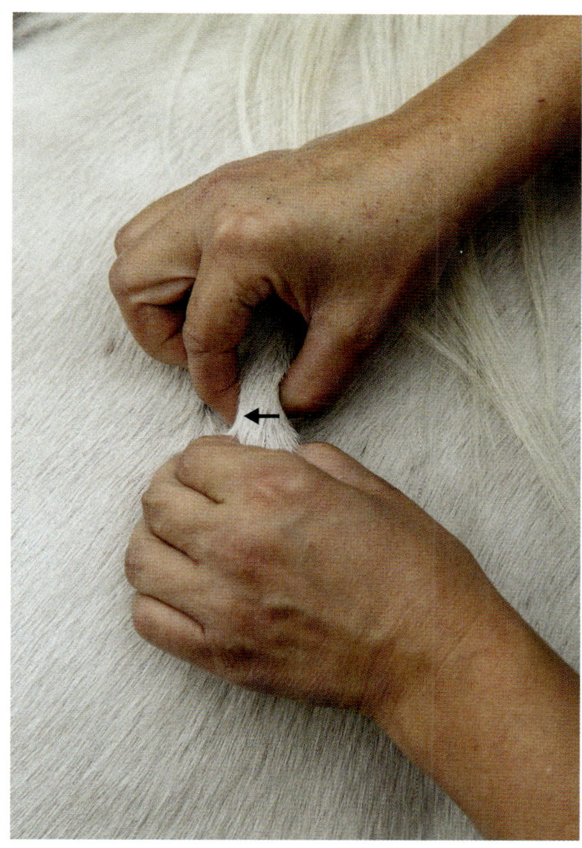

► **Abb. 3.14** Das Hautrollen (Kibler-Falte) (Pfeil) kann zur Hautmobilisation und Diagnostik angewendet werden.

sich, wenn die Haut länger als 5 Sekunden benötigt, um sich wieder zu glätten. Dehydrierte Pferde fallen unter anderem durch dunkleren Harn und trockenen Kot auf.

Das Hautrollen (► **Abb. 3.14**), auch als Kibler-Falte bekannt, wird für diagnostische Zwecke eingesetzt, aber auch, um die Haut, das Bindegewebe und die oberflächliche Körperfaszie zu mobilisieren. Der Therapeut zieht eine Hautfalte von der Unterlage ab und rollt diese über die darunter liegenden Schichten. An gestörten Segmenten, die mit Verquellungen und Verdickungen reagieren, ist die Hautrollung schmerzhaft. Hier hat die Hautfalte eine derbe Konsistenz, es zeigen sich raue, brüchige Haare und eine verminderte Hautelastizität. In der Regel lässt sich die Haut an auffälligen Bereichen nicht oder nur schwer abheben. Das Hautrollen kann auch problemlos über Knochenvorsprüngen durchgeführt werden.

Vibrationen und Schüttelungen

Mit Vibrationen und Schüttelungen wird das Gewebe mit hoher Frequenz durchgeschüttelt. Es sind stimulierende und aufweckende Maßnahmen, die oftmals vor dem Training oder Wettkampf zum Einsatz kommen.

Vibrationen haben einen schmerzhemmenden Effekt, wenn sie mit variablem Druck und unterschiedlichen Frequenzen ausgeführt werden. Die Rezeptoren gewöhnen sich sehr schnell an einen gleichmäßigen Vibrationsreiz, wodurch der schmerzlindernde Effekt schnell nachlässt. Will man im Hinblick einer Schmerzreduktion eine Vibrationstechnik anwenden, sollte man bei der Durchführung auf stetig wechselnde Frequenzen und unterschiedlichen Gewebedruck achten.

Vibrationen und Schüttelungen sind die anstrengendsten Massagegriffe, weshalb viele Masseure auch gerne darauf verzichten. Dennoch sollte man Vibrationen in das Behandlungsschema miteinbauen, weil sie schmerzlindernd, stimulierend und tiefenwirksam sind.

Es ist durchaus auch möglich, für Vibrationen ein Massagegerät zu verwenden, um dem nicht zu unterschätzenden körperlichen Einsatz aus dem Weg zu gehen. Dann jedoch sollte man Geräte benutzen, deren Frequenzen variiert werden können.

Die Vibrationswellen übertragen sich bis in die tiefsten Muskel- und Gewebeschichten, sodass selbst eine punktuelle Behandlung nicht lokal bleibt. Die Vibrationen sind an weit entfernten Arealen noch zu spüren und garantieren so eine regelrechte Durchflutung des ganzen Körpers.

Durchführung

Meist werden Vibrationen und Schüttelungen mit einer Hand ausgeführt. Die zweite Hand wird am Pferdekörper abgelegt beziehungsweise stützt das Gewebe. Man legt die agierende Hand flach auf den zu behandelnden Bereich, erzeugt eine leichte Kompression und führt schnelle Zitterbewegungen aus. Die Hand darf dabei nicht über das Fell gleiten, sondern behält ihren Kontakt unter Beibehaltung eines bestimmten Drucklevels.

Man kann die zweite Hand zur Unterstützung gegebenenfalls über die Vibrationshand legen, um einen größeren Druck zu erzeugen, der tiefere Muskelabschnitte erreicht.

Vibrationen können aber auch punktuell ausgeführt werden, wobei der Ein- oder Zweifingerdruck zur Anwendung kommt. Beim Zweifingerdruck wird der Mittelfinger über den Zeigefinger zur Unterstützung gelegt. Diese Technik eignet sich auch sehr gut für die Arbeit über Sehnenabschnitten.

Schüttelungen werden wiederum mit der ganzen Hand, aber mit verringerter Frequenz durchgeführt. Dabei fixiert eine Hand beispielsweise die Extremität oder die jeweilige Nachbarstruktur, mit der agierenden Hand führt man rhythmische, schüttelnde Bewegungen ganzer Muskelgruppen aus. Hierfür dürfen die Muskeln allerdings nicht unter Spannung stehen. Gegebenenfalls muss darum die Gliedmaße flektiert werden. Oft entlasten die Pferde allerdings das entsprechende Bein von sich aus.

Schüttelungen wirken sich insbesondere auf die Muskelrezeptoren (Muskelspindel, Golgi-Organe) aus und erlauben eine Relaxation der Muskelfasern. Wie bei den meisten Massagegriffen kommt es auch hier zu einer Mehrdurchblutung und Verbesserung der Stoffwechselkapazität.

Walkungen

Große Muskelgruppen, bei denen Schüttelungen schwer durchzuführen sind, bedient man mit Walkungen, die mit geringerer Frequenz ausgeführt werden, um einen Entspannungseffekt zu erreichen. Bei schneller und intensiver Arbeit kommt es zu einer Tonisierung des Muskels, wie sie für Sportler vor ihrem Einsatz günstig ist.

Walkungen eignen sich an vielen Muskelbereichen des Pferdes, vor allem ist die Hinterhandmuskulatur hierfür prädestiniert. Es ist ein Massagegriff, der etwa zwischen Knetungen und Schüttelungen angesiedelt ist.

Durchführung

Wie bei den Schüttelungen wird eine Hand fixierend eingesetzt. Die andere Hand walkt den jeweiligen Muskel mit großer Amplitude hin und her. Die Bewegungen sind allerdings großräumiger und langsamer als bei den Schüttelungen.

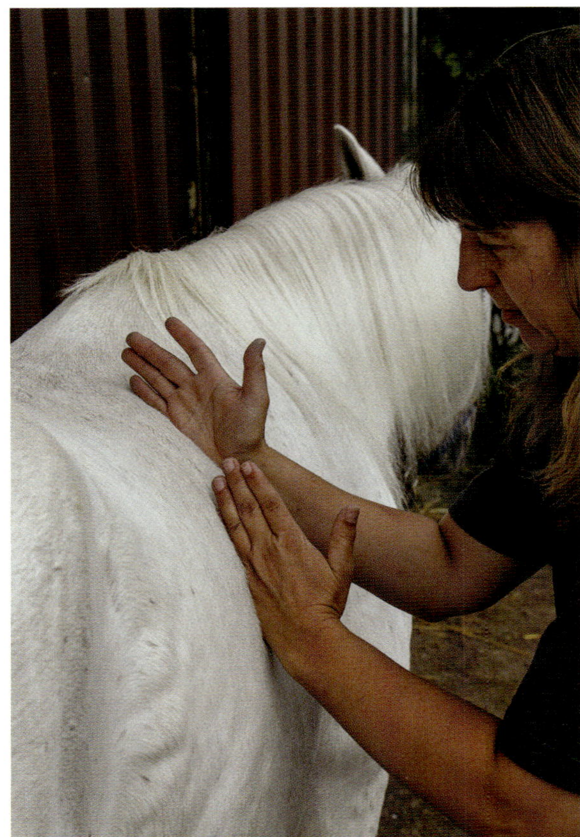

► **Abb. 3.15** Der Sägegriff fördert die Durchblutung und eignet sich besonders für die Interkostalmuskulatur.

Der Sägegriff

Eine spezielle Maßnahme, die eine lokale Wärme erzeugt, ist die Sägetechnik (► **Abb. 3.15**). Die durch Reibung auf dem Pferdefell entstandene Wärme und Mehrdurchblutung ergibt ein lokales, angenehmes Entspannungsgefühl. Der Sägegriff hat sich insbesondere bei der Anwendung an der Interkostalmuskulatur bewährt, kann aber auch an jeder anderen Region eingesetzt werden.

Der Griff erzeugt mechanische (Reibungswärme) und biochemische Effekte (Histaminausschüttung), was zu einer Vasodilatation führt. Der Effekt hält bis zu einer halben Stunde an und eignet sich darum sehr gut für die Winterarbeit.

Durchführung

Man setzt die Handkanten auf der Muskulatur auf (bei der Behandlung der Interkostalmuskulatur zwischen den Rippen) und reibt mit den Händen in entgegengesetzter Richtung. Die Geschwindigkeit darf beim Gleiten über dem Fell nicht zu hoch sein, da man sich bei zu intensiver Arbeit auch Verbrennungen durch die Reibungswärme auf dem Fell zuziehen kann. Zu schnelle Bewegungen können darum sowohl für den Therapeuten als auch für das Pferd unangenehm werden.

3.2.3 Triggerpunkttherapie

Für den Osteopathen ist die Triggerpunkttherapie eine Behandlungsform, die mittlerweile ihren festen Platz im Therapiekonzept eingenommen hat. Auch in der Tiermedizin arbeiten viele Therapeuten inzwischen mit dieser überaus effektiven myofaszialen Therapiemaßnahme. Dennoch hinkt die Entwicklung dieser Behandlungsform noch etwas hinterher.

Eine der Schwierigkeiten liegt im minimierten Feedback der vierbeinigen Patienten. Sie zeigen zwar Schmerzreaktionen, können aber die Schmerzqualität nicht angeben, die für die Diagnostik von Stresspunkten jedoch von Bedeutung ist (Stichpunkt: referred pain). Deshalb muss man in der Tiermedizin manchmal andere diagnostische und therapeutische Wege gehen. Die wichtigste handwerkliche Voraussetzung, um mit dieser Therapieform reell und erfolgreich arbeiten zu können, ist die Schulung des eigenen Gefühls, um Triggerpunkte aufzuspüren.

Weil die Behandlung von Triggerpunkten durchaus auch mit Schmerzen für den Patienten verbunden sein kann und dem Pferd zunächst schlecht vermittelbar ist, den Schmerz zu akzeptieren, weil es sich nach der Behandlung umso wohler fühlen wird, ist ein großes Vertrauensverhältnis zwischen Tier und Therapeut notwendig. Der Therapeut muss in der Lage sein, innerhalb kürzester Zeit zu einem (meist) fremden Pferd Vertrauen aufzubauen. Dies ist nur möglich, wenn er sich in den Augen des Pferdes als Leittier präsentiert, was einen routinierten Umgang, großes Einfühlungsvermögen, uneingeschränkte Liebe zum Pferd, überdurchschnittliche Kompetenz und eine umfassende Erfahrung erfordert. Pferde können all diese Dinge erfühlen und wissen somit instinktiv, wen sie vor sich haben und wem sie vertrauen können. Während ein vertrauensvolles Pferd für seinen verständigen Reiter sprichwörtlich durchs Feuer geht, arbeitet es bei einem kompetenten Therapeuten ebenso aktiv in der Therapie mit. Dann sind auch mal schmerzhafte Erfahrungen kein Grund, das Vertrauensverhältnis aufzugeben. Pferde scheinen instinktiv zu wissen, dass die Folge dieser unangenehmen oder womöglich schmerzhaften Behandlung eine Belohnung in Form eines immens verbesserten Wohlbefindens nach sich zieht.

Triggerpunkttherapie: Begrifflichkeiten

Ein Triggerpunkt – im deutschen Sprachgebrauch auch als „Stresspunkt" oder mit den zutreffenderen Begriffen „Abzugs- oder Auslösepunkt" bezeichnet – wird als „druckdolente, irritierte Region innerhalb eines hypertonen Muskelfaserbündels" definiert. Auf Palpation reagiert der Triggerpunkt mit lokalen und vor allem typischen ausstrahlenden Schmerzen, die die Diagnostik des myofaszialen Triggerpunkts untermauern. Dabei kann ein Triggerpunkt durch Stimulation neben der Schmerzhaftigkeit auch Symptome wie vegetative Phänomene und Missempfindungen in anderen Körperregionen bewirken (trigger = auslösen).

Neben den myofaszialen Triggerpunkten sind auch Auslösepunkte in der Haut, im Bindegewebe, in Ligamenten, im Periost und in der Viszera bekannt. Diese Triggerpunkte verursachen allerdings keine ausstrahlenden Schmerzen.

Die myofaszialen Triggerpunkte teilt man in latente und aktive Stresspunkte ein. Der aktive Triggerpunkt ist sowohl in Ruhe als auch während einer muskulären Aktivität schmerzhaft und unterhält die zu seinem Übertragungsgebiet gehörenden typischen Phänomene. Der latente Triggerpunkt weist dieselbe Charakteristik auf, allerdings mit dem Unterschied, dass dieser in Ruhe nicht schmerzhaft ist. Ein latenter Triggerpunkt kann allerdings in einen aktiven Triggerpunkt übergehen, ebenso kann ein aktiver Triggerpunkt in einen latenten transformieren.

Oft werden als Synonym für den Begriff Triggerpunkt auch Tenderpoint, Myogelose oder Muskelverhärtung verwendet. Die Begrifflichkeiten sind jedoch exakt zugeordnet und sollten deshalb nicht willkürlich verwendet werden. Weil Triggerpunkte häufig im Bereich von Muskel-Sehnen-Übergängen auftreten, ist es zur Verwischung mit dem Ausdruck Tenderpoint gekommen. Tenderpoints sind ebenfalls in dieser Region platziert. Sie unterscheiden sich von Triggerpunkten allerdings dadurch, dass sie keine ausstrahlenden Schmerzen verursachen, sondern lediglich an Ort und Stelle sensibel reagieren. Der Begriff Tenderpoints für druckschmerzhafte Punkte wird vor allem bei der Diagnostik der Fibromyalgie (beim Menschen) verwendet.

! Merke

Triggerpunkte unterscheiden sich von Tenderpoints insbesondere durch die für Triggerpunkte charakteristischen, ausstrahlenden Schmerzen.

Bei einer Myogelose handelt es sich zwar ebenfalls um eine punktuelle, tastbare Muskelverhärtung, allerdings fehlt auch hier die für Triggerpunkte typische Ausstrahlung. Der „referred pain" (übertragener Schmerz) sowie das Auftreten in einem kontrakten Muskelstrang sind für die Bezeichnung Triggerpunkt entscheidend.

Grundsätzlich können Triggerpunkte überall im Muskel vorhanden sein, nicht selten findet man in einem kontrakten Muskel mehrere Abzugspunkte auf relativ engem Raum. Prädestiniert hierfür ist der M. trapezius des Pferdes, der insbesondere durch unpassende Sättel oft arg strapaziert ist. Kleinere „Nachbar-Triggerpunkte", die im selben Muskel lokalisiert sind, nennt man auch „verwandte Triggerpunkte".

Triggerpunkte können sich aufgrund der Schmerzübertragung mitunter im Verlauf der „referred-pain"-Bahn ausbilden. In diesem Fall spricht man von „Satelliten-Triggerpunkten". Beim Pferd sind sie kaum von den primären Triggerpunkten abzugrenzen.

Charakteristika von Triggerpunkten

Ein typisches Anzeichen für einen Triggerpunkt ist die lokale Muskelzuckungsantwort (local twitch response, ▸ Abb. 3.16). Diese Mikrokontraktionen innerhalb des triggerpunktgeladenen Muskels können durch Reizung des Abzugspunkts ziemlich häufig ausgelöst werden. Diese Reizantwort ist deshalb auch für die Diagnostik eines Triggerpunkts beim Tier entscheidend, weil das Feedback über mögliche ausstrahlende Schmerzen fehlt.

Wenn sich in einem Muskel ein Triggerpunkt bildet, sorgt er für eine reduzierte Beweglichkeit. In logischer Konsequenz ist auch der antagonistische Muskel in seiner Funktionalität eingeschränkt. Oft halten sich die myofaszialen Triggerpunkte in den Flexoren und Extensoren die Waage. So findet man in der Regel immer auch Stresspunkte in den abdominellen Muskeln, wenn die Rückenmuskeln mit Triggerpunkten durchsetzt sind.

Dass aufgrund der verminderten Funktionsfähigkeit eines Muskels, sich zu kontrahieren, ebenso die Gelenkbeweglichkeit leidet, dürfte nachvollziehbar sein. Somit entstehen durch Triggerpunkte mitunter artikuläre Restriktionen. Gelenkblockaden hingegen können im Umkehrschluss aber auch Triggerpunkte unterhalten.

Dasselbe Prinzip gilt für alle weiteren Strukturen des Körpers. Erkrankungen der inneren Organe können sich reflektorisch auf die Muskulatur übertragen, die daraufhin myofasziale Triggerpunkte ausbildet.

Weichgewebeläsionen gehen häufig auf das Vorhandensein von Abzugspunkten in der Muskulatur zurück. Insbesondere sind davon die Faszien betroffen, die die Muskelfaserbündel umhüllen und unter anderem für ein reibungsloses Gleiten der Muskeln verantwortlich sind. Können sie dieser Aufgabe nicht mehr nachkommen, entstehen Verklebungen und weitere Restriktionen mit Weichgewebeveränderungen.

Diverse Pathomechanismen können Hinweise auf Triggerpunkte geben. Hierzu zählen:

- Schwächung der von Triggerpunkten belasteten Muskeln
- eingeschränkte Dehnungs- und Kontraktionsfähigkeit des betroffenen Muskels
- „referred pain" in andere Körperregionen
- vegetative Dysregulation (Schwitzen, Schwindel, Vasodilatation, Vasokonstriktion, vermehrte Drüsensekretion, Reizbarkeit, Unruhe etc.)

Triggerpunkte und Akupunktur

Die Akupunktur ist seit mehreren tausend Jahren bekannt. Schon früh wurde sie auch bei Tieren angewandt, um Erkrankungen zu heilen und Schmerzen zu lindern. Die Kenntnis der Akupunkturpunkte wurde in der westlichen Welt insbesondere aus der Humanmedizin auf das Tier übertragen. Über die genaue Lage bestimmter Akupunkturpunkte und Meridiane gibt es nach wie vor kontroverse Meinungen, dennoch ist sich die Fachwelt in überwiegendem Maße über deren Lokalisation einig.

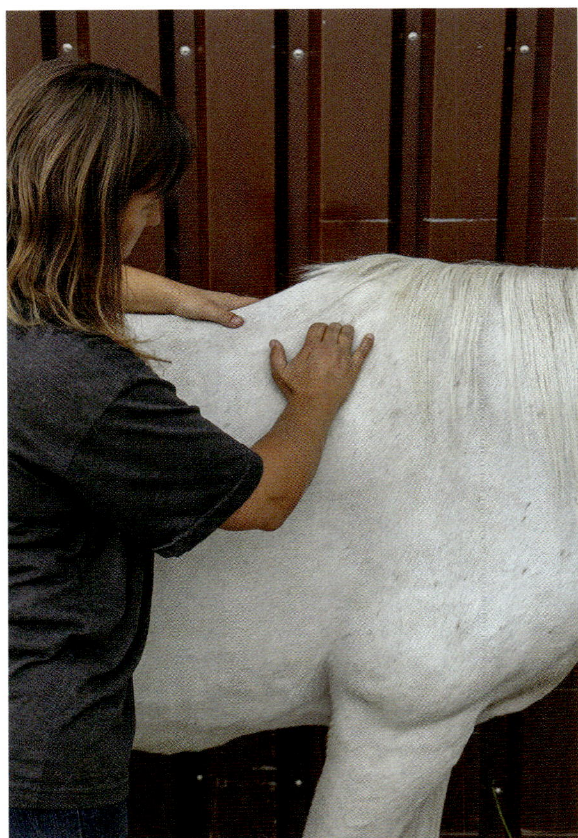

▸ Abb. 3.16 Ein typisches Anzeichen eines Triggerpunkts ist die lokale Muskelzuckungsantwort (local twitch response). Häufig treten diese Mikrokontraktionen auf, wenn man den M. trapezius abtastet.

Die Akupunktur ist eine energetische Form der Körperregulation, die auf völlig anderen Grundsätzen und Sichtweisen aufbaut als die strukturelle Behandlung von Muskeln oder Gelenken. Trotzdem lässt sich eine Brücke schlagen zwischen den nach erstem Augenschein anmutenden völlig unterschiedlichen Therapieformen. Betrachtet man die Behandlungs- und Wirkungsweisen der Triggerpunkttherapie und der Akupunktur, findet man vielmehr erstaunliche Gemeinsamkeiten. Hier kommt der ganzheitliche Ansatz des global denkenden Therapeuten zum Tragen.

Durch verschiedene Studien in der Humanmedizin konnte belegt werden, dass Triggerpunkte zu 72–95 % der Fälle mit Akupunkturpunkten übereinstimmen (▸ Abb. 3.17). Abweichungen ergeben sich aufgrund der Untersuchungsanordnung mit einer mehr oder weniger toleranten Divergenz einer Punktelokalisation. Praktiker wissen, dass sowohl Akupunkturpunkte als auch Triggerpunkte nicht bei jedem Pferd an exakt derselben Stelle lokalisiert sind. Die Punkte müssen jeweils durch feinfühlige Palpation aufgefunden werden. Triggerpunkte können außerdem überall im Muskel auftreten, ganz abgesehen davon, dass man primäre Stresspunkte von

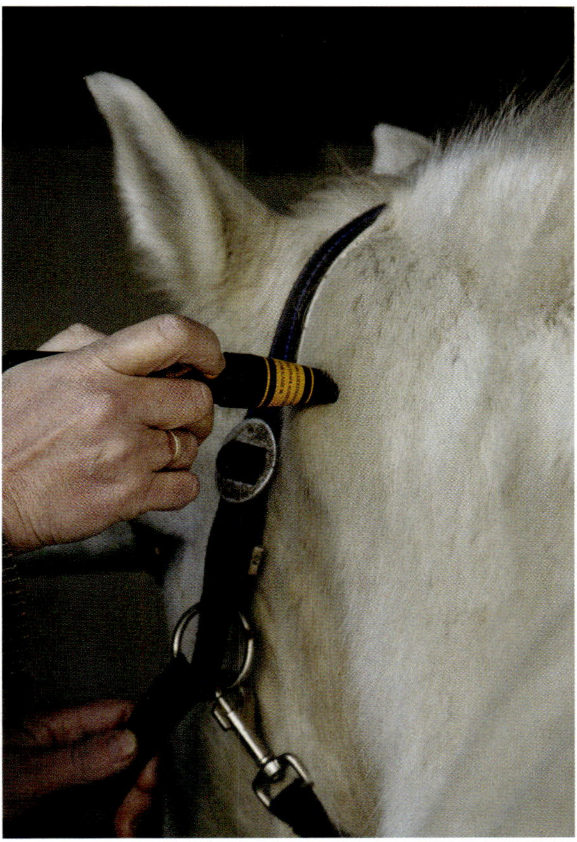

► **Abb. 3.17** Triggerpunkte stimmen in bis zu 95 % mit den bekannten Akupunkturpunkten überein. Hier wird der Akupunkturpunkt Blase 10 gelasert, der im Triggerareal 3 des M. obliquus capitis caudalis liegt.

► **Abb. 3.18** Durch die häufige Übereinstimmung von Trigger- und Akupunkturpunkten kann ein Triggerpunkt auch mit Akupunkturnadeln behandelt werden. Da sich der Ausstrahlungsschmerz über die Meridiane fortsetzt, ist das Muster der Schmerzübertragung und Lokalisation beim Pferd nachvollziehbar.

Satelliten- und verwandten Triggerpunkten in ihrer Klassifikation unterscheidet. Somit konnte ein Katalog von häufig vorkommenden Abzugspunkten erstellt werden, s. Kap. Triggerpunktkatalog des Pferdes (S. 64).

Merke
In bis zu 95 % der Fälle stimmen Triggerpunkte mit Akupunkturpunkten überein.

Ebenso erlauben die Meridianverläufe und Akupunkturlokalisationen eine gewisse individuelle Abweichung, zudem kennt man Sondermeridiane und ebenso zu den Hauptmeridianen parallel verlaufende Nebenmeridiane.

Es hat sich in der Praxis dennoch erwiesen, dass an der Stelle eines für das jeweilige Pferd individuell liegenden Triggerpunkts in fast allen Fällen auch ein Akupunkturpunkt lokalisiert ist. Betrachtet man die Meridianverläufe in anatomischer Hinsicht, ist diese Erkenntnis nicht verwunderlich (► **Abb. 3.18**).

Die Meridianzüge erstrecken sich häufig in der Sagittalebene in parallelem Verlauf zur Wirbelsäule und der Muskelausrichtung. Sie liegen über den Muskeln in gleicher Verlaufsrichtung, dass die Übereinstimmung von Triggerpunkten im Meridianverlauf und somit den Akupunkturpunkten durchaus nachvollziehbar ist.

Untersuchungen bei menschlichen Patienten haben außerdem ergeben, dass sich der für Triggerpunkte übliche Ausstrahlungsschmerz (referred pain) entlang des Meridianverlaufs fortsetzt. Folglich ist das Muster der Schmerzübertragung vorhersehbar. Die verbale Rückmeldung des Patienten ist beim Mensch Bestätigung, beim Pferd nicht möglich, aber aufgrund dieser Erkenntnis nicht zwingend notwendig.

Zusammenfassend kann von einer etwa 95 %-igen Übereinstimmung von Triggerpunkten und Akupunkturpunkten ausgegangen werden, wenn man mit der Handhabung der Lokalisation der Punkte etwas toleranter umgeht.

Diagnostik von Triggerpunkten

Um einen Schmerzpunkt als Triggerpunkt zu identifizieren, ist in der Humanmedizin unter anderem die Angabe eines ausstrahlenden Schmerzes maßgeblich. Das Pferd zeigt zwar Schmerzen an, allerdings kann nicht interpretiert werden, ob diese lediglich am Provokationsort oder auch an peripheren Bereichen verspürt werden.

Folgende zusätzliche Kriterien können diese Vermutung untermauern und somit auf einen Triggerpunkt hinweisen:

- Schmerzen in Arealen, für die es keine klinische Erklärung gibt.
- Chronische Lahmheiten, die auf steroidale und nicht steroidale Entzündungshemmer nicht ansprechen.
- Strukturveränderungen des Gewebes und Palpation eines Knötchens in einem harten Muskelstrang.
- Schmerzhafte Bereiche und muskuläre Verhärtungen verschwinden nach der Behandlung.

Diese Hinweise bringen den Therapeuten dazu, eine Schmerzausstrahlung und dadurch einen oder mehrere Triggerpunkte zu vermuten. Insbesondere muss der Therapeut bei unklaren, chronischen Lahmheiten, die nicht diagnostizierbar sind, an Triggerpunkte denken. Die sichere Diagnostik eines Triggerpunkts ist jedoch für den Therapieablauf entscheidend, sodass weitere Symptome herangezogen werden müssen.

Die wichtigsten Diagnosekriterien von myofaszialen Triggerpunkten sind:

- Muskelhartspann mit palpierbarem etwa erbsengroßem Knoten. Alternativ kann auch eine ebenso große Vertiefung mit einem harten, erhabenen Rand ertastet werden.
- Teils heftige Schmerzreaktion bei Druck auf den Knoten im Hartspannstrang.
- Lokale Zuckungsantwort (local twitch response) im palpierten Muskel.
- Muskelschwäche ohne Atrophie.
- Eingeschränkte Dehnfähigkeit mit Dehnungsschmerz des betroffenen Muskels.
- Kontraktionsschmerz des betroffenen Muskels.
- Vegetative Phänomene (Schwitzen, Unruhe, kalte Haut etc.).
- Referred pain, der beim Pferd nur indirekt nachgewiesen werden kann, s. Kap. Begrifflichkeiten (S. 59).

Vorgehensweise zum Aufspüren von Triggerpunkten

Neben der obligatorischen Vorgehensweise einer Befunderhebung, die mit Anamnese und Adspektion des Pferdes beginnt, erhält der Therapeut damit bereits mögliche Hinweise auf Triggerpunkte. Weiteres unter Kap. Anamnese (S. 164) und Kap. Adspektion (S. 167). Anamnestisch könnte der Bericht von unklaren Lahmheiten oder unzureichendem Raumgriff aufgrund fehlender Dehnfähigkeit der Muskulatur erste Anhaltspunkte geben. Adspektorisch findet der Therapeut gegebenenfalls Struktur- und/ oder Farbveränderungen des Felles, Verquellungen oder Schwellungen vor.

Nach der Kontaktaufnahme mit dem Pferd beginnt der Therapeut, das Tier global abzustreichen, um nun auch palpatorisch die bereits adspektorisch festgestellten Strukturänderungen bestätigt zu bekommen. Man fühlt Schwellungen und Fellveränderungen über dem betroffenen Gebiet.

Verquellungen und gestörte Regionen können schließlich auch mit der Kibler-Falte aufgefunden werden, s. Kap. Hautmobilisationen (S. 56).

Der nächste Schritt ist, nach schmerzhaften Regionen in der Muskulatur zu scannen. Hierbei übt der Therapeut zunächst einen moderaten Druck auf das Gewebe aus. Langsam wird der Druck über dem verdächtigen Gebiet erhöht und sensibel auf Schmerz ausdrückende Reaktionen geachtet. Pferde zeigen Schmerzen durch Anspannen der Muskulatur, Kopf hochnehmen, Ohren zurücklegen, Augen rollen, Aufstampfen, Ausweichen, Unruhe und schließlich – bei extremem Schmerz – mit Beißen oder Schlagen. Darum gilt es vorsichtig und sensibel zu palpieren und den Druck nur allmählich zu steigern. Der Schmerz sollte für das Pferd akzeptabel sein, die Druckstärke muss der Therapeut also der Empfindung des Pferdes anpassen.

Schließlich sollte der Behandler einen Hartspannstrang und gegebenenfalls einen festen Knoten im Muskel erfühlen. Massiert man nun den Punkt quer zur Faser, erhält man sehr häufig eine Zuckungsantwort des Muskels. Diese kann aber auch schon allein durch Druck ausgelöst werden. Die Zuckungsreaktionen können sich sehr weit peripher fortsetzen. Sie zeigt sich ähnlich wie die Zuckung der Hautmuskeln, wenn eine Fliege auf dem Fell sitzt und vertrieben werden soll. Die Zuckungsreaktion des Muskels ist allerdings meist sogar noch deutlicher. Da das Pferd zwar Schmerzreaktionen zeigt, nicht aber die Schmerzqualität vermittelt, ist die lokale Zuckungsreaktion das wichtigste diagnostische Kriterium für myofasziale Triggerpunkte beim Pferd.

 **Merke**

Aufgrund des unzureichenden Schmerzfeedbacks bezüglich eines „referred pain" ist beim Pferd die Muskelzuckungsantwort der wichtigste diagnostische Hinweis auf einen myofaszialen Triggerpunkt.

Findet man einen harten Muskelstrang mit festem Knoten und einer Zuckungsreaktion auf Druck, kann man von einem Triggerpunkt ausgehen. Jetzt gilt es abzuschätzen, ob es sich um einen primären oder sekundären Triggerpunkt handelt. Behandelt man nicht den dominanten Triggerpunkt, kommt es schnell zu Rezidiven. Mögliche Ursachen von wiederkehrenden Beschwerden liegen oftmals darin, dass die Auslösefaktoren (Ursachen) von Triggerpunkten nicht abgestellt wurden.

Therapieverfahren und Behandlungskonzepte

Das Ziel der Triggerpunktbehandlung besteht darin, den aktiven Triggerpunkt langfristig zu deaktivieren. Hierzu gehören nicht nur die direkte Triggerpunkttherapie, sondern auch präventive Maßnahmen, um die Reaktivierung von Stresspunkten zu vermeiden. Aufgabe des Therapeuten ist es, den Pferdebesitzer auf die triggerpunktauslösenden Faktoren aufmerksam zu machen und ein langfristiges Trainings- und Haltungskonzept auszuarbeiten, um Rezidive zu vermeiden.

Zu den triggerpunktbegünstigenden Faktoren zählen unter anderem:

- Disstress (fehlende artgerechte Haltung, falsche Fütterung, unsachgemäßes Training, physische und psychische Überforderung usw.)
- chronische Überlastung der Muskulatur (Training, Fehlhaltungen, Schonhaltungen, Traumen)
- Erkrankungen und Verletzungen (Dysfunktionen innerer Organe, Arthrose und andere Gelenkläsionen, Sehnenschäden, Schmerzen unterschiedlicher Genese)
- Trainingsfehler (ungenügende und falsche Aufwärmphase, Überlastung, Fehlbelastung durch schlecht sitzenden Reiter oder unpassenden Sattel)
- reflektorische Dysfunktionen

Keine Therapie kann nachhaltig erfolgreich sein, wenn die auslösenden Ursachen nicht beseitigt werden. Deshalb gehört dieser Teil unweigerlich zur Behandlungsstrategie dazu.

Um Rezidive zu vermeiden und den Behandlungserfolg zu sichern, ist die Bearbeitung des primären Triggerpunkts entscheidend. Therapiert man lediglich die Satelliten- und verwandten Triggerpunkte, ist ein langfristiger Behandlungserfolg nicht gegeben.

Es gibt viele verschiedene Ansätze, Triggerpunkte aufzulösen. So unterscheidet man manuelle Techniken von apparativen und invasiven Strategien. Zu den physikalischen Verfahren zählen Elektrotherapie (mittelfrequente Elektrotherapie, transkutane elektrische Nervenstimulation – TENS), Lasertherapie, Stoßwellentherapie, Ultraschalltherapie sowie Wärme- und Kryotherapie. Invasive Behandlungsformen beinhalten beispielsweise die Infiltration von Lokalanästhetika. Weitere Verfahren sind Akupunktur und verwandte Verfahren mittels Stichtechniken (dry needling). Apparative und invasive Verfahren können dabei gut mit der manuellen Behandlung kombiniert werden.

Das manuelle Behandlungskonzept besteht aus mehreren Schritten, die auf die Techniken von Beat Dejung zurückgehen (swiss approach to triggerpoint therapy). Für den Tierbereich müssen die Techniken entsprechend modifiziert werden. Grundsätzlich gibt es jedoch keine festgelegten Griffvorgaben und fixierten Vorgehensweisen, weil der Therapeut die Behandlung stets nach den aktuellen Gegebenheiten ausrichten muss. So sind in speziellen Fällen abgewandelte Techniken sowie weitere begleitende therapeutische Maßnahmen durchaus sinnvoll.

Das Behandlungskonzept sieht folgende Schritte vor:

1. Kompression des myofaszialen Triggerpunkts
2. Dehnung und Friktion der Triggerpunktregion
3. Fasziendehnung
4. Auftrennen von Faszienverklebungen
5. Dehnung und Entspannung des betroffenen Muskels
6. funktionelle Trainingsstrategien

Vorgehensweise

Schritt 1 Nachdem der Triggerpunkt lokalisiert ist, gibt der Therapeut einen für das Pferd gerade noch akzeptablen Druck auf den Triggerpunkt. Der Druck sollte so stark wie möglich erfolgen, wobei der wichtigste Gradmesser die Toleranzgrenze des Pferdes darstellt. Ein gutes Einfühlungsvermögen des Behandlers ist die wichtigste Voraussetzung. Der Druck wird gehalten, bis man unter dem Finger einen Release verspürt. Das Gewebe wird weicher, das Pferd entspannt sich sichtlich, weil damit auch der Schmerz schlagartig nachlässt.

Bei diesem Behandlungsschritt kommt es zu einer Ischämie, der eine reaktive Hyperämie folgt. Der Stoffwechsel wird angeregt und der Muskelhartspann detonisiert reflektorisch.

Merke

Die Druckstärke auf einen Triggerpunkt sollte so stark wie möglich erfolgen, aber die Toleranzgrenze des Pferdes nicht überschreiten.

Schritt 2 Als nächstes wird die Triggerpunktregion mit Querfriktionen aufgelöst und anschließend gedehnt. Die Technik richtet sich dabei nach dem jeweiligen Muskel und der Toleranz des Pferdes. Querfriktionen werden nur durchgeführt, wenn das Pferd den damit verbundenen Schmerz ertragen kann. Die Druckstärke muss entsprechend dosiert werden, ansonsten kommt es zu reflektorischen Kontraktionen des Muskels.

Erreicht wird eine verbesserte intramuskuläre Versorgung durch Auflösen von pathologischen Crosslinks und muskulären Verkürzungen.

Schritt 3 Die flach aufgelegten Hände verschieben die Haut über dem darunter liegenden Muskel, um die oberflächliche Faszie zu mobilisieren. Für die intramuskulären Faszien benötigt man mehr Druck, sodass die Fingerknöchel eingesetzt werden können.

Mit der Dehnung der oberflächlichen und intramuskulären Faszien im Triggerpunktgebiet wird die Beweglichkeit des Muskels weiter verbessert. Infolge davon reduziert sich die allgemeine Sympathikusaktivität.

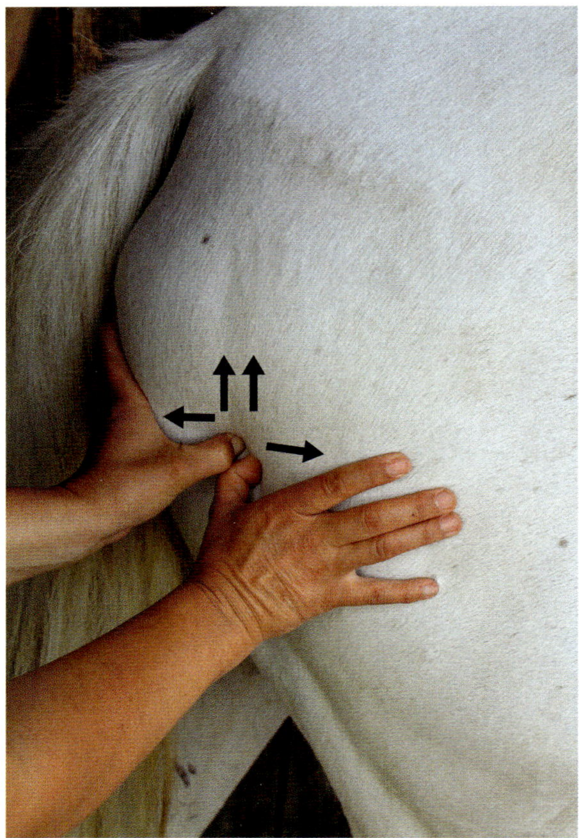

▶ **Abb. 3.19** Zur vollständigen Triggerpunktbehandlung gehört das Auflösen verklebter Faszien. Hervorragend geeignet ist die Faszienstrichtechnik, bei der die Daumen entlang des Muskelverlaufs in die Muskelfurchen einsinken und die benachbarten Muskeln auseinanderziehen (Pfeile).

Schritt 4 Anschließend erfolgt die Auftrennung verklebter intermuskulärer Faszien mittels Faszienstrichtechnik (▶ **Abb. 3.19**). Die Daumen sinken in die Muskelfurchen ein und ziehen die parallel liegenden Muskeln auseinander. Dabei arbeitet man sich langsam zwischen den benachbarten Muskeln entlang. Auf diese Weise lassen sich auch ganze Muskel-Faszienketten behandeln.

Folglich erhöht sich die intermuskuläre Beweglichkeit der Muskulatur.

Schritt 5 Die nächste Maßnahme beinhaltet das Dehnen des gesamten Muskels. Liegen Triggerpunkte in mehreren Muskeln vor, kann man ganze Muskelketten global dehnen. Bei einzelnen Triggerpunkten greift man auf das selektive Dehnen des jeweiligen Muskels zurück. Mehrere Dehntechniken können angewendet werden, wobei das passive (vom Therapeuten induzierte), statische (gehaltene) Dehnen bevorzugt werden sollte. Lässt das Pferd eine passive Dehnung durch den Therapeuten nicht zu, fehlt häufig das notwendige Vertrauensverhältnis zwischen Pferd und Therapeut oder die Technik wird falsch angewandt. Die Dehnung sollte moderat erfolgen, der Therapeut spürt einen elastischen Weichgewebestopp am Ende der Bewegung. Der Hartspannstrang, in dem der Triggerpunkt lokalisiert ist, kommt als Erstes unter Zugspannung. Es gilt, darauf seine Aufmerksamkeit zu richten, denn es ist das Ziel der Triggerpunkttherapie, diesen Hartspannstrang zu lösen und nicht den gesamten Muskel zu verlängern.

Man hält die Dehnung idealerweise bis zu 30 Sekunden aufrecht. Lässt sich eine passive Dehnung nicht induzieren, kann man gegebenenfalls auf eine aktive Dehnung mittels Leckerliübung zurückgreifen, s. Kap. Autostretching des Pferdes (S. 103).

Ziel des Dehnens ist die Deaktivierung der Hartspannstränge, da sie die Basis für die Bildung von Triggerpunkten darstellen. Mitunter werden zudem auch pathologische Crosslinks und Verkürzungen gelöst. Das Dehnen ist deshalb ein wichtiger Bestandteil der Triggerpunkttherapie.

Schritt 6 Im letzten Schritt sollen triggerpunktunterhaltende und -auslösende Faktoren eliminiert werden. Durch ein gezieltes Training und Management zielt die letzte Komponente darauf ab, die Belastung eines Muskels in die Waage zur Belastbarkeit zu bringen. Dies geschieht durch geringere Belastung (moderates Training mit Vermeidung von Überforderung) sowie der Verbesserung der muskulären Belastbarkeit. Ist ein Muskel stärker belastbar, kann auch die Belastung, ohne dass der Muskel Schaden nimmt, steigen. Das funktionelle Training fördert die Erhöhung der Belastbarkeit eines einzelnen Muskels oder ganzer Muskelgruppen. Dies erfordert einen gezielten Trainingsaufbau und ein speziell auf die jeweiligen belasteten Zonen ausgerichtetes Trainingsprogramm.

Neben einem gezielten Trainingsprogramm müssen auch zusätzliche triggerpunktauslösende Faktoren eliminiert werden. Eine große Rolle spielt hier die Überstressung des Pferdes durch eine nicht artgerechte Haltung. Ständige oder zeitweilige Boxenhaltung mit mangelnder Bewegungsmöglichkeit und Langeweile sind häufige Umstände, die Triggerpunkte auf den Plan rufen. Falsch angelegte Offenstallanlagen mit fehlender Bewegungsanimation, zu groß bestückter Pferdeanzahl auf engem Areal ohne Rückzugsgebiete für rangniedrige Pferde sind ein weiteres Beispiel. Selbstverständlich gibt es noch unzählige weitere Gründe (Besitzer, Fütterung, Haltungsform, Training, Ausrüstung, Zeitmanagement etc.) für die Entstehung von „vertriggerten Pferden".

Der Triggerpunktkatalog des Pferdes

Triggerpunkte können in allen Regionen eines Muskels, aber auch in Faszien oder im Periost auftreten. Während man beim Menschen einen Punktekatalog von über 250 Triggerpunkten zusammengestellt hat, steht die Therapie von Stresspunkten beim Tier noch am Anfang. Jack Meagher, Pionier auf dem Gebiet der Sportmassage für Pferde, hat bereits eine Übersicht von 25 Triggerpunkten beim Pferd erarbeitet. Dessen System gilt als Grundlage für die hier dargestellte modifizierte Version mit 30 häufig vorkommenden, primären Triggerpunkten (TrP) und -arealen (TrA) am Pferd (▶ **Abb. 3.20**, ▶ **Tab. 3.1**). Diese Auswahl eignet sich hervorragend, um das Pferd zu screenen.

Die Reaktivität der Triggerpunkte spiegelt den allgemeinen muskulären Zustand des Pferdes wider. Reaktive Punkte veranlassen den Therapeuten jedoch, das umgebende Gebiet auf weitere muskuläre Restriktionen palpatorisch exakt abzuscannen. In Triggerpunktarealen finden sich häufig mehrere primäre Triggerpunkte in Reihe.

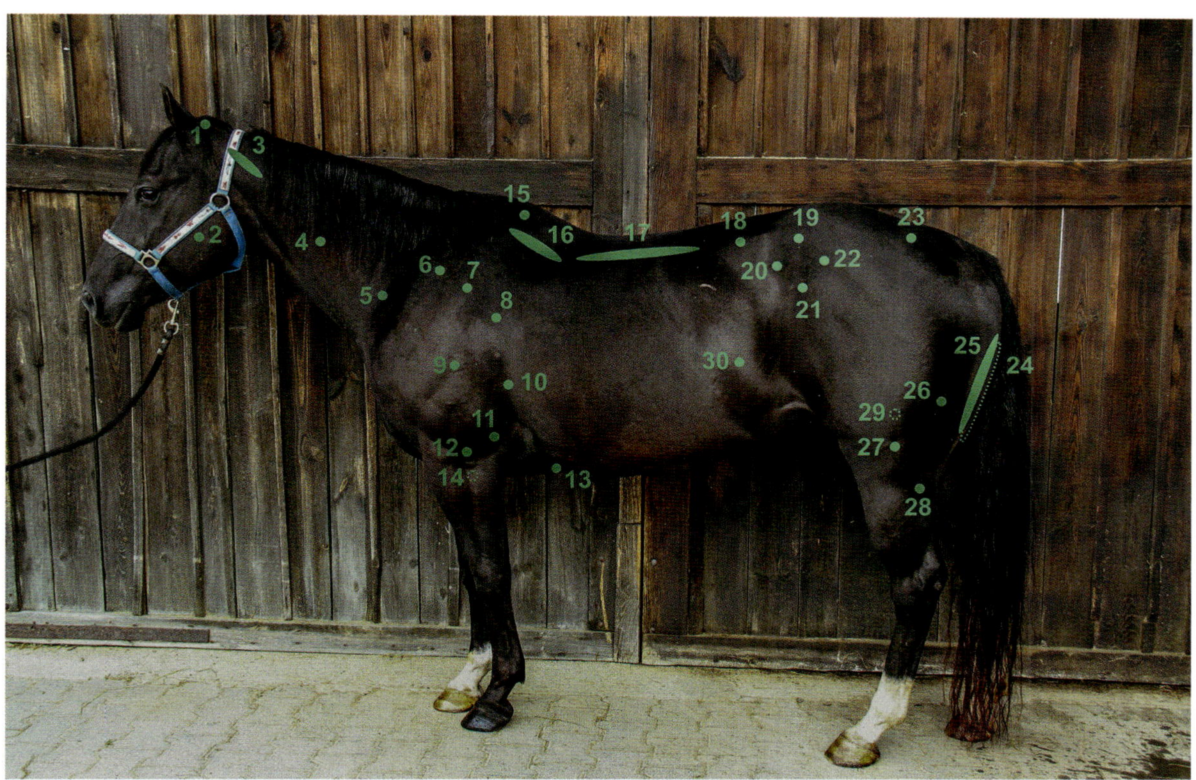

▶ **Abb. 3.20** Triggerpunkteübersicht. TrP 1: M. splenius capitis, TrP 2: M. masseter, TrA 3: M. obliquus capitis caudalis und M.-rectus-capitis-Gruppe, TrP 4: M. brachiocephalicus (Intersectio clavicularis), TrP 5: M. omotransversarius, TrP 6: M. supraspinatus, TrP 7: M. infraspinatus, TrP 8: M. serratus ventralis thoracis, TrP 9: M. triceps brachii Caput longum (Ursprung Skapula), TrP 10: M. triceps brachii Caput longum (kaudaler Bereich), TrP 11: M. triceps brachii Caput laterale (Ansatz Olecranon), TrP 12: M. extensor carpi radialis (Ursprung der Extensoren), TrP 13: M. pectoralis profundus, TrP 14: M. pectoralis transversus, TrP 15: M. rhomboideus, TrA 16: M. trapezius, TrA 17: M. longissimus dorsi (thoracis), TrP 18: M. longissimus dorsi (lumborum), TrP 19: M. gluteus medius, TrP 20: M. obliquus externus abdominis (Pars lumbalis), TrP 21: M. tensor fascie latae, TrP 22: M. gluteus superficialis, TrP 23: M. biceps femoris (kranialer Bereich), TrA 24: M. semimembranosus, TrA 25: M. semitendinosus, TrP 26: M. biceps femoris (Teilungsbereich), TrP 27: M. flexor digitorum lateralis, TrP 28: M. gastrocnemius (Caput laterale, Sehnenübergang), TrP 29: M. gracilis, TrP 30: M. obliquus externus abdominis (Pars costalis).

▶ **Tab. 3.1** Der Triggerpunktkatalog des Pferdes.

TrP/TrA	Muskel	Bedeutung	Akupunkturbezug
TrP 1	M. splenius capitis	häufig aktiv, insbesondere bei Pferden, die stark durch das Genick gestellt werden und mit Problemen im Bereich des Kraniums	Gb 20
TrP 2	M. masseter	aktiv oft nach Zahnbehandlung und bei Kiefergelenkproblemen	Ma 6, Dü 18
TrA 3	M. obliquus capitis caudalis (+ M.-rectus-capitis-Gruppe)	sehr häufig aktiv bei reiterlichen Problemen mit dem Gebiss sowie unsachgemäßer Zügelführung; auch bei Blockaden im Atlantookzipital- und Atlantoaxialgelenk, bei Genick- und Kiefergelenkproblemen	Bl 10 (Verlauf Blasenmeridian)
TrP 4	M. brachiocephalicus (Intersectio clavicularis)	aktiv, vor allem bei unsachgemäßer Zügelführung	Di 18

► **Tab. 3.1** Fortsetzung.

TrP/TrA	Muskel	Bedeutung	Akupunkturbezug
TrP 5	M. omotransversarius	„C 7-Punkt", Plexus brachialis, Entspannungspunkt	Di 16
TrP 6	M. supraspinatus	bei Schulterproblemen und Schwierigkeiten bei Seitengängen	Dü 13
TrP 7	M. infraspinatus	bei Vorhandproblemen und Schwierigkeiten bei Seitengängen	Dü 11
TrP 8	M. serratus ventralis thoracis	häufig bei Gurtzwang und Problemen mit dem Raumgriff	Bl 41
TrP 9	M. triceps brachii Caput longum (Ursprung Skapula)	oft aktiv bei eingeschränktem Raumgriff	Dü 9
TrP 10	M. triceps brachii Caput longum (kaudaler Bereich)	oft aktiv bei eingeschränktem Raumgriff	MP 19, MP 20
TrP 11	M. triceps brachii Caput laterale (Ansatz Olecranon)	oft aktiv bei eingeschränktem Raumgriff sowie Ellbogenproblemen	Dü 8, 3 E 10
TrP 12	M. extensor carpi radialis (Ursprung der Extensoren)	bei Sehnenproblemen häufig aktiv	Ma 15, Di 12
TrP 13	M. pectoralis profundus	reagiert bei Gurtzwang; häufig bei eingeschränktem Raumgriff	Ni 19 (Verlauf Nierenmeridian)
TrP 14	M. pectoralis transversus	kommt häufig vor, wenn das Pferd unter Gurtzwang leidet	Ni 23
TrP 15	M. rhomboideus	häufig in Verbindung mit TrA 16, vor allem bei unpassenden Sätteln	Bl 12 (Nähe)
TrA 16	M. trapezius	sehr häufig aktiv, insbesondere bei unpassenden Sätteln und atrophiertem Muskel	Bl 11–13 (Verlauf Blasenmeridian, Bl 13: Shu-Punkt Lunge)
TrA 17	M. longissimus dorsi (thoracis)	sehr häufig, vor allem bei unpassenden Sätteln, schlechtem Reitersitz und zu viel Gewicht	Bl 15–20 (Verlauf Blasenmeridian, Shu-Punkte Herz, Leber, Gallenblase, Milz)
TrP 18	M. longissimus dorsi (lumborum)	häufig, oft bei Sätteln mit falschem, zu weit kaudal versetztem Tiefpunkt und schlechtem Reitersitz	Bl 23 (Shu-Punkt Niere)
TrP 19	M. gluteus medius	bei Störungen der Rücken-Muskelkette und bei Beckenproblemen	Bl 25 (Shu-Punkt Dickdarm)
TrP 20	M. obliquus externus abdominis (Pars lumbalis)	aktiv bei Atemproblemen und überforderten Pferden	Gb 27
TrP 21	M. tensor fasciae latae	häufig bei Dressurpferden, die viel in Seitengängen trainiert werden	Gb 28
TrP 22	M. gluteus superficialis	immer dann aktiv, wenn die Pferde Hüftprobleme haben	Bl 27 (Shu-Punkt Dünndarm)
TrP 23	M. biceps femoris (kranialer Bereich)	bei Knieproblemen und eingeschränktem Raumgriff aktiv	Bl 30
TrA 24	M. semimembranosus	sehr häufig bei Pferden, die viel über die Hinterhand gearbeitet werden und Rückenprobleme haben (Muskelkette)	Bl 36–40
TrA 25	M. semitendinosus	sehr häufig bei Pferden, die viel über die Hinterhand gearbeitet werden und Rückenprobleme haben (Muskelkette)	–
TrP 26	M. biceps femoris (Teilungsbereich)	häufig bei Knieproblemen aktiv, äußert sich in Stolpern und eingeschränktem Raumgriff	Bl 38
TrP 27	M. flexor digitorum lateralis	bei Sehnenproblemen der Hinterhand aktiv	Gb 33
TrP 28	M. gastrocnemius (Caput laterale, Sehnenübergang)	bei Knie- und Achillessehnenproblemen häufig aktiv	Gb 35
TrP 29	M. gracilis	Adduktor; häufig bei Pferden, die viel mit Seitengängen gearbeitet werden	Le 9 (Tonisierungspunkt)
TrP 30	M. obliquus externus abdominis (Pars costalis)	häufig aktiv bei Organ- und Atemproblemen	Le 13 (Alarmpunkt Milz-Pankreas)

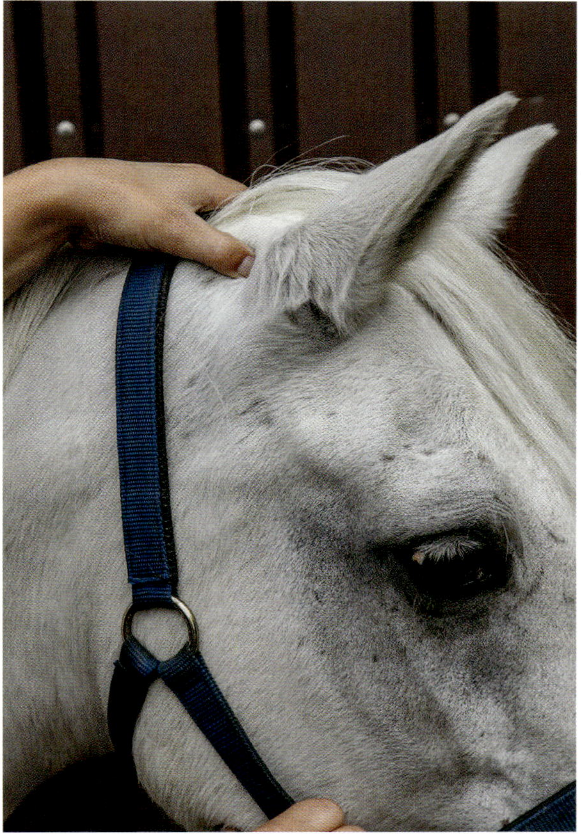

▶ **Abb. 3.21** TrP 1: M. splenius capitis.

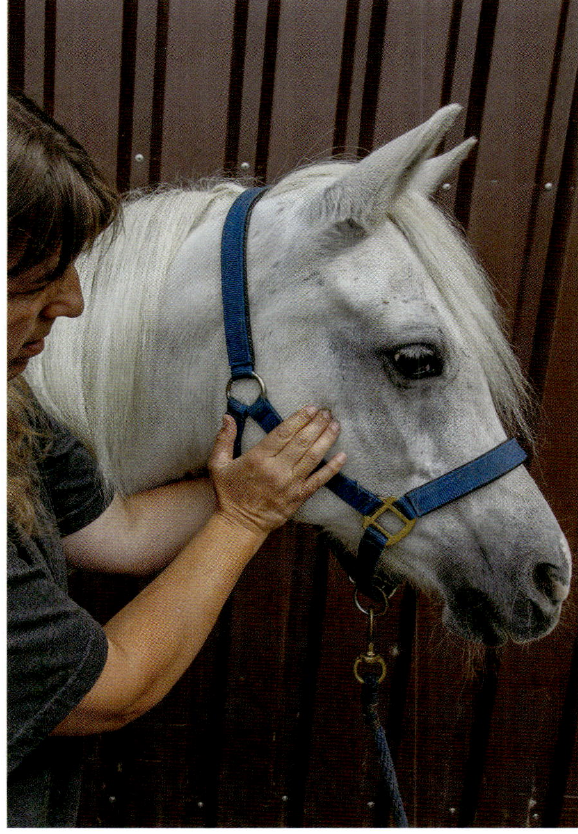

▶ **Abb. 3.22** TrP 2: M. masseter.

Triggerpunkt 1: M. splenius capitis

- **Ursprung:** Processus spinosi Th 3–5, Ligamentum nuchae und Fascia thoracolumbalis
- **Ansatz:** Christa nuchae ossis occipitalis, Processus mastoideus ossis temporalis, Processus transversi C 3–5
- **Aufgabe:**
  - bilateral: hebt den Kopf und streckt das Genick
  - unilateral: beugt den Kopf seitlich
- **Symptome:** Reiter klagen über eine fehlende Nachgiebigkeit im Genick, die Pferde lassen sich nicht oder nur ungern zwischen den Ohren anfassen, eventuell kommt es auch zu Problemen beim Aufzäumen des Pferdes
- **Lokalisation:** hinter der Ohrbasis, kaudal des Okziputs (▶ Abb. 3.21); deckt sich mit dem Akupunkturpunkt Gb 20, der in Bezug zum (kontralateralen) Hüftgelenk steht
- **Therapiehinweise**:
  - direkter Druck bis ein Release spürbar
  - lokale Dehnung
  - Okziput-Release, s. Kap. Okzipitallift (S. 141)
  - passive Kopfflexion, bei fehlender Akzeptanz Möhrenübung aktiv (Leckerbissen vor der Brust anbieten)
  - Querfriktionen werden nur selten toleriert
- **Präventionsmaßnahmen, Hinweise für den Pferdebesitzer**:
  - keine Hebelarmgebisse verwenden
  - auf weiche Handeinwirkung achten
  - Stallhalfter nicht dauerhaft am Pferdekopf belassen
  - Druck des Reithalfters überprüfen und gegebenenfalls mit Schaffell abpolstern
  - tägliche aktive Dehnung mittels Karottenübung (Leckerbissen vor der Brust anbieten)

Triggerpunkt 2: M. masseter

- **Ursprung:** Crista facialis (gesamter Verlauf)
- **Ansatz:** Mandibula (kaudaler Rand – von der Incisura vasorum facialium bis Temporomandibulargelenk)
- **Aufgabe:** Kaumuskel:
  - bei beidseitiger Kontraktion zieht der Muskel die Mandibula gegen den Oberkiefer
  - bei einseitiger Anspannung führt das Pferd Mahlbewegungen aus
- **Symptome:** Triggerpunkte im M. masseter ergeben sich häufig aufgrund von Gebissanomalien (Haken, Fehlstellungen), Kiefergelenkproblemen und falscher Reitereinwirkung über die Zügel. Der Reiter bemängelt ein unsensibles Maul und ungenügende Nachgiebigkeit. Durch unzureichendes Kauen kann die Futterverwertung eingeschränkt sein. In manchen Fällen neigen Pferde zu Koliken.
- **Lokalisation:** am Unterkieferast knapp unterhalb der Kauspalte (▶ Abb. 3.22)

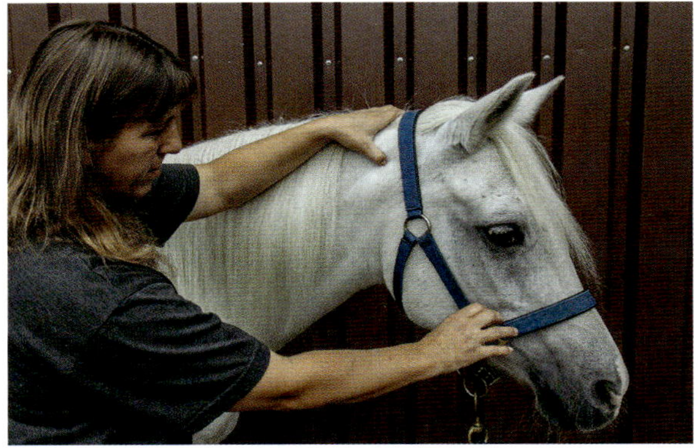

► **Abb. 3.23** TrA 3: M. obliquus capitis caudalis.

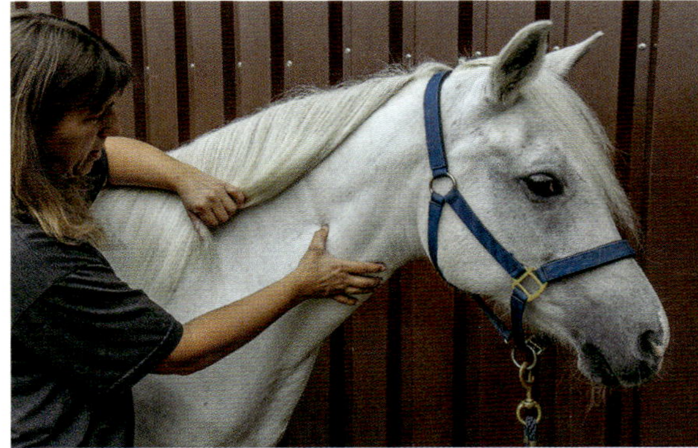

► **Abb. 3.24** TrP 4: M. brachiocephalicus (Intersectio clavicularis).

- **Therapiehinweise**:
  - Kompression mit Finger oder Handballen
  - ausgiebige Dehnungen und Querfriktionen
  - Behandlung der oberflächlichen Faszie (Verwindungen)
  - Unwinding, s. Kap. Lösen der transversalen Faszien- und Membranebenen (S. 144) und Kap. Behandlung der Diaphragmen mit Unwinding (S. 144)
  - Öffnen des Maules zur Dehnung des Muskels
- **Präventionsmaßnahmen, Hinweise für den Pferdebesitzer**:
  - Zäumung und Gebiss in Funktionalität und Passform überprüfen
  - Disstress vermeiden
  - auf gebisslose Zäumung wechseln, wenn angezeigt

Triggerareal 3: M. obliquus capitis caudalis

- **Ursprung:** Processus spinosus et Processus articularis caudalis axis
- **Ansatz:** Ala atlantis (Atlasflügel)
- **Aufgabe:** Dieser Muskel rotiert den Atlas um den Dens axis und ist somit für die Kopfrotation verantwortlich.
- **Symptome:** Die Reiter berichten über Stellungsprobleme sowie Verwerfen im Genick. In extremen Fällen hält das Pferd den Kopf dauerhaft schief.
- **Lokalisation:** am Hals lateral auf Höhe des Axis (► Abb. 3.23), oft ist auch die M.-rectus-capitis-Gruppe betroffen
- **Therapiehinweise:**
  - tiefer Daumendruck bei leichter Lateroflexionsstellung des Pferdekopfs in Richtung Therapeut
  - kräftige lokale Aufdehnung
  - Faszienauftrennung entlang des M. splenius capitis
  - passive Dehnung der jeweiligen Halsseite
  - Halten in Rotationsstellung – Pferdenase zeigt nach kontralateral
- **Präventionsmaßnahmen, Hinweise für den Pferdebesitzer:**
  - harten Zügeleinsatz vermeiden
  - Gebiss und Zäumung kontrollieren
  - Zahnkontrolle
  - beim Reiten auf korrekte Stellung achten, äußeren Zügel gut anstehen lassen
  - häufige Pausen mit Gehen am losen Zügel einbauen
  - tägliche Karottenübung zur aktiven Dehnung

Triggerpunkt 4: M. brachiocephalicus (Intersectio clavicularis)

- **Ursprung:** Intersectio clavicularis
- **Ansatz:** Processus mastoideus ossis temporalis, Crista humeri
- **Aufgabe:** Der Muskel setzt sich aus den Anteilen M. cleidocephalicus und M. cleidobrachialis zusammen, die ihren Ursprung am gemeinsamen sehnigen Übergang, dem Klavikular- oder Schlüsselbeinstreifen (Intersectio clavicularis), haben. Der Muskel führt die Vorderextremität nach kranial, der M. cleidocephalicus beugt zudem den Kopf und rotiert ihn seitlich.
- **Symptome:**
  - Das Pferd trägt den Kopf sehr hoch, beim Reiten stolpert es häufig mit der Vorhand, zeigt wenig Raumgriff, läuft vorhandlastig und liegt auf dem Gebiss.
  - Langfristig führt die Einschränkung des Muskels zu einem Unterhals.
- **Lokalisation:** sehnige Struktur (Intersectio clavicularis) in der Mitte des Muskels (► Abb. 3.24)
- **Therapiehinweise:**
  - Behandlung des Muskels stets in leichter Lateroflexion
  - direkter Daumendruck
  - bei Akzeptanz auch Querfriktionen
  - Lösen der Faszien durch Umgreifen und Abheben des Muskels, Muskelverlauf im C-Griff folgen
  - Aufdehnen des Muskels durch Retraktion der Gliedmaße mit gleichzeitiger Extension des Kopfes sowie passiver Lateroflexion des Halses in die Gegenrichtung
  - gegebenenfalls aktive Möhrenübung in Lateroflexion

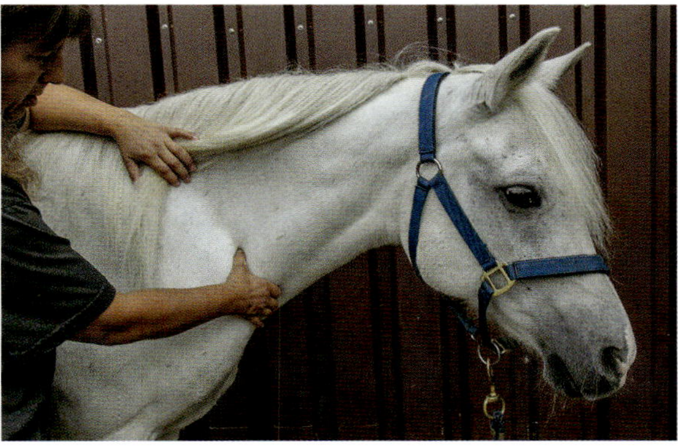

▶ **Abb. 3.25** TrP 5: M. omotransversarius.

▶ **Abb. 3.26** TrP 6: M. supraspinatus.

- **Präventionsmaßnahmen, Hinweise für den Pferdebesitzer:**
  - auf sachgemäßen Zügeleinsatz achten (kein Zügelzug!)
  - mehr Schubentwicklung aus der Hinterhand induzieren
  - häufiges Vorwärts-Abwärts-Reiten
  - Möhrenübung zur seitlichen Halsdehnung

Triggerpunkt 5: M. omotransversarius

- **Ursprung:** Fascia brachii
- **Ansatz:** Processus transversi C 2–4
- **Aufgabe:** Der M. omotransversarius führt die Gliedmaße nach kranial und beugt den Hals seitlich.
- **Symptome:** Das Pferd zeigt Stellungsprobleme sowie fehlenden Raumgriff. Als Nachbarmuskel des M. brachiocephalicus ist häufig die intermuskuläre Faszie verklebt. Die Symptome decken sich, meist sind beide Muskeln gleichzeitig betroffen.
- **Lokalisation:** am kranialen Rand der Skapula im unteren Drittel auf Höhe von C 7 (▶ **Abb. 3.25**)
- **Therapiehinweise:**
  - Druck mit Daumen oder Fingerknöchel des Zeigefingers in die Tiefe gleiten
  - Kopf des Pferdes wird leicht homolateral gestellt
  - auf den Geweberelease warten (das Pferd senkt den Kopf, wenn sich das Gewebe entspannt)
  - oberflächliche Faszie durch Verwindung im Muskelverlauf lösen
  - intermuskuläre Faszie mithilfe des Faszienstrichs behandeln
  - Aufdehnen des Muskels durch Retraktion der Gliedmaße mit gleichzeitiger Extension des Kopfes sowie passiver Lateroflexion des Halses
  - gegebenenfalls aktive Möhrenübung in Lateroflexion

- **Präventionsmaßnahmen, Hinweise für den Pferdebesitzer:**
  - auf sachgemäßen Zügeleinsatz achten (kein Zügelzug!)
  - mehr Schubentwicklung aus der Hinterhand induzieren
  - häufiges Vorwärts-Abwärts-Reiten
  - Möhrenübung zur seitlichen Halsdehnung

Triggerpunkt 6: M. supraspinatus

- **Ursprung:** Fossa supraspinata, Spina scapulae
- **Ansatz:** Tuberculum major et minus humeri
- **Aufgabe:** fixiert und streckt das Schultergelenk
- **Symptome:** Die Reiter beschweren sich über mangelhaften Raumgriff und Zehenschleifen. Springpferde lassen die Vorhand hängen.
- **Lokalisation:** auf dem Schulterblatt, kranial der Spina (▶ **Abb. 3.26**)
- **Therapiehinweise:**
  - Kompression mit Daumen oder Handballen
  - Querfriktionen je nach Akzeptanz des Pferdes
  - Faszienmassage
  - zur Dehnung Tripleflex der Gliedmaße (Beugen des Schultergelenks)
- **Präventionsmaßnahmen, Hinweise für den Pferdebesitzer:**
  - Cavaletti-Training zur Stärkung des Muskels
  - Schwungentwicklung forcieren
  - Seitengänge

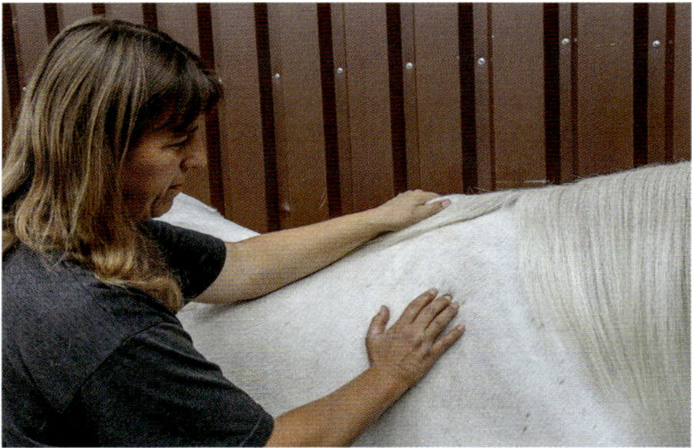

▶ **Abb. 3.27** TrP 7: M. infraspinatus.

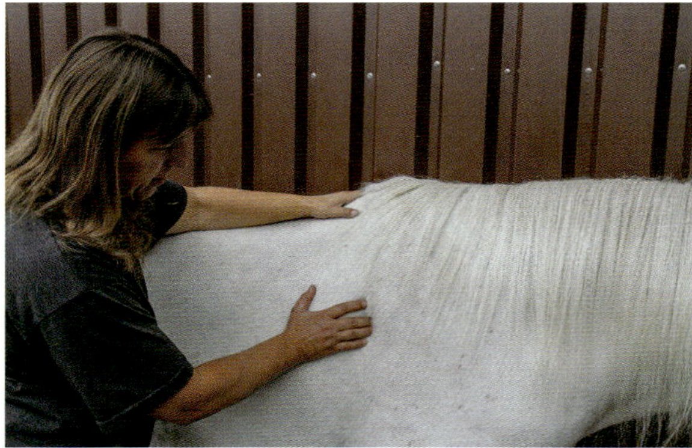

▶ **Abb. 3.28** TrP 8: M. serratus ventralis thoracis.

Triggerpunkt 7: M. infraspinatus

- **Ursprung:** Fossa infraspinata, Spina scapulae
- **Ansatz:** Tuberculum majus humeri
- **Aufgabe:** beugt das Schultergelenk, führt die Gliedmaße seitwärts
- **Symptome:** Die Pferde können beim Übertreten, wie es für Seitengänge erforderlich ist, Schwierigkeiten haben.
- **Lokalisation:** auf dem Schulterblatt, ventral der Spina (▶ Abb. 3.27)
- **Therapiehinweise:**
  - Kompression mit Daumen oder Handballen
  - Querfriktionen je nach Akzeptanz des Pferdes
  - Faszienmassage
  - für die Dehnung wird das Schultergelenk durch Protraktion der Gliedmaße extensiert und in Adduktion gebracht
- **Präventionsmaßnahmen, Hinweise für den Pferdebesitzer:**
  - nach erfolgter Behandlung zunächst keine Seitengänge
  - nach Stabilisierung können Seitengänge langsam wieder ins Trainingsprogramm aufgenommen werden, um den Muskel zu stärken

Triggerpunkt 8: M. serratus ventralis thoracis

- **Ursprung:** Costae 1–8
- **Ansatz:** Facies serrata scapulae, Cartilago scapulae
- **Aufgabe:** fußt das Pferd mit dem Vorderbein auf, zieht der Muskel den Rumpf nach
- **Symptome:** Das Pferd zeigt Unbehagen beim Gurten des Sattels oder Longiergurts sowie steife Bewegungen.
- **Lokalisation:** hinter dem kaudalen Rand der Skapula, etwa in der Linie zu TrP 6/7 (▶ Abb. 3.28)
- **Therapiehinweise:**
  - vorsichtiger Druck hinter dem Skapularand, da das Pferd ansonsten mit Kontraktionen reagiert und am ganzen Körper verspannt
  - sanfte Faszienverschiebungen mit der flachen Hand
  - Unwinding, s. Kap. Lösen der transversalen Faszien- und Membranebenen (S. 144) und Kap. Behandlung der Diaphragmen mit Unwinding (S. 144)
  - Dehnung des Muskels nur global möglich über Möhrenübung, Protraktion der Vordergliedmaße, Adduktion und Heben der Schulter
- **Präventionsmaßnahmen, Hinweise für den Pferdebesitzer:**
  - Förderung der Vorhandaktivität, beispielsweise durch Cavaletti-Training
  - groß angelegte Wendungen
  - Sattelgurt nur sehr langsam anziehen und häufiger nachgurten

Triggerpunkt 9: M. triceps brachii, Caput longum (Ursprung Skapula)

- **Ursprung:** Margo caudalis scapulae
- **Ansatz:** Olecranon (Ulna)
- **Aufgabe:** Der Muskel überspannt 2 Gelenke, die sich bei einer Kontraktion gleichzeitig bewegen. Das Schultergelenk wird flektiert, das Ellbogengelenk extensiert.
- **Symptome:** Der Reiter bemerkt meist eine verkürzte Trittlänge, flaches Springen sowie Taktunreinheiten, die sich gegebenenfalls bis zur Lahmheit steigern können.
- **Lokalisation:** am kaudalen Rand im unteren Drittel der Skapula (▶ Abb. 3.29)
- **Therapiehinweise:**
  - tiefer Druck mit dem Daumen
  - Querfriktion entlang des kaudalen Randes der Skapula
  - Knetung aller Anteile des M. triceps
  - Faszienbehandlung durch Abziehen der Haut
  - Dehnung über Pro- und Retraktion der Vordergliedmaße sowie Anheben und Bewegen der Schulter
- **Präventionsmaßnahmen, Hinweise für den Pferdebesitzer:**
  - Fördern des Raumgriffs
  - Vorhandaktivität fördern (Stangen- und Cavaletti-Training)

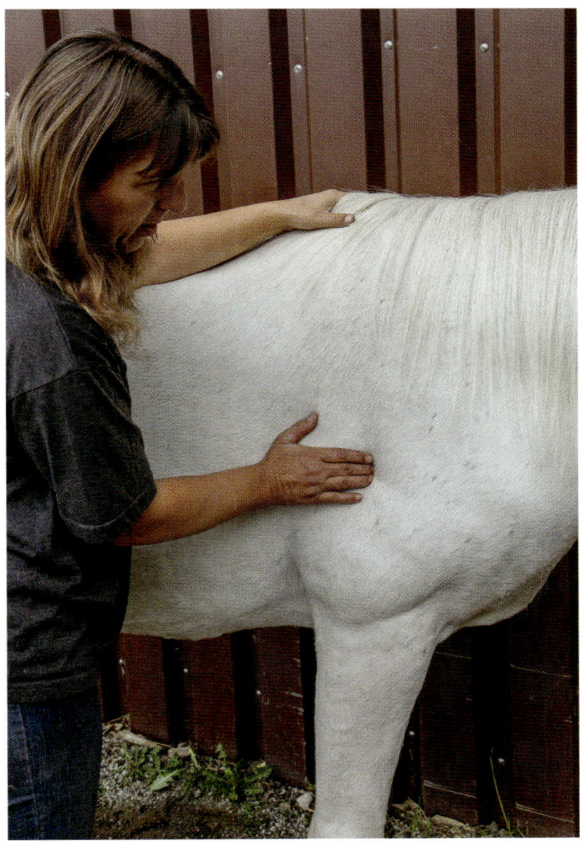

▸ **Abb. 3.29** TrP 9: M. triceps brachii, Caput longum (Ursprung Skapula).

▸ **Abb. 3.30** TrP 10: M. triceps brachii, Caput longum (kaudaler Bereich).

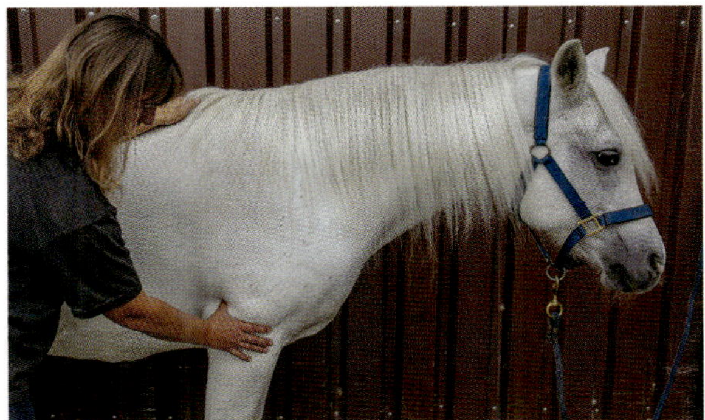

▸ **Abb. 3.31** TrP 11: M. triceps brachii, Caput laterale (Ansatz Olecranon).

Triggerpunkt 10: M. triceps brachii, Caput longum (kaudaler Bereich)

- **Ursprung:** Margo caudalis scapulae (hinterer Schulterblattrand)
- **Ansatz:** Olecranon (Ulna)
- **Aufgabe:** Der Muskel überspannt 2 Gelenke, die sich bei einer Kontraktion gleichzeitig bewegen. Das Schultergelenk wird flektiert, das Ellbogengelenk extensiert.
- **Symptome:** Der Reiter bemerkt meist eine verkürzte Trittlänge, flaches Springen sowie Taktunreinheiten, die sich gegebenenfalls bis zur Lahmheit steigern können.
- **Lokalisation:** oberhalb des Olecranons (▸ Abb. 3.30)
- **Therapiehinweise:**
  - Druck mit dem Daumen
  - Querfriktionen werden meist toleriert
  - Dehnung durch Protraktion und Adduktion der Vordergliedmaße
- **Präventionsmaßnahmen, Hinweise für den Pferdebesitzer:**
  - Fördern des Raumgriffs
  - Vorhandaktivität fördern (Stangen- und Cavaletti-Training)

Triggerpunkt 11: M. triceps brachii, Caput laterale (Ansatz Olecranon)

- **Ursprung:** Facies lateralis humeri
- **Ansatz:** Olecranon (Ulna)
- **Aufgabe:** Der lateral gelegene Kopf des M. triceps brachii streckt das Ellbogengelenk. Im Gegensatz zum Caput longum überspannt er das Schultergelenk nicht, weil er seinen Ursprung am lateralen Teil des Humerus hat.
- **Symptome:** Wie auch beim M. triceps Caput longum ist das Caput laterale am Raumgriff beteiligt. Ist die Funktionalität des Muskels eingeschränkt, kommt es zu verkürzten Tritten, flachen Sprüngen und gegebenenfalls Zehenschleifen. Außerdem provoziert das Caput laterale eine artikuläre Fehlstellung und Blockierung im Ellbogengelenk. Das Pferd kann außerdem eine erworbene bodenenge Stellung zeigen, die sich nach der Triggerpunktbehandlung korrigiert.
- **Lokalisation:** am lateralen Bereich des Olecranons (▸ Abb. 3.31)

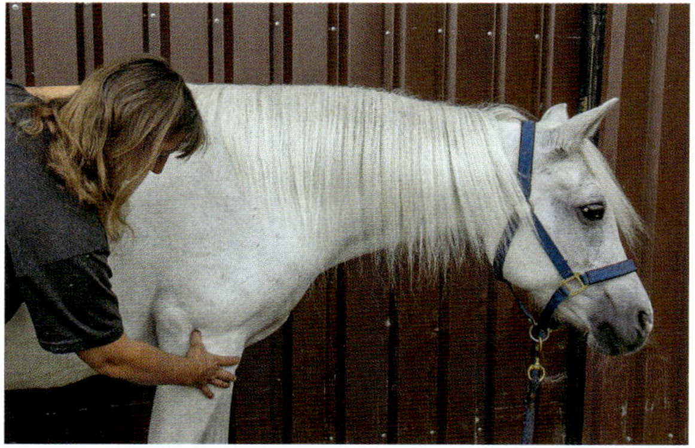

▶ **Abb. 3.32** TrP 12: M. extensor carpi radialis (Ursprung der Extensoren).

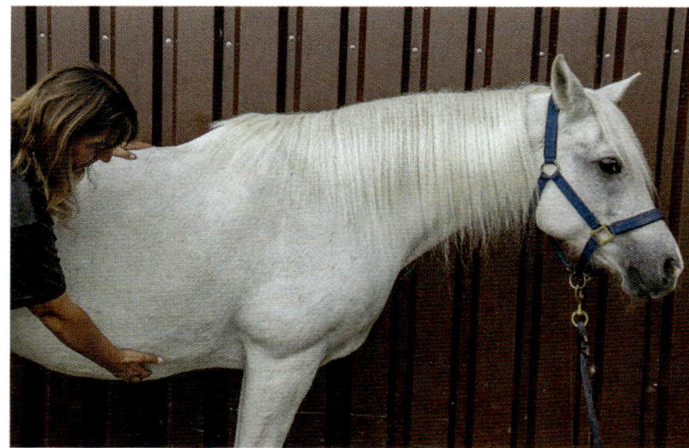

▶ **Abb. 3.33** TrP 13: M. pectoralis profundus.

- **Therapiehinweise:**
  - tiefer, intensiver Daumendruck auf den Triggerpunkt
  - Auftrennen der Muskelfasern durch Querfriktion
  - Faszien lösen durch Abheben der Haut oder Hautrollen
  - in der Muskelfurche zwischen M. triceps Caput laterale und Caput longum intermuskuläre Faszien auftrennen
  - anschließend passives Beugen des Ellbogengelenks, um den Muskel aufzudehnen
- **Präventionsmaßnahmen, Hinweise für den Pferdebesitzer:**
  - gleichzeitige Korrektur der Hufbalance durch den Schmied
  - Förderung des Raumgriffs durch geeignetes Training (zum Beispiel Stangentraining, Übergänge)
  - aktive Dehnung mittels Bodenarbeitslektionen wie Verbeugeübung induzieren (Leckerli zwischen den Vorderbeinen und anschließend unter dem Bauch in Bodennähe anbieten, ▶ Abb. 3.86).

Triggerpunkt 12: M. extensor carpi radialis (Ursprung der Extensoren)

- **Ursprung:** Crista supracondylaris lateralis humeri
- **Ansatz:** Facies proximodorsalis ossis metacarpalis III
- **Aufgabe:** Der über 2 Gelenke verlaufende Muskel streckt das Karpalgelenk und beugt zugleich den Ellbogen.
- **Symptome:** Reiter berichten oft, dass das Pferd stolpert beziehungsweise die Beine nicht hebt. Das Vorführen der Gliedmaße ist begrenzt, ein kontrakter M. extensor carpi radialis schränkt – vor allem bei extensiertem Ellbogengelenk – die Beugung des Karpalgelenks spürbar ein.
- **Lokalisation:** kranial des Ellbogengelenks (▶ Abb. 3.32)
- **Therapiehinweise:**
  - starker Daumendruck bis Release spürbar wird
  - Massage des Muskelbauchs mit Faszienbehandlung
  - für die Dehnung führt man die Gliedmaße in die Retraktion (Extension des Ellbogens) und beugt das Karpalgelenk
- **Präventionsmaßnahmen, Hinweise für den Pferdebesitzer:**
  - Raumgriff fördern
  - Stangen- und Cavalettiarbeit
  - Hufbalance korrigieren

Triggerpunkt 13: M. pectoralis profundus

- **Ursprung:** Sternum, Cartilagines costales IV–IX, Tunica flava abdominis
- **Ansatz:** Tuberculum majus et minus humeri, Fascia antebrachii
- **Aufgabe:** Der tiefe Brustmuskel adduziert die Gliedmaße und zieht sie nach kaudal. Außerdem stabilisiert er das Schultergelenk.
- **Symptome:** Die Pferde können überaus ungehalten reagieren, wenn der Sattelgurt festgezogen wird. Sie zeigen wenig Raumgriff und springen im Galopp häufig um.
- **Lokalisation:** nicht selten finden sich mehrere Triggerpunkte zwischen den Vorderbeinen, etwa 3 Finger breit lateral der Linea alba im gesamten Muskelverlauf (Nierenmeridian! ▶ Abb. 3.33)
- **Therapiehinweise:**
  - vorsichtiger Druck, der bis zur Toleranzgrenze gesteigert wird (Achtung: Pferde könnten mit dem Hinterbein unter den Bauch schlagen!)
  - der Muskel eignet sich gut für leichte Querfriktionen
  - Behandlung der oberflächlichen Faszien über Verschieben der Haut über dem Muskel mit der flachen Hand
  - Unwinding, s. Kap. Lösen der transversalen Faszien- und Membranebenen (S. 144) und Kap. Behandlung der Diaphragmen mit Unwinding (S. 144)
  - die Dehnung erfolgt durch Protraktion und Abduktion der Gliedmaße

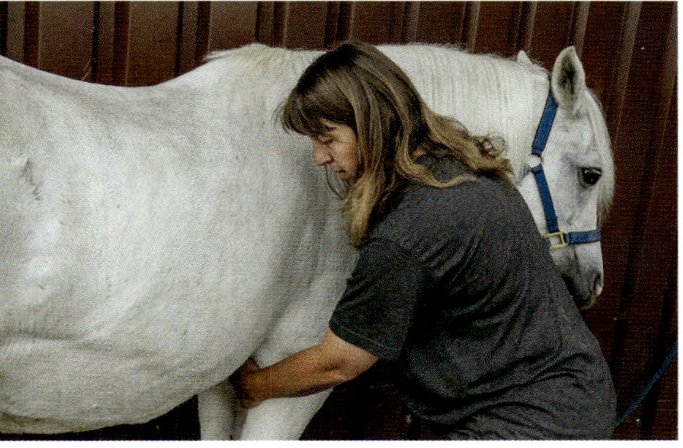

► **Abb. 3.34** TrP 14: M. pectoralis transversus.

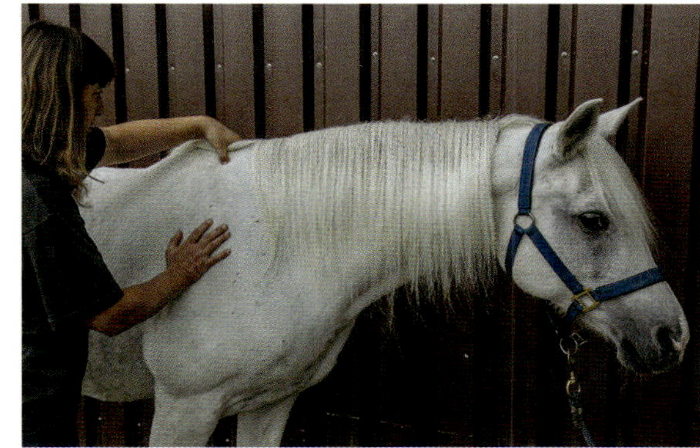

► **Abb. 3.35** TrP 15: M. rhomboideus.

- **Präventionsmaßnahmen, Hinweise für den Pferdebesitzer:**
  - Raumgriff und Aktivität der Hinterhand fördern
  - steile Steigungen im zügigen Schritt reiten
  - lockere Sprünge über niedrige Hindernisse

Triggerpunkt 14: M. pectoralis transversus

- **Ursprung:** ventral am Sternum, Cartilagines costales I–VI (1. – 6. Rippenknorpel)
- **Ansatz:** Fascia antebrachii (Unterarmfaszie)
- **Aufgabe:** Der oberflächlich gelegene M. pectoralis transversus adduziert die Gliedmaße. Bei auffußender (fixierter) Gliedmaße zieht er den Rumpf seitwärts (Seitengänge!).
- **Symptome:**
  - Das Pferd hat Schwierigkeiten bei Seitengängen. Dabei zeigt sich eine fehlende Abduktionsfähigkeit der Gliedmaße.
  - Der Triggerpunkt ist häufig bei Pferden mit Gurtzwang aktiv.
  - In vielen Fällen ist eine bodenenge Stellung aber das einzige Anzeichen. Die lateralen Hufwände bilden sich steiler aus, die Pferde streifen sich oft an den Innenseiten der Beine und müssen deshalb mit Gamaschen geritten werden.
- **Lokalisation:** zwischen den Vorderbeinen etwas lateral der Linea alba (► **Abb. 3.34**)
- **Therapiehinweise:**
  - punktueller Druck auf den Triggerpunkt
  - Massage der Ansatzfaszie am Unterarm (Fascia antebrachii)
  - Querfriktionen des Muskels
  - Dehnung durch Abduktion der flektierten Gliedmaße
- **Präventionsmaßnahmen, Hinweise für den Pferdebesitzer:**
  - nach der Behandlung Muskel durch Seitengänge stärken

Triggerpunkt 15: M. rhomboideus

- **Ursprung:** Ligamentum nuchae (Nackenband)
- **Ansatz:** Cartilago scapulae (Schulterblattknorpel)
- **Aufgabe:** Der unter dem M. trapezius in der tiefen Schicht gelegene M. rhomboideus adduziert die Schulter und zieht sie nach dorsal. Somit unterstützt er das Anheben und die Retraktion der Gliedmaße.
- **Symptome:** Reiter berichten über ständiges Anschlagen beim Reiten über Stangen und geringen Raumgriff.
- **Lokalisation:** zwischen Schulterblattknorpel und Widerrist sowie im kranialen Muskelverlauf (► **Abb. 3.35**)
- **Therapiehinweise:**
  - der tief gelegene Muskel benötigt starken Druck, da durch den M. trapezius hindurchpalpiert werden muss
  - Dehnung mit tiefem und kontralateral gestelltem Kopf (Pferd gegebenenfalls fressen lassen), während man die Gliedmaße adduziert. Protraktion der Vordergliedmaße
  - Schulterhebung zur Lockerung des Muskels
- **Präventionsmaßnahmen, Hinweise für den Pferdebesitzer:**
  - häufiges Vorwärts-/Abwärtsreiten und Seitengänge
  - auf passenden Sattel achten

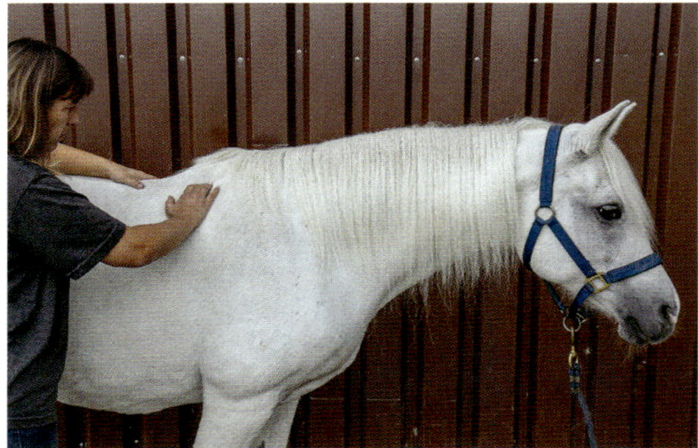

► **Abb. 3.36** TrA 16: M. trapezius.

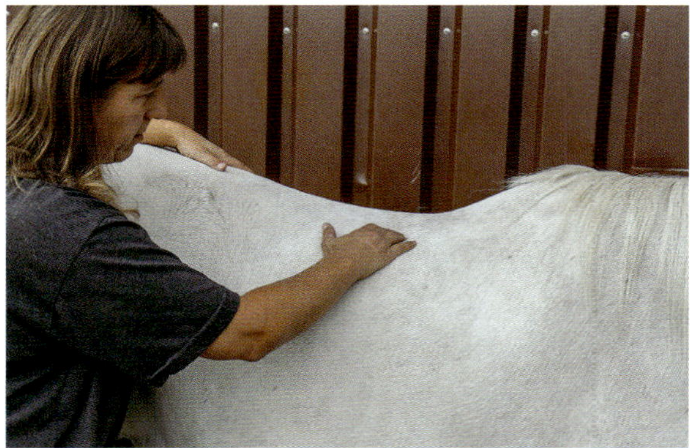

► **Abb. 3.37** TrA 17: M. longissimus dorsi (thoracis).

Triggerareal 16: M. trapezius

- **Ursprung:** Ligamentum nuchae (Nackenband), Ligamentum supraspinale von C2 – Th10
- **Ansatz:** Spina scapulae (Schulterblattgräte)
- **Aufgabe:** Der M. trapezius besteht aus einem zervikalen und thorakalen Anteil, die beide an der Spina scapulae ansetzen. Der Muskel dient als Vorführer und Abduktor der Gliedmaße.
- **Symptome:** Der Muskel atrophiert schnell bei unpassendem Sattel. Es entsteht ein „Loch" oberhalb des Schulterblatts, das sich bis in den Rücken hineinzieht. Die Rückenflexibilität und Schulterbeweglichkeit sind deutlich eingeschränkt. Somit gehen Raumgriff und Schwung verloren. Langfristig stellen sich allgemein Rückenprobleme ein.
- **Lokalisation:** Areal seitlich des Widerrists oberhalb des Schulterblattknorpels entlang und im weiteren kaudalen Verlauf in Richtung Rücken (► Abb. 3.36)
- **Therapiehinweise:**
  - ein starker Daumendruck löst fast immer eine Zuckungsreaktion aus; der Druck wird gehalten, bis die Zuckungen nachlassen
  - Verwindungen und lokale Dehnung zur Behandlung der oberflächlichen Faszien
  - Dehnung beider Anteile durch Retraktion und Adduktion der Gliedmaße, dabei wird der Kopf kontralateral gestellt
- **Präventionsmaßnahmen, Hinweise für den Pferdebesitzer:**
  - dringend die Passform des Sattels überprüfen!, bei positivem Befund nicht reiten, sondern gegebenenfalls longieren

Triggerareal 17: M. longissimus dorsi (thoracis)

- **Ursprung:** Processus spinosi vertebrarum thoracicorum (Dornfortsätze der Brustwirbel)
- **Ansatz:** C4 – C7, Processus transversi vertebrarum thoracicorum, Tuberculi costarum (Querfortsätze der Brustwirbel, Rippenhöcker)
- **Aufgabe:** Den M. longissimus teilt man von kranial nach kaudal in verschiedene Anteile ein: M. longissimus capitis, M. longissimus atlantis, M. longissimus thoracis, M. longissimus lumborum. Die einzelnen Anteile gehen ineinander über, sodass die Muskelgruppen nicht exakt voneinander zu trennen sind. Der gesamte Komplex verläuft vom Hinterhauptsbein bis zum Beginn der Schweifwirbel und geht mit dem M. longissimus lumborum in den M. gluteus medius über. Er dient insbesondere der Stabilisierung der Wirbelsäule und extensiert den Rücken.
- **Symptome:**
  - Triggerpunkte und Verspannungen im M. longissimus dorsi zeigen vielfältige Problematiken, die sich auf den gesamten Bewegungsapparat auswirken. Insbesondere sind bei einer Atrophie des Muskels die Spinosi der Brustwirbel deutlich sichtbar. Außerdem bildet sich häufig eine Lordose bei zu schwachen Rückenmuskeln aus. Die antagonistischen Abdominalmuskeln erschlaffen, das Pferd neigt somit zu einem Hängebauch.
  - Reiter beklagen eine hohe Kopfhaltung ihres Pferdes, einen nicht losgelassenen Rücken, steife Gänge mit wenig Raumgriff sowie die ungenügende Fähigkeit ihres Pferdes, sich zu biegen.
  - Infolge muskulärer Rückenproblematiken werden Kissing spines begünstigt.
- **Lokalisation:** im gesamten Verlauf des thorakalen Rückenmuskels, etwa 5–10 cm lateral der Spinosi, im Bereich der Sattellage (► Abb. 3.37)
- **Therapiehinweise:**
  - ein starker Daumendruck löst fast immer eine Zuckungsreaktion aus, der Druck wird gehalten, bis die Zuckungen nachlassen
  - Verwindungen und lokale Dehnung zur Behandlung der oberflächlichen Faszien
  - Dehnung des Muskels über Reflexpunkte im Kruppenbereich (lumbaler Bereich) und/oder Aufwölbung des Rückens durch Druck auf das Sternum (thorakaler Bereich)

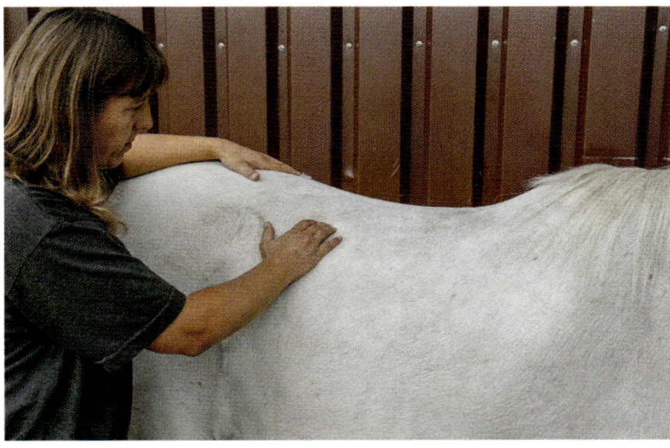

▶ **Abb. 3.38** TrP 18: M. longissimus dorsi (lumborum).

▶ **Abb. 3.39** TrP 19: M.gluteus medius.

- eventuell aktive „Verbeugeübung" (Pferd führt den Kopf zwischen die Vorderbeine hindurch) durch Darreichung einer Karotte zwischen den Vorderbeinen (▶ Abb. 3.86)
- **Präventionsmaßnahmen, Hinweise für den Pferdebesitzer:**
  - Reiten erst nach erkennbarer Besserung
  - Muskelaufbau an der Longe
  - Sattelpassform prüfen

Triggerpunkt 18: M. longissimus dorsi (lumborum)

- **Ursprung:** Ala ossis ilii (Darmbeinschaufel), Processus spinosi ossis sacri (Dornfortsätze des Kreuzbeins), Processus spinosi vertebrae lumbales (Dornfortsätze der Lendenwirbel)
- **Ansatz:** C4 – C7, Processus transversi vertebrarum thoracicorum, Tuberculi costarum (Querfortsätze der Brustwirbel, Rippenhöcker)
- **Aufgabe:** Stabilisierung der Wirbelsäule und Rückenextension
- **Symptome:** Ein dorsalisierter LWS-Bereich ist ein allgemeiner Hinweis auf Problematiken in diesem Areal. Der Reiter berichtet über Schwierigkeiten bei Biegungen, beim „Heranholen" der Hinterhand, eine hohe Kopfhaltung, kein losgelassener Rücken und steife Gänge. Es bildet sich eine Rückenlordose aus, die schwache Abdominalmuskeln zur Folge haben (→ Hängebauch). Verwachsungen der lumbalen – meist kaudalen – Querfortsätze der Lendenwirbelsäule sind häufig.
- **Lokalisation:** etwa 5–10 cm lateral der Spinosi im Muskelverlauf des Lendenwirbelbereichs (▶ Abb. 3.38)
- **Therapiehinweise:**
  - Daumendruck am Triggerpunkt bis Release eintritt
  - Verwindungen und lokale Dehnung zur Behandlung der oberflächlichen Faszien
  - Dehnung des Muskels über Reflexpunkte im Kruppenbereich
  - eventuell aktive „Verbeugeübung" (Pferd führt den Kopf zwischen die Vorderbeine hindurch) durch Darreichung einer Karotte zwischen den Vorderbeinen (▶ Abb. 3.86)
- **Präventionsmaßnahmen, Hinweise für den Pferdebesitzer:**
  - Reiten erst nach erkennbarer Besserung
  - Muskelaufbau an der Longe

Triggerpunkt 19: M. gluteus medius

- **Ursprung:** Os sacrum (Kreuzbein), Ligamentum sacroiliacum und sacrotuberale latum, M. longissimus lumborum, Facies glutea ossis ilii (Außenfläche des Darmbeins)
- **Ansatz:** Trochanter major (großer Rollhügel des Femurs)
- **Aufgabe:** der M. gluteus medius streckt das Hüftgelenk und dreht die Gliedmaße einwärts
- **Symptome:** Trotz verkürzter Schrittlänge tritt das Pferd mit den Hinterbeinen in die Ballen der Vorderhufe, weil es mit den Hintergliedmaßen zeheneng läuft. Gegebenenfalls tritt ein „Schaufeln" beim Vorführen der Gliedmaße auf, zudem ist die Beweglichkeit des Hüftgelenks eingeschränkt.
- **Lokalisation:** unmittelbar dorsal des Tuber coxae (▶ Abb. 3.39)
- **Therapiehinweise:**
  - Druck mit den Fingern bis Release spürbar wird
  - tiefe Faszienmassage bevorzugt mit Ellbogentechnik
  - Dehnung des Muskels durch passive Hüftbeugung (Tripleflex oder Protraktion der Gliedmaße)
- **Präventionsmaßnahmen, Hinweise für den Pferdebesitzer:**
  - Cavaletti- und Stangentraining zur Verbesserung der Beugefähigkeit der Hinterhand mit Dehnung und Stärkung des M. gluteus medius
  - Schub und Raumgriff entwickeln

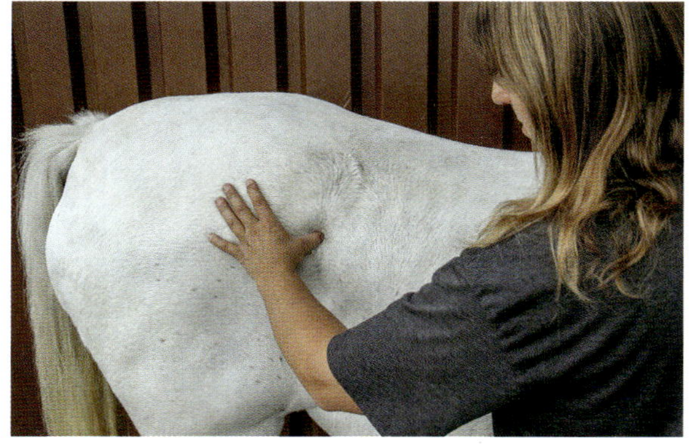

► Abb. 3.40 TrP 20: M. obliquus externus abdominis (Pars lumbalis).

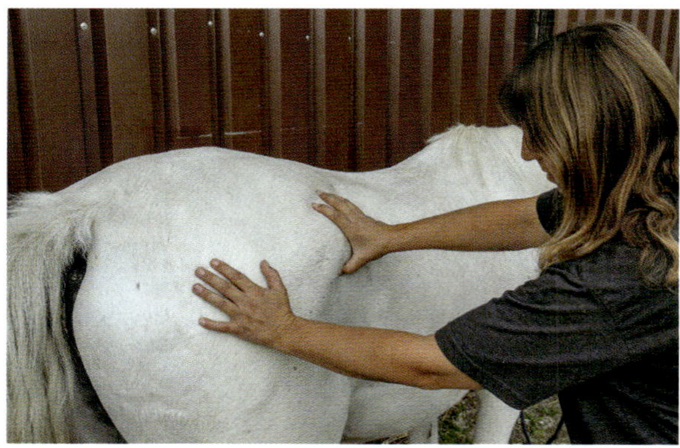

► Abb. 3.41 TrP 21: M. tensor fasciae latae.

Triggerpunkt 20: M. obliquus externus abdominis (Pars lumbalis)

- **Ursprung:** Fascia thoracolumbalis, Tuber coxae
- **Ansatz:** Ligamentum inguinale, Tendo praepubicus
- **Aufgabe:** Atemhilfsmuskel für die Exspiration (Ausatmung), Seitwärtsbiegung des Rumpfes
- **Symptome:** Probleme bei der Biegung (Lateroflexion des Rumpfes)
- **Lokalisation:** am kranialen Rand des Tuber coxae (► Abb. 3.40)
- **Therapiehinweise:**
  - Druck mit den Fingern bis Release spürbar wird
  - Massage der oberflächlichen Faszie
  - Lateroflexion über Reflexpunkte der Glutealmuskulatur (unilateral)
- **Präventionsmaßnahmen, Hinweise für den Pferdebesitzer:**
  - über das Reiten von Volten und Zirkeln eine Dehnung und Stärkung des Muskels herbeiführen

Triggerpunkt 21: M. tensor fasciae latae

- **Ursprung:** Tuber coxae
- **Ansatz:** Patellafaszie und seitliches Kniescheibenband, kranialer Rand der Tibia, Trochanter tertius
- **Aufgabe:** zieht die Gliedmaße nach vorne, beugt die Hüfte und streckt das Knie
- **Symptome:** Die Seitwärtsbewegung der Gliedmaße ist eingeschränkt, in der Vorwärtsbewegung weicht das Bein nach lateral aus. Die Pferde stoppen holprig und steif (Sliding Stop des Westernpferds).
- **Lokalisation:** im Verlauf der fingerdicken Sehne ventral des Tuber coxae (► Abb. 3.41)
- **Therapiehinweise:**
  - kräftiger Druck mit dem Daumen
  - Querfriktionen (mit Vorsicht, da die Pferde bei diesem Triggerpunkt durch den Schmerz induziert mit den Hinterbeinen schlagen könnten)
  - die Dehnung erfolgt über die Retraktion des Beines
- **Präventionsmaßnahmen, Hinweise für den Pferdebesitzer:**
  - auf abrupte Stops und Drehungen der Hinterhand verzichten (Stops und Spins des Westernpferds, Hinterhandwendungen)
  - Kräftigung des Muskels mit viel Schubentwicklung der Hinterhand

Triggerpunkt 22: M. gluteus superficialis

- **Ursprung:** Tuber coxae, Glutealfaszie
- **Ansatz:** Trochanter tertius des Femurs
- **Aufgabe:** der M. gluteus superficialis hilft mit, die Hüfte zu beugen und die Gliedmaße zu abduzieren
- **Symptome:** Die Pferde haben Schwierigkeiten, Tragkraft aufzunehmen. Zudem kann das Hüftgelenk blockieren, der Raumgriff ist möglicherweise eingeschränkt und das Vorführen der Gliedmaße kann in Verbindung mit einer deutlichen Abduktion (breiter Gang) stehen.
- **Lokalisation:** am kaudalen Rand des Tuber coxae (► Abb. 3.42)
- **Therapiehinweise:**
  - kräftiger Druck mit den Fingern bis Release spürbar wird
  - Kompressionen und Querfriktionen der Glutealfaszie mit dem Handballen
  - für die Dehnung adduziert man die Gliedmaße unter den Pferdebauch hindurch, Retraktionen (Hüftextensionen) sind zusätzlich angezeigt
- **Präventionsmaßnahmen, Hinweise für den Pferdebesitzer:**
  - nach erfolgter Therapie langsamer Muskelaufbau mit Steigungen, kleinen Sprüngen, Seitengängen und versammelnden Lektionen

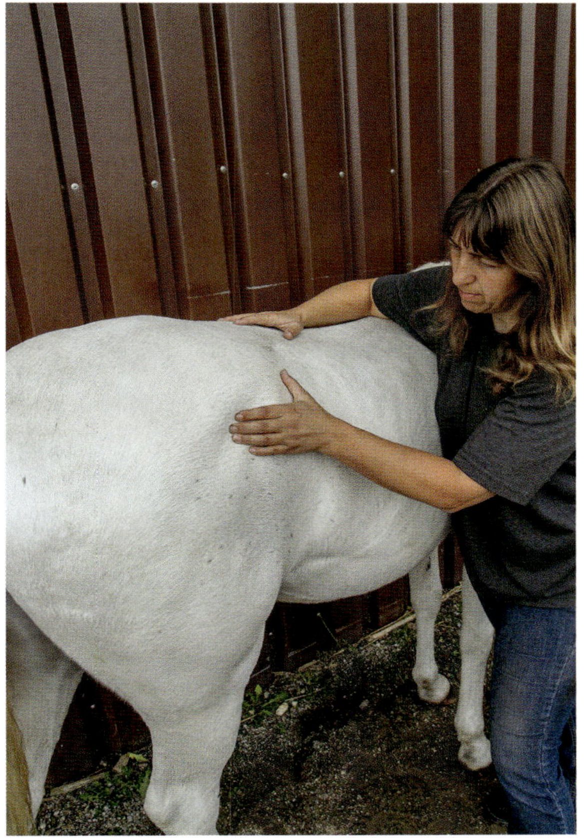

▶ **Abb. 3.42** TrP 22: M. gluteus superficialis.

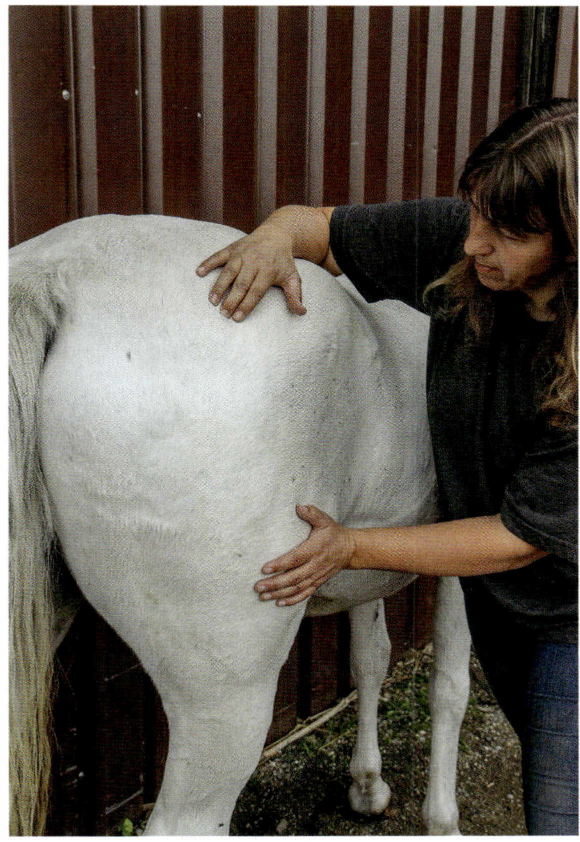

▶ **Abb. 3.43** TrP 23: M. biceps femoris (kranialer Bereich).

Triggerpunkt 23: M. biceps femoris (kranialer Bereich)

- **Ursprung:** Os sacrum (Processus spinosi et transversi), Ligamentum sacrotuberale latum, Fascia caudae, Tuber ischiadicum
- **Ansatz:** Patella, kranialer Rand der Tibia, Tuber calcanei
- **Aufgabe:** Der kraniale Anteil des Muskels streckt die Hüfte sowie das Kniegelenk und abduziert die Gliedmaße. Der kaudale Teil beugt das Knie und extensiert das Tarsalgelenk.
- **Symptome:** Die Schubentwicklung aus der Hinterhand ist eingeschränkt. Das Pferd zeigt außerdem Schwierigkeiten bei Seitengängen.
- **Lokalisation:** etwa 20 cm neben der Wirbelsäule auf halber Strecke zwischen den Tuber sacrale und dem Schweifansatz (▶ **Abb. 3.43**)
- **Therapiehinweise:**
  - kräftiger Druck mit den Fingern oder dem Ellbogen, wodurch die Pferde häufig das Bein entlasten
  - „deep friction" mit Ellbogen, soweit das Pferd dies zulässt
  - über die Protraktion der Gliedmaße oder Tripleflex eine Hüftbeugung zur Dehnung des Muskels initiieren
- **Präventionsmaßnahmen, Hinweise für den Pferdebesitzer:**
  - nach erfolgter Behandlung Lektionen zur Schubentwicklung anweisen
  - der Reiter soll zudem forciert vorwärtsreiten sowie vermehrte Seitengänge zur Stärkung des Muskels ausführen

Triggerareal 24: M. semimembranosus

- **Ursprung:** Ligamentum sacrotuberale latum, Schweifwirbel, Tuber ischiadicum
- **Ansatz:** mediale Kondylen von Femur und Tibia
- **Aufgabe:** Bei entlastetem Bein zieht der M. semimembranosus nach kaudal und adduziert die Gliedmaße. Des Weiteren rotiert er das Bein einwärts. Beim fixierten (aufgefußten) Bein extensiert der M. semimembranosus Hüfte und Knie.
- **Symptome:** Beim Abfußen dreht das Sprunggelenk nach außen (der Huf dreht am Boden, wobei die Hufspitze nach medial zeigt). In engen Wendungen zeigt das Pferd einen Wendeschmerz.

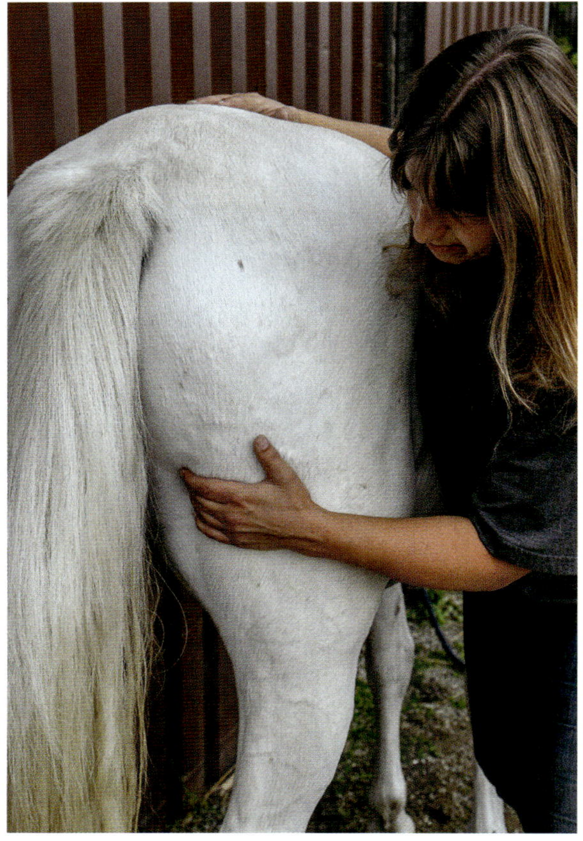

▸ **Abb. 3.44** TrA 24: M. semimembranosus.

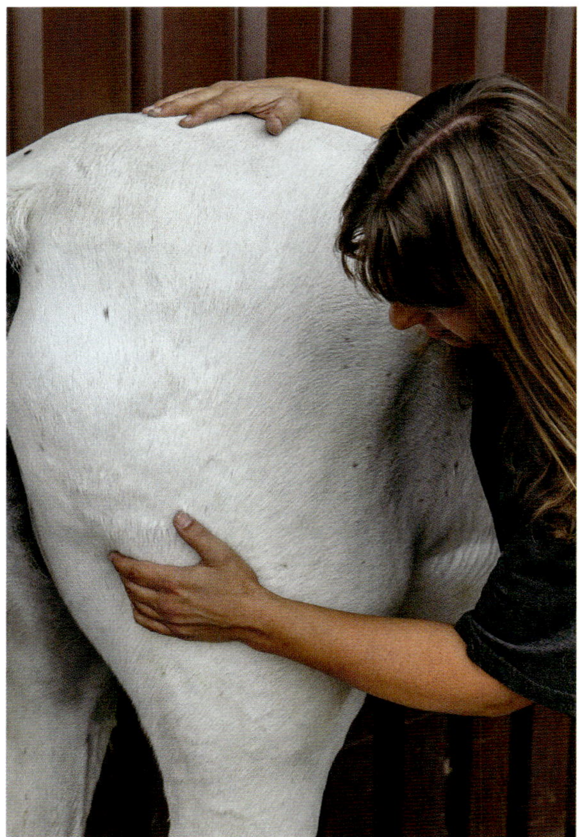

▸ **Abb. 3.45** TrA 25: M. semitendinosus.

- **Lokalisation:** unterhalb des Tuber ischiadicum im weiteren Muskelverlauf nach distal (▸ **Abb. 3.44**)
- **Therapiehinweise:**
  - Druck und Querfriktionen im gesamten Muskelverlauf gehören zur Standardbehandlung
  - das Vorhandensein von Triggerpunkten kann als Gradmesser für den gesamten Muskelstatus der Hinterhand herangezogen werden
  - Dehnen des Muskels erfolgt durch Protraktion der Gliedmaße mit leichter Abduktion
- **Präventionsmaßnahmen, Hinweise für den Pferdebesitzer:**
  - massive Belastungen durch Stops und schnelle Wendungen (beispielsweise Springreiten oder Sliding Stops und Spins beim Westernpferd) sollten zunächst vermieden werden
  - langsamer Aufbau des Muskels durch Bergaufreiten im Schritt und Stangentraining (alternativ Cavaletti)

Triggerareal 25: M. semitendinosus

- **Ursprung:** Os sacrum, Fascia caudae, Ligamentum sacrotuberale latum, Tuber ischiadicum (ventraler Bereich)
- **Ansatz:** kranialer Rand der Tibia, Fascia cruris, Tuber calcanei
- **Aufgabe:** Bei fixiertem (belastetem) Bein extensiert der M. semitendinosus Hüfte, Knie und Sprunggelenk. Bei Entlastung beugt er das Kniegelenk, zieht die Gliedmaße kaudal und rotiert sie einwärts.
- **Symptome:** Das Pferd zeigt einen verkürzten Schritt (verminderter Raumgriff) und wirkt dabei steif.
- **Lokalisation:** im Muskelverlauf unterhalb des Tuber ischiadicum parallel zum benachbarten M. semimembranosus (▸ **Abb. 3.45**)
- **Therapiehinweise:**
  - Druck und Querfriktionen im gesamten Muskelverlauf gehören zur Standardbehandlung, das Vorhandensein von Triggerpunkten kann als Gradmesser für den gesamten Muskelstatus der Hinterhand herangezogen werden
  - Dehnen des Muskels erfolgt durch Protraktion der Gliedmaße mit leichter Außenrotation
- **Präventionsmaßnahmen, Hinweise für den Pferdebesitzer:**
  - massive Belastungen durch Stops und schnelle Wendungen (beispielsweise Springreiten oder Sliding Stops und Spins beim Westernpferd) sollten zunächst vermieden werden
  - langsamer Aufbau des Muskels durch Bergaufreiten im Schritt und Stangentraining (alternativ Cavaletti)

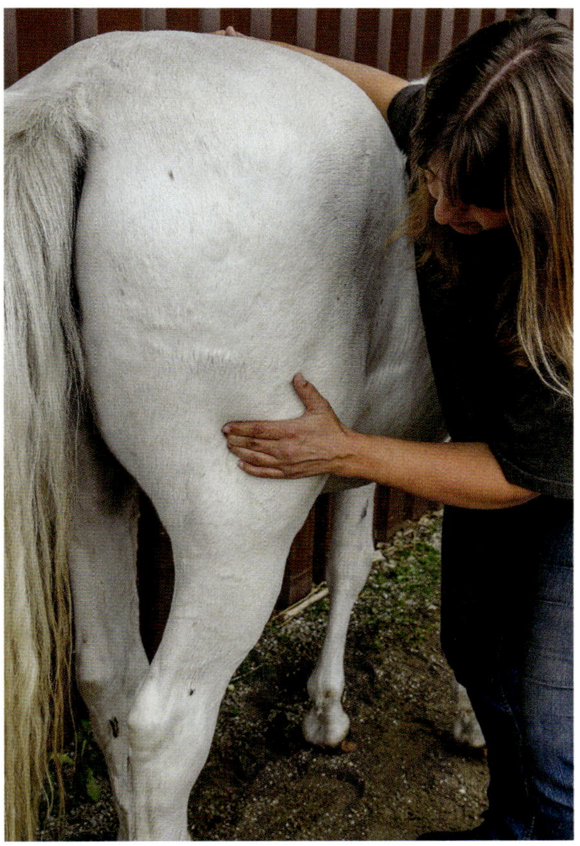

▶ **Abb. 3.46** TrP 26: M. biceps femoris (Teilungsbereich).

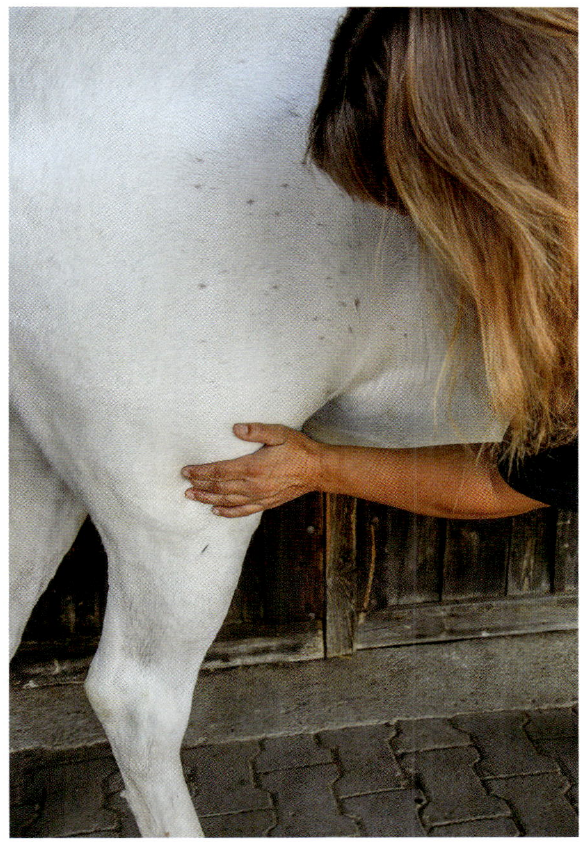

▶ **Abb. 3.47** TrP 27: M. flexor digitorum lateralis (Anteil des M. flexor digitorum profundus = tiefe Beugesehne).

Triggerpunkt 26: M. biceps femoris (Teilungsbereich)

- **Ursprung:** Os sacrum (Processus spinosi et transversi), Ligamentum sacrotuberale latum, Fascia caudae, Tuber ischiadicum
- **Ansatz:** Patella, kranialer Rand der Tibia, Tuber calcanei
- **Aufgabe:** Der kraniale Anteil des Muskels streckt die Hüfte sowie das Kniegelenk und abduziert die Gliedmaße. Der kaudale Teil beugt das Knie und extensiert das Tarsalgelenk.
- **Symptome:** Die Schubentwicklung aus der Hinterhand ist eingeschränkt. Das Pferd zeigt Schwierigkeiten bei Seitengängen, „zackelt" und hat oft eine einseitig verkürzte Schrittlänge.
- **Lokalisation:** in einer Vertiefung kaudal des Knies (▶ Abb. 3.46)
- **Therapiehinweise:**
  - Druck auf den Triggerpunkt vorsichtig forcieren, da Pferde bei Sensibilität häufig reflexartig ausschlagen könnten
  - nach Release Lösen der oberflächlichen Faszien
  - das Stretching erfolgt durch Protraktion der Gliedmaße
- **Präventionsmaßnahmen, Hinweise für den Pferdebesitzer:**
  - nach erfolgter Behandlung Lektionen zur Schubentwicklung anweisen
  - der Reiter soll zudem forciert vorwärtsreiten sowie vermehrte Seitengänge zur Stärkung des Muskels ausführen

Triggerpunkt 27: M. flexor digitorum lateralis (Anteil des M. flexor digitorum profundus = tiefe Beugesehne)

- **Ursprung:** im proximokaudalen Bereich der Tibia und Fibula
- **Ansatz:** Hufbein
- **Aufgabe:** beugt die Zehengelenke und streckt das Tarsalgelenk
- **Symptome:** Hufrollenprobleme, Sehnenprobleme (tiefe Beugesehne), Tendenz zu steilen Hufen
- **Lokalisation:** kaudal der Tibia, knapp unterhalb des Knies, etwa mittig der Gliedmaße (▶ Abb. 3.47)
- **Therapiehinweise:**
  - Druck auf den Triggerpunkt vorsichtig aufbauen, da manche Pferde im Hinterhandbereich sehr empfindlich reagieren und ausschlagen könnten

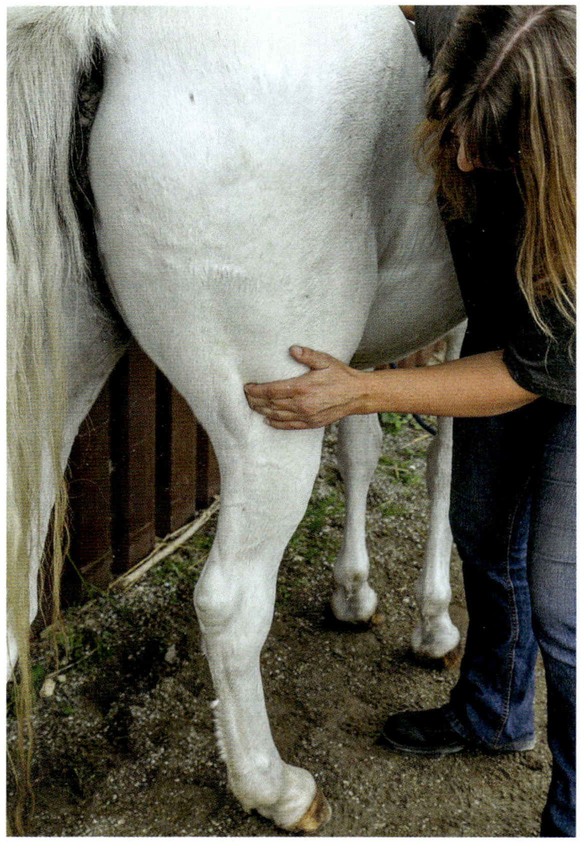

▶ Abb. 3.48 TrP 28: M. gastrocnemius (Caput laterale, Sehnenübergang).

▶ Abb. 3.49 TrP 29: M. gracilis.

  - Faszienbehandlung durch Anheben, s. Kap. Hautmobilisationen (S. 56)
  - Dehnung der Gliedmaße nach kranial unter Extension der Zehengelenke
- **Präventionsmaßnahmen, Hinweise für den Pferdebesitzer:**
  - bei Sehnenüberlastung mehrmonatige Trainingspause einhalten!
  - Bewegung auf harten, ebenen Böden im Schritt, zudem weichen und tiefen Untergrund meiden

Triggerpunkt 28: M. gastrocnemius (Caput laterale, Sehnenübergang)

- **Ursprung:** Femur (Tuberositas condylaris, lateral und medial)
- **Ansatz:** Tuber calcanei (Fersenbeinhöcker)
- **Aufgabe:**
  - Der M. gastrocnemius vereint seine 2 Köpfe zu einem kräftigen Sehnenstrang, der Achillessehne, die schließlich am Calcaneus ansetzt. Mit eingebunden ist noch der kleine M. soleus, dessen Sehnenstrang sich mit dem des M. gastrocnemius vereint. Seinen Ursprung findet der M. soleus am Fibulakopf.
  - Der M. gastrocnemius streckt das Sprunggelenk und beugt das Knie.
- **Symptome:** Knie- und Sprunggelenksbewegungen sind eingeschränkt. Die Pferde ermüden recht schnell durch längeres Stehen und beginnen zu „schildern" (wechselseitige Entlastung der Hinterbeine). Ein aktiver TrP 28 kann außerdem auf Knieprobleme hinweisen.
- **Lokalisation:** stark sehniges Areal auf Höhe der Kniekehle (▶ Abb. 3.48)
- **Therapiehinweise:**
  - bei Schmerzhaftigkeit des Triggerpunkts zieht das Pferd das Bein reflexartig hoch, der Druck sollte deshalb langsam aufgebaut werden
  - die Sehne kann mit Querfriktionen bis zum Calcaneus behandelt werden
  - die Faszienbehandlung erfolgt durch Verschieben der Hautschichten mit dem Daumen
  - gedehnt wird der Muskel durch Protraktion der Gliedmaße
- **Präventionsmaßnahmen, Hinweise für den Pferdebesitzer:**
  - zunächst sollten auf für die Hinterhand kräfteraubende Lektionen (Springen, Pirouetten, Sliding Stops, Spins etc.) verzichtet werden.

Triggerpunkt 29: M. gracilis

- **Ursprung:** Symphysis pelvina (Schambeinfuge)
- **Ansatz:** mediales Kniescheibenband, kranialer Rand der Tibia
- **Aufgabe:** Adduktor
- **Symptome:** Die Pferde haben Schwierigkeiten bei den Seitengängen und stehen häufig bodeneng.
- **Lokalisation:** Der M. gracilis ist nur beim Mensch ein „graziler" Muskel, worauf der Name bereits hindeutet. Beim Pferd ist dieser Muskel deutlich ausgeprägt und zeigt sich als flächiger, breiter Muskel an der medialen Seite des Femurs. Seine Muskelfasern lassen sich sehr leicht palpieren, der Triggerpunkt ist meist im mittigen Bereich des Muskelbauchs lokalisiert. Um den Muskel zu palpieren, umgreift man das Bein mit beiden Händen von kranial um das Knie und kaudal etwas oberhalb der Kniekehle (▶ **Abb. 3.49**). Es gilt vorsichtig vorzugehen, da viele Pferde im Kniebereich sensibel reagieren.
- **Therapiehinweise:**
  - mit dem Fingern mittelmäßigen Druck, bis der Release erreicht ist
  - großflächige Querfriktionen zum Auftrennen der Muskelfasern und Faszien im gesamten Muskelbauch
  - die äußerst wichtige Dehnung erfolgt durch Abduktion der Gliedmaße
- **Präventionsmaßnahmen, Hinweise für den Pferdebesitzer:**
  - auf Seitengänge sollte vorerst verzichtet werden, bis die Behandlung eine deutliche Besserung gezeigt hat

Triggerpunkt 30: M. obliquus externus abdominis (Pars costalis)

- **Ursprung:** Costae IV–XVIII (4. – 18. Rippe)
- **Ansatz:** Linea alba, Tendo praepubicus
- **Aufgabe:** Atemhilfsmuskel für die Exspiration (Ausatmung), Seitwärtsbiegung des Rumpfes
- **Symptome:** Probleme bei der Biegung (Lateroflexion des Rumpfes), Atemprobleme
- **Lokalisation:** dem Verlauf der letzten Rippe bis zum Knorpelübergang folgen (▶ **Abb. 3.50**)
- **Therapiehinweise:**
  - Druck mit den Fingern bis Release spürbar wird
  - Massage der oberflächlichen Faszie
  - Lateroflexion über Reflexpunkte der Glutealmuskulatur (unilateral)
  - eventuell aktive Dehnung über Karottenübung (Möhre am kontralateralen Tuber coxae anbieten)
- **Präventionsmaßnahmen, Hinweise für den Pferdebesitzer:**
  - über das Reiten von Volten und Zirkeln eine Dehnung und Stärkung des Muskels herbeiführen
  - Doppellongenarbeit

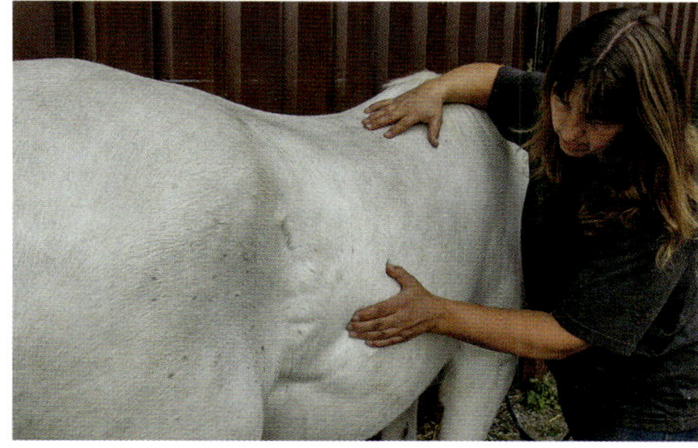

▶ **Abb. 3.50** TrP 30: M. obliquus externus abdominis (Pars costalis).

3.2.4 Myofascial Release Technique (MRT)

Die Techniken des Myofascial Release zielen darauf ab, Restriktionen und Verspannungen in Weichgeweben aufzulösen. Es handelt sich um eine hervorragende Technik, die immer dann angewendet wird, wenn herkömmliche physiotherapeutische Maßnahmen nicht ausreichen. Releasetechniken sind ergänzende Behandlungsmöglichkeiten, um vor allem tiefliegende und weitgreifende Geweberestriktionen zu kurieren.

Myofascial Release kommt als direktes oder indirektes Verfahren zum Einsatz. Es tangiert die Behandlungsmodelle der osteopathischen Strain/Counter-Strain-Technik, der Bindegewebsmassage und des Rolfing. Es nimmt auf das myofasziale System des Körpers Einfluss und löst Schmerzmuster auf, die weder dem Dermatom, Myotom, noch dem Sklerotom zugeschrieben werden können. Kann ein Schmerzbild keinem Segment zugeordnet werden, weist dies den Therapeuten stets auf Dysfunktionen im Fasziensystem hin.

Myofascial Release Techniques beinhalten interaktive Dehnungen, die ein Feedback des Pferdes verlangen, das die weiteren Behandlungsschritte steuert. Das Gewebe gibt dem Therapeuten sowohl eine Antwort, wo Fehlspannungen vorhanden sind, als auch Anweisungen für die weitere Vorgehensweise. Der Pferdetherapeut lässt sich einerseits vom Gewebe leiten und kann aber andererseits auch selbst eine Dehnungsrichtung vorgeben. So entsteht ein Informationsaustausch zwischen der Hand des Therapeuten und dem Weichgewebe des Patienten, der in dieser Zusammenarbeit den Weg zur maximalen Gewebeentspannung aufzeigt.

Die Pferde scheinen sich ihrer Rolle innerhalb des Behandlungsschemas bewusst zu sein, denn sobald die Hand des Therapeuten Kontakt mit dem Gewebe aufnimmt, hören sie merklich in sich hinein und gestatten ihrem Körper, den navigierenden Bewegungen der Therapeutenhand zu folgen beziehungsweise diese anzuleiten. Die Dehnungen des restriktiven Gewebes lösen eine Tiefenentspannung im gesamten Körper aus, welche die Pferde mit ausgiebigem Gähnen, einer relaxten Körperhaltung und halb geschlossenen Augen bestätigen.

Praxistipp

Die Adspektion des Pferdes im Stand und in Bewegung gibt dem Therapeuten bereits viele Infos über den Zustand des Bewegungsapparats. Die Palpation spricht aber manchmal eine andere Sprache, sodass vermeintlich ein Widerspruch besteht. In diesem Fall sollte der Pferdetherapeut seinem Gefühl vertrauen, weil dies in der Regel eher der Wahrheit entspricht, auch wenn man geneigt ist, bevorzugt das zu glauben, was man sieht. Ein guter Therapeut „sieht" mit den Händen besser als mit seinen Augen.

Der Vorteil der Myofascial Release Technique gegenüber der klassischen, passiven Dehnung ist, dass der Behandler die Muskeln nicht versehentlich überdehnen kann, wenn er auf das Feedback des Körpers hört. Außerdem sind Pferde aufgrund ihrer hohen Sensitivität für diese Behandlungsform sehr empfänglich. Der Therapeut richtet sich bei der Behandlung ganz nach den Bedürfnissen des Pferdes und passt die Druckstärke und Dehnungsrichtung den Anforderungen des Gewebes an.

Die Behandlung mit MRT verschafft dem Pferd eine neue Homöostase, an die sich der Vierbeiner erst gewöhnen muss. Neue Bewegungsmuster werden ermöglicht, was eine Umschulung des zentralen Nervensystems nach sich zieht. Aus diesem Grund ist es wichtig und sinnvoll, zunächst mit kleinen Therapieerfolgen zufrieden zu sein. Zu schnelle und massive Veränderungen überraschen zwar den Pferdebesitzer positiv, sind aber für das Pferd oft nicht sofort zu handeln und deshalb nicht von Bestand. Aus diesem Grund ist eine langsame, aber beständige Veränderung die wünschenswertere Alternative, auch wenn sie vom Pferdebesitzer und dem Therapeuten etwas mehr Geduld erfordert.

Die Basis der Myofascial Release Technique

Die Behandlung mit Myofascial Release sollte nicht als eine rein technische Vorgehensweise betrachtet werden, sondern vielmehr als ein System der Gefühlssprache, die als Medium zwischen Pferd und Therapeut benutzt wird, um den Heilungsprozess anzustoßen. Deshalb steht auch das Feedback – die Rückinformation des Gewebes – an erster Stelle der therapeutischen Maßnahme. Der nächste Schritt ist die Dehnungssequenz des Muskels oder der myofaszialen Verbindung.

Das Gewebe wird zunächst so weit in Dehnung gebracht, bis der Therapeut eine Restriktion oder übermäßige Spannung spürt. In dieser Position wird die Dehnung so lange aufrechterhalten, bis ein Release – ein Nachlassen der Spannung – bemerkbar wird. Anschließend geht man erneut in Vorspannung, die Dehnung wird dabei intensiviert und man wartet wieder auf den Release.

Diese Abfolge wird wiederholt, bis der Pferdetherapeut keine Restriktionen mehr verspürt und das Endgefühl wahrnehmen kann. Das Endgefühl der Muskulatur ist weich-elastisch. Ein hartes Endgefühl, das die Bewegung abrupt abstoppt, wäre für einen Knochenstopp physiologisch, ein fest-elastisches Endgefühl wäre normal für einen Kapselstopp. Für einen Muskelstopp hingegen wäre ein hartes Endgefühl hingegen pathologisch. Das Endgefühl ist ein wichtiger Indikator dafür, ob noch Restriktionen vorhanden sind. Ein weich-elastischer Stopp zeigt keine Spannungen im Muskelgewebe mehr an und die Motilität der Muskulatur steuert die Therapeutenhand nicht weiter. Damit kann der Behandler sich der nächsten restriktiven Struktur zuwenden.

Zusammenfassung

Die Vorgehensweise bei der MRT:

- Gewebepalpation und Feedback abwarten
- Dehnungssequenz einleiten
- Vorspannung halten und auf den Release warten
- Dehnung intensivieren, erneut in Vorspannung gehen
- den Release abwarten und Dehnung lösen
- Vorgang wiederholen, bis Endgefühl erreicht ist

Lösen superfizieller Faszien

In der Faszienarbeit macht es Sinn, mit globalen Techniken zu beginnen und schließlich in die Detailarbeit zu gehen. Nach dem Lösen von oberflächlichen Faszien kann man in die Tiefe palpieren, um die tiefliegenden Restriktionen zu lösen.

Empfehlenswert ist es, am Hals des Pferdes zu beginnen und die Technik letztendlich über den gesamten Körper – von kranial nach kaudal – fortzuführen. Selbstverständlich erfolgt stets auch der Seitenvergleich und somit die Behandlung beider Körperhälften.

Der Therapeut legt die Hände sanft auf das Pferdefell und fühlt in das Gewebe hinein. Dieser Part deckt sich mit dem osteopathischen Listening oder Écoute-Test. Der Behandler wartet auf ein Feedback des Gewebes, erspürt die Spannungen und folgt diesen. Wenn er der Spannung im Gewebe folgt, spricht man von der indirekten Technik, bei der zunächst in die Läsionsrichtung gearbeitet wird.

Für die direkte Technik induziert man eine Dehnung des verspannten Gewebes (arbeitet also entgegen der Spannungsrichtung) und hält diese Spannung aufrecht, bis der Release eintritt. Da der Druck sehr sanft erfolgt, verschiebt man nur die Haut über dem darunter liegenden Muskel oder Knochen und gibt auf diese Weise Zug auf die superfizielle Faszie.

Es ist darauf zu achten, dass die Hand nicht über das Fell gleitet, sondern die Haut mitverschiebt. Um den Zug in einem speziellen Gebiet zu erhöhen, nimmt man die zweite Hand zu Hilfe. Diese liegt nun vor der Restriktion und fixiert das Gewebe an dieser Stelle durch leichten Druck. Die zweite Hand zieht die Haut weg und führt die Dehnung aus.

Variationen zum Lösen der oberflächlichen Faszien sind das Hautrollen, das Anheben sowie das Abziehen einer Hautfalte, s. Kap. Hautmobilisationen (S. 56). Bei dieser Technik greift man mit den Fingerspitzen eine Hautfalte und zieht diese vom Körper weg. Für eine intensivere Anwendung fasst man eine Hautfalte mit der Faust und rollt diese über das Pferdefell, bis die Gewebespannung die Rollbewegung stoppt (► **Abb. 3.51**).

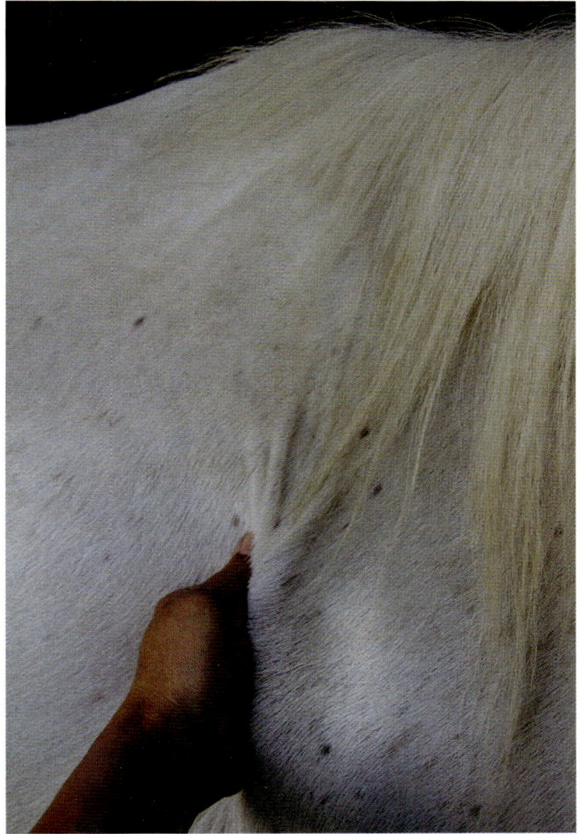

▶ **Abb. 3.51** Das Abziehen einer Hautfalte und Einrollen mit der Faust ist auch als Zigeunergriff bekannt und löst die oberflächlichen Faszien.

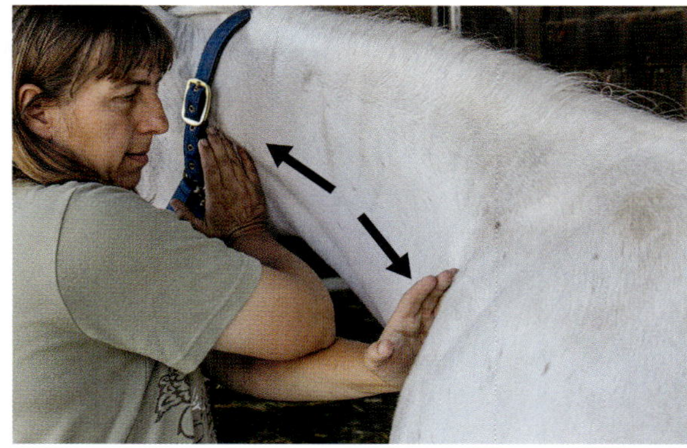

▶ **Abb. 3.52** Um die Halsfaszien zu lösen, wendet man den globalen Muskel-Release an, wobei die Hände jeweils an der Mandibula (Pfeil) und am kranialen Skapularand (Pfeil) ansetzen. Hier wird mithilfe der Kreuztechnik gearbeitet.

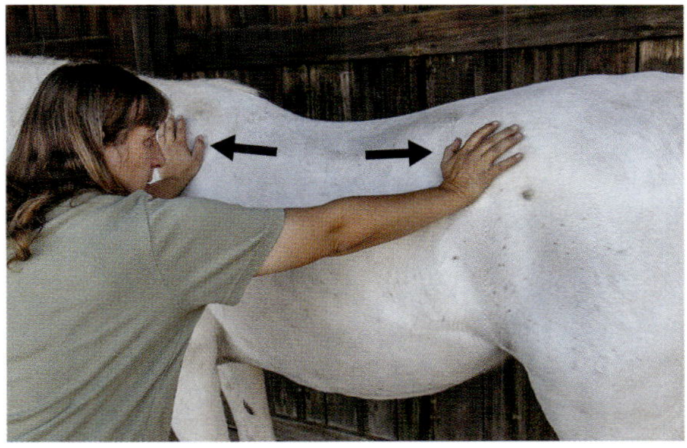

▶ **Abb. 3.53** Die Ansatzstellen für den Rumpf-Release sind der kaudale Skapularand (Pfeil) und der Tuber coxae (Pfeil).

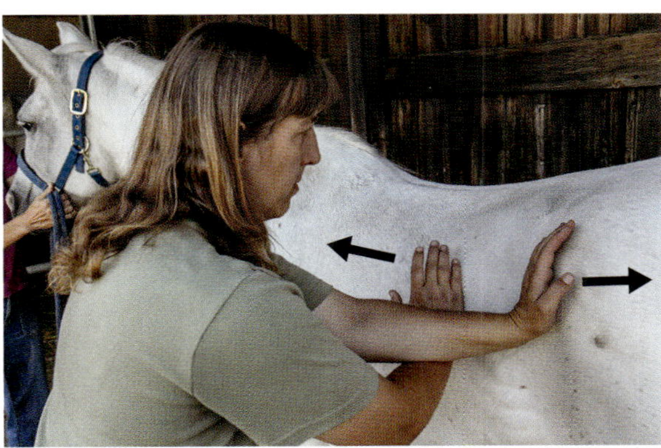

▶ **Abb. 3.54** Bei nahe zusammenliegenden Strukturen wendet man die Überkreuztechnik an. Hier als Beispiel am kaudalen Rand der letzten Rippe (Pfeil) und am Tuber coxae (Pfeil).

Globaler Muskel-Release

Für tieferliegende Faszienstrukturen ist nach dem Lösen der superfiziellen Faszien ein größerer Druck erforderlich. Immer noch aber arbeitet man im globalen System. Jetzt steht das Lösen von Muskel- und Faszienketten einer ganzen Körperregion beziehungsweise einer zusammenhängenden Muskelgruppe an.

Die Hände setzt der Therapeut beispielsweise an den Ursprungs- und Ansatzstellen der Muskeln an. Hierbei nutzt man Knochenvorsprünge und Kanten, um eine gute Fixation für die Hände zu finden. Um die Halsmuskeln zu dehnen, legt man die Hände an der Mandibula sowie am Skapularand an und geht in die Vorspannung, indem man die Hände auseinanderdrückt. Man kann die Handflächen auflegen, die ulnaren Handkanten einsetzen oder sich mit den Handballen abstützen. Die Art der Technik ist von der Größe des Pferdes und der Form des Gewebes abhängig, es sollte aber eine möglichst große Fläche abgedeckt werden. Wenn der Abstand zwischen beiden Händen geringer ist als die eigene Schulterbreite, eignet sich die Kreuztechnik, um eine gute Dehnung zu gewährleisten (▶ **Abb. 3.52**). Hierzu kreuzt man die Arme, wodurch der Kraftvektor flacher auf dem Gewebe auftrifft und somit einen idealeren Winkel für eine effektivere Dehnung ergibt.

Am Rumpf des Pferdes können die Ansatzstellen an der Skapula und am Tuber coxae sein (▶ **Abb. 3.53**), für die Überkreuztechnik setzt man am kaudalen Rand der letzten Rippe sowie am Tuber coxae an (▶ **Abb. 3.54**).

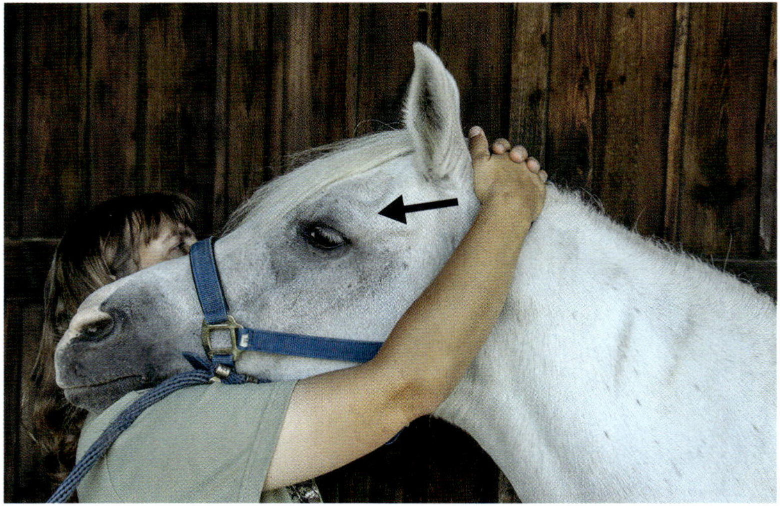

▶ **Abb. 3.55** Hals-Release: Durch leichtes Zurücklehnen des Oberkörpers bietet man dem Pferd die Halsdehnung an (Pfeil). Bei dieser Technik dürfen die Finger keinesfalls verschränkt werden, sondern liegen flächig übereinander.

Am Hals, den Extremitäten und am Schweif können globale Traktionstechniken durchgeführt werden, die über die diagonalen, dorsalen und ventralen Muskel- und Faszienketten ausstrahlen und durch den gesamten Körper geleitet werden. Diese Techniken werden vom Pferd als besonders entspannend empfunden, wenn man mit sanften Dehnungen beginnt und auf nonverbaler, kommunikativer Ebene stets mit dem Gewebe in Verbindung bleibt und auf dessen Hinweise in Form von Dehnungsstärke und -richtung eingeht.

Für die Halsregion legt man den Kopf des Pferdes auf die eigene Schulter und umfasst den Hals an den Atlasflügeln mit beiden Händen (▶ **Abb. 3.55**). Man beginnt mit einer leichten Dehnung, indem man seinen ganzen Körper langsam zurückverlagert, und bietet dem Pferd die Dehnungsrichtung an. Der Vierbeiner wird mit Heben, Senken oder Strecken des Kopfes die Richtung anweisen.

Cave

Wenn man den Hals des Pferdes mit seinen Händen umfasst, sollte man die Finger dabei keinesfalls verschränken. Wirft das Pferd unerwartet den Kopf ruckartig hoch, kann man auf diese Weise den Griff nicht schnell genug lösen. Deshalb legt man die Handflächen lediglich plan übereinander.

Der Vorhand-Release ist am effektivsten, wenn man das gegenüberliegende Bein auf eine kleine Erhöhung (bei geübten Pferden eventuell auch ein Zirkuspodest) stellt, um das zu behandelnde Bein in distaler Richtung dehnen zu können. In Ermangelung eines Podests sowie für die Dehnung der diagonalen und ventralen Faszienketten führt man das Bein in die Protraktion und lässt sich vom Pferd für die genaue Zugrichtung einweisen.

Für den Hinterhand-Release hebt man das Bein zunächst an, als würde man die Hufe reinigen wollen. Dann greift man die Hufkapsel und ändert seine Stellung, indem man nun seinen Blick Richtung Pferdekopf richtet und somit direkt hinter dem Pferd steht (▶ **Abb. 3.56**). Das Bein hält man bereits gestreckt, sodass man außerhalb der Schlagreichweite der Hinterhand steht. Das in Retraktion gedehnte Bein vermittelt – je nach Vektor – das Lösen der dorsalen, ventralen und diagonalen Faszienketten. Der Therapeut hält das Bein möglichst an der Hufkapsel.

Fokussierter Muskel-Release

Nach den globalen Release-Techniken konzentriert sich der Pferdetherapeut nun auf die einzelnen Muskeln. Ein Release an einem Muskelabschnitt oder eines einzelnen Muskels nennt man lokalen oder fokussierten Release. Die Techniken richten sich stets nach dem jeweiligen Muskel. Gedehnt wird aber stets in Muskelfaserrichtung.

Hat der Therapeut eine restriktive Region erspürt, setzt er einen bis drei Finger oder die Handballen (je nach Muskelgröße) beider Hände am Muskel auf. Die Finger liegen parallel zur Muskelfaser. Nun zieht er die Finger auseinander, welche allerdings nicht über das Fell gleiten dürfen.

Die Techniken können beliebig variiert werden. Es ist nicht von Bedeutung, ob der Daumen, der Zeigefinger oder der Handballen die Dehnung bewirkt, wichtig allein ist, das Feedback des Gewebes zu beachten und darauf einzugehen. Somit werden Druckstärke und Zugrichtung vom Körper des Pferdes wie automatisch gesteuert.

Die Durchführungssequenzen wiederholen sich auch hier: Zunächst erfolgen die Palpation und das Erspüren der Restriktion. Anschließend wartet man das Feedback des Körpers ab und leitet die Dehnungssequenz ein. Man hält die Vorspannung und wartet auf den Release. Der Vorgang wird so lange wiederholt, bis das Endgefühl erreicht ist.

▶ **Abb. 3.56** Beim Hinterhand-Release werden die dorsalen, ventralen und diagonalen Faszienketten gelöst.

Tiefen-Release und Lift-Techniken

An spezifischen Regionen bieten sich tiefgreifende Release-Techniken an. An großen Muskeln wie dem M. brachiocephalicus, dem M. longissimus dorsi, dem M. semimembranosus, dem M. semitendinosus, dem M. triceps brachii oder dem M. pectoralis descendens – um nur einige zu nennen – kann ein globaler Tiefen-Release durchgeführt werden.

Für diese Technik führt man die Hand mit den geschlossenen und gestreckten Fingern in vertikaler Richtung in den Muskelbauch hinein, bis man eine Spannung spürt. Man hält den Druck so lange aufrecht, bis sich der Release bemerkbar macht. Nun verstärkt man den Druck in den Muskel hinein und wartet wiederum auf das Nachlassen der Spannung.

Um die intermuskulären Faszien zu lösen, kann ein Tiefen-Release zwischen 2 Muskeln eingesetzt werden. Zum Lösen der Zungenbeinmuskeln gleitet man mit der flachen Hand medial des Mandibularands kranial in das Gewebe hinein (▶ **Abb. 3.57**), bis eine Spannung spürbar wird. Verspannte Muskeln ziehen das Os hyoideum zu einer Seite. An der Stellung des Processus lingualis kann die restriktive Seite identifiziert werden. Ein Seitenvergleich durch einen Myofascial Release bestätigt den Befund und löst die Verspannung zugleich auf.

Ein Tiefen-Release ist auch am M. pectoralis möglich, indem man die flache Hand in Richtung 1. Rippe neben dem Sternum in die Tiefe gleiten lässt (▶ **Abb. 3.58**).

▶ **Abb. 3.57** Lösen der Zungenbeinmuskeln.

Die Subscapularismuskulatur ist von Verspannungen häufig betroffen, dient sie doch unter anderem als Nahtstelle der Vorhand zum Rumpf. Sie enthält einen hohen Anteil sehniger Strukturen und ist häufig mit Restriktionen belastet. Ein Myofascial Release wirkt sich nicht nur entspannend auf die Subscapularismuskeln aus, sondern beruhigt das ganze Pferd auf reflektorischer Basis. Die flache Hand taucht dabei hinter das Schulterblatt ein. Die beste Eingangspforte ist am unteren Drittel des kranialen Skapularands auf Höhe von C 7 (▶ **Abb. 3.59**). Es gilt hier besonders feinfühlig auf das Körperfeedback zu lauschen, denn ein zu kräftiger Druck bewirkt eine Muskelanspannung, wodurch das Pferd die Hand des Therapeuten quasi

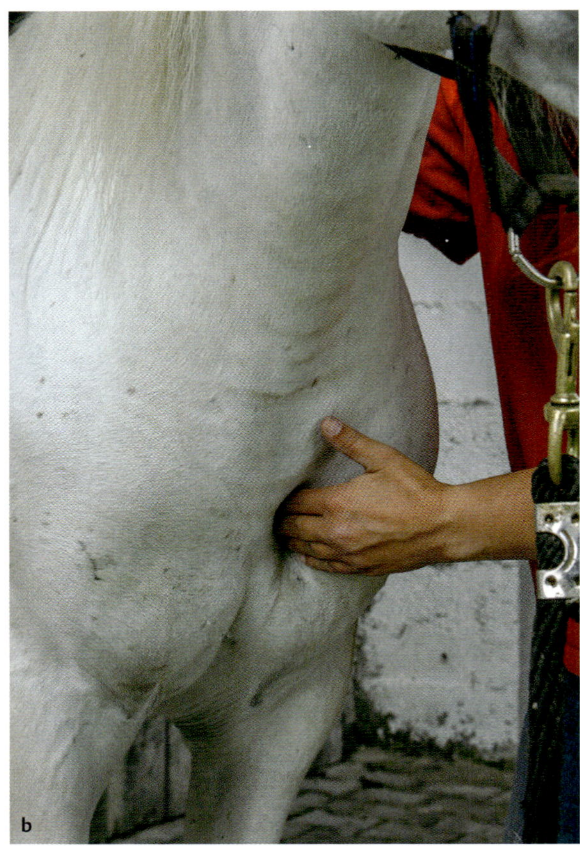

▶ **Abb. 3.58** Tiefen-Release des M. pectoralis.

▶ **Abb. 3.59** Release der Subscapularismuskulatur mit dem sogenannten C 7-Griff.

„auswerfen" kann. Man gleitet nur so weit in das Gewebe hinein, wie es das Pferd zulässt. Nach erfolgtem Release kann man tiefer eintauchen, bis die ganze Hand hinter dem Schulterblatt verschwindet.

Eine erweiternde Technik, bei der man mit beiden Händen den Skapularand erfasst und das Schulterblatt nach lateral abhebt, kann die Muskulatur zusätzlich dehnen.

Der Tiefen-Release lässt sich außerdem noch medial des Olecranons mit Beteiligung der M. triceps brachii, M. fasciae antebrachii und M. pectoralis transversus (▶ **Abb. 3.60**) sowie an den Adduktoren (▶ **Abb. 3.61**) durchführen.

Zudem eignet sich die Tiefen-Release-Technik ebenso für das Okziput. Diese Technik ist auch in der kraniosakralen Osteopathie als Cranial Base Release bekannt. Dabei tauchen die Finger des Therapeuten hinter das Okziput in die Muskulatur ein, bis der Release eintritt (▶ **Abb. 3.128**), s. Kap. Okzipitallift (S. 141).

Ähnlich dem Hautrollen aus der klassischen Massage werden Lifttechniken innerhalb des Myofascial Releases durchgeführt. Hierzu greift der Therapeut eine Hautfalte und hebt diese vertikal ab. Wenn die Spannung im Gewebe nachlässt, zieht man das Fell noch weiter ab und wartet wiederum auf den Release. Anschließend kann man die Fellfalte vorwärtsrollen, s. Kap. Hautmobilisationen (S. 56) und Kap. Lösen superfizieller Faszien (S. 82).

▶ **Abb. 3.60** Ein Tiefen-Release ist hinter dem Ellbogen mit Beteiligung der M. triceps brachii, M. fasciae antebrachii und M. pectoralis transversus möglich.

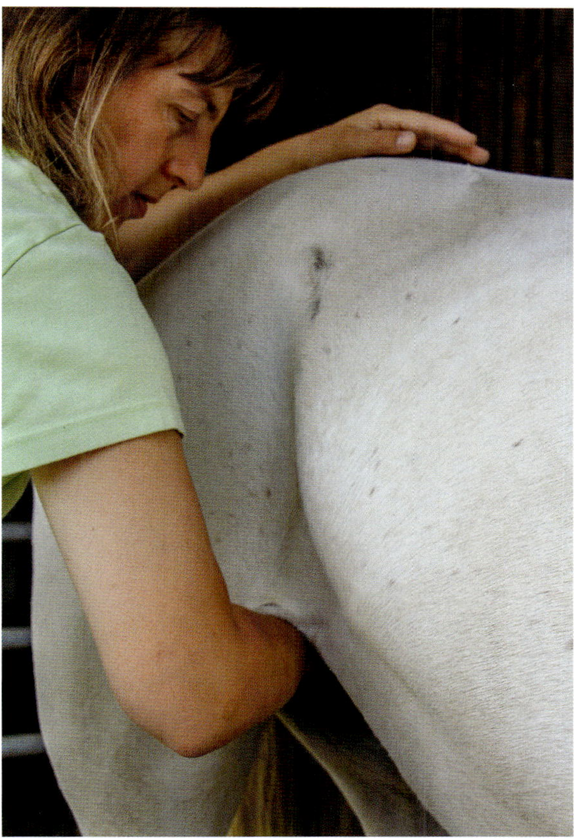

▶ **Abb. 3.61** Beim Release der Adduktoren gleitet der Therapeut mit der Hand an der Innenseite des Hinterbeins nach oben.

Der Ausstreich-Release

Nach den globalen und fokussierten Release-Techniken kann man eventuell noch verbliebene Restriktionen mit einem myofaszialen Ausstreich-Release behandeln. Diese Release-Technik eignet sich für große und lange Muskeln wie den M. semitendinosus, den M. semimembranosus oder die Rückenmuskeln.

Zunächst taucht man über einen Vertikal-Release in den Muskel ein. Hierzu bedient man sich des Ellbogens, der Fingerspitze des gekröpften Fingers, des Fingerknöchels des flektierten Fingers oder aller Fingerknöchel der zur Faust geballten Hand. Die Wahl der Technik ist abhängig von der Art des Muskels und den Vorlieben des Therapeuten.

Es wird ein fester, kräftiger Druck auf den Muskelursprung ausgeübt. Bei Eintreten des Release streicht man den Muskel nach kaudal weiter aus, während der Tiefendruck aufrechterhalten bleibt. Wird eine Spannung spürbar, hält man den Druck und führt die Streichbewegung entlang des Muskels nach dem Release weiter bis zum nächsten Spannungsfeld. Die zweite Hand fixiert das Gewebe am Muskelursprung und intensiviert so die Dehnsequenz. Mehrere parallel angelegte Striche komplettieren die Release-Behandlung.

Der Narben-Release

Narben entstehen bei Verletzungen, wenn die Lederhaut in Mitleidenschaft gezogen worden ist. Narben sind ein faserreiches Ersatzgewebe, das kein Funktionsgewebe mehr darstellt. Das Ersatzgewebe verliert an Elastizität und verursacht Restriktionen im Weichgewebe. Aus diesem Grund können ausstrahlende Schmerzen verursacht werden, die in einem völlig anderen Gebiet auftreten als dort, wo sich die Narbe befindet.

Durch verschiedene Narben-Release-Techniken können Adhäsionen gelöst und somit die Ausstrahlungsschmerzen beseitigt werden. Um ein vollständiges Lösen der Narbenrestriktionen zu erreichen, sind meist mehrere Behandlungen notwendig. Es ist dabei egal, ob eine Narbe frisch oder mehrere Jahre alt ist, ein myofasziales Releasing-Programm kann immer durchgeführt werden. Meist lassen sich zwar frische Narben schneller von Barrieren befreien, dennoch ist das Potenzial durchaus gegeben, auch alte Narben zu lösen.

Narben können zu Störherden werden, in der Palpation fühlen sie sich entweder sehr kalt oder auch heiß an. Aus energetischer Sicht ist eine Narbe eine Energiebarriere, die manuell oder mithilfe von therapeutischen Low-Level-Lasern aufgebrochen werden kann. Unterstützend können auch Elektrolytsalben oder Magnete zum Einsatz kommen.

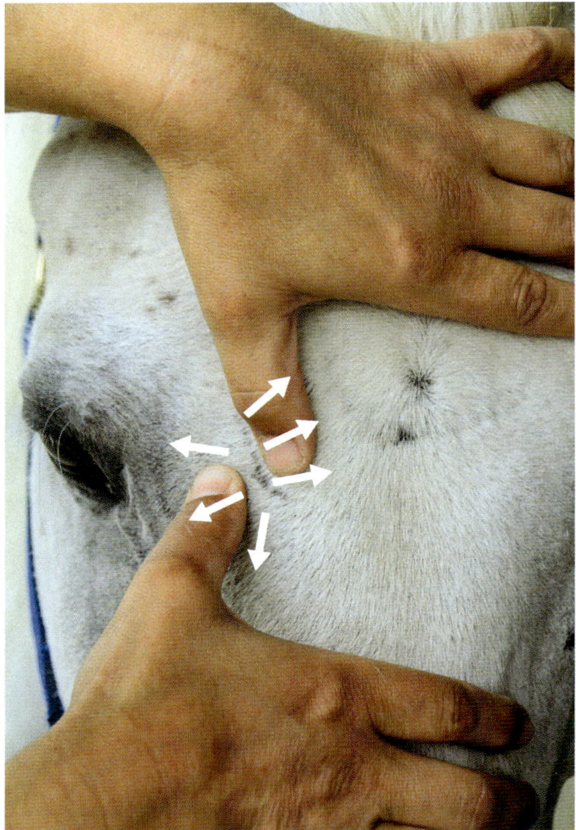

► **Abb. 3.62** Das umliegende Gewebe wird vom Narbenverlauf weggezogen (Pfeile), um Verklebungen im Narbenbereich zu lösen.

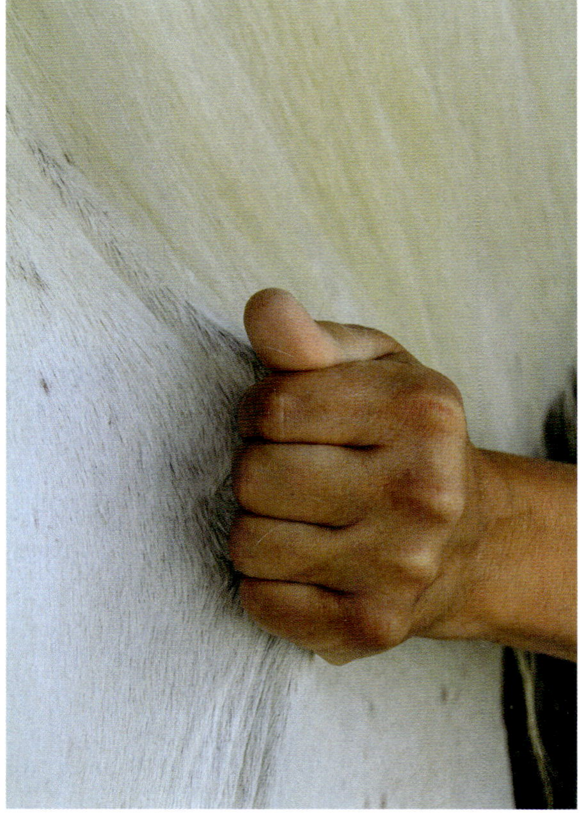

► **Abb. 3.63** Beim Lift-Release wird die Haut vertikal abgezogen, was die oberflächlichen Faszien löst. Nach Eintreten des Release zieht man die Hautfalte noch etwas weiter ab und wartet auf das Nachlassen der Spannung im Gewebe.

Der Therapeut muss beachten, dass die Behandlung von Narben, die in ihrer Bewegung eingeschränkt sind, sehr schmerzhaft sein kann, insbesondere wenn sehr tiefe Restriktionen gelöst werden sollen. Aus diesem Grund ist es wichtig, dass der Pferdetherapeut sehr vorsichtig mit der Narbenbehandlung beginnt.

Bei über 80 % der Wallache ist die Kastrationsnarbe ein Störfeld. Sehr häufig kann auch der Kennzeichnungsbrand am Oberschenkel, an der Halsseite oder in der Sattellage Probleme und Schmerzen bereiten. Selbst kleinste Narben, die durch Verletzungen entstanden und darum meist längst in Vergessenheit geraten sind, können ein Schmerzmuster projizieren. Deshalb sollte der Therapeut anamnestisch abklären, welche Verletzungen und gegebenenfalls Operationen ein Pferd in der Vergangenheit hatte. Narben sind beim Pferd aufgrund seines (vielleicht dichten Winter-)Felles nicht immer deutlich zu sehen, oft fallen sie erst bei der Palpation auf. Manche Narben verwachsen sehr unauffällig, sodass besonders sensibel palpiert werden muss, um sie zu entdecken.

Merke

Bei über 80 % der Wallache ist die Kastrationsnarbe ein Störfeld.

Für die direkte, lokale Narbenbehandlung setzt man einen Finger auf das Ende der Narbe und streicht die gesamte Narbe ab. Dabei übt man einen leichten Druck aus, sodass etwas Gewebe mitgezogen wird. An dem Ort, an dem die Spannung am stärksten ist, lässt sich das Gewebe am wenigsten mitbewegen. An dieser Stelle setzt man nun den Release an und gibt einen festen Druck auf den Punkt, bis ein Widerstand zu spüren ist. Man hält diesen Druck, wartet auf den Release und dehnt anschließend weiter in die Richtung, die das Feedback vorgibt.

Beim indirekten Narben-Release zieht man das narbennahe Gewebe von der Verletzungsstelle weg (► **Abb. 3.62**). Hierzu benutzt man beide Daumen, die zunächst am Anfang und Ende einer Narbe platziert werden. Nun gibt man so viel Druck auf die Narbe, dass ein guter Kontakt gewährleistet ist und zieht sie in Narbenverlaufsrichtung auseinander. Die Dehnung wird gehalten, bis die Spannung nachlässt. Daraufhin wird erneut gedehnt, bis das Endgefühl erreicht ist. Die nächsten Schritte werden äquivalent ausgeführt, nur dass die Daumen jeweils neben der Narbe aufgesetzt werden und somit die Dehnungsrichtung quer zur Narbe verläuft oder auch im 45°- oder spitzen Winkel. Dadurch entsteht eine sternförmige Behandlungsform, da das Narbengewebe in jeder Ausrichtung aufgedehnt wird und somit Restriktionen umfassend gelöst werden können.

Wenn möglich, kann der Therapeut auch ein vertikales Narben-Release durchführen, indem er eine Lifttechnik ansetzt (► **Abb. 3.63**). Hierzu zieht der Behandler die Narbe in ihrer Verlaufsrichtung vom darunter liegenden Gewebe ab. Das weitere Verfahren ist stets dasselbe: Zug erzeugen, bis eine Restriktion spürbar ist – Halten – auf den Release warten – wiederholt dehnen, bis das Endgefühl erreicht ist.

Ebenso kann das Hautrollen über einer Narbe durchgeführt werden, s. Kap. Hautmobilisationen (S. 56). Bei diesem Hautfalten-Release führt man zusätzliche vertikale Dehnungen aus, um alle Adhäsionen aufzulösen. Die Haut wird dabei in Narbenverlaufsrichtung gerollt. Man kann die Hautrolle als Variation auch parallel und quer zur Narbe anlegen. Immer ist der Therapeut auf der Suche nach der größten Spannung im Narbengebiet, die er mit den verschiedenen Techniken zu lösen versucht.

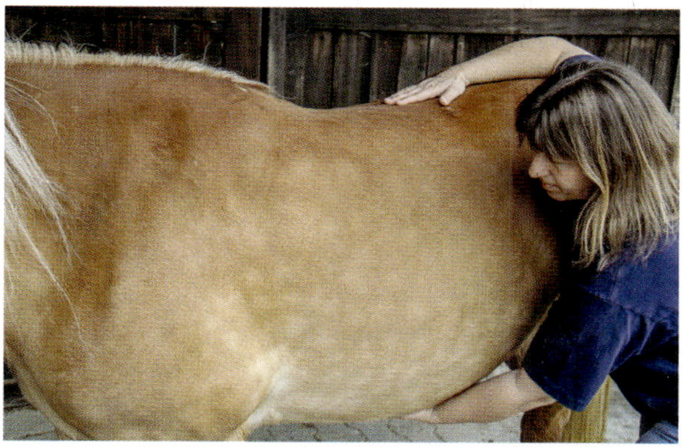

▶ **Abb. 3.64** Der Therapeut spürt die Gewebemotilität zwischen seinen Händen und somit die Spannungen des Diaphragmas.

Lösen des Diaphragmas

Das Zwerchfell ist eine große Muskel-Sehnen-Platte, die den Brustkorb von der Bauchhöhle trennt. Es ist wie eine große Kuppel im Brustkorb aufgehängt und reicht vom vorderen Lendenwirbelbereich bis zu den 8 kaudalen Rippen und dem Xyphoid. Das Diaphragma ist der wichtigste Atemmuskel und unterstützt durch seine (unwillentliche) Kontraktion die Inspiration.

Da das Zwerchfell quer durch den Rumpf gespannt ist, kann der Therapeut keinen direkten Einfluss darauf nehmen und es ist eher Wunschdenken als Realität, dass der Therapeut tatsächlich einen Dehnungseffekt am Zwerchfell erreicht. Vielmehr werden beim Diaphragma-Release die mittleren Rumpffaszien gelöst, was einem globalen Release gleichkommt.

Dennoch sind teilweise sehr deutliche Reaktionen des Pferdes zu beobachten, wenn man den Diaphragma-Release durchführt. Die Reaktionen reichen von ausgiebigem Gähnen, welches ein deutliches Zeichen dafür ist, dass sich alte Läsionen gelöst haben, bis hin zu Kopfschütteln und Strecken der Gliedmaßen.

Der erfahrene Pferdetherapeut fühlt dabei durchaus, dass sich etwas gelöst hat. Um das Diaphragma zu entspannen, legt der Therapeut seine Hände an die Anheftungsstellen des Zwerchfells am vorderen Lendenwirbelbereich sowie am Xyphoid des Sternums (▶ **Abb. 3.64**). Jetzt drückt der Behandler seine Hände zusammen, um den Druck dann schrittweise so weit zu verringern, bis die Gewebemotilität wieder zu spüren ist. Werden jetzt Spannungen gefühlt, folgt die Hand der Spannungsrichtung, wobei die Dehnung wiederum gehalten wird, bis der Release einsetzt. Pferde reagieren oftmals mit einem tiefen Atemzug kurz vor oder nach dem Release, manchmal lassen sie auch einen langgezogenen, entspannten Grunzlaut hören und gähnen dabei.

Der globale „Quer-Release" kann an weiteren Stellen des Pferdekörpers durchgeführt werden. Hierzu eignet sich das Beckendiaphragma, wobei die Hände am Kreuzbein und vor dem Schlauch (Hengst/Wallach) beziehungsweise dem Gesäuge (Stute) zu liegen kommen (▶ **Abb. 3.65**). Um die Halsfaszien zu lösen, setzt man vor

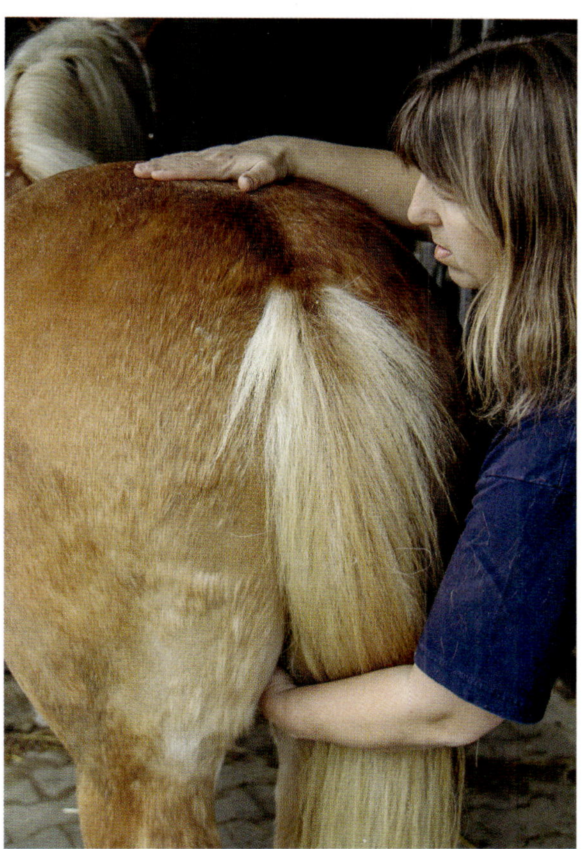

▶ **Abb. 3.65** Release-Techniken können an verschiedenen Stellen durchgeführt werden. Hier wird das Beckendiaphragma gelöst.

dem Widerrist und am Sternum an oder legt die Hände seitlich der beiden Halsseiten auf (▶ **Abb. 3.131**).

In der kraniosakralen Osteopathie wird das Diaphragma häufig mit der Unwinding-Technik behandelt. Diese Technik stellt eine gute Alternative dar, s. Kap. Lösen der transversalen Faszien- und Membranebenen (S. 144) und Kap. Behandlung der Diaphragmen mit Unwinding (S. 144).

3.2.5 Muskeldehnungen

Dehnungen gehören zur physiotherapeutischen Behandlung des Pferdes vor allem, um die Muskeltherapie abzurunden. Normalerweise sind Dehnungen in ein spezielles Behandlungsprogramm integriert, wie der Triggerpunkttherapie oder einer Massagebehandlung, um die Therapieeffekte zu optimieren. Nur selten stehen Dehnungen als alleinige Behandlung auf dem Plan. Dies ist insofern auch nicht sinnvoll, da ein Muskel unter keinen Umständen in kaltem Zustand gedehnt werden soll. Die Muskulatur muss zuvor aufgewärmt werden, was durch Wärmeapplikation, Bewegung oder Massagetechniken erfolgen kann. Deshalb sind stets gewisse Vorbehandlungen notwendig, bevor Dehnungen durchgeführt werden.

Mit Dehnungen möchte man die Therapie der Muskulatur unterstützen und setzt dabei auf verschiedene Effekte. Ein maßgebliches Ziel von Dehnungen ist die Muskelrelaxation. Zudem profitiert das Pferd von weiteren Auswirkungen wie der Vergrößerung der Beweglichkeit (Range of Motion – ROM). Auch die Flexibilität des Muskels kann mit Dehnungen erhöht werden, wodurch letztendlich Verletzungen vorgebeugt werden können. Die fachgerechte Ausführung einer Dehnung ist hierfür allerdings Voraussetzung. Falsche Dehntechniken, die einen zu starken Reiz auf den Muskel ausüben, führen vielmehr zu Zerreißungen der sogenannten – das Sarkomer begrenzenden – Z-Linien des Muskels. Hierzu kommt es auch bei Überlastungen der Muskulatur, was allgemein als Muskelkater bekannt ist und häufig verharmlost wird. Doch es handelt sich um Mikroverletzungen der Muskulatur. Korrekt ausgeführte Dehntechniken können aber auch dazu beitragen, Muskelkater zu verhindern.

Nicht wenige Pferde leiden unter Muskeldysbalancen, die mitunter durch Dehnungen reduziert werden können. Außerdem unterstützt das Muskelstretching nach dem Training die Regenerationsphase. Weiter werden Muskelverkürzungen vermindert und die Muskelleistung gesteigert.

Dabei unterscheidet man zwischen strukturell bedingten, verkürzten Muskeln und hypertonen Muskelverkürzungen. Strukturell verkürzte Muskeln sind vor allem auf Bindegewebsspannungen zurückzuführen, insbesondere durch die Bildung pathologischer Crosslinks. Weil die Anzahl der Sarkomere dabei abnimmt, ist die Muskelfaser verkürzt.

Für eine Muskelkontraktion wird Kalzium aus dem glatten endoplasmatischen Retikulum (= sarkoplasmatisches Retikulum) der Muskelzelle in das Myoplasma ausgeschüttet. Findet kein weiteres Aktionspotenzial mehr statt, wird das Kalzium in die Zellorganellen zurückgepumpt (Kalziumpumpe). Geschieht dieser Vorgang nur unzureichend, bleibt eine gewisse Menge an Kalziumionen im interzellulären Raum zurück, wodurch verhindert wird, dass die Myosinköpfe entspannen können. Somit bleibt eine Muskeltonuserhöhung bestehen. Diese Möglichkeit führt zu hypertonen Muskelverkürzungen, die aber auch durch eine vermehrte aktive Muskelspannung entstehen können. Eine hypertone Muskelverkürzung kann in einer strukturellen Verminderung der Muskellänge münden.

Dehnungen ermöglichen das Aufbrechen pathologischer Crosslinks und können somit das Bewegungsausmaß eines Gelenks in ein physiologisches Maß zurückführen. Die Anzahl der hintereinander liegenden Sarkomere erhöht sich, was zu einer Muskelverlängerung führt. Der vor einer Dehnung aufgewärmte Muskel sorgt für eine verbesserte Durchblutung, die den Rücktransport von Kalzium in das sarkoplasmatische Retikulum unterstützt, was eine passive Entspannung der Muskelfasern nach sich zieht.

Praxistipp

Dehnungen eignen sich nicht zum Aufwärmen des Pferdes vor dem Training oder Wettkampf. Untersuchungen haben gezeigt, dass Dehnungen vor dem Training die Muskelleistung verringern und somit das Verletzungsrisiko erhöhen. Besonders wenn Schnellkraftleistungen (Springsport) erforderlich sind, sind Dehnungen kontraproduktiv. Der Muskel muss für diese Aufgaben vielmehr in einen höheren Muskeltonus geführt werden, als dass er mehr Entspannung erfährt.

Dehnmethoden

Es gibt die verschiedensten Dehnmethoden mit mehr oder weniger wissenschaftlich fundierten Untersuchungen zur Wirkungsweise und sinnvollem Einsatz. Die Anwendung einer Dehnung ist beim Tier zusätzlich erschwert, da der Therapeut auf sein Gefühl und die Reaktion des Vierbeiners angewiesen ist, um ein Feedback zu bekommen. Bei vielen Methoden ist die aktive Mitarbeit des Patienten vonnöten, um effektive Ergebnisse zu erzielen. Es ist dem Pferd schwer zu vermitteln, eine bestimmte Übung auszuführen, oder es anzuweisen, dass es einfach nur mal „locker lassen“ soll. Dies erfordert ein feinfühliges Arbeiten des Therapeuten, manchmal viel Geduld und in gewissen Fällen auch mal ungewöhnliche Wege in der Therapie.

Trotz der Schwierigkeit des eingeschränkten Feedbacks sind sowohl passive als auch aktive Dehnungen beim Pferd möglich. Bei einer passiven Dehnung führt der Therapeut den Muskel in seine maximale Dehnposition, das Pferd benötigt hierfür keinerlei muskuläre Aktivität. Für die aktive Dehnung initiiert das Pferd selbst die Bewegung durch die Kontraktion des Antagonisten. In diesem Fall wird der zu dehnende Muskel nicht an seine maximale Dehnfähigkeit herangeführt. Auch die Dehnungsdauer ist bei der aktiven Dehnung kaum über die empfohlene Zeitspanne von mindestens 20 Sekunden aufrechtzuerhalten. Dennoch haben aktive Dehnungen beim Pferd Sinn, zumal die Verletzungsgefahr durch Überdehnen nicht gegeben ist.

Neben der Unterscheidung von aktiver und passiver Dehnung differenziert man auch noch zwischen statischem und dynamischem Dehnen. Beide Methoden können sowohl aktiv als auch passiv ausgeführt werden, wobei eine dynamische aktive Dehnung beim Pferd ein wenig Kreativität erfordert.

Das dynamische Dehnen ist durch wiederholte, rhythmische Bewegungen an der Dehnungsgrenze des Muskels charakterisiert. Diese Dehnungsform wurde in den 80er Jahren zunächst als gängige Form des Dehnens angewandt. Man versuchte durch Nachfedern am Bewegungsende eines Muskels ein größeres Bewegungsausmaß zu erreichen. Einige Jahre später wurde diese Praxis als schädlich eingestuft, weil die wippenden Bewegungen reflektorische Kontraktionen über einen Dehnungsreflex auslösen. Stattdessen wurde das statische Dehnen – das „Stretching" – empfohlen, bei dem der Muskel in seiner maximalen Dehnposition für eine gewisse Zeitspanne gehalten wird.

Nach neuesten Erkenntnissen hat das dynamische, intermittierende Dehnen aber durchaus seine Berechtigung. Die Annahme, dass rhythmisches Nachfedern Verletzungen hervorruft, hat sich nicht bestätigt. Der Dehnreflex schützt den Muskel recht zuverlässig vor Überdehnungen, er lässt eine endgradige Dehnung des Muskels somit gar nicht zu. Dennoch konnten Verbesserungen der Beweglichkeit mithilfe dieser Dehnmethode festgestellt werden. Die Voraussetzung allerdings ist eine richtige Dosierung des dynamischen Dehnens, das entsprechend langsam durchgeführt werden muss, um eine effektive Muskelverlängerung zu erfahren. Bei zu schnellen und starken Wippbewegungen besteht durchaus die Gefahr der verletzungsgefährdeten Überdehnung des Muskels.

Übt man das intermittierende Dehnen selbst aktiv aus, kann man die Dehnungsstärke recht gut anhand des mehr oder weniger starken Ziehens einstellen. Bei der passiven Anwendung ist die Dosierung deutlich schwieriger, um Überdehnungen auszuschließen. Dynamisches Dehnen sollte am Pferd deshalb nur von erfahrenen Therapeuten durchgeführt werden. Dann eignet es sich vor allem für Pferde, die in schnellkraftorientierten Disziplinen (Springsport) eingesetzt werden.

Hauptsächlich wendet der Therapeut das statische Dehnen an. Der Eigenreflex des Muskels ist durch die Aktivierung der Golgi-Sehnen-Organe gebremst, sodass bis an das Bewegungsende herangedehnt werden kann. Die Dehnung wird durchschnittlich 20–30 Sekunden aufrechterhalten, wobei man etwa 5 Wiederholungen durchführt. Die Dauer der Dehnung sowie die Anzahl der Wiederholungen müssen keineswegs absolut exakt eingehalten werden, sondern dienen als Anhaltspunkt. Nicht zuletzt wird der Pferdetherapeut sich auch an der Akzeptanz des Pferdes orientieren müssen, wie lange eine Dehnung gehalten wird und wie oft diese wiederholt werden kann. Grundsätzlich sollte sich der Behandler sehr langsam an die Dehnungsgrenze herantasten. Er fühlt einen weich-elastischen, muskulären Weichteilstopp am Bewegungsende und hält den Muskel in dieser Dehnposition für längere Zeit aufrecht.

Exkurs

Um die Beweglichkeit zu verbessern, hat sich im humantherapeutischen Bereich eine Kombination von aktivem statischem Dehnen und dem sogenannten Anspannungs-Entspannungs-Dehnen (AED) bewährt. Beim Anspannungs-Entspannungs-Dehnen, das auch unter dem Synonym postisometrisches Relaxations-Dehnen (PIR) oder „Contract-Hold-Relax-Stretching" (CHRS) bekannt ist, wird der zu behandelnde Muskel vor der eigentlichen statischen Dehnung maximal isometrisch (ohne Verkürzung des Muskels) angespannt. Leider ist diese Art des Dehnens aufgrund der isometrischen (aktiven) Komponente beim Pferd nicht umsetzbar.

Wie bei allen Behandlungen sind auch für das Dehnen diverse Kontraindikationen zu beachten. Sie decken sich zum größten Teil mit denen der Massage und umfassen insbesondere akute Verletzungen, wie Frakturen, Bänder- und Sehnenrupturen, Muskelfaserrisse, Zerrungen und Arthritis. Nicht gedehnt werden soll auch bei Hautverletzungen (offene Wunden, Entzündungen, Infektionen, Tumoren), bei vaskulären Erkrankungen (Thrombosen, Thrombophlebitis, Durchblutungsstörungen etc.) und entzündlichen Muskelerkrankungen. Selbstverständlich muss ebenso bei Fieber und schweren neurologischen Beeinträchtigungen auf eine Dehnung verzichtet werden.

Passive Dehnungen beim Pferd

Grundsätzlich müssen die zu dehnenden Muskeln aufgewärmt werden. Dies kann durch Massagetechniken, Wärmeapplikationen oder Bewegung (Reiten, Longieren) erfolgen. Auch wenn man in der therapeutischen Arbeit gegebenenfalls nur einen Muskel im Visier hat, der gedehnt werden soll, werden automatisch stets ganze Muskelgruppen gestretcht. Dies ist aber durchaus erwünscht, denn in der Regel ist nicht nur ein einziger Muskel verkürzt, sondern auch dessen Synergisten. Eine gezielte Dehnung spezieller Muskeln kann nur erfolgen, wenn der Therapeut die Funktion und den Verlauf (Ursprung und Ansatz) des jeweiligen Muskels genau kennt. Variiert man die Dehnrichtung nur um wenige Zentimeter, können völlig andere Muskeln angesprochen werden.

Bei der **passiven, statischen Dehnung** gelten folgende Regeln:

- Kontraindikationen beachten
- rückenschonend arbeiten
- nur aufgewärmte Muskeln dehnen (Massage oder vorheriges Warmlaufen)
- physiologische Dehnrichtung beachten
- Muskel langsam an die Dehngrenze heranführen (keinesfalls Gewalt anwenden!)
- weich-elastischen Stopp berücksichtigen
- Reaktionen des Pferdes beobachten und darauf eingehen
- etwa 20–30 Sekunden halten

► **Abb. 3.66** Bei der Protraktion des Vorderbeins sollte das Karpalgelenk gestreckt sein. Ein sanfter Druck auf das Karpalgelenk kann die Streckung unterstützen.

- gegebenenfalls erweiterte Dehnposition einstellen, nochmals halten
- langsames Rückführen der Dehnung
- etwa 5 Wiederholungen
- bevorzugte Dehnmethode für therapeutische Anwendungen

Bei **passiven, intermittierenden Dehnungen** müssen zusätzlich folgende Aspekte berücksichtigt werden:

- federnde Bewegungen langsam, rhythmisch und sehr vorsichtig ausführen
- verbessertes Bewegungsausmaß nutzen, um die Dehnung zu erweitern
- bevorzugte Dehnmethode zur Prophylaxe und bei Pferden, die in Schnellkraftdisziplinen eingesetzt werden

Cave

Der Dehnungsreflex wird durch passive Dehnungen herabgesetzt, sodass bei zu intensivem Dehnen Verletzungen nicht ausgeschlossen werden können. Dehnungen dürfen nicht über eine leichte, gut tolerierbare Schmerzhaftigkeit (leichtes Ziehen) hinausgehen. Weil das Pferd diese Grenze kaum deutlich anzeigt, ist der Therapeut auf sein Gefühl für den weich-elastischen Weichteilstopp angewiesen. Deshalb müssen Dehnungen am Pferd mit besonderer Vorsicht ausgeführt werden.

Dehnen der vorderen Extremität

Protraktion gestreckt – Variante 1

Ausführung Der Therapeut hebt das Vorderbein hoch und führt es langsam in die Protraktion (► **Abb. 3.66**). Er umfasst das Fesselgelenk und führt dieses nach kranial. Das Karpalgelenk sollte gestreckt sein. Das Bein wird so weit nach oben geführt, bis ein leichter Widerstand einen weich-elastischen Stopp anzeigt. In dieser Stellung wird die Gliedmaße gehalten.

Es werden folgende Muskeln gedehnt:

- M. serratus ventralis cervicis
- M. rhomboideus
- M. latissimus dorsi
- M. pectoralis profundus
- M. tensor fasciae antebrachii
- M. deltoideus
- M. infraspinatus
- M. teres (major und minor)
- M. triceps brachii (Caput longum, Caput laterale, Caput mediale)
- M. flexor carpi ulnaris
- M. anconeus
- M. extensor carpi ulnaris

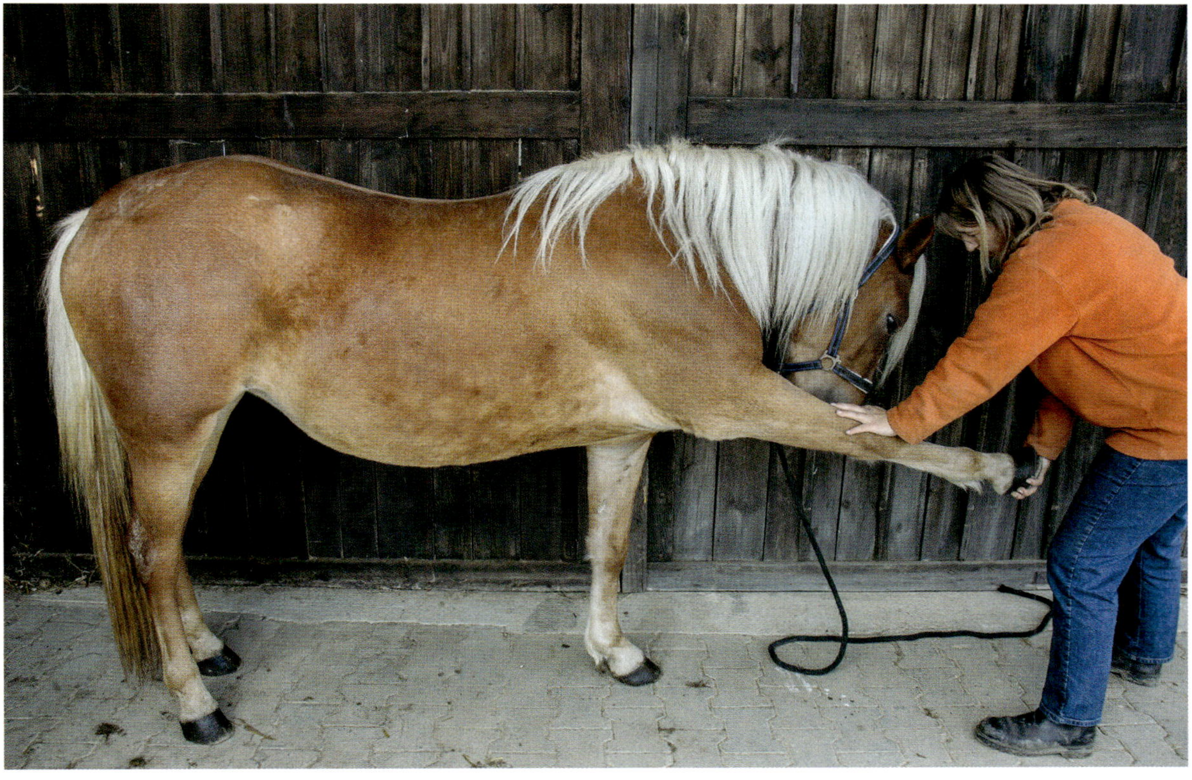

► **Abb. 3.67** Will man gezielt eine Dehnung der tiefen Beugesehne erreichen, muss man das Bein an der Hufspitze halten, weil der M. flexor digitorum profundus am Hufbein ansetzt und nur so eine effektive Dehnung erreicht werden kann.

Merke
Der M. extensor carpi ulnaris hat trotz seines Namens beim Pferd die Funktion eines Beugers (Flexor des Karpalgelenks)!

Protraktion gestreckt – Variante 2

Ausführung Die Ausführung ist dieselbe wie bei Variante 1, allerdings mit dem Unterschied, dass der Pferdetherapeut das Bein nun nicht am Fesselgelenk, sondern an der Hufspitze hält und nach oben führt (► **Abb. 3.67**). Damit erreicht man eine zusätzliche Dehnung der Beugesehnen.

Es werden folgende Muskeln gedehnt:

- wie Variante 1
- zusätzlich M. flexor digitorum superficialis und profundus

Protraktion gestreckt mit Adduktion

Ausführung Wie bei der Protraktion gestreckt – Variante 1 – mit dem Unterschied, dass das Bein nicht so stark angehoben, aber dabei adduziert wird. Der Dehnungsschwerpunkt liegt in der Adduktion, die Hufspitze soll die gegenüberliegende Gliedmaße überkreuzen (► **Abb. 3.68**).

Es werden folgende Muskeln gedehnt:

- wie bei Protraktion gestreckt – Variante 1
- zusätzlich:
  - M. extensor digitorum lateralis
  - M. subclavius

Protraktion gestreckt mit Abduktion

Ausführung Wie bei der Protraktion gestreckt mit dem Unterschied, dass das Bein nun abduziert wird (► **Abb. 3.69**). Der Dehnungsschwerpunkt liegt in der Abduktion.

Es werden folgende Muskeln gedehnt:

- M. serratus ventralis cervicis
- M. rhomboideus
- M. latissimus dorsi
- M. pectoralis profundus
- M. tensor fasciae antebrachii
- M. teres major
- M. triceps brachii (Caput longum, Caput laterale, Caput mediale)
- M. flexor carpi ulnaris
- M. anconeus
- M. extensor carpi ulnaris
- zusätzlich:
  - M. coracobrachialis
  - M. pectoralis transversus

Im Gegensatz zur Protraktion gestreckt – Variante 1 – werden bei der Protraktion gestreckt mit Abduktion der M. infraspinatus, M. deltoideus und der M. teres minor nicht gedehnt.

▶ **Abb. 3.68** Protraktion der Vordergliedmaße gestreckt mit Adduktion.

▶ **Abb. 3.69** Protraktion der Vordergliedmaße gestreckt mit Abduktion.

▶ **Abb. 3.70** Protraktion der Vordergliedmaße gebeugt.

Protraktion gebeugt (Variationen mit Abduktion und Adduktion)

Ausführung Das nach vorne herausgeführte Vorderbein wird proximal des Karpalgelenks gehalten. Die Röhre hängt locker herab (▶ **Abb. 3.70**). Variationen ergeben sich bei der Abduktion und Adduktion des Beines, wobei das Karpalgelenk medial (Adduktion) beziehungsweise lateral (Abduktion) geführt wird.

Es werden folgende Muskeln gedehnt:

- M. serratus ventralis cervicis
- M. rhomboideus
- M. latissimus dorsi
- M. pectoralis profundus
- M. tensor fasciae antebrachii
- M. deltoideus
- M. infraspinatus
- M. triceps brachii (Caput longum, Caput laterale, Caput mediale)
- M. anconeus

Retraktion gestreckt

Ausführung Der Pferdetherapeut hebt das Vorderbein an und führt es in Bodennähe nach hinten (▶ **Abb. 3.71**). Der Therapeut blickt in Richtung Pferdekopf, umgreift mit der medialen Hand das Fesselgelenk und unterstützt die Dehnung mit der lateralen Hand proximal des Karpalgelenks.

Folgende Muskeln werden gedehnt:

- M. biceps brachii
- M. extensor carpi radialis
- M. brachiocephalicus
- M. pectoralis descendens
- M. omotransversarius
- M. trapezius (Pars cervicis und thoracis)
- M. rhomboideus (Pars thoracis)
- M. supraspinatus
- M. serratus ventralis thoracis
- M. brachialis
- M. extensor digitorum lateralis und communis

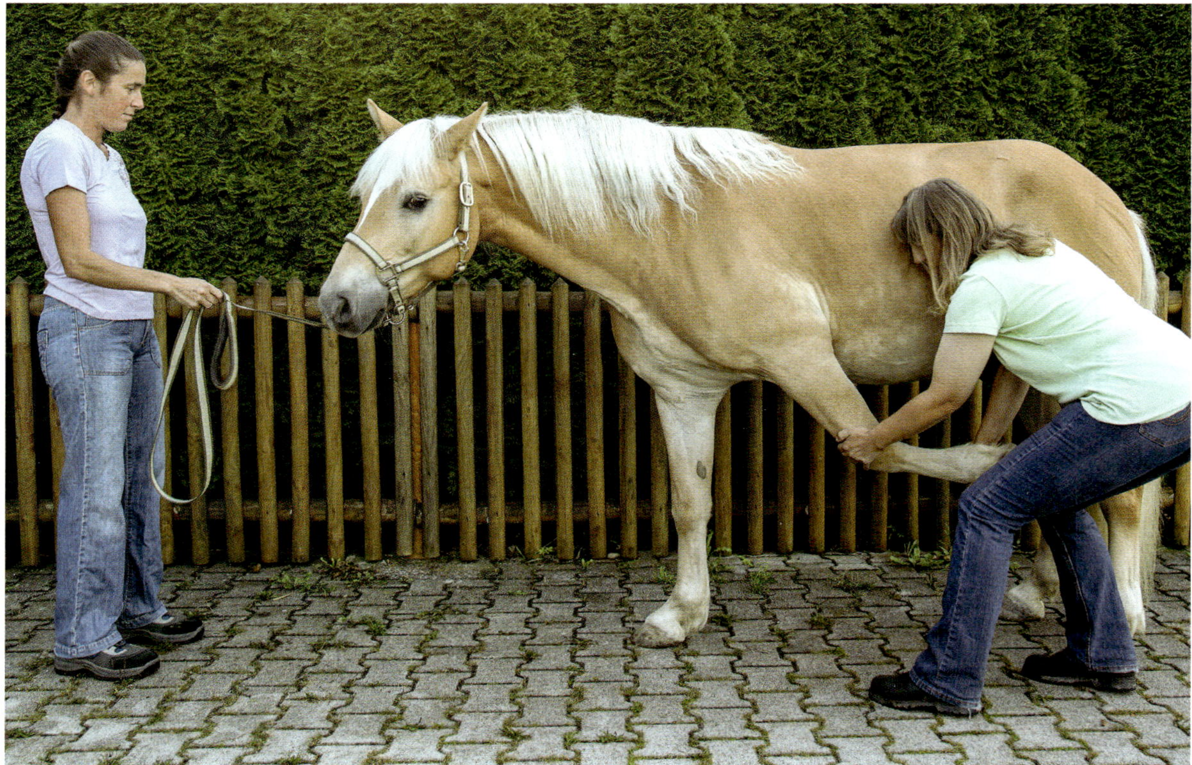

▶ **Abb. 3.71** Bei der Retraktion der Vordergliedmaße unterstützt der Therapeut die Streckung mit einer Hand am Karpalgelenk.

Retraktion gestreckt mit Adduktion

Ausführung Der Therapeut lässt sich von einem Helfer das Vorderbein des Pferdes aufnehmen und unter dessen Bauch hindurchreichen. Er umgreift das Fesselgelenk und veranlasst eine Dehnung in Richtung diagonales Hinterbein, wobei der Huf möglichst bodennah geführt wird.

Es werden dieselben Muskeln gedehnt wie bei der Retraktion ohne Adduktion, die Dehnungen des M. supraspinatus und M. extensor digitorum lateralis und communis werden jedoch intensiviert.

Retraktion gebeugt (Dehnung der Extensoren)

Ausführung Bei dieser Variante liegt der Schwerpunkt auf der Dehnung der Extensoren. Der Therapeut flektiert alle distalen Gelenke, wobei er in Richtung Pferdeschweif blickt und dabei die Hufspitze flektiert. Mit dem Oberschenkel unterstützt er die Retraktionsrichtung, indem er damit das Karpalgelenk nach kaudal schiebt.

Insbesondere werden folgende Extensoren gedehnt:

- M. extensor carpi radialis
- M. extensor digitorum communis und lateralis

Abduktion in Tripleflex

Ausführung Der Pferdetherapeut nimmt das Bein hoch und flektiert Schulter-, Ellbogen- und Karpalgelenk. Er steht frontal zum Pferd, wobei seine kaudale Hand das Röhrbein umfasst, die andere Hand liegt um das Karpalgelenk (▶ **Abb. 3.72**). Alternativ umfassen beide Hände das Röhrbein. Nun bringt der Therapeut die Gliedmaße in Abduktion, indem er sie zu seinem Körper heranzieht.

> **Praxistipp**
>
> Indiziert ist die Dehnung insbesondere bei einer Verkürzung des M. pectoralis transversus, wobei die Pferde häufig eine bodenenge Stellung zeigen. Die äußere Hufwand ist steiler, wobei der Huf dazu tendiert, nach medial zu wachsen.

Folgende Muskeln werden gedehnt:

- M. pectoralis transversus
- zusätzlich:
  - M. pectoralis descendens und profundus
  - M. latissimus dorsi
  - M. teres major
  - M. coracobrachialis
  - M. subscapularis

Adduktion in Tripleflex

Ausführung Die Ausgangsstellung deckt sich mit der Dehnung in Abduktion, mit dem Unterschied, dass das tripleflektierte Bein nicht abduziert, sondern adduziert wird (▶ **Abb. 3.73**). Hierbei unterstützt der Therapeut die Adduktion, indem er mit seinem Oberschenkel das Röhrbein des Pferdes nach medial drückt.

► **Abb. 3.72** Insbesondere zur Dehnung des M. pectoralis transversus wird die Dehnung in Abduktion bei gebeugtem Vorderbein eingesetzt.

► **Abb. 3.73** Die Adduktion der Vordergliedmaße unterstützt der Therapeut mit seinem Oberschenkel, um eine effektivere Dehnung insbesondere des M. infraspinatus und M. supraspinatus zu erreichen.

Folgende Muskeln werden gedehnt:

- M. infraspinatus
- M. supraspinatus
- M. deltoideus
- M. serratus ventralis
- M. trapezius
- M. rhomboideus

Dehnen der hinteren Extremität

Protraktion gestreckt

Ausführung Der Therapeut greift das Pferdebein mit Blick in Richtung Pferdeschweif am Fesselgelenk und unterstützt die Dehnung nach kranial mit der zweiten Hand am Calcaneus (► **Abb. 3.74**).

Es werden folgende Muskeln gedehnt:

- M. semitendinosus
- M. semimembranosus
- M. gluteus medius, superficialis und profundus
- M. biceps femoris
- M. gastrocnemius
- M. soleus

Protraktion gestreckt mit Adduktion

Ausführung Der Therapeut lässt sich das Pferdebein von einem Assistenten unter den Pferdebauch hindurch zur kontralateralen Seite reichen. Die Dehnung wird in Richtung diagonales Vorderbein, möglichst bodennah, durchgeführt. Die Hände des Therapeuten umgreifen dabei das Fesselgelenk (► **Abb. 3.75**). Wenn möglich, kann eine Hand eine Unterstützung an der lateralen Seite des Tarsalgelenks geben.

Gedehnt werden folgende Muskeln:

- M. obturatorius externus und internus
- M. gluteus medius, superficialis und profundus
- M. biceps femoris
- M. semitendinosus
- M. semimembranosus
- Mm. gemelli
- M. quadratus femoris
- M. gastrocnemius
- M. soleus

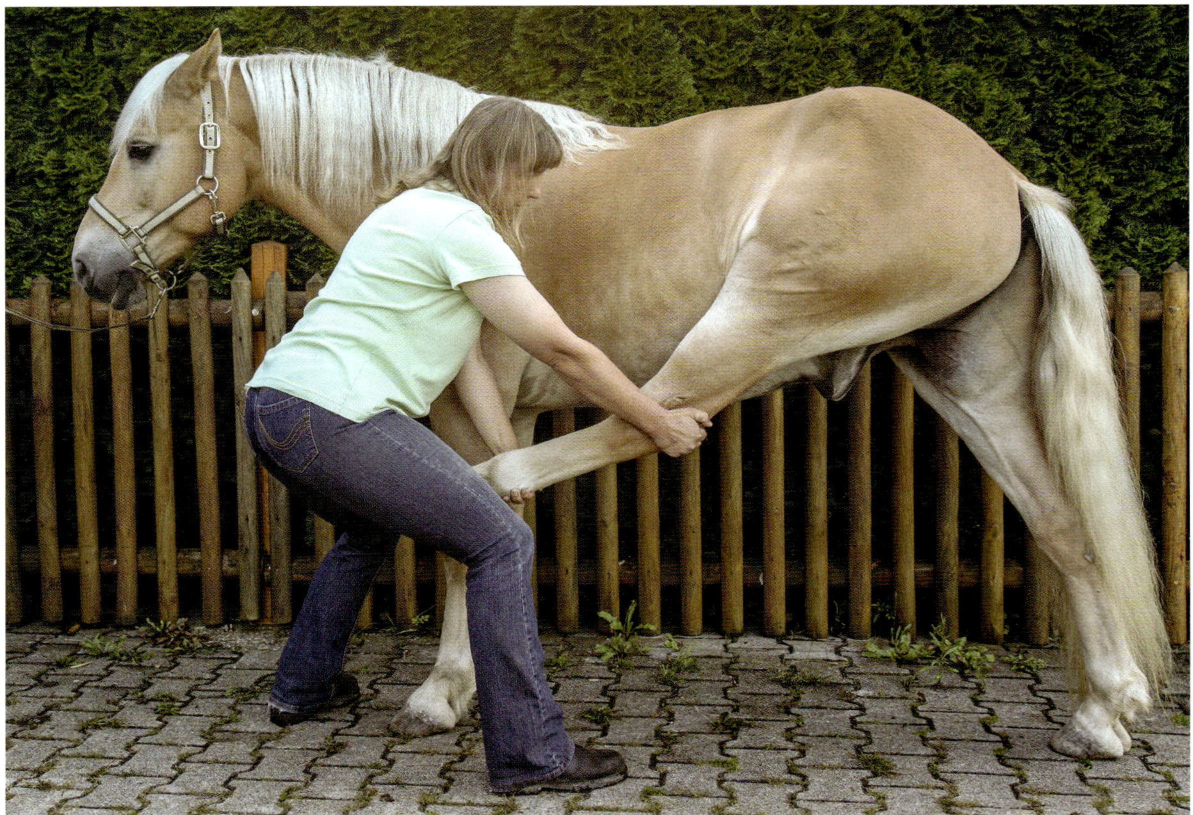

▸ **Abb. 3.74** Die Hinterhandprotraktion sollte der Therapeut mit einer Hand am Calcaneus unterstützen. Gedehnt werden insbesondere die M. semitendinosus, M. semimembranosus, der M. biceps femoris und die Glutealmuskulatur.

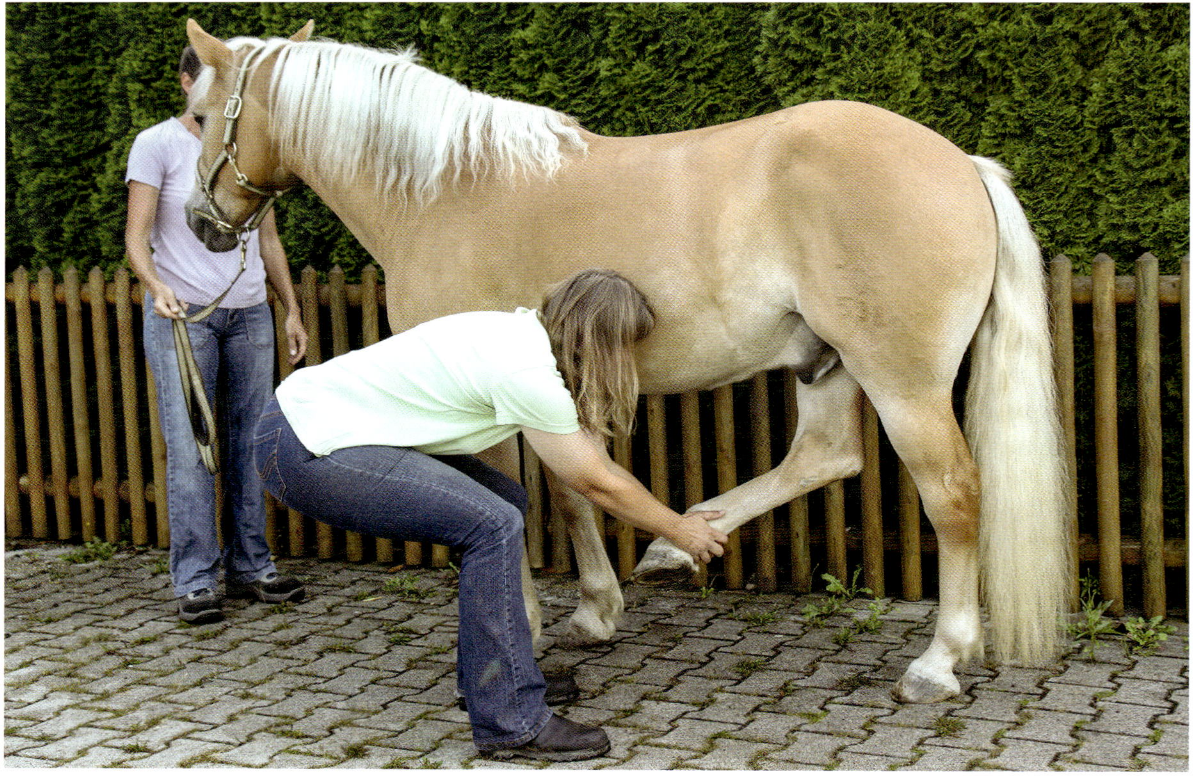

▸ **Abb. 3.75** Das Hinterbein wird durch den Bauch hindurch diagonal in Richtung gegenüberliegendes Vorderbein geführt, um zusätzlich die Mm. gemelli, den M. quadratus femoris und den M. obturatorius zu dehnen.

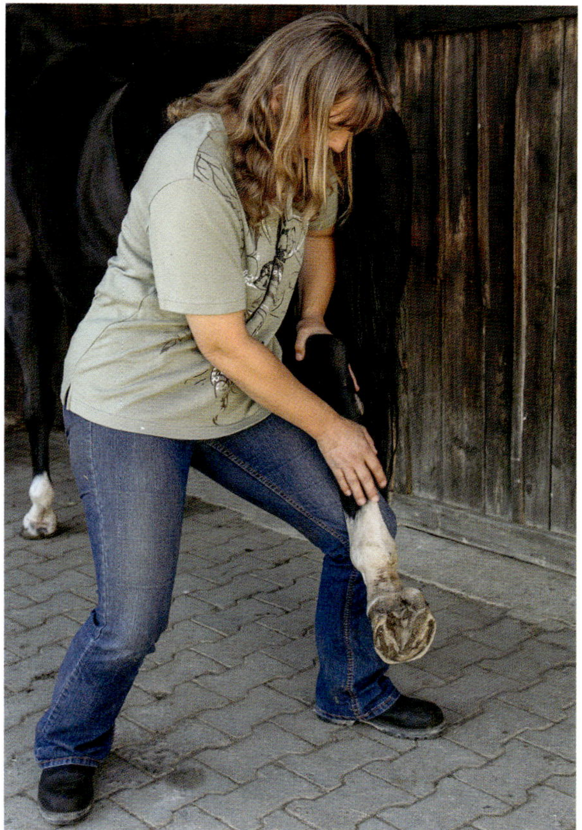

▶ **Abb. 3.76** Für die Dehnung der M. iliopsoas, M. tensor fasciae latae, M. quadrizeps femoris und M. sartorius wird das Bein in die Retraktion geführt und die Dehnung mit leichtem Druck auf den Calcaneus unterstützt.

Retraktion gestreckt

Ausführung Für die Retraktion nimmt der Behandler das Pferdebein zunächst so auf, als würde er den Huf auskratzen wollen. Nun führt der Therapeut das Bein mit Unterstützung seines Oberschenkels weiter nach kaudal. Durch leichten Druck auf den Calcaneus wird der Extensionsreflex ausgelöst (▶ **Abb. 3.76**), was der Pferdetherapeut daran erkennt, dass sich die Hufspitze leicht absenkt. Das Bein wird dabei bodennah geführt, um eine Extension des Sakrums zu vermeiden.

Für eine weitere Variante (▶ **Abb. 3.77**) begibt man sich nach dem Aufheben des Hinterbeins hinter das Pferd. Die Hände umfassen den Fesselkopf und führen eine Retraktion aus. Auf diese Weise ist es einfacher, das Bein vermehrt anzuheben, wodurch man Einfluss auf das Sakrum nehmen kann. Ein flektiertes Sakrum lässt sich somit in die Extension bringen.

Folgende Muskeln werden dabei gedehnt:

- M. iliopsoas
- M. tensor fasciae latae
- M. quadriceps femoris
- M. sartorius

▶ **Abb. 3.77** Bei Pferden mit vertikalisiertem Sakrum kann diese Art der Retraktion gewählt werden. Hierbei wird das Bein etwas höher genommen und das Sakrum zugleich extensiert.

▸ **Abb. 3.78** Bei der Abduktion der hinteren Gliedmaße werden die Adduktoren gedehnt.

▸ **Abb. 3.79** Die Adduktion der Hintergliedmaße unterstützt der Therapeut mit seinem Oberschenkel.

Abduktion

Ausführung Der Therapeut hebt die Hintergliedmaße in Tripleflex an, stellt sich schließlich mit Blick zum Pferdeschweif und führt das Bein in Abduktion (▸ **Abb. 3.78**). Folgende Adduktoren werden dabei gedehnt:

- M. gracilis
- M. pectineus
- M. adductor femoris
- M. sartorius

Adduktion

Ausführung Für die Adduktion der hinteren Gliedmaße nimmt der Therapeut das Bein wiederum in Tripleflex hoch und schiebt es unter den Pferdekörper (▸ **Abb. 3.79**). Dabei drückt er die Röhre mithilfe seines Oberschenkels in die Adduktion.

Folgende Muskeln werden bei der Adduktion gedehnt:

- M. tensor fasciae latae
- M. gluteus superficialis
- M. gluteus profundus
- M. gluteus medius
- M. biceps femoris

Dehnen des Halses

Extension

Ausführung Der Therapeut umgreift die Mandibula von ventral und hebt den Kopf an, bis eine Streckung im Hals erfolgt (▸ **Abb. 3.80**). Bei großen Pferden ist möglicherweise ein Hocker notwendig, um den Kopf nach oben zu führen.

▸ **Abb. 3.80** Der Therapeut drückt den Unterkiefer des Pferdes nach oben, um eine Halsdehnung in Extension herbeizuführen.

Gedehnt werden:

- M. sternocephalicus
- M. scalenus ventralis
- M. brachiocephalicus
- M. longus colli
- M. longus capitis

▶ **Abb. 3.81** Bei der Halsdehnung in Flexion gibt der Therapeut einen Druck auf das Os nasale.

▶ **Abb. 3.82** Bei der seitlichen Halsdehnung führt man den Kopf des Pferdes möglichst bis zum Schulterblatt und hält diese Position für bis zu 30 Sekunden.

Flexion

Ausführung Der Behandler steht seitlich des Pferdekopfs und übt einen Druck auf das Os nasale aus, um eine Flexion des Pferdekopfs und -halses herbeizuführen (▶ **Abb. 3.81**).

Folgende Muskeln werden gedehnt:

- M. rectus capitis dorsalis
- M. obliquus capitis cranialis
- M. semispinalis capitis und cervicis
- M. longissimus capitis und cervicis
- Mm. multifidi cervicis
- M. spinalis
- M. rhomboideus
- M. serratus ventralis cervicis
- Ligg. nuchae und supraspinale

Lateroflexion

Ausführung Der Pferdetherapeut umfasst das Os nasale und beugt den Kopf lateral (▶ **Abb. 3.82**). Alternativ kann er die Bewegung auch mithilfe des Halfters durchführen. Der Pferdekopf wird bis zum Schulterblatt geführt, in Variation auch bis zum Tuber coxae. Es ist sinnvoll, das Pferd parallel zu einer Wand aufzustellen, da es ansonsten versuchen wird, der Biegung zu entgehen, indem es mit der Hinterhand ausweicht.

Folgende Muskeln werden bei der Halsdehnung bis zum Schulterblatt gedehnt:

- M. omotransversarius
- M. brachiocephalicus
- M. rectus capitis lateralis
- M. semispinalis capitis
- M. splenius capitis und cervicis
- M. longissimus capitis
- M. longissimus atlantis
- M. intertransversarii dorsalis und ventralis cervicis
- M. intertransversarii intermediales cervicis
- M. longus capitis
- M. spinalis

Zusätzliche Dehnung erfahren folgende Muskeln bei einer Lateroflexion bis zum Tuber coxae:

- M. obliquus externus abdominis
- M. latissimus dorsi

Dehnen von Rumpf und Rücken

Wirbelsäulenflexion

Ausführung Um die Rückenmuskeln zu dehnen, muss die Wirbelsäule flektieren, sprich aufwölben. Für den thorakalen Bereich stimuliert man mit den Fingern den M. pectoralis profundus, wodurch das Pferd animiert wird, den Rücken zu heben. Den lumbalen Anteil kann der Therapeut mit der Reizung der Glutealmuskulatur zum Aufwölben veranlassen (▶ **Abb. 3.83**). Eine gleichmäßige Dehnung erfahren die Muskelketten des Rückens, wenn an Sternum und Kreuzbein gleichzeitig ein Impuls gegeben wird, s. Kap. Globaler Test für Flexion und Extension: Brustwirbelsäule (S. 217) bzw. Lendenwirbelsäule (S. 223).

> **Cave**
> **Für die Stimulation der Glutealmuskulatur sollte sich der Therapeut keinesfalls direkt hinter dem Pferd aufhalten. Pferde mit Rückenschmerzen könnten versuchen, der Wölbung zu entgehen und sich unter Umständen durch Ausschlagen wehren. Der sicherere Standort ist deshalb direkt neben dem Pferd auf Höhe der Kruppe.**

Folgende Muskeln werden gedehnt:

- M. longissimus cervicis
- M. longissimus thoracis und lumborum (M. longissimus dorsi)
- M. multifidus cervicis
- M. multifidus thoracis und lumborum
- M. spinalis
- M. serratus dorsalis cranialis und caudalis
- Ligg. nuchae und supraspinale

▶ **Abb. 3.83** Eine hauptsächlich lumbale Dehnung der Rückenpartie erreicht man durch die Reizung der Glutealmuskulatur mit den Fingern oder Therapiestäbchen.

Wirbelsäulenextension

Ausführung Zur Dehnung der Abdominalmuskulatur muss die Wirbelsäule extensiert werden. Dies erreicht der Therapeut durch Druck mit den Fingerspitzen auf den M. longissimus dorsi etwa 5 cm paravertebral entlang des Muskelverlaufs (▶ **Abb. 3.84**). Weiteres unter Kap. Globaler Test für Flexion und Extension bei der Brustwirbelsäule (S. 217) bzw. Lendenwirbelsäule (S. 223).

Folgende Muskeln werden gedehnt:

- M. rectus abdominis
- M. obliquus externus abdominis
- M. obliquus internus abdominis
- Mm. intercostales externi und interni

Lateroflexion

Ausführung Um die seitliche Biegung zu verbessern, bedient sich der Pferdetherapeut ebenfalls der Reflexpunkte der Glutealmuskulatur, allerdings stimuliert er die Punkte nicht gleichzeitig, sondern lediglich auf einer Seite (▶ **Abb. 3.85**). Damit erfolgt eine Biegung des Rumpfes zur Gegenseite.

Gedehnt werden sowohl die Rumpf- als auch die Rückenmuskeln:

- M. longissimus cervicis
- M. longissimus thoracis und lumborum (M. longissimus dorsi)
- M. latissimus dorsi
- M. multifidus thoracis und lumborum
- M. spinalis
- M. serratus dorsalis cranialis und caudalis
- Lig. supraspinale
- Ligg. interspinalia
- Lig. longitudinale dorsale
- M. obliquus externus abdominis
- zusätzlich aber auch noch:
  - M. iliocostalis lumborum, thoracis und cervicis
  - Mm. intercostales externi und interni

Praxistipp

Passiv ausgeführte Dehnungen dienen nicht nur der therapeutischen Muskelfaserverlängerung, sondern geben dem Therapeuten auch wertvolle diagnostische Hinweise. Deshalb ist das Bewegungsausmaß stets im Seitenvergleich zu überprüfen, außerdem ist auf das Endgefühl und auf die Reaktion des Pferdes (Schmerz, Unwohlsein, Balance) zu achten. Weiteres siehe auch Kap. Palpation und Testgriffe für die Brustwirbelsäule (S. 216) bzw. Lendenwirbelsäule (S. 223).

▶ **Abb. 3.84** Um den Rücken abzusenken, übt der Therapeut Druck auf den M. longissimus dorsi aus.

▶ **Abb. 3.85** Bei einseitiger Stimulation der Glutealmuskulatur lateroflektiert der Rumpf, wobei die Rumpf- und Rückenmuskeln gedehnt werden.

Autostretching des Pferdes

Der Vorteil von aktiven Dehnungen ist die Kontraktion und somit Kräftigung des Antagonisten sowie der Ausschluss von Verletzungen durch Überdehnungen. Ein Muskel kann mit passiver Dehnung stärker gedehnt werden als durch den Einsatz des Antagonisten, sodass Überdehnungen beim aktiven Dehnen praktisch ausgeschlossen sind. Der Dehneffekt ist zwar geringer, trotzdem zeigt das Autostretching Wirkung und ist demnach durchaus sinnvoll. Vor allem können diese Übungen selbst von unerfahrenen Pferdebesitzern angewendet werden, ohne dem Pferd Schaden zuzufügen.

Der Therapeut muss das Pferd in irgendeiner Weise dazu animieren, die Stretchübungen selbstständig auszuführen. Eine Möglichkeit ist der Einsatz von Belohnungshappen, um dem Pferd die Bewegungsrichtung anzuweisen. Zudem ist das Training von zirzensischen Lektionen eine weitere Möglichkeit, gewisse Dehnungen herbeizuführen.

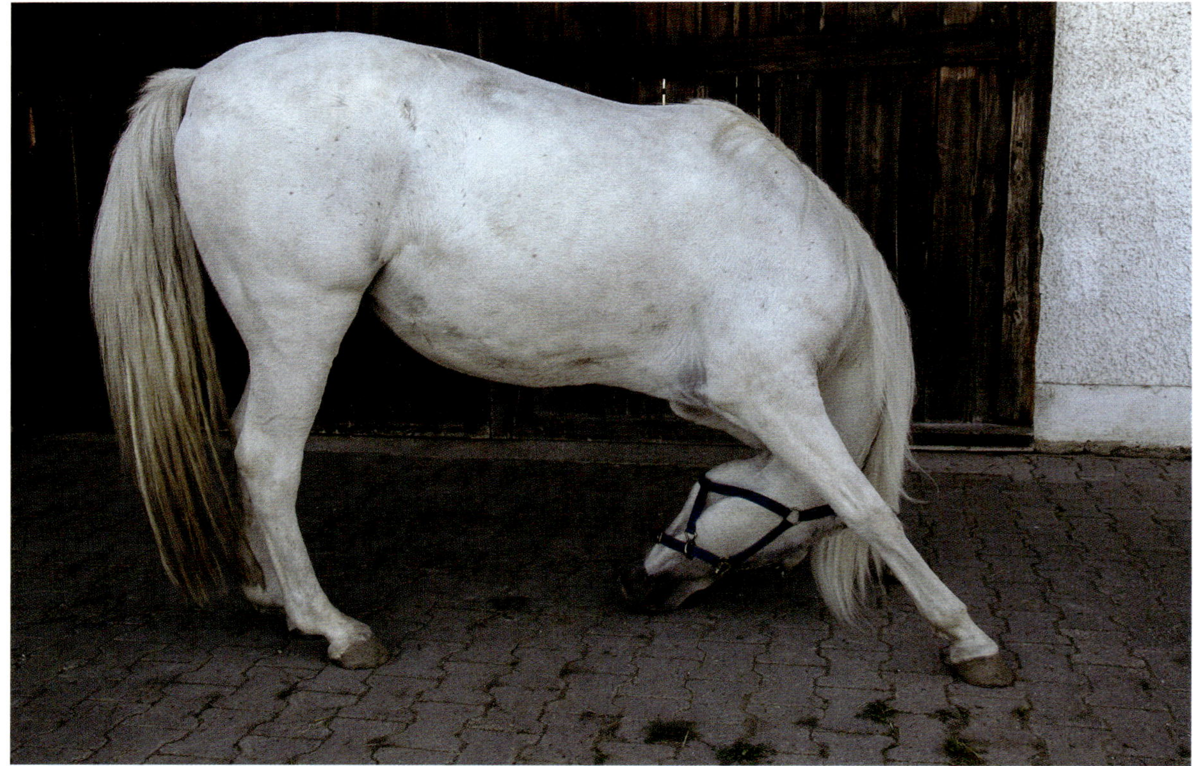

▶ **Abb. 3.86** Bei der Verbeugeübung wölbt sich der Rücken auf. Die 23-jährige Araberstute Sidi beherrscht die Übung allein auf das Stimmkommando.

Praxistipp
Die zirzensische Schule hat viele Übungen im Programm, mit deren Hilfe man das Pferd zu aktiven Dehnungen animieren kann.

Eine besonders empfehlenswerte Übung ist die sogenannte Bergziege, bei der das Pferd sowohl die Vorderbeine als auch die Hinterbeine unter den Körper stellen soll. Diese Aufgabe erfordert in der Lernphase viel Geduld, ist aber eine hervorragende Möglichkeit, die Rückenmuskulatur zu dehnen. Zudem werden die Abdominalmuskeln gestärkt. Eine zusätzliche Herausforderung ist es, die Übung auf einem Zirkuspodest ausführen zu lassen.

Das Podest lässt sich ebenso für eine weitere Aufgabe verwenden, bei der das Pferd lediglich die Vorderbeine auf die Erhöhung stellt. Auch diese Übung dehnt die Rückenmuskeln sowie die Ligg. nuchae und supraspinale.

Eine weitere zirzensische Lektion zur Wirbelsäulenflexion ist die Verbeugeübung (▶ **Abb. 3.86**). Dem Pferd wird ein Leckerbissen zwischen den Vorderbeinen gereicht, sodass sich das Pferd nach unten beugen muss. In fortgeschrittenem Stadium reicht der Ausbilder dem Pferd die Belohnung weiter kaudal unter dem Pferdebauch in Bodennähe. Auf diese Weise muss sich das Pferd intensiver strecken, um den Happen zu ergattern. Es sollte darauf geachtet werden, dass das Pferd die Vorderbeine dabei gestreckt hält und weit stellt, damit es den Kopf zwischen den Beinen hindurchführen kann.

Zur Dehnung der Abdominal- und Interkostalmuskulatur kann eine aktive Lateroflexion (▶ **Abb. 3.87**) mithilfe eines Belohnungshappens herbeigeführt werden. Dabei sollte man beispielsweise die Karotte variabel anbieten. Für die vorrangige Dehnung der seitlichen Halsmuskulatur bietet man dem Pferd den Leckerbissen auf Höhe der Skapula an, will man die Abdominalmuskeln miteinbeziehen, reicht man dem Pferd die Karotte am Tuber coxae (▶ **Abb. 3.88**). Die oberen beziehungsweise unteren Halsmuskeln erreicht man mit der Darbietung der Mohrrübe über dem Kopf beziehungsweise an der Brust (Flexion und Extension).

Zur Dehnung der Abdominalmuskeln, des M. triceps brachii und der Zehenbeuger bietet sich das „Kompliment" aus dem Repertoire der Zirkuslektionen an. Ein negativer Aspekt ist allerdings die Kompression der Wirbelkörper und Annäherung der Processus spinosi im Brustwirbelbereich, was beispielsweise Kissing spines fördern kann. Wenn man das Kompliment in das Dehnungsprogramm einbauen möchte, sollte man darauf achten, dass stets beide Seiten gleichmäßig geübt werden. Viele Pferde lernen lediglich, immer dasselbe Bein vorzustrecken, was Muskeldysbalancen fördert. Jede Lektion sollte darum stets sowohl auf der rechten als auch auf der linken Hand geübt werden.

Der Spanische Schritt ist ebenfalls eine hervorragende Übung, um die Zehenstrecker zu dehnen. Mit in die Dehnung werden auch die Abdominalmuskeln einbezogen.

► **Abb. 3.87** Die aktiven Lateroflexionsübungen kann der Pferdebesitzer selbst ausführen. Hierzu bietet er dem Pferd ein Leckerli an.

► **Abb. 3.88** Alternativ kann man dem Pferd das Leckerli an der Kruppe anbieten, damit werden die Rumpfmuskeln der gegenüberliegenden Seite mitgedehnt.

▸ **Abb. 3.89** Gymnastizierende Übungen unter dem Sattel wie der Sidepass eignen sich ebenfalls, um das Pferd zu aktiven Dehnungen zu veranlassen.

Die Aufgabe kann sowohl an der Hand als auch vom Sattel aus abgerufen werden.

Weitere aktive Dehnübungen kann der Reiter während einer jeden Trainingsstunde einflechten. Viele gymnastizierende Übungen eignen sich dafür. Geschickt aufgebaute Hindernisse aus dem Trailparcours der Westernreiter (zum Beispiel Sidepass über Stangen, ▸ **Abb. 3.89**) oder Cavaletti-Training und kleine Sprünge lockern das Training auf und dienen gleichzeitig der gezielten Dehnung und Stärkung der Muskulatur.

3.2.6 Fasziendehnungen

Selbstverständlich sind bei Muskeldehnungen automatisch die myofaszialen Strukturen mit einbezogen. Allerdings ist die Zielsetzung eine andere und so werden spezielle Fasziendehnungen auch in anderer Art und Weise ausgeführt. Fasziendehnungen lassen den Muskel oft sogar unberührt, können – je nach Problemstellung – entweder lokal, regional oder global durchgeführt werden. In den vorigen Kapiteln wurden bereits verschiedene Release-Techniken (S. 81) vorgestellt, die sich gezielt an die myofaszialen Strukturen lokaler oder regionaler Muskeleinheiten richten. Auch verschiedene klassische Massagegriffe bedienen ebenfalls die muskulären, insbesondere aber die Unterhautfaszien, wie beispielsweise das Anheben, das Hautrollen und die Verwindung, die unter dem Kapitel Klassische Massage – Hautmobilisationen (S. 56) zusammengefasst beschrieben sind.

Mehrere **lokale Faszientechniken** wie der Faszienstrich oder die Hautabzugstechnik sind weitere Möglichkeiten, um Bindegewebsstrukturen zu lösen. Bevor man jedoch in die lokale Faszienbehandlung übergeht, haben sich globale Behandlungstechniken der einzelnen Strukturen bewährt. Muskeldehnungen reichen hier oft nicht aus, wenn eine ganze Myo-Faszienkette betroffen ist und sich Probleme bereits global auf den gesamten Körper ausgebreitet haben. Dabei ist auf den ersten Blick oft nicht mehr festzustellen, wo die Ursache liegt und welche Dysfunktionszonen letztendlich nur die Auswirkungen der primären Läsion darstellen. Für derart globale, weitreichende, schon lange chronifizierte und schwer zugängliche Läsionen können globale Fasziendehnungen ein guter Zugang sein, um Restriktionen aufzuspüren und zu beheben.

Wie bei allen therapeutischen Anwendungen ist es auch für die **globalen Fasziendehnungen** zunächst wichtig, die Anatomie und Physiologie der myofaszialen Ketten zu kennen. Die Kenntnis von Lage und Funktion der Faszienzugbahnen ist somit Voraussetzung, um die Dehnung in die korrekte Richtung zu lenken. Die Dehnrichtung deckt sich in keinster Weise mit der Dehnung von Muskeln. Vielmehr bleiben bei den meisten Fasziendehnungen die Muskeln sogar ohne passiven Zug.

Wie auch bei den Releasetechniken werden die Extremitäten in eine Traktion geführt, wobei die Gelenke mitunter ebenfalls entspannt und gelöst werden. Im Gegensatz zu einer Muskeldehnung, die gezielt beispielsweise über eine Flexion eines Gelenks gesteuert wird, kommt es bei Fasziendehnungen zu einem Gelenkrelease, da die Traktion ein Lösen der Gelenkflächen nach sich zieht. Eine gute Möglichkeit, auf diese Weise auch arthrosegeplagte Pferde zu einer Erleichterung zu verhelfen.

Praxistipp

Der Unterschied von einer Muskeldehnung zu einer **Fasziendehnung** liegt darin, dass man bei einer Muskeldehnung den entsprechenden Muskel beispielsweise mithilfe einer Flexion des jeweiligen Gelenks, welches der Muskel bewegt, in die Dehnung bringt, während man bei der Fasziendehnung einen **Gelenkrelease** initiiert und damit eine **Traktion** beziehungsweise Dekompression in Richtung der Beinachse durchführt.

Lokale Dekompressionen

Insbesondere die Beingelenke lassen sich über lokale Dekompressionen entlasten, wobei sich gleichzeitig auch die umgebenden Faszien lösen. Für eine Dekompression des Gelenks und Dehnung der lokalen Faszie greift man die jeweiligen Knochenpartner nahe am Gelenkspalt und entlastet die Gelenkflächen durch eine starke Traktion (gegensätzliche Zugrichtung der Knochenpartner in Ruhestellung).

Merke

Die Traktion findet immer senkrecht zur Behandlungsebene statt, vgl. Kap. Grundlagen der Lehre – Traktionen (▶ Abb. 3.101).

Dehnung von Faszienketten

Manchmal lassen sich Faszienzugbahnen (S. 46) mit einem Griff komplett dehnen, in bestimmten Fällen jedoch entscheidet man sich lieber für ein schrittweises Vorgehen und dehnt kleinere Abschnitte. Die Vorgehensweise ist abhängig vom Verlauf der jeweiligen Faszienkette.

Standardmäßig dehnt man die kompletten Faszienketten – soweit möglich – abwechselnd erst von einem Ansatzpunkt, anschließend vom anderen Endpunkt aus. Können zwei Therapeuten am Pferd arbeiten, kann eine gleichzeitige Traktion von beiden Endpunkten ausgehend, die Dehnung intensivieren. Allerdings sollte man hierzu keinen Laien als Helfer hinzuziehen, weil die Traktionen sehr viel Gefühl erfordern und versehentliche Überdehnungen zu Schmerzen und Verletzungen des Pferdes führen könnten.

Dehnung der Vorhandlinien

Die **Protraktionslinie** der Vorhand weist einen direkten Verlauf vom Genick bis zum dorsalen Kronrand auf. Zusätzlich verläuft ein Abstecher bis zum Widerrist. Die Dehnung erfolgt einerseits mit einer Traktion des jeweiligen Vorderbeins, andererseits kann der Kopf (durch einen zweiten Therapeuten gleichzeitig oder nach erfolgter Traktion des Vorderbeins) in eine kontralaterale Extension gebracht werden. Das Vorderbein sollte nur minimal in die Retraktion geführt und schließlich in Richtung Boden gedehnt werden. Um mehr Freiraum für die Traktion zu erhalten, kann man das gegenüberliegende Bein auf ein kleines Podest stellen, was aber nur mit routinierten Pferden durchgeführt werden sollte.

Für die Dehnung der **Retraktionslinie** der Vorhand, die von der palmaren Seite des Hufbeins bis zum Genick verläuft und einen Ausläufer bis zum Rücken aufweist, erfolgt die Traktion des jeweiligen Vorderbeins in leichter Protraktion möglichst senkrecht zum Boden. Auch hier kann ein kleines Podest für das gegenüberliegende Vorderbein eine Hilfe sein, um das Bein besser in einer nahezu senkrechten Position zum Boden zu führen (▶ **Abb. 3.90**). Am anderen Ende der Linie erfolgt die Dehnung der Retraktionslinie, indem der Pferdekopf nach vorne, tief und kontralateral geführt wird. Dies dehnt zusätzlich die Rückenlinie.

Für die **Abduktionsschlinge** der Vorhand wird das aufgehobene Vorderbein mit um 90° flektiertem Karpalgelenk adduziert und die Schulter nach außen rotiert. Für

▶ **Abb. 3.90** Um die **Retraktionslinie der Vorhand** zu dehnen, führt der Therapeut eine Traktion der jeweiligen Vordergliedmaße aus. Idealerweise wird durch einen Helfer gleichzeitig der Kopf des Pferdes in die Tiefe und kontralateral geführt.

die **Adduktionsschlinge** hingegen bringt man das flektierte Vorderbein in eine Abduktion und rotiert die Schulter nach innen, indem man das Karpalgelenk nach medial schiebt.

Dehnung der Lateral- und Rückenlinien

Die **Laterallinie** ist wie die beiden nachfolgend beschriebenen Rückenlinien aus biomechanischer Sicht eine Faszienkette zur Kraftübertragung von der Hinterhand zum Genick. Somit beginnt deren Verlauf dorsal des Hufbeins der Hintergliedmaße und führt in zwei sich kreuzenden Zickzacklinien über den seitlichen Rumpf des Pferdes bis zur Genickregion. Zur Dehnung der Laterallinie bringt man das jeweilige Hinterbein in die Retraktion und Adduktion. Nachfolgend oder gleichzeitig (mithilfe eines zweiten Therapeuten) initiiert man eine Rumpf- und Halsbeugung jeweils zur Seite der Adduktionsrichtung des Hinterbeins.

Die **Oberflächliche Rückenlinie** verläuft vom Hufbein der Hintergliedmaße plantar bis zur Genickregion. Die Dehnung erfolgt über einer Protraktion der jeweiligen Hintergliedmaße und einem kontralateral und tief geführten Kopf (hintereinander oder mithilfe eines zweiten Therapeuten).

Die **Tiefe Rückenlinie**, verläuft vom Genick bis zum Schweif, während hier die Nackenplatte mit einbezogen ist. Die Dehnung erfolgt einerseits durch eine Schweiftraktion – äquivalent zum Terminallift (S. 143). Andererseits führt man den Kopf des Pferdes – entweder gleichzeitig durch einen zweiten Therapeuten oder im Nachgang – in die Tiefe und kontralateral zur dehnenden Faszienkette.

Praxistipp
Die entsprechenden Kopfstellungen kann man alternativ über aktive Dehnungen erreichen, indem man dem Pferd ein Leckerli an entsprechender Stelle anbietet.

Dehnung der Bauchlinien

Die **Oberflächliche Bauchlinie** verläuft vom dorsalen Rand des Hufbeins der Hinterhand über die ventrale Rumpf- und Halsseite bis zur Schädelbasis. Für die Dehnung wird das jeweilige Hinterbein in die Retraktion gebracht. Gleichzeitig oder in Folge kann man den Kopf des Pferdes wiederum kontralateral zur Lage der zu dehnenden oberflächlichen, ventralen Faszienlinie führen und den Schädel dabei in die Extension bringen.

Für die **Tiefe Bauchlinie**, deren Linienführung von der plantaren Seite des Hufbeins bis zum Kopf verläuft, wobei sich die Zugbahn über den Rumpf aufspaltet, initiiert man zunächst die Dehnung des Hinterbeins in die Protraktion. Wiederum anschließend oder gleichzeitig führt man den Kopf des Pferdes in die Extension.

Dehnung der helikalen Linien

Die **Spirallinie** vollzieht fast einen Kreislauf von der Genickregion der einen Körperseite bis zum Genick auf der gegenüberliegenden Seite. Dabei verläuft die Linie am Hals entlang durch den Rumpf auf die gegenüberliegende Bauchseite, kreuzt die Medianlinie, tangiert die Beckenregion und verläuft weiter bis zum Sprunggelenk. Dort kehrt sich der Verlauf um, führt über die Kruppe wiederum zur kontralateralen Seite und weiter in einer geraden Linie über den Rücken bis zum Genick.

Zur Dehnung der Spirallinie wird das gegenüberliegende Hinterbein unter den Bauch des Pferdes in die Protraktion geführt. Zugleich oder wiederum nach der Dehnung der hinteren Extremität führt man den Kopf des Pferdes in die kontralaterale Richtung.

Die **Funktionslinie** verläuft in einer Schlinge über den Rumpf und Bauch des Pferdes. Sie kreuzt dabei die Medianlinie im Lendenbereich und ventral des Os pubis. Der kraniale Anteil der Funktionslinie kann mit einer Protraktion und Adduktion der Vordergliedmaße gedehnt werden. Für den kaudalen Anteil führt man das diagonale Hinterbein wiederum unter den Pferdebauch in Richtung gegenüberliegendes Knie in die Adduktion (▶ **Abb. 3.91**). Eine Rumpfbiegung (Helfer!) in die kontralaterale Richtung zur Hinterhandadduktion unterstützt die Dehnung zusätzlich.

▶ **Abb. 3.91** Um den **kaudalen Bereich der Funktionslinie** zu dehnen, führt man das Hinterbein unter den Pferdebauch hindurch in Richtung gegenüberliegendes Knie.

3.3 Parietale Osteopathie

Eine Umfrage unter Pferdebesitzern zur Frage, was nach ihrem Verständnis ein Pferdeosteopath macht, hat aufgezeigt, dass viele nicht in der Lage sind, den Begriff der Osteopathie richtig einzustufen. Andere verstehen die Osteopathie hingegen völlig falsch. Häufige Antworten waren, dass der Pferdeosteopath die Gelenke des Pferdes „einrenkt", ohne dass die Befragten genau wussten, was unter der Bezeichnung „Einrenken" zu verstehen ist. Weitere häufige Aussagen waren, dass der Osteopath eher sanfte Techniken anwendet, während der Chiropraktiker „brutal" einrenke. Nur sehr wenigen der Befragten war klar, dass der Osteopath nicht nur den Knochenapparat behandelt, sondern alle Körperstrukturen, wozu neben dem passiven Bewegungsapparat auch die Muskulatur, das Fasziensystem, das Lymphsystem, das Kreislaufsystem, das Nervensystem, die Organe usw. gehören.

Die Osteopathie muss somit als ganzheitliche Behandlungsmethode betrachtet werden. Die Philosophie der Osteopathie lässt auch gar keine andere Möglichkeit zu, weil ein wichtiger Grundsatz der Osteopathie die Ganzheitlichkeit des Körpers ist. Es gibt keine exakten Abgren-

▶ **Abb. 3.92** Das Auflösen von Restriktionen wirkt sich nicht nur positiv auf den Körper, sondern auch auf die Psyche aus. Die Pferde strahlen wieder Lebensfreude aus.

zungen, was als osteopathische, chiropraktische oder manuelle Technik bezeichnet werden kann. Die Grenzen sind fließend geworden, zumal auch die Chiropraktik ihre starren Behandlungsgrundsätze aufgebrochen hat. Einheitliche Definitionen gibt es nicht, denn nicht nur international werden unterschiedliche Behandlungsformen als Osteopathie bezeichnet, sondern auch national ist die Lehre der Osteopathie nicht identisch. Dass sich bei der Übertragung der Osteopathie auf Tiere noch weitere Differenzen herausstellen, ist eine logische Konsequenz.

Trotzdem stützt man sich auf allgemein gültige Grundlagen und viele Techniken decken sich durchaus mit den Behandlungsformen aus anderen manuellen Medizinformen wie der Chiropraktik oder Physiotherapie. Innerhalb der Osteopathie haben sich 3 Systeme etabliert, die nur theoretisch, aber nicht immer praktisch exakt voneinander zu trennen sind, weil deren Techniken ineinander greifen. Man unterscheidet die parietale (strukturelle), die kraniosakrale und die viszerale Osteopathie. Bei der Behandlung von Pferden liegt der Schwerpunkt meist auf der parietalen Osteopathie, sodass auch in diesen Ausführungen der Fokus auf die strukturelle Arbeit gelegt werden soll, allerdings ohne den Anspruch, die Techniken von den weiteren Systemen klar zu separieren.

3.3.1 Grundlagen der Lehre

Um osteopathisch erfolgreich arbeiten zu können, ist nicht nur das Verständnis für die Anatomie und Biomechanik des Bewegungsapparats wichtig, sondern auch die Philosophie und Prinzipien dieser Behandlungsmethode. Hinter der Osteopathie steht deshalb mehr als eine Therapieform, sie ist für viele Therapeuten eine Weltanschauung, mit dem Ziel, alle Systeme des Körpers zu harmonisieren. Für den Bewegungsapparat gilt es, die muskuläre und artikuläre Balance herzustellen, was durch Auflösen von Blockierungen erreicht werden kann. Dysfunktionen des Bewegungsapparats wirken sich jedoch stets auf die Strukturen aller anderen Systeme (zum Beispiel des viszeralen oder psychischen Systems) aus, sodass eine manuelle Deblockierung von muskulären Restriktionen fraglos einen positiven Einfluss auf die Stimmung des Patienten (▶ **Abb. 3.92**) oder eine Funktionsverbesserung in dem zugeordneten Organ zur Folge haben wird.

Dieses Verständnis muss dem Therapeuten in Fleisch und Blut übergehen, ansonsten kann er zwar vielleicht die eine oder andere strukturelle Technik handwerklich ausführen, aber keine osteopathische Behandlung leisten.

Geschichtlicher Hintergrund

Schon vor Jahrtausenden haben die Menschen versucht, die eigenen Leiden zu lindern. Doch schriftliche Überlieferungen von medizinischen Praktiken sind erst aus dem alten Griechenland bekannt. Die Heilkunde war eng verbunden mit religiösen Anschauungsprinzipien, bevor Ende des 5. Jahrhunderts vor Christus die rationale Medizin entstand, die mit dem Namen Hippokrates (460–377 v. Chr.) in Verbindung gebracht wird. Auch die ersten Schriften über Manuelle Techniken gehen auf Hippokrates von Kós zurück.

Hippokrates war der erste Arzt, der annahm, dass natürliche Selbstheilungskräfte existieren. Auf diese Weise legte er den Grundstock für die noch heute gültigen medizinischen Lehren. Die medizinische Sichtweise von Hippokrates wurde von Galen (griech. Galenos von Pergamon, 131–201 n. Chr.) weiterentwickelt.

Galen hatte einen großen Anteil an der Entstehung der Osteopathie. Er erkannte als Erster, dass jede Läsion eines Organs eine Veränderung von dessen Funktion bewirkte. Der osteopathische Grundsatz der gegenseitigen Beeinflussung von Struktur und Funktion wurde aus der Taufe gehoben und von späteren Anwendern der Osteopathie wieder aufgegriffen. Er ergänzte außerdem die bis heute gültigen – von Aulus Celsus aufgestellten – Kardinalzeichen der Entzündung (Rubor, Calor, Tumor, Dolor, Functio laesa).

Insbesondere in England und Amerika erlebte die Knochenheilkunde im 19. Jahrhundert einen großen Aufschwung. Die Behandlung durch sogenannte „bone setter" (Knochenbrecher oder Knochensetzer) avancierte zu einer regelrechten Modetherapie. Das nutzten der Chirurg Dr. Andrew Taylor Still und Daniel David Palmer, um ihre medizinischen Konzepte zu etablieren.

Der Begründer der Osteopathie: Andrew Taylor Still

Andrew Taylor Still (1828–1917 n. Chr.) gilt als der Begründer der Osteopathie. Er kam am 6. August 1828 als Sohn des Priesters und Arztes Abraham Still in Lee County, Virginia, zur Welt. Der streng gläubige Arztsohn wurde von seinem Vater in den damals üblichen Medizinpraktiken ausgebildet.

Nicht nur aufgrund der eigenen Schicksalsschläge – Still verliert 4 seiner Kinder aufgrund einer Meningitisepidemie beziehungsweise einer Lungenentzündung sowie seine erste Frau und schließlich seinen Vater – stellt Still die Wirksamkeit der damals praktizierten Medizin infrage. Eine seiner interessanten Feststellungen war, dass Patienten mit viralen Magen-Darm-Infekten im Bereich der Brustwirbelsäule Veränderungen zeigten. Nachdem A. T. Still die betroffenen Wirbelsäulenabschnitte behandelt hatte, besserten sich die Beschwerden seiner Patienten. Still widmete sich dem Studium der Phrenologie, dem Bone-Setting (der damaligen Medizinreligion der Shawnee-Indianer), dem Magnetismus, dem Spiritualismus und den Evolutionstheorien. Auf diese Weise entdeckte er das Prinzip von Ursache und Wirkung. Das Ergebnis seiner Forschungen war, dass er sich von der traditionellen Medizin abwandte und seine eigenen Prinzipien entwickelte, die in der Osteopathie heute noch Gültigkeit haben.

Andrew Taylor Still soll der Überlieferung nach die Begründung der Osteopathie auf den 22. Juni 1874 datiert haben. Wichtige Zeitgenossen von A. T. Still waren Daniel David Palmer (1845–1913) und John Martin Littlejohn (1866–1947). Daniel David Palmer war Urheber der Chiropraktik und gründete 1847 die erste Schule für Chiropraktik in den USA. John Martin Littlejohn war einer der bedeutendsten Schüler von A. T. Still. Der am 15. Februar 1866 in Glasgow geborene Pfarrerssohn begründete 1917 die British School of Osteopathy in London. Littlejohn erweiterte das osteopathische Konzept und legte somit den Grundstein für die Anerkennung und Durchsetzung der Osteopathie.

Erwähnt werden soll noch William Garner Sutherland (1873–1954), der als Wegbereiter der Kraniosakralen Osteopathie (S. 125) gilt.

Die Geschichte der Pferdeosteopathie ist noch recht jung. In den 1970er Jahren haben einige humanausgebildete Osteopathen das Konzept dieser manuellen Behandlungsmethode auf Tiere, speziell auf Pferde, übertragen. An der Einführung der manuellen Pferdetherapie in Deutschland sind kanadische und amerikanische Therapeuten, aber vor allem auch die französischen Humanosteopathen Dr. Dominique Giniaux und Pascal Evrard maßgeblich beteiligt. Doch die Behandlungstechniken sind nach wie vor in der Entwicklung und im Fluss, sodass sich auch hier verschiedene Methoden und Stilrichtungen etablieren.

Osteopathische Prinzipien

Die osteopathische Vorgehensweise beruht nicht allein darauf, verschiedene manuelle Techniken aneinanderzureihen, sondern lebt insbesondere auch von ihrer philosophischen Sichtweise. Die Osteopathie stützt sich dabei auf das Konzept des Körpers als Einheit, dessen harmonische Funktionalität angestrebt wird. Hierzu werden stets die aktuellen wissenschaftlichen Erkenntnisse berücksichtigt.

Somit haben sich 5 osteopathische Prinzipien herauskristallisiert:

- die Ganzheitlichkeit
- die Autoregulation
- das Gesetz der Arterie
- die Abhängigkeit von Struktur und Funktion
- der Patient anstatt die Krankheit

Ganzheitlichkeit

Bereits A. T. Still hatte erfasst, dass eine Erkrankung als Fehlerquelle in einem großen Gesamtsystem betrachtet werden muss und nicht isoliert gesehen werden kann. Die holistische Anschauung bezieht sich dabei zum einen auf die unterschiedlichen Gewebearten des Körpers, zum anderen aber auch auf die psychische Komponente des Patienten. Jedem Arzt ist heutzutage durchaus bewusst, dass es eine Erkrankung nicht ohne die Beteiligung der Psyche gibt und viele Erkrankungen sogar durch eine nicht intakte Psyche ausgelöst werden, dennoch werden in der Schulmedizin jegliche Komponenten separat behandelt.

Eine strukturelle Verletzung wirkt sich aber nicht nur auf die psychische Verfassung des Patienten aus, sondern beeinflusst über die nervalen, vaskulären, hormonellen, segmentalen, viszeralen, bindegewebigen und faszialen Verbindungen auch weitere körperliche Strukturen. Ein Prinzip der Osteopathie ist es deshalb, den Organismus ganzheitlich zu sehen, alle Strukturen zu berücksichtigen und in erster Linie den Patienten und nicht die Krankheit zu betrachten. Die Krankheit ist nur die sichtbare Erscheinung einer Systemstörung im Organismus.

Behandelt werden aber nach wie vor die Auswirkungen einer Erkrankung. Die reine Symptombehandlung hingegen stellt aber letztendlich nur den Anschein einer Heilung dar, wobei man längst weiß, dass die Behebung der Symptome die Krankheit nicht heilen kann, sondern dies nur durch die Beseitigung der Ursachen gelingt. Um die Ursachen zu ergründen, bedarf es aber mehr, als den Fokus auf die oberflächlichen Symptome zu richten.

Es reicht somit nicht aus, einem Pferd mit Dermatomykosen eine Salbe oder Waschungen mit einer pilzabtötenden Lösung zu verordnen. Vielmehr muss sich der osteopathisch arbeitende Pferdetherapeut fragen, was die Ursache des Pilzbefalls ist. Man weiß, dass besonders Pferde mit einem schwachen Immunsystem anfällig für Pilzbefall sind. Das reicht allerdings noch nicht aus, denn die Fragestellung muss weitergehen: Was schwächt das Immunsystem des Pferdes? Ist es falsches und qualitativ minderwertiges Futter? Ist es psychischer Stress durch eine nicht artgerechte Haltung? Steckt eine andere Erkrankung dahinter? Ist es womöglich „nur" ein blockierter Wirbel, der weitere Strukturen segmental, nerval oder vaskulär negativ beeinflusst?

Es wird also klar, dass für den osteopathisch denkenden Pferdetherapeuten die ganzheitliche Betrachtung des Patienten Pferd ein wichtiges Grundprinzip ist. Häufig findet man den Fehler im System letztendlich nicht beim Pferd selbst, sondern in seiner Umwelt. Auslöser von Erkrankungen verschiedenster Art können mannigfaltig sein, sie reichen von einer unnatürlichen Haltungsform, einem für das Pferd unsozialen Umfeld (zum Beispiel einer nicht harmonisierenden Herdenzusammenstellung), einer falschen Fütterung, einem nicht leistungsgerechten (sportlichen) Einsatz bis hin zu einem „unpassenden" Besitzer.

Gerade die Verbindung zwischen Pferd und seinem Besitzer ist eine Gemeinschaft, auf die das Pferd absolut keinen Einfluss hat. Viele Pferdebesitzer sind beispielsweise aufgrund mangelnder Feinfühligkeit, fehlender Erfahrung und verloren gegangener Sensibilität nicht in der Lage zu erkennen, ob das jeweilige Pferd zu ihnen passt, welche Ansprüche es hat und welche sportlichen Leistungen ihm möglich sind. Kommunikationsprobleme (mit seinem Besitzer) stehen an erster Stelle von psychischen Belastungen für das Pferd. Auch bei Pferden führt das „Nicht-verstanden-Werden" zu Angstzuständen, Hilflosigkeit und Depressionen. Daraus resultiert wiederum eine Vielzahl von möglichen Erkrankungen wie Pilzbefall, Allergien, Koliken und Magengeschwüre, um nur einige Beispiele zu nennen.

Es ist deshalb die Aufgabe des Pferdetherapeuten, die Bedürfnisse des Pferdes zu erkennen und einen Kommunikationsweg mit dem Tier zu finden, um die Ursachen für die Beschwerden zu ergründen. Der ganzheitliche Ansatz ist deshalb ein Grundprinzip der osteopathischen Behandlung – sowohl bei Menschen als auch bei Tieren.

Autoregulation

Ein weiteres osteopathisches Prinzip ist das der Selbstheilungskräfte. Jeder Körper ist durch sein Immunsystem in der Lage, sich selbst zu heilen. Eine Heilung kann nur über die Regulatoren im Körper stattfinden. Kein Therapeut, Arzt oder Tierarzt kann von sich behaupten, dass er heilen könne, denn dies kann nur der Körper selbst. Der Therapeut oder Arzt kann dem Körper aber helfen, seine Selbstheilungsmechanismen in Gang zu bringen.

Eine Voraussetzung dafür ist, eine optimale Umgebung zu schaffen, in der sich das Pferd wohlfühlt. Dies ist nicht immer einfach, zumal die vorgegebenen Strukturen in den Pferdeställen nur selten angepasst werden können. Die meisten Pferde leben in Pensionsstallungen, die eher einem Gefängnis gleichkommen als einer echten „Heimat". Eine pferdegerechte Wohlfühl-Atmosphäre zu schaffen, ist deshalb häufig nicht einfach. Dennoch gehört dies mit zu den Aufgaben des Therapeuten, um dem Pferd die Möglichkeit zu geben, seine Homöostase wiederzufinden.

Dabei ist eine ruhige, angenehme Umgebung ebenso wichtig wie das respektvolle, vertrauensvolle Auftreten dem Pferd gegenüber. Pferde sind sehr sensible Lebewesen, die einen Menschen viel besser „lesen" können als der Mensch das Pferd. Stuft das Pferd den Therapeuten als unsympathisch oder inkompetent ein, wird dieser in all seinen Handlungen kaum Erfolg haben, weil das Pferd die Therapie auch annehmen und zulassen muss.

Das Pferd kann eine therapeutische Behandlung über sich ergehen lassen, die aber nichts bewirken wird, wenn das Tier es nicht will. Der Selbstheilungsmechanismus kann nur anspringen, wenn das Pferd dazu bereit ist, dem Therapeuten zu vertrauen und sich auf ihn einzulassen. Hierzu ist es ganz besonders wichtig, dass der Therapeut dem Pferd „zuhört". Ein guter Osteopath kann mit seinen Händen fühlen, was das Pferd ihm zu sagen hat, denn „das Gewebe spricht Bände"!

Der Pferdetherapeut wird im Laufe der Zeit lernen, gewisse Dinge intuitiv korrekt einzuschätzen und auf kleinste Anzeichen zu achten. Der noch unerfahrene Therapeut muss bereit sein, die Signale des Pferdes unvoreingenommen aufzunehmen und sehr zurückhaltend zu interpretieren.

Das Gesetz der Arterie

Ergänzend hierzu darf nicht vergessen werden, dass der Pferdetherapeut nicht nur Haut und Muskeln palpiert, sondern (bei entsprechender Übung und Erfahrung) auch das Fließen der Flüssigkeiten (Liquor, Blut) ertasten kann. Die Gefäßsysteme sind in der Osteopathie sehr wichtige Strukturen. Schon Andrew Taylor Still sprach von der „Vorherrschaft der Arterien" als weiterem osteopathischem Prinzip und meinte damit das gesamte Kreislaufsystem (also Venen und Arterien). In der heutigen Zeit bezieht man allerdings noch weitere Gefäßsysteme (zum Beispiel Lymphsystem) mit ein. Die Gefäßsysteme bringen Nährstoffe an die Zellen und entsorgen das Interstitium. Die Flüssigkeiten müssen die Homöostase trotz Erkrankung aufrechterhalten, damit die Autoregulation funktionieren kann.

Abhängigkeit von Struktur und Funktion

Ein weiteres wichtiges Kriterium in der Osteopathie ist die gegenseitige Beeinflussung von Struktur und Funktion. Zum einen bestimmt die Struktur die Funktion eines Gewebes, eines Organs oder einer Zelle, zum anderen bestimmt die Funktion auch dessen Struktur. Ändert sich die Funktion beziehungsweise die Anforderung an eine Struktur, wird sie sich darauf einstellen. Wird ein Muskel beispielsweise stärker beansprucht, nehmen die Muskelfasern an Dicke zu, wodurch der Muskel mehr Leistung erbringen kann. Die Struktur hat sich somit der Funktion angepasst – der Muskel wurde trainiert.

Wird eine Funktion hingegen nicht mehr benötigt oder beansprucht man eine Struktur zum Beispiel aus Krankheitsgründen nicht in ihrer ursprünglichen Form, bildet sie sich zurück – sie degeneriert. Ein Muskel, der nicht mehr belastet wird, atrophiert. Das gilt auch für jedes andere Gewebe. Da nun aber jeder Muskel und jedes Organ nicht für sich alleine agiert, sondern mit den umgebenden Strukturen in Verbindung steht, weil der Körper in seiner Anatomie, Physiologie und Psyche eine Einheit bildet, werden bei einer Störung auch die benachbarten Organe oder Muskeln beeinträchtigt. Der Körper versucht, eine gestörte Struktur zu kompensieren. Bei einer lokalen Störung kann der Organismus beispielsweise mit einer Entzündung reagieren. Kompensatorisch reagiert der Körper daraufhin mit einer Funktionseinschränkung. Somit zeigt sich eine gestörte Funktion in einer eingeschränkten Beweglichkeit der Struktur.

Entwickelt man diesen Gedankengang weiter, wird der Körper bei einer absoluten Einschränkung der Funktion keine Bewegung mehr zeigen. Bei einer absoluten, zellulären Bewegungslosigkeit tritt der Tod ein. Im Umkehrschluss lautet deshalb ein Grundsatz „Leben ist Bewegung". Wird die Bewegungsfähigkeit eingeschränkt, verringert sich auch das Leben in Form der Lebensqualität. Deshalb ist der Pferdetherapeut bestrebt, eingeschränkte Beweglichkeit wiederherzustellen, weil dadurch auch die Funktion der jeweiligen Struktur verbessert wird und die Lebensqualität steigt.

Patient im Fokus

In Zusammenhang mit der ganzheitlichen Sichtweise der osteopathischen Arbeit muss der Pferdepatient als Individuum vorrangig vor der Krankheit im Fokus des Therapeuten stehen. Mit diesem 5. Prinzip der Osteopathie soll der Therapeut angewiesen werden, den Patienten in seiner Umwelt mit all ihren Einflüssen wie seinem Erlebten, seiner Entwicklung und seinem Lebensraum zu sehen.

Zusammenfassung

Die osteopathischen Prinzipien sind:

1. Holismus: Der Körper bildet eine unteilbare Einheit, sodass der Therapeut den Patienten ganzheitlich behandeln muss.
2. Selbstheilungskräfte: Der Körper besitzt die Fähigkeit zur Selbstheilung und Regulation. Der Therapeut kann dieses System anstoßen und unterstützen.
3. Die Vorherrschaft der Arterie: Gefäßsysteme sorgen für die Homöostase durch Ernährung des Gewebes und Abtransport von Abfallstoffen aus dem Interstitium.
4. Abhängigkeit von Struktur und Funktion: Die Struktur gibt die Funktion vor, während die Funktion die Struktur formt. Nicht angepasste Strukturen können somit die Funktion einschränken.
5. Der Patient, nicht die Krankheit steht im Vordergrund: Der Fokus ist nicht auf die Krankheitssymptome, sondern auf die Lebensumstände des Patienten zu richten.

Die somatische Dysfunktion

In der Osteopathie wird eine eingeschränkte Funktionalität von zusammenhängenden Gewebestrukturen als somatische Dysfunktion definiert. Die verbundenen Teile des Organismus stellen dabei sowohl Knochen, Muskeln, Gelenke, Faszien als auch die Strukturen des vaskulären, lymphatischen und nervalen Systems dar. Damit wird klar, dass es sich bei einer Dysfunktion nicht um eine einzelne Struktur handelt, sondern stets um einen funktionellen Komplex.

Der Therapeut stellt eine somatische Dysfunktion fest, indem er während der Untersuchung Gewebsveränderungen (Spannungen) wahrnimmt, die als pathologisch einzustufen sind. Dabei treten oftmals nicht nur eine, sondern mehrere Dysfunktionen gleichzeitig auf. Die Funktionseinschränkung, die vordergründig in Erscheinung tritt, nennt man primäre Dysfunktion. Das ist normalerweise die Zone mit der stärksten Gewebespannung. Die zusätzlichen, sogenannten sekundären Dysfunktionen bilden sich, weil der Körper bestrebt ist, die primäre Funktionseinschränkung zu kompensieren. Auf diese Weise versucht der Organismus, die Homöostase aufrechtzuerhalten. Erfahrungsgemäß sind Pferde wahre „Kompensationswunder" und können Dysfunktionen über sehr lange Zeit hervorragend kompensieren, bis sie augenscheinlich werden. Das Leid liegt darin, dass das Pferd chronische Fehlfunktionen entwickelt und lange – zunächst meist unbemerkt – aufrechterhält. Es entwickeln sich deshalb auch viele sekundäre Dysfunktionen, sodass auf den Therapeuten letztendlich viel Arbeit zukommt, das System wieder in funktionelle Bahnen zu lenken.

Über die Definition des aktuell korrekten Begriffs der somatischen Dysfunktion ist viel diskutiert worden. Es bestehen teils heute noch unterschiedliche Auffassungen über die Entstehung und Behandlung von körperlichen Dysfunktionen, was sicherlich auch zur Begriffsverwirrung beigetragen hat. So werden zur somatischen Dysfunktion verschiedene Begriffe synonym verwendet, wie „Blockierung", „Gelenkblockade", „vermindertes joint play", „arthroligamentäre Spannung" und „osteopathische Läsion". Selbst der Ausdruck „Subluxation" war früher üblich. Heutzutage ist die Subluxation aber klar definiert und wird der somatischen Dysfunktion nur teilweise gerecht. Die „osteopathische Läsion" und die „Blockierung" sind hingegen die derzeit gängigen Synonyme für die somatische Dysfunktion.

Um eine somatische Dysfunktion exakt zu definieren und von anderen Funktionsstörungen abzugrenzen, hat Fred L. Mitchell jun. „4 diagnostische Kriterien" aufgestellt (► **Abb. 3.93**). Diese Kriterien charakterisieren die somatische Dysfunktion einwandfrei und dienen dem os-

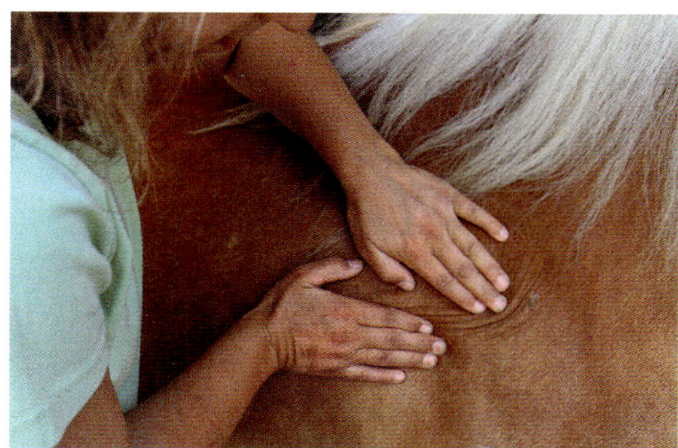

▶ **Abb. 3.93** Die somatische Dysfunktion wird nach 4 diagnostischen Kriterien beurteilt: Empfindlichkeit, Asymmetrie, eingeschränkte Beweglichkeit und Veränderung der Gewebebeschaffenheit.

teopathischen Therapeuten als Leitfaden und Gedächtnisstütze: „TART" = **T**enderness (Empfindlichkeit), **A**symmetry (Asymmetrie), **R**estricted range of motion (eingeschränkter Bewegungsumfang), **T**issue texture changes (Veränderung der Gewebebeschaffenheit).

Zusammenfassung

Die somatische Dysfunktion wird nach den „4 diagnostischen Kriterien" (TART) beurteilt:

- **T**enderness (Empfindlichkeit): Wie empfindlich reagiert das Gewebe auf die Palpation?
- **A**symmetry (Asymmetrie): Liegt eine Asymmetrie verschiedener Strukturen (Statik, Muskeln etc.) vor?
- **R**estricted range of motion (eingeschränkte Beweglichkeit): Ob, wie stark und in welche Richtung ist eine Bewegung eingeschränkt?
- **T**issue texture changes (Veränderung der Gewebebeschaffenheit): Inwiefern fühlt sich das Gewebe verändert an?

Diese Merkmale definieren allerdings bislang nur die parietalen Dysfunktionen und berücksichtigen nicht die viszeralen Strukturen. Nach aktuellem Verständnis ist die Viszera von Funktionseinschränkungen aber ebenso betroffen und ist in das vaskuläre, nervale, fasziale und lymphatische System eingebunden. Aus diesem Grund sollten die obigen Kriterien ausgeweitet werden, um die Viszera miteinzubeziehen. Schließlich beeinflussen sich die Strukturen des Bewegungsapparats nicht nur untereinander, sondern greifen auch auf die Viszera über und umgekehrt.

Osteopathische Ketten

Eine wichtige osteopathische Vorgehensweise ist die Suche nach der Ursache und nicht die Behandlung der Symptome, um langfristig Schmerzfreiheit und eine bessere Beweglichkeit – und somit mehr Lebensqualität – zu erreichen. Die Ursache liegt meist nicht dort, wo die Beschwerden auftreten. Zeigt ein Pferd eine Stützbeinlahmheit an der vorderen Gliedmaße, kann deren Ursache an einer völlig anderen Stelle lokalisiert sein. Die ursächliche Störung ist häufig symptomlos, weil das Pferd die Dysfunktion kompensieren kann. Kommt allerdings eine weitere Störung hinzu oder funktioniert der Kompensationsmechanismus nicht mehr ausreichend, treten die ersten Symptome auf.

Jedes Individuum hat ein gewisses Potenzial an Kompensationsfähigkeit. Das Pferd kann viele Einflüsse über lange Zeit ausgleichen. Wenn dann jedoch Symptome sicht- und spürbar werden, hat die ursächliche Dysfunktion oft schon sehr lange Bestand. Das erschwert dem Therapeuten die langfristige Beseitigung, weil ein Gewohnheitsprozess stattgefunden hat, der nicht einfach aufzulösen ist.

Erfahrungsgemäß dauert der Weg aus der Läsion ebenso lange wie der Weg in die Läsion, solange man sich mühsam von der Symptomatik ausgehend zur Ursache vorarbeiten muss, weil die Ursache nicht bekannt ist. Die Aufgabe des Osteopathen ist es deshalb, den Verlauf vom Symptom zur Ursache zurückzuverfolgen. Erst wenn die Ursache behandelt wird, werden auch die Symptome langfristig verschwinden.

Die Form der sogenannten Ursache-Folge-Kette kann sehr unterschiedlich verlaufen, da jedes Individuum Störungen andersartig kompensiert. Deshalb kann nachfolgendes Beispiel nicht rezeptartig angewendet werden. Diese zum Schluss festgestellte Ursache kann die symptomatische Störung hervorrufen – muss sie aber nicht. Der Kompensationsmechanismus kann auch völlig andere Wege gehen, denn der Körper ist in der Lage, Läsionen beispielsweise über das Muskel-Faszien-System, über das Nervensystem oder über das fluide System weiterzuleiten.

Beispiel

Im folgenden Fall meldete sich der Pferdebesitzer mit der Aussage, sein Pferd würde plötzlich zittern. Das Wetter war warm, sodass die augenscheinlich wahrscheinlichste Lösung – nämlich „Frieren" – schon im Vorfeld während des Telefongesprächs ausgeschlossen werden konnte. Die Anamnese zeigte, dass das Zittern nur an der Vorhand auftrat. Bei der Adspektion schließlich fiel auf, dass das Pferd vorbiegig stand. Die Ganganalyse zeigte eine Stützbeinlahmheit der linken Vordergliedmaße. Die Testgriffe ergaben eine Flexionsläsion des Hufgelenks.

Die gesamte Befundung unter Einbeziehung des Tierarztes führte zunächst zu keinem brauchbaren Ergebnis, weil kein bildgebendes Verfahren (Röntgen) einen Aufschluss über eine Verletzung ergab. Lokalisiert wurde jedoch ein Schmerzgeschehen im Hufbereich, der Verdacht lag darum auf einer beginnenden Hufgelenks- oder Hufrollenentzündung. Der osteopathische Test für das Os naviculare war außerdem positiv, s. Kap. Provokationstest für das Os naviculare (S. 252). Die schmerzstillenden Maßnahmen durch den Tierarzt und die osteopathische Behandlung des Hufgelenks brachten zwar eine Besserung der Lahmheit, die Schonung der Gliedmaße blieb jedoch langfristig bestehen.

Jedem Osteopathen muss klar sein, dass es sich hierbei nur um die Symptomatik, also das Ende der Ursache-Folge-Kette handeln musste. Um die Lahmheit langfristig in den Griff zu bekommen und um Folgeschäden zu vermeiden, musste der Anfang der Kette gefunden werden.

Einen Hinweis für den Verlauf der Ursache-Folge-Kette ergab sich aus der Adspektion: Zunächst das Zittern der Vorhand und schließlich die vorbiegige Stellung. Wenn der Hufrollenkomplex unter Druck gerät, muss der M. flexor digitorum profundus unter starker Spannung stehen. Ist dieser Muskel verspannt und verkürzt, bringt er zu großen Druck auf das Strahlbein und somit auf die Bursa podotrochlearis.

Die Behandlung des gesamten M. flexor digitorum profundus ergab eine Auflösung der Vorbiegigkeit und ein Verschwinden des Zitterns. Das Zittern deutete auf eine Muskelüberlastung hin, die Vorbiegigkeit ergab sich aufgrund der Verkürzung des Muskelkomplexes.

Weiterführend fand sich ein verspannter M. triceps brachii, der Zug auf das Olecranon ausübte und damit dem M. brachiocephalicus die Arbeit erschwerte, die Vordergliedmaße nach kranial zu führen. Tatsächlich jedoch löste ein verspannter M. brachiocephalicus die Gegenspannung des M. triceps brachii aus. Woher jedoch kam der Hartspann des M. brachiocephalicus?

Die Begutachtung des Pferdes unter dem Reiter brachte die Lösung: Die Ursache war der Reiter, der einen unbewussten, aber übermäßigen Dauerzug am Zügel aufbaute. Das Pferd versuchte, diesem Zug gegenzuhalten, wodurch die muskulären Verspannungen entstanden und so die Kettenreaktion ausgelöst wurde.

Interessanterweise ließ sich das Pferd nur ungern an den Ohren anfassen, zeigte aber im Genickbereich keinerlei Schmerzsymptomatik. Die kurzfristige Maßnahme war das Reiten mit gebissloser Zäumung, um zunächst den Druck vom Maul zu nehmen. Langfristig wurde massiv an der Schulung der Reiterhand gearbeitet. Nach Auflösung der Verspannungen in der gesamten Muskelkette, Lösen der zusätzlich entstandenen Restriktionen im Atlantookzipitalgelenk, C 3/C 4 und C 7 / Th 1 sowie Wegfall des ursächlichen Auslösers (falsche Handeinwirkung) verschwand die Lahmheit innerhalb kurzer Zeit vollständig und zeigte sich auch langfristig nicht mehr.

Das Beispiel zeigt, dass eine vollständige Behandlung und ganzheitliche Betrachtung des Pferdes unbedingt erforderlich ist, um die Ursache zu ergründen. Es hilft in diesem Zusammenhang auch, sich Gedanken über die Belastung des Pferdes zu machen, um gegebenenfalls die Überlastungsaspekte herausfiltern zu können. Hierbei ist es allerdings nötig, nicht nur die körperlichen, sondern auch die psychischen Belastungskomponenten zu beleuchten. Um dem Pferd langfristig helfen zu können, müssen entweder die Belastungen reduziert oder die Belastbarkeit des Pferdes erhöht werden.

Die Ursache-Folge-Kette hätte sich auch auf ganz andere Weise entwickeln können. Wäre beispielsweise der Rücken des Pferdes schwächer gewesen und hätte die weitergeleitete Mehrbelastung nicht kompensieren können, hätten sich möglicherweise Rückenprobleme einstellen können. Fortlaufend gegebenenfalls Störungen der Hinterhand oder der inneren Organe.

Es stellt sich bei jeder Läsion immer nur die Frage, welche Einflüsse das Pferd wie und vor allem wie lange kompensieren kann, bis die Belastung zur Überlastung wird und nicht mehr kompensierbar ist. Letztendlich gibt eine überlastete Struktur den „schwarzen Peter" an die nächste weiter, bis am Ende die Kompensationsfähigkeit ausgeschöpft ist und Symptome in Form von Schmerzen auftreten.

Merke

Schmerzen entstehen nie am Anfang, sondern stets am Ende einer Kompensationskette!

Gelenkläsionen

Kommt es zu einer Bewegungseinschränkung in einem Gelenk, welche beispielsweise durch eine Verletzung, Blockierung oder unsachgemäße Haltungsbedingungen (ständige Boxenhaltung) verursacht wurde, verändern sich die morphologischen, biochemischen und biomechanischen Eigenschaften und Vorgänge in allen beteiligten Strukturen des jeweiligen Gelenks. Insbesondere kommt es sehr schnell zu einer Muskelatrophie und fibrösem Bindegewebe im Gelenk. Innerhalb von 4 Wochen entstehen zwischen den Knorpelflächen Verwachsungen. Berührende Knorpelflächen atrophieren, sodass der Knorpel an Quantität einbüßt und dünner wird.

Bleibt ein Gelenk länger als 2 Monate immobil, bilden sich an den Stellen, an denen sich die Knorpeloberflächen berühren und komprimieren, Drucknekrosen. Es finden Veränderungen der Zellen und Fibrillen statt, während kapsuloligamentäre Fasern abgebaut werden. Auch Faszien, Bänder und Sehnen sind derartigen Veränderungen unterworfen. Bewegungsmangel führt außerdem zu einem Wasserverlust, wobei es zu einer Abnahme von Glykosaminoglykanen (GAG), insbesondere aber der Hyaluronsäure (bis zu 40 %) in der Interzellularsubstanz kommt. Aufgrund der verringerten Kollagenmenge wird der Kollagenumsatz gesteigert. Durch die eingeschränkte Gelenkbewegung entstehen unregelmäßige sogenannte pathologische Crosslinks (Quervernetzungen). Diese Vernetzungen bilden sich zwischen den bestehenden und neu entstehenden Fasern völlig willkürlich, wenn das Gelenk in seiner Bewegung gehandikapt ist.

Eine Ruhigstellung eines Gelenks hat auch weniger Druckbelastung des Knochens zur Folge. Daraufhin wird Knochenmasse abgebaut, weil die Aktivität der Osteoklasten überhandnimmt. Dies wiederum bewirkt eine Abnahme der Belastbarkeit des Knochen-Band-Apparats auf der Höhe der Insertion.

Man unterscheidet strukturelle und reflektorische Bewegungseinschränkungen. Praktisch kann man beide nicht immer exakt voneinander trennen. Strukturelle Bewegungseinschränkungen sind durch pathologische Crosslinks im Gelenkkapselbereich gekennzeichnet. Bei den reflektorischen Bewegungseinschränkungen wird die Beweglichkeit durch den Schmerz begrenzt (zum Beispiel muskuläre Schutzspannung). Die strukturellen Bewegungseinschränkungen sind im Gegensatz zu den reflektorischen nicht schmerzhaft. Auch die Behandlung unterscheidet sich: Strukturelle Bewegungseinschränkungen werden mit einer stärkeren Traktion in Stufe 3 mobilisiert, um die Verklebungen der Kapsel, Knorpel und Bänder zu lösen, s. Kap. Traktionen (S. 121). Reflektorische Bewegungseinschränkungen werden mit unterschiedlichen Methoden behandelt. Die Behandlungsmethode hängt von vielerlei Faktoren ab (Schmerzlevel, Art der blockierten Struktur, Ursache etc.) und muss von Fall zu Fall individuell entschieden werden.

Exkurs

Aufgrund dieser Erkenntnisse gehen die Bestrebungen dahin, die Mobilität von verletzten Gelenken so schnell wie möglich wiederherzustellen. Tierärzte verordnen den Pferden deshalb immer seltener absolute Boxenruhe. Ob ein Pferd nun eine Verletzung unter Boxenruhe auskurieren muss oder nicht, hängt natürlich von der Verletzungsart und -schwere ab. Bei schweren Sehnenverletzungen ist eine mehrwöchige Boxenruhe oft unumgänglich. Dennoch versucht man, die Pferde so schnell wie möglich wieder in die Bewegung zu bringen. Dies nützt nicht nur dem Körper, sondern auch der Psyche des Pferdes. Wenn möglich, sollten sich die Pferde kontinuierlich im Schritt bewegen können (Führen gerader Wegstrecken). Das tägliche Bewegen des Pferdes kurbelt den Stoffwechsel und somit den Heilungsprozess an, des Weiteren wird der Bildung pathologischer Crosslinks vorgebeugt.

Mechanik und Kinematik der Gelenke

Neben der Anatomie der jeweiligen Gelenke und der umgebenden Strukturen muss der Therapeut auch über deren Funktionsweise Bescheid wissen, um Behandlungen durchführen zu können. Zu den intraartikulären Bestandteilen eines Gelenks gehören die Gelenkknorpel, die Synovia, eventuelle Menisken, Disci, Labrum und entsprechende Bandstrukturen. Die extraartikulären Strukturen setzen sich zusammen aus der Gelenkkapsel (Membrana fibrosa und synovialis), den Nerven sowie den gelenknahen Muskeln und Gefäßen.

Gelenkstellungen

Zunächst sollten die Begriffe der Gelenkstellungen bekannt sein. In der Manuellen Therapie werden 5 verschiedene Gelenkstellungen beschrieben:

- Nullstellung
- Ruhestellung
- aktuelle Ruhestellung
- verriegelte Stellung
- Behandlungsstellung (Vorposition)

Nullstellung Die Nullstellung bezeichnet eine definierte Ausgangsstellung, von der aus man den Grad der Gelenkbewegung misst. In der Humantherapie werden diese Messungen nach einem bestimmten Schema dokumentiert.

Ruhestellung In dieser physiologischen Gelenkstellung ist das „joint play" (Gelenkspiel) am größten, weil die Rezeptoren am wenigsten aktiv sind und die Gelenkkapsel maximal entspannt ist.

Aktuelle Ruhestellung Hier handelt es sich aufgrund eines pathologischen Zustands um eine geänderte oder verschobene Ruhestellung. Es ist die Stellung, in der der Patient die geringsten Schmerzen verspürt. Momentan weist diese Stellung das größte „joint play" auf. Sie ist demzufolge auch die Ausgangsstellung für Behandlungen.

Verriegelte Stellung Bei der verriegelten Stellung haben die Gelenkflächen maximalen Kontakt. Somit ist sowohl die Traktion als auch das translatorische Gleiten eingeschränkt. Um ein Gelenk zu verriegeln, genügt die Änderung einer Komponente des dreidimensionalen Bewegungsausmaßes bis das Endgefühl erreicht ist. Ein Gelenk wird verriegelt, um ein unerwünschtes Mitbewegen des Gelenks bei der Behandlung eines Nachbargelenks zu verhindern.

Behandlungsstellung Unter der Behandlungsstellung – auch Vorposition genannt – versteht man eine Gelenkstellung am Bewegungsende, die der Patient aktiv herbeiführen kann. Das Bewegungsende kennzeichnen Schmerzen oder anderweitige Bewegungseinschränkungen. Aus diesem pathologischen Zustand heraus kann die Bewegung nicht mehr weitergeführt werden. Darum spricht man auch von der aktuellen Behandlungsstellung, da sie sich je nach Krankheits- oder Verletzungsstadium ändern kann. Die Vorposition stellt die Ausgangslage für mobilisierende Techniken dar, um die Gelenkbeweglichkeit zu steigern.

Osteo- und Arthrokinematik

Die Bewegungsrichtung eines Gelenks wird durch die Gelenkform bestimmt. Ein Kugelgelenk kann in alle Richtungen bewegt werden, es sind Flexion, Extension und Rotationen möglich. Eingeschränkt aber ist das translatorische Gleiten aufgrund einer Gelenkpfanne, die den Gelenkpartner fest umschließt. Ein Sattelgelenk, das in den Zehengelenken des Pferdes vorkommt, kann gute Flexions- und Extensionsbewegungen ausführen. Auch translatorisches Gleiten ist bis zu einem gewissen Grad möglich, die Rotation allerdings ist eingeschränkt. Das Wissen

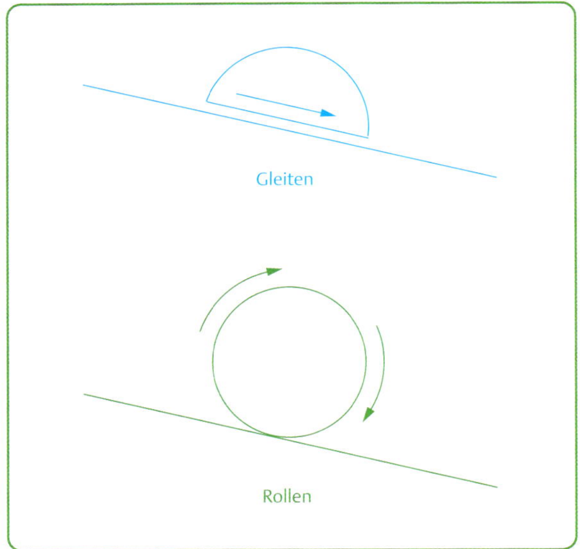

▶ **Abb. 3.94** Die Arthrokinematik entspricht dem Gleiten, die Osteokinematik hingegen dem Rollen.

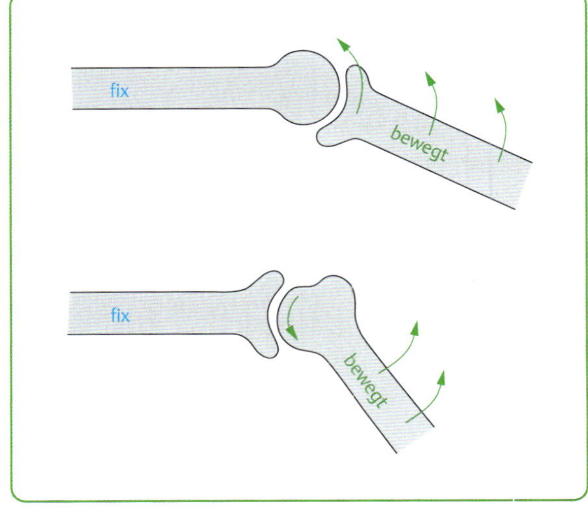

▶ **Abb. 3.95** Oben: Die Gleitbewegung findet bei einem bewegten konkaven Gelenkpartner stets in dieselbe Richtung statt. Unten: Die Gleitbewegung findet bei einem bewegten konvexer Gelenkpartner stets in die entgegengesetzte Richtung statt.

um die Gelenkformen ist für den Therapeuten deshalb sehr wichtig, um die physiologischen Bewegungsrichtungen beurteilen und seine Behandlungen entsprechend ansetzen zu können.

Zusätzlich zu diesen Kenntnissen muss sich der Therapeut aber auch damit auseinandersetzen, was bei einer Bewegung im Gelenk selbst passiert. Die Gelenkstellung wird immer dann verändert, wenn ein Knochenpartner bewegt wird. Man geht immer davon aus, dass ein Gelenkpartner fixiert ist, der andere bewegt wird. Hierbei finden 3 mögliche arthrokinematische Abläufe statt: Das Rollen, das Gleiten (▶ **Abb. 3.94**) und das kombinierte Rollgleiten.

Beim Rollen handelt es sich um die Bewegung eines Knochens im Raum, was als Osteokinematik bezeichnet wird. Beim Gleiten hingegen finden im Gelenk mechanische Bewegungen statt, deshalb nutzt man hierfür den Begriff Arthrokinematik.

Bei der **Osteokinematik**, also dem Rollen, berühren sich immer neue Punkte der Gelenkpartner. Der dadurch gewonnene Weggewinn hat den Nachteil, dass viel Platz benötigt wird. Der Vorteil des Rollens aber besteht darin, dass es zu einer geringen Abnutzung kommt, weil kaum Haftreibung stattfindet.

Bei einer reinen Gleitbewegung (**Arthrokinematik**) hat ein Punkt der gleitenden Struktur ständigen Kontakt mit jeweils neuen Punkten des Gelenkpartners. Im Gegensatz zum Rollen entsteht hier eine große Haftreibung. Man muss die Gleitbewegungen noch zwischen dem translatorischen und dem Rotationsgleiten unterscheiden. Beim translatorischen Gleiten erfolgt die Bewegung des Gelenkpartners parallel zur Behandlungsebene auf dem fixierten Partner. Es entsteht dabei keine Hebelwirkung. Beim Rotationsgleiten gibt es (außer der Oberfläche des bewegten Gelenkpartners) keinen Weggewinn, da der bewegte Gelenkpartner sich lediglich um seine eigene Achse dreht. Dabei berühren immer wieder neue Punkte des bewegten Gelenkpartners stets dieselben Punkte des fixierten Gelenkpartners. Der Vorteil liegt darin, dass große anguläre Bewegungen bei relativ kleinen Gelenkflächen möglich sind.

Rollen und Gleiten treten bei Gelenkbewegungen kaum isoliert, sondern meist kombiniert auf. Die Kombination aus Rollen und Gleiten nennt man Rollgleiten. Die Drehachse des bewegten Gelenkpartners bleibt dabei weitgehend konstant. In welche Richtung sich die Bewegung im Gelenk ergibt, hängt nun von der Form des Gelenks ab. Ein zusätzlicher Weggewinn ergibt sich dann, wenn der fixierte Gelenkpartner konvex ist. Ist der fixierte Gelenkpartner konkav, verhindert eine zur Rollbewegung entgegengesetzte Gleitbewegung, dass der Gelenkkopf (des bewegten Knochens) aus der Pfanne des konkaven Gelenkpartners springt.

Somit ergibt sich folgende Gesetzmäßigkeit: Die Rollbewegung geht stets in die Richtung, in die sich der Knochen im Raum bewegt. Die Gleitbewegung hingegen ist abhängig von der Form des Gelenkpartners (▶ **Abb. 3.95**). Daraus leitet sich die Konvex-Konkav-Regel nach dem Norweger Prof. Freddy M. Kaltenborn ab:

Konkavregel Die Gleitbewegung findet bei einem bewegten **konkaven** Gelenkpartner stets in **dieselbe** Richtung der Osteokinematik statt.

Konvexregel Die Gleitbewegung findet bei einem bewegten **konvexen** Gelenkpartner stets in die **entgegen-**

gesetzte Richtung der Osteokinematik (beziehungsweise der Rollbewegung) statt.

Merke

Weil die Begriffe konvex und konkav häufig verwechselt werden, hier zum besseren Verständnis:

- **Konkav bedeutet nach innen gewölbt, auch als „negative Krümmung“ bezeichnet.**
- **Konvex bedeutet nach außen gewölbt, auch als „positive Krümmung“ bezeichnet.**

Hilfreich ist dabei auch der Merksatz: „Konvex ist der Buckel von der Hex.“

Die Behandlungsebene

Für den Therapeuten ist es wichtig zu wissen, wo die Behandlungsebene eines Gelenks liegt, denn sie bestimmt die Richtung, in der Gelenktests und Behandlungen durchgeführt werden.

Die Ebene, welche die äußerste Begrenzung des konkaven Gelenkpartners darstellt, wird als **Tangentialebene** oder **Behandlungsebene** bezeichnet. Sie liegt also stets auf dem konkaven Gelenkpartner (▶ **Abb. 3.96**). Ist der konkave Gelenkpartner fixiert, ändert sich die Behandlungsebene in ihrer Lage nicht. Wird der konkave Gelenkpartner hingegen bewegt, ändert sich mit ihm auch die Behandlungsebene im Raum.

In der Manuellen Therapie kommen 3 Techniken zur Anwendung: Die Traktion, die Kompression und das translatorische Gleiten. Diese müssen jeweils in einem bestimmten Winkel zur Behandlungsebene durchgeführt werden. Traktion (▶ **Abb. 3.97**) und Kompression werden senkrecht zur Tangentialebene, das translatorische Gleiten hingegen parallel zur Behandlungsebene ausgeführt.

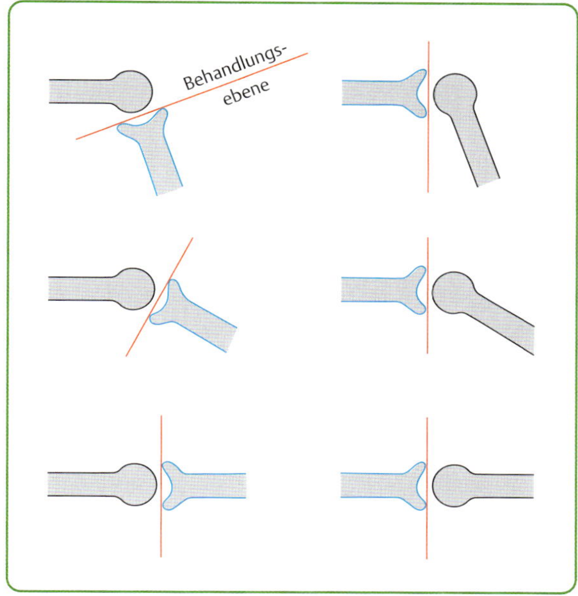

▶ **Abb. 3.96** Die Behandlungsebene liegt stets auf dem konkaven Gelenkpartner.

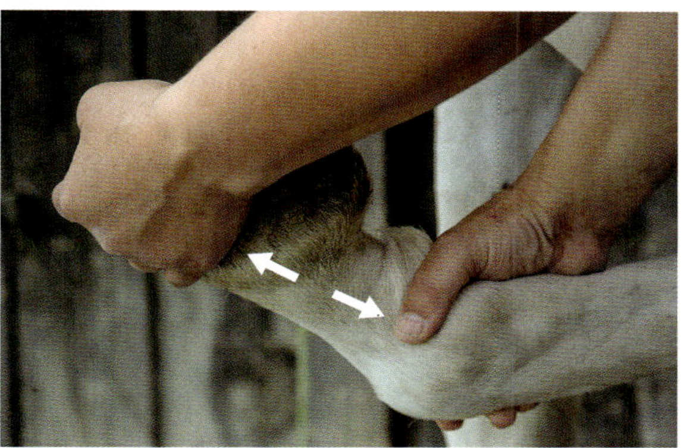

▶ **Abb. 3.97** Traktionen finden stets senkrecht zur Behandlungsebene (Pfeile) statt.

Das Gelenkspiel (joint play)

Die Bewegungen in einem Gelenk sind in erster Linie von der anatomischen Gelenkform abhängig. Für die aktive Beweglichkeit ist das Vorhandensein der Muskulatur notwendig, um beispielsweise eine Flexion oder Extension ausführen zu können. Hierbei handelt es sich um Funktionsbewegungen. Die passive Beweglichkeit eines Gelenks, die ohne Muskeleinsatz stattfindet, ist durch das Gelenkspiel (joint play) gekennzeichnet. Das Gelenkspiel ist abhängig vom Zustand der intra- und extraartikulären Strukturen und der jeweiligen Gelenkstellung. Diese gehen in ihren Bewegungsmöglichkeiten über den durch Muskeln initiierten Bewegungsspielraum hinaus. So sind beispielsweise nur durch Bänder und Gelenkkapsel begrenzende Gleitbewegungen in einem Gelenk möglich, wobei dem Gelenk für diese Bewegungen keine Muskeln zur Verfügung stehen. Darum sind keine aktiven Bewegungen in diese Richtung ausführbar. Diese Gleit- sowie Traktionsbewegungen sind keine Funktionsbewegungen und werden darum als Gelenkspiel bezeichnet.

Der Behandler muss also das Gelenkspiel wiederherstellen, wenn er eine Restriktion in einem Gelenk lösen will. Erst wenn das Gelenkspiel, also die passive Beweglichkeit eines Gelenks, seinen physiologischen Rahmen zurückerhalten hat, kann auch der aktive Bewegungsumfang sein normales Ausmaß erreichen.

Das Endgefühl

Am Anschlag der passiven Gelenkbewegung fühlt der Therapeut das sogenannte „Endgefühl“, dessen Qualität er beurteilt. Das Endgefühl hat zum einen im Seitenvergleich einen hohen diagnostischen Wert, zum anderen steht es in Bezug auf die Art des Gelenks. Jedes Gelenk zeigt bei der Untersuchung der passiven Bewegung ein für das jeweilige Gelenk charakteristisches Endgefühl.

Man unterscheidet zwischen physiologischem und pathologischem Endgefühl. Von einem physiologischen, weich-elastischen Endgefühl spricht man, wenn nicht die das Gelenk betreffenden Strukturen die Bewegung stoppen, sondern Weichgewebe die Bewegung „weich-elastisch" abbremsen (Weichteil-Stopp). Das physiologische Kapsel-Endgefühl ist hingegen fest-elastisch, man spricht vom sogenannten kapsulären Stopp. Ein ligamentärer Stopp ist durch ein hart-elastisches Endgefühl gekennzeichnet.

Pathologisch kann das Endgefühl sein, wenn es sich zu weich anfühlt. Muskuläre Verkürzungen oder kapsuläre Verlängerungen können die Ursache hiervon sein. Ein zurückfederndes Endgefühl entsteht beispielsweise aufgrund einer Diskusverlagerung. Ein abruptes Abstoppen, also ein hartes Endgefühl findet man bei arthrotischen Veränderungen im Gelenk. Bei einem „leeren" Endgefühl liegt eine zu hohe Abwehrspannung des Pferdes vor, die unterschiedliche Ursachen haben kann. So kann das Pferd dem Therapeuten nicht trauen oder die Schmerzen sind zu groß, dass das Tier eine muskuläre Schutzspannung aufbaut. Das „echte" Endgefühl kann bei einem „leeren" Endgefühl also nicht getestet werden.

Aufgrund von Misstrauen und Schmerzen findet man beim Pferd nicht selten ein leeres Endgefühl vor. Auch der harte, artikuläre Knochenstopp wird bei – vor allem älteren – Pferden insbesondere an den Zehengelenken nicht selten befundet, da hier Arthrosen relativ häufig vorkommen, s. Kap. Kapselmuster (S. 118).

Therapeuten beurteilen das Endgefühl oft unterschiedlich, weil die Empfindung für eine Bewegung immer subjektiv ist. Für eine einheitliche Differenzierung einer Bewegungseinschränkung, ob eine Bewegung zu groß, zu gering oder normal ist, hilft eine Skala:

- 0 = absolute Bewegungslosigkeit
- 1 = extreme Bewegungseinschränkung
- 2 = geringe Bewegungseinschränkung
- 3 = normale Beweglichkeit
- 4 = leichte, schmerzfreie Hypermobilität
- 5 = deutliche Hypermobilität mit Schmerzcharakter
- 6 = vollständige Instabilität außerhalb des physiologischen Rahmens

Das Kapselmuster

Näher beschreibt das Kapselmuster eine Bewegungseinschränkung eines Gelenks. In der Regel sind stets mehrere Bewegungsrichtungen eingeschränkt, wobei die Reihenfolge der eingeschränkten Beweglichkeit einer bestimmten Gesetzmäßigkeit folgt. Die Bewegungsrichtung, die zuerst einer Einschränkung unterliegt, wird dabei an erster Stelle genannt. So ist beim Menschen das Kapselmuster des Schultergelenks beispielsweise wie folgt beschrieben: Außenrotation – Abduktion – Innenrotation im Verhältnis 3:2:1. Das bedeutet, dass als Erstes die Außenrotation eine Einschränkung erfährt, dann die Abduktion und schließlich die Innenrotation.

Ein vorliegendes Kapselmuster deutet auf eine krankhafte Veränderung der Gelenkkapsel hin, welche stets durch eine Arthrose oder Arthritis charakterisiert ist. Kapselmuster können außerdem nur Gelenke aufweisen, deren Bewegung über Muskeln geführt wird, denn sie sind die Auslöser für die Entstehung des Kapselmusters.

Bei einer Gelenkentzündung nimmt das Pferd aufgrund der Schmerzen eine Schonhaltung ein. Diese Ruhigstellung des Gelenks wird in Richtung des stärksten Muskels stattfinden, der schmerzbedingt kontrakt wird. Der Hypertonus des Muskels fixiert somit das Gelenk automatisch in die Richtung, in der die Muskelspannung am größten ist.

Die Kapselmuster sind beim Pferd für die einzelnen Gelenke bislang nicht beschrieben. Dennoch lassen sich den meisten Gelenken kapsuläre Muster zuordnen, wenn man obige Erklärung für die Entstehung eines Kapselmusters annimmt.

Neben einem kapsulären Muster findet man auch nicht kapsuläre Bewegungseinschränkungen eines Gelenks. Hierzu zählt man jede andere Form der Einschränkung, die nicht aufgrund einer Arthrose oder Arthritis entstanden ist.

3.3.2 Behandlungsprinzipien, Stilrichtungen und Techniken

Die Manuelle Therapie im Allgemeinen und die Osteopathie im Speziellen umfassen eine Vielzahl von unterschiedlichen Techniken. Dabei zeichnet einen guten Therapeuten nicht aus, wie viele Techniken er beherrscht, sondern vielmehr, ob er in der Lage ist, diese im Hinblick auf deren Wirksamkeit für das jeweilige Problem des Pferdes richtig einzusetzen. Es macht wenig Sinn, verschiedene Techniken „auf gut Glück" auszuprobieren, in der Hoffnung, dass eine davon schon ihre Wirkung zeigen wird. Darum ist es wichtig, die Bedürfnisse eines jeden Therapiepferds zu ergründen und zu analysieren, um die richtige Technik auszuwählen. Zudem müssen dem Pferdebehandler die therapeutischen Ziele klar werden und was er mit welcher Technik erreichen möchte. Im Ergebnis müssen für eine erfolgreiche Therapie also 2 Anforderungen wie Schlüssel und Schloss zusammenpassen.

Um den Therapiebedarf des Pferdes zu ermitteln, gilt es zunächst verschiedene Aspekte ins Auge zu fassen. Eine Dysfunktion des Körpers kann aus einer neurologischen, somatischen oder psychischen Komponente heraus entstehen. Da der Körper aber eine funktionelle Einheit bildet, können diese Faktoren sicherlich nicht als getrennte Dimensionen angesehen werden. Vielmehr greifen die Punkte stets ineinander über und arbeiten als anatomisches und funktionelles Ganzes zusammen. Trotzdem bietet diese Sichtweise die Chance, das klinische Bild besser zu erfassen und somit die passende Therapie auszuwählen.

Bei einer Gelenkentzündung handelt es sich zunächst einmal um eine rein lokale, körperliche Komponente, die jedoch über die Schmerzrezeptoren auch die neurologischen Faktoren miteinbezieht. Letztendlich können die Schmerzen sowie die Bewegungseinschränkung ein Pferd auch psychisch enorm belasten, womit der gesamte Körper einem Belastungspotenzial in allen Dimensionen ausgesetzt ist. Der therapeutische Ansatz würde hier aber zuerst an der Ursache, also an der körperlichen Komponente, der Gelenkentzündung, ansetzen, weil die begleitenden Faktoren lediglich Auswirkungen darstellen und sich beim Wegfall der Ursache meist automatisch regulieren. Es ist für den Therapeuten also wichtig zu erkennen, welches die primäre Komponente ist, um Rezidive zu vermeiden und einen langfristigen Therapieerfolg zu erzielen.

Dies setzt einen besonders guten Pferdeverstand voraus, der es dem Therapeuten erlaubt, die Signale des Tieres aufzunehmen und vor allem richtig zu interpretieren. Grundsätzlich besteht eine Therapie immer aus Reparatur- und Adaptationsprozessen, die es gilt, als Therapeut zu unterstützen. Dabei ist es seine Aufgabe, diese Anpassungsvorgänge in die richtigen Bahnen zu lenken. Durch schmerzbedingte Schonhaltungen finden dysfunktionale Reparaturprozesse (pathologische Crosslinks) statt, welche weitere Fehlentwicklungen nach sich ziehen. Diese müssen unterbrochen und korrigiert werden.

Über den Zugang der körperlichen Ebene können durch bestimmte Techniken beispielsweise die Durchblutung, die Gewebsdrainage und Adaptationsvorgänge im myofaszialen Bereich unterstützt werden. Der Eingriff in die neurologische Ebene schafft eine Veränderung der Schmerzleitbahnen und der Motorik. Die Behandlung der psychischen Komponente hingegen ruft beim Pferd oft signifikante Verhaltensänderungen hervor. Nicht jede Technik kann dieselben Reaktionen auslösen, deshalb ist die Auswahl der richtigen Behandlungstechnik grundlegend für die Therapie. Eine allgemeine Entspannungsmaßnahme wird sicherlich nicht dazu führen, den Bewegungsumfang eines artikulär eingeschränkten Gelenks zu erweitern. Sie kann aber dazu beitragen, die Voraussetzung für die – nachfolgende – deblockierende Technik zu schaffen. Neben der Technikauswahl ist deshalb auch der Therapieaufbau ein wichtiger Erfolgsfaktor. Die Reihenfolge der gezielt ausgewählten therapeutischen Maßnahmen ist ein weiterer Schritt zur erfolgreichen Therapie.

Weichgewebetechniken

Die Behandlung der Weichgewebe des Körpers umfasst alle nicht knöchernen Strukturen. Die Manuelle Therapie kennt hier eine ganze Palette von Techniken, die teils als alleinige Behandlungsformen oder auch in Kombination mit weiteren Weichgewebe- oder Gelenktechniken angewendet werden.

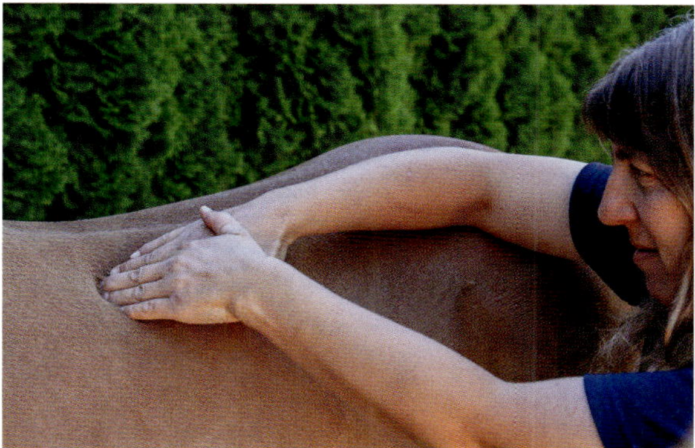

► **Abb. 3.98** Weichgewebetechniken sind die Basis der Manuellen Therapie.

Die oft lediglich als Wellnesswirkung verkannte Massage ist eine wichtige Grundlagentechnik für die Weichteilbehandlung des Pferdes. Weiteres unter Kap. Klassische Massage (S. 49). Die verschiedenen Griffe haben unterschiedliche Wirkungen in Bezug auf die Entspannung oder Tonisierung der Muskulatur, aber auch auf die Durchblutung, das Nervensystem und die Psyche. Die Massage greift damit in alle Facetten der therapeutischen Behandlung ein und kann somit als Grundlagen- und Einstiegstechnik in der Manuellen Therapie gute Dienste leisten (► **Abb. 3.98**). Sie ist eine gute Wahl, um die Reparaturprozesse im Körper anzuregen und zu steuern, weil sie die Gewebe entstaut und die Durchblutung fördert. Sie kann wiederholend, intermittierend und dynamisch eingesetzt werden, was insbesondere für Reparaturprozesse im Körper wichtige Parameter sind, und kann deshalb auf die jeweiligen notwendigen Belange des Patienten ausgerichtet werden.

Die verschiedenen Formen der aktiven und passiven Dehnung sind ebenfalls Techniken, die auf die Behandlung der Weichgewebe ausgerichtet sind. Dehnungen eignen sich allerdings nicht für die Unterstützung von Reparaturprozessen, weil sie im Gewebe zu viel Stress verursachen, zu statisch sind und in der Praxis keine ausreichenden Wiederholungen möglich sind. Auch eine Gewebsdrainage und Förderung der Durchblutung findet nur unzureichend statt. Dehnungen sind vielmehr auf eine reine Gewebeverlängerung ausgelegt und sollten nur bei vorausgegangener, aufgewärmter (massierter) Muskulatur eingesetzt werden.

Die Techniken des Myofascial Release zielen insbesondere auf eine Gewebeentspannung ab, die vor allem das Fasziensystem miteinbezieht. Diese Techniken können als erweiterte Massagebehandlung angewendet werden. Durch das Lösen von Restriktionen im myofaszialen System werden die Drainage des Gewebes sowie die Durchblutung gefördert. Weiteres unter Kap. Myofascial Release Technique (S. 81).

Zusätzliche Weichgewebetechniken wie beispielsweise die Akupressur oder Tuina (chinesische Massageform als

Teil der traditionellen chinesischen Medizin) haben ihren Ansatz stärker im energetischen als im strukturellen System, wobei die Beeinflussung des parietalen Komplexes ebenso gegeben ist.

Mobilisationen

Mobilisationen werden bei einer Bewegungseinschränkung von Gelenken eingesetzt mit dem Ziel, den pathologisch erhöhten Widerstand der Gelenkstrukturen zu durchbrechen. Mobilisationen kommen aber auch präventiv zum Einsatz, um bei allgemeiner Immobilität (Boxenruhe) die Gelenkbeweglichkeit zu erhalten.

Für Mobilisationen sind häufige Wiederholungen mit dosiertem Krafteinsatz kennzeichnend. Die Gelenke werden passiv bis an die motorische Barriere der eingeschränkten Bewegungsrichtung, allerdings im schmerzfreien Rahmen und selbstverständlich stets in physiologischer Richtung bewegt.

Über die passiven Bewegungen wird die Produktion der Synovia angeregt und deren Konsistenz verbessert. Die Gelenkschmiere wird dünnflüssiger und verteilt sich homogener zwischen den Gelenkknorpeln. Außerdem wird die Durchblutung gefördert und auf diese Weise die Nährstoffversorgung der Gelenkstrukturen gesteigert. Hiermit kann das Gelenk schließlich für weiterführende Techniken, wie translatorisches Gleiten, vorbereitet und „aufgewärmt" werden. Dieses „Aufwärmen" kann zusätzlich mit physiotherapeutischen Maßnahmen wie der heißen Rolle oder Massage unterstützt werden.

Man unterscheidet zwischen einer reflektorischen und strukturellen Bewegungseinschränkung (▸ Abb. 3.99), die therapeutisch unterschiedlich gehandhabt werden. Die Trennung beider Formen gestaltet sich allerdings schwierig. Bei der **strukturellen Bewegungseinschränkung** haben sich Verklebungen zwischen den intraartikulären Strukturen oder der Gelenkkapsel gebildet (pathologische Crosslinks). Diese Verklebungen können sich durch Ablagerungen von Hyaluronsäure und Fett auf den Knorpelflächen bilden. Sie entstehen in erster Linie durch Immobilität eines Gelenks. Ein auf diese Weise eingesteiftes Gelenk ist nicht schmerzhaft, während die **reflektorische Bewegungseinschränkung** mit Schmerzen einhergeht. Bei einer strukturellen Bewegungseinschränkung findet man an der Bewegungsgrenze einen fest-elastischen Stopp. Diesen verspürt der Therapeut auf der kranken Seite früher als auf der gesunden.

Die Behandlung von strukturellen Bewegungseinschränkungen dauert länger als die der reflektorischen, die man mit verschiedenen Methoden therapieren kann. Für die strukturelle Einschränkung muss über einen längeren Zeitraum eine Dehnung und Mobilisation, und zwar in Verbindung mit einer Traktion in Stufe 3, durchgeführt werden, s. Kap. Traktionen (S. 121). Bei reflektorischen Bewegungseinschränkungen setzt man hingegen

▸ **Abb. 3.99** Eine strukturelle Bewegungseinschränkung ist im Gegensatz zu einer reflektorischen nicht schmerzhaft. Dieses Pferd zeigt keine Schmerzreaktion, obwohl das Karpalgelenk nicht stärker streckbar ist. Es handelt sich also um eine strukturelle Bewegungseinschränkung.

eine Traktion in Stufe 1 ein, um die Gelenkkapsel zu lösen.

Die Mobilisation wird immer in Verbindung mit einer Traktion oder Translation durchgeführt. Die Wahl hängt von der Form des jeweiligen Gelenks ab. Ein Hüftgelenk liefert beispielsweise kaum die Möglichkeit einer Translation. Bei arthrotischen Gelenken kann eine Translation sogar kontraindiziert sein, hier ist also insbesondere bei den distalen Zehengelenken sowie Sprung- und Vorderfußwurzelgelenk des Pferdes große Vorsicht geboten. Eine Traktion hingegen bietet sich aufgrund ihrer schmerzlindernden und gelenkentlastenden Wirkung an. So können Gleit- und Traktionsmobilisationen durchgeführt werden.

Merke

Mobilisationen werden stets in Kombination mit Traktionen oder Translationen durchgeführt.

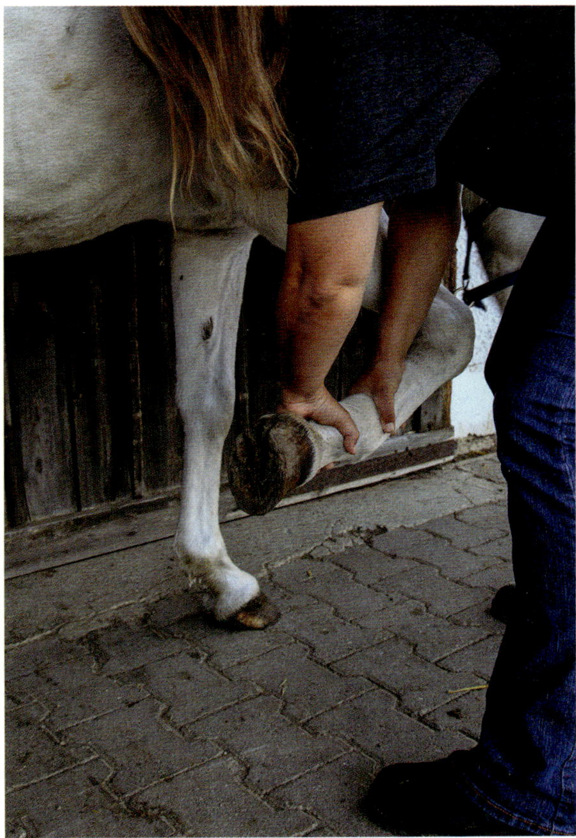

▶ **Abb. 3.100** Die Gelenkpartner sollten bei Mobilisationen so nah wie möglich am Gelenkspalt fixiert werden.

Für die praktische Durchführung von Mobilisationen sind folgende Punkte zu beachten:

- Der Therapeut sollte möglichst nah am Pferd stehen.
- Der Therapeut greift den fixierten (proximalen) sowie den zu mobilisierenden (distalen) Gelenkpartner so nah wie möglich am Gelenkspalt (▶ **Abb. 3.100**).
- Der Einsatz des eigenen Körpergewichts kann in bestimmten Fällen von Nutzen sein. Es sollte allerdings mit Gefühl eingesetzt werden.
- Die Gleitmobilisation wird parallel zur Behandlungsebene durchgeführt, die Traktionsmobilisation hingegen senkrecht zur Tangentialebene.
- Die Behandlungsrichtung hängt nach Kaltenborns Konvex-Konkav-Regel davon ab, ob der mobilisierende oder fixierte Gelenkteil konvex oder konkav geformt ist. Dementsprechend wird bei einem proximalen konkav ausgebildeten Gelenkpartner der distale Gelenkpartner in der der Funktionsrichtung entgegengesetzten Richtung mobilisiert. Ist der fixierte Teil hingegen konvex, wird in die Bewegungsrichtung mobilisiert.

Praxistipp

Ist eine Mobilisation in die eingeschränkte Richtung schmerzhaft, wird zunächst in die schmerzfreie Richtung mobilisiert.

Traktionen

Unter einer Traktion versteht man das Dehnen des Kapsel-Band-Apparats eines Gelenks. Die Traktion wird stets rechtwinklig zur Behandlungsebene durchgeführt (▶ **Abb. 3.101**). Dabei werden 3 Traktionsstufen unterschieden:

- Traktion in Stufe 1 = Lösen
- Traktion in Stufe 2 = Straffen
- Traktion in Stufe 3 = Dehnen

Stufe 1: Lösen In Stufe 1 übt der Therapeut lediglich einen sanften Zug auf das Gelenk aus. Es findet dabei keine merkliche Separation der Gelenkpartner statt, es wird allerdings der Gelenkinnendruck neutralisiert. Beim Lösen werden die Kompressionskräfte, die durch die Muskulatur auf das Gelenk ausgeübt werden, eliminiert. Durch Stimulation der Propriozeptoren haben Traktionen in Stufe 1 einen schmerzlindernden Effekt. Diese Stufe wird bei allen Gelenktests sowie bei Gleitmobilisationen eingesetzt.

Stufe 2: Straffen Mit der 2. Traktionsstufe erreicht man durch einen etwas stärkeren Zug die Anspannung des Kapselapparats im Gelenk. Der Slack der kapsulären Weichgewebe wird aufgehoben, ohne diese jedoch zu dehnen. Weil der Slack von Kapsel und Ligamenten in der Ruhestellung am größten ist, wird diese Stellung für das Straffen bevorzugt. Eingesetzt wird die Traktion in Stufe 2 ebenfalls für Gelenktests und zur Schmerzlinderung.

Stufe 3: Dehnen Nach Herausnehmen des Slacks in Stufe 2 werden nun mit zunehmender Zugkraft die Weichgewebe gedehnt. Hierfür ist eine größere Kraft notwendig, um eine Dehnung zu erreichen. Das Dehnen wird zum Test, aber auch für Mobilisationen genutzt. Ebenfalls wird bei arthrotischen Gelenken in Stufe 3 gedehnt.

Merke

Signalisiert das Pferd, dass es während einer Traktion Schmerzen hat, muss man von einer Verletzung des Kapsel-Band-Apparats ausgehen!

Das allgemeine Ziel von Traktionen ist die Verbesserung der Gelenkbeweglichkeit sowie eine Schmerzreduktion. Bei der Untersuchung hilft die Traktion, eine Aussage über die Qualität und Quantität der Gelenkbeweglichkeit zu erhalten. Außerdem können Verletzungen und Degenerationserscheinungen über die Reduktion oder Verstärkung der Schmerzhaftigkeit beurteilt werden.

Merke

Zur Mobilisation und bei arthrotischen Gelenken wird in Stufe 3 gedehnt. Zur Schmerzlinderung darf lediglich Stufe 1–2 zur Anwendung kommen. Die Prüfung des Gelenks (joint play) erfolgt in allen 3 Stufen.

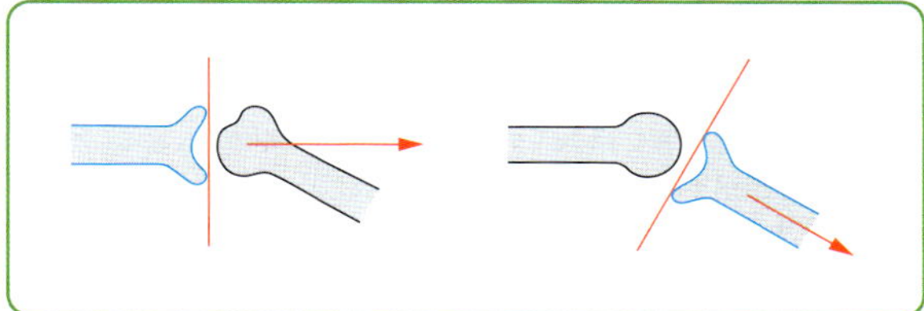

► **Abb. 3.101** Eine Traktion wird immer senkrecht zur Behandlungsebene durchgeführt.

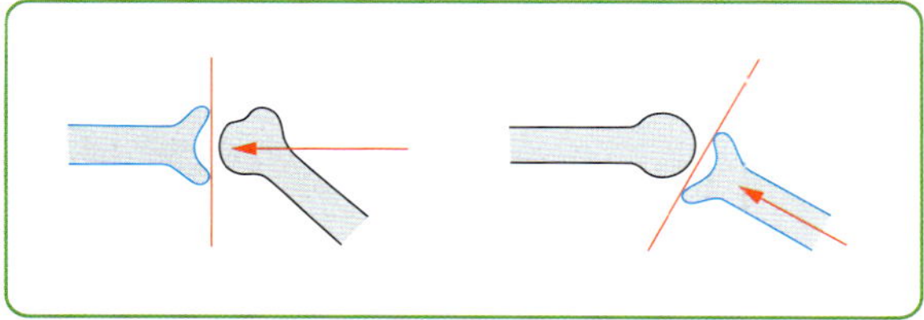

► **Abb. 3.102** Kompressionen werden stets senkrecht zur Behandlungsebene durchgeführt.

Kompressionen

Mit gezieltem Druck presst der Therapeut bei der Kompression die Knorpelflächen des jeweiligen Gelenks aneinander. Bei Schäden in Form von arthrotischen oder anderen artikulären Veränderungen der inneren Gelenkstruktur, aber auch bei Gelenkergüssen kommt es in der Regel zu einer Schmerzverstärkung. Aus diesem Grund wird die Kompression häufig als Provokationstest eingesetzt. Beim Pferd ist ein derartiger Provokationstest meist nicht genügend aussagekräftig, da das Tier keine detaillierte Rückmeldung geben kann und der Therapeut nur auf die Deutung der Reaktion des Pferdes angewiesen ist. Aus diesem Grund hat es sich bewährt, unter Kompression eine Translation durchzuführen, um über die Gleitkomponente die Gelenkstruktur und -funktion zu beurteilen. Weil insbesondere bei inkongruenten Gelenken nur geringe Knorpelanteile aneinanderstoßen, macht es Sinn, eine Kompression auch aus variierenden Stellungen heraus durchzuführen. Auf diese Weise können die verschiedenen Knorpelanteile getestet werden. Es ist darauf zu achten, dass man stets senkrecht zur Behandlungsebene komprimiert (► Abb. 3.102).

Kompressionen werden auch zur Kontrolle des Behandlungsergebnisses eingesetzt. Sie steigern außerdem die Belastungsfähigkeit des Gelenks, weil insbesondere über die abwechselnde Be- und Entlastung bei wiederholten Kompressionen die Ernährungssituation im Gelenk verbessert wird. Hauptsächlich wird dabei die Produktion der Synovia angeregt.

Merke

Kompressionen werden stets senkrecht zur Tangentialebene durchgeführt.

Translationen

Unter Translation versteht man ein Gleiten von Gelenkanteilen zueinander. Dabei unterscheidet man das gebogene und statische Gleiten. Beim gebogenen Gleiten folgt man der Form des Gelenks unter Berücksichtigung der Konvex-Konkav-Regel nach Kaltenborn. Beim statischen Gleiten orientiert man sich an der Behandlungsebene, zu der die Translation parallel durchgeführt wird (► Abb. 3.103). Beurteilt werden Qualität und Quantität der Bewegung. Bei Störungen kann die Gleitbewegung vermehrt oder vermindert sein. Man prüft die Translation stets im Seitenvergleich. Ziel von Translationen ist die Verbesserung der Gleitbewegung und somit der Bewegungsumfang im Gelenk, die Wiederherstellung oder Verbesserung des „joint play“ sowie die Schmerzlinderung (► Abb. 3.104). Das Gleiten wird dabei immer in Traktionsstufe 1 ausgeführt.

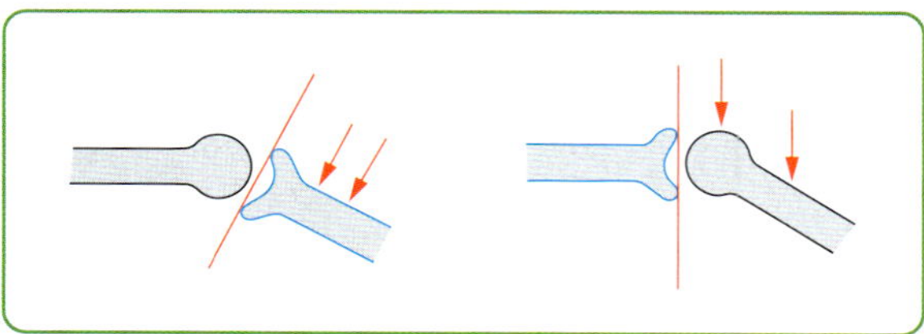

► **Abb. 3.103** Translationen werden stets parallel zur Behandlungsebene durchgeführt.

Praxistipp

Das translatorische Gleiten eignet sich auch hervorragend für Strukturen, die nicht knöchern, sondern über Faszien, Bänder und Sehnen verbunden sind. Beim Pferd ist hierfür das Scapulothorakalgelenk prädestiniert. Hierbei handelt es sich um eine rein muskuläre Verbindung zwischen Schulterblatt und Thorax, die eine Gleitbewegung ermöglicht.
Zum Test und zur Mobilisierung des Gelenks hebt der Therapeut das Vorderbein des Pferdes hoch und greift dabei mit beiden Händen das Fesselgelenk sowie das Röhrbein nahe dem Karpalgelenk. Der Unterarm des Therapeuten unterstützt außerdem das Antebrachium des Pferdes. Mit dieser Technik verhindert man die vollständige Flexion des Karpalgelenks, welches dadurch geschont werden kann. Der Therapeut hebt nun (zur eigenen Schonung mit geradem Rücken aus einer Kniebeuge heraus) die Vorderextremität an und beobachtet das Gleiten der Skapula nach dorsal. Man sollte deutlich den Schulterblattknorpel nach oben wandern sehen. Schließlich senkt man die Gliedmaße ab und wiederholt den Vorgang einige Male, s. Kap. Test auf translatorisches Gleiten des Scapulothorakalgelenks (S. 238), Kap. Mobilisation mithilfe des translatorischen Gleitens (S. 240) und Kap. Translationen (S. 122).

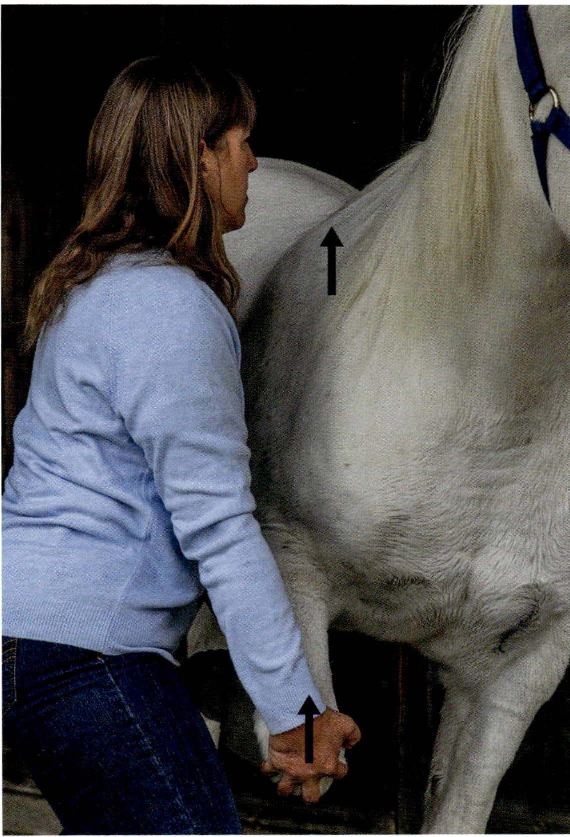

▶ **Abb. 3.104** Die muskuläre Verbindung zwischen der Skapula und dem Thorax ist prädestiniert für das translatorische Gleiten (Pfeile).

Die Translationen werden nach demselben Prinzip wie bei den Traktionen in verschiedene Stufen eingeteilt:

- Translation in Stufe 1: Lösen
- Translation in Stufe 2: Straffen
- Translation in Stufe 3: Dehnen

Stufe 1: Lösen Bei einer Translation in Stufe 1 wird lediglich ein kleiner Impuls in Form einer Vibration oder Oszillation auf den Gelenkpartner ausgeübt. Es findet hierbei kaum eine Bewegung der Gelenkteile statt, die Strukturen werden allerdings „angeregt“, damit sich eine Lockerung ergibt.

Stufe 2: Straffen Wie bei den Traktionen auch verschaffen Translationen in Stufe 2 eine Straffung der Gelenkkapsel und Ligamente. Der Slack wird beseitigt, indem die Gelenkteile parallel zur Behandlungsebene mit stärkerem Druck gegeneinander verschoben werden.

Stufe 3: Dehnen In der 3. Stufe kommt ein noch größerer Druck zum Einsatz, um die Gelenkstrukturen zu dehnen.

Manipulationen

Manipulationstechniken sind eine der ältesten Behandlungsformen in der Manuellen Therapie. Überlieferungen aus Griechenland und China zeugen von frühen Anwendungen schon um 2000 v. Chr. Für lange Zeit wurden Manipulationen allerdings recht grob durchgeführt. Mittlerweile sind die Kennzeichen einer korrekten Impulsbehandlung ein exaktes Einstellen sowie gezielte, aber geringe Kraftfaktoren.

In der Osteopathie werden Manipulationen als **HVLA-Techniken** (High Velocity, Low Amplitude) bezeichnet, äquivalent dazu ist auch der Begriff **Thrust-Technik** (thrust = Stoß, Hieb) geläufig. Die HVLA-Technik wird als Impulstechnik mit hoher Geschwindigkeit und kleiner Amplitude beschrieben. Aus der Chiropraktik ist auch die Bezeichnung „spinal adjustment“ (Wirbelsäulenadjustierung) für Impulstechniken an der Wirbelsäule gebräuchlich. Manipulationen sind eine Domäne der Chiropraktik, haben aber in der Osteopathie neben vielen anderen Techniken mittlerweile ebenfalls ihren festen Platz.

Vorteil von Manipulationstechniken ist der geringe Zeitaufwand, um Gelenkblockierungen zu lösen. Dafür ist die Lernphase umso länger, weil der Therapeut erst das notwendige Gefühl für die korrekte Einstellung (Vorspannung) und richtige Ausführung der Technik (Impuls) entwickeln muss. Eine umfassende osteopathische Ausbildung mit hohem Praxisanteil ist deshalb erforderlich, um mit Impulstechniken am Pferd arbeiten zu können.

Bei der Ausführung der Technik muss der Therapeut mit einer blitzschnellen Beschleunigung, aber kurzem Weg auf das Gelenk einwirken. Die Gefahr besteht in der Überschreitung der physiologischen Gelenkbarriere. Diese muss jedoch in jedem Fall gewahrt bleiben. Deshalb ist es ratsam, in der Lernphase der Technik den kurzen Weg der Geschwindigkeit vorzuziehen. Erst wenn man das sichere Gefühl für die Vorspannung entwickelt hat und den Kraftvektor exakt bestimmen kann, sollte man die Impulsbeschleunigung erhöhen.

Bei der Manipulation kommt es darauf an, den Bewegungsumfang lediglich um einen geringen Grad zu erweitern und nicht bei der ersten Behandlung den kompletten normalen Bewegungsumfang erreichen zu wollen. Vielmehr sollte der Therapeut Schritt für Schritt vorgehen und sich mit sanften, kleinen Impulsen quasi langsam an die physiologische Funktionalität herantasten. Ansonsten kann der Körper des Pferdes überfordert werden und es können sich folglich Verletzungen, Verspannungen und Schmerzen einstellen.

Merke

Es gilt bei der Therapie von artikulären Restriktionen, den Bewegungsumfang mit jeder Behandlung weiter zu verbessern, nicht jedoch auf Anhieb das Optimum erreichen zu wollen.

Die HVLA-Technik kann mit dem Einsatz von Hebelarmen oder mit direktem Druck ausgeführt werden. Dies ist sowohl vom jeweiligen Gelenk als auch von der Läsionsart abhängig. Auch eine Kombination von beiden Methoden kann in bestimmten Fällen zur Anwendung gebracht werden.

Über die Manipulationstechnik kann das Öffnen der Gelenkfacetten erreicht werden. Das Risiko, die physiologische Bewegungsgrenze zu überschreiten, ist deshalb nicht gering. Die Sicherheit des Pferdes hat darum oberste Priorität. Der Therapeut sollte stets „safe" bleiben und nur Techniken anwenden, die er absolut sicher beherrscht.

Um eine HVLA-Technik anzusetzen, steht zuvor die genaue Diagnostik der Läsion, wobei Kontraindikationen zu beachten sind (▸ **Abb. 3.105**). Die Befundung setzt hohe Anforderungen an die Palpationsfähigkeiten des Therapeuten voraus. Ist eine Bewegungseinschränkung diagnostiziert, wird der Therapeut sich überlegen, mit welcher Technik diese Restriktion am besten zu lösen ist. Es muss nicht immer die HVLA-Technik sein – im Gegenteil. Die meisten Blockierungen des Bewegungsapparats sind mithilfe von Weichgewebetechniken oder Mobilisationen zu lösen. Die HVLA-Technik ist lediglich bei rein artikulären Bewegungseinschränkungen indiziert. Hinweise auf eine artikuläre Dysfunktion können Schmerzen und qualitative Veränderungen des Gelenkspiels oder des Endgefühls sein. Die Einschränkung der Gelenkbeweglichkeit kann aber auch ursächlich muskulären Ursprungs sein, wobei dann entsprechende myofasziale Techniken, Weichteil- und Muskeltechniken eine geeignetere Therapieform darstellen, weil die eigentliche Aufgabe des osteopathischen Pferdetherapeuten die Beseitigung der Ursache und nicht der Auswirkung ist. Bei einer rein symptomatischen Behandlung wird die Therapie keinen Bestand haben, sondern die Restriktionen werden innerhalb kurzer Zeit erneut auftreten.

Cave

Für HVLA-Techniken besteht eine Vielzahl von Kontraindikationen, die in jedem Fall Beachtung finden müssen. Absolute Kontraindikationen sind schwere Formen von arthritischen Gelenken mit Ankylose, Gelenkinstabilität (beispielsweise bei Bänderschäden), Bandscheibenvorfälle, Knochenschwund und Infektionen. Unter relative Kontraindikationen fallen Verstauchungen, Zerrungen, hypermobile und leicht arthritische Gelenke.

Das schrittweise Vorgehen für die Umsetzung der HVLA-Technik erfolgt zunächst durch die sichere Diagnostik der somatischen Dysfunktion. Der Therapeut muss die anatomischen Strukturen sowie die physiologischen Bewegungsausmaße exakt kennen, um nun den Slack aus den artikulären Strukturen zu nehmen und die Vorspannung aufzubauen. Je nach Gelenk- und Läsionsart sind die

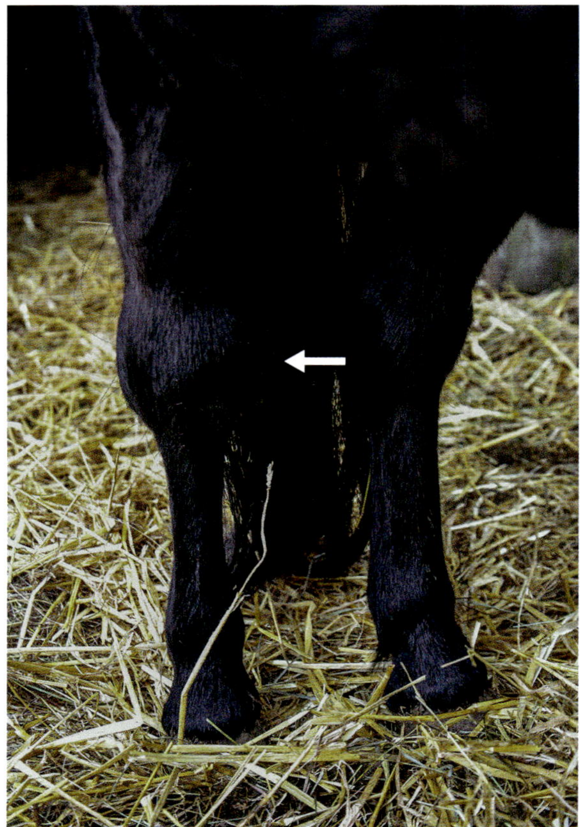

▸ **Abb. 3.105** HVLA-Techniken sind bei schweren Formen von arthritischen Gelenken mit Ankylosen, wie bei diesem Shetlandpony, absolut kontraindiziert. Das Gelenk (Pfeil) ist bereits vollkommen versteift, es kann nicht mehr mobilisiert werden.

Hauptparameter für die Spannungserzeugung die Flexion, Extension, die Lateroflexion und Rotation. Es können gegebenenfalls noch Translationen, Kompressionen und Traktionsparameter miteinbezogen werden. Durch einen kleinen, aber schnellen Impuls, der bei korrekter Einstellung keinen Kraftaufwand erfordert, wird diese Spannungssituation gesteigert.

Der Thrust kann gegebenenfalls ein Knack-Geräusch auslösen, was für viele Pferdebesitzer ein Zeichen für das erfolgreiche Lösen der Blockierung ist. Ob es zu einem Knack-Geräusch kommt, hängt aber keineswegs von einer gelungenen Korrektur ab. Vielmehr ist es abhängig von der Gelenkart und den jeweiligen Druckverhältnissen in den artikulären Strukturen.

Exkurs

Über die Ursache und Bedeutung des „Gelenkknackens" wurde bereits viel diskutiert. Unterschiedliche Theorien wurden aufgestellt, weshalb es zu diesem „Pop-Geräusch" kommt. Nach derzeitiger Lehrmeinung kann ein Gelenkknacken bei der Trennung von Gelenkflächen entstehen, wobei man der Ansicht ist, dass eine plötzliche Ausdehnung der Gelenkstrukturen durch den Thrust einen Unterdruck innerhalb der

Gelenkkapsel erzeugt, was eine Gasbildung zur Folge hat. Die Synovialflüssigkeit beinhaltet 15 % Gas (welches zu 80 % aus Kohlendioxid besteht). Dieses Gas wird beim Öffnen der Gelenkfacette unter Bläschenbildung in die Gelenkhöhle freigesetzt. Die Freisetzung des Gases ist schließlich als Knacken hörbar.

Ist das Gas gelöst, folgt eine Refraktärzeit von bis zu 30 Minuten, in der das jeweilige Gelenk nicht wieder zur Kavitation gebracht werden kann. Während dieser Zeit wird das Gas von der Synovialflüssigkeit rückresorbiert.

Eine korrekte Manipulation kann, muss aber nicht von einem hörbaren Knacken begleitet sein. Die Qualität der Technik ist keinesfalls von einem Gelenkknacken abhängig. Dies wurde auch in verschiedenen Studien belegt. Ob ein therapeutischer Effekt hervorgerufen wird, hängt in erster Linie also von einer akkuraten und korrekten Ausführung der Technik ab und nicht vom Erzielen eines Knack-Tons.

Manchmal kann bei Pferden auch ein dauerhaftes Knacken festgestellt werden, das in der Regel bei jedem Schritt oder einer besonderen Bewegung eines Gelenks ausgelöst wird. Hier kann man keine Refraktärzeit feststellen, sodass die Ursache nicht mit dem manipulativen Gelenkknacken gleichgesetzt werden kann. Ist ein Knacken in kurzer Folge auslösbar, vermutet man, dass Sehnen über Knochenvorsprünge schnalzen. Die logische Konsequenz aus dieser Vermutung ergibt, dass die Sehnenführung nicht korrekt verläuft. Die Ursachen können Fehlspannungen der Muskulatur oder Gelenkfehlstellungen sein, die in jedem Fall einer osteopathischen Behandlung bedürfen.

3.4 Weitere osteopathische Systeme

Die Behandlungstechniken der Osteopathie überschneiden sich mit den Stilrichtungen und Praktiken anderer Therapiemodelle. Abgrenzungen innerhalb der Manuellen Therapieformen sind mittlerweile schwierig geworden, dennoch lebt speziell die Osteopathie neben den eigentlichen greifbaren therapeutischen Maßnahmen auch von vielen philosophischen Aspekten. Typisch sind außerdem die ganzheitliche Betrachtungsweise sowie die weiteren Prinzipien wie die Autoregulation, die Interaktion von Struktur und Funktion, die Vorherrschaft der Arterien und die Folgerung daraus: „Leben ist Bewegung."

Da der Osteopath neben der Behandlung des strukturellen Knochen- und Gelenksystems auch Blut- und Lymphgefäße, Nervenbahnen, Faszien, Muskulatur, Sehnen, Bänder, Organe und Meningen beeinflusst, haben sich neben der strukturellen (parietalen) Osteopathie zwei weitere Systeme, das viszerale und kraniosakrale System, etabliert. Innerhalb dieser Systeme haben sich verschiedene Stilrichtungen und Techniken entwickelt, die nicht selten auch kombiniert werden, um dem ganzheitlichen Aspekt der Osteopathie Rechnung zu tragen.

Die **parietale** oder strukturelle Osteopathie umfasst die Behandlung von Knochen, Gelenken, Muskeln, Sehnen, Bänder, Faszien, spinalen Nerven und deren Zusammenspiel. Dieses System hat den stärksten Bezug zu anderen manuellen Therapieformen wie der Chiropraktik oder physiotherapeutischen Behandlungen. Sie stellt beim Pferd die wichtigste osteopathische Therapieform dar.

Die **viszerale** Osteopathie beinhaltet die Behandlung der inneren Organe, wie Herz, Leber, Lunge, Magen, Darm, Milz und Nieren, wobei sie auch die dazugehörigen Blut- und Lymphgefäße sowie das vegetative und enterische Nervensystem miteinbezieht. Die viszerale Osteopathie kann beim Pferd aufgrund seiner straffen Bauchdecke, des großen Körperumfangs und der damit sehr tief liegenden Organstrukturen nur indirekt praktiziert werden.

Die **kraniosakrale** Osteopathie bezeichnet insbesondere die Behandlung der vom Liquor ernährten Bereiche des Körpers. Der Liquor ist eine Flüssigkeit, die einer ständigen Neubildung unterliegt und im Gehirn und Rückenmark die Schutzfunktion und Ernährung des zentralen Nervensystems zur Aufgabe hat. Die durch den Liquorfluss induzierten und spürbaren Bewegungen insbesondere der Schädelknochen, aber auch weitere Körperstrukturen kann der kraniosakral arbeitende Osteopath ertasten und beeinflussen. Auf kraniosakrale Techniken reagieren Pferde aufgrund ihrer enormen Sensibilität und Empfindsamkeit hervorragend.

3.4.1 Kraniosakrale Osteopathie

Die Ausführungen zur kraniosakralen Osteopathie sollen einen Überblick und Einstieg in die Therapieform gewährleisten. Sie können die Arbeit des strukturell arbeitenden osteopathischen Pferdetherapeuten hervorragend ergänzen. Aus diesem Grund sollen hier die Grundlagen und einige wichtige Techniken vorgestellt werden, um dem Therapeuten in Verbindung mit den parietalen Techniken ein ganzheitliches System an die Hand zu geben.

Entwickelt wurde die kraniosakrale Osteopathie von Dr. William Garner Sutherland (1873–1954), der ein Schüler von Andrew Taylor Still war. Sutherland erweiterte Stills osteopathisches Konzept um die Behandlung des Schädels (▶ **Abb. 3.106**). Der amerikanische Osteopath und Chirurg Dr. John E. Upledger entwickelte die kraniosakrale Therapie in den 1970er Jahren als nun eigenständiges System weiter. Die noch sehr junge Therapieform wurde schließlich von Humanosteopathen auf das Pferd übertragen und beruht in erster Linie auf Erfahrungswerten. Die Reaktionen der Pferde auf kraniosakrale Techniken sind unglaublich, sodass sich kein Therapeut dieser Therapieform verschließen, sondern sie vielmehr in sein therapeutisches Konzept miteinbeziehen sollte.

Sutherland entdeckte die artikuläre Mobilität der Schädelknochen, die lange von Schulmedizinern angezweifelt wurde. Der Begründer der kraniosakralen Therapie führ-

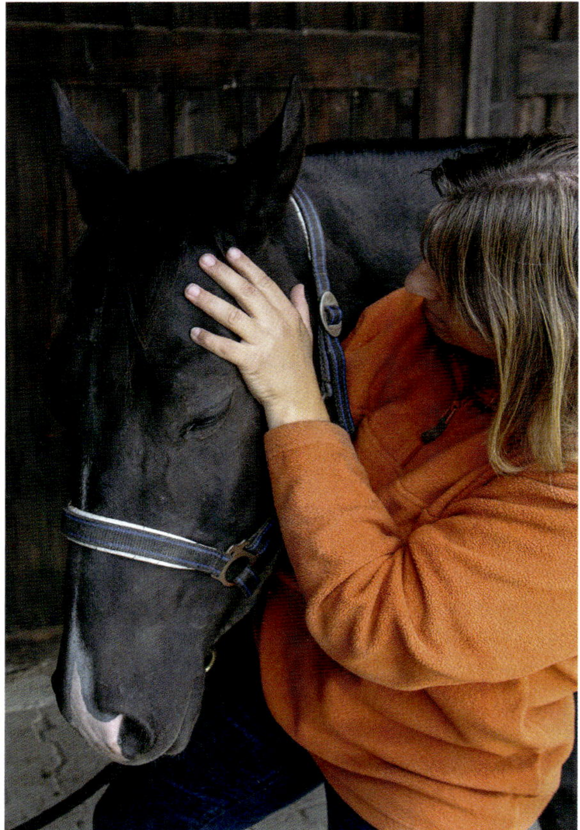

▸ **Abb. 3.106** Die artikuläre Mobilität der Schädelknochen wurde von Dr. William Garner Sutherland entdeckt. Kraniosakral arbeitende Osteopathen können die Schädelbewegungen palpieren.

te Experimente durch, um die Schädelbewegungen zu beweisen. So band er sich unter anderem ein unflexibles Band um seinen Kopf, das die Bewegungen der Schädelknochen einschränkte. Das Ergebnis waren stärkste Kopfschmerzen, was den Pionier der kraniosakralen Osteopathie dazu veranlasste anzunehmen, dass seine These der beweglichen Schädelknochen richtig ist.

Bei den Bewegungen der Schädelknochen handelt es sich um respiratorische Bewegungen, die vom rhythmischen Liquorfluss abhängig sind. In der medizinischen Literatur wird hingegen beschrieben, dass die Schädelknochen nach dem Schluss der Fontanellen fixiert und eine Mobilität damit ausgeschlossen ist. Mittlerweile sollen wissenschaftliche Experimente nachgewiesen haben, dass Schädelbewegungen in einem gewissen Maße dennoch denkbar sind.

Wenn Bewegungen möglich sind, können diese mobilen Knochen auch blockieren. Ein feinfühliger Therapeut kann diese Blockierungen erfühlen und lösen. Damit sich zwei Knochen gegeneinander bewegen können, müssen sie in Form eines Gelenks oder anderen flexiblen Verbindungen assoziiert sein. Diese Nahtstellen bilden die Suturen (Schädelnähte), welche die Gelenkflächen für die Mobilität der Schädelknochen bilden.

Sutherland fand aber nicht nur heraus, dass sich die Schädelknochen bewegen. Er folgerte aus seinen Forschungen und beobachtete, dass im menschlichen Organismus noch weitere Systeme rhythmischen Bewegungen unterworfen sind. Hierzu gehören:

- der Puls (Herzschlag)
- die Atmung (Exspiration, Inspiration)
- die Organperistaltik (Darm, Blase, Ureter, Magen etc.)
- und der Liquorfluss (der kraniosakrale Rhythmus, der mit dem Zentralnervensystem verbunden ist)

Der durch den Liquor erzeugte kraniale Rhythmus wird als primärer Atmungsmechanismus (PAM) bezeichnet.

Der primäre Atmungsmechanismus (PAM)

Dass der Körper außer den sicht- und fühlbaren Rhythmen wie Atmung und Herzschlag noch weiteren gleichmäßigen, wiederholenden Bewegungen unterworfen ist, haben Wissenschaftler längst bewiesen. Jede einzelne Zelle besitzt eine Eigenbewegung, die über das elektrische Aktionspotenzial der Zellmembran gemessen werden kann. In jeder einzelnen Zelle findet außerdem ein oxidativer Stoffwechselprozess statt, der auch als „Zellatmung“ bezeichnet wird.

So wurden ebenso Hypothesen für den primären Atmungsmechanismus aufgestellt, der über den Fluss des Liquors ausgelöst wird. Die Bildung des Liquors findet in den Hirnventrikeln statt. Das Hirnwasser verteilt sich im Gehirn und fließt schließlich entlang des Rückenmarks bis zum Kreuzbein. Diese Fluktuation erfolgt dabei in einem ganz bestimmten Rhythmus, der sich wie Wellen über das Fasziensystem sogar über den ganzen Körper fortsetzt. Aus diesem Grund ist der primäre Atmungsmechanismus im Prinzip an jeder Körperstelle zu spüren.

Am besten kann man den PAM jedoch am Schädel und am Kreuzbein palpieren. Dabei ist der primäre Atmungsmechanismus von der pulmonalen Atmung und dem Herzschlag völlig unabhängig. Beim Menschen wurde ein Rhythmus von 10–14 Respirationen/Minute festgestellt. Das Pferd weist eine langsamere Fluktuation auf, die sich zwischen 8 und 12 Respirationen/Minute bewegt. Man hat außerdem herausgefunden, dass die Aktivität des PAM bereits vor der Geburt beginnt (etwa 4 Monate nach der Befruchtung) und einige Minuten über den Tod hinaus anhält.

Merke

Das Pferd hat einen primären Atmungsmechanismus von etwa 8–12 Zyklen/Minute.

Die Wahrnehmung des primären Atmungsmechanismus bedarf anfänglich sehr viel Übung, Geduld und Durchhaltevermögen. Um den PAM spüren zu lernen, sollte der angehende Therapeut die Wahrnehmung seiner Hände mithilfe verschiedener Übungen schulen: Die meisten Menschen können ein Haar erspüren, wenn man dieses unter ein Blatt Papier legt. Legt man nun aber mehrere Blätter über das Haar, verliert sich die Tastbarkeit irgendwann. Je sensibler die Finger geschult sind, desto dicker kann die Papierlage sein, um das Haar noch zu ertasten.

Auch die Wärmeabstrahlung des Körpers kann man spüren. Dabei muss man die Haut beziehungsweise das Fell nicht berühren. In einem Abstand von einigen Zentimetern kann die Wärmeabstrahlung (oder auch Kälteabstrahlung) eines Körpers noch gut wahrgenommen werden. Mit immer größerem Abstand verringert sich das Wahrnehmungsvermögen.

Auch wenn man irgendwann das Haar unter dem Stapel Papier oder die Wärme über dem Luftpolster nicht mehr spürt – man weiß dennoch, das Haar beziehungsweise die Wärmeenergie ist da! So verhält es sich auch mit dem Liquorfluss: Er ist vorhanden, man muss nur lernen, ihn wahrzunehmen. Und wie so oft macht auch hier die Übung den Meister!

Anatomie und Biomechanik des Kraniums

Den Schädel des Pferdes unterteilt man anatomisch in Gesichts-(Viszero-) und Hirnschädel (Neurokranium), wobei einige Knochen einzeln vorhanden und andere paarig angelegt sind.

Die Knochen des Hirnschädels:

- Os occipitale (Hinterhauptsbein)
- Os sphenoidale (Keilbein)
- Os interparietale (Zwischenscheitelbein)
- Os parietale (Scheitelbein)
- Os frontale (Stirnbein)
- Os ethmoidale (Siebbein)
- Os temporale (Schläfenbein)

Die Knochen des Gesichtsschädels:

- Os nasale (Nasenbein)
- Os lacrimale (Tränenbein)
- Os zygomaticum (Jochbein)
- Maxilla (Oberkiefer)
- Os incisivum (Zwischenkieferbein)
- Os palatinum (Gaumenbein)
- Vomer (Pflugscharbein)
- Mandibula (Unterkiefer)
- Os hyoideum (Zungenbein)

Da die Knochenmatrix zu 20 % aus organischen Bestandteilen – das insbesondere kollagene Anteile besitzt – sowie zu 10 % aus Wasser besteht, sind Knochen in lebendem Zustand durchaus flexibel. Nur in ausgetrocknetem (totem) Zustand sind sie nicht mehr elastisch und damit formbar. So sind die Schädelknochen durch den kranialen Rhythmus einer vorgegebenen Mobilität unterworfen.

Man unterscheidet die Knochen der Mittellinie (Os occipitale, Os ethmoidale, Vomer, Os sphenoidale), die eine Flexions-Extensionsbewegung ausführen, von den Knochen der Peripherie (Os temporale, Os frontale, Mandibula, Maxilla, Os parietale, Os nasale, Os lacrimale, Os palatinum, Os hyoideum, Os zygomaticum), welche eine Innen- und Außenrotationsbewegung ausführen. Bei der Außenrotation weitet sich der Schädel wie ein Ballon. In dieser Phase übt der in den Hirnventrikeln gebildete Liquor Druck auf die Schädelplatten aus. Beim Abfluss des Liquors in das Rückenmarksrohr kommt es zu einer Innenrotation, quasi einem Erschlaffen des Schädelballons. Die unpaarigen Knochen der Mittellinie heben und senken sich bei diesem Vorgang, sodass es zu einer Flexions- (Öffnen) und Extensionsbewegung (Schließen) des Schädels kommt. Die Flexions- und Extensionsbewegungen erfordern die Flexibilität der membranösen Verbindung zwischen dem Os sphenoidale (Keilbein) und dem Os occipitale (Hinterhauptsbein). Diese membranöse Verbindung des Os sphenoidale und des Os occipitale nennt man „sphenobasilare Symphyse“ (SBS). Manchmal wird auch der Begriff „Synchondrosis sphenobasilaris“ (SSB) benutzt.

Suturen

Die einzelnen Schädelknochen sind über Schädelnähte, die sogenannten Suturen, miteinander verbunden (► **Abb. 3.107**). Aus schulmedizinischer Sicht verwachsen die Suturen im Laufe der Zeit vollständig miteinander und formen letztendlich eine unbewegliche Knochennaht. Nach osteopathischer Lehre hingegen bildet die Sutur eine bindegewebige Struktur, die mit Nerven, Venen und Arterien durchzogen ist und die zeitlebens eine minimale Bewegung zwischen den Knochenplatten zulässt.

Wie käme es sonst zu Kopfschmerzen, wenn nicht die Schädelbewegungen über die Suturen beispielsweise über ein starres Stirnband eingeschränkt werden würde? Und wozu, wenn nicht für Bewegungen, wären die Suturen ansonsten vorhanden? Die Suturen ermöglichen dem Schädel, sich über minimale Bewegungen bestimmten Gegebenheiten anzupassen. Der Schädel kann sich ausdehnen oder zusammenziehen. Diese Vorgänge nennt man Exspiration und Inspiration.

Man unterscheidet 3 verschiedene Arten von Suturen. Diese weisen andersartige Formen auf, weshalb man sie in schuppige Suturen (Sutura squamosa), gezähnte Suturen (Sutura serrata oder denticulata) und glatte Suturen (Sutura plana) einteilt.

Ein Beispiel einer geschuppten Sutur ist die Sutura temporoparietalis. Wenn Druck ausgeübt wird, gleiten die Suturen zueinander. Die Knochenränder können sich dabei übereinanderschieben und abdecken. Ein Beispiel für eine gezähnte Sutur ist die Sutura sagittalis (zwischen den beiden Os parietale), eine glatte Sutur stellt beispielsweise die Sutura nasomaxillaris dar (zwischen Os nasale und Maxilla).

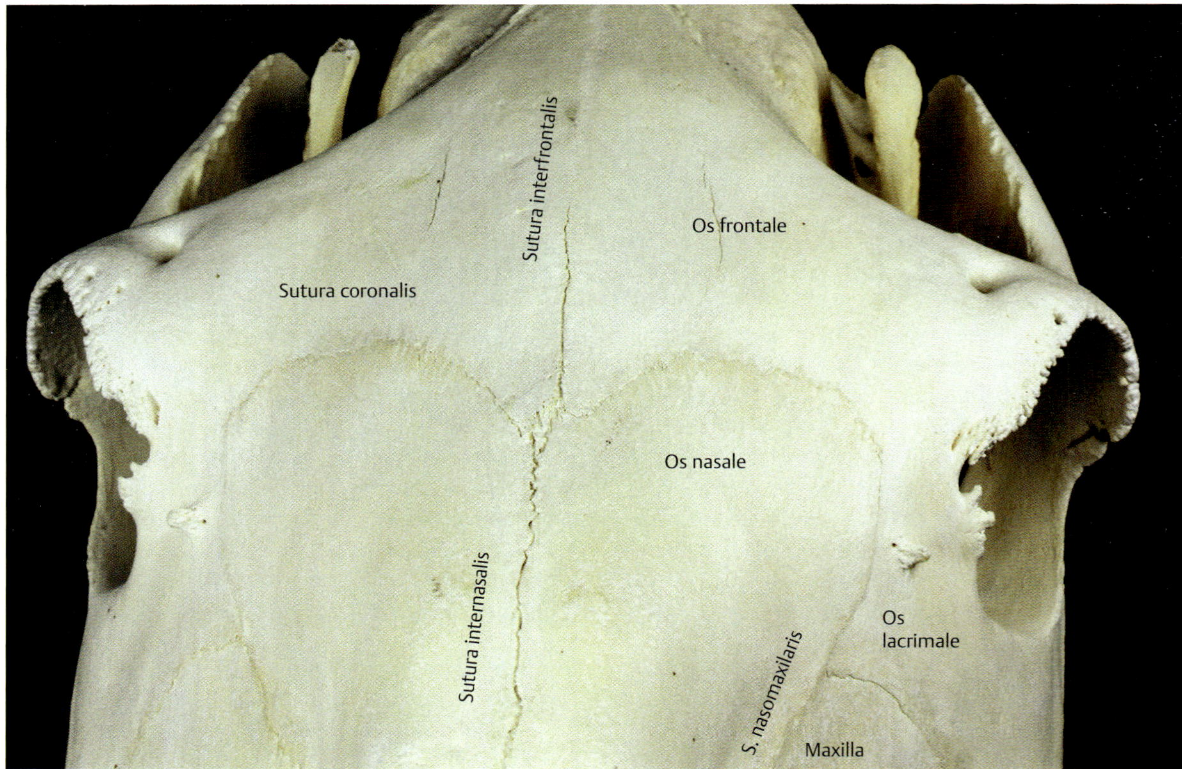

► **Abb. 3.107** Die einzelnen Schädelknochen sind über Suturen (Schädelnähte) miteinander verbunden.

Sphenobasilare Symphyse (SBS)

Die gelenkige Verbindung zwischen dem Sphenoid und dem Okziput ist eine sehr bedeutsame Struktur. Die im Laufe der juvenilen Jahre verknöchernde Struktur zwischen diesen beiden Schädelknochen wird sphenobasilare Symphyse (SBS) oder auch Synchondrosis sphenobasilaris (SSB) genannt (► **Abb. 3.108**). Diese membranöse Symphyse lässt Bewegungen in Extension (Exspiration), Flexion (Inspiration), Lateroflexion und Rotation zu und bildet somit die Zentrale der kranialen Bewegungen.

Durch die Bewegungen des Os sphenoidale werden die vorderen Schädelknochen beeinflusst, die hinteren hingegen werden über das Os occipitale angeregt. Das Sphenoid ist ständig in Bewegung und steuert über die SBS alle anderen Knochen des Schädels. Über der Sella turcica (Türkensattel) des Sphenoids befindet sich die Hypophyse, in der Hormone produziert und gespeichert werden. Kommt es zu Blockierungen der SBS und/oder Fehlstellungen des Sphenoids kann sich dies unter Umständen auch auf die hormonelle Situation auswirken.

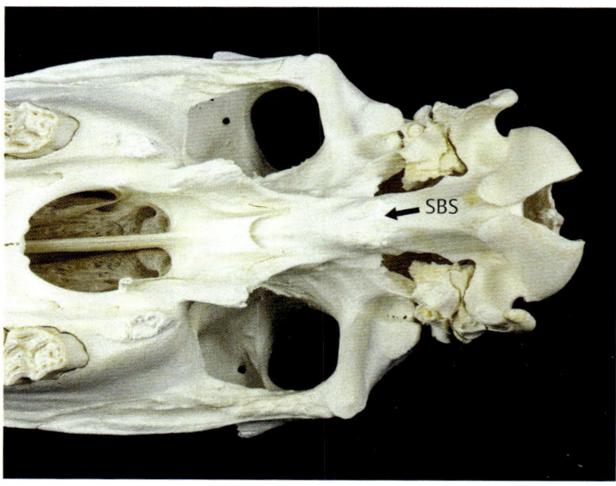

► **Abb. 3.108** Die sphenobasilare Symphyse (SBS, Pfeil) als gelenkige Verbindung zwischen dem Sphenoid und dem Okziput.

Merke

Hormonellen Problemen können Läsionen der SBS oder Fehlstellungen des Sphenoids zugrunde liegen.

Das Sphenoid sowie die sphenobasilare Symphyse liegen gut geschützt im Schädelinneren. Man kann sie deshalb nicht direkt palpieren und behandeln. Den einzigen Zugang erhält man über das Okziput, genauer gesagt über die Crista nuchae des Okziputs. Deren Stellung dient auch als Hinweis auf etwaige Fehlstellungen und Blockierungen der SBS.

Schädelknochen

Für die kraniosakrale Arbeit ist es für den Therapeuten wichtig, die Lage und Bewegungsmöglichkeiten der einzelnen Schädelknochen zu kennen, um sie letztendlich beeinflussen zu können. Blockierungen von Suturen, der

SBS sowie der einzelnen Schädelknochen haben unterschiedliche Auswirkungen auf den gesamten Bewegungsapparat des Pferdes.

Os occipitale Das Hinterhauptsbein ist einer der bedeutendsten Schädelknochen überhaupt, weil es mit seinem Gelenkpartner, dem Os sphenoidale, die SBS bildet. Diese lässt sich nur über die Crista nuchae direkt beeinflussen. Dem Os occipitale ist es möglich, kippende Bewegungen um die transversale Achse in Flexion und Extension auszuführen. Die seitlichen Anteile (Condylus occipitalis und Processus paracondylaris) gehen bei der Flexion nach lateral.

Muskelverspannungen und Faszienverklebungen in unmittelbarer Umgebung führen häufig zu Läsionen im Bereich des Okziputs. Lateroflexionsläsionen finden sich dabei häufig bei Verspannungen der Rectus-capitis-Gruppe, insbesondere aber des M. rectus capitis lateralis. Betroffen ist dabei meist auch das Atlantookzipitalgelenk und weiterführend das Kiefergelenk. Im Umkehrschluss führen Zahnprobleme über das Kiefergelenk und die muskulären Verbindungen ebenfalls zu Läsionen, Fehlstellungen und Blockierungen im Os occipitale beziehungsweise in der SBS.

Fehlstellungen des Os occipitale können Irritationen der austretenden Nerven hervorrufen. Bei Reizung des N. vagus (X. Hirnnerv) beispielsweise, der die Bauchorgane versorgt und den wichtigsten Nerv des Parasympathikus darstellt, können Stresssymptomatiken auftreten, die sich gegebenenfalls als ständige Unruhe, Nervosität und Fluchtbereitschaft äußern.

Os sphenoidale Das Sphenoid ist mitunter der wichtigste Knochen im Schädel des Pferdes. Er bewegt sich um die transversale Achse und besteht aus einem Körper, der Flexions- und Extensionsbewegungen ausführen kann. Seine Flügel bewegen sich bei einer Flexion nach lateral und beeinflussen somit das Os temporale. Weiter hat das Sphenoid eine Wirkung auf das Os frontale.

Das Sphenoid ist ständig in Bewegung und wird bei muskulären Dysbalancen in seiner Mobilität eingeschränkt. Keilbeinprobleme äußern sich unter anderem in Kopfschmerzsymptomatiken, schiefer Kopfhaltung und Kauproblemen.

Os temporale Das Schläfenbein steht mit mehreren Schädelknochen in knöcherner und muskulärer Verbindung. Knöchernen Kontakt hat das Os temporale mit dem Os hyoideum, dem Os frontale, dem Os parietale, dem Os occipitale und dem Os zygomaticum. Weiter haben Muskeln, wie der M. temporalis, der M. masseter, der M. brachiocephalicus oder M. splenius capitis, direkten Einfluss auf das Schläfenbein. Das Os temporale ist aufgrund der multiplen Verbindungen sehr anfällig für Läsionen.

Diskutiert werden als Auswirkungen Ohrprobleme, Gleichgewichtsstörungen, Allergien, Nasennebenhöhleninfekte sowie Stauungen des Liquors mit all seinen Auswirkungen (zum Beispiel Kopfschmerzen).

Os parietale Das Scheitelbein hat Kontakt zum Os occipitale, Os frontale, Os temporale und dem Sphenoid. Die paarigen Scheitelbeine sind mit den Zwischenscheitelbeinen (Os interparietale) verbunden, die sowohl mit dem Okziput als auch mit dem Os parietale im späteren Leben verwachsen. An dessen Innenseiten bildet sich ein Sichelfortsatz aus, der an der Entstehung des sogenannten Kleinhirnzelts (Tentorium cerebelli osseum) beteiligt ist.

Die beiden Knochen des Os parietale bewegen sich in einer Innen- und Außenrotation. Das Scheitelbein steht direkt mit dem Os temporale in Verbindung, sodass die Ursache mitunter auch dort zu finden sein könnte.

Os frontale Über die großen Keilbeinflügel werden die Bewegungen des Stirnbeins direkt auf die SBS übertragen. Deshalb hat das Os frontale eine zentrale Bedeutung im kraniosakralen System. An der Innenseite des Os frontale setzt die von der Dura mater gebildete Falx cerebri (Hirnsichel) an. Sie trennt die Großhirnhemisphären voneinander. Zusammen mit dem Tentorium cerebelli osseum, dem sogenannten Kleinhirnzelt (= querverlaufende Struktur zwischen dem Okzipitallappen des Großhirns und dem Kleinhirn), bildet die Falx cerebri ein Verbindungssystem, das die Schädelkapsel von innen stabilisiert.

Bei Flexion senken sich die beiden Hälften des Os frontale, die Seiten gleiten nach lateral.

Os nasale Auch das Nasenbein besteht aus 2 Knochen, die um eine vertikale Achse nach außen rotieren. Zudem macht der Knochen Extensions- und Flexionsbewegungen. Kontakt hat das Nasenbein zum Os frontale, zur Maxilla, zum Os ethmoidale und zum Os lacrimale.

Das Os nasale ist anfällig für Gewalteinwirkungen von außen durch Schläge, Stürze, aber auch durch zu enge Halfter. Bei präparierten Pferdeschädeln kann man sehr häufig Knochennekrosen am Os nasale identifizieren, die durch zu enge Reithalfter entstanden sind. Dabei schränkt ein dauerhafter Druck die Blutversorgung des Gebiets derart ein, dass es zum Knochenabbau kommt.

Die unterschiedlichen Läsionen können zu einer Blockierung der Sutura internasalis sowie aller Suturen der angrenzenden Schädelknochen führen.

Os incisivum und Maxilla Wiederum als paariger Knochen ist der Oberkiefer mit dem angrenzenden Os incisivum (Zwischenkieferbein) angelegt. In Flexion dehnt sich der Oberkiefer, der Zahnbogen und das Os incisivum weiten sich. Das Zwischenkieferbein macht dabei eine Rotationsbewegung um die eigene Achse.

Läsionen ergeben sich bei Zahn- und Kieferhöhlenproblemen, aber auch durch traumatische Einwirkungen. Die Folgen sind Kompressionen der Suturen, insbesondere

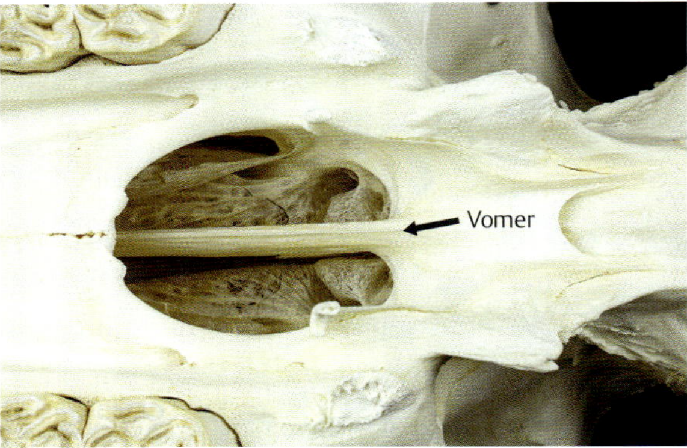

▶ **Abb. 3.109** Der Vomer (Pfeil) trennt die Nasenhöhle in zwei Teile.

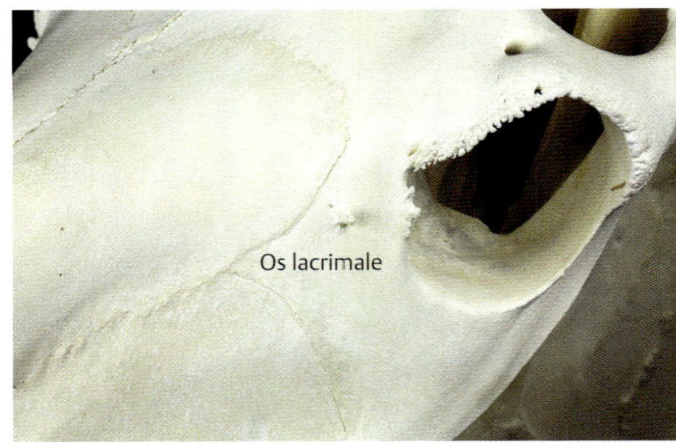

▶ **Abb. 3.110** Tränende Augen können ein Hinweis auf eine Läsion des Os lacrimale sein.

die die beiden Zwischenkieferbeine teilende Sutura palatina mediana (mittlere Gaumennaht).

Os palatinum Das Gaumenbein befindet sich zwischen der Maxilla und dem Keilbein. Es stellt einen Teil des harten Gaumens und des Nasenrachenraums dar. Während der Flexionsphase macht es eine Rotation um die transversale Achse. Der kaudale Teil bewegt sich dabei nach ventral, der kraniale nach dorsal. Die horizontalen Anteile rotieren nach lateral.

Eine direkte, strukturelle Manipulation ist durch die Lage des Gaumenbeins ausgeschlossen, deshalb wird es osteopathisch mit energetischen Techniken behandelt.

Vomer Das Pflugscharbein ragt wie ein Pfeil in die Nasenhöhle hinein und trennt diese mittig in 2 Teile (▶ **Abb. 3.109**). Der Vomer ist ein unpaariger Knochen und macht in der Flexionsphase eine kippende Bewegung, wobei sich der rostrale Teil nach dorsal bewegt, während der kaudale nach ventral gleitet.

Os zygomaticum Das Jochbein macht in Kooperation mit dem Os temporale eine Rotationsbewegung um eine halbschräge Achse, wenn das Keilbein sich nach lateral bewegt. Das Os zygomaticum hat Verbindungen zur Maxilla, zum Os temporale, zum Os lacrimale und zum Os sphenoidale.

Das Jochbein kann nachhaltige Irritationen erfahren, wenn Reithalfter zu eng und zu hoch verschnallt werden. Es können vor allem Blockierungen der Suturen zwischen Jochbein und Tränenbein entstehen. Die Folgen können sich in Augenausfluss, Kiefergelenkproblemen, Kau- und Schluckstörungen sowie allgemeinen Kopfschmerzen äußern.

Os lacrimale Das paarige Tränenbein ist unterhalb des jeweiligen Auges angelegt und hat Verbindungen mit dem Os frontale, dem Os sphenoidale und dem Os zygomaticum (▶ **Abb. 3.110**). Es ist somit Teil der Augenhöhle. Das Os lacrimale rotiert in vertikaler Richtung um die eigene Achse. Bei chronisch tränenden Augen ohne erkennbaren Grund sollte man auch an eine mögliche Läsion des Os lacrimale denken.

Os ethmoidale Das Siebbein ist knöchern mit dem Vomer, dem Os nasale, dem Os frontale, dem Os sphenoidale, dem Os palatinum und dem Os lacrimale verbunden. Der im Schädelinneren liegende Knochen bewegt sich mit dem Pflugscharbein zusammen in einer Kippbewegung in Extension und Flexion.

Os pterygoideum Das paarige sogenannte Flügelbein ist ein bogenförmiger Knochen, der mit dem Os sphenoidale, dem Vomer und dem Os palatinum in Verbindung steht. Das Pterygoid liegt am Flügelfortsatz des Keilbeins. Beim Menschen wird dieser Knochen nicht separat aufgeführt, sondern zählt zum Sphenoid.

Mandibula Der flexibelste Knochen am Schädel des Pferdes ist die Mandibula (▶ **Abb. 3.111**). Sie besteht aus einem v-förmigen Knochen mit den Anteilen Rami mandibulae und Corpus mandibulae. Knöchern steht sie über das Kiefergelenk mit der Maxilla, dem Os temporale und über den Processus pterygoideus mit dem Os sphenoidale in Kontakt. Fehlstellungen machen sich häufig durch Zahnproblematiken bemerkbar und wirken sich unmittelbar auf das Temporomandibulargelenk aus.

Muskulär ist insbesondere der M. masseter von Läsionen betroffen, der die Ursache von Kiefergelenkblockierungen, aber auch Fehlstellung des Os hyoideum sein kann. Im Umkehrschluss können artikuläre Fehlstellungen und Blockierungen eine muskuläre Dysfunktion des M. masseter bewirken. Bei Schluckstörungen, Kauproblemen und Gebissfehlstellungen sind darum sowohl das Temporomandibulargelenk, das Os hyoideum als auch der M. masseter zu überprüfen. Der Unterkieferknochen macht während der Flexionsphase eine Außenrotation.

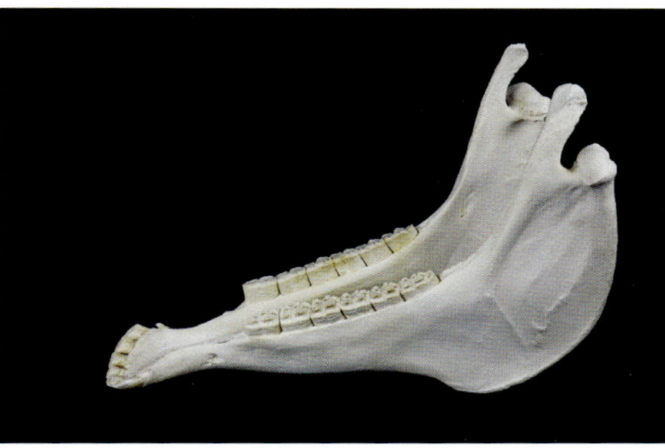

▶ **Abb. 3.111** Fehlstellungen des Unterkiefers stehen unmittelbar mit Läsionen des Kauapparats, des Zungenbeins oder des Kiefergelenks in Verbindung.

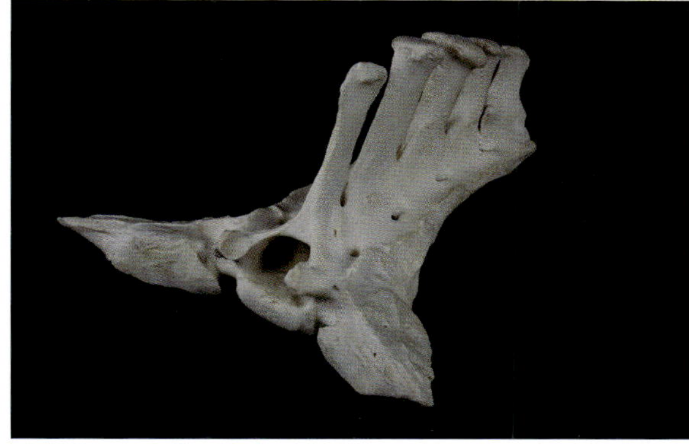

▶ **Abb. 3.112** Das Sakrum besteht aus zumeist 5 zusammengewachsenen Kreuzbeinwirbeln und nimmt in der kraniosakralen Osteopathie eine zentrale Position ein.

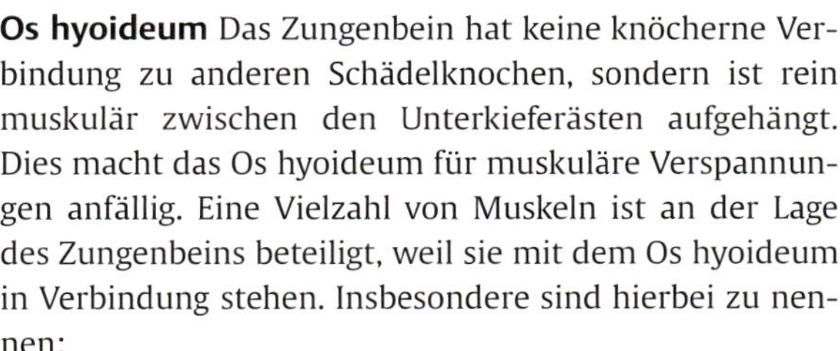

Os hyoideum Das Zungenbein hat keine knöcherne Verbindung zu anderen Schädelknochen, sondern ist rein muskulär zwischen den Unterkieferästen aufgehängt. Dies macht das Os hyoideum für muskuläre Verspannungen anfällig. Eine Vielzahl von Muskeln ist an der Lage des Zungenbeins beteiligt, weil sie mit dem Os hyoideum in Verbindung stehen. Insbesondere sind hierbei zu nennen:

- M. thyrohyoideus
- M. sternohyoideus
- M. stylohyoideus
- M. ceratohyoideus
- M. geniohyoideus
- M. mylohyoideus
- M. occipitohyoideus

Alle Strukturen, die über diese Muskeln mit dem Zungenbein in Kontakt stehen, müssen bei Fehlstellungen des Os hyoideum als Auslöser oder Sekundärläsion in Betracht gezogen und ebenfalls überprüft werden.

Während der Flexionsphase des kraniosakralen Rhythmus gehen die Thyrohyoidei (Kehlkopfhörner) nach lateral. Im Übrigen passt sich das Zungenbein den Bewegungen des Os temporale an.

Man geht davon aus, dass das Zungenbein einen Einfluss auf das Gleichgewicht des Pferdes hat. So sollen beispielsweise Springpferde, die Schwierigkeiten beim Absprung haben, häufig Läsionen des Zungenbeins aufweisen. Gesichert ist diese These allerdings nicht. Auch kann noch nicht bestätigt werden, dass Pferde mit Zungenbeinläsionen Schwierigkeiten haben, die Balance unter dem Reiter zu finden. Hierzu fehlen noch entsprechende Studien, dennoch sollte man an diese Möglichkeit denken.

Allein aufgrund der muskulären Verbindung ist ein Zusammenhang von Zungenbeinfehlstellungen mit Funktionsstörungen des Kauapparats, des Kiefergelenks, des Kehlkopfs und des Atlantookzipitalgelenks gesichert. Zur Behebung der – in der Regel muskulären – Läsionen eignen sich in besonderem Maße myofasziale Tiefen-Releasetechniken, s. Kap. Tiefen-Release und Lift-Techniken (S. 85).

Das Sakrum im kraniosakralen System

Das Sakrum (▶ Abb. 3.112) gehört zum kraniosakralen System – wie der Name bereits andeutet – ebenso dazu wie die Schädelknochen. Das Kreuzbein vollzieht äquivalent zu den mittleren Schädelknochen eine Flexions-Extensions-Bewegung. Die Verbindung zum Schädel (speziell zum Okziput und zur SBS) erfährt das Sakrum über den sogenannten Duralschlauch, der Fortsetzung der harten Hirnhaut, die als Dura mater cranialis vom Schädel ausgeht und in der Wirbelsäule zur Dura mater spinalis wird. Der Duralschlauch heftet sich vom Okziput ausgehend lediglich am 2. und 3. Halswirbel an, zieht aber dann frei bis zum Sakrum weiter. Damit wird klar, dass sich Bewegungen im Schädelbereich unmittelbar auf das Sakrum auswirken und umgekehrt. In der Schlussfolgerung ergibt sich, dass der Schädel über das Sakrum und das Kreuzbein über die Schädelknochen behandelt werden können.

Die Basis des Sakrums bewegt sich in der Flexionsphase nach dorsal, die Spitze (kaudales Ende des Sakrums) nach ventral. In der Extensionsphase kippt das kraniale Ende (die Sakrumbasis) nach ventral ab, während sich die Spitze nach dorsal bewegt.

Das Kreuzbein steht unmittelbar mit der Lenden- und Schweifwirbelsäule sowie über das Iliosakralgelenk mit dem Becken in Verbindung, s. Kap. Sakrum (S. 34). Somit können Dysfunktionen des Sakrums direkt auch das Iliosakralgelenk, die Lendenwirbelsäule und das Hüftgelenk betreffen. Über den Duralschlauch assoziiert es aber auch mit dem Okziput. Fehlstellungen des Atlantookzipitalgelenks sowie der ersten 3 Halswirbel wirken sich darum ebenso auf das Sakrum aus und umgekehrt. Über diese Beziehung kann eine Sakrumdysfunktion letztendlich sogar Kiefergelenkprobleme verursachen. Natürlich haben

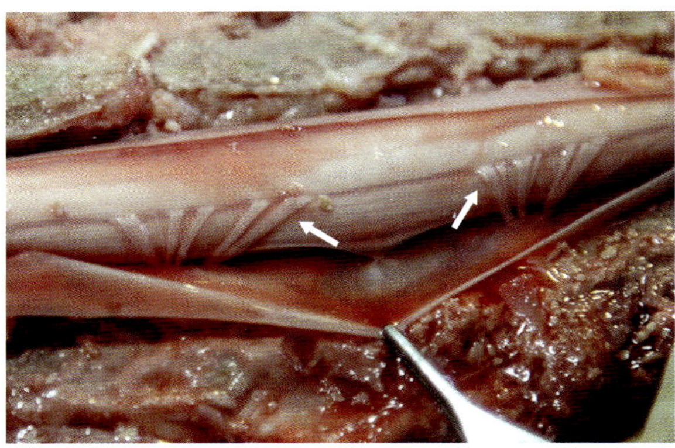

▶ **Abb. 3.113** Eröffneter Liquorraum im Rückenmark: Durch eine Infektionserkrankung aufgrund derer das junge Pferd euthanasiert werden musste, ist der austretende Liquor nicht mehr klar. Zu sehen sind außerdem die Nervenfasern (Pfeile).

Blockierungen im Sakrumbereich aber auch Auswirkungen auf die gesamte Wirbelsäule.

Der Liquor

Im Adergeflecht – dem Plexus chorioideus (auch Plexus choroideus geschrieben) – der 4 Hirnventrikel wird der Liquor cerebrospinalis gebildet. Der Liquor ist eine klare, durchsichtige und eiweißhaltige Flüssigkeit, die das gesamte Nervensystem versorgt (▶ **Abb. 3.113**). Der Liquor ist vor allem für die Ernährung und den Schutz des Nervensystems verantwortlich. Die Gehirn-Rückenmarks-Flüssigkeit zirkuliert im Subarachnoidalraum, dem Spalt zwischen der weichen Hirnhaut (Pia mater) und der Spinnwebenhaut (Arachnoidea). Diesen Bereich bezeichnet man als äußeren Liquorraum. Der innere Liquorraum wird von den Hirnventrikeln gebildet. Es gibt 4 Hirnventrikel, von denen der 4. Ventrikel (im Rhombenzephalon) von größter Bedeutung ist, da dieser direkt in den Zentralkanal des Rückenmarks übergeht.

In den Hirnventrikeln gebildet, umfließt der Liquor das Gehirn und das Rückenmark und wird vom venösen System rückresorbiert. Ein regelrechter Kreislauf entsteht somit nicht. Drei- bis viermal am Tag wird der Liquor komplett erneuert.

Der Liquor infiltriert aber auch verschiedenste Körperbereiche wie Knochen, Muskeln, Sehnen, Bänder, Bindegewebe, Aponeurosen und umfließt alle Gefäße. Dabei regulieren die Membranen den Liquorfluss, der durch die Bewegungen des Gehirns angeregt wird.

Kraniosakrale Techniken in der Praxis

Die kraniosakralen Behandlungsmöglichkeiten sind sehr vielfältig, tangieren manchmal auch die strukturellen oder viszeralen Systeme der Osteopathie und sind insbesondere bei der Praxis am Pferd noch in der Entwicklung. Einige erprobte und wirkungsvolle Techniken sollen hier ohne Anspruch auf Vollständigkeit vorgestellt werden, um einen Einstieg in die Therapieform zu gewähren und einen guten Überblick zu erhalten.

Für die kraniosakrale Behandlung des Pferdes sind bestimmte Voraussetzungen erforderlich. In erster Linie muss der Therapeut absolut ruhig, gelassen und ausgeglichen sein. Jedweder Stress, Zeitdruck, Nervosität, Angst oder Angespanntheit würden die notwendige Sensibilität und das Einfühlungsvermögen trüben. Der Therapeut wird mit diesen negativen Voraussetzungen Schwierigkeiten haben, die wellenförmige Ausbreitung des Liquorflusses zu erfühlen. Damit würde er sich vielen Techniken, die auf die Palpation des Liquorflusses angewiesen sind, verschließen.

Der Therapeut muss sich für die Signale des Pferdekörpers aufnahmefähig machen, was insbesondere bedeutet, dass er sich von jeglicher Erwartungshaltung frei macht, um weder fremder noch eigener Beeinflussung zu unterliegen.

Letztendlich sollte auch das Pferd ruhig sein und eine Palpation am Schädel zulassen. Hierfür behandelt man das Tier in seiner gewohnten Umgebung und sucht in diesem Rahmen ein ruhiges Plätzchen.

Grundsätzlich haben die kraniosakralen Techniken zum Ziel, den Liquorfluss zu verbessern. Für die sanften kraniosakralen Techniken hat sich auch der Begriff der fluiden Techniken eingebürgert. Es gibt unterschiedliche Ansätze, außerdem existieren oft alternative Bezeichnungen der einzelnen Therapieformen. Wie bei den strukturellen Techniken auch, sind alle Behandlungen aus der Humantherapie übernommen worden. So eignen sich naturgemäß nicht alle Techniken für die Anwendung am Pferd, dennoch hat sich ein Pool von beim Pferd wirksamen Techniken bereits standardmäßig etabliert.

Wie in der parietalen Osteopathie kennt man in der kraniosakralen Therapie sowohl direkte als auch indirekte Techniken. Die meisten Therapeuten ziehen in der kraniosakralen Therapie die **indirekten Techniken** vor, da diese als „sanfter" eingestuft werden. Dabei verstärkt man zunächst die Läsionsrichtung, der Therapeut geht also in die Läsion hinein. Das ist die Richtung, in die das Gewebe die Hand des Therapeuten zieht, wenn er ein Listening durchführt. Beim Listening spürt der Therapeut die Gewebe mit der stärksten Spannung auf. An diesen Strukturen ist die Frequenz und Amplitude des Liquorflusses stärker und somit pathologisch. Der Kraniosakral-Therapeut wartet anschließend geduldig auf den Release. Dabei entspannt sich das Gewebe und die Läsion löst sich auf. In den meisten Fällen ist eine mehrmalige Wiederholung der Behandlung notwendig, um einen nachhaltigen Behandlungserfolg zu erreichen.

Dekompression

Einen strukturellen Ansatz hat die Technik der Dekompression oder Disengagement. Unter diesen Begriffen wird das Trennen (Auseinanderziehen) zweier Strukturen durch eine Traktion bezeichnet. Diese Technik wird vor allem bei der Behandlung der Suturen (S. 137) angewendet.

V-Spread-Technik

Bei der V-Spread-Technik unterscheidet man den energetischen vom mechanischen V-Spread. Je nach Vorlieben des Therapeuten wird mit einem Finger entweder nur mental oder reell (durch einen Druckimpuls mit dem Finger) Energie durch den Patientenkörper geschickt. Diese Energieübertragung wird durch die fluktuierende Bewegung des Liquors initiiert. Wenn die Energiewelle an der restriktiven Struktur an der gegenüberliegenden Körperseite ankommt, spreizt der Therapeut seine auf dieser Struktur in V-Form liegenden Finger noch stärker, um das Dehnen des Gewebes zu unterstützen. Bevorzugt wendet man diese Technik ebenfalls zum Lösen der Suturen (S. 137) an. Im Prinzip kann der V-Spread aber an jeder Stelle des Körpers durchgeführt werden, um Restriktionen zu lösen.

Unwinding

Eine typische kraniosakrale Technik ist auch das sogenannte Unwinding. Dieser Begriff lässt sich mit „Freiwinden", „Aus-Wicklung" oder „Ent-Wicklung" übersetzen. Der Körper befreit sich dabei aus einem Trauma. Pferde sind nicht selten mit Traumen belastet, oft ist dies dem Pferdebesitzer allerdings gar nicht bewusst. Traumen können durch Unfälle, Angsterlebnisse oder Verletzungen entstehen. Sie können körperlicher, aber auch seelischer Natur sein. In den meisten Fällen sind es Kombinationen von körperlichen und emotionalen Traumen. Das Pferd kann ein Trauma viele Jahre mit sich herumtragen, häufig sind Traumen schon im Fohlenalter entstanden.

Über eine gesteigerte Aufmerksamkeit hört der Therapeut auf die Signale der betroffenen Körperstrukturen. Den vom Patientenkörper ausgehenden Impulsen folgt der Therapeut, wodurch sich das Gewebe vom Trauma befreien kann. Dies zeigt das Pferd in vielen Fällen durch ausgiebiges Gähnen (insbesondere bei sehr alten und lang bestehenden Traumen) und eine tiefe Entspannung. Es kommt dabei gar nicht so selten vor, dass die Pferde die Augen schließen und den Kopf tief absenken. Das Unwinding kann man nicht erzwingen, aber der Körper wird die Gelegenheit nutzen, sich von einem Trauma zu befreien, wenn die individuellen Rahmenbedingungen stimmen, s. Kap. Lösen der transversalen Faszien- und Membranebenen (S. 144) und Kap. Behandlung der Diaphragmen mit Unwinding (S. 144).

Stillpoint

Damit sich der Organismus wieder neu organisieren und strukturieren kann, leitet der kraniosakral arbeitende Pferdetherapeut den Stillpoint ein. Darunter versteht man das aktive Anhalten des kraniosakralen Rhythmus. Der Pferdetherapeut erfühlt zunächst den kraniosakralen Rhythmus und vergleicht die Flexions- und Extensionsphase sowie die Innen- und Außenrotationsphase miteinander. Das Erspüren des PAM erfolgt zunächst passiv. Erkennt der Therapeut Unregelmäßigkeiten in der Amplitude, folgt er dem größeren Ausschlag und stoppt nun aktiv das Zurückgleiten in die andere Richtung.

Nun verspürt man keine Bewegung des kraniosakralen Rhythmus mehr, diese Phase nennt man Stillpoint. Der Stillpoint kann Sekunden oder auch mehrere Minuten andauern. In dieser Zeit reorganisiert sich der Organismus neu. Der Therapeut bleibt nun passiv und wartet geduldig, bis der primäre Atmungsmechanismus von selbst wieder einsetzt. Weil sich der Körper harmonisiert hat, ist der Rhythmus nun regelmäßiger und kräftiger zu spüren.

Palpation des PAM

Um den kraniosakralen Rhythmus zu beurteilen, zu beeinflussen und um den Stillpoint setzen zu können, muss der Therapeut zunächst den primären Atmungsmechanismus (PAM) erfühlen lernen. Verschiedene Griffe erleichtern es, die Schädel- und Sakrumbewegungen zu erspüren. Grundsätzlich unterscheidet man 2 Variationen der Schädelhaltung mit diversen Abwandlungen, eine Technik zur Sakrumpalpation sowie Kombinationen.

Option 1: Palpation der Rotationsphase mit einer laterolateralen Schädelbewegung

Durchführung Die Hände des Therapeuten liegen auf beiden Seiten flach auf den Ossa parietalia und Ossa frontalia auf (▸ **Abb. 3.114**). Dabei hat der Therapeut 2 Möglichkeiten: Entweder steht er dabei mit dem Blick zum Pferdeschweif oder neben dem Pferdehals mit Blickrichtung zum Pferdekopf. Bei der 1. Variante kann man den Pferdekopf recht gut fixieren, indem man ihn mit dem Unterkiefer auf der eigenen Schulter lagert. Der Therapeut nimmt die Position ein, mit der er am besten klarkommt und bei der sich das Pferd am wohlsten fühlt.

Option 2: Palpation der Flexion-Extensionsphase mit einer kraniokaudalen Schädelbewegung

Durchführung Bei dieser Variante liegen die Hände des Therapeuten mit den Fingerspitzen zueinander zeigend zum einen auf dem Os frontale mit den Fingerspitzen Richtung Okziput (▸ **Abb. 3.115**). Die zweite Hand liegt zum anderen zwischen den Ohren mit den Fingerspitzen nach rostral auf dem Os occipitale. Diese Handhaltung wird als Schädeldachhaltung bezeichnet. Auch diese Haltung lässt sich etwas variieren, indem man die Hand auf dem Os frontale vertikal oder annähernd horizontal platziert. Bei Pferden mit einer breiten Stirn bietet sich die schräge oder fast horizontale Ausrichtung an. Die optimale Haltungsform ergibt sich häufig automatisch und wird durchaus auch von der Größe des jeweiligen Pferdes beeinflusst.

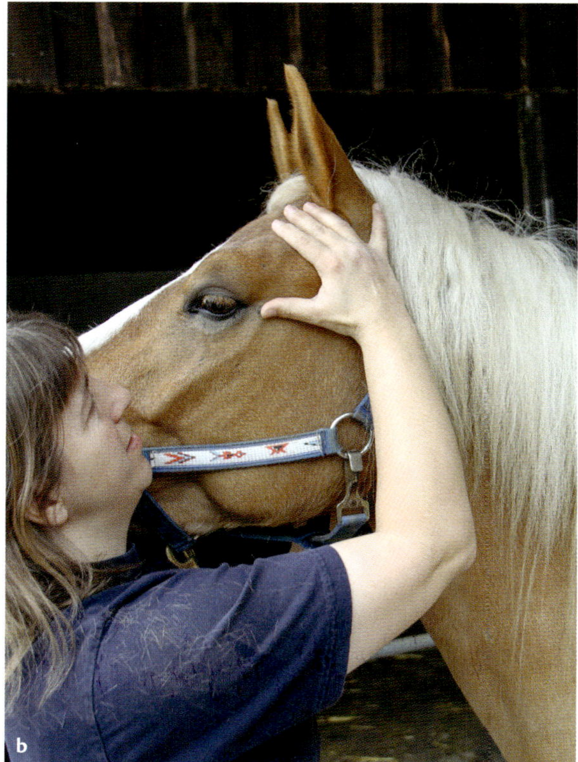

▸ **Abb. 3.114** Erspüren der Rotationsphase mit laterolateraler Schädelbewegung.
a Variante mit Blickrichtung zum Pferdekopf.
b Variante mit Blickrichtung zum Pferdeschweif.

Option 3: Palpation der Flexions-Extensionsphase des Sakrums

Durchführung Für die Palpation des PAM am Sakrum steht der Therapeut seitlich am Pferd und legt die Hand flach auf das Sakrum (▸ Abb. 3.116). Die Fingerspitzen zeigen nach kranial. Es ist darauf zu achten, dass man das Handgelenk dabei nicht abknickt, weil dies zu einer verkrampften Haltung führt, in der keine sensible Wahrnehmung möglich ist. Der Ellbogen zeigt dabei in Verlängerung zum Pferdeschweif.

Der Osteopath verspürt die Bewegungen des Sakrums in Flexion und Extension.

Definition

Die Terminologie der Sakrumbewegungen kann von Schule zu Schule variieren. So wird eine Ventralisierung der Sakrumbasis von manchen Instituten als Flexion, von anderen aber als Extension bezeichnet. Auch die Begriffe der Nutation und der Kontranutation finden teils gegensätzliche Anwendung. Um Klarheit zu schaffen, werden in diesem Buch folgende Begriffe gleichgesetzt:

- Flexion = Vertikalisierung des Sakrums = Dorsalisierung der Sakrumbasis = Kontranutation = Inspiration (Inspir)
- Extension = Horizontalisierung des Sakrums = Ventralisierung der Sakrumbasis = Nutation = Exspiration (Exspir)

Option 4: Palpation der Flexions-Extensionsphase von Sakrum und Okziput

Wenn der Therapeut den PAM isoliert am Schädel und am Kreuzbein erspüren kann, erfolgt die kombinierte Palpation von Okziput und Sakrum. Hiermit beurteilt der Therapeut, ob der PAM einen harmonischen Rhythmus aufweist. Wenn das Sakrum in Exspiration geht, sollte sich gleichzeitig auch das Okziput (SBS) in Exspiration bewegen. Ist dies nicht der Fall, das heißt, es gibt eine zeitliche Verzögerung oder man findet gar eine gegensätzliche Komponente, liegt eine Dysharmonie des PAM vor, die reguliert werden sollte.

Durchführung Der Therapeut legt eine Hand flach auf das Sakrum, die andere ruht zwischen den Ohren des Pferdes auf dem Okziput. Diese Technik ist allerdings nur bei kleinen Pferden praktizierbar, weil der Armumfang des Therapeuten irgendwann erschöpft ist. Aus diesem Grund muss man bei größeren Pferden ein sogenanntes Relais zwischenschalten und quasi in 2 Stufen arbeiten (▸ Abb. 3.117). Der Therapeut kontaktiert dabei zunächst mit einer Hand das Okziput, während die zweite Hand auf den Dornfortsätzen von Th 8–12 – direkt hinter dem Widerrist – ruht. Nach der Palpation übernimmt die Okziputhand die Lage hinter dem Widerrist, während die

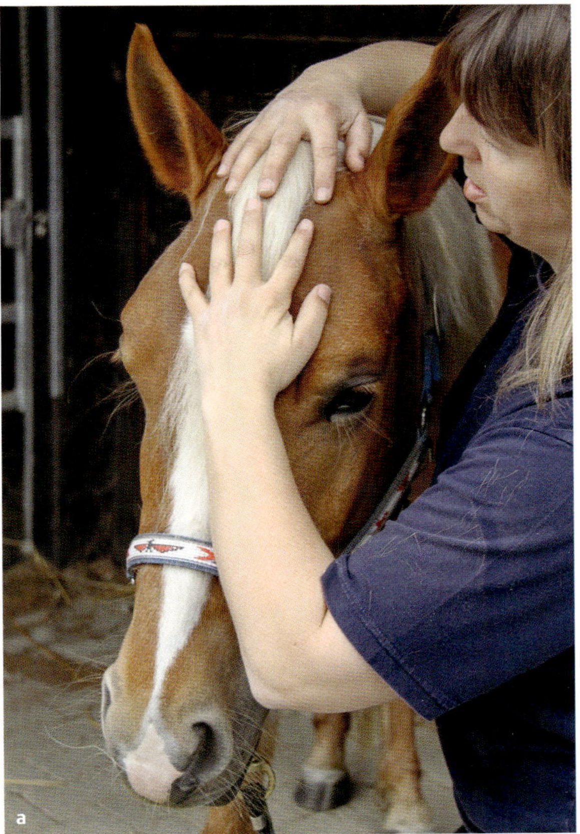

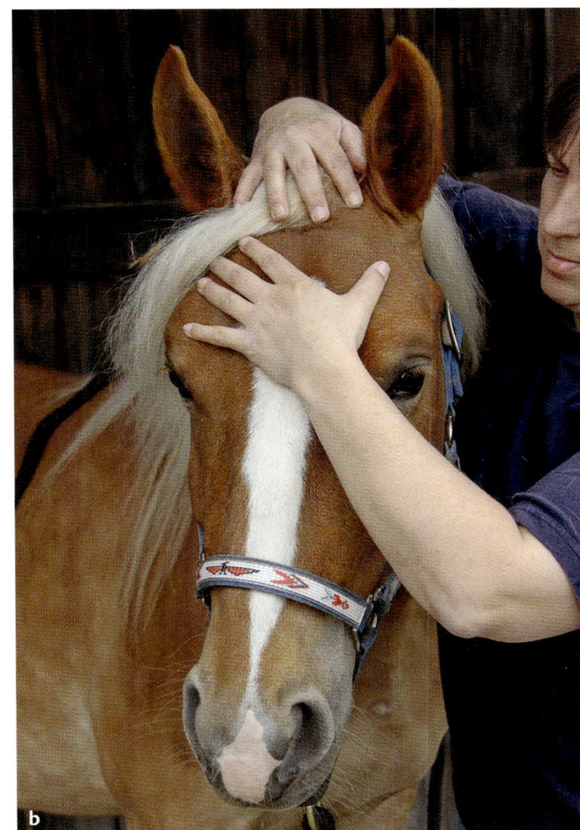

▶ **Abb. 3.115** Erspüren der Flexions-Extensionsphase mit einer kraniokaudalen Schädelbewegung.
a Variante mit zueinander zeigenden Fingerspitzen.
b Variante mit schräger Handhaltung auf dem Os frontale.

ursprüngliche Hand an der Brustwirbelsäule nun zum Sakrum übergeht.

Eine weitere Alternative ist die Arbeit mit einem Therapeutenkollegen. Wenn zwei Pferdetherapeuten gut eingespielt sind, kann letztere Technik in Abstimmung auch gleichzeitig durchgeführt werden. Ein Behandler legt seine Hände auf das Okziput und Th 8–12, während die Hände des Kollegen auf Th 13–15 und dem Sakrum ruhen.

Diese Behandlungstechnik ist auch als „Duralröhrenschaukel nach Sutherland" beziehungsweise „dural tube rock and glide" bekannt, wenn der Therapeut wie bei den Lifttechniken mit minimalem Zug (man spricht von lediglich 5 g) die Duralmembran entspannt, s. Kap. Sondertechnik: Duralröhrenschaukel nach Sutherland (S. 143).

▶ **Abb. 3.116** Palpation des PAM am Sakrum.

▶ **Abb. 3.117** Palpation der Flexions-Extensionsphase von Okziput und Sakrum mithilfe einer Zwischenstation auf Höhe des Widerrists.
a Phase 1.
b Phase 2.

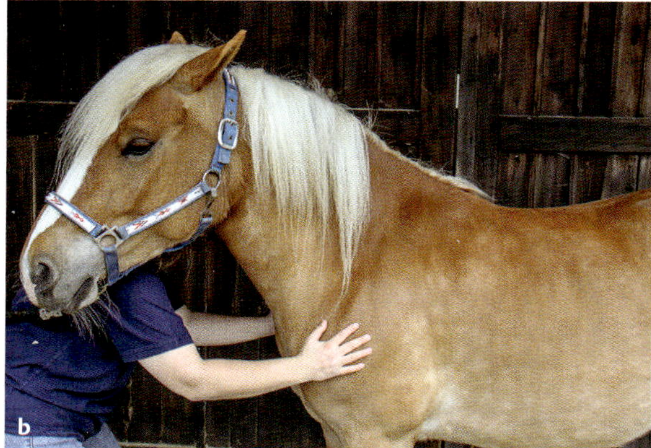

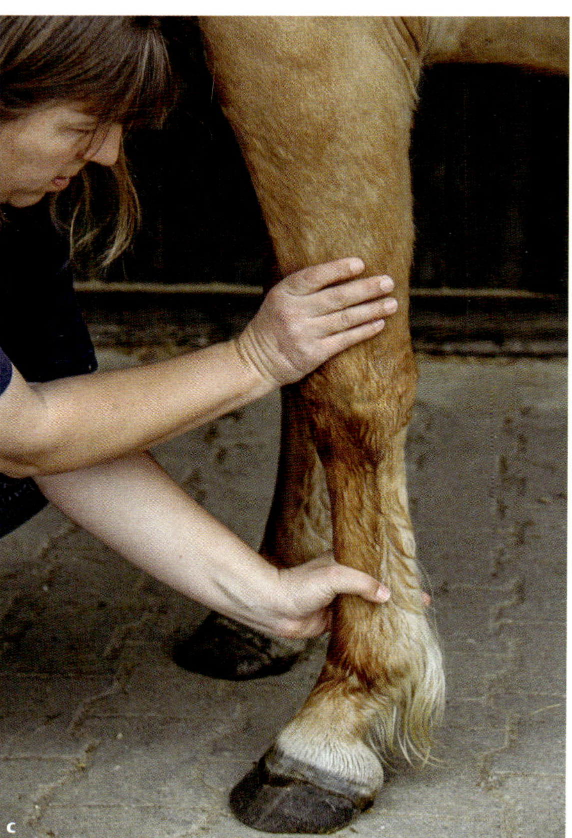

▶ **Abb. 3.118** Der PAM kann an verschiedenen Körperstellen getastet werden.
a Palpation an den Darmbeinen.
b Palpation an den Schultergelenken.
c Palpation an der vorderen Gliedmaße.

Option 5: Palpation des PAM an verschiedenen Körperstellen

Im Prinzip ist der PAM an jeder Stelle der Körpers tastbar (▶ Abb. 3.118). Dennoch ist der PAM am Kreuzbein und Schädel des Pferdes am besten zu spüren. Gut geeignet sind jedoch auch folgende Stellen:

- Becken: beide Darmbeine (der Therapeut steht dabei hinter dem Pferd, ▶ Abb. 3.118a)
- beide Schultergelenke oder Schulterblätter (der Therapeut steht in diesem Fall vor der Pferdebrust, ▶ Abb. 3.118b)

- Vorderbeine: Radius und Röhrbein
  - Radius und Röhrbein (▸ **Abb. 3.118c**)
  - beide Röhrbeine
- Hinterbeine:
  - Tibia und Röhrbein
  - beide Röhrbeine

Behandlung der Suturen

Restriktionen von Schädelnähten entstehen häufig durch Traumen wie Stürze oder Anschlagen des Kopfes. Weitere Ursachen können zahnchirurgische Eingriffe, hohe psychische Belastungen und chronische Muskelverspannungen im Kopfbereich sein. Beim Pferd findet man nicht selten Läsionen des Kauapparats, die so gut wie immer mit muskulären Verspannungen in Verbindung stehen.

Auf diese Weise entstehen suturale Restriktionen, die vor allem mit der V-Spread-Technik oder der Dekompressionstechnik behandelt werden können. Insbesondere die V-Spread-Technik erfordert ein hohes Maß an Konzentration und Palpationsfähigkeit, da der Therapeut sich mit den fluiddynamischen Kräften des Pferdekörpers synchronisieren muss, um diese Kräfte therapeutisch zu nutzen.

Sutherland verglich die Liquorfluktuationen mit den Meereswellen und den Gezeiten, was vielen Therapeuten die Vorstellung der fluidalen Bewegungen im Körper erleichtert. Mit der V-Spread-Technik lassen sich durch feinste Impulse, die über den Energie initiierenden Finger losgeschickt werden, selbst härteste Restriktionen der Suturen lösen.

Ob eine Sutur restringiert ist, testet der Therapeut zunächst mit der V-Spread-Haltung, wobei die v-förmig gespreizten Finger die zu testende Sutur in ihre Mitte nehmen und der Energie initiierende Finger zu Beginn der Inspirationsphase eine Energiewelle auf die zu prüfende Schädelnaht losschickt (▸ **Abb. 3.119**). Der „Energiefinger“ wird dabei an der am weitesten entfernten gegenüberliegenden Stelle der zu testenden Sutur am Schädel angelegt. Wenn die v-förmig angelegten Finger eine Öffnung der Sutur wahrnehmen, sobald die Fluktuationswelle ankommt, ist die Sutur offen und nicht behandlungsbedürftig. Fühlt der Therapeut allerdings eine Art Abprallen der Energiewelle, als würden Meereswellen gegen eine steile Küstenfelswand aufschlagen, ist die Sutur blockiert.

Aufgabe des Therapeuten ist es nun, die Energiewelle auf die restriktive Sutur zu fokussieren, um durch die Bündelung der fluiden Kräfte die Blockierung quasi aufzusprengen. Unterstützt wird das Lösen der Sutur durch minimales Spreizen der v-förmig angelegten Finger just in dem Moment, in dem die Energiewelle ankommt.

Beim energetischen V-Spread fokussiert der Therapeut die Energie lediglich mental auf die Sutur, während der mechanische V-Spread mit einem geringfügigen, aber reellen Druck des Energie initiierenden Fingers ausgeführt wird. Es ist bei jeder Durchführungsform des V-Spread wichtig, die zu behandelnden Strukturen durch

▸ **Abb. 3.119** Mit der V-Spread-Technik können Restriktionen der Suturen gelöst werden.

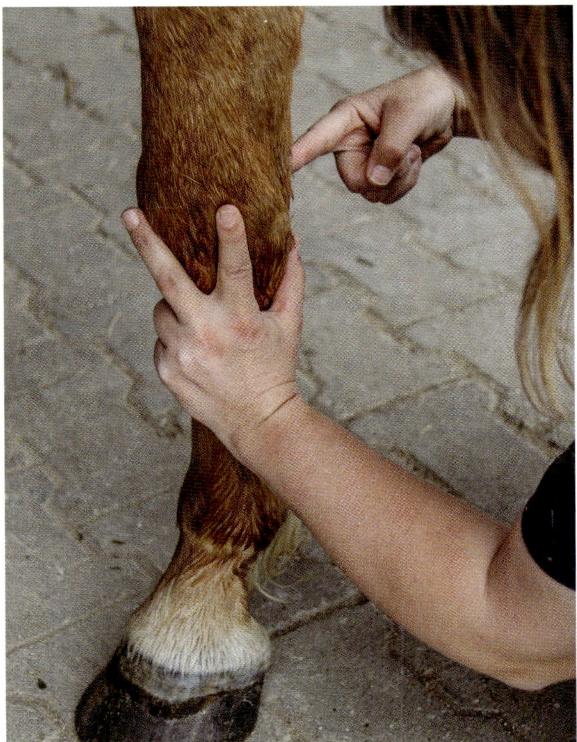

▸ **Abb. 3.120** Die V-Spread-Technik kann auch an verschiedenen Gelenken zur Anwendung kommen.

höchste Konzentration exakt zu visualisieren, weil sich der Behandlungserfolg damit wesentlich verbessern lässt.

Die V-Spread-Technik wird meist an den Schädelnähten angewendet, kann aber auch an verschiedenen Gelenken zum Einsatz kommen (▶ Abb. 3.120).

Bei chronischen und traumatischen Restriktionen von Suturen kann die Disengagement-Technik die bessere Wahl sein, um die Schädelnähte zu lösen. Bevorzugt nutzt man diese Technik der Dekompression an den knöchernen Bezugspunkten, die mit Pterion, Asterion, Nasion, Lambda, Inion und Bregma bezeichnet werden.

Definition

Die knöchernen Bezugspunkte:

- **Pterion:** Treffpunkt von Sutura temporalis, Sutura parietalis und Sutura sphenoidalis der Schädelknochen Os frontale, Os sphenoidale, Os temporale und Os parietale
- **Asterion:** Verbindungspunkt von Sutura lambdoidea, Sutura squamosa und Sutura occipitomastoidea der Knochen Os parietale, Os occipitale und Os temporale
- **Nasion:** Treffpunkt von Sutura coronalis, Sutura internasalis und Sutura interfrontalis der Gesichtsknochen Os frontale und Ossa nasalia
- **Lambda:** Verbindungspunkt von Sutura sagittalis und Sutura occipitoparietalis der Schädelknochen Ossa parietalia und Os occipitale
- **Inion:** Protuberantia occipitalis externa
- **Bregma:** Treffpunkt von Sutura sagittalis und Sutura coronalis der Schädelknochen Os frontale und Ossa parietalia

Die Technik des Auseinanderziehens der Suturen wird vor allem auch an den Pivot-Punkten praktiziert. Je nach Lage der zu behandelnden Region kann man unterschiedliche Grifftechniken anwenden.

Definition

Als Pivot-Punkt bezeichnet man Suturen mit unterschiedlich geneigten Gelenkrändern, die vermutlich als Bewegungsachsen der Schädelbewegungen dienen.

Technik mit parallel liegenden Daumen

Diese Technik kommt insbesondere an der Sutura internasalis zur Anwendung (▶ Abb. 3.121). Der Therapeut steht direkt vor dem Pferd mit Blickrichtung zum Schweif des Pferdes. Er legt die Daumen beider Hände jeweils lateral der Sutura internasalis auf das Nasenbein auf und zieht diese sanft auseinander, um die Sutur zu lösen.

Fingertechnik

Die Technik mit Einsatz der Finger 2–5 ist eine etwas wirksamere Methode zur Behandlung der Sutura internasalis (▶ Abb. 3.122). Doch kann diese Technik selbstverständlich auch bei allen anderen Suturen angewendet werden, wenn der Griff praktikabel ist. Der Therapeut steht dabei neben dem Pferd mit kranialer Blickrichtung. Eine Hand wird unter den Pferdekopf hindurch zum Na-

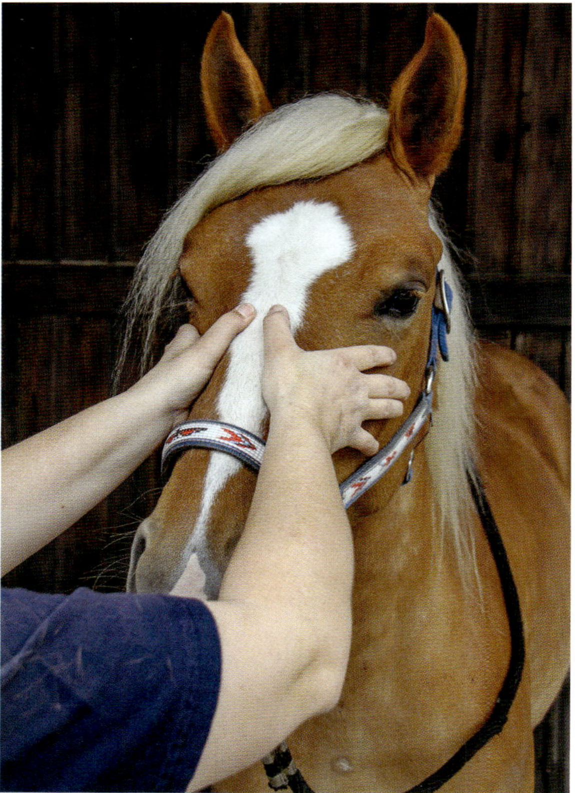

▶ **Abb. 3.121** Die Disengagement-Technik mit parallel liegenden Daumen eignet sich besonders, um die Sutura internasalis zu lösen.

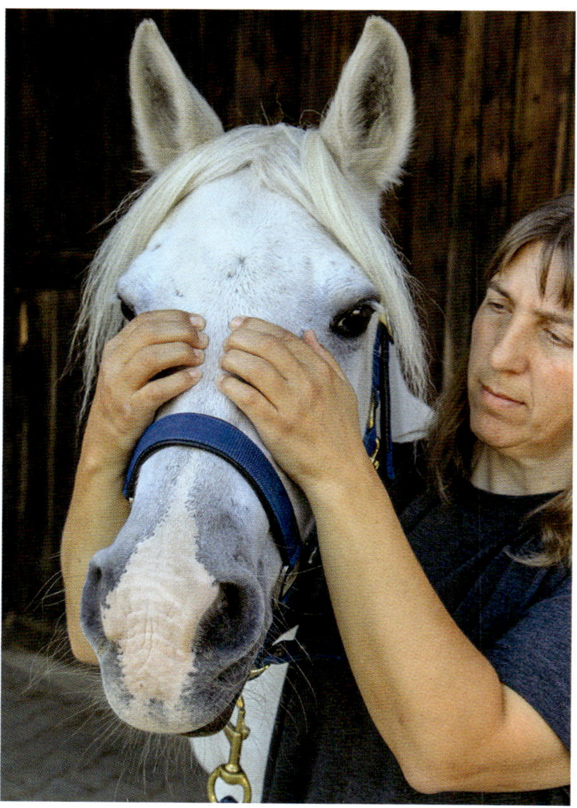

▶ **Abb. 3.122** Eine intensivere Wirkung bietet die Fingertechnik an der Sutura internasalis.

senbein geführt (ähnlich wie beim Aufhalftern des Pferdes), die andere Hand bleibt auf der Standseite des Therapeuten. Die Fingerbeeren beider Hände werden jeweils lateral der Sutura internasalis auf dem Os nasale aufgelegt. Nun ziehen die Finger die beiden Nasenbeinknochen auseinander, bis sich die Sutur löst.

Technik mit gekreuzten Daumen

Der Ausgangspunkt ist wiederum vor dem Pferd mit Blickrichtung zum Schweif. Wie bei der 1. beschriebenen Technik kommen die Daumen zum Einsatz, die nun aber nicht parallel, sondern gekreuzt lateral der jeweilig zu behandelnden Sutur aufgelegt werden (▶ Abb. 3.123). Mit dieser Traktionstechnik kann man etwas mehr Druck erzeugen. Sie eignet sich insbesondere auch für die Behandlung der knöchernen Bezugspunkte.

Diese direkte Dekompressionstechnik kann auch mit einer indirekten Technik kombiniert werden. Dabei schiebt man zunächst die Knochen zusammen und erhöht die Kompression in der Sutur. Erst anschließend gibt der Therapeut einen Zug in die entgegengesetzte Richtung, um die Restriktion zu lösen. Diese Technik ist vergleichbar mit einer klemmenden Schublade, die man ebenfalls zuerst zurückschiebt, um schließlich erneut zu versuchen, sie durch Herausziehen zu öffnen. Auf diese

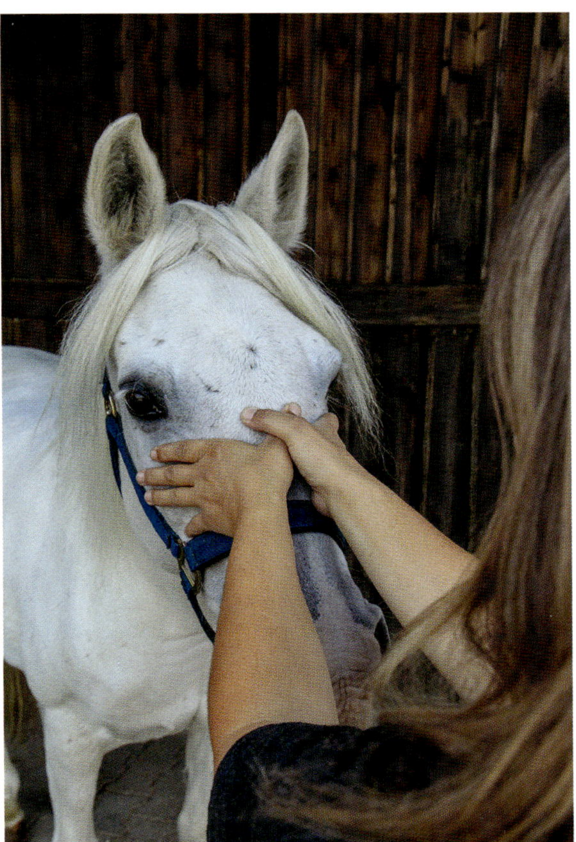

▶ **Abb. 3.123** Ebenfalls etwas mehr Druck erreicht man mit der Traktionstechnik mit gekreuzten Daumen.

Weise kombiniert man eine indirekte mit einer direkten Technik. Gelöst wird die Blockierung dabei bereits während der indirekten Kompressionstechnik.

Des Weiteren lässt sich die V-Spread-Technik mit dem Disengagement kombinieren.

Harmonisierung des Liquorflusses durch die CV4-Technik

Durch die Kompression des 4. Ventrikels soll die Homöostase zwischen dem sympathischen und parasympathischen Nervensystem wiederhergestellt werden. Früher wandte man die Technik an, um den Rhythmus des Liquorflusses zu verlangsamen. Heutzutage macht man sich die Harmonisierung der zerebrospinalen Liquorfluktuation zum Ziel. Man geht davon aus, dass dabei nicht nur der Liquorfluss, sondern auch alle anderen fluiden Strukturen des Körpers homöostatisch beeinflusst werden können. Infolgedessen wird die Stoffwechselfunktion verbessert.

Besonders indiziert ist die CV4-Technik deshalb bei Ödemen, in großen Stresssituationen, bei depressiven Pferden, aber auch bei neuroendokrinen Störungen, Fieber, Entzündungen und Infekten. Kontraindikationen bestehen bei Trächtigkeit, Tumoren, Frakturen, akuten Kopfverletzungen, Aneurysmen und Hirnblutungen. Wenn die bisherigen therapeutischen Techniken kein zufriedenstellendes Ergebnis gebracht haben, kann die CV4-Technik helfen, aus der therapeutischen Sackgasse zu führen.

Die Technik besteht darin, durch Druck auf den 4. Hirnventrikel, den Abfluss des Liquors zu aktivieren und den Rhythmus zu harmonisieren. Der 4. Hirnventrikel liegt zwischen dem Cerebellum (Kleinhirn) und der Medulla oblongata eingebettet und ist deshalb nicht direkt zu erreichen. Der Therapeut hat 2 Möglichkeiten, um Impulse auf den 4. Ventrikel auszuüben und damit den intrakranialen Druck zu erhöhen.

Entweder bedient man sich der Möglichkeit, über die Processus paracondylaris des Os occipitale einen beidseitigen Druck auf den Pferdekopf auszuüben oder praktiziert die übliche CV4-Technik mit einer direkten Kompression des Os occipitale. Hierfür legt man die Hände flach übereinander von kaudal auf das Okziput, während man mit dem Gesicht zum Pferdeschweif steht (▶ Abb. 3.124). Die Hände werden hinter den Ohren auf das Okziput gelegt, wobei die Finger nach rostral zeigen. Der Unterkiefer des Pferdes liegt auf der Schulter des Therapeuten. Der Therapeut übt in dieser Stellung während der Exspirationsphase einen nur wenigen Gramm starken Druck auf die lateralen Bereiche des Okziputs nach ventral und medial aus. Zusätzlich wird eine Traktion des Okziputs nach rostral ausgeführt. In der Inspirationsphase verhindern die Hände eine Ausdehnung und geben einen weiteren Impuls in der nächsten Exspirationsphase. Somit bringt man das Okziput immer weiter in

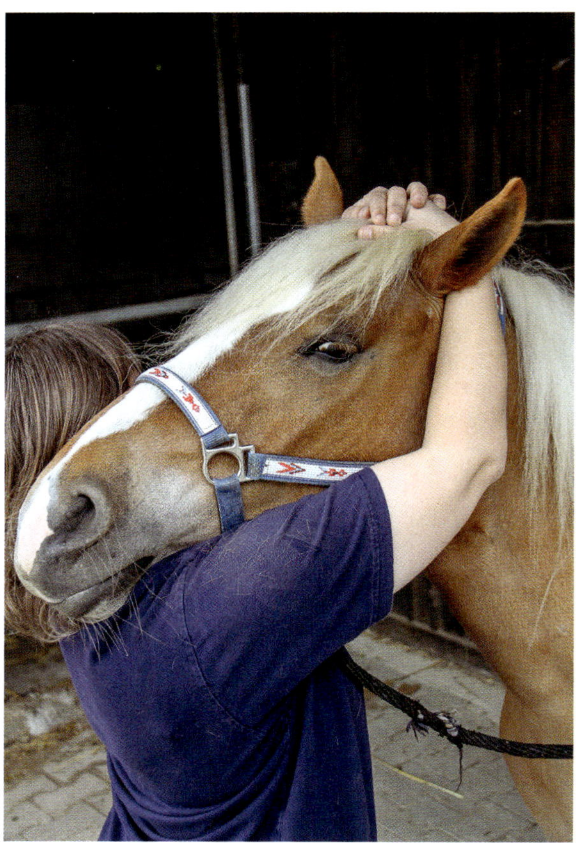

▸ **Abb. 3.124** Bei der CV4-Technik wird während der Exspirationsphase eine minimale seitliche Kompression und eine zusätzliche Traktion auf das Os occipitale ausgeübt.

die Extension, wodurch das Tentorium cerebelli auf den 4. Hirnventrikel drückt und auf diese Weise den Liquor quasi „herauspresst". Die Vorwärtsbewegung des Liquors wird aktiviert, was eine Harmonisierung fördert.

Die CV4-Technik wird so lange aufrechterhalten, bis man den Stillpoint erreicht, das heißt, bis die Extensions- und Flexionsphasen aufhören. Während des Stillpoints, der wenige Sekunden oder mehrere Minuten andauern kann, bleibt man in der eingenommenen Haltung, bis der Impuls wieder einsetzt. Der neue Rhythmus ist kräftiger und regelmäßiger.

Praxistipp

Sollte sich das Okziput nicht extensieren lassen, liegt aller Wahrscheinlichkeit nach eine Blockierung der SBS vor. Diese muss vor der CV4-Technik über das Sakrum oder über die SBS mit direkter oder indirekter Technik gelöst werden, s. Kap. Läsionen der SBS (S. 145) und Kap. Grundhaltungen und Behandlung der SBS (S. 147).

Behandlung der intrakraniellen Membranen

Die Ursachen für Störungen im kraniosakralen System können vielfältig sein. Besonders chronifizierte Muskelverspannungen, die beim Pferd häufig festgestellte Befunde sind, ziehen über Faszienverbindungen ins Schädelinnere hinein. Zudem können Schädeltraumen der Grund für Spannungsveränderungen im intrakraniellen System sein. Eine hypertone Spannungssituation wirkt sich insbesondere auf die intrakraniellen Membranen aus. Der kraniosakral arbeitende Osteopath unterscheidet dabei 4 verschiedene Membranen, die er durch entsprechende Traktionen (Lifttechniken) lösen kann.

Wenn sich Spannungsverhältnisse im muskulären System auf die intrakraniellen Membranen auswirken können, ist auch der umgekehrte Weg möglich. Nach Upledger können Spannungen des Duralsystems auf extrakranielle Strukturen übertragen werden. Diese Wechselwirkung erschwert die Beurteilung nach Ursache und Auswirkung, gibt dem Therapeuten aber die Möglichkeit, die Läsion von verschiedenen Seiten anzugehen und zu behandeln. So kann eine kraniosakrale Behandlung beispielsweise durchaus eine strukturell bedingte Muskelverspannung lösen, aber natürlich auch umgekehrt. Deshalb ist die kraniosakrale Therapie eine Behandlungsform, die aus der holistischen Osteopathie nicht wegzudenken ist.

Die 4 Membranen werden in ein horizontales und vertikales System eingeteilt. Schließlich unterscheidet man beim Pferd noch das schräge, zervikale medulläre System, welches die **kraniale und medulläre Dura mater** darstellt und sich vom Schädel bis zum Kreuzbein erstreckt. Die Membran des horizontalen Systems stellt das **Tentorium cerebelli** (Kleinhirnzelt) dar, das als bindegewebige Schicht der Dura mater die hintere Schädelgrube überdeckt und Verbindungen zum Os occipitale, Os temporale und Os sphenoidale unterhält.

Die Membranen des vertikalen Systems bezeichnet man als **Falx cerebri** (Hirnsichel) und **Falx cerebelli** (Kleinhirnsichel). Die Hirnsichel trennt die beiden Großhirnhemisphären voneinander und wird von der Dura mater gebildet. Sie hat Verbindung zur Crista galli des Os ethmoidale, Crista frontalis des Os frontale und Protuberantia interna des Os occipitale. Diese Anheftungsstellen geben dem Therapeuten die Ansatzpunkte für die Behandlung. Die Falx cerebri kann deshalb über das Os frontale mittels Traktion (Frontallift) oder das Os parietale (Parietallift) gelöst werden.

Die Falx cerebelli setzt am Okziput an und erweitert den Verlauf der Falx cerebri in der Sagittalebene unter dem Tentorium cerebelli bis zum Foramen magnum. Es trennt die beiden Kleinhirnhemisphären voneinander. Die Kleinhirnsichel kann ebenfalls über den Frontallift und den Parietallift gelöst werden.

Das Lösen der Membranen harmonisiert die faszialen und membranösen Strukturen des gesamten Körpers. Die Techniken werden stets nach demselben Schema ausgeführt. Die Hände erzeugen einen nur wenige Gramm starken Zug in die jeweilige Richtung. Der Therapeut wartet, bis das Gewebe entspannt und er einen Release verspürt.

> **Praxistipp**
> Es ist nicht notwendig, bei den Lifttechniken bis an die Bewegungsgrenze der Membranspannung heranzugehen, um die Membranstrukturen zu lösen. Bereits ein minimaler Zug von wenigen Gramm reicht aus, um die intrakraniellen Membranen zu lösen.

Techniken

Der Frontallift

Wirkung Lösen des vertikalen Systems, speziell der Falx cerebri und der Falx cerebelli.

Techniken 1. Möglichkeit: Der Therapeut legt seine Handkanten oberhalb der Augenhöhlen des Pferdes auf das Os frontale auf. Die Finger zeigen in Zugrichtung (▶ Abb. 3.125).

2. Möglichkeit: Der Therapeut legt seine Hand mit den Fingerspitzen in Richtung Pferdeohren zeigend auf das Os frontale auf. Daumen und kleiner Finger haken am unteren Rand des Jochbeinfortsatzes des Stirnbeins ein. Der Zug erfolgt wiederum nach dorsal.

▶ **Abb. 3.125** Mit dem Frontallift werden die Falx cerebri und die Falx cerebelli gelöst.

Der Parietallift

Wirkung Lösen des vertikalen Systems, insbesondere der Falx cerebri und der Falx cerebelli.

Technik Diese Behandlungstechnik deckt sich mit der 1. Möglichkeit des Frontallifts. Die Hände liegen allerdings nicht auf dem Os frontale, sondern mit den Handballen auf den Ossa parietalia (▶ Abb. 3.126). Der Zug wird wiederum nach dorsal ausgeführt.

Der Okzipitallift (Duralschlauchzug von kranial)

Wirkung Lösen des schrägen, zervikalen medullären Systems, konkret der kranialen und der medullären Dura mater.

Technik Der Therapeut steht vor dem Pferd. Zur besseren Fixierung kann er den Unterkiefer des Pferdes auf seiner Schulter auflegen. Nun legt der Pferdeosteopath die Finger beider Hände auf die Crista nuchae des Os occipitale (▶ Abb. 3.127). Die Zugrichtung erfolgt nach rostral.

Zur Vorbereitung auf den Okzipitallift oder wenn der Okzipitallift keinen Erfolg zeigt, kann der Cranial Base Release angewendet werden (▶ Abb. 3.128). Die Pferde empfinden diese Technik als sehr entspannend, wodurch der Behandlungserfolg des Okzipitallifts deutlich gesteigert werden kann.

> **Praxistipp**
> Sollte man beim Okzipitallift keinen Release spüren, macht es zunächst Sinn, auf den Cranial Base Release zurückzugreifen. Die Technik ist auch als Okziput-Release bekannt. Hierzu taucht man mit den Fingern einer Hand hinter die Crista nuchae in die Weichteile ein, bis es zum Release kommt und die Finger immer weiter in die Tiefe gleiten. Wichtig ist, dass man allein die Schwerkraft der Finger arbeiten lässt und keinen zusätzlichen Druck ausübt, s. Kap. Tiefen-Release und Lift-Techniken (S. 85).

Der Sakrallift (Duralschlauchzug von kaudal)

Wirkung Lösen des schrägen, zervikalen medullären Systems, konkret der kranialen und medullären Dura mater.

Technik Der Pferdeosteopath legt seine Hand mit den Fingern nach kranial gerichtet auf das Sakrum des Pferdes auf. Der Therapeut steht dabei seitlich an der Hinterhand des Pferdes. Man führt eine leichte Traktion von nur wenigen Gramm nach kaudal aus und wartet auf den Release.

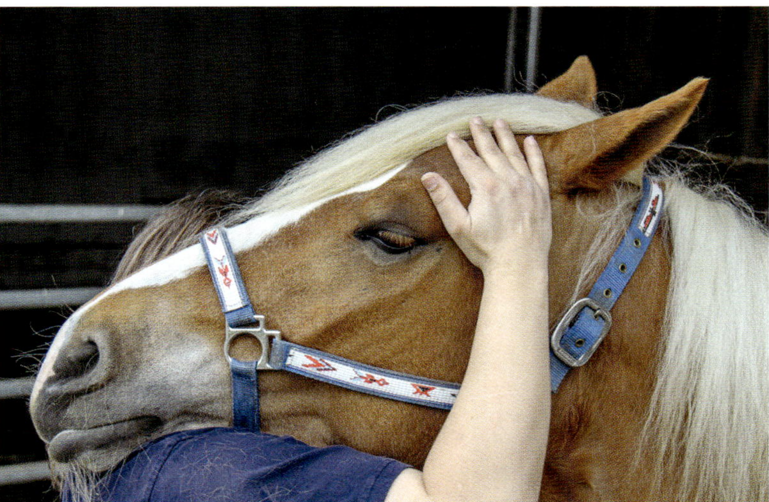

► **Abb. 3.126** Handhaltung beim Parietallift, der ebenfalls die Strukturen des vertikalen Systems löst. Die Zugrichtung erfolgt dorsal.

► **Abb. 3.127** Der Okzipitallift löst das zervikale, medulläre System. Die Zugrichtung erfolgt nach rostral.

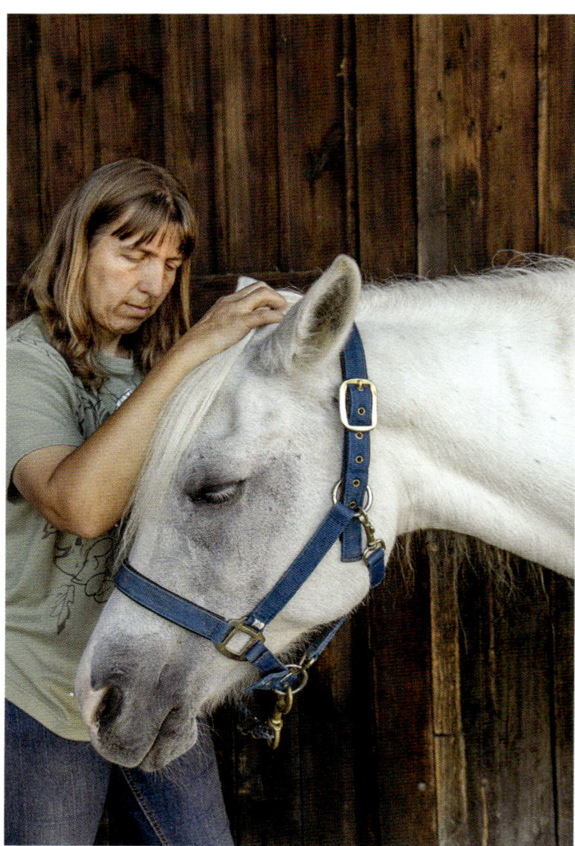

► **Abb. 3.128** Der Cranial Base Release ist eine gute Vorbereitung auf den Okzipitallift. Hier wird kein Zug ausgeübt, die Finger gleiten durch die eigene Schwerkraft in den Muskel und führen so zu einer tiefen Entspannung.

Praxistipp

Sollte man beim Sakrallift keinen Release verspüren, ist zu überprüfen, ob das Lumbosakralgelenk blockiert ist oder ein Ilium in flare vorliegt. Über eine Dekompression der Tubera sacrales (lateraler Zug an beiden Tubera sacrales) kann die Region meist befreit werden.

Sondertechnik: Duralröhrenschaukel nach Sutherland

Wie bereits bei den Übungen zur Palpation des primären Atmungsmechanismus beschrieben, kann über dieselbe Handhaltung an Okziput und Sakrum die gesamte Duralmembran entspannt werden, s. Kap. Palpation des PAM (S. 133). Bei der Duralröhrenschaukel nach Sutherland erspürt man allerdings nicht nur den PAM, sondern initiiert einen sanften, wenige Gramm starken Zug am Sakrum nach kaudal und am Okziput in kranialer Richtung. Über die Verbindung der Duralmembran lassen sich sowohl Bewegungen als auch Dysfunktionen des Kreuzbeins am Okziput und umgekehrt erspüren und behandeln.

Der divergierende Zug beider Hände wird so lange aufrechterhalten, bis der Release eintritt. Anschließend folgt der Therapeut dem Rhythmus des PAM synchron mit seiner Extensions- und Flexionsbewegung.

Eine Variante ist, die Schaukelbewegungen des kraniosakralen Rhythmus mit den Händen behutsam und sachte zu stimulieren, in dem man am Anfang der Inspirations- beziehungsweise Exspirationsphase einen weichen Impuls in die jeweilige Richtung aussendet. Je länger man diese Schaukelbewegung aufrechterhält, desto kräftiger und gleichmäßiger entwickelt sich der kraniosakrale Rhythmus. Neben der Membranentspannung des Duralschlauchs erreicht man zusätzlich eine Harmonisierung der longitudinalen Liquordurchflutung.

Der Terminallift

Wirkung Dehnung und Lösen des Filum terminale.

Definition

Das Filum terminale ist die circa ab dem 2. Kreuzbeinwirbel verlaufende bindegewebige Verlängerung der Pia mater, die sich vom Conus medullaris (verjüngende Bereich des Rückenmarks) nach kaudal erstreckt und zusammen mit den kaudal verlaufenden Nervensträngen die Cauda equina bildet.

Technik Hierfür wendet der Therapeut die Schweiftraktion an, wobei er eine sanfte Dehnung in Verlängerung der Sakrumstellung ausübt. Man greift das Ende des Pferdeschweifs und hängt sich mit dem ganzen Körpergewicht langsam und sachte an den Schweif. Sowohl der Aufbau als auch das Lösen des Schweifzugs sollten stets vorsichtig und sehr langsam erfolgen.

Der Sphenoidallift

Wirkung Lösen des horizontalen Systems, speziell des Tentorium cerebelli.

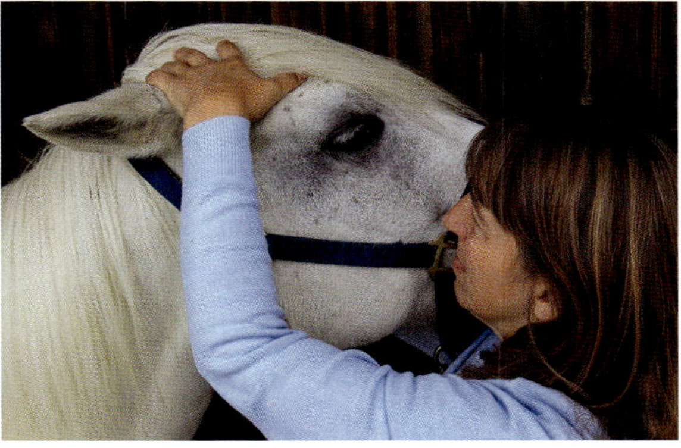

▶ **Abb. 3.129** Der Sphenoidallift ist eine Dekompressionstechnik für das Tentorium cerebelli.

Technik Der Sphenoidallift ist eine Dekompressionstechnik für das Kleinhirnzelt. Hierfür steht der Therapeut vor dem Pferd und legt den Unterkiefer des Vierbeiners auf seiner Schulter ab (▶ **Abb. 3.129**). Die Hände greifen beidseits an den Schädel des Pferdes auf Höhe der Ossa parietalia, wobei die Daumen in den Augengruben zu liegen kommen (Kontakt zum Sphenoid), die Fingerspitzen hingegen fixieren das Okziput.

In der 1. Phase komprimieren die Finger das Gewebe, um die Membran zu lockern. Anschließend öffnet der Therapeut seine Finger und übt einen Zug mit den Daumen rostral sowie mit den Fingern nach kaudal aus. Auf diese Weise erfolgt eine Dehnung des Tentorium cerebelli.

Der Temporallift (Ohrzugtechnik)

Wirkung Lösen des horizontalen Systems, speziell des laterolateralen Bereichs des Tentorium cerebelli.

Technik Der Pferdetherapeut greift mit beiden Händen an die Ohrmuscheln des Pferdes (▶ **Abb. 3.130**) und übt einen sanften Zug nach dorsolateral aus. Hierbei kann der Therapeut seine Position in Blickrichtung zum Pferdekopf (Position neben dem Pferdehals) oder zum Pferdeschweif (der Unterkiefer des Pferdes liegt auf der Schulter des Therapeuten) einnehmen.

Bei dieser Technik ist zu berücksichtigen, dass viele Pferde an den Ohren empfindlich sind. Durch unsachgemäßes Fixieren des Pferdekopfs mittels Abknicken und Eindrehen der Ohren, was dem Pferd Schmerzen bereitet, werden die Tiere kopfscheu und lassen sich nicht mehr oder nur ungern an den Ohren anfassen. Bei kopfscheuen Pferden sollte man versuchen, durch sanfte Knetungen an der Ohrbasis das Vertrauen zu gewinnen. Nach geduldiger Massage der Ohrbasis lassen sich viele Pferde schließlich auch an den Ohrmuscheln berühren. Vermeiden sollte man das Berühren der Innenseiten der Ohrtüten sowie zu starkes Zusammenpressen der Ohrmuscheln, weil dies die meisten Pferde als unangenehm empfinden.

▶ **Abb. 3.130** Techniken für den Temporallift.
a Der Temporallift (Ohrzugtechnik) löst das horizontale System, speziell den laterolateralen Bereich des Tentorium cerebelli (Pfeile).
b Man kann den Temporallift auch mit Blick zum Pferdeschweif ausführen, wobei der Kopf des Pferdes auf der Schulter abgestützt wird. Die meisten Pferde mögen den sanften Zug an den Ohren (Pfeile) und entspannen dabei sichtlich.

Alternativ kann der Temporallift auch durch Zug an den Ohrspitzen erfolgen, die gleichzeitig einen mäßigen Druck erfahren und so zur Entspannung beitragen. Allein der Druck an den Ohrspitzen wirkt entspannend, in Zusammenhang mit dem Zug an den Ohrspitzen erreicht man ein zusätzliches Lösen der Membranen.

Lösen der transversalen Faszien- und Membranebenen

Die meisten Faserebenen des Pferdes verlaufen in der horizontalen Ebene. Es handelt sich insbesondere um Muskel- und Faszienketten, aber auch Nervenbahnen, Blut- und Lymphgefäße sowie organische Strukturen. Der Pferdekörper besitzt allerdings auch transversal verlaufende Faserzüge, die insbesondere als Stütze für das horizontale Versorgungssystem des Körpers dienen. Treten irgendwo im Körper Störungen eines beliebigen Systems auf, wirken sich diese auch auf die transversalen Ebenen, die sogenannten Diaphragmen, aus. Es kommt zur Restriktionen und Verklebungen, die sich schließlich auf das gesamte Körpersystem ausdehnen.

Die Diaphragmen sind eigentlich nicht dem kraniosakralen System zuzuordnen, es empfiehlt sich jedoch, diese Faszien- und Membranebenen in die kraniosakrale Behandlung miteinzubeziehen, weil sie nicht nur strukturelle, sondern auch kraniosakrale Mechanismen beeinträchtigen können, wenn deren Funktion gestört ist.

Zu den transversalen Ebenen gehören unter anderem:

- die Palmar- und Plantarebene im Hufbereich (Sohlenlederhaut)
- die Gelenkspalten des Tarsal- beziehungsweise Karpalgelenks
- die Knie mit ihren transversalen Bändern (zum Beispiel Kreuzbänder)
- das Beckendiaphragma
- das Zwerchfell oder thorakolumbale Diaphragma
- das zervikothorakale Diaphragma
- das kraniozervikale Diaphragma beziehungsweise Atlantookzipitalgelenk
- die intrakranialen, horizontalen Membranen (Tentorium cerebelli, Diaphragma sellae)

Das Diaphragma des Beckens sowie das Zwerchfell bestehen hauptsächlich aus tendomuskulären Fasern, während das zervikothorakale und das kraniozervikale Diaphragma überwiegend beziehungsweise ausschließlich membranöse Anteile besitzen. Diese Diaphragmen eignen sich hervorragend für eine Behandlung mit der Unwinding-Technik. Selbstverständlich gibt es noch jede Menge weiterer faszialer Querstrukturen im Pferdekörper, die allesamt mit Faszientechniken, aber auch der Unwinding-Technik behandelt werden können, s. Kap. Lösen des Diaphragmas (S. 89).

Behandlung der Diaphragmen mit Unwinding

Ziel der Unwinding-Technik ist die Wiederherstellung der feinen Bewegungen in den faszialen und membranösen Strukturen. Hierzu nimmt der Therapeut mit beiden Händen zunächst Kontakt zum Gewebe auf. Nun baut er einen leichten Druck auf, bis das Gewebe darauf mit Eigenbewegungen reagiert. Diesen Bewegungen folgt der Therapeut. Sie werden in die Richtung der Verspannung

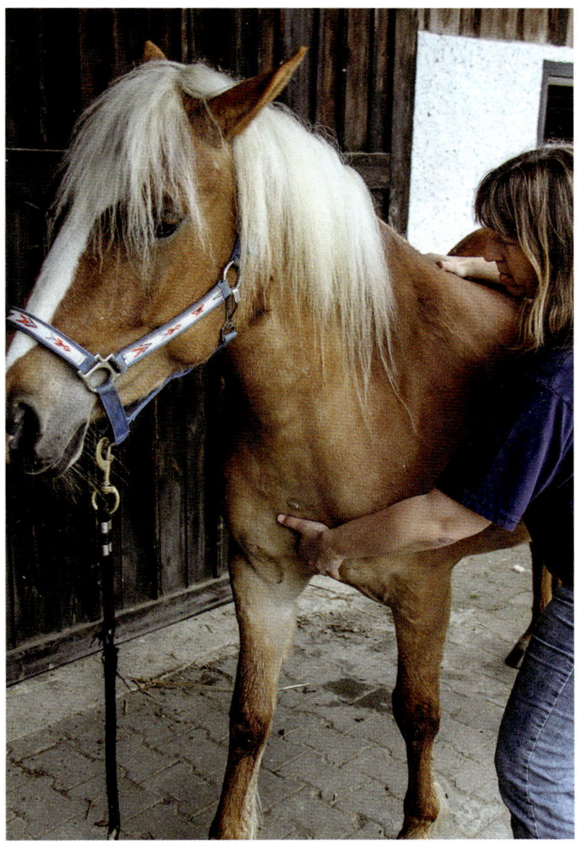

▶ **Abb. 3.131** Lösen des zervikothorakalen Diaphragmas.

gehen, also führt man die Hände in die Läsionsrichtung hinein. Wenn die Barriere erreicht ist, verweilt man nun in dieser Lage, ohne dem Gewebe zu erlauben, in die Ausgangsposition zurückzukehren. Ebenso wenig darf der Therapeut mit Gewalt versuchen, die Barriere zu überwinden. Das Gewebe soll sich quasi mit der Barriere auseinandersetzen und einen Weg aus der Verspannungssituation finden. Würde man Bewegungen selbst initiieren, könnte es zu zusätzlichen Verspannungen kommen.

Wichtig ist, dass der Gewebekontakt nicht gelöst wird, bis man einen Release verspürt. Bis dahin geht man mit den Gewebebewegungen mit, ohne jedoch ein Zurückgleiten zu erlauben. Das Gewebe reagiert mit untrüglichen Zeichen, wenn es sich entspannt und aus der Verspannung freiwindet (unwinding).

Das Pferd zeigt die „Entwicklung" oder „Auswicklung" aus einer Restriktion oder einem psychischen Trauma mit ausgiebigem Gähnen, einer tiefen Atmung, teilweise auch seufzenden oder „grunzenden" Geräuschen, die Wohlbefinden signalisieren. Der Kopf wird teils bis auf den Boden gesenkt, die Augen geschlossen und die Unterlippe hängt locker und entspannt. Manchmal ist auch ein verstärkter Speichelfluss erkennbar.

Der Therapeut kann eine Temperaturänderung (meist wärmer werdend) des Gewebes verspüren, einen plötzlichen Stopp des kraniosakralen Rhythmus, verstärkte Schweißbildung der Haut und Bewegungen des Gewebes in Form von Zittern oder Beben. Nicht alle Phänomene müssen dabei auftreten, manchmal sind nur ein oder zwei der Signale spür- und sichtbar.

Nach der Unwinding-Technik sind keine hypertonen Bereiche mehr zu palpieren.

Praxistipp

Da die Organe des Pferdes mit einer faszialen Hülle umgeben sind und Verbindungen zu anderen Organen sowie den Diaphragmen unterhalten, können mit der Unwinding-Technik auch die viszeralen Organe behandelt werden, s. Kap. Viszerale Osteopathie (S. 148). Die Ausführung ist ähnlich der Unwinding-Technik für die Diaphragmen.

Die Handhaltungen zur Behandlung der einzelnen Diaphragmen mithilfe der Unwinding-Technik:

1. Kraniozervikales Diaphragma (Atlantookzipitalgelenk)

- 1. Hand: auf dem Os frontale mit den Fingern kaudal gerichtet
- 2. Hand: auf der Crista nuchae des Okziputs, die Finger zeigen nach rostral

2. Zervikothorakales Diaphragma

- 1. Hand: zwischen den Pektoralismuskeln auf dem Manubrium sterni (▶ **Abb. 3.131**)
- 2. Hand: in der Kuhle direkt vor dem Widerrist („Axthieb")

3. Thorakolumbales Diaphragma (Zwerchfell)

- 1. Hand: unter dem Bauch am Processus xiphoideus (Brustbeinspitze), (▶ **Abb. 3.132**)
- 2. Hand: auf der Wirbelsäule am Übergang von der Brustwirbelsäule zur Lendenwirbelsäule

4. Beckendiaphragma

- 1. Hand: auf dem Sakrum, mit kranial gerichteten Fingerspitzen
- 2. Hand: zwischen den Musculi glutaei (zwischen den Hinterbeinen)

Dysfunktionen und Korrekturen der SBS

Läsionen der SBS

Eine außerordentlich wichtige Struktur in der kraniosakralen Therapie ist die gelenkige Verbindung des Os occipitale und des Os sphenoidale, die sphenobasilare Symphyse (SBS). Die im Laufe der juvenilen Jahre verknöchernde Struktur zwischen diesen beiden Schädelknochen wird sphenobasilare Symphyse (SBS) oder auch Synchondrosis sphenobasilaris (SSB) genannt. Läsionen der SBS wirken sich auf den gesamten Körper aus, des-

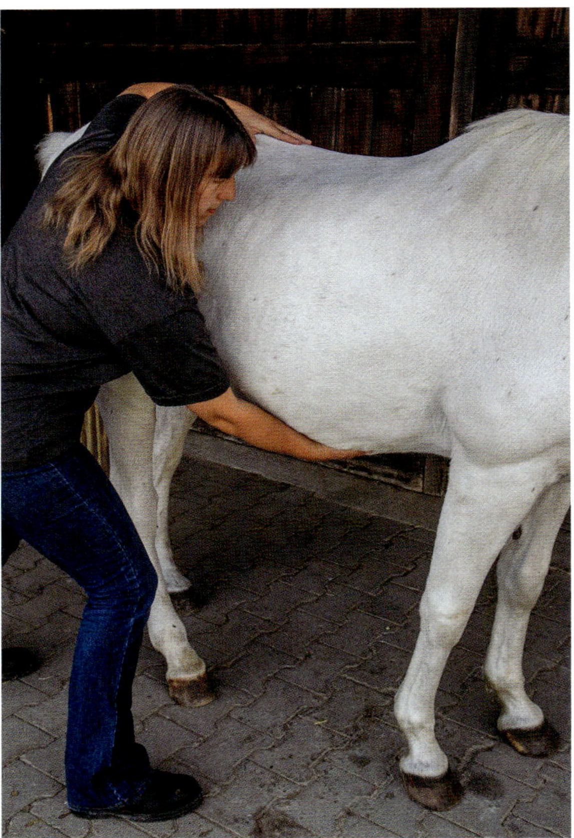

▶ **Abb. 3.132** Lösen des thorakolumbalen Diaphragmas.

halb nimmt die SBS eine bedeutende Stellung in der kraniosakralen Therapie ein.

Kritiker bezweifeln die Beweglichkeit der SBS nach der Ossifikation, die beim Menschen zwischen dem 13. und 17. Lebensjahr stattfindet und beim Pferd wahrscheinlich bis zum 6. Lebensjahr abgeschlossen sein dürfte. Somit soll diesen kritischen Stimmen zufolge eine Behandlung nur im juvenilen Alter möglich sein. Auch wenn rein artikuläre Bewegungen nicht stattzufinden scheinen, wären nach Meinung anderer Experten immer noch elastizitäre Bewegungen der Schädelbasis vorstellbar.

Inwiefern die Läsionen der SBS und deren Behandlung von therapeutischer Bedeutung beim erwachsenen Pferd sind, lässt sich nicht konkret abschätzen. Erfahrungen zeigen, dass nicht nur junge, sondern auch erwachsene Pferde auf die Behandlungen teils phänomenal ansprechen. Allerdings scheinen die Symptome als Hinweis auf eine Läsion der SBS beim adulten Pferd abgeschwächter aufzutreten.

So können neben Störungen im temporomandibulären System auch Gebissanomalien, Infekte von Nasen- und Stirnhöhlen, Augen- und Nasenausfluss sowie Ataxien und Myalgien Hinweise auf mögliche SBS-Läsionen geben. Diskutiert wird außerdem, dass Wirbelsäulenskoliosen ihren Ursprung in einer Läsion in Lateroflexion der SBS haben könnten.

Als gesichert gilt, dass Restriktionen der SBS Störungen im gesamten kraniosakralen System verursachen können und somit auch den therapeutischen Erfolg von anderen kraniosakralen Behandlungsmaßnahmen beschränken können. Da sich die Systeme jedoch stets gegenseitig beeinflussen, können sich Dysfunktionen intra- und extrakranialer Art auch auf die Stellung der SBS auswirken.

Merke

Da die Sella turcica (Türkensattel) des Sphenoids sich in unmittelbarer Nähe zur Hypophyse, in der Hormone gebildet und gespeichert werden, befindet, können Dysfunktionen und Fehlstellungen der SBS weitreichende hormonelle Störungen auslösen.

Die Ursachen von Fehlstellung der SBS können multipel sein. Insbesondere werden Schädeltraumen, hypertone Nacken- und Halsmuskeln, intrakraniale Spannungen der Dura sowie Restriktionen der Suturen diskutiert. Zur Debatte stehen aber auch Sakrumtraumen, allgemeine Dysfunktionen des Bewegungsapparats sowie viszerale Störungen.

Die größte Beweglichkeit zeigt die SBS in Flexion und Extension. Eine gewisse Flexibilität in Rotation, Lateroflexion und lateral sind zusätzlich gegeben. Somit können Restriktionen in jede mögliche Bewegungsrichtung auftreten, die letztendlich behandelt werden müssen, da sie das gesamte System negativ beeinflussen.

Folgende Läsionen der SBS sind möglich:

- Läsion in Flexion
- Läsion in Extension
- Läsion in Lateroflexion (Side bending)
- Läsion in Torsion (Rotation)
- Läsion in Kompression
- Läsion in Vertical Strain und Lateral Strain
- Kombinationen der vorgenannten Läsionen (Beispiel: Läsion in Lateroflexion-Rotation)

Merke

Die Läsionsbezeichnung beschreibt auch in der kraniosakralen Osteopathie die Richtung, in die eine Bewegung besser ausführbar ist. Das bedeutet, dass beispielsweise eine Läsion in Flexion eine Extension nicht oder nur eingeschränkt zulässt.

Das Pferd zeigt bei Läsionen der SBS zwei signifikante äußerliche Merkmale auf, die den Therapeuten dazu veranlassen sollten, die SBS zu behandeln:

- Asymmetrien der Gesichtshälften, insbesondere:
  - unterschiedlich große und höhenversetzte Augen und Nüstern
  - verschiedenartige Jochbeinleisten
  - Über- und Unterbiss oder laterale Verschiebungen der Mandibula
  - Hechtkopf (Extensionstyp), Ramskopf (Flexionstyp) (▶ **Abb. 3.133**)

▶ **Abb. 3.133** Pferde mit ausgeprägtem Hechtkopf neigen zu Extensionsläsionen, während ramsköpfige Pferde eher den Hang zu Flexionsläsionen der SBS haben.

- Fehlstellungen der Crista nuchae des Okziputs:
  - Shifting nach lateral, rostral oder kaudal
  - Drehung zu einer Seite (eine Seite steht weiter rostral bzw. kaudal)
  - Kippung nach lateral durch Rotation des Okziputs (eine Seite steht höher als die andere)
  - Kippung nach rostral (Extensionsläsion)
  - Kippung nach kaudal (Flexionsläsion)

Um die SBS behandeln zu können, muss dem Therapeuten klar sein, wie sich die Läsionen auf die jeweils anderen Schädelknochen auswirken. Das Sphenoid beeinflusst dabei insbesondere die Schädel- und Gesichtsknochen, während das Okziput Reaktionen am Sakrum, am Os temporale, an den Ossa parietalia und an der Mandibula hervorruft.

Grundhaltungen und Behandlung der SBS

Die Palpation des Okziputs ist über die Crista nuchae direkt möglich. Das Sphenoid hingegen ist aufgrund seiner Lage im Schädel nicht unmittelbar zu ertasten. Aus diesem Grund liegen die Hände auf dem Os frontale, das die Bewegungen und Stellung des Sphenoids als „Übermittler" an die Hände des Therapeuten weitergibt. Der kraniosakrale Osteopath muss hierfür seine Wahrnehmung gut schulen und mental in die Schädelstrukturen des Pferdes eintauchen. Die Bewegungstests und Behandlungen werden schließlich über die Hände mit nur sehr geringem Druck initiiert.

Je nachdem, auf welche Schädelbewegungen sich der Therapeut konzentriert, gibt es 3 Grundhaltungen zur Wahrnehmung von möglichen Läsionen der SBS:

1. die **Schädeldachhaltung** (diese Haltung ermöglicht vermehrt die Wahrnehmung der Flexions- und Extensionsbewegung von Okziput und Sphenoid)
2. **seitliche Kopfhaltung** (diese Haltung ermöglicht vermehrt die Wahrnehmung der Innen- und Außenrotation des Schädels während des PAM)
3. **frontale Kopfhaltung** (diese Haltung ermöglicht die Wahrnehmung sowohl der Flexions- und Extensionsbewegung als auch der Innen- und Außenrotation des Schädels)

Dem Therapeuten stehen jeweils 2 Korrekturtechniken zur Verfügung: Einmal in die direkte Richtung und in die entgegengesetzte, indirekte Richtung. Manche Osteopathen sind der Ansicht, dass die indirekte Korrekturrichtung erfolgreicher ist, dennoch lässt sich dies nicht verallgemeinern. Sicherlich spielen hier die Vorlieben des jeweiligen Therapeuten, dessen Wahrnehmung und Einstellung eine Rolle. Die meisten Therapeuten wählen eine Therapierichtung und wechseln diese, sobald sie erkennen, dass das Pferd auf die zuerst gewählte Technik nicht anspricht. Häufig erfolgt die Wahl der Therapierichtung auch intuitiv. Der kraniosakral arbeitende Pferdeosteopath lässt sich dabei allein von seinem Gefühl leiten.

Die direkte Technik Stellt der Therapeut eine Läsion in Flexion fest (die Bewegung in Extension ist also eingeschränkt), therapiert er in Richtung Extension und somit in die restriktive Richtung. In der Praxis folgt der Behandler dem primären Atmungsmechanismus in die Extension und verhindert die Rückkehr in die Flexion. Mit jeder neuen Fluktuation erweitert er das Bewegungsausmaß in Richtung Extension. Diese Vorgehensweise wird wiederholt, bis der Release eintritt. Nachfolgend lässt der Therapeut die Bewegung in Flexion zu und testet anschließend die Bewegungsamplitude in Extension.

Die indirekte Technik Bei einer angenommenen Läsion in Flexion therapiert der Osteopath nun in Richtung der Flexion, also in die freie Bewegungsrichtung. Der Therapeut geht in die Läsion hinein und verstärkt damit die Richtung, die besser geht. Die Rückkehr in die Ausgangsstellung, geschweige denn in die blockierte Richtung, lässt er zunächst nicht zu, sondern vergrößert das Bewegungsausmaß in die nicht restriktive Richtung mit jeder Fluktuationswelle des PAM. Nachdem der Release erreicht ist, wird dem Gewebe erlaubt, in die Ausgangstellung zurückzukehren. Anschließend testet der Therapeut das neue Bewegungsausmaß in Richtung Extension.

Merkmale und Befunde der einzelnen SBS-Dysfunktionen

- **Läsion in Flexion:**
  - breiter, etwas rundlich wirkender Rumpf
  - Ramskopf
  - breite Stirn (Schädelstatus in Außenrotation)
  - Exophthalmus (hervortretende Augäpfel)
  - Extremitäten in Außenrotation → Stellung tendenziell zehen- bzw. bodenweit
  - Sakrum in Kontranutation (= Vertikalisierung des Sakrums)
  - endokrine Probleme
  - Sutura sagittalis bildet eine Furche

→ Stellung der Crista nuchae: kaudal und ventral (Basis von Okziput und Sphenoid bewegen sich dorsal)

Merke
Wenn eine Flexionsläsion der SBS vorliegt, ist die CV4-Technik nicht anwendbar, da hierfür die Extensionsbewegungen möglich sein müssen, die bei einer Dysfunktion in Flexion blockiert sind. Bevor die CV4-Technik angewandt wird, sollte deshalb die SBS behandelt werden.

- **Läsion in Extension:**
  - schmaler, dünner Rumpf
  - Hechtkopf
  - schmales Gesicht (Schädelstatus in Innenrotation)
  - Enophthalmus (eingesunkene Augäpfel)
  - Extremitäten in Innenrotation → Stellung tendenziell zehen- bzw. bodeneng
  - Sakrum in Nutation (= Horizontalisierung des Sakrums)
  - endokrine Probleme
  - Sutura sagittalis bildet eine Erhöhung

→ Stellung der Crista nuchae: rostral und dorsal (Basis von Okziput und Sphenoid bewegen sich ventral)

- **Läsion in Torsion (Rotation):**
  - Sakrum in R/R- oder L/L-Läsion
  - Überbiss
  - eventuell Balanceschwierigkeiten
  - endokrine Probleme
  - Disposition zu Bindehautentzündungen

→ Stellung der Crista nuchae: seitliche Kippung (Okziput bewegt sich um eine anterior-posteriore Achse)

Bei einer Torsionsläsion rechts steht die Crista nuchae auf der rechten Seite ventral, auf der linken dorsal. Das Sphenoid hingegen ist auf der rechten Seite dorsalisiert, auf der linken steht es ventral. Bei einer Torsionsläsion links kehren sich die Parameter um.

- **Läsion in Lateroflexion (side bending)**
  - Sakrum in Lateroflexionsläsion
  - endokrine Probleme

→ Stellung der Crista nuchae: auf einer Seite mehr rostral, auf der anderen mehr kaudal

- **Läsion in Lateral Strain**
  - Sakrum in Translation
  - endokrine Probleme
  - Balanceschwierigkeiten (Stolpern)
  - Augenprobleme (zum Beispiel Bindehautentzündungen)
  - Pferde zeigen oft Verhaltensauffälligkeiten

→ Stellung der Crista nuchae: auf einer Seite mehr in Richtung Ohrbasis als auf der anderen Seite

- **Läsion in Vertical Strain**
  - Sakrum in Translation
  - endokrine Probleme
  - Balanceschwierigkeiten (Stolpern)
  - Augenprobleme (zum Beispiel Bindehautentzündungen)
  - gegebenenfalls Trauma in der Anamnese
  - Pferde sind häufig schwierig im Umgang

→ Stellung der Crista nuchae: entweder keine Unregelmäßigkeiten bei einem Vertical Strain mit Sphenoid in Flexion oder Extension oder dorsal-rostrale Stellung (Okziput steht in Extension) beziehungsweise ventral-kaudale Stellung (Okziput steht in Flexion)

- **Läsion in Kompression**
  - endokrine Probleme
  - Balanceschwierigkeiten (Stolpern)
  - Augenprobleme (zum Beispiel Bindehautentzündungen)
  - Pferde zeigen oft Verhaltensauffälligkeiten, zudem vielfältige Symptome wie unklare Lahmheiten oder Schmerzsymptomatiken
  - oft Trauma in der Anamnese

→ Stellung der Crista nuchae: keine Unregelmäßigkeiten feststellbar; beim Test über die seitliche Schädelhaltung, das Sphenoid vom Okziput zu trennen, stößt man auf eine Blockierung, die Korrektur wird mithilfe der Kompressions-/Traktionstechnik durchgeführt

Kombinationen der verschiedenen Läsionen Jede aufgeführte Läsion kann einzeln oder in Kombination auftreten. Eine häufige Kombination ist die Läsion in Lateroflexion und Rotation. In diesem Fall findet man als Befund häufig eine Sakrumläsion in R/L oder L/R sowie die jeweilig vorgenannten Merkmale der einzelnen Teilläsionen vor.

3.4.2 Viszerale Osteopathie

Motilität und Mobilität der Organe

Neben der parietalen und kraniosakralen Osteopathie ist die viszerale Osteopathie der 3. Teilbereich im osteopathischen System. Sie befasst sich mit der Behandlung der inneren Organe. Die osteopathische Philosophie und ganzheitliche Herangehensweise zwingt den Therapeuten, neben der kraniosakralen Therapie auch den viszeralen Aspekt nicht außer Acht zu lassen.

Jedes Organ besitzt eine bestimmte Eigendynamik (Motilität) sowie eine passive Beweglichkeit (Mobilität). Diese Bewegungen sind für die optimale Funktion des Organs wichtige Parameter, da sie sich unter anderem unmittelbar auf den Stoffwechsel auswirken. Hypomotilitäten sowie Hypomobilitäten behindern den Blut- und Lymphfluss und somit die Stoffwechselfunktion.

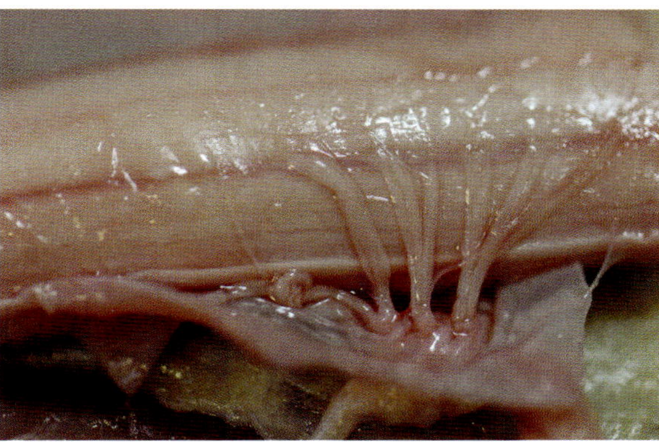

▶ **Abb. 3.134** Aus dem Rückenmark austretende Nervenfasern.

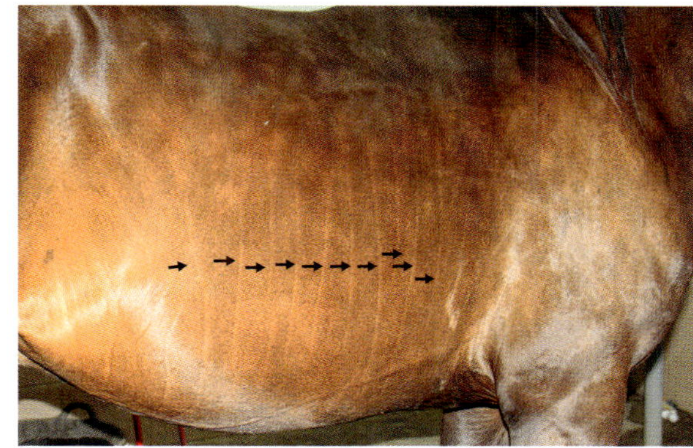

▶ **Abb. 3.135** Bei manchen Pferden kann man die Head'schen Zonen (Pfeile) auf dem Fell erkennen.

Die eingeschränkte Stoffwechselfunktion, aber auch Verletzungen, nervale Unterversorgung, Entzündungen oder Narben können zu Restriktionen des Organgewebes und der umhüllenden Faszien führen. Verklebungen und Verwachsungen schränken die Mobilität wiederum ein, wodurch ein Teufelskreis entsteht. Die Funktionalität des Organs wird immer weiter eingeschränkt, letztendlich weitet sich die Dysfunktion auf andere Systeme und letztendlich den ganzen Körper aus.

Über Faszien, Ligamente und Bindegewebe hat jedes Organ einen Bezug zu anderen Organen und weiteren Körpersystemen. Somit kann weder ein Organ noch ein Körpersystem für sich alleine betrachtet werden. Es sind stets die Zusammenhänge einer Dysfunktion mit anderen möglichen Strukturen abzuklären und gegebenenfalls zu behandeln.

Behandlungsmöglichkeiten

Weil beim Pferd eine direkte Organbehandlung nicht möglich ist, muss sich der Therapeut einen indirekten Zugang zur Viszera verschaffen. Dies ist zum einen auf mentaler und energetischer, andererseits auf reflektorischer Ebene möglich.

Unwinding

Bei der erstgenannten Möglichkeit legt der Pferdeosteopath seine Hände über dem jeweiligen Organ auf das Fell des Pferdes auf und gleitet mental bis auf die Schicht des Organs in den Körper hinein. Zunächst versucht er, die Bewegungsmöglichkeiten des Organs wahrzunehmen, und unterstützt den Körper über die Unwinding-Technik, um sich aus der Restriktion zu befreien, s. Kap. Lösen der transversalen Faszien- und Membranebenen (S. 144).

Akupunktur

Auf energetischer Ebene kann sich der Therapeut des Meridiansystems bedienen und über bestimmte Akupunkturpunkte einen Zugang zum jeweiligen Organ erreichen. Insbesondere wird man mit Akupunktur arbeiten, wenn ein gewisser Bezug über die Meridiane herzustellen ist. So kann – um nur ein Beispiel zu nennen – ein Magenproblem aufgrund des Meridianverlaufs mit Augenentzündungen und Knieproblemen einhergehen. Denn über diese Strukturen verläuft der Magenmeridian.

 Merke

Die inneren Organe sind beim Pferd nur indirekt über reflektorische, mentale oder energetische Verfahren therapierbar.

Reflexzonen

Auf reflektorischer Basis eröffnet sich dem Therapeuten ein weiterer Weg zur Viszera. Dermatome und Myotome sind vielschichtig und auf direktem Weg behandelbar. Letztendlich kann der Pferdeosteopath auch über die Wirbelsäule strukturell Einfluss auf die inneren Organe nehmen. Dies erfordert jedoch die Kenntnis der wichtigsten Nervenverläufe und -verbindungen im Pferdekörper (▶ Abb. 3.134).

Nervale Beziehungen verschalten die Viszera mit Muskeln, Knochen, Wirbeln, Haut und weiteren Körpersystemen. Diese Reflexzonen werden als Head'sche Zonen (Dermatome) oder MacKenzie-Zonen (Myotome) bezeichnet (▶ Abb. 3.135). Übertragene organische Dysfunktionen machen sich in diesen Zonen durch Schmerzen oder Gewebeveränderungen bemerkbar. Somit kann der Therapeut Rückschlüsse auf mögliche Restriktionen in bestimmten Organen oder Gebieten ziehen, andererseits bekommt er die Möglichkeit, über diese Reflexzonen auch seine Behandlung anzusetzen.

Die Möglichkeit der indirekten Einflussnahme auf die inneren Organe über das Nervensystem mithilfe der Reflexzonen oder der Wirbelsäule gibt dem Pferdetherapeuten erst die Möglichkeit, die inneren Organe des Pferdes zu behandeln. Die direkte Palpation ist beim Pferd aufgrund seiner großen Bauchdeckenspannung nicht möglich.

Beim Menschen würde der vizeral arbeitende Osteopath die Organe direkt über den Bauchraum palpieren und auf deren Motilität und Mobilität testen. Letztendlich lassen sich restriktive Organe durch sanfte Mobilisationen lösen und in ihre optimale Funktion zurückführen.

Mithilfe der Wirbelkörper Th 6 – Th 11 erreicht man über den N. splanchnicus, den „großen Eingeweidenerv" des Sympathikus, die Organe Leber, Magen, Milz, Pankreas und den Darm. Über den Widerrist auf Höhe von Th 4 und Th 5 bekommt man Zugang zum Herz, zur Lunge und zum Ösophagus. Die letzten thorakalen Wirbelsäulensegmente haben einen Bezug zur Niere und den Nebennieren. Die lumbalen Wirbelsäulensegmente stehen mit der Blase, den Geschlechtsorganen und dem kaudalen Darmanteil in Verbindung.

Der N. phrenicus hat seine Austrittsstellen auf Höhe von C 5 – C 7 und innerviert das Zwerchfell. Restriktionen des Zwerchfells als wichtigster Atemmuskel sind relativ häufig. Sie äußern sich insbesondere durch Konditionsprobleme, Leistungsabfall und Atemprobleme. Findet man sensible Bereiche im unteren Verlauf der Drosselrinne, können diese auf Zwerchfellproblematiken oder Blockierungen der Halswirbel C 5 bis insbesondere C 7 / Th 1, dem zervikothorakalen Übergang, hindeuten.

Der N. vagus (X. Hirnnerv) entspringt paarig aus dem Hirnstamm und innerviert die Brust- und Baucheingeweide als größter parasympatischer Nerv, der auch „umherschweifender Nerv" genannt wird. Er teilt sich in verschiedene Äste auf und nimmt sehr lange Verläufe, um zu seinen Zielorganen zu gelangen. Auf diesen Wegen besteht somit eine größere Gefahr von Störungen, die sich auf die unterschiedlichsten Bereiche auswirken können. Betroffen können im Nervenverlauf das Temporomandibular- und Atlantookzipitalgelenk, der Kehlkopf, sämtliche Brust- und Bauchorgane sowie das Zwerchfell sein.

Findet man insbesondere rezidivierende Blockierungen und Fehlstellungen (in der Regel Gruppenläsionen) der Wirbelsäule, sollte man stets auch an organische Probleme denken. Eine erweiterte Diagnostik durch den Tierarzt sichert einen Verdacht ab und kann so zu einer gezielteren Therapie beitragen.

4 Physikalische Therapie

4.1 Gerätetherapie

Die Manuelle Therapie deckt viele therapeutische Ansätze ab und stellt ein in sich geschlossenes, komplettes Behandlungssystem dar. Dennoch darf man als Manualtherapeut durchaus auch mal über den Tellerrand schauen und andere Therapieformen einbinden, die sich als Ergänzung zur manuellen Behandlung hervorragend bewährt haben.

Das dem Therapeuten zur Verfügung stehende Behandlungsspektrum ist mittlerweile fast unüberschaubar geworden. Immer wieder kommen neue Therapiemethoden auf den Markt. Welche Therapien inwieweit wirksam sind, hängt von vielerlei Faktoren ab. Wichtige Aspekte sind dabei die Art der Läsion, der Chronifizierungsstatus, die Fähigkeit des Patientenkörpers zur Verarbeitung verschiedener Impulse, die psychische Verfassung des Patienten, dessen Einstellung zur jeweiligen Therapie und nicht zuletzt die Erfahrungen, das Know-how sowie die praktischen Fähigkeiten des Pferdetherapeuten.

So haben sich Therapiemodelle wie die Akupunktur, die Homöopathie und die Phytotherapie als hervorragende Ergänzungen zur manuellen Behandlung bewährt. Gegebenenfalls können auch Bachblüten, eine Meridianmassage und weitere sogenannte alternativmedizinische Verfahren indiziert sein. Die Wirkungsweisen derartiger ergänzender Verfahren sind wissenschaftlich nicht belegt, es handelt sich deshalb meist um Erfahrungsmedizin.

Anders hingegen verhält es sich mit den verschiedenen Formen der Gerätetherapie, deren Auswirkungen messbar, wissenschaftlich erklärbar und somit auch nachvollziehbar sind. Das bedeutet nicht, dass es sich deshalb um bessere Therapien handelt, für den strukturell arbeitenden Therapeuten und für viele Pferdebesitzer sind die Wirkungen dieser Maßnahmen aber oft besser erklärbar. In erster Linie jedoch sind physikalische Therapieverfahren eine perfekte Ergänzung zur Manuellen Therapie und haben sich in der Humanmedizin teils seit Menschengedenken sowie in der Tiermedizin nun auch schon seit vielen Jahren bewährt. Aus diesem Grund sollen einige dieser physikalischen Therapiemaßnahmen in kompakter Form etwas näher vorgestellt werden.

4.1.1 Elektrotherapie

Die Elektrotherapie ist ein physikalisches Verfahren, das bei vielen, meist degenerativen Erkrankungen und Schmerzzuständen eingesetzt wird. In der Therapie kommen insbesondere niederfrequente und mittelfrequente Stromformen zum Einsatz. Es handelt sich dabei um Wechsel- oder Impulsströme. Eine weitere Stromform wäre der Gleichstrom, wobei es sich um einen konstanten Stromfluss zwischen 2 Polen handelt, welche imstande sind, Säuren und Basen anzulagern. Dies kann zu unangenehmen Hautverätzungen führen. Gleichströme sind deshalb als therapeutische Maßnahme beim Tier ungeeignet, allerdings mit einer Ausnahme: Unter Beachtung der Risiken bei Verwendung von Gleichstrom kann diese Stromform zur Iontophorese eingesetzt werden. Mittlerweile ist man aber auch in der Lage, bei der Iontophorese mit mittelfrequenten Strömen zu arbeiten.

Definition

Unter Iontophorese versteht man das Einschleusen von Wirkstoffen und Medikamenten in Form von Salben oder Gelen unter Zuhilfenahme von elektrischen Strömen in den Körper.

Transkutane elektrische Nervenstimulation (TENS)

Neben der Stromform ist die Stromfrequenz ein wichtiger Parameter in der Therapie. Die transkutane elektrische Nervenstimulation (TENS) wird mit niederfrequenten Strömen durchgeführt, die im Bereich von 1–100 Hertz (Hz) liegen. Hier ist der Körper noch in der Lage, auf die relativ langsame Impulsfolge zu reagieren. Für den therapeutischen Einsatz ist die Impulsfolge entscheidend:

- 1–10 Hz: es werden einzelne Muskelkontraktionen ausgelöst
- 10–50 Hz: der Kreislauf wird angeregt, die allgemeine Erregbarkeit wird gesteigert
- 80–100 Hz: es kommt zur Dämpfung der Erregbarkeit und somit auch zur Schmerzreduktion (analgetische Wirkung)

Als Hauptindikation wird beim TENS die schmerzreduzierende Wirkung angegeben. Bei niederfrequenten Stromformen, mit denen die TENS-Geräte arbeiten, kann je nach Dosierung ein unangenehmes Stromgefühl auftreten, das sich bis zum starken Brennen (und letztendlich Verbrennen der Haut) steigern kann. Der Mensch kann die Dosis über sein Empfinden exakt steuern. Beim Pferd hingegen ist eine exakte Dosierung aufgrund einer ungenauen „Rückmeldung" des Pferdes über dessen Reaktionen nicht möglich. Die Gefahr von Schmerzen und Verbrennungen sind bei dieser Stromform deshalb gegeben. Aus diesem Grund ist von Therapieanwendungen mit niederfrequenten Strömen (TENS) in der Pferdetherapie abzuraten.

Mittelfrequente Elektrotherapie

Die mittelfrequente Elektrotherapie (100–100 000 Hz) zeichnet sich durch schnellere Impulsfolgen aus (▶ Abb. 4.1), die das unangenehme Stromgefühl, das bei der transkutanen elektrischen Nervenstimulation entsteht, auf ein Minimum reduzieren. Somit eignet sich die mittelfrequente Elektrotherapie für Tiere im Allgemeinen und Pferde im Speziellen deutlich besser. Die mittelfrequente Elektrotherapie wird von den Pferden hervorragend angenommen, während die Akzeptanz beim TENS sehr stark vom Typ des Pferdes und dessen Empfindlichkeit abhängig ist.

Der Strom dringt beim Einsatz von mittelfrequenten Strömen tief ins Gewebe ein, während niederfrequente Stromformen an der Oberfläche fließen. Weil sich Trägerfrequenzen von 3 000–10 000 Hz auch in niederfrequente Ströme umwandeln lassen, können nieder- und mittelfrequente Ströme in der Therapie sogar kombiniert eingesetzt werden.

Niederfrequenzströme eignen sich hauptsächlich für die Behandlung der Nervenfasern, während zur Therapie der Muskulatur vor allem Mittelfrequenzströme eingesetzt werden.

Übrigens werden Hochfrequenzströme (ab 100 000 Hz) normalerweise nicht therapeutisch eingesetzt. Im Prinzip handelt es sich dabei um Wärmetherapie, weil sich die Wirkung auf die Erwärmung des Gewebes beschränkt.

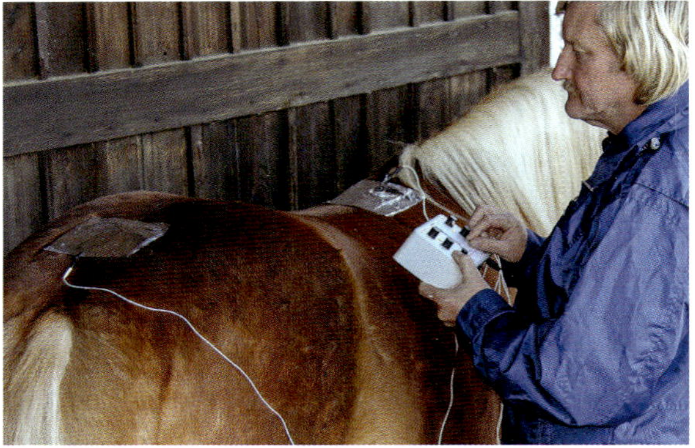

▶ **Abb. 4.1** Die mittelfrequente Elektrotherapie erzielt einen schmerzlindernden Effekt. Hier wird der gesamte Rückenbereich durchströmt, wobei die Elektroden am Widerrist und Kreuzbein angebracht werden. Die Einmal-Elektroden kann man unkompliziert aus Alufolie fertigen, die dann großzügig mit Elektrodengel bestrichen werden.

Indikationen und praktische Anwendung

Die Elektrotherapie wirkt zum einen über die Motorik (je nach Frequenz kommt es zu Einzelzuckungen, tetanischen Kontraktionen der Muskulatur oder Muskelwogen), zum anderen über die Hyperämie (Mehrdurchblutung aufgrund von Muskelarbeit und Freisetzung vasoaktiver Stoffe) sowie über die Analgesie (durch Detonisierung verspannter Muskulatur, verbesserte Durchblutung, Freisetzung körpereigener Endorphine und Aktivierung des Gate-Control-Mechanismus).

Sie kommt demnach insbesondere in der Schmerztherapie zur Anwendung. Speziell indiziert ist die Elektrotherapie bei Arthrosen, Spondylosen, Frakturen, Nervenregeneration, Verspannungen sowie zur Prävention von Muskelatrophien und zur Unterstützung des Muskelaufbaus.

Praxistipp

Wenn Muskeln verletzungsbedingt „stillgelegt" werden, kann der Muskelabbau mittels Elektrobehandlung nur verzögert, aber nicht verhindert werden. Ebenso kann ein Muskelaufbau nur unterstützt, aber nicht allein durch die Elektrotherapie bewerkstelligt werden.

Kontraindiziert ist die Strombehandlung bei akuten Entzündungen im Behandlungsbereich, bei anästhesierten Hautbezirken, bei Tumoren und Infektionskrankheiten.

Je nach Läsion und Therapieart werden die Elektroden in verschiedener Weise am Pferdekörper angebracht. Man unterscheidet Quer- und Längsdurchflutungen eines Schmerzgebiets. Es bietet sich aber auch die Stromverlaufsrichtung entlang der Nervenfasern an. Besonders bewährt hat sich die segmentale Anordnung, also von den Nervenwurzeln des entsprechenden Wirbelsäulensegments ausgehend entlang der nervalen Versorgung des jeweilig zu behandelnden Gebiets.

Will man speziell die Muskulatur behandeln, bietet sich die Anordnung der Elektroden direkt am Muskelbauch und am Muskelansatz an.

Zur besseren Leitfähigkeit werden die Elektroden mit einem speziellen Elektrodengel (kein Ultraschallgel!) bestrichen. Insbesondere bei Pferden mit langem und dichtem Winterfell ist ein großzügiges Einreiben mit Elektrodengel wichtig, um einen guten Stromkontakt zu gewährleisten. Die Leitfähigkeit wird zusätzlich verbessert, wenn das Haut-/Fellareal zuvor gut befeuchtet wird.

Das Elektrogerät ist langsam hochzuregeln, bis das Pferd anzeigt, dass es den Stromfluss spürt. Zeichen hierfür sind beispielsweise Kopf anheben, Ohrenspiel, Zurückblicken des Pferdes, Hautzuckungen, gegebenenfalls auch Hochziehen eines Beines, Unruhe, Scharren oder Aufstampfen. In letzteren Fällen zeigt das Pferd eher Unbehagen an, was den Therapeuten dazu veranlassen sollte, den Stromfluss zu reduzieren. Sobald ein Muskelzucken erkennbar wird, sollte der Therapeut das Elektrogerät herunterregeln, auch wenn das Pferd keine Anzeichen von Unbehagen zeigt. Der Stromfluss ist korrekt dosiert, wenn keine Muskelzuckungen sichtbar sind. Bei erkennbaren Muskelzuckungen ist die Intensität zu hoch.

Die meisten Pferde genießen eine Strombehandlung, wenn sie richtig durchgeführt wird. Sie ist damit eine ideale Ergänzung zur Manuellen Therapie.

Praxistipp

Die bei Elektrogeräten üblicherweise mitgelieferten Silikon-Elektroden verlieren ihre Leitfähigkeit relativ schnell, sind für die Anwendung am Pferd oft zu klein und müssten nach jeder Behandlung sorgfältig gereinigt werden, um zu verhindern, dass Krankheiten (Pilz o. ä.) übertragen werden. Deshalb sollte man auf eine handelsübliche Alufolie ausweichen, die man auf die bevorzugte Größe (zum Beispiel 15 x 15 cm) faltet und großzügig mit Elektrodengel bestreicht. Die Alufolie wird nach jeder Anwendung entsorgt.

4.1.2 Magnetfeldtherapie

Die Magnetfeldtherapie (▶ Abb. 4.2) zählt zu den ältesten bekannten Therapieverfahren. Schon Hippokrates beschreibt Heilungen mit Magneten, dennoch kann diese frühzeitliche Therapieform nicht mit den modernen, hochtechnisierten Geräten mithalten. Etabliert hat sich die Therapie im Laufe von Jahrtausenden aufgrund positiver Erfahrungen.

Heutzutage gibt es die unterschiedlichsten Magnetfeldsysteme auf dem Markt. Sinnvoll sind jedoch nur pulsierende Magnetfelder. Statische Magnetfelder sind zwar in der Lage, einen fließenden elektrischen Strom zu beeinflussen, allerdings keine ruhenden Ladungen. Körperzellen können allerdings nur über pulsierende Magnetfelder aktiviert werden. Dabei wird in sehr kurzen Abständen ein Magnetfeld auf- und wieder abgebaut. Dieser Effekt ist für die Aktivierung der Körperzellen entscheidend.

Schwache, jedoch schnell pulsierende Magnetfelder beeinflussen das Nervensystem und wirken sedierend, also beruhigend, und somit auch schmerzlindernd. Eine intensive Pulsung von Magnetfeldern regt die Körperzellen an und unterstützt damit den Stoffwechsel.

Die Magnetfeldtherapie kann auf diese Weise viele Krankheiten und Störungen des Körpers positiv beeinflussen. Sie fördert die Gesunderhaltung, dient zur Prophylaxe und stärkt das Immunsystem. Dies ist förderlich bei Allergien, Infektionskrankheiten und Stoffwechselstörungen. Man hat außerdem positive Erfahrungen bei Arthrose, Arthritis und rheumatischen Erkrankungen gemacht. Weitere Indikationen sind die Stressbewältigung, Steigerung der Leistungsfähigkeit, Förderung der Durchblutung, Entgiftung des Körpers und forcierter Zellstoffwechsel.

Wenn der Stoffwechsel einer Zelle durch Krankheit oder Verletzung gestört ist, häufen sich Abbauprodukte im Körper an. Diese können nicht mehr rechtzeitig abtransportiert werden, sodass es langfristig zu einer Zellschädigung kommt. Das Magnetfeld sorgt für die Aktivierung und Neuordnung der Zellen und eine damit verbundene verbesserte Stoffwechsellage.

Darum kann die Magnetfeldtherapie bei vielen Krankheiten und gesundheitlichen Störungen eingesetzt werden. Dennoch ist sie kein Allheilmittel, sondern dient lediglich der Unterstützung des Körpers, eine Normalisierung der Stoffwechsellage zu erreichen. Der Therapieerfolg ist aber nicht nur von der richtigen Frequenz und Pulsung für eine bestimmte Störung abhängig, sondern auch von der Anwendungsdauer und -häufigkeit.

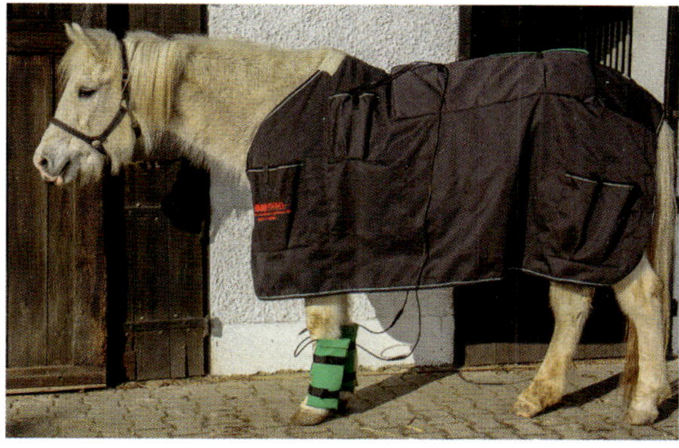

▶ **Abb. 4.2** Pulsierende Magnetfelder aktivieren den Stoffwechsel und können begleitend zur Manuellen Therapie eingesetzt werden. Die Magnetspulenpads können in der Decke in die Einschubfächer am Rücken, Knie oder der Schulter platziert sowie als Gamaschen verwendet werden.

Merke

Die Behandlung mit gepulsten Magnetfeldern ist nur über einen Zeitraum von mindestens 4–6 Wochen sinnvoll.

Der Körper benötigt an die 4–6 Wochen, bis die Zellen ansprechen. Darum ist nur eine Langzeitbehandlung bei täglicher Anwendung sinnvoll. Eine einmalige oder kürzere Behandlungsdauer ist wirkungslos.

Resultate können sich erst nach mehreren Wochen Behandlung einstellen. Die Magnetfeldtherapie gehört in der therapeutischen Praxis stets zu den begleitenden Maßnahmen zu weiteren physiotherapeutischen und osteopathischen Behandlungen. Sie lässt sich aber auch gut mit weiteren Therapieformen (Akupunktur, Phytotherapie etc.) kombinieren.

4.1.3 Lasertherapie

Sowohl in der physiotherapeutischen Humanpraxis als auch in der Veterinärmedizin ist die Low-Level-Lasertherapie (LLLT) ein fester Bestandteil der Behandlung (▶ Abb. 4.3). Neben dem Begriff der Low-Level-Lasertherapie haben sich auch die Bezeichnungen Softlaser oder Laserbiomodulation eingebürgert. Es handelt sich hierbei um eine nebenwirkungsfreie Therapieform, die mittels gebündelten Lichtes einer bestimmten Wellenlänge und Frequenz durchgeführt wird.

Auf dem Markt existieren die unterschiedlichsten Lasergeräte, deren Wirkungsmechanismen von der Geräteleistung abhängen und damit höchst variabel ausfallen.

▶ **Abb. 4.3** Der Low-Level-Laser hat eine stark stoffwechselfördernde Eigenschaft und wird bei chronischen Erkrankungen, aber auch zur Akupunktur eingesetzt.

Mit einem leistungsfähigen Therapielaser können manuelle Behandlungen hervorragend unterstützt werden. Der Laser kann aber auch alleinig zum Einsatz kommen, wenn damit beispielsweise offene Wunden behandelt werden sollen.

Das Laserlicht ist eine Energiequelle, die äußerst stimulierend auf die Zellen wirkt. Es aktiviert die Mitochondrien, die im Wesentlichen für die Energiebereitstellung in Form von Adenosintriphosphat (ATP) verantwortlich sind. Somit erhöht sich die ATP-Synthese mit einer bis zu 4-fachen Steigerung der Energierate. Damit wird eine Vielzahl von Zellprozessen angeregt, die unter anderem eine Steigerung der Zellteilung (Mitose) nach sich zieht. Aus diesem Grund unterstützt der Laser die Wundheilung, weil das Gewebe durch die verbesserte Energiebereitstellung schneller regenerieren kann.

Laserlicht wirkt aufgrund der Durchblutungsaktivierung sowie der Phagozytose von Makrophagen und Leukozyten außerdem antientzündlich. Studien haben außerdem die schmerzlindernde Wirkung belegt.

Somit findet der Therapielaser im Low-Level-Bereich vor allem bei Hauterkrankungen, bei Entzündungen und Wunden aller Art seinen Einsatz. Aufgrund seiner stoffwechselfördernden Eigenschaft wird er auch bei chronischen Erkrankungen des Bewegungsapparats (zum Beispiel Arthrose oder alte Sehnen- und Bänderverletzungen) angewendet. Weitere Indikationen sind beispielsweise Neuralgien, chronische Magen-/Darmleiden, Sommerekzem, Abszesse und chronische Bronchitis.

Nicht zuletzt kann der Laser auch zur Akupunkturbehandlung eingesetzt werden. Mithilfe des Laserlichts können die Akupunkturpunkte ebenso gut stimuliert werden wie mit der traditionellen Nadel. Dennoch gibt es einige Unterschiede. Ein Vorteil der Laserakupunktur ist die absolute Schmerzfreiheit. Nicht wenige Pferde akzeptieren das Einstechen einer Akupunkturnadel nur widerwillig. Zudem ist eine Infektionsgefahr durch die Nadelung immer gegeben, beim Laser hingegen ist sie vollkommen ausgeschlossen.

Leider hat die Laserakupunktur auch einige Nachteile: Mit einem entsprechenden Laser ist zwar die Eindringtiefe bei tiefer liegenden Akupunkturpunkten gewährleistet, dennoch kann eine spezielle Stimulation wie mit einer Nadel nicht erfolgen.

Ein weiterer Nachteil der Laserakupunktur ist, dass nur jeweils ein einzelner Akupunkturpunkt stimuliert werden kann. Mehrere Akupunkturpunkte müssen deshalb stets hintereinander gelasert werden und können nicht gleichzeitig, wie es bei der Nadelakupunktur möglich ist, aktiviert werden.

Ansonsten aber ist die Laserakupunktur eine hervorragende Alternative zur klassischen Nadelakupunktur, zumal die Wirkungsweise der Laser- und Nadelakupunktur im Vergleich als identisch angegeben wird.

4.1.4 Infrarot-Bestrahlung

Eine weitere beliebte Form der Lichttherapie ist die Infrarot-Bestrahlung mittels Solarium (▶ **Abb. 4.4**). Hier nutzt man aus physiotherapeutischer Sicht die Wärme der Rotlichtlampen, genauer gesagt die Tiefenwärme, um verschiedenste Leiden zu behandeln.

Die roten Lampen der Solarien unterscheiden sich jedoch nicht nur in ihrer Leistung (meist werden Lampen mit 150 Watt oder 250 Watt Leistung angeboten), sondern auch in der Wellenlänge des Lichtes. Und diese ist entscheidend für die Eindringtiefe ins Gewebe. Infrarotlicht ist eine elektromagnetische Welle, die durch die Wellenlänge charakterisiert ist. Man unterscheidet Infrarot A (IR A), Infrarot B (IR B) und Infrarot C (IR C). Infrarot A ist ein kurzwelliges Infrarotlicht, das auch als „nahes IR" bezeichnet wird und eine Wellenlänge von 780–1400 nm aufweist. Das mittelwellige IR B umfasst einen Bereich von 1400–3 000 nm, das langwellige (= fernes IR) hat eine Wellenlänge von 3 000 nm bis 1 mm.

Infrarot A dringt dabei am tiefsten ins Gewebe ein, die Angaben schwanken von 4–6 mm. Das IR B kann mit 2 mm aufwarten, während das IR C lediglich 1 mm Eindringtiefe vorweist. Von einer Tiefenwärme kann beim IR C eigentlich keine Rede mehr sein, geworben wird den-

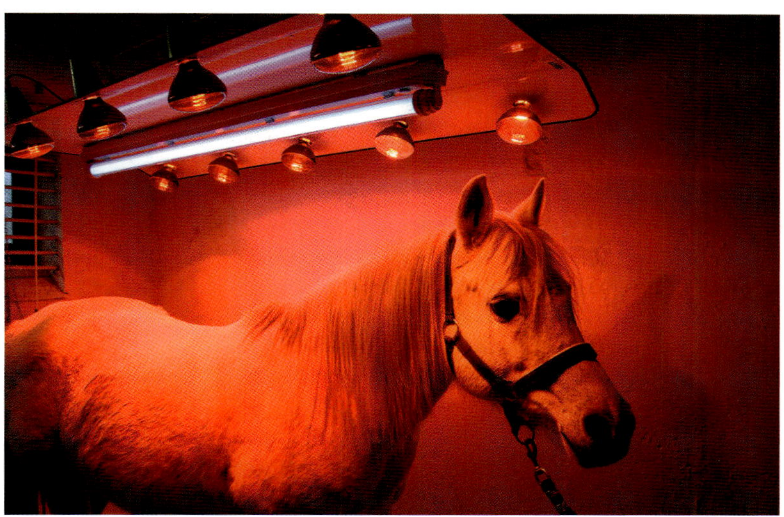

▶ **Abb. 4.4** Infrarot-A-Strahler erzeugen eine Tiefenwärme, die bis zu 6 mm tief in die Haut eindringt.

noch damit. IR-C-Strahler erwärmen lediglich die Hautoberfläche sowie die Umgebungsluft. Sicherlich erfahren tiefer liegende Hautschichten ebenfalls eine Erwärmung über die Wärmeleitung des Gewebes, doch die Muskulatur des Pferdes wird damit wohl kaum mehr erfasst.

Somit ist klar, dass die Muskulatur des Pferdes mithilfe eines Solariums nicht aufgewärmt werden kann. Der Reiter erspart sich keine Aufwärmzeit und auch zum Trocknen eines verschwitzten Pferdes nach dem Training ist das Solarium denkbar ungeeignet. Aufgrund der weiteren Wärmezufuhr über das Rotlicht beginnt das Pferd noch mehr zu schwitzen, versucht es doch die Wärmeenergie, die zuerst durch die Bewegung entstanden ist, durch Schwitzen loszuwerden.

Praxistipp

Das Solarium ist für die Trocknung eines verschwitzten Pferdes ungeeignet, weil die Pferde wegen der Wärmezufuhr stark nachschwitzen. Am besten bewährt hat sich immer noch die gute alte Abschwitzdecke mit einer dicken Lage Stroh darunter. Das Stroh schafft ein Luftpolster und nimmt die Feuchtigkeit des aufsteigenden Wasserdampfs auf. Der Dampf kondensiert auf der Deckenoberfläche. Nach 20–30 Minuten ist die Decke nass, das Pferd aber trocken.

Wer es lieber modern haben will, trocknet seine Pferde mit einem speziellen Pferdefön. Hier wird die angewärmte, feuchte Luft abtransportiert, sodass das Pferd innerhalb kurzer Zeit abtrocknet.

Die Tiefenwärme- oder auch Heilwärmestrahler arbeiten meist nicht allein im IR-A-Bereich, sondern nutzen das gesamte Spektrum des IR-Lichtbereichs. Damit versuchen die Hersteller, die natürliche Strahlung des Sonnenlichts zu imitieren. Die Aufteilung der Wellenlängenbereiche kann sich demnach beispielsweise wie folgt darstellen: zu 22 % arbeiten die Lampen im IR-A-Bereich (die Sonne strahlt in etwa 39 % IR-A-Wellen aus), zu 55 % im IR-B-Bereich und zu 23 % im IR-C-Bereich.

Je tiefer die Wärme ins Gewebe eindringt, desto besser werden die tieferen Körperschichten erwärmt und desto besser wird die Durchblutung und somit der Stoffwechsel angeregt. Auf diese Weise kann die Tiefenwärme zu einer Muskelentspannung beitragen. IR-A-Strahler erwärmen also den Körper, sodass die Wärme im Inneren des Organismus zum Tragen kommt. IR-C- und IR-B-Strahler hingegen erhitzen hauptsächlich die Hautoberfläche beziehungsweise die umgebende Luft. Man benötigt wesentlich mehr Energie, bis die Wärme in den Körper geleitet wird, um den Stoffwechsel anzuregen. Die meiste Wärme geht oberflächlich verloren. Somit erwärmt sich der Körper über die erhöhte Raumtemperatur. Im Pferdesolarium jedoch entweicht die warme Luft sofort in die Umgebung, weil die Solarien in der Regel nicht in kleinen, umschlossenen Räumen hängen, sondern im kalten Stall. Somit sind IR-C-Strahler für den Einsatz im Pferdesolarium weniger sinnvoll. Man vergeudet zu viel Energie mit der Erwärmung der Stallluft, wobei man doch dem Pferd Wärmeenergie zuführen möchte.

Den positiven Effekt des Solariums stellt die Mehrdurchblutung mit einer Anregung des Stoffwechsels dar, wodurch Stoffwechselabbauprodukte schneller abtransportiert werden. Untersuchungen haben gezeigt, dass Pferde, die vor der Arbeit regelmäßig in den Genuss des Solariums gekommen sind, erheblich weniger Rückenprobleme zeigten als die Kontrollgruppe. Ein Ersatz für die Aufwärmarbeit stellt das Solarium aber nicht dar (▶ Abb. 4.5).

Die Wärmetherapie hat sich bei der Behandlung von chronischen Erkrankungen hervorragend bewährt. So profitieren Pferdepatienten vor allem mit Arthrose, verschiedenen anderen chronischen Gelenkerkrankungen und Muskelschmerzen von der Rotlichttherapie. Aber auch bei chronischen Atemwegserkrankungen hat sich das Solarium als Zusatztherapie insbesondere während der kalten Jahreszeit bewährt.

▶ **Abb. 4.5** Wird ein Pferd unter einem Solarium geparkt, sind die Stallkatzen schnell zur Stelle, um auf dem Pferderücken ebenfalls die Tiefenwärme zu genießen.

Kontraindiziert ist das Solarium insbesondere bei Entzündungen, Schwellungen und anderen akuten Krankheitsprozessen.

4.2 Geräteunabhängige Zusatztherapien

4.2.1 Wärme- und Kältetherapie

Schon in der Antike wurde versucht, mit heißen Umschlägen oder eiskaltem Wasser diverse Beschwerden zu lindern. Bis heute haben sich verschiedene Wärme- und Kälteanwendungen erhalten, da sie die Behandlung insbesondere von Erkrankungen des Bewegungsapparats sehr gut unterstützen können. Um keinen negativen Effekt zu erzielen, sollte man jedoch sehr genau auf die Kontraindikationen achten sowie auf das jeweilige Stadium einer Erkrankung oder Verletzung. Während chronische Beschwerden meist mit Wärme behandelt werden, darf diese nie bei einer akuten Entzündung angewendet werden. Bei einer Arthrose beispielsweise wird man sich für eine Wärmeapplikation entscheiden, bei einer Arthritis allerdings für Kälte. Im subakuten Stadium kann ein Wechsel von Wärme und Kälte sinnvoll sein.

Wärmeanwendungen

Bei den Wärmeanwendungen unterscheidet man Strahlungswärme (Radiation) und Wärmeleitung (Konduktion). Zu den Möglichkeiten der Strahlungswärme zählt das bereits beschriebene Solarium, s. Kap. Infrarot-Bestrahlung (S. 154). Über Wärmepackungen (Hot-Packs), erwärmte Auflagen, Wickel, Moor- und Heilerdepackungen, heiße Rolle oder warme Bäder wird Wärme über die Leitfähigkeit übertragen. Die Hochfrequenztherapie, wie sie schon im Kapitel der Elektrotherapie erwähnt wurde, und der therapeutische Ultraschall erzeugen Wärme im Gewebe.

Günstige und einfache Möglichkeiten bieten das Auflegen von Moor- und Fangopackungen. Bewährt haben sich auch Kartoffelpackungen.

Für eine Kartoffelpackung werden Kartoffeln gekocht und grob mit einer Gabel zerdrückt. Diesen heißen Brei schlägt man in ein feuchtes Handtuch ein und legt es auf den Pferdekörper. Die Kartoffeln halten die Wärme sehr lange und sind deshalb ein idealer Wärmespeicher.

Antiphlogistische Wirkungen sollen Quark- und Zwiebelumschläge haben, sie eignen sich deshalb bei akuten Gelenkentzündungen. Warme Quark- und Kartoffelumschläge sind hingegen bei chronischen Gelenkentzündungen die richtige Wahl.

Für die trockene Anwendung empfehlen sich gerade in der kalten Jahreszeit Wärmepads, die über Metallplättchen aktiviert werden können und für etwa 20 Minuten Wärme abgeben. Diese Pads können direkt auf ein Gelenk aufgebracht oder auf den Rücken gelegt werden.

Heiße Rolle

Besser wirksam ist – wie bei der heißen Rolle – hingegen feuchte Wärme, weil das Wasser ein sehr guter Wärmeleiter ist. Somit dringt die Wärme schneller und besser in das Gewebe ein.

Die heiße Rolle wird in der Human- und Kleintiermedizin gleichermaßen angewandt und kann auch nach kurzer Einweisung vom Pferdebesitzer durchgeführt werden.

Durchführung Es werden 2–3 Handtücher der Länge nach gefaltet und trichterförmig zusammengerollt. Die Rolle muss straff gewickelt sein. In den entstandenen Trichter wird nun langsam kochendheißes Wasser eingegossen (▶ **Abb. 4.6**), welches von den Handtüchern aufgesogen wird. Ist die Handtuchrolle durchtränkt, legt man die heiße Rolle auf die zu behandelnden Stellen auf und rollt mit leichtem Druck über die Fläche hinweg. Über kleinere Bereiche tupft man die Stelle nur ab. Der Kontakt mit dem Fell darf nicht zu lange aufrechterhalten bleiben, da es sonst zu Verbrennungen kommen kann. Während der Behandlung rollt man die Handtücher nach und nach ab, sobald die äußere Handtuchlage abgekühlt ist, damit man immer mit einer feuchtheißen Lage auf dem Fell arbeiten kann. Nach etwa 20 Minuten sind die Handtücher vollständig abgerollt und man kann die Behandlung beenden.

Über die aufgewärmten und feuchten Bereiche wird anschließend eine trockene Abschwitzdecke aufgelegt, damit das Pferd nicht zu schnell auskühlt und der Therapieeffekt verlorengeht. Die langsame Abkühlzeit unter der Decke dauert so lange, bis das Pferd wieder ein trockenes Fell hat.

Die heiße Rolle wird insbesondere bei Muskelverspannungen und chronischen Gelenkproblematiken (zum Beispiel Arthrose) angewendet, hat aber auch einen guten Effekt zur Durchblutungsförderung.

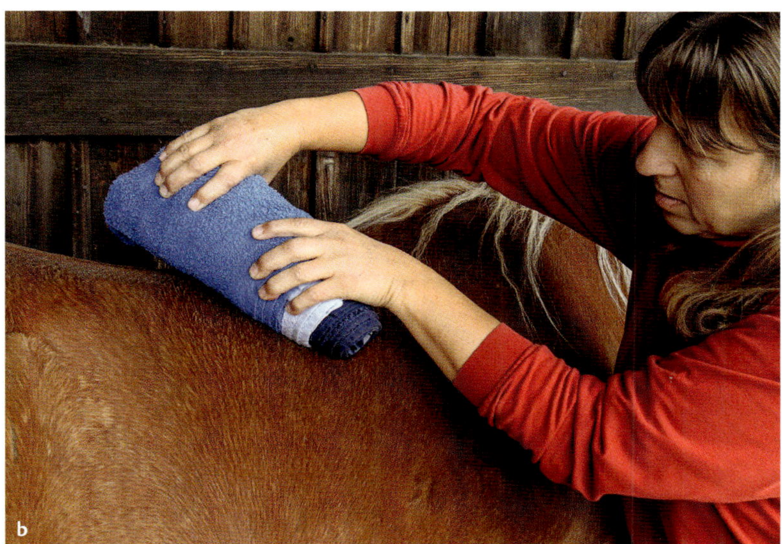

▶ **Abb. 4.6** Behandlung mit der heißen Rolle.
a Heißes Wasser wird in den Trichter der zusammengerollten Handtücher gefüllt.
b Bei der heißen Rolle wird mit feuchter Wärme gearbeitet, eine wohltuende Behandlung für einen strapazierten Pferderücken.

Kontraindikationen sind offene Wunden, Kreislaufprobleme, Fieber, akute Entzündungen und Schwellungen.

Wirkung von Wärmeapplikationen

Die Zuführung von Wärme über die Haut hat eine Vasodilatation zur Folge, wodurch es zu einer Hyperämie kommt. Zudem werden Mediatoren wie Histamin, Prostaglandine und Bradykinin freigesetzt. Die Mehrdurchblutung sorgt für eine Steigerung des Stoffwechsels, vermehrte Sauerstoff- und Nährstoffversorgung des betroffenen Gebiets und eine Aktivierung des Lymphabflusses. Stagnierende Heilungsverläufe können somit aktiviert und beschleunigt werden.

Merke

Damit eine Wärmeauflage therapeutisch wirksam werden kann, muss diese das Gewebe um mindestens 1–3 °C erwärmen. Andererseits darf es zu keiner Überwärmung von über 45 °C kommen, da es sonst zu Gewebezerstörungen kommen kann.

Wärme wirkt außerdem detonisierend auf die Muskulatur, was wiederum einen schmerzlindernden Effekt zur Folge hat. Die Gewebe werden flexibler und dehnbarer, wodurch eine bessere Funktionalität insbesondere von Bändern und Sehnen gewährleistet ist. Narbengewebe wird weicher und störungsfreier. Die Viskosität der Synovia wird herabgesetzt, sodass es zu einer besseren Verteilung der Gelenkflüssigkeit in den artikulären Strukturen kommt.

Kryotherapie

Indiziert ist die Kältetherapie vor allem bei akuten Verletzungen und Entzündungen. Außerdem kann über den Kältereiz der Kreislauf stimuliert werden. Kälteapplikationen bewirken eine Vasokonstriktion, außerdem eine Herabsetzung der Nervenleitgeschwindigkeit, und führen dadurch zu einer Schmerzreduktion. Nach Absetzen des Kältereizes kommt es zu einer gegenregulatorischen Mehrdurchblutung aufgrund einer Gefäßdilatation.

Somit erzielt man unterschiedliche Wirkungen – je nach Länge der Kälteapplikationen. Ein kurzzeitiger Kältereiz von wenigen Minuten wirkt auf die Muskelspindel tonisierend, es kommt daher zu einem höheren Muskeltonus. Bei Anwendungen von bis zu 20 Minuten kann der reflektorisch einsetzenden Hyperämie nach kürzerer Kälteanwendung gegengesteuert werden. Somit wirkt diese Anwendungsart entzündungshemmend, verhindert die Bildung von Ödemen und deaktiviert die Muskelspindeln, wodurch es zu einer Muskelentspannung kommt.

Kontraindiziert ist die Kryotherapie bei arteriellen Durchblutungsstörungen, Nieren- und Blasenentzündungen, Herzerkrankungen, Hautschäden und Nervenleiden.

Merke

Kaltes Leitungswasser hat keinen ausreichenden Kühleffekt. Dem Leitungswasser müssen deshalb Eiswürfel hinzugefügt werden, um es auf eine therapeutisch wirksame Temperatur herabzukühlen.

Kühlen funktioniert nur bei entsprechend kalten Temperaturen nahe dem Gefrierpunkt. Kaltes Wasser aus der Leitung hat keinen ausreichenden Kühleffekt. Ohne die Hilfe eines Gefrierschranks ist eine sinnvolle Kältetherapie deshalb nicht durchzuführen. Bewährt haben sich Eispackungen, Eiswasser oder Coldpacks. Die Coldpacks werden im Gefrierschrank abgekühlt und können als Auflagen oder Umschläge dienen. Sie dürfen jedoch nie direkt auf dem Fell oder der Haut aufliegen, um Erfrierungen zu vermeiden. Stets muss zwischen einer bis zum Gefrierpunkt abgekühlten Auflage und der Haut ein Tuch untergelegt werden, damit es nicht zu Erfrierungen kommen kann.

Besonders empfehlenswert ist Eiswasser, das eine Temperatur stets über 0 °C aufweist, ansonsten wäre das Wasser komplett gefroren. Die ins Wasser gegebenen Eiswürfel halten das Wasser allerdings kühl genug, um einen Kühleffekt zu erzeugen. Durch die gute Leiteigenschaft von Wasser wird der Kühleffekt optimiert. Bei distalen Gliedmaßenverletzungen kann die Extremität dabei in einen Eimer mit Eiswasser gestellt werden.

„Bewegtes Eis“

Eis sollte keinen direkten Kontakt mit der Haut des Pferdes haben, um Erfrierungen zu vermeiden. Allerdings gibt es eine Ausnahme: Der sogenannte Eis-Lolli wird direkt auf dem Fell des Pferdes aufgesetzt (▶ Abb. 4.7). Allerdings wird das Eis nicht an einer Stelle belassen, sondern ständig in Bewegung gehalten, sodass die Kontaktzeit zu kurz ist, um Erfrierungen zu erzeugen. Deshalb spricht man bei dieser Kältetherapieform auch von „bewegtem Eis“.

Die Herstellung eines Eis-Lollis ist denkbar einfach: Man nimmt einen leeren Joghurtbecher und füllt diesen mit Leitungswasser. Als Deckel stülpt man eine Alufolie darüber, die mittig mit einem Loch versehen wird, durch das ein Holzstäbchen geschoben wird. Dieses Stäbchen bildet später den Haltegriff. Der so vorbereitete Joghurtbecher wird schließlich eingefroren.

Nachdem das Wasser zu Eis gefroren ist, kann man den Becher entfernen und der Eis-Lolli ist einsatzbereit. Für die richtige Anwendung gleitet man mit dem Eis ohne Druck über das Pferdefell und hält den Eiszylinder ständig in Bewegung.

Bei akuten Verletzungen wird die entsprechende Stelle mindestens 10–20 Minuten mit Eis behandelt. Dann folgt eine ebenso lange Pause mit anschließenden 2–4 Wiederholungen.

Im subakuten Zustand sollen die Zellaktivität und die Durchblutung angeregt werden, was mit kürzerem Kühlen erreicht wird. Hier gilt die Regel: 2 Minuten Eisbehandlung unterbrochen mit einer 4-minütigen Pause. Auch diese Abfolge wiederholt man etwa 3-mal.

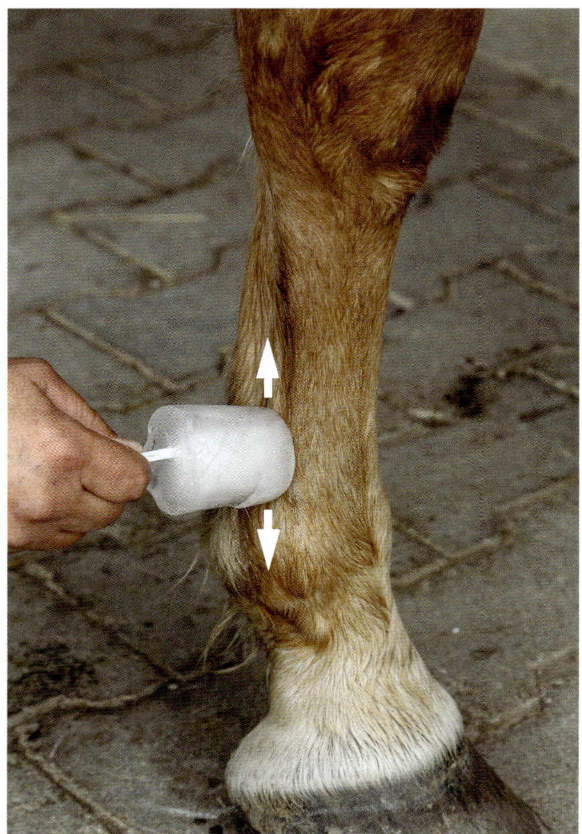

▶ **Abb. 4.7** Mit dem Eis-Lolli gleitet man unter ständiger Bewegung über das Pferdefell (Pfeile). Die Kältetherapie eignet sich hervorragend bei akuten, stumpfen Verletzungen, wobei der Eiszylinder mindestens 10–20 Minuten über der Verletzungsstelle bewegt wird.

4.2.2 Hydrotherapie

Kältetherapie hat nur mit entsprechend kühlen Temperaturen eine sinnvolle Wirkung. Das Abspritzen mit Leitungswasser aus dem Gartenschlauch wird die Beine eines Pferdes nicht ausreichend kühlen, um einen therapeutischen Kühleffekt zu erzielen. Dennoch erfolgt im Sinne der Anregung des Lymph- oder Kreislaufsystems eine Stimulierung, allerdings nicht aufgrund der Wassertemperatur, sondern durch den mehr oder weniger starken Wasserstrahl, der eine mechanische Einwirkung auf das Gewebe erzielt.

Ein starker Wasserstrahl (aus der Düse) wirkt dabei massierend, während ein schwacher Druck (aus dem Wasserschlauch ohne Düse) eine sanft anregende Wirkung insbesondere auf das Lymph- und Kreislaufsystem hat.

Zur Anregung des Lymphsystems wählt man deshalb einen weichen Wasserdruck, wobei der Pferdekörper von dem Nass sanft umflossen wird. Für diese Wassergüsse beginnt man mit der Gliedmaße, die am weitesten vom Herzen entfernt ist. Dies ist das rechte Hinterbein. Nach-

► **Abb. 4.8** Mit weichem Wasserdruck wird das Lymphsystem angeregt. Hilfreich ist die Maßnahme bei Pferden, die zu angelaufenen Beinen neigen.

folgend lässt man über das linke Hinterbein das Wasser fließen, schließlich über die vordere rechte Gliedmaße und zum Schluss über die linke Vordergliedmaße (► Abb. 4.8).

Man beginnt stets am Huf entlang der Innenseite des jeweiligen Beines und führt den Wasserstrahl nach oben über das Tarsal- beziehungsweise Karpalgelenk bis zur Brust an den Vordergliedmaßen und dem Femur an den Hintergliedmaßen.

Prinzipiell ist die Gussführung an den Extremitäten stets von unten nach oben, sie beginnt an der Innenseite und schließt an der Außenseite der jeweiligen Gliedmaße ab. Die Güsse werden jeweils 2-mal infolge für insgesamt 15–20 Minuten durchgeführt.

Kontraindiziert ist die Hydrotherapie bei Nervenverletzungen, offenen Wunden und Herzbeschwerden.

Praxistipp

Bei Pferden, die zu angelaufenen Beinen neigen, sollten neben regelmäßiger Bewegung auch routinemäßig Wassergüsse durchgeführt werden, um das Lymphsystem anzuregen.

Wasser ermöglicht noch weitere Behandlungsansätze in der Pferdetherapie. Aufgrund des hydrostatischen Drucks, den das Wasser mit zunehmender Tiefe ansteigend auf den Körper ausübt, können Lymph- und Kreislaufsystem angeregt werden. Der Druck in den Venen und Arterien steigt, was zu einer Erhöhung des Schlagvolumens und Herzminutenvolumens führt.

Zu früheren Zeiten wurden Pferdeschwemmen genutzt, heutzutage findet man vor allem auf größeren Reitanlagen und Rehazentren immer häufiger regelrechte Kneipp-Anlagen für Pferde. Für Rehazentren haben sich außerdem Unterwasserlaufbänder als sehr praktisch erwiesen. Mittlerweile gibt es auch Wasserführanlagen, in denen Pferde aus Rehabilitationsgründen oder zum Training ihre Runden drehen. Der Wasserstand kann sowohl bei Unterwasserlaufbändern als auch bei Wasserführanlagen je nach Bedarf angepasst werden.

Wasser hat eine große Viskosität und bremst darum die Bewegungen des Pferdes stark ab. Aufgrund dieses Widerstands benötigt das Pferd deutlich mehr Kraft, eine Gangart in einer bestimmten Geschwindigkeit aufrechtzuerhalten. Es erfährt deshalb eine Kräftigung der Muskulatur bei größtmöglicher Schonung der Gelenke. Aus diesem Grund ist das Wassertreten für Pferde mit Gelenkproblemen eine perfekte Lösung zur schnellen Wiederherstellung von Gesundheit und Fitness. Über die Regelung der Wassertemperatur lassen sich noch weitere Effekte erzielen. Ein warmes Bad fördert die Vasodilatation, erhöht aber auch die Kreislaufbelastung nicht unerheblich, weshalb man besonders bei alten Pferden mit hohen Wassertemperaturen vorsichtig sein sollte. Ein kaltes Bad hingegen bewirkt eine Vasokonstriktion mit einer reflektorischen Gegenreaktion und steigert den Blutdruck.

Schwimmen erfordert einen ähnlich hohen Kraftaufwand, wurde in der Pferdereha allerdings zum größten Teil wieder verworfen, weil es sich ungünstig auf den Rücken auswirkt, der dabei in eine starke Lordose gezwungen wird.

4.2.3 Kinesiotaping

Das Kinesiotaping ist eine relativ junge Therapieform, die vom japanischen Arzt und Chiropraktiker Kenzo Kase (* 1942) im Jahre 1973 entwickelt wurde. Beim Kinesio- oder Physiotaping werden elastische Tapes auf das Fell des Pferdes aufgebracht, wobei die Wirkung von unterschiedlichen Zugstärken, Zugrichtungen und Klebetechniken beeinflusst wird. Die Wirksamkeit der Tapes ist wissenschaftlich (noch) nicht bestätigt, wird aber aufgrund von Erfahrungswerten durch viele Human- und Tiertherapeuten bescheinigt.

Die Klebestreifen werden insbesondere bei Problemen des Bewegungsapparats eingesetzt, wodurch sie eine perfekte Ergänzung zur manuellen Behandlung von Pferden darstellen. Die dem Läsionsbild entsprechend geklebten Tapes können die Einflüsse der manuellen Therapie festigen und über einen längeren Zeitraum aufrechterhalten. Sie unterstützen Muskeln in ihrer Arbeit, stabilisieren Bänder oder aktivieren den Lymphfluss. Spezielle Tapeanlagen wirken schmerzlindernd, bringen den Stoffwechsel auf Touren und helfen dem Pferd, seine physiologischen Bewegungsmuster wiederzufinden. Hierfür werden minimale Reize auf die Hautrezeptoren übertragen, sobald sich das Pferd bewegt. Mit jedem Schritt des Pferdes initiiert das Tape einen entsprechend der Klebetechnik speziellen Impuls, der die Behandlung durch den Manualtherapeuten unterstützt und fortsetzt. Somit stellt das kinesiologische Taping eine perfekte Ergänzungstherapie zur Manuellen Pferdetherapie dar.

Praxistipp

Kinesiologische Tapes können die Wirkung der Manuellen Therapie festigen und über einen längeren Zeitrahmen fortführen.

Die Effekte der Tapes auf den Organismus lassen sich wie folgt zusammenfassen:

- Die Tapes dienen insbesondere der Schmerzreduktion.
- Sie forcieren die Wiederherstellung der Muskelbalance.
- Die Klebebänder unterstützen die Faszienfunktionalität durch Lösen von Verklebungen.
- Die Tapes nehmen Einfluss auf die Koordination und Körperwahrnehmung des Pferdes.
- Der Blut- und Lymphfluss werden angeregt.
- Die Tapebänder tragen zur Korrektur von Haltungsschwächen, Gelenkfehlstellungen und Schonhaltungen bei.

Merke

Das wichtigste Ziel der Tapingtherapie ist die Schmerzreduktion.

Der Tapingtherapeut kennt verschiedene Anlageformen, die als Basis-Tapeanlagen bezeichnet werden. So werden die Tapes als Muskel-, Faszien-, Ligament-, Lymph-, Narben-, Nerven-, Korrektur-, Segment- oder Meridiananlage geklebt. Die Basisanlagen können variiert und kombiniert werden, entsprechend dem jeweiligen Beschwerdebild des Pferdes angepasst. Auf diese Weise wird jede Tapeanlage individuell entwickelt und speziell auf das zu behandelnde Pferd zugeschnitten. Deshalb ist das Tapen nach „Rezept“ wenig sinnvoll, will man gute Erfolge er-

▶ **Abb. 4.9** Das Kinesiotaping stellt sich als perfekte Zusatztherapie zur Manuellen Therapie heraus, weil damit die Wirkungen der osteopathischen Techniken deutlich verlängert werden können.

zielen. Dies setzt ein tiefes Verständnis des Therapeuten von der Art der gesundheitlichen Probleme des Pferdes voraus und letztendlich auch eine exakte Befundung, s. Bestandsaufnahme (S. 164).

Neben einer speziellen Anlageform wählt der Tapingtherapeut eine bestimmte Tapefarbe aus. Hier nutzt man zusätzlich den Einfluss von Farben auf den Organismus, um die Tapewirkung weiter zu unterstützen. Nach den Lehren der Farbtherapie wirkt die Farbe Blau beispielsweise beruhigend und somit schmerzlindernd. Die kühle Farbe hat einen abschwellenden Effekt und wird deshalb bei Tapeanlagen zur Unterstützung des Lymphabflusses generell eingesetzt. Rot hingegen gilt als aggressive, heiße Farbe und regt den Stoffwechsel an und tonisiert die Muskulatur.

Zusätzlich zu den häufig verwendeten Farben Blau und Rot haben aber auch noch viele weitere Farben in die Tapingtherapie Einzug gehalten: Schwarz, Beige, Gelb, Grün, Violett oder Orange.

Die häufigste Klebetechnikvariante, die in der Pferdetherapie verwendet wird, ist die Muskelanlage. Verspannte Muskeln werden hierzu nach der manuellen Behandlung durch beispielsweise Massagen oder Triggerpunkttherapie mit einem detonisierenden Tape (bevorzugte Farbe: Blau) versorgt. Dieses wird dabei stets vom Muskelansatz zum Muskelursprung mit höchstens 10 % Tapezug aufgebracht. Während der Klebearbeit sollte der jeweilige Muskel zusätzlich in Dehnung gebracht werden. Hierdurch ergeben sich nach Aufhebung der Dehnung sogenannte Tapewellen, wodurch das Gewebe besser entspannt werden kann.

Im Gegensatz dazu werden schwache Muskeln tonisierend getapet und zwar mit der Klebeabfolge vom Ursprung zum Ansatz des jeweiligen Muskels. Auch die Farbe des Tapes wird entsprechend der Anlage meist in Rot (tonisierend) gewählt. Da die Behandlung von Muskeln in der Manuellen Therapie obligatorisch ist, kann das Kinesiotaping stets eine perfekte Ergänzungstherapie darstellen (► **Abb. 4.9**) (Näheres siehe „Kinesiotaping beim Pferd“, Thieme 2021).

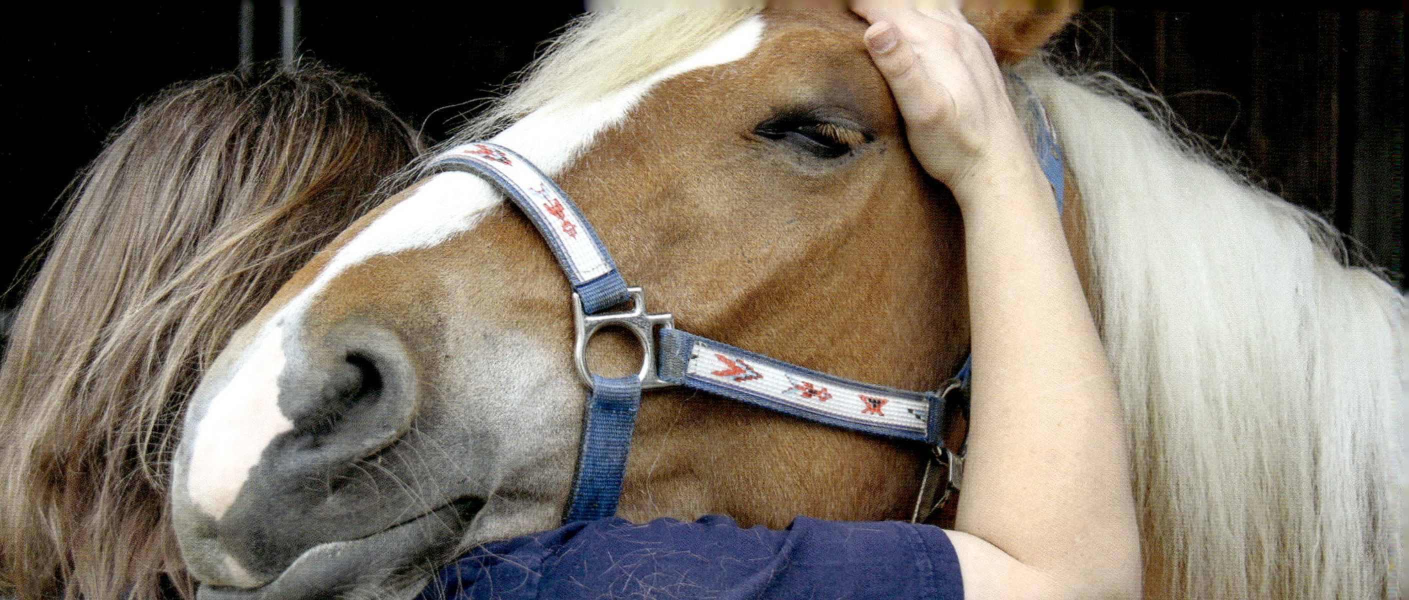

Teil 3
Befundung und Behandlung

5 Bestandsaufnahme

5.1
Vorgehensweise

Ein Pferd zu therapieren bedeutet nicht nur, dessen offensichtliches Problem zu erfassen, sondern auch, es vollständig kennenzulernen und damit die oft versteckten, psychischen und physischen Veranlagungen aufzunehmen und richtig einzuordnen. Dies hilft dem Therapeuten, die eigentliche Ursache zu ergründen und eine ganzheitliche Behandlung anzusetzen.

Auch wenn eine Verletzung oder ein Krankheitsproblem deutlich ersichtlich ist, sollte stets das ganze Pferd untersucht werden. Es können sich beispielsweise noch mehr Dysfunktionen herausstellen, die sich nicht offenkundig zeigen. Ferner sind es oft die kleinen, versteckten Störungen, die ein großes Problem verursachen und nicht die sichtbaren Veränderungen.

Die Vorgehensweise bei der Bestandsaufnahme sollte sich nach einem logisch aufgebauten Schema richten, damit nichts vergessen wird und keine Läsionen übersehen werden. Fehlende Informationen oder ungenügend durchgeführte Untersuchungsgänge können den Therapeuten in die Irre leiten und letztendlich zu einem unbefriedigenden Ergebnis führen.

Bewährt haben sich folgende Schritte zur Bestandsaufnahme:

1. Anamnese
2. Adspektion
   - im Stand
   - in der Bewegung (Ganganalyse)
3. Palpation
4. Weichgewebediagnostik
5. artikuläre Diagnostik
6. Standardzusatzprogramme (Zahnkontrolle, Ausrüstungskontrolle wie Sattelanpassung, Gebiss-, Zaumzeug- und Geschirrkontrolle)
7. Alternativprogramme (Allgemeinuntersuchungen, spezifische Untersuchungen, z.B. Nerventests, Trainingstests)

5.2
Anamnese

Wird man zu einem Pferd gerufen, sollte man schon am Telefon die ersten Fragen stellen. Bereits im Vorfeld lassen sich die Basisdaten abfragen, die gegebenenfalls eine unnötige Anfahrt ersparen. Ergibt sich aus dem Telefongespräch, dass eine tierärztliche Untersuchung vor der Manuellen Therapie durchgeführt werden sollte, kann man den Pferdebesitzer darauf aufmerksam machen, dass bei bestimmten Problemen ein Tierarztbesuch gegebenenfalls zunächst sinnvoller wäre.

Beispiel

Der Pferdebesitzer schildert am Telefon, dass das Pferd unter dem Reiter gestürzt und auf den Kopf gefallen sei. Erst nach einigen Minuten Erholungszeit sei das Pferd aufgesprungen und würde sich seither weder stellen noch biegen lassen. Zudem würde es seit dem Unfall, der vor 2 Wochen stattgefunden habe, den Kopf schief halten.

Bevor der Therapeut sich hier an einer Mobilisation oder Manipulation der Halswirbelsäule wagt, sollte eine Fraktur beziehungsweise andere schwerwiegende Verletzungen z.B. durch Röntgenaufnahmen ausgeschlossen werden. Der Tierarzt hat hierfür die besseren diagnostischen Möglichkeiten, sodass es Sinn macht, zunächst eine schulmedizinische Diagnostik anzustreben und anschließend in Zusammenarbeit mit dem Tierarzt das weitere Vorgehen zu besprechen.

Merke

Werden Verletzungen, Unfälle oder schwerwiegende Bewegungsstörungen am Telefon geschildert, wäre es fahrlässig, den Tierarzt nicht hinzuzuziehen.

5.2.1 Die Patientenkartei

Zur Anamnese gehört zunächst die Anlage einer Patientenkartei und Aufnahme der Patientendaten. Spätestens bei einer notwendigen Terminverlegung beispielsweise aufgrund eines Notfalls wird klar, wie wichtig vor allem die Kontaktdaten des Pferdebesitzers mit Telefonnummer und E-Mail-Adresse sind. Es mag unwichtig erscheinen, doch erleichtert es die Arbeit des Therapeuten maßgeblich, wenn der Anfahrtsweg zum Stall beziehungsweise die Stalladresse zur Eingabe in das Navigationssystem des Autos bei der ersten Kontaktaufnahme genau erfragt wird.

Vorgefertigte Datenaufnahmebögen erleichtern die Erstellung einer vollständigen Patientenkartei. Diese Fragebögen kann man den Pferdebesitzer vor Ort ausfüllen lassen.

In der Patientenkartei sollten folgende Daten festgehalten werden:

- Name des Pferdes
- Name des Pferdebesitzers
- Adresse des Pferdebesitzers mit Straßenangabe, Hausnummer und Wohnort
- Telefonnummern des Pferdebesitzers (privat, mobil, beruflich)
- E-Mail-Adresse des Pferdebesitzers, sonstige Kontaktmöglichkeiten (Fax etc.)
- Stalladresse, wo das Pferd untergebracht ist
- Rasse (Typ) des Pferdes
- Farbe des Pferdes
- Abstammung des Pferdes (Vater, Mutter, gegebenenfalls Linie – wichtig, um eventuelle Erbkrankheiten abzuklären)

- Alter, Geschlecht, Größe und Brandzeichen oder Chip des Pferdes (zur einwandfreien Identifikation)
- Herkunft des Pferdes (Züchter, Verkäufer etc.)

In der Patientenkartei werden bei jeder Behandlung alle Befunde und Behandlungsschritte sorgfältig erfasst. Die Protokollpflicht sollte auch der Tiertherapeut ernst nehmen. Sie dient sowohl der Dokumentation des Genesungsprozesses als auch bei einem eventuellen Versicherungsfall als Beleg für die befundeten Läsionen und getätigten Behandlungstechniken.

Die Behandlungsdokumentation beinhaltet das Datum des Behandlungstags, die gesamte Befundung sowie die jeweiligen Behandlungstechniken und Therapieformen. Zusätzlich wird der Behandlungsverlauf dokumentiert, also die Veränderung nach der Behandlung durch nochmalige Testgriffe und Ganganalyse. Des Weiteren werden gegebenenfalls ein Nachfolgebehandlungstermin sowie die Anweisungen oder Empfehlungen an den Pferdebesitzer fixiert.

5.2.2 Das Anamnesegespräch

Ist die Patientenkartei erstellt, beginnt ein ausführliches Anamnesegespräch. Es ist empfehlenswert, zunächst den Pferdebesitzer aus seiner Sicht schildern zu lassen, aus welchen Gründen er die Dienste des Pferdetherapeuten wünscht. Die Vorstellungen der Pferdebesitzer von der Tätigkeit eines professionell arbeitenden Pferdeosteopathen gehen dabei weit auseinander. Von „Ich möchte mein Pferd einfach mal prophylaktisch einrenken lassen“ bis hin zu „Kein Tierarzt kann meinem Pferd helfen, Sie sind meine letzte Hoffnung“ sind die Beweggründe so facettenreich wie die Augen einer Fliege. Zwar hat man den Grund meist bereits am Telefon abgefragt, doch vor Ort kann man sich die Situation nun detaillierter erläutern lassen.

Wichtig ist in diesem Zusammenhang auch der Krankheitsverlauf, beziehungsweise wie lange die Störung schon besteht. Auch vermutete Ursachen sollten abgefragt werden, ebenso welche Maßnahmen bislang ergriffen worden sind. Hierzu gehört die Frage, ob der Tierarzt bereits tätig war und welche Therapie dieser angeordnet und welche Medikamente er verabreicht hat. Besonders wichtig ist, ob das Pferd aktuell unter Schmerzmitteln steht, denn dies beeinflusst die Schmerzreaktion des Pferdes, die dem Therapeuten aber hilfreich für die Befundung ist.

Praxistipp
Der Therapeut muss vor jeder Behandlung abklären, ob das Pferd unter Medikamenteneinfluss – speziell von Schmerzmitteln – steht, um kein verfälschtes Bild des Schmerzzustands zu erhalten. Bei Pferden, die unter Medikamenteneinfluss stehen, sind diverse Tests nicht aussagekräftig und bestimmte Behandlungstechniken gegebenenfalls kontraindiziert.

Mit folgenden Fragen wird die Patientenkartei erweitert und die Anamnese erstellt (▶ **Tab. 5.1**):

▶ **Tab. 5.1** Anamnese-Fragenkatalog.

Fragen an den Pferdebesitzer	Detailfragen und Zusatzinformationen
Wann war der letzte Besitzerwechsel des Pferdes?	–
Was war der Anschaffungsgrund?	–
Was ist der Einsatz bzw. Verwendungszweck des Pferdes?	Turnierpferd (in welcher Disziplin, welches Niveau, wie oft?), Freizeitpferd (nur Ausritte oder auch Reitplatztraining?)
Wie oft wird das Pferd geritten/gefahren?	Wie viele Stunden pro Tag und wie viele Tage pro Woche? Zusätzlich sinnvoll sind Informationen über die Form und Härte des Trainings: Reitplatztraining, Ausritt, kommt das Pferd leicht oder stark ins Schwitzen oder wird das Pferd nur bei Spaziergängen bewegt?
Wie stuft der Reiter sein reiterliches Können ein?	–
Nimmt der Reiter regelmäßig Reitunterricht?	Wenn ja, wie häufig?
Wer ist der Reitlehrer/Trainer und welche Qualifikationen hat er?	–
Wird das Pferd von unterschiedlichen Reitern geritten?	Reitbeteiligung? Familienmitglieder? Trainer? Welche Qualifikationen haben diese Reiter?
Wie schätzt der Besitzer den Charakter des Pferdes ein?	Insbesondere zählen hierzu Informationen wie Schmerzresistenz und Sensibilität des Pferdes.
Was war die Vorgeschichte des Pferdes?	Züchter? Vorbesitzer? Früherer Einsatz? Grund des Verkaufs? Glaubwürdigkeit der Angaben von Dritten?
Bisherige Verletzungen/Erkrankungen?	Datum? Zeitrahmen?
Ist das Pferd derzeit in tierärztlicher Behandlung?	Wenn ja, aufgrund welchen Leidens?
Ist das Pferd geimpft?	Welche Impfungen und wann war die letzte Impfung?
Gibt es eine aktuelle tierärztliche Diagnose?	Sind Röntgenbilder, Blutbild, andere Befunde oder ein Tierarztbericht vorhanden?
Welcher Tierarzt behandelt das Pferd?	Name, Adresse, Telefonnummer?

▸ **Tab. 5.1** Fortsetzung.

Fragen an den Pferdebesitzer	Detailfragen und Zusatzinformationen
Welche Medikamente wurden dem Pferd in der Vergangenheit verabreicht?	Wirkstoff, Dosis und Zeitrahmen abfragen. Darunter fallen auch Wurmkuren (s. u.)!
Welche Medikamente erhält das Pferd aktuell?	Von wem verordnet? Nicht selten werden mehrere Gesundheitsexperten wie Tierheilpraktiker hinzugezogen, die neben der Medikation des Tierarztes auch noch beispielsweise homöopathische Mittel verordnen. Der Pferdebesitzer selbst gibt dem Pferd nach seinen Vorstellungen vielleicht noch weitere verschiedene Mittelchen, sodass letztendlich ein Cocktail von Arzneimitteln im Pferdekörper landet, dessen Zweckmäßigkeit hinterfragt werden muss.
Welcher Hufschmied kümmert sich um das Pferd?	Name, Adresse, Telefonnummer?
Wann war die letzte Hufbearbeitung/der letzte Beschlag?	Gegebenenfalls abfragen, weshalb ein kurzer oder langer Bearbeitungsabstand praktiziert wurde.
Läuft das Pferd barfuß/mit Eisen/mit Hufschuhen?	Ständig? Wechselnd? Zeitrahmen?
Was sind die aktuellen Probleme bzw. der Grund für die Behandlung?	Reiterlich, gesundheitlich oder psychisch?
Worauf führt der Besitzer diese Probleme zurück?	Hier muss berücksichtigt werden, dass der Besitzer nicht selten fehlinterpretiert, weil er durch die emotionale Verbindung mit seinem Pferd keine neutrale Sichtweise haben kann.
Wie wird das Pferd gehalten?	Seit wann? Letzten Stallwechsel erfragen!
Wie häufig am Tag wird das Pferd gefüttert?	Regelmäßigkeit der Fütterung erfragen.
Was wird dem Pferd gefüttert?	Gegebenenfalls warum?
Wie ist der Kot-/Harnabsatz?	Farbe, Konsistenz, Geruch?
Wann war die letzte Entwurmung?	Mit welchem Mittel/Wirkstoff? Wie oft wird grundsätzlich entwurmt?
Wurde eine Kotprobe untersucht?	Wann und mit welchem Ergebnis?
Wann war die letzte Zahnkontrolle/-behandlung?	Was wurde behandelt?
Hatte das Pferd schon einmal Zeckenbefall?	Wann, wie oft und mit Folgen?
Ist das Pferd anfällig für Koliken?	Art der Kolik, Häufigkeit, abhängig von Witterung, Jahreszeit, Fütterung?
Hat das Pferd Narben	Brandzeichen? Gegebenenfalls unsichtbare und/oder innere Narben durch Verletzungen oder Operationen?
Leidet das Pferd unter Sommerekzem?	Wenn ja, wie schlimm, wo und wann? Wie wird es aufgrund dessen behandelt?
Hat das Pferd ein übermäßig langes Winterfell?	Ist der Fellwechsel verzögert? Hier müssen das Alter und die Rasse beziehungsweise der Pferdetyp für eine Beurteilung berücksichtigt werden. Gegebenenfalls auch an Erkrankungen wie Cushing und andere Stoffwechselprobleme denken und nachfragen.
Ist das Pferd fliegenempfindlich?	Diese Frage hat nicht nur mit der Farbe des Pferdes zu tun. Dunkle (schwarze) Pferde werden stärker von Mücken, Fliegen und Bremsen heimgesucht, dennoch können übermäßige Reaktionen auf Insekten auch auf eine Störung des Immunsystems hindeuten.
Sind Allergien oder Unverträglichkeiten bekannt?	Zum Beispiel gegen Getreide, Heustaub, Impfungen, bestimmte Pflanzen, Fliegen-/Pflegemittel?
Hatte das Pferd schon einmal Nesselfieber? Ekzeme? Hauterkrankungen (Pilzbefall)?	–
Hat das Pferd eine ölige oder schuppige Haut?	–
Ist das Pferd schwer- oder leichtfuttrig?	Ob ein Pferd schwer- oder leichtfuttrig ist, muss nicht rasseabhängig sein, sondern kann auch Erkrankungen oder physische Störungen zur Ursache haben.
Stute: Hat das Pferd eine stille/starke/unregelmäßige Rosse? Besteht gegebenenfalls eine Trächtigkeit?	Kontraindikationen bei Trächtigkeit beachten!
Wallach: Wann wurde das Pferd kastriert?	Gab es bei der Kastration Komplikationen?
Steht dem Pferd ein Salz-/Mineralleckstein zur Verfügung?	Wie ist der Konsum?
Hat das Pferd in der Vergangenheit Verhaltensänderungen gezeigt?	Seit wann und welche?
Kann ein Zusammenhang zwischen dem jetzigen Problem und einem früheren Unfall oder Ereignis hergestellt werden?	–

Der Fragenkatalog kann natürlich bei Bedarf und je nach Umstand noch beliebig erweitert werden. Damit erhält der Therapeut ein umfassendes Bild von der Situation des Pferdes, seinem Krankheitsbild und seinen Lebensumständen. Er lernt in dem Gespräch außerdem den Besitzer besser kennen, der einen enormen psychischen Einfluss auf das Pferd ausübt und nicht selten mit der Grund für die gesundheitlichen Probleme des Pferdes sein kann.

Es macht außerdem Sinn, die Umgebung des Stalls in Augenschein zu nehmen, um sich selbst ein Bild von den Lebensumständen des Pferdes zu machen. Hierzu gehört die Begutachtung der Box (Größe, Helligkeit, Ausstattung, Boden etc.), des Paddocks (Bodenbeschaffenheit!), der Koppeln (Platzangebot, Pflegezustand, Gräserbestand), der Trainingsmöglichkeiten (insbesondere der Bodenbeschaffenheit von Reithalle und Reitplatz), der Futterqualität von Heu und Kraftfutter und ein Überblick über die Herdenzusammenstellung (Einzelhaltung, Stutengruppe, Hengste?).

Nicht alle Pferde fühlen sich in mitten einer großen Herde oder neben einem aggressiven Boxennachbarn wohl. Die Atmosphäre in einem Stall trägt durchaus zum Wohlbefinden oder aber auch zu psychischen Belastungen eines Pferdes bei. Allein dadurch können sich Läsionen entwickeln, die sich letztendlich auf den Bewegungsapparat, die inneren Organe und alle Systeme des Körpers auswirken können. Die Gesamtsituation ist stets aus Sicht des Pferdes zu beurteilen. Für den Pferdebesitzer stehen verständlicherweise oft andere Aspekte für die Wahl eines Einstellplatzes im Vordergrund: Die Nähe zum Wohnort, die Trainingsmöglichkeiten, der Freundeskreis, der Einstellpreis, um nur einige Beispiele zu nennen.

5.3 Adspektion

Im nächsten Schritt der Bestandsaufnahme wird das Pferd im Stand und in der Bewegung begutachtet. In diesem Stadium stellt man noch keinen körperlichen Kontakt zum Pferd her. Damit stellt man sicher, dass man beim Sichtbefund allein das aufnimmt, was die Augen sehen. Bei der nachfolgenden Palpation hingegen wird der Tastsinn voll in Anspruch genommen und der Fokus auf das gerichtet, was man fühlt.

Bei der Adspektion unterscheidet man die Befundung im Stand und in der Bewegung. Schon während das Pferd aus der Box geführt wird, sollte der Therapeut seine Augen offen halten. In dieser „alltäglichen“ Bewegung kann man schon viele Hinweise auf mögliche Probleme erkennen. Nicht selten laufen sich die Pferde ein, sodass bestimmte Beschwerden nur während der ersten Schritte nach längerer Ruhepause ersichtlich sind.

5.3.1 Die Adspektion im Stand

Das Pferd sollte auf einem möglichst ebenen Boden in natürlicher Haltung stehen (► **Abb. 5.1**). Zuchtpferde sind manchmal trainiert, sich geschlossen oder offen aufzustellen und haben gelernt, eine gewisse Haltung einzunehmen, die ihren Hals, den Kopf oder den Rücken besser zu Geltung bringt. Diese anerzogenen Verhaltensweisen sind bei der Adspektion eher hinderlich. Das Pferd soll ja keinem Zuchtrichter, sondern dem Therapeuten vorgeführt werden.

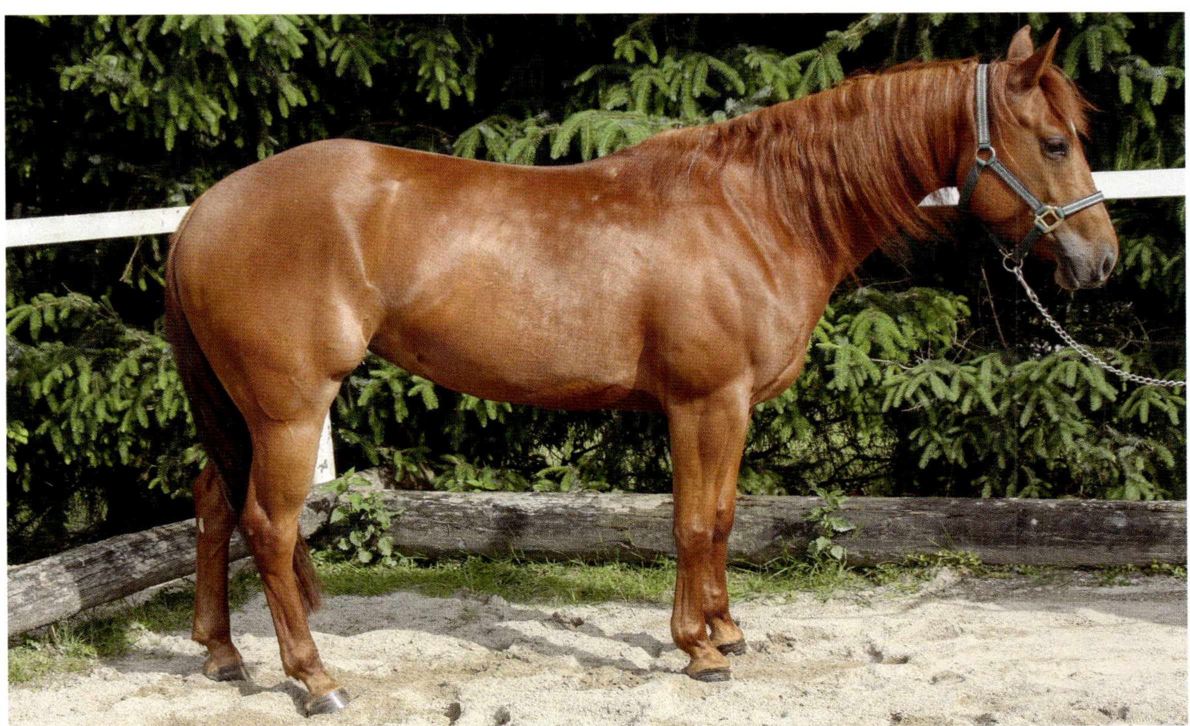

► **Abb. 5.1** Das Pferd soll zunächst in seiner selbstgewählten Haltung vorgestellt werden. Auffallend ist hier zunächst eine angespannte Halshaltung und die nicht parallel stehende Hinterhand.

Zwar würde ein geschlossen (square) aufgestelltes Pferd dem Therapeuten die Beurteilung einer möglichen Beckenrotation erleichtern, dennoch können ihm wertvolle Hinweise, die beispielsweise auf ein dorsalisiertes Ilium (typische Schrittstellung) schließen lassen oder die Schonung einer Gliedmaße anzeigen, verborgen bleiben. Deshalb sollte das Pferd zunächst in seiner selbst gewählten Haltung vorgestellt werden. Für die spezifische Adspektion für spezielle Strukturen (Beckenrotation) ist dann das gezielte Aufstellen in geschlossener Stellung notwendig.

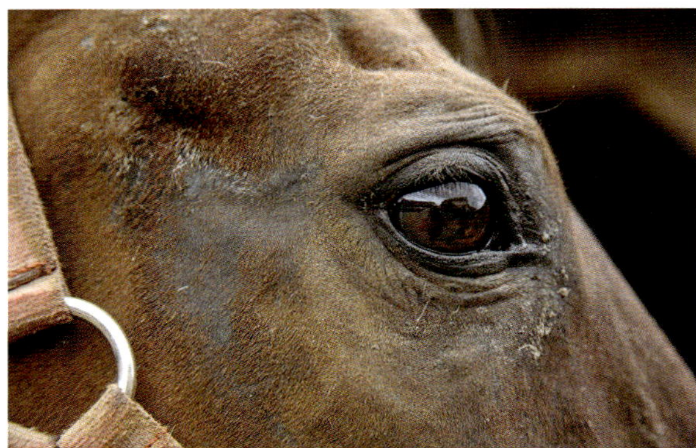

► **Abb. 5.2** Hautveränderungen wie kahle Stellen können auf einen Pilzbefall hindeuten. Solche Auffälligkeiten müssen angesprochen und im Befundbogen festgehalten werden.

Zunächst beurteilt der Therapeut den Allgemeinzustand des Pferdes. Hierzu gehören die Fellbeschaffenheit, die Langhaarstruktur, der Ernährungszustand, die offensichtlich erkennbare Fitness und Gesundheit sowie der Pflegezustand. Auffälligkeiten wie Hautveränderungen (► **Abb. 5.2**), Narben, Schwellungen, kahle Stellen und Verletzungen werden registriert und im Protokoll festgehalten. Schließlich wird das Exterieur einer Beurteilung unterzogen: Die Proportionen der Körperteile zueinander, die Übergänge und Ansätze von Kopf, Hals, Rumpf und Gliedmaßen.

Es folgt die detaillierte Begutachtung der einzelnen Körperteile im Hinblick auf Ausprägung, Formgebung und Symmetrie (► **Abb. 5.3**):

- Kopf: Augen (Augenausdruck, tränende Augen, Trübung), Nüstern (Größe, Formgebung, Ausfluss – wenn ja, in welcher Form?), Ohren (kahle Stellen, Haltung, Symmetrie), Kopfhaltung (schief?), Symmetrie der Jochbeinleisten, Kaumuskulatur (Ausprägung, Asymmetrie)
- Hals: Ansatz, muskuläre Ausprägung, Halsform
- Rücken: Widerristverlauf, Rückenform (Lordose, Kyphose), Muskulatur, Wirbel (Zubildungen an den Dornfortsätzen, vorstehende beziehungsweise abgesunkene Wirbelsäulenabschnitte oder einzelne Wirbel)
- Rumpf: Bauchdeckenspannung, Rippen, Atmung in Ausprägung, Rhythmus und Qualität

► **Abb. 5.3** Die einzelnen Körperteile werden im Hinblick auf Ausprägung, Form und Symmetrie begutachtet und Hinweise auf Problemzonen registriert. Auffällig sind hier insbesondere: Unterhals (Linie), überhöhtes Tuber sacrale einseitig (Pfeil), schwacher Rücken (Linie), schwache Bauchdecke (Linie), rückständige Vorhand (Doppelpfeil), zehenweite Stellung und unterschiedlicher Hufwinkel, nicht parallel stehende Hinterhand (Pfeil), vorgeschobenes Sternum (Pfeil).

- Gliedmaßen: Stellung (Fehlstellung, Achsen), Be-/Entlastungen, Hufe, Schulter- und Beckenwinkelung im Verhältnis, sichtbare Schwellungen (Gallen), Höhenvergleich der linken und rechten Gliedmaße (vor allem am Schulterblattknorpel, Schultergelenk, Karpalgelenk), knöcherne Anomalien, Sehnenqualität, sonstige Auffälligkeiten
- Schweif: Haltung (Schiefhaltung, hoch, tief, eingeklemmt)
- Hufe: Zustand, Hufqualität, Form, Belastung, Wachstumsrichtung, abgeschliffene Zehen etc.

Bei der Adspektion im Stand wird das Pferd zuerst von der Seite betrachtet, wobei selbstverständlich sowohl die linke als auch die rechte Seite in Augenschein genommen wird. Schließlich begutachtet man das Pferd von vorne und von hinten (▶ **Abb. 5.4**). Ein (bei großen Pferden) erhöhter Standpunkt von hinten ermöglicht die Beurteilung des Wirbelsäulenverlaufs. Bei der Adspektion von hinten beurteilt man eine mögliche Beckenrotation (hier sollten die Beine parallel stehen) sowie die Symmetrie der Kruppen- und Hinterhandmuskulatur. Der Blick von vorne auf das Pferd verrät eine gleichmäßige Lastverteilung (Beurteilung der Dachform zwischen den Pektoralismuskeln), die Lage des Brustbeins sowie ebenfalls die Symmetrie der Bemuskelung.

▶ **Abb. 5.4** Beide Hinterbeine sollten gleich belastet werden und parallel stehen, dann ist die Symmetrie des Beckens beurteilbar. Hier ist ein deutlicher Beckenschiefstand nicht zu übersehen (Pfeile).

Zu eventuellen Auffälligkeiten wird der Pferdebesitzer befragt, ob ihm diese bereits selbst aufgefallen sind und wie lange diese Bestand haben. Auch ob die Ursache dieser Anomalien bekannt ist, sollte abgefragt und protokolliert werden.

Praxistipp

Viele Therapeuten lassen sich dazu verleiten, bereits nach der Adspektion bestimmte Läsionen aufgrund der Haltungshinweise zu befunden. Dies kann den Therapeuten jedoch in die Irre führen. Hinweise, die durch die Anamnese, die Adspektion und die Ganganalyse erworben werden, sollen stets auch nur als Hinweise betrachtet werden. Um eine Läsion festzustellen, sind mehrere Anhaltspunkte sowie letztendlich auch die Palpation und die Testgriffe entscheidend.

Merke

Als Regel kann gelten: Ein einzelnes Anzeichen ist in keiner Form aussagekräftig. Es müssen mindestens 3 Hinweise auf eine Läsion vorliegen, welche durch einen Testgriff bestätigt werden, um eine Dysfunktion sicher zu diagnostizieren!

5.3.2 Die Ganganalyse

Hat man sich einen Eindruck im Stand verschafft, lässt man sich das Pferd nun in der Bewegung vorführen. Die Ganganalyse kann bei Bedarf entsprechend ausgeweitet werden. In begründeten Fällen ist es sinnvoll, das Pferd auch über einen längeren Zeitraum an der Longe oder gar unter dem Reiter zu beurteilen. Für eine exakte Bewegungsanalyse können schließlich auch Videoaufnahmen (S. 278) hilfreich sein, die man später unter Einbeziehung der Zeitlupe oder in Einzelbildschaltungen analysiert.

Vorführen des Pferdes

In den meisten Fällen genügt das einfache Vorführen des Pferdes, um die Bewegungsqualität zu beurteilen. Lediglich bei Lahmheiten und genauerer Beurteilung von speziellen Problemen wird die Ganganalyse ausgeweitet. Um die Gangqualität eines Pferdes einzuschätzen, Bewegungseinschränkungen auszumachen oder Schonhaltungen zu ermitteln, benötigt man einen ebenen, festen Boden. Oft bietet der gepflasterte Hof oder die asphaltierte, wenig befahrene Zufahrtstraße die idealen Voraussetzungen.

Der Pferdebesitzer wird angewiesen, das Pferd zunächst im Schritt (▶ **Abb. 5.5**) auf gerader Linie am lockeren Führstrick wegzuführen. Nach der Wendung sollte er das Pferd gerade auf den Therapeuten zuführen. Wird das Pferd weggeführt, beurteilt man in erster Linie die Hintergliedmaßen. Insbesondere achtet man auf die Symmetrie der Kruppenbewegung, das gleichmäßige Anheben der Gliedmaßen vom Boden sowie die Beugung jedes einzelnen Gelenks. Die Beurteilung erfolgt stets im Seitenvergleich.

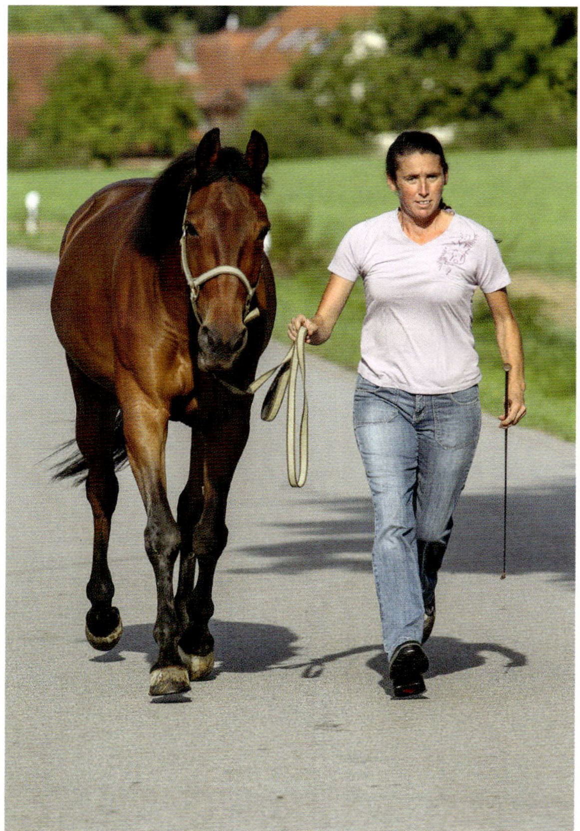

► **Abb. 5.5** Bei der Ganganalyse wird das Pferd zunächst im Schritt von vorne und hinten begutachtet.

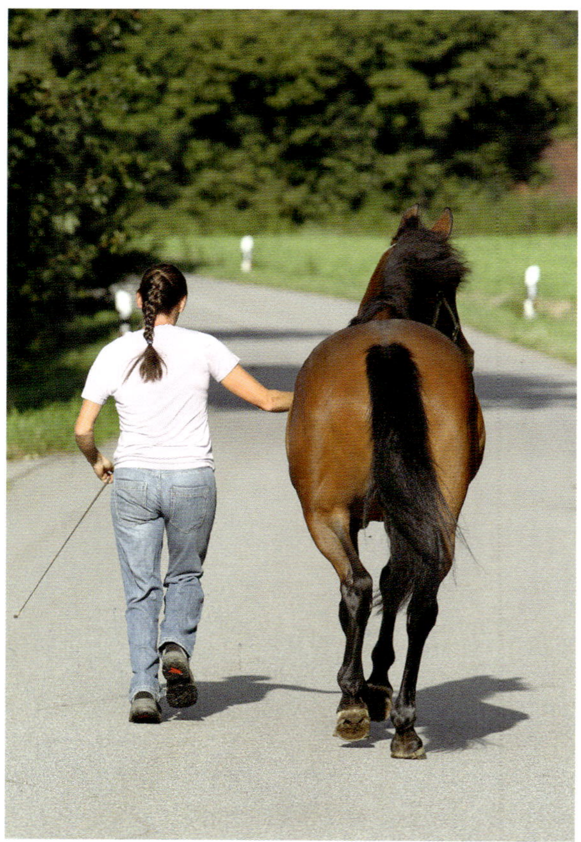

► **Abb. 5.6** Anschließend achtet man im Trab unter anderem auf eine symmetrische Kruppenbewegung, gleichmäßiges Abheben und Beugen der Gliedmaßen.

Die Taktreinheit der Gangart hört der Therapeut durch Auffußen der Hufe auf hartem Boden recht gut und kann so die räumliche und zeitliche Regelmäßigkeit der einzelnen Tritte beurteilen.

Bei der Wendung des Pferdes beachtet man das Überkreuzen der Beine und die Reaktion auf die jeweils seitlichen Belastungen.

Führt der Pferdebesitzer den Vierbeiner nun direkt auf den Therapeuten zu, lassen sich die Vordergliedmaßen in Flexion, Auffußung und Taktreinheit beurteilen. Man begutachtet in besonderem Maße die Nickbewegungen des Kopfes und das Auffußen des Hufes. Erkennt man, dass das Bein nicht plan auffußt, können muskuläre oder artikuläre Blockierungen, Schonhaltungen, Fehlstellungen oder Hufprobleme die Ursache sein.

Anschließend wird das Vorführen im Trab wiederholt (► **Abb. 5.6**). Dabei sollte der Pferdebesitzer angewiesen werden, engagiert loszulaufen, denn nur in einer fleißigen Gangart lässt sich die Bewegung beurteilen. Wiederum achtet man auf die Gleichmäßigkeit der Fußung, die Führung der Gliedmaßen in der Vorführbewegung und die Taktreinheit. Kruppen- und Kopfbewegungen werden in den Befund miteinbezogen, ebenso die Beugung jedes einzelnen Gelenks.

Insbesondere zeigt sich im Trab eine eventuelle Schweifschiefhaltung, die neben muskulären Dysbalancen auch ein Hinweis auf eine Sakrumläsion geben kann. Eine schiefe Kopfhaltung während der Trabphase weist den Therapeuten auf mögliche Halswirbelblockaden, aber auch Kiefergelenk- und Zahnprobleme hin. Schaufelnde Vorführbewegungen der hinteren Gliedmaßen können mit Hüftgelenksproblemen in Verbindung stehen.

Nach dem Zurücktraben tritt man zur Seite und gibt dem Pferdebesitzer die Anweisung, das Pferd weitertraben zu lassen. Auf diese Weise kann man das Pferd schließlich auch noch von der Seite aus beurteilen. Sichtbar werden hier insbesondere ein möglicher verminderter Untertritt oder ein eingeschränkter Austritt einer oder beider Hintergliedmaßen. Ein ungenügendes Bewegungsausmaß der gesamten Hinterextremität sowie fehlende Beugung der Gelenke, welches nicht selten zum Zehenschleifen führt, muss den Therapeuten unter anderem an ein blockiertes Kreuzdarmbeingelenk denken lassen.

Konnte man die Bewegung während der Wendung noch nicht ausreichend beurteilen, lässt man das Pferd nochmals auf engen Volten führen. Abschließend sollte das Pferd noch einige Tritte rückwärts geführt werden, um unter anderem die Koordination zu beurteilen.

Exkurs

Findet man Unregelmäßigkeiten bei der Ganganalyse vor, müssen nähere Untersuchungen angestellt werden, um Taktunreinheiten von „echten" Lahmheiten zu differenzieren. Jede Form von Lahmheit bedeutet einen fehlerhaften Takt in der Bewegung des Pferdes. So kann eine akute Verletzung, aber auch eine angewöhnte Schonhaltung der Grund für taktunreine Gänge sein. Ein lahmes Pferd geht immer taktunrein. Da aber Taktunreinheiten unter anderem durch Nervosität, Verspannungen oder Balanceschwierigkeiten (insbesondere bei jungen Pferden in der Anreitphase) hervorgerufen werden können, muss ein taktunrein gehendes Pferd nicht zwingend lahm – im Sinne eines verletzten Beines – sein. Zusammengefasst heißt dies, dass ein lahmes Pferd stets taktunrein läuft, ein taktunrein laufendes Pferd jedoch nicht zwingend lahm ist.

Zusammenfassung

- Blick von vorne:
  - Kopf: Nicken, Schiefhaltung, Balance
  - Vordergliedmaßen: Flexionsvermögen der Gelenke (Fesselgelenk, Karpalgelenk, Schultergelenk), planes Auffußen, Schaufeln, Linienführung
- Blick von hinten:
  - Schweifhaltung: hoch, tief, eingeklemmt, schief
  - Kruppe: gleichmäßige Bewegung, Rotation
  - Hintergliedmaßen: Flexionsvermögen der Gelenke (Fesselgelenk, Sprunggelenk, Knie), planes Auffußen, Schaufeln, Linienführung
- Blick von der Seite:
  - Kopf und Hals: Nickbewegungen, Muskelanspannungen am Hals, Hyperflexion, Hyperextension
  - Gliedmaßen: Taktreinheit (Gleichmaß in zeitlichem und räumlichem Auffußen) oder Lahmheit, verzögertes oder vermindertes Vorführen einer Gliedmaße, Flexionsvermögen aller Gelenke
  - Rücken: festgehalten oder schwingend

Spezifische Ganganalyse

Bei unklaren Bewegungsmustern wird die Ganganalyse erweitert, um eine Bewegungsstörung gezielt beurteilen zu können. Um belastete oder schmerzende Strukturen zu differenzieren, lässt man das Pferd auf hartem und weichem Boden vortraben. Zeigt das Pferd auf harten Böden eine deutlichere Taktunreinheit als auf weichen Böden, kann man daraus den Rückschluss ziehen, dass es sich eher um ein Gelenkproblem handelt. Lahmt das Pferd verstärkt auf weichem Boden, kann man vorrangig von einer Weichteilverletzung (Muskulatur, Bänder, Sehnen) ausgehen.

Um weiter zu differenzieren, sollte das Pferd an der Longe in allen 3 Grundgangarten (Schritt, Trab, Galopp) vorgestellt werden (▶ **Abb. 5.7**). Dabei ist insbesondere der Seitenvergleich ein wichtiges Beurteilungskriterium. Weil das Pferd an der Longe auf einer Zirkellinie läuft, liegt aufgrund der Fliehkraft auf dem inneren Beinpaar (vor allem auf der lateralen Gelenkfläche) mehr Last, wel-

▶ **Abb. 5.7** Um weiter spezifizieren zu können, bietet sich die Gangbeurteilung an der Longe an.

che eine Lahmheit verstärken kann. Damit wird die These unterstützt, dass das Pferd bei der Lastaufnahme, also in der Stützbeinphase, seine Probleme hat.

Das Longieren gibt dem Therapeuten die Möglichkeit, das Pferd über einen längeren Zeitraum zu beobachten. Auf diese Weise kann festgestellt werden, ob sich das Pferd „einläuft", das heißt, die Lahmheit oder Taktunreinheit sich nach einiger Zeit verbessert, oder ob sich die Bewegungsstörung verschlechtert. Typisch für das „Einlaufen" eines Pferdes, bei dem sich die Lahmheit nach dem Warmlaufen bessert, ist das Krankheitsbild der Arthrose.

Schließlich kann auch die Gangart Galopp an der Longe inspiziert werden. So laufen Pferde oft im Kreuzgalopp (bevorzugt mit der Hinterhand im Außengalopp), wenn Rückenprobleme vorliegen, wodurch das Pferd zu verhindern versucht, die Wirbelsäule lateral zu biegen. Auch der Versuch, das Stützbein zu entlasten, veranlasst das Pferd, mit der Vor- oder Hinterhand den Galopp zu wechseln.

Um die laterale beziehungsweise mediale Belastung auf die Gelenke zu erhöhen und damit einen eventuellen Schmerz mit entsprechender Reaktion des Pferdes zu provozieren, kann das Pferd auf sehr kleinem Durchmesser longiert werden.

Zu guter Letzt ist es manchmal auch sinnvoll, das Pferd unter dem Reiter zu bewegen, um den Einfluss des Reiters auf etwaige Bewegungsstörungen abzuklären. Um den Reiter beurteilen zu können, sollte der Therapeut allerdings selbst als Trainer und Ausbilder entsprechende Erfahrung mitbringen, um eine kompetente Beurteilung abgeben zu können.

Definition

Man unterscheidet verschiedene Lahmheitsformen: die Stützbeinlahmheit, die Hangbeinlahmheit und gemischte Lahmheiten. Die Unterscheidung hilft dem Therapeuten, die Bewegungsstörung näher einzugrenzen.

Während bei einer **Stützbeinlahmheit** ein typisches Merkmal der nickende Kopf des Pferdes beim Auffußen ist, wird bei der Hintergliedmaße die Kruppe einseitig nach oben geschoben. Diese Kennzeichen treten jeweils beim Auffußen auf dem gesunden Bein auf. Üblicherweise liegt bei der Stützbeinlahmheit die verletzte Struktur unterhalb des Karpal- bzw. Tarsalgelenks. Es handelt sich hierbei um die häufigste Lahmheitsform.

Bei einer **Hangbeinlahmheit** sind meist Strukturen oberhalb des Karpal- bzw. Tarsalgelenks betroffen. Oft ist die Schulterpartie oder der Beckenbereich verletzt. Erkennbar ist eine Hangbeinlahmheit durch eine starke Verzögerung der Vorführphase, einen deutlich verringerten Raumgriff und gegebenenfalls eine lateral geführte Gliedmaße.

Gemischte Lahmheiten beinhalten die Anzeichen beider Lahmheitsformen, sodass die Lokalisierung des Schmerzgebiets nicht immer ganz einfach ist. Zu berücksichtigen gilt außerdem, dass sich das Pferd möglicherweise an mehreren Stellen verletzt haben könnte, ein Schmerz generalisiert sein oder ausstrahlen kann.

Videoaufnahmen

Weiter gibt es noch die Möglichkeit, eine Bewegungsanalyse mit Videounterstützung (S. 278) durchzuführen. Der Vorteil dieser Maßnahme ist, dass Bewegungssequenzen mehrfach wiederholt betrachtet werden können und in Zeitlupe beziehungsweise Einzelbildschaltungen analysiert werden können.

Oft sind das Auffußungs- und Vorführverhalten einer Gliedmaße nicht exakt in Echtzeit zu beurteilen, weil der Bewegungsablauf zu schnell erfolgt. Eine Videoanalyse gibt hier einen gezielteren Aufschluss über die Situation des Bewegungsverhaltens.

Eine komplette Videoanalyse sieht eine Bewegungsstudie aus verschiedenen Aufnahmewinkeln vor. Um Abweichungen vom normalen Bewegungsablauf noch deutlicher zu machen, kann man markante Strukturen mit Klebebändern hervorheben. Dies erleichtert außerdem den Seitenvergleich. Bei hellen Pferden empfehlen sich dunkle Klebestreifen, bei dunklen Pferden hingegen helle, damit der Kontrast deutlicher wird.

Folgende Punkte eignen sich für eine Markierung: Knochenverläufe von Humerus, Röhrbein und Femur, Tuber coxae, Spalt des Schultergelenks, Karpalgelenk, Olecranon, Tuber ischiadicum, Calcaneus, Kronrand, Fesselkopf und höchster Punkt des Widerrists.

Praxistipp

Verwenden Sie für Videoaufnahmen immer ein Stativ mit entsprechendem Videostativkopf, um verwacklungsfreie Aufnahmen anfertigen zu können. Gehen Sie nicht zu dicht ans Pferd heran, um ein schnelles Schwenken zu vermeiden, das Unschärfe produziert. Zoomen Sie aber möglichst nah heran, damit die wichtigen Details im Fokus bleiben. Achten Sie auf gutes Licht, bevorzugen Sie also einen Aufnahmeort im Freien anstatt in der Halle. Übrigens ermöglicht ein eingeflochtener Schweif bei den Aufnahmen von hinten eine bessere Sicht auf die Beinarbeit des Pferdes.

Anbei ein Vorschlag für das Filmen eines Pferdes für eine komplette Gangstudie (▶ **Tab. 5.2**). Das Pferd wird dabei zunächst auf gerader Linie, dann an der Longe und schließlich unter dem Reiter bewegt. Die Filmabschnitte sollten nicht zu lange sein, in der Regel genügen jeweils 3 Runden auf dem Zirkel pro Sequenz oder 10–20 m auf der Geraden. Bei einem deutlich lahmen Pferd muss die Gangzeit so kurz wie möglich gehalten werden und sollten nur die Abschnitte gewählt werden, die für eine weitere Diagnostik nötig sind.

Für die Auswertung der Aufnahmen legt man die Merkmale einer guten Bewegung für die jeweilige Gangart zu Grunde. Der Seitenvergleich ist dabei obligatorisch. Bei der Beurteilung der Aufnahmen sollten die Sprunggelenke besonders beachtet werden. Vor allem achtet man im Schritt und im Trab darauf, ob sie gleich hoch genommen werden, in der Streck- und Auffußungsphase „flattern" oder sich verdrehen. Auf dem Zirkel begutach-

▶ **Tab. 5.2** Videosequenzen zur Ganganalyse (S. 278).

Gangart	Filmposition	Strecke	Ausschnitt
Schritt	von hinten	10 m geradeaus	ganzes Pferd
Schritt	von vorne	10 m geradeaus	ganzes Pferd
Schritt	von hinten	10 m geradeaus	Sprunggelenke abwärts
Schritt	von vorne	10 m geradeaus	von der Brust abwärts
Trab	von hinten	10 m geradeaus	ganzes Pferd
Trab	von vorne	10 m geradeaus	ganzes Pferd
Trab	von hinten	10 m geradeaus	Sprunggelenke abwärts
Trab	von vorne	10 m geradeaus	von der Brust abwärts
Schritt	von der Seite	20 m jeweils linke und rechte Seite	ganzes Pferd
Trab	von der Seite	20 m jeweils linke und rechte Seite	ganzes Pferd
Schritt	von der Mitte aus	12 m-Zirkel jeweils linke und rechte Hand	ganzes Pferd
Schritt	von der Mitte aus	12 m-Zirkel jeweils linke und rechte Hand	Rücken (Th 7 – Th 18)
Trab	von der Mitte aus	12 m-Zirkel jeweils linke und rechte Hand	ganzes Pferd
Trab	von der Mitte aus	12 m-Zirkel jeweils linke und rechte Hand	Rücken (Th 7 – Th 18)
Galopp	von der Mitte aus	12 m-Zirkel jeweils linke und rechte Hand	ganzes Pferd
Galopp	von der Mitte aus	12 m-Zirkel jeweils linke und rechte Hand	Rücken (Th 7 – Th 18)
Schritt	von außen	12 m-Zirkel jeweils linke und rechte Hand	ganzes Pferd
Trab	von außen	12 m-Zirkel jeweils linke und rechte Hand	ganzes Pferd
Galopp	von außen	12 m-Zirkel jeweils linke und rechte Hand	ganzes Pferd
Schritt	unter dem Reiter von der Seite aus	geradeaus 10 m jeweils von links und rechts	ganzes Pferd mit Reiter
Trab	unter dem Reiter von der Seite aus	geradeaus 10 m jeweils von links und rechts	ganzes Pferd mit Reiter
Galopp	unter dem Reiter von der Seite aus	geradeaus 10 m jeweils von links und rechts	ganzes Pferd mit Reiter
Schritt	unter dem Reiter von der Mitte aus	12 m-Zirkel jeweils linke und rechte Hand	ganzes Pferd mit Reiter
Trab	unter dem Reiter von der Mitte aus	12 m-Zirkel jeweils linke und rechte Hand	ganzes Pferd mit Reiter
Galopp	unter dem Reiter von der Mitte aus	12 m-Zirkel jeweils linke und rechte Hand	ganzes Pferd mit Reiter

tet man insbesondere die Hüftbewegungen, die Aktionen der Sprunggelenke, der Fesselgelenke und das Auffußungsverhalten der Hufe.

Beobachtet man, dass das Pferd auf dem Zirkel mit dem inneren Hinterbein über die Mittellinie tritt, geht dies mit einer großen Rotationsbewegung im Becken einher. Damit ergibt sich außerdem eine starke einseitige (laterale) Belastung im Tarsalgelenk sowie im Kniegelenk. Ebenso erfährt der lumbosakrale Übergang einen enormen Rotationsstress, der teilweise auf die weiteren Lendenwirbel übertragen wird (▶ **Abb. 5.8**).

Schwingt das Pferd in der Trabphase die Vorderbeine weit vor, zieht es das Bein etwas zurück, erkennt man ein „Flattern" im distalen Beinbereich (ab Karpalgelenk) und fußt es letztendlich zurückversetzt auf, kann man davon ausgehen, dass das Karpal- beziehungsweise Fesselgelenk übermäßig beansprucht wird und auf Dauer Lahmheiten zu befürchten sind. Diesen Instabilitäten in den Gelenken könnte eine (möglicherweise unbemerkte) Bänderüberdehnung vorausgegangen sein.

Man wird feststellen können, dass die Rückentätigkeit des Pferdes stets blockiert, wenn der Vierbeiner vorhandlastig läuft. Die Vorderbeine fußen dabei im Trab zuerst am Boden auf, die Folge ist eine asymmetrische Fußung des diagonalen Beinpaars.

Eine unzureichende Gangqualität und irreguläre Bewegungsabläufe ziehen einen falschen Muskeleinsatz nach sich. Damit kommt es zu Fehl- und Überbelastungen, die langfristig zu Lahmheiten führen können.

Merke

Bei vorhandlastig laufenden Pferden sind die Bewegungen der Brustwirbelsäule eingeschränkt.

▸ **Abb. 5.8** Überkreuzen der hinteren Gliedmaße auf gebogenen Linien geht mit Beckenrotationen und lateraler Belastung des Tarsal- und Kniegelenks einher (Pfeil).

5.4 Palpation

5.4.1 Vertrauensbildung

Die Kontaktaufnahme zum Pferd geht der Palpation unmittelbar voraus. Sie hat eine nicht zu unterschätzende Wertigkeit im Einstieg zur Therapie des Pferdes. Ganz nach dem Motto „der erste Eindruck bekommt keine zweite Chance“ wird hierbei der Therapeut vom Pferd eingeschätzt. Pferde können dabei sehr tief blicken – tiefer als sich mancher vorstellen kann. Es fühlt sofort, ob der Mensch ängstlich, unsicher oder selbstsicher ist. Diese Einschätzung ist mitentscheidend, ob eine Therapie erfolgreich oder erfolglos verläuft. Nur ein Pferd, das Vertrauen in den Therapeuten gefasst hat, ist auch bereit, die Therapie zuzulassen und anzunehmen. Der beste Therapeut kann die ausgeklügeltsten Techniken anwenden und wird keinen Erfolg haben, wenn das Pferd ihm nicht vertraut!

Eine anfängliche Unsicherheit ist bei einem Pferd, das erstmalig eine Behandlung erfährt, völlig normal. Schließlich hat zuvor wohl noch niemand bestimmte Griffe angesetzt und diverse Bewegungen durchgeführt. Die Aufgabe des Therapeuten ist es aber, dem Pferd laufend zu vermitteln, dass er ihm nichts Böses, sondern ihm helfen und Schmerzen lindern will.

Wie jedoch stellt man diese Vertrauensbasis her, vor allem, wenn es sich um ein fremdes Pferd handelt? Der Therapeut muss ein gewisses Maß an Erfahrung im Umgang und der Behandlung von Pferden mitbringen, damit der Vierbeiner spürt, dass er es mit einem Routinier zu tun hat. Der Behandler muss sich seiner Sache sicher sein und darf keine Angst oder Scheu haben. Letztendlich ist es wichtig, dass der Therapeut das zu behandelnde Pferd mag, denn Sympathie ist ein besonders wichtiger Informationsträger. Ist der Therapeut dem Pferd unsympathisch, wird es seine Berührung mit den Händen als unangenehm empfinden, die Muskeln verspannen, sich zurückhalten und die Therapie nicht zulassen. Pferde hingegen, die den Therapeuten mögen, kommunizieren mit ihm, schließen vertrauensvoll die Augen, legen ihren Kopf in die Hände des Therapeuten und arbeiten in der Therapie aktiv mit.

Darum ist der erste Kontakt ein entscheidendes Kriterium für den Erfolg oder Misserfolg der Therapie. Man nähert sich dem Pferd seitlich von vorne, damit es einen visuell erfassen kann. Um dem Pferd Gelegenheit zu geben, Vertrauen aufzubauen, lässt man es nun an den Händen schnuppern. Ein paar ruhige, freundliche Worte haben dabei auch noch keinem geschadet. Schließlich streicht man sanft über den Hals des Pferdes, um nach dem visuellen und olfaktorischen Kontakt die erste palpatorische Verbindung herzustellen.

Merke

Eine Therapie kann nur erfolgreich sein, wenn das Pferd Vertrauen hat und die Behandlung zulässt.

5.4.2 Scan-Befundung

In aller Regel akzeptieren die Pferde die Berührung mit den Händen problemlos, weil sie dies vom Putzen und vom allgemeinen Umgang mit dem Menschen gewohnt sind. Dennoch muss man bei der Palpation an bestimmten Stellen vorsichtig sein, da viele Pferde überempfindlich, kitzlig oder schmerzsensibel reagieren können. Besondere Vorsicht ist im Kniebereich, an den Flanken und am Bauch geboten. Aus diesem Grund beginnt man die Palpation am Hals, streicht langsam über den Rücken, schließlich seitlich am Rumpf entlang. Zum Schluss folgen die Extremitäten. Die Vorgehensweise erfolgt immer von vorne nach hinten und von oben nach unten. Die Hände streichen stets – und zwar langsam! – in Fellstrichrichtung entlang. Es ist darauf zu achten, dass immer eine Hand weiterhin Kontakt mit dem Pferd hält, wenn die andere Hand absetzt und einen neuen Anfangspunkt sucht. Dies macht die Behandlung für das Pferd angenehmer und für den Therapeuten sicherer.

Man achtet bei der Palpation insbesondere auf Wärme- oder Kälteabstrahlungen, ebenso aber auf Schwellungen, Verquellungen, Strukturveränderungen im Fell, Hautverletzungen, Narben und sonstige Unregelmäßigkeiten, die bei der Adspektion nicht ersichtlich waren. Wer sich bei der Einschätzung von Wärme oder Kälte unsicher ist, kann seine Hände auch so vom Fell abheben, dass ein 10–20 mm starkes Luftpolster entsteht. Die Tastsinne sind somit nicht durch das Berühren des Felles abgelenkt und können die Wärme- oder Kälteabstrahlung besser erfassen. Ungeübte Therapeuten oder Behandler, die es genau wissen wollen oder ihr Gefühl bestätigt haben wollen, können auch mit einem Laser-Thermogerät einen etwaigen Temperaturanstieg oder -abfall nachmessen.

Eine erhöhte Temperatur deutet immer auf eine Entzündung in diesem Bereich hin. Kommt eine Schwellung und Schmerzhaftigkeit (auf leichten Druck) hinzu, ist der Befund eindeutig, s. Kap. Kontraindikationen (S. 49).

Vor jeder Behandlung steht die Palpation. Das bedeutet, dass nach dem Abstreichen des Pferdekörpers ein gezieltes Abtasten durchgeführt wird. Der nächste Schritt stellt die Behandlung der Weichgewebe, insbesondere der Muskulatur dar. Deshalb werden nachfolgend die Muskeln auf Verhärtungen, Verspannungen und Schmerzhaftigkeit geprüft. In diesem Arbeitsschritt können gefundene Verspannungen mithilfe von geeigneten Techniken der Klassischen Massage (S. 49), der Triggerpunkttherapie (S. 59) oder weiterer Weichgewebetechniken (S. 119) bereits gelöst werden. Damit erspart man sich einen zusätzlichen Palpationsgang.

Im weiteren Anschluss tastet man die Knochen und Gelenke ab. Hier werden die Gelenkspalten im Rechts-/Links-Vergleich getestet (zum Beispiel Kiefergelenk, Schultergelenk, Karpalgelenk) sowie Knochenstellungen (Rippen, Wirbel, Mandibula, Sakrum, Sesambeine etc.) und deren Beweglichkeit geprüft. Die genaue Vorgehensweise der Palpation der jeweiligen Gelenke und Knochen wird in Kap. Knochen und Gelenke (S. 194) beschrieben. Auch hier können Befunde gleich in die Therapie übergeleitet werden, um später nichts zu vergessen und sich einen erneuten Palpationsgang zu sparen. Die Behandlung von Gelenken darf allerdings grundsätzlich nur nach erfolgter Weichgewebebehandlung (insbesondere der Muskulatur) erfolgen!

Durch die Palpation gewinnt man einen Eindruck davon, wo das Pferd Schmerzen oder anderweitige körperliche Probleme haben könnte. Sie kann Hinweise auf Kontraindikationen (zum Beispiel bei Entzündungen) geben, vertieft die Vertrauensbasis und gibt einen umfassenden Überblick über den körperlichen Status.

5.5 Standardzusatzprogramme

Zu jeder therapeutischen Behandlung gehören gewisse Befundungsprogramme, um häufig vorkommende Ursachen auszuschließen oder aufzudecken. Keine Therapie kann Bestand haben, wenn die Ursache nicht abgestellt wird. Aus diesem Grund ist die Kontrolle der Ausrüstung eine Standardaufgabe, die der Therapeut entweder selbst durchführt oder in Rücksprache mit dem Pferdebesitzer von einem fachkundigen Sattler erledigen lässt.

Sinn würde auch die Überprüfung und gegebenenfalls Veränderung der Haltungssituation machen, welche die Fütterung miteinschließt. Da diese Maßnahmen meist jedoch sehr zeitaufwändig sind und die Veränderungsmöglichkeiten häufig sehr begrenzt sind, muss in den meisten Fällen ein entsprechendes Gespräch mit dem Pferdebesitzer ausreichen. Dieser sollte aber zumindest auf denkbare Haltungsproblematiken (Herdenzusammenstellung, Auslaufmöglichkeiten, Stressfaktoren etc.) als mögliche Ursachen hingewiesen werden, wenn Verhaltensweisen, körperliche und psychische Probleme nicht in den Griff zu kriegen sind.

Ebenso ist eine adäquate Futterberatung manchmal der Schlüssel zum Erfolg, wenn Allergien oder Unverträglichkeiten, Überfütterung, Mineralstoffmangel, Raufuttermangel oder anderweitige Fehlernährung zu gesundheitlichen Problemen führen. Denkbar sind schwache Sehnen und Bänder bei Mineralstoffmangel, Hufrehe und/oder Cushing bei Überfütterung oder psychische Belastungen bei zu großen Kraftfuttermengen, um nur einige Beispiele zu nennen. Auch hier sollte der Therapeut Anstöße geben können, um Fehlerquellen aufzudecken und gegebenenfalls abzustellen. Die Zusammenarbeit mit einem Futtermittelberater oder Tierarzt kann dabei durchaus hilfreich sein.

Nicht zuletzt ist der Zahnstatus des Pferdes ein nicht zu unterschätzender Faktor für die Futterverwertung. Zahnhaken und Anomalien können zu Fehlstellungen führen und diese wiederum zu diversen körperlichen Läsionen. Aus diesem Grund sollten Zahnproblematiken aufgedeckt und vom Tierarzt korrigiert werden. Somit gehört die Überprüfung des Zahnstatus zum Standardprogramm des gewissenhaft arbeitenden Pferdetherapeuten.

5.5.1 Zahnkontrolle

Standardmäßig sollte etwa alle 6 Monate der Zahnstatus kontrolliert werden (▶ **Abb. 5.9**). In der Regel übernimmt dies der Tierarzt auf Anweisung des Besitzers, praktischerweise zeitgleich bei der ½-jährlichen oder jährlichen Impfung. Trotzdem können sich auch zwischendurch Läsionen einstellen. Zahnprobleme können sich primär, aber auch sekundär entwickeln. Grundsätzlich jedoch wirken sich Zahnprobleme nicht nur nachteilig auf das Kauverhalten und letztendlich auf die Futterverwertung aus, sondern auch auf die Gesamtstatik des Bewe-

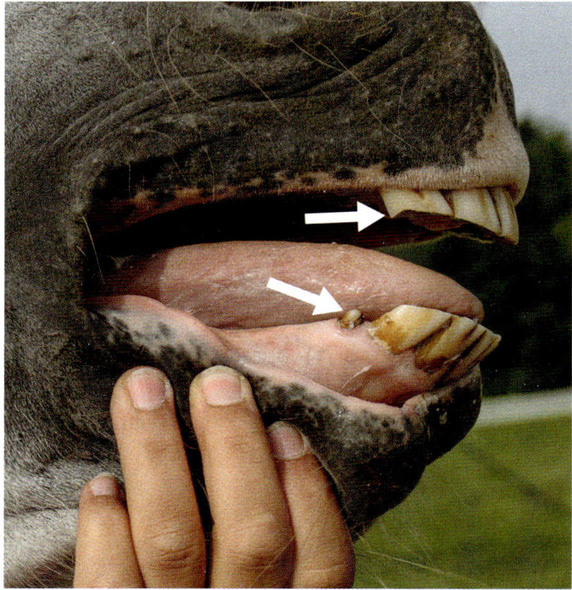

▶ **Abb. 5.9** Von Zeit zu Zeit sollten die Zähne einer Begutachtung unterzogen werden, um Probleme frühzeitig erkennen zu können. Deutlich zu sehen ist der beidseitige Einbiss (Pfeil) sowie ein verkümmerter Hakenzahn (Pfeil).

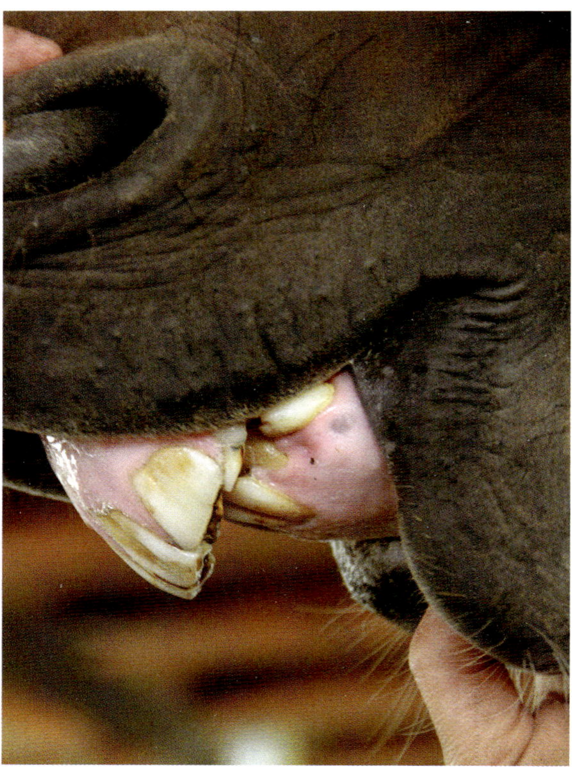

▶ **Abb. 5.10** Massiver Überbiss, der in diesem Fall keine Läsion darstellt, sondern angeboren ist, aber dem Pferd große Kauprobleme verursacht. Ein solches Gebiss muss mehrmals im Jahr vom Tierarzt kontrolliert werden. Die Zähne müssen regelmäßig gekürzt werden.

gungsapparats. Direkte Auswirkungen werden beispielsweise über eine fehlgestellte Mandibula auf die Schädelknochen übertragen, wobei an erster Stelle das Kiefergelenk in Mitleidenschaft gezogen wird. Somit ist die Palpation des Kiefergelenkspalts zwischen Os temporale und Mandibula ein wichtiger diagnostischer Griff, um Kompressionen und Fehlstellungen festzustellen.

Dies geschieht sinnvollerweise auf beiden Seiten im Vergleich. Im Zuge dessen schiebt man die Lippen an den Eckzähnen der Incisivi etwas auseinander, um zu überprüfen, wie die Schneidezähne des Oberkiefers auf die des Unterkiefers treffen und kann somit die Stellung der Mandibula in Bezug zur Maxilla beurteilen, s. Kap. Stellungs- und Bewegungstests (S. 198). Verschiebungen können auf Zahnprobleme oder Kiefergelenkläsionen hindeuten. Verschiebt sich die Mandibula zu einer Seite, findet man auf derselben Seite oft eine Kiefergelenkkompression. In diesem Fall würden sich beispielsweise die Eckzähne des Oberkiefers auf der einen Seite deutlich über die des Unterkiefers schieben, während auf der anderen Seite die Unterkieferzähne überstehen würden. Verlagerungen dieser Art sind relativ häufig zu finden.

Die Begutachtung der Mittelzähne macht ein Über- oder Unterbiss deutlich. In diesem Fall sind Kiefergelenkläsionen rostral bzw. kaudal in Erwägung zu ziehen, aber auch angeborene Über- oder Unterbisse kommen in Betracht (▶ Abb. 5.10).

Ein Blick auf die ersten Prämolaren schadet nicht, zumal hier ebenfalls schon Haken oder Anomalien festgestellt werden können. Hierzu schiebt man die Daumen in die Maulwinkel und animiert das Pferd auf diese Weise, das Maul zu öffnen. Die hinteren Backenzähne sind ohne Maulgatter und Stirnlampe allerdings kaum zu überprüfen. Für einen ersten Überblick reicht dieser Sichtbefund zunächst aus.

Ein wichtiger Aspekt ist die Kontrolle auf Wolfszähne, die beim Reitpferd meist entfernt werden müssen, weil es sonst zu Konfrontationen mit dem Trensengebiss kommen kann. Schlägt das Mundstück auf die Zähne, hat das Pferd Schmerzen, was sich unterschiedlich auswirken kann. Neben der Entstehung von Läsionen primär im Kiefergelenk und sekundär bei den angrenzenden Strukturen (Atlas, Axis, Okziput, Suturen, Zungenbein etc.) ergeben sich oft Verhaltensmuster, die die Stresssymptomatik durch Schmerzen deutlich machen: Kopfschlagen, gegen das Gebiss gehen, sich auf dem Mundstück festbeißen oder die Zunge seitlich herausstrecken, um nur einige Beispiele zu nennen.

Treten reiterliche Probleme auf, die vermutlich auf vorhandene Wolfszähne zurückzuführen sind, sollte der Tierarzt zu Rate gezogen werden, der die weitere Behandlung übernimmt.

Um den Verdacht auf Zahnhaken im Backenzahnbereich zu erhärten oder zu verwerfen, tastet man die Zahnreihen unterhalb des Jochbeins von der Außenseite ab und gibt dabei leichten Druck auf die Zähne. Hierbei wird das Zahnfleisch gegen die Backenzähne gedrückt, was bei spitzen Zahnhaken einen Schmerz verursacht. Ist dem Pferd der Druck unangenehm oder schmerzhaft, wird es den Kopf hochwerfen oder abwenden.

Zusätzlich führt man einen weiteren Zahntest durch, der Aufschluss darüber gibt, ob Zahnhaken vorhanden sind. Man greift mit einer Hand auf das Nasenbein, die andere liegt auf der Mandibula. Nun verschiebt man mit einer schnellen Bewegung die Mandibula gegen die Maxilla. Das Pferd sollte hierzu das Maul locker geschlossen halten. Bei geöffnetem Maul oder angespannter Muskulatur ist der Test nicht durchführbar. Auf diese Weise reiben die Zähne des Oberkiefers horizontal über die Kaufläche der Unterkieferzähne. Bleibt die Bewegung allerdings „hängen", könnten Zahnhaken das Gleiten der Kauflächen gegeneinander verhindern. Genaueres unter Kap. Feststellen von Zahnhaken und Gebissanomalien (S. 197).

Erhärtet sich der Verdacht auf Zahnhaken durch die Tests, sollte das Pferd zur Weiterbehandlung an einen Tierarzt überwiesen werden. Sinnvollerweise sollte ein Pferd etwa 1–2 Wochen nach einer Zahnkorrektur durch den Tierarzt eine osteopathische Behandlung erhalten, da sich durch ein verändertes Kauverhalten Läsionen im Kiefergelenk und der Muskulatur einstellen können. Zudem kann es während der Behandlung durch die Maulsperre, welche das Pferd zwingt, das Maul über einen längeren Zeitrahmen offen zu halten, zu Muskelüberlastungen und Gelenkläsionen kommen. Damit sich solche Restriktionen nicht chronifizieren, ist eine osteopathische Nachbehandlung sinnvoll.

5.5.2 Ausrüstungskontrolle

Heutzutage kommt das Pferd in erster Linie als Sport- und Freizeitpartner zum Einsatz. Der Großteil wird unter dem Sattel bewegt, manche verdienen sich ihre Daseinsberechtigung als Fahrpferd. Nur einige wenige Zuchtpferde werden weder geritten noch gefahren. Der Anteil von „nicht genutzten" Pferden ist vernachlässigbar. Die meisten Tiere müssen mehr oder weniger körperliche Arbeit leisten.

Dabei unterscheidet man gerne die sogenannten Freizeitpferde von den Turnierpferden, welche wiederum in die verschiedenen Reitweisen und Turnierdisziplinen eingeordnet werden. Die Belastungen, denen die Pferde ausgesetzt sind, können deshalb sehr unterschiedlich sein. Dabei ist nicht gesagt, dass ein Turnierpferd, das im Hochleistungssport eingesetzt wird, mehr Belastungen aushalten muss als ein Freizeitpferd. Oft liegt der Trainingszustand von Freizeitpferden weit unter dem der Turnierpferde. Damit ist auch die Belastungsgrenze deutlich niedriger anzusetzen. Das bedeutet eine erhöhte Anfälligkeit von wenig oder falsch trainierten und untrainierten Pferden für Verschleiß, Läsionen und Verletzungen.

Turnierreiter pflegen ihre Pferde in dieser Hinsicht oft besser, wozu auch die regelmäßige Gesundheitskontrolle und -prävention gehört. Dies schließt eine laufende, physiotherapeutische Betreuung mit ein. Des Weiteren wird häufig mehr Geld und Aufwand in die reiterliche Ausbildung und eine passende Ausrüstung investiert. Beides minimiert die Gefahr, Belastungsspitzen zu erreichen, die das Pferd auf Dauer schädigen. Fehlbelastungen durch schlecht sitzende Reiter oder ungenügend angepasste Sättel sind die häufigsten Ursachen von körperlichen Problemen beim Pferd.

Merke

Ungenügende reiterliche Ausbildung sowie unpassende Ausrüstung (insbesondere Sättel) sind die häufigsten Ursachen für Schmerzen, Schonhaltungen und die daraus resultierenden Läsionen.

Der Pferdetherapeut hat selten direkten Einfluss auf die Ausbildung des Reiters. Ganz abgesehen davon ist es nicht die Aufgabe des Pferdetherapeuten, Reiter auszubilden. Hierfür sind speziell ausgebildete Trainer und Reitlehrer zuständig. Trotzdem sollte man bemüht sein, eine Brücke zu schlagen und dem Reiter den einen oder anderen Tipp mit auf den Weg zu geben. Das Verständnis der Biomechanik hilft dem Reiter, die Zusammenhänge von Bewegungsabläufen und Kräfteverteilungen besser zu verstehen.

Bei der Auswahl und Anpassung des Sattels kann der Pferdetherapeut eine wichtige Unterstützung darstellen. Auch hier kann man an die Arbeit des Sattlers nahtlos anknüpfen und die Passform des Sattels von Zeit zu Zeit überprüfen, um bei Bedarf den Sattler für eventuell notwendig gewordene Änderungsmaßnahmen hinzuzuziehen.

Die Sattelprobe

Bei der Erstbehandlung eines Pferdes ist die Sattelprobe ein wichtiger Bestandteil, um eventuellen Ursachen speziell von Rückenproblemen auf die Spur zu kommen. Passt der Sattel nicht, wird der Behandlungserfolg nicht von Dauer sein. Es ist ein besonders wichtiges Kriterium in der Arbeit des Pferdeosteopathen, die Ursachen zu beseitigen, damit die Therapie dauerhaft anschlägt.

Auch wenn der Besitzer beteuert, dass der Sattel angepasst worden ist und somit nicht die Ursache des Übels sein kann, schadet eine kurze Überprüfung nicht. Das Pferd kann sich in der Zwischenzeit muskulär oder fütterungsbedingt verändert haben, sodass die ursprüngliche Anpassung keine Gültigkeit mehr hat.

Leider muss immer wieder festgestellt werden, dass so mancher Sattelverkäufer bestimmte wichtige Kriterien nicht kennt oder einfach darüber hinweg sieht. Ein seriöser Pferdetherapeut muss beileibe keine Sättel aufpolstern können, aber er sollte beurteilen können, ob ein Sattel dem Pferd schadet. Deshalb müssen ihm wenigstens die wichtigsten Kriterien bekannt sein, die für die Passform auf dem Pferderücken verantwortlich sind.

Reiter, Pferdebesitzer, Sattler und Trainer sind oft auch Sattelexperten, aber nur für die Sättel ihrer Reitweise. Der Pferdetherapeut hingegen wird nicht nur Dressurpferde behandeln, sondern auch Westernpferde, Rennpferde oder Freizeitpferde mit exotischem Equipment. Der Therapeut muss also „in allen Sätteln zu Hause sein", um adäquat beraten zu können. Um den Rahmen dieses Buches nicht zu sprengen, beschränken sich die Ausführungen hier auf die beiden häufigsten Sattelarten und ihre wichtigsten Passkriterien.

Sattel und Reiter

Der Sattel kann als Vermittler und Bindeglied zwischen Reiter und Pferd betrachtet werden. Deshalb muss er nicht nur dem Pferd, sondern auch dem Reiter passen. Aus diesem Grund werden Sättel mit unterschiedlichen Sitzgrößen gefertigt, sodass sowohl für Kinder und Jugendliche als auch für Erwachsene passende Sitzflächen zur Verfügung stehen.

Beim **Englischsattel** sollten zwischen dem Reitergesäß und dem Sattelkranz noch etwa 5–8 cm Freiraum sein. Um das gleiche Maß sollte der (bis zur Kniekehle reichende) Reitstiefel das Sattelblatt überragen. Die Sattelpauschen geben dem Reiterknie Halt und ermöglichen den sogenannten Knieschluss. Ist der Sattel zu groß, bleibt der Kontakt zwischen Knie und Sattelblatt aus, was zu Sitzfehlern wie offenem und/oder hochgezogenem Knie oder Stuhlsitz führen kann. Dies wiederum verändert den Reiterschwerpunkt im Sattel und somit die Belastung des Pferderückens.

Auch den **Westernsattel** gibt es in unterschiedlichen Sitzgrößen. Hier gilt ebenso, dass der Freiraum zwischen Reitergesäß und Cantle (Sattellehne) etwa 3 Finger breit sein sollte. Die Oberschenkel dürfen die Fork nicht berühren, ein Abstand von 5 cm ist hier ideal (▶ **Abb. 5.11**).

Der korrekte Grundsitz, der in allen Reitweisen prinzipiell derselbe ist und in vielen Reitlehren ausreichend beschrieben wird, ist die Voraussetzung für die richtige Schwerpunktbelastung auf dem Pferderücken. Zwar wird der Sattel das Gewicht des Reiters immer in seinen Tiefpunkt verlagern, dennoch verschiebt sich dieser, wenn der Reiter mit dem Oberkörper vorne über kippt oder ins Hohlkreuz verfällt. Der aufrechte Sitz im Schwerpunkt ist deshalb mit ein Kriterium dafür, dass auch der Sattel seinen Dienst tun kann.

Der Tiefpunkt

Kein Reiter kann aber korrekt sitzen, wenn der Sattel seinen Tiefpunkt an der falschen Stelle hat. Denn der Reiter wird der Schwerkraft folgend immer in diesen Tiefpunkt rutschen und wenn er sich noch so bemüht, die Belastung zu verschieben. Deshalb ist es eines der wichtigsten Kriterien, dass der Tiefpunkt des Sattels mit dem des Pferderückens übereinstimmt, denn hier muss das Gewicht des Reiters liegen.

▶ **Abb. 5.11** Um die Bewegungsmechanik des Pferdes nicht zu stören und schmerzhafte Druckstellen am Pferderücken zu vermeiden, ist ein passender Sattel ein sehr wichtiges Kriterium, um Läsionen vorzubeugen. Unpassende Sättel können die Wirkungen der Manuellen Therapie zunichte machen.

In der Praxis bedeutet das, dass der tiefste Punkt der Sattelfläche vertikal über dem tiefsten Punkt des Pferderückens liegen sollte. Der Tiefpunkt des Pferderückens liegt zwischen Th 14 und Th 16, derjenigen Brustwirbel, deren Dornfortsätze senkrecht stehen und damit in der Lage sind, das Gewicht aufzunehmen. Werden Belastungen auf Höhe von Th 17 – Th 18 oder gar auf die Lendenwirbelsäule verlagert, kommt es zu Scherkräften mit der Tendenz zu Wirbelflexionen, die letztendlich aufgrund der Überlastung verschiedene Läsionen zur Folge haben. Gerade bei Westernsätteln findet man häufig zu weit hinten liegende Tiefpunkte, weil die Sättel sehr groß gearbeitet sind und somit die Gefahr besteht, dass der Schwerpunkt zu stark nach hinten rutscht. Insbesondere sind viele Reiningsättel mit einem zurückversetzten tiefen Sitz gearbeitet, was diese Gefahr noch verstärkt.

! Merke

Der tiefste Punkt der Sattelsitzfläche muss mit dem Tiefpunkt des Pferderückens (Th 14 – Th 16) – den Brustwirbeln, deren Dornfortsätze senkrecht stehen – übereinstimmen!

In der Praxis testet man die Übereinstimmung der Tiefpunkte, indem man den Sattel ohne Decke/Pad auf das Pferd legt und den Satteltiefpunkt gegebenenfalls mit einer Kreide am Pferdefell markiert. Anschließend nimmt man den Sattel ab und fällt das Lot vom tiefsten Punkt des Pferderückens und überprüft, ob die Linie die Kreidemarkierung trifft. Tolerierbar, weil vom Pferd in der Regel kompensierbar, sind Abweichungen von bis zu 5 cm (1–1½ Dornfortsätze).

Weitere Passkriterien

Der Sattel wird zunächst grundsätzlich ohne Satteldecke beziehungsweise Pad aufgelegt. Beim Englischsattel ergeben die Ortweite und die Polsterung des Sattelkissens die Passform. Verändert sich das Pferd im Rücken, beispielsweise durch trainingsbedingten Muskelaufbau, kann der Fachmann den Sattel durch Veränderung der Polsterung im Sattelkissen anpassen. Dies ist beim Westernsattel nicht möglich. Dafür verändert sich der Westernsattel in seiner Form nicht, während der Englischsattel regelmäßig aufgepolstert werden muss, da sich das Polstermaterial im Laufe der Zeit zusammenschiebt. Die Verlaufsform des Sattelkissens sollte sich mit der Rückenform decken, damit keine Druckspitzen am Pferderücken entstehen, die einen Satteldruck hervorrufen können.

Der Sattel sollte neben der Wirbelsäule gleichmäßig auf der Muskulatur aufliegen. Im vorderen Bereich muss eine ausreichende Widerristfreiheit gewährleistet sein. Beim Westernsattel ist auf einen Abstand von mindestens 3 Fingern zwischen Widerrist und Fork zu achten. Beim Englischsattel sollten 3 cm zwischen dem Kopfeisen und dem Widerrist frei bleiben. Dieser Abstand gilt jeweils auch bei gegurtetem Sattel und mit Reitergewicht.

Die flache Hand unter dem Sattelblatt (beziehungsweise Skirt) testet, ob es im Bereich der Schulter oder des Rückens zu Druckspitzen oder einer Brückenbildung kommt. Der Sattel – im Falle des Westernsattels mit seinen trachtenförmigen Bars – sollte gleichmäßig auf dem Pferderücken aufliegen. Er darf nicht auf der Skapula liegen, damit das Pferd in der Schulterbeweglichkeit keine Beeinträchtigung erfährt.

Liegt der Sattel ungegurtet und ohne Decke auf dem Pferderücken, sollte er sich nur schwer aus seiner korrekten Position verschieben lassen. Sättel, die schon hier nach vorne, hinten oder zur Seite rutschen, liegen nicht korrekt auf. Der Westernsattel liegt in der richtigen Position, wenn die Vorderkante des Forks in senkrechter Linie auf das Olecranon des Pferdes – beziehungsweise auf die palmare Seite der Ulna – trifft. Der Gurt sollte bei allen Satteltypen etwa eine Handbreit hinter dem Ellbogen liegen, eventuell muss man die Gurtungsposition variieren, was bei den meisten Sätteln möglich ist. Beim Englischsattel sind hierfür meist drei Gurtstrippen vorhanden, um die Lage des Sattelgurts zu verändern. Der Westernsattel weist im Gegensatz dazu zwei D-Ringe beziehungsweise eine Gurtungsplatte mit zwei Gurtungspositionen auf, die als „Drei-Wege-Gurtung" bezeichnet wird. Der Sattelgurt selbst sollte senkrecht am Rumpf des Pferdes nach unten verlaufen. Bei schräg verlaufenden Gurten wird der Sattel aus seiner Position gezogen und gegebenenfalls sogar gekippt.

Weiter überprüft man, ob der Sattel einen ausreichenden Wirbelkanal aufweist. Zur Breite der Dornfortsätze sollte man beidseits noch jeweils 1–2 cm zugeben, bis der Sattel Kontakt zum Pferd bekommt. Ein zu enger Wirbelkanal irritiert die Dornfortsätze, was zu Druckstellen oder Fehlstellungen der Wirbel führen kann. Ein zu großer Wirbelkanal ist ebenfalls nicht anzustreben, weil sich damit die Gesamtauflagefläche des Sattels verringert. Der Druck auf den Pferderücken wird punktueller, wodurch die Gefahr des Satteldrucks steigt.

Es ist nicht richtig, zu glauben, dass man unpassende Sättel mit Brückenbildung, falscher Winkelung der Bars, zu enger oder weiter Kopfeisen und schlechter Polsterung mit Unterlagen wie Gelpads, Westernpads oder Schaumstoffstücken zum Einschieben ins Pad ausgleichen kann. Ein Sattel muss schon auf blankem Pferderücken passen, auf Dauer kann man auch mit einer Satteldunterlage nichts kaschieren.

Um abschließend zu beurteilen, ob ein Sattel dem Pferd passt, genügt die ungegurtete Anprobe ohne Unterlage alleine nicht. Deshalb wird nun der bis dato passende Sattel mit Satteldecke beziehungsweise Pad gegurtet und 30 Minuten lang geritten. Verrutscht der Sattel nicht und bildet sich ein ausgeglichenes Schwitzbild ohne Haarverwirbelungen oder trockene Stellen, kann man mit dem Ergebnis zufrieden sein.

Die Gebissanpassung

Ein oft vernachlässigtes Thema ist die Anpassung des Gebisses für Reit- und Fahrpferde. Häufig missverstehen Reiter den Verwendungszweck eines Gebisses und gebrauchen dieses lediglich als „Bremse" oder gar zum Festhalten, um im Sattel nicht aus der Balance zu geraten. Der starke Zügelzug übt dabei einen unangenehmen bis äußerst schmerzhaften und teilweise auch das Maul verletzenden Druck aus. Die Folge davon sind primäre Läsionen im Maulbereich, des Kauapparats und Kiefergelenks. Zudem stellen sich Muskelverspannungen zunächst auf lokaler Ebene, später fortschreitend im gesamten Pferd ein, mit all ihren weiteren negativen Folgen. Ist schließlich ein Gebiss oder eine Zäumung nicht korrekt angepasst, zwickt oder drückt es an einer Stelle, engt den Kiefer ein oder verkantet im Maul, potenzieren sich Anwendungsfehler zusätzlich.

Der Pferdetherapeut kann auch hier wiederum nur bei der Anpassung behilflich sein, die reiterliche Ausbildung, welche die korrekte Handhabung des Gebisses miteinbezieht, liegt im Verantwortungsbereich des Trainers oder Reitlehrers.

Dennoch kann der Pferdetherapeut bei der Begutachtung der verwendeten Zäumungen gegebenenfalls notwendige Aufklärungsarbeit über die Wirkungsweise von Gebissen und deren Folgen leisten. Oft finden sich bereits an den Maulwinkeln deutliche Einwirkungsspuren. Aufgescheuerte Maulwinkel und Verletzungen insbesondere der empfindlichen Schleimhaut im Maulinnenraum sind bei Reitpferden fast schon an der Tagesordnung. Äußerlich sind diese Läsionen oft nur nicht sichtbar. Auch gequetschte und sogar zerschnittene Zungen kommen leider immer wieder vor.

Dies sollte zur Folge haben, dass man als Pferdetherapeut von bestimmten Zäumungen und Gebissen grundsätzlich abraten sollte. Hierzu gehören scharfkantige Mundstücke, die Lefzen einklemmende Gebissringe, zu dünne und eventuell gedrehte Mundstücke, Mundstücke mit zu hoher Zungenfreiheit (drücken gegen den Gaumen) und Zäumungen mit zu starker Hebelwirkung. Spezialzäumungen wie die mechanische Hackamore (die dem Pferd bei unkorrekter Verschnallung und zu starker Handeinwirkung das Nasenbein brechen kann), Spade bits (Druck gegen den Gaumen), Twisted-wire-Trensen (zu dünnes und gedrehtes Mundstück) und verschiedene Hebelarmgebisse, um nur einige Beispiele zu nennen, gehören nicht in die Hände eines „Normalreiters“ (► **Abb. 5.12**).

Findet man Scheuerstellen am Kopf oder Verletzungen im Maulbereich, ist eine Überprüfung der Zäumung sinnvoll. Alle Lederteile müssen sauber und gepflegt sein, weder zu eng noch zu locker verschnallt sein, um Scheuerstellen zu vermeiden.

Passkriterien

Beim Gebiss selbst ist zunächst auf die richtige Mundstückgröße zu achten. Das Mundstück sollte nicht mehr als beidseits 0,5 cm über die Maulwinkel reichen. Es darf weder zu eng, noch zu weit sein. Ponyrassen benötigen Mundstückbreiten von etwa 11,5 cm, Quarter Horses, Araber, Vollblüter und andere mittelgroße Pferderassen kommen mit einer Mundstückbreite von etwa 12,5 cm gut klar, während größere Warmblüter 13,5–14,5 cm benötigen. Manche Kaltblüter benötigen Gebissbreiten bis 16 cm. Abgenutzte oder fehlerhafte Mundstücke könnten scharfkantig sein, was man überprüft, indem man mit der Handfläche über die Metallteile streicht.

Das Gebiss sollte im Maul so hoch verschnallt werden, dass die Maulwinkel leicht angehoben werden und 1–2 Falten bilden. Bei zu locker verschnallten Gebissen kann das Mundstück gegen die Schneidezähne schlagen, was dem Pferd Schmerzen verursacht oder zumindest unangenehm ist. Das Pferd versucht möglicherweise, das Gebiss mit der Zunge nach oben in die richtige Lage zu schieben. Die Folgen könnten eine unruhige Kopfhaltung, eine nervöse Maultätigkeit oder im extremen Fall sogar Kopfschlagen sein (► **Abb. 5.13**).

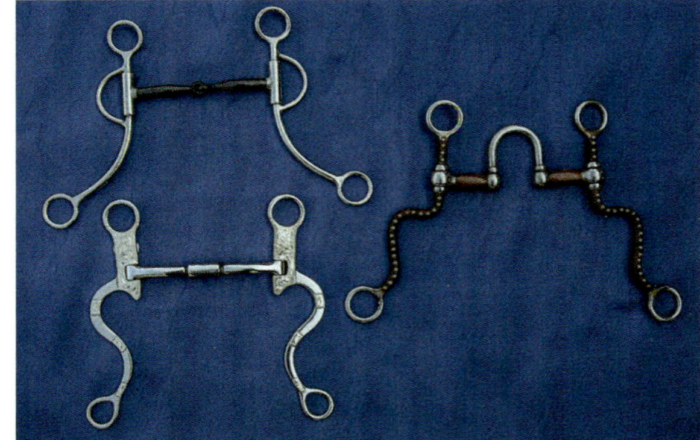

► **Abb. 5.12** Verschiedene Formen von Hebelarmgebissen, wie sie oft im Westernreitsport verwendet werden. Sie sind nicht für den Durchschnittsreiter zu empfehlen, sondern gehören in die Hände von erfahrenen Profis, die in der Lage sind, die Gebisse feinfühlig zu bedienen.

► **Abb. 5.13** Gebisse müssen den anatomischen Begebenheiten des Pferdemauls angepasst werden, um Schmerzen und anderweitige Läsionen im Bewegungsapparat zu vermeiden.

Zu wenig Beachtung wird oft der richtigen Mundstückdicke geschenkt, die der Maulform entsprechend ausgewählt werden muss. Die Vorstellung, je dicker ein Mundstück ist, umso sanfter wirkt es, ist insofern falsch, als nur ein passendes Gebiss eine gute Verständigungsebene schaffen kann. Zudem bestimmt nicht das Gebiss, sondern die Reiterhand die Schärfe einer Zäumung. Ein Pferd mit einer kurzen Maulspalte (= Abstand von den Lippen zum Maulwinkel) sollte deshalb ein dünneres Gebiss tragen, während ein Pferd mit großem Maul mit einem dickeren Mundstück ausgestattet werden kann. Trägt ein Pferd mit kurzer Maulspalte ein dickes Mundstück, kann es sein Maul nicht vollständig schließen. Das Gebiss ist jedoch dann richtig gewählt, wenn es sich geschmeidig in die Maulhöhle einbetten lässt.

Merke
Die Schärfe eines Gebisses wird nicht in erster Linie vom Material, der Art und Form der Zäumung bestimmt, sondern von der Hand des Reiters!

Gebisslose Zäumungen

Was für das Anpassen von Gebissen gilt, kann auch auf gebisslose Zäumungen übertragen werden. Alle Zäumungen, die über den Nasenrücken verlaufen (mechanische Hackamore, Bosal Hackamore, Side pull etc.), aber auch Stall- und Reithalfter müssen so angepasst werden, dass der Nasenriemen hoch genug auf dem Os nasale liegt (▶ **Abb. 5.14**). Als Anhaltspunkt gilt, dass der Nasenriemen etwa 2 Fingerbreit unterhalb dem Jochbein verlaufen sollte. Ein genügend hoher Druck, wie er beispielsweise durch die Hebelwirkung einer mechanischen Hackamore zustande kommen kann, reicht aus, um dem Pferd das Nasenbein zu brechen. Je tiefer der Nasenteil auf dem Os nasale liegt, umso höher die Frakturgefahr!

Korrekte Anwendung

Eine kompetente Beratung, welche Zäumung die beste für das jeweilige Pferd ist, hängt von vielen Faktoren ab. Es spielen insbesondere der Ausbildungsstand von Reiter und Pferd eine entscheidende Rolle. Grundsätzlich gilt jedoch, dass Hebelarmgebisse nichts in der Hand eines Anfängers und Durchschnittsreiters zu suchen haben. Durchschnittlich und gut ausgebildete Pferde können problemlos mit einer einfachen Wassertrense geritten werden. Ein Hebelarmgebiss wird von Spezialisten eingesetzt, die damit die Zügeleinwirkung verfeinern, aber nicht verstärken wollen.

Findet ein Hebelarmgebiss Verwendung, um ein Pferd besser unter Kontrolle halten zu können, sollte sich der Reiter schleunigst Hilfe bei einem guten Trainer suchen, denn in diesem Fall stehen eklatante Ausbildungsmängel (bei Reiter und/oder Pferd) im Raum. Diese Ausbildungsmängel übertragen sich unweigerlich auf den Bewegungsapparat des Pferdes und führen langfristig zu nachhaltigen Restriktionen und letztendlich zu frühzeitigen körperlichen Schäden.

▶ **Abb. 5.14** Auch gebisslose Zäumungen müssen korrekt am Pferdekopf angepasst werden, damit es weder zu Scheuerstellen noch zu anderweitigen Verletzungen kommt.

Weitere Ausrüstungsgegenstände

So manches Pferd wird nicht nur allein mit Sattel und Zaumzeug ausgestattet, sondern erhält die eine oder andere Zusatzausrüstung. Diese darf man bei einer Überprüfung der Ausrüstung nicht vergessen, denn möglicherweise beeinflusst ein Schweifriemen oder ein Vorderzeug den Bewegungsablauf negativ. Scheuernde Riemen oder drückende Teile zwingen zu Vermeidungsreaktionen und damit zu Schon- und Fehlhaltungen. Nicht zuletzt darf man die Fahrpferde mit ihrem Geschirr nicht vergessen oder Pferde, die longiert oder voltigiert werden. All diese Ausrüstungsgegenstände wie Longier- und Voltigiergurte oder das Kummet, Brustblattgeschirr und weitere Spezialausrüstungen müssen jeweils korrekt angepasst werden. Dies erfordert teilweise enormes Fachwissen auf dem jeweiligen Gebiet.

Zusätzlich wird eine Reihe von Hilfszügeln eingesetzt, die die Wirkung von Zäumungen und Gebissen mitunter enorm beeinflussen können. Bisweilen zwingen sie die Pferde außerdem zu einer bestimmten Kopf- oder Körperhaltung, die mitunter wiederum zu Verspannungen, Überlastungen und Fehlhaltungen führen kann. Somit ist stets die gesamte Ausrüstungskonstruktion und selbstverständlich deren Handhabung durch den Reiter oder Fahrer zu betrachten, um die Wirkung und somit die Auswirkungen auf den Pferdekörper zu beurteilen.

5.6 Alternativprogramme

In Ausnahmefällen kann die Befundung nach dem Standardprogramm unzureichend sein. Vermutet man aufgrund der Anamnese oder des Sichtbefunds spezifische Erkrankungen des Pferdes, die gegebenenfalls eine Kontraindikation für die osteopathische Behandlung darstellen könnten, sind weitere Untersuchungen notwendig, bevor entschieden werden kann, ob überhaupt eine Therapie stattfinden soll.

Stellt sich die Frage nach einer ernsthaften Erkrankung, einer neurologischen Störung, einer Infektion oder tritt starkes Lahmen auf, ist das Pferd in jedem Fall an einen Tierarzt zu überweisen. Mit verschiedenen Zusatzuntersuchungen kann man einen Verdacht erhärten oder als unbegründet fallen lassen.

Neben der Abklärung von Erkrankungen gehören die Prävention und Maßnahmen zur Leistungssteigerung zur Aufgabe eines Pferdetherapeuten. Turnier- und Rennpferde können durch physiotherapeutische und manuelle Behandlungen ihre Leistungsfähigkeit zwischen 3 und 10 % steigern, was durchaus über Sieg oder Niederlage entscheiden kann. In diesem Fall können neben der Manuellen Therapie Trainingsprogramme entworfen werden, um eine gezielte Leistungssteigerung zu erreichen. Die speziellen Trainingstests sind die Grundlage, um angepasste Trainingsprogramme zu erstellen.

5.6.1 Allgemeinuntersuchung

Wird man als Therapeut zu einem Pferd gerufen, das auf den ersten Blick einen matten, kranken Eindruck vermittelt, macht es Sinn, vor einer weiteren Befundung und jeglicher Therapie eine Allgemeinuntersuchung durchzuführen. Diese soll den Verdacht auf schwerwiegende Erkrankungen abklären. Erhärtet sich der Verdacht beispielsweise auf eine Infektionskrankheit, weil das Pferd Nasenausfluss und hohes Fieber hat, ist das Tier sofort an einen Tierarzt zu überweisen. Eine Manuelle Therapie ist in diesem Fall automatisch kontraindiziert. Der Therapeut muss keine tierärztlichen Untersuchungen durchführen, dennoch sollte er aufgrund seiner Sorgfaltspflicht in der Lage sein, Anzeichen einer ernsten Erkrankungen zu erkennen.

Allgemeiner Körper-Check

Die ersten Krankheitsanzeichen sind bereits adspektorisch leicht erkennbar. Man beobachtet das Verhalten und beurteilt die Optik des Pferdes, wobei ein nervöses, unruhiges Pferd, das möglicherweise mit den Hufen scharrt, genauer beobachtet werden muss. Wenn kein Auslöser für die Nervosität und Unruhe erkennbar ist, könnte es sich auch um eine Schmerzäußerung handeln. Ist das Pferd hingegen lethargisch, matt, wirkt müde und abgeschlagen, sollten die Alarmglocken schrillen. Das ist bei keinem Pferd normal und sollte genauer untersucht werden.

Ein Blick auf die Augen verrät mehr: Sind sie klar und wach, dann scheint alles in Ordnung zu sein. Oder sind sie trüb, glasig und teilnahmslos? Hat das Pferd Ausfluss (eitrig, klar?) aus einem oder beiden Augen? Diese Anzeichen deuten auf gesundheitliche Probleme hin.

Die Ohren sollten sich aufmerksam dem Geschehen zuwenden. Lässt das Pferd sie jedoch hängen, passt dies zum Bild eines kranken Pferdes. Der Griff an die Ohrenspitzen gibt dem Therapeuten den Hinweis auf mögliches Fieber, denn in diesem Fall ist die Temperatur der Ohrenspitzen deutlich erhöht.

Das Fell des Pferdes spiegelt dessen Gesundheitszustand wider. Ist das Pferd fit, findet man ein glänzendes, glattes Fell vor. Ist es hingegen matt, stumpf und sind die Haare brüchig (vor allem auch das Langhaar), kann man von gesundheitlichen Mängeln ausgehen. Diese sind häufig chronischer Art wie länger bestehende Stoffwechselproblematiken. Aufgestellte Haare (zum Schutz vor Kälte, bei Angst, Unwohlsein etc.) können aber auch akute Krankheitsanzeichen darstellen, sie wirken dann beim Abstreichen des Felles stumpf.

Die Gänge und Bewegungen des Pferdes sind weitere Kennzeichen für Unwohlsein oder auch ernsthafte Erkrankungen. Zögerliche Bewegungen oder gar schwankender und torkelnder Gang sowie Zittern, Steifheit und Verkrampfungen sind ebenfalls Indikationen dafür, den Tierarzt zu Rate zu ziehen.

Wenn möglich, sollte man auch Kot und Urin in Augenschein nehmen. Das Fressverhalten sollte anamnestisch abgefragt und gegebenenfalls die Futterkrippe auf Futterreste überprüft werden. Zu harter oder zu weicher Kot (Durchfall?) und unverdaute Futterbestandteile, Kotwasser oder Verstopfungen müssen abgeklärt werden.

Die Darmgeräusche verraten einiges über die die Verdauungsfunktion. Hierzu kann man das Ohr auf das Pferdefell über den Darmschlingen anlegen oder besser, die Darmgeräusche mit einem Stethoskop abhören. Verringerte oder vermehrte Darmgeräusche sollten aufhorchen lassen, sind keine Darmgeräusche zu hören, sollte gleich der Tierarzt die weiteren Maßnahmen zur Behandlung des Pferdes ergreifen.

Weiter lassen sich die Schleimhäute beurteilen, die normalerweise feucht und blassrosa sind. Alarmzeichen sind bläulich oder rötlich gefärbte oder aber auch sehr blasse sowie trockene Schleimhäute.

Der Analtonus sollte fest und nicht erschlafft sein. Ebenso wirft man einen Blick auf die Beine: Sind diese klar und „trocken" oder gar angelaufen, dick, warm oder steif?

Sind all diese Begutachtungen gemacht worden, kann man schon einiges über den allgemeinen Gesundheitszustand aussagen. Zusätzlich gehören das Messen der Vitalfunktionen von Puls, Atmung und Körpertemperatur zur standardmäßigen Untersuchung, wenn Krankheiten vermutet werden.

Die PAT-Werte

Die Werte von Puls, Atmung und Temperatur (PAT-Werte) sollte man stets auswendig parat haben, ansonsten können die Messwerte nicht eingeordnet werden.

Die Normwerte von Puls, Atmung und Temperatur beim erwachsenen Pferd (Fohlen haben etwas höhere Werte) sind:

- Puls: 28–40 Schläge/Minute
- Atmung: 8–16 Atemzüge/Minute
- Temperatur: 37,5–38,2 °C

Puls

Es lassen sich verschiedene Körperstellen zur Pulsmessung heranziehen. Am einfachsten ist die Messung an der Ganaschenunterseite. Legt man die Finger an der Innenseite der Mandibula vor und hinter der deutlich spür- und sichtbaren Vena facialis auf, kann man den Puls an der benachbarten Arteria facialis gut ertasten. Der Druck darf jedoch nicht zu groß sein, weil man den Puls ansonsten wegdrückt. Etwas Geduld ist notwendig, denn der Pulsschlag erfolgt lediglich alle 2 Sekunden.

Alternative Messstellen sind die Unterseite der Schweifrübe und am Fesselkopf. Der Puls wird über 15 Sekunden gemessen und der ermittelte Wert mit dem Faktor 4 multipliziert. Dies ergibt schließlich den Minutenwert. Wer genauere Ergebnisse haben möchte, sollte 30 oder 60 Sekunden lang messen.

Atmung

Um den Atemwert zu ermitteln, beobachtet man die Flanken- und Rippenbewegungen des Pferdes während der In- und Exspiration. Manchmal kann es Sinn machen, die Hand auf den Rippenbogen zu legen, um die Rippenbewegungen zusätzlich zu palpieren. Eine Hand kann außerdem über die Nüstern gelegt werden. Dies ermöglicht, den Luftzug jeden Atemzugs zu erspüren. Man sollte seine Hände jedoch nicht mit Cremes, Parfums oder anderen Düften benetzt haben, da die Pferde ansonsten zu schnuppern beginnen und die normale Atemtätigkeit gestört ist. Man misst in der Regel 30 Sekunden lang und verdoppelt den ermittelten Wert, um die Frequenz pro Minute zu erhalten.

Nervosität, Unruhe und körperliche Anstrengungen führen zu einer schnelleren Atemfrequenz, darum ist darauf zu achten, dass die Messung an einem ruhigen Ort stattfindet, um keine falsch hohen Werte zu erhalten.

Neben der Atemfrequenz ist die Atemqualität ein weiteres Kriterium für die Beurteilung des Gesundheitszustands. Keuchende, pfeifende oder gar röchelnde Atemgeräusche müssen vom Tierarzt abgeklärt werden. Stoßartige und flache Atemzüge sind ebenfalls nicht normal.

Körpertemperatur

Die Körpertemperatur des Pferdes ermittelt man mit einem handelsüblichen Fieberthermometer. Wie schon erwähnt, bekommt man einen ersten Verdacht auf Fieber durch den Griff an die Ohrenspitzen des Pferdes. Sollten diese heiß sein, hat das Pferd mit ziemlicher Sicherheit erhöhte Temperatur. Nachmessen mit dem Digitalthermometer liefert den genauen Wert.

Hierzu schiebt man das Fieberthermometer vorsichtig in den Mastdarm des Pferdes ein. Die Prozedur ist für das Pferd angenehmer, wenn man das Thermometer zuvor mit Vaseline einstreicht, um es gleitfähiger zu machen. Das Thermometer wird etwas seitlich gegen die Darmwand gedrückt und mit der Hand festgehalten, bis die Messung (bei digitalen Thermometern durch einen Piepston angezeigt) abgeschlossen ist.

Im Falle, dass das Pferd unruhig wird, kann das Thermometer problemlos herausgezogen werden. Die Messung muss für einen 2. Versuch dann allerdings wieder von vorne beginnen. Während der Messung bleibt der Therapeut seitlich vom Pferd stehen, hält mit einer Hand den Schweif leicht angehoben, während die andere Hand das Thermometer fixiert. Mit den digitalen Thermometern ist die Messung in kurzer Zeit abgeschlossen. Das Festhalten des Thermometers stellt somit keinen großen Aufwand dar, gewährleistet aber die Sicherheit des Pferdes.

> **Cave**
> **Das Thermometer mittels einer Schnur an den Schweif des Pferdes zu binden, ist ein alter, aber immer noch weit verbreiteter Brauch, der allerdings unterlassen werden sollte. Dreht das Pferd seine Kruppe beispielsweise gegen die Boxenwand, könnte das Thermometer abbrechen und das Pferd verletzen.**

Jedes Pferd hat seinen individuellen Normwert, der sich zwischen 37,5 und 38,2 °C bewegt. Der Pferdebesitzer sollte den Normalwert seines Pferdes kennen, um Abweichungen besser einstufen zu können. Bei einem Pferd, dessen Normwert beispielsweise bei 37,6 °C liegt, kann eine Erhöhung auf 38,2 °C schon eine krankhafte Abweichung bedeuten, wogegen der Wert eigentlich noch im schulmedizinischen Normbereich liegt. Auch bei der Temperaturmessung gilt zu beachten, dass Fohlen grundsätzlich höhere Werte aufweisen. Ein erhöhter Messwert nach Anstrengung ist ebenfalls physiologisch.

Kapillar- und Hautfaltentest

Über den Hautfaltentest (► **Abb. 5.15**) bekommt der Therapeut einen ersten Hinweis über den Flüssigkeitshaushalt des Pferdes. Eine Dehydration kann bei kranken, überhitzten und überforderten Pferden auftreten. Dabei gibt es immer 2 mögliche Ursachen für die Dehydration eines Pferdes. Entweder es nimmt zu wenig Flüssigkeit auf oder es verliert zu viel Wasser. Im letzteren Fall könnten beispielsweise Durchfall, Kotwasser oder übermäßiges Schwitzen eine Rolle spielen. Eine ungenügende Flüssigkeitsaufnahme kann unterschiedliche Gründe haben. Das Trinkverhalten, die Wasserverfügbarkeit und natürlich die Wasserqualität sollten in jedem Fall überprüft werden.

Um festzustellen, ob eine Dehydration vorliegt, nimmt man eine Hautfalte im Bereich der Schulter oder des Halses zwischen die Finger und zieht sie sanft vom Pferdekörper ab. Anschließend lässt man die Hautfalte los, wo-

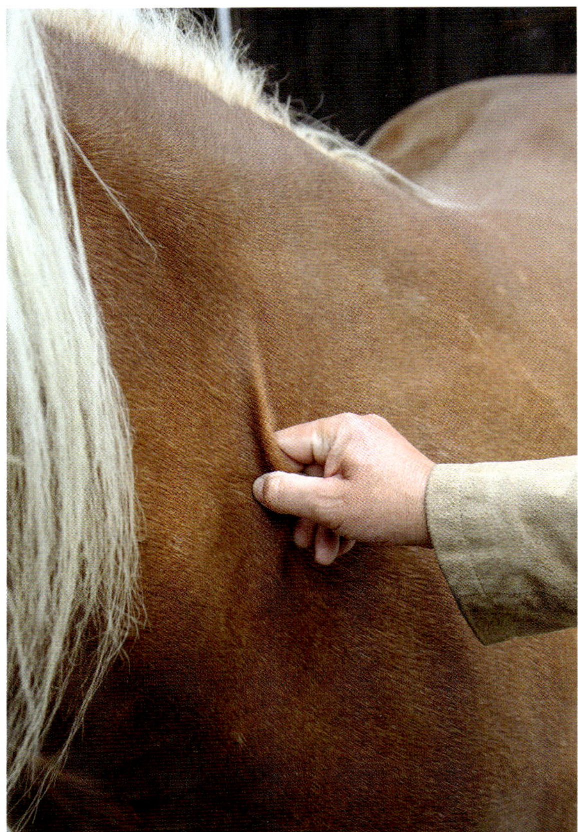

▸ **Abb. 5.15** Beim Hautfaltentest zieht man eine Hautfalte vom Pferdekörper ab, lässt sie los und beurteilt die Zeit, bis sich das Fell wieder geglättet hat.

bei sich die Haut innerhalb von 2 Sekunden wieder glätten sollte. Ist dies nicht der Fall, besteht der Verdacht auf eine leichte Dehydration, wobei die Austrocknungsrate bei etwa 3 % liegt. Wenn sich die Haut innerhalb von 5 Sekunden nicht wieder glättet, muss man von einer ausgeprägten Dehydration mit einer Austrocknungsrate von etwa 10 % ausgehen.

Ein dehydriertes Pferd zeigt außerdem einen trockenen Kot und dunklen Harn. Falls möglich, sollten deshalb auch diese Komponenten mit überprüft werden.

Liegt ein Dehydrationsverdacht vor, kann der Kreislauf beeinträchtigt werden. Die Kreislaufsituation wird mit dem Kapillarfüllungstest überprüft. Hierzu drückt man mit einem Finger direkt oberhalb der Schneidezähne auf die Zahnschleimhaut des Pferdes. Das Blut wird aus dem Gebiet weggedrückt, wodurch der Bereich erblasst. Nimmt man den Druck von der Schleimhaut weg, sollte sich die Schleimhaut innerhalb von 2 Sekunden aufgrund des zurückströmenden Blutes wieder rosa färben. Verzögert sich der Blutrückfluss um mehr als 2 Sekunden, kann dies ein Anzeichen für eine Dehydration oder einen abnormen Blutdruck (zum Beispiel beim Schockzustand) sein. In diesen Fällen ist es angebracht, den Tierarzt zu verständigen.

Gewichtsermittlung

Für die Dosierung von Wurmkuren (die übrigens problemlos überdosiert werden können, aber niemals unterdosiert werden sollten, weil ansonsten die Resistenz der Wurmpopulationen gefördert wird) oder anderweitiger Medikamente und zur Ermittlung etwaigen Übergewichts ist es von Vorteil, das Gewicht des Pferdes zu kennen. Wenn Pferde transportiert werden sollen, muss man ebenfalls das Gewicht kennen, um weder Zugfahrzeug noch Anhänger zu überladen.

Da eine Pferdewaage nicht immer zur Verfügung steht, kann man zur Gewichtsermittlung eine Formel anwenden, die bei sorgfältiger Datenermittlung nur eine Abweichung von etwa 5 % vom tatsächlichen Wiegegewicht zulässt. Meist wird das Gewicht des Pferdes deutlich unterschätzt. Die Gewichtsermittlung mithilfe der Formel ist darum wesentlich genauer.

Die Formel (nach FRAPE, 1986) lautet:

$$\text{kg} = \frac{(\text{Brustumfang} \times \text{Brustumfang} \times \text{Körperlänge})}{11877}$$

Der Brustumfang wird an derselben Stelle gemessen, an der normalerweise der Longier- oder Sattelgurt zu liegen kommt. Dabei sollen die Zentimeter während der Exspiration gemessen werden. Anschließend wird der ermittelte Wert mit sich selbst multipliziert. Jetzt misst man die Körperlänge vom Buggelenk bis zum Sitzbeinhöcker. Ein Textilmaßband leistet hier gute Dienste, denn es müssen auch die Körperrundungen mit gemessen werden. Ein Meterstab ist deshalb denkbar unbrauchbar für diesen Zweck. Im Notfall kann man sich mit einer Longe behelfen, an der man die gemessene Länge markiert und letztendlich mit dem Meterstab abmisst.

5.6.2 Neurologische Tests

Hinweise auf neurologische Erkrankungen erhält der Pferdetherapeut bereits in der Anamnese, wobei der Pferdebesitzer von gewissen Verhaltensänderungen berichtet. Zusätzliche Informationen liefern die Adspektion und die Ganganalyse. Diese Anzeichen veranlassen den Therapeuten, eine neurologische Erkrankung anzunehmen und diesen Verdacht durch weitere Tests entweder zu bestätigen oder zu entkräften.

Der Pferdetherapeut muss nicht jeden neurologischen Test kennen und beherrschen, weil Pferde mit neurologischen Erkrankungen oder bereits bei Verdacht auf neurologische Störungen unmittelbar an den Tierarzt überwiesen werden müssen. Der Tierarzt wird die genaue Diagnose erstellen und weitere Therapiemaßnahmen einleiten.

Bei der neurologischen Untersuchung geht man nach einem bestimmten Schema vor: Zunächst prüft man das Bewusstsein des Pferdes, beurteilt das Verhalten und die Körperhaltung. Weiter wird der Gang unter die Lupe genommen, schließlich testet man die Funktion der Hirnnerven, die Reflexe und schließlich die Sensibilität. Im Rahmen der therapeutischen Arbeit sind nicht alle Tests notwendig, deshalb wird hier nur eine Auswahl von neurologischen Untersuchungen vorgestellt, die dem Therapeuten reichen, um die weitere Vorgehensweise zu ermitteln.

Feststellen von Verhaltens- und Haltungsstörungen

Wenn Pferde sich im Verhalten ändern, kann dies viele Ursachen haben. Dennoch sind Verhaltensänderungen aufgrund neurologischer Erkrankungen im Wesentlichen dadurch begründet, dass sie anfallsweise auftreten oder „unlogische" Reaktionen zeigen.

Die Anamnese ist hier unabdingbarer Bestandteil der Untersuchung, doch auch die eigene Beobachtung ist bei der Beurteilung hilfreich. Erkrankungen des Großhirns äußern sich oft durch ein Anfallsleiden und stehen nicht selten mit Nervenstörungen im Gesicht in Verbindung.

Gar nicht so selten berichten die Besitzer von massiven Verhaltensänderungen, die sich so extrem äußern, dass ein sicherer Umgang mit dem Pferd nicht mehr gewährleistet ist. So kommt es mitunter zu äußerst aggressivem Verhalten, das unvermittelte Angriffe auf den Menschen miteinschließt und das erkrankte Pferd somit zu einer großen Gefahrenquelle werden lässt. Reaktionen wie Beißen, Treten und Schlagen treten dabei schlagartig und unvorhersehbar auf. Auch plötzliche Panikreaktionen werden beobachtet, welche ebenfalls Pferd und Mensch aufs Höchste gefährden können.

Den Fokus bei den Beobachtungen sollte man außerdem darauf richten, ob das Pferd in seinem Bewusstsein eingeschränkt ist. Neben einer möglichen Übererregbarkeit kann das Pferd auch apathisch (schläfrig) oder stuporös (schlafender Zustand, aus dem das Tier nur durch deutliche Einwirkungen von außen erweckt werden kann) wirken.

Weitere Verhaltensauffälligkeiten können ständiges Gehen im Kreis oder das Laufen gegen eine Wand darstellen. Hingegen sind stupide Verhaltensweisen wie Weben oder Koppen keine spezifischen Anzeichen für neurologische Erkrankungen. Außerdem zählen noch Krampfanfälle zu den neurologischen Störungen.

Um weitere Auskünfte zu erhalten, beobachtet man die Körperhaltung des Pferdes genauer. Eine Kopfschiefhaltung kann auf eine Erkrankung des Vestibularapparats hindeuten, jedoch tritt dieses Phänomen auch bei einseitig blinden oder sehgestörten Pferden auf. In diesem Fall machen die Tests der Hirnnervenfunktionen (S. 187) Sinn.

Bei einer beobachteten Wendehaltung (Umblicken zum Pferdebauch) kann ebenfalls das Großhirn von einer schwerwiegenden Erkrankung betroffen sein. Diese Verhaltensweise ist natürlich nicht zu verwechseln mit dem Umblicken zum Pferdebauch beispielsweise bei einer Kolik, wodurch die Pferde den Schmerzbereich anzeigen.

Schmerzen im Bereich der Halswirbelsäule zeigen Pferde oft mit einer steifen Kopf-Halshaltung an, während eine tiefe, vorgestreckte Kopfhaltung auf eine Bewusstseinsstörung hindeuten kann.

Adspektorisch untersucht man das Pferd auf Muskelatrophien (Muskelasymmetrien), insbesondere auch auf eventuelle Asymmetrien der Gesichtsmuskulatur, lokalisierten Schweißausbruch oder sichtbare Zungen- oder Unterkieferlähmung. Außerdem kann der Tonus von Schweif- und Anusmuskulatur Hinweise auf neurologische Störungen geben.

Analyse des Gangbilds und Provokationstests

Um weitere Hinweise auf Erkrankungen des neurologischen Systems zu erhalten, wird das Pferd nun einer Ganganalyse unterzogen. Man beobachtet das Pferd hierzu im Schritt und Trab auf hartem Boden von vorne, von hinten und von der Seite. Es gilt herauszufinden, auf welchem Bein eine eventuelle Störung zugrunde liegt und in welcher Form. Zehenschleifen (▸ **Abb. 5.16**) kann auf eine Parese, Schwäche oder unvollständige Lähmung hindeuten. Dieser Verdacht erhärtet sich, wenn man das gegenüberliegende Bein aufhebt, wobei das Bein der erkrankten Seite zu zittern beginnt oder gar einknickt.

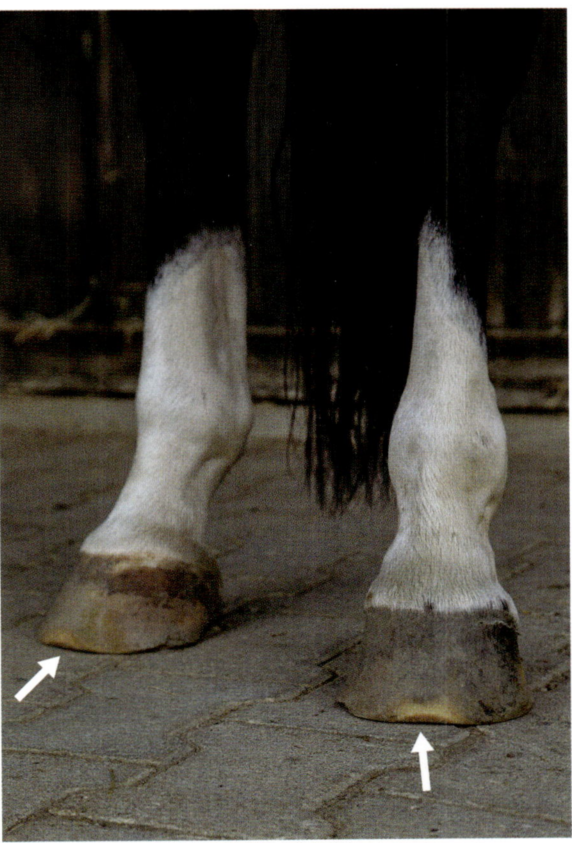

▸ **Abb. 5.16** Abgeschliffene Zehen (Pfeile) zeigen dem Therapeuten, dass das Pferd die Beine nicht richtig anhebt. Die Ursachen sind unterschiedlich, die Möglichkeiten reichen von artikulären Blockierungen über exterieurbedingtes Gangmaß bis hin zu nervalen Störungen.

► **Abb. 5.17** Zeigt das Pferd beim Rückwärtsgehen Unsicherheiten, wäre dies ein Anzeichen einer Ataxie. Dieses 25-jährige Pferd geht hingegen fleißig in diagonaler Beinfolge rückwärts und nimmt vorbildlich Gewicht mit der Hinterhand auf. Hier finden wir keinen Befund.

Lässt man das Pferd im Schritt vorführen, kann man durch seitliches Ziehen am Schweif einen Gleichgewichtsverlust provozieren. Eine Schwäche zeigt sich hier sehr deutlich, ebenso werden Zehenschleifen und das Einknicken mit einem Bein deutlicher.

Um festzustellen, ob eine neurologische Störung im 1. (oberen) oder 2. (unteren) Motoneuron liegt, wird das Pferd seitlich weggeschoben. Bei einer schlaffen Lähmung kann das Pferd dem seitlichen Druck des Untersuchers keinen Widerstand entgegensetzen. Hier ist das 2. Motoneuron betroffen. Eine Parese im oberen Motoneuron hingegen bewirkt eine Spastik, wogegen das Pferd sich bei dem Versuch, es seitlich zu verschieben, verkrampft und stocksteif stehen bleibt. In diesem Fall bleiben auch die Reflexe intakt, da die Läsion oberhalb des Reflexzentrums liegt.

Paresen sind oft mit Ataxien kombiniert sowie einem erhöhten Muskeltonus kaudal der Läsion. Die Ataxie kann durch folgende Tests verstärkt und damit gesichert werden: Das Pferd wird in engen Wendungen geführt. Bevorzugt wird ein weicher Boden. Pferde mit normaler Koordination überkreuzen dabei die Hinterbeine und laufen mit den Vorderbeinen einen größeren Kreisbogen. Ataktische Pferde hingegen bleiben mit dem Drehbein stehen und zeigen kein Überkreuzen der hinteren Extremitäten. Ein deutliches Anzeichen für eine Ataxie ist das unsichere Rückwärtsgehen (► **Abb. 5.17**). Bei stark ataktischen Pferden sollte auf das Rückwärtsrichten verzichtet werden, weil Sturzgefahr besteht. Dieser Test ist dann auch nicht notwendig, weil die Ataxie auch ohne die Rückwärtsbewegung bereits deutlich zutage tritt. Eine Ataxie kann man ebenfalls verstärken, wenn man das Pferd mit erhobenem Kopf in Schlangenlinien führt. Mit angehobenem Kopf wird dem Pferd das Gesichtsfeld eingeschränkt, sodass Gangunsicherheiten deutlicher werden.

Definition

Unter einer Ataxie versteht man zunächst ganz allgemein eine Störung der Bewegungskoordination. Diese wird häufig durch eine Schädigung des Kleinhirns (zerebellare Ataxie) oder des Groß-, Mittel- oder Stammhirns (zerebrale Ataxie) ausgelöst. Von einer spinalen Ataxie spricht man, wenn das Rückenmark geschädigt ist, wodurch letztendlich die Nervenbahnen verletzt wurden. Die Ursachen für spinale Ataxien sind meist Traumen, manchmal allerdings auch arthritische Wirbelveränderungen und Subluxationen der Halswirbel (Wobbler-Syndrom). Zerebrale Ataxien gehen ursächlich auf Virus- oder Bakterieninfektionen zurück. Ebenso muss man an parasitäre Ursachen, Verletzungen und Vergiftungen denken.

▸ **Tab. 5.3** Die 12 Hirnnerven und ihre Funktionen.

Nr.	Bezeichnung lateinisch/deutsch	Fasertyp	Funktion
I	N. olfactorius/Riechnerv	sensorisch	Riechen
II	N. opticus/Sehnerv	sensorisch	Sehen
III	N. oculomotorius/Augenmotoriknerv	motorisch	Augen-/Lid-/Pupillenbewegung
IV	N. trochlearis/Augenrollnerv	motorisch	obere schräge Augenmuskeln
V	N. trigeminus/Drillingsnerv	sensorisch/motorisch	Gesichtssensibilität, Kaumuskulatur, Schlucken
VI	N. abducens/Augenabziehnerv	motorisch	äußere gerade Augenmuskeln
VII	N. facialis/Gesichtsnerv	motorisch/sensorisch	Zungensensibilität, Gesichtsmimik
VIII	N. vestibulocochlearis/Hör- und Gleichgewichtsnerv	sensorisch	Hören, Gleichgewichtssinn
IX	N. glossopharyngeus/Zungen-/Rachennerv	sensorisch/motorisch	Zungensensibilität, Schmecken, Schlucken
X	N. vagus/umherschweifender Nerv	sensorisch/motorisch	Eingeweidesensibilität, Bewegungen von Kehlkopf, Rachen
XI	N. accessorius/Beinerv	motorisch	Kopfdrehung, Schulterhebung
XII	N. hypoglossus/Unterzungennerv	motorisch	Zungenbewegungen

Mit dem Stellreflex lässt sich die Propriozeption testen und somit Hinweise auf neurologische Störungen gewinnen. Bei starken Paresen wird ein auf die Hufspitze gestelltes Bein (Überköten) nicht korrigiert. Leichtere Störungen kann man bereits erkennen, wenn man die Vorderbeine überkreuzt abstellt. Ein gesundes Pferd sollte die Stellung sofort korrigieren, dennoch muss man bedenken, dass einige Pferde in diversen Zirkuslektionen trainiert sind und unphysiologische Stellungen beibehalten, bis ein „Auflösungskommando“ ihnen die Erlaubnis gibt, wieder die normale Stellung einzunehmen. Somit kann eine Korrektur nur verzögert oder gar nicht stattfinden, obwohl das Pferd keinerlei neurologische Störung aufweist. Diese Möglichkeit sollte man bei diesem Test im Hinterkopf behalten.

Paresen lassen sich auch mithilfe des Hüpftests verdeutlichen. Hierzu nimmt man ein Vorderbein auf und schiebt das Pferd seitlich weg. Um das Gleichgewicht nicht zu verlieren, sollte das Pferd einen Sprung mit dem Vorderbein tätigen.

Cave

Bei neurologischen Störungen kann ein Einknicken der Gliedmaße die Folge sein oder kein Springen erfolgen. Mögliche Reaktionen sind steifes Wegspringen, Muskelverkrampfungen und/oder Abwehrreaktionen, um das Springen zu vermeiden. Pferde, die das Springen vermeiden wollen, laufen Gefahr zu stürzen. Deshalb ist bei diesem Test Vorsicht geboten.

Tests der Hirnnervenfunktionen

Hier soll eine kurze Übersicht über die Testmöglichkeiten der Hirnnerven gegeben werden, die bei Hirnschädigungen in Mitleidenschaft gezogen werden könnten (▸ **Tab. 5.3**). Es gibt 12 paarige Hirnnerven, die zum Großteil im Hirnstamm entspringen (außer: I, II und XI) und traditionell mit römischen Ziffern durchnummeriert werden.

I. N. olfactorius Man hält dem Pferd Heu oder anderweitige Futtermittel vor die Nase und beobachtet die Riechreaktion.

II. N. opticus Um herauszufinden, ob das Pferd ausreichend sehen kann, testet man den Drohreflex. Hierzu führt man die offene Handfläche schnell auf das Auge des Pferdes zu. Reflexartig sollte das Pferd das Augenlid schließen (▸ **Abb. 5.18**) und gegebenenfalls mit dem Kopf zurückweichen.

III. N. oculomotorius, IV. N. trochlearis, VI. N. abducens Diese 3 Nerven sind für die Augenbewegungen zuständig. Sie lassen sich testen, indem man beobachtet, ob die Augen einem Gegenstand, auf den das Pferd fixiert ist, folgen können. Schädigungen führen zum Schielen beziehungsweise zur Störung der Pupillenmotorik. Auch kann ein Horner-Syndrom auftreten (Enophthalmus, Ptosis, Miosis).

V. N. trigeminus Eine Störung des N. trigeminus hat eine erhöhte Sensibilität der Gesichtshaut zur Folge. Die Pferde reagieren auf Berührung höchst empfindlich. Ebenfalls werden der Palpebralreflex (Berühren der Kopfhaut um die Augen, was beim gesunden Pferd ein Schließen der Augenlider zur Folge hat) und der Kornealreflex (Berühren der Kornea, was beim gesunden Pferd ebenfalls einen Lidschluss auslöst) getestet.

Störungen des motorischen Anteils bewirken Lähmungen des Unterkiefers, Kaustörungen, Heraushängen der Zunge und Speichelfluss.

▸ **Abb. 5.18** Test des N. opticus: Schnelles Zuführen der Hand in Richtung Auge sollte das reflexartige Schließen des Auges auslösen.

VII. N. facialis Typisch für eine Facialislähmung sind ein herabhängendes Ohr, Ptose (Herabhängen des oberen Augenlids) und eine erschlaffte Oberlippe. Es können außerdem der Kornealreflex sowie der Lidreflex getestet werden.

VIII. N. vestibulocochlearis Der Gleichgewichtssinn ist gestört, wobei sich die Symptome verstärken, wenn dem Pferd die Sehfähigkeit (Hochnehmen des Kopfes, Verbinden der Augen) genommen wird. Bei Kopfbewegungen macht sich außerdem ein vestibulärer Strabismus bemerkbar. Der Hörsinn ist schwer überprüfbar.

IX. N. glossopharyngeus, X. N. vagus Die Untersuchungen für Störungen der Schluckfunktion sind in der Regel nicht mit den Mitteln eines Therapeuten möglich. Hier kann nur der Tierarzt mit endoskopischen Untersuchungen helfen. Lediglich abnormale Atemgeräusche können auf eine gestörte Larynxfunktion hinweisen. Andere Ursachen sind allerdings ebenfalls möglich.

XI. N. accessorius Der N. accessorius strahlt in den M. trapezius und M. sternocephalicus ein. Der Therapeut kann gegebenenfalls eine Störung vermuten, wenn die Schulterhebung, unter anderem beim Übertreten von Stangen, und das Vorführen der Gliedmaße gestört sind. Häufiges Stolpern sollte ebenfalls an eine Störung des N. accessorius denken lassen. Dennoch sind die Störungen des N. accessorius kaum zu differenzieren und müssen für einen gesicherten Befund in jedem Fall tierärztlich untersucht werden (Elektromyogramm).

XII. N. hypoglossus Ist der XII. Hirnnerv gestört, beobachtet man Unregelmäßigkeiten in der Wasser- und Futteraufnahme infolge von Schluckstörungen. Auch die Zunge kann aufgrund eines erniedrigten Zungentonus gegebenenfalls heraushängen.

Reflexe

Eine Reihe von Reflextests rundet die neurologische Untersuchung ab. Es reicht, wenn der Pferdetherapeut nur einige einfache Tests zur Überprüfung der spinalen Reflexe kennt.

Für den Flexorreflex stimuliert der Untersucher den Kronrand oberhalb des Hufs. Dies kann mit der Stiefelspitze, dem Therapeutenstäbchen oder einem anderen geeigneten Gegenstand geschehen. Auf die Stimulation sollte das Pferd die Gliedmaße ruckartig hochziehen.

Um Läsionen im Halsrückenmark zu befunden, bedient man sich des Zervikofazialisreflexes. Hierzu stimuliert man mit einem spitzen Gegenstand (Therapiestäbchen, Kugelschreiber etc.) den Hals im gesamten Bereich zwischen Atlas und Schulterblatt. Physiologisch kommt es zu einer Zuckreaktion im ipsilateralen Maulwinkelbereich. Manchmal beobachtet man auch Reaktionen am Augenlid und am Ohr. Der M. cutaneus colli kann zusätzlich kontrahieren. Dieser Test dient auch dazu, die Läsion näher zu lokalisieren. Kaudal der Läsion ist der Reflex nämlich nicht mehr auslösbar.

5.6.3 Trainingstests

Die Leistungsfähigkeit eines Pferdes spielt insbesondere bei Turnier- und Rennpferden eine große Rolle. Die Aufgabe eines Pferdetherapeuten besteht nicht nur darin, Läsionen zu behandeln, sondern auch präventiv zu arbeiten und leistungssteigernde Effekte zu erreichen. Spezielle Massagen, die den Muskeltonus in eine optimale Spannung bringen, führen beispielsweise zu einer verbesserten Leistungsfähigkeit des Pferdes mit einer Steigerung von bis zu 10%. Dies kann bei Hochleistungssportpferden über Sieg oder Niederlage entscheiden.

Um die Leistungsfähigkeit zu optimieren, gehört neben der manuellen Behandlung auch die Bewegungstherapie in Form von gezieltem Aufbautraining zur therapeutischen Arbeit. Dieses spezielle Aufbautraining kann sowohl nach Verletzungen (Rehatraining) als auch bei im Training stehenden Pferden zur Leistungsoptimierung eingesetzt werden. Um einen Trainingsplan auszuarbeiten, ist eine Befunderhebung vonnöten sowie die Kenntnis über den Fitnesszustand des Pferdes.

Um die Kondition und die Lungen- und Herz-Kreislauf-Funktion zu kontrollieren, stehen verschiedene Möglichkeiten zur Verfügung. Die Methoden des Pferdetherapeuten sind ohne tierärztliche Hilfe jedoch eingeschränkt. Zur Trainingsbelastung wird im Leistungssport häufig die Laktatmessung herangezogen, wofür eine Blutabnahme während des Trainings erforderlich ist. Diese Vorgehensweise ist in der Praxis nur selten umsetzbar, sodass praktikablere Wege gewählt werden müssen. Deshalb bietet sich die Atem- und Herzfrequenzkontrolle an, um den Trainingszustand zu überwachen. Diese Methode reicht in der Regel aus, um eine optimale Rehabilitation zu gewährleisten und um spezifische Trainingspläne zu erstellen. Es geht darum, das Pferd während des Trainings weder zu unter- noch zu überfordern.

Bei einer Unterforderung wirken zu schwache Trainingsreize auf den Körper ein, sodass keine Stärkung der Körperstrukturen erfolgt, sprich der Organismus nicht trainiert wird. Häufiger hingegen ist eine Überforderung, gegebenenfalls auch nur von bestimmten Körperstrukturen. Ein übermüdeter, weil überlasteter Körper ist anfälliger für Verletzungen. Zudem ist eine Leistungssteigerung ebenfalls nicht zu erzielen, wenn eine Überreizung stattfindet. Der richtige Weg für ein optimales Training sind überschwellige Reize, die dazu führen, dass Anpassungsvorgänge im Körper stattfinden und somit ganz gezielt eine Stärkung von Muskeln, Sehnen, Knochen und Gelenken erfolgen kann. Ein trainierter Körper ist in der Folge weniger anfällig für Verletzungen.

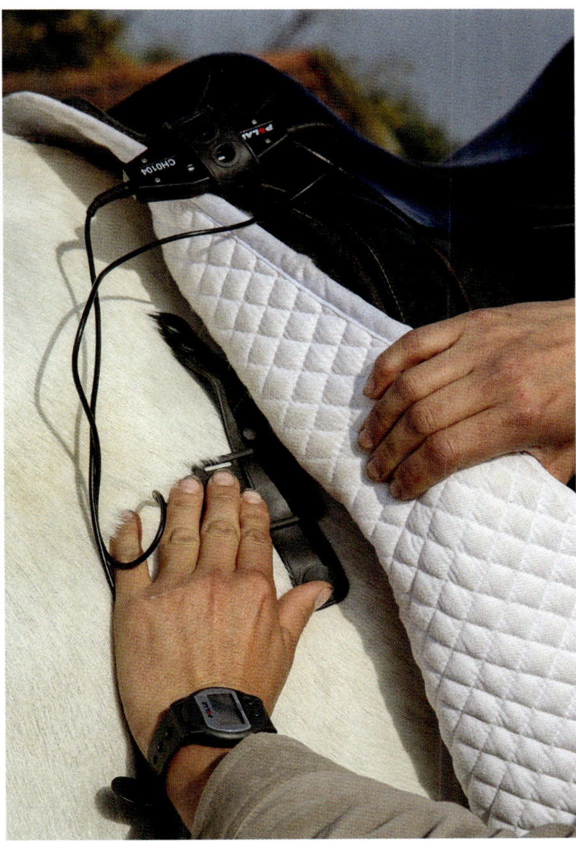

► **Abb. 5.19** Mit speziell für Pferde entwickelten Pulsmessgeräten, deren Elektroden unter den Sattel bzw. Sattelgurt gelegt werden, ist die Pulsmessung während des Reitens möglich.

Merke

Ein mäßig trainierter Organismus ist weniger anfällig für Verletzungen als ein über- oder untertrainierter Körper.

Während fast jeder Freizeitjogger mit einer Pulsuhr ausgestattet seine Runden im Stadtpark dreht, ist die Herzfrequenzmessung bei Pferden bisher nur bei einigen Spezialisten ein Thema. Dabei ist es sehr einfach, den Puls während des Trainings zu überwachen. Es gibt mittlerweile speziell für Pferde entwickelte Pulsmessgeräte (► **Abb. 5.19**) auf dem Markt, die über eine Funksteuerung die Werte auf die Armbanduhr des Reiters übertragen und von diesem laufend abgelesen werden können.

Die Elektroden werden im oberen Schulterbereich unter die Satteldecke sowie hinter dem Ellbogen unter den Sattelgurt geschoben. Der Reiter trägt den Empfänger als Uhr um sein Handgelenk. Die Herzfrequenzbereiche können je nach Rasse und Trainingszustand sehr unterschiedlich sein, deshalb ist es wichtig, für jedes Pferd die individuellen Werte zu ermitteln.

Zunächst misst man den Ruhepuls, der zwischen 28 und 40 Schlägen/Minute (SpM) liegen sollte. Schon geringe Störungen können den Puls auf 100 SpM ansteigen lassen. Erschrickt das Pferd, geht die Herzfrequenz schlagartig nach oben.

Die maximale Herzfrequenz (HF_{max}) ist genetisch festgelegt und liegt bei 220–250 Schlägen/Minute. Die HF_{max} kann auch durch Training nicht verändert werden. Nach 10–30 Sekunden kann das Pferd seine maximale Pulsfrequenz erreichen. Es reicht deshalb, das Pferd innerhalb einer Minute zu Höchstleistungen anzuspornen (Wettrennen, Steigungen etc.), um die HF_{max} des jeweiligen Pferdes zu ermitteln.

Für das optimierte Training ist nun wichtig zu ermitteln, welche Belastungen auf das Pferd einwirken sollen. Soll das Training im aeroben Bereich stattfinden, um die Ausdauer und damit die Muskulatur mit roten Muskelfasern (slow-twitch-Fasern) zu steigern? Oder werden anaerobe Leistungen für Schnellkraft und somit zum weiteren Aufbau der weißen Muskelfasern (fast-twitch-Fasern) angestrebt? Erst das Trainingsziel bestimmt letztendlich den Trainingsplan.

Die Schwelle von der aeroben zur anaeroben Leistung liegt bei etwa 70–80 % der HF_{max}. Somit erhält man einen Anhaltspunkt, in welcher Gangart und bei welcher Herzfrequenz das Pferd trainiert werden soll. Je besser das

Pferd trainiert ist, desto niedriger ist die Herzfrequenz bei gleicher Leistung. Bei einem gut trainierten Distanzpferd ergaben die Pulswerte beispielsweise 60 Schläge/Minute im Schritt, 100 Schläge/Minute im Trab und 150 Schläge/Minute im Galopp, die HF_{max} ergab 220 Schläge/Minute im Renngalopp. Dieses Pferd kann im Canter also immer noch im aeroben Bereich arbeiten. Das bedeutet, es kann diese Gangart über einen langen Zeitraum ohne Ermüdung aufrechterhalten. Sobald die aerobe Schwelle überschritten ist, geht der Organismus eine Sauerstoffschuld ein, die über kurz oder lang zu einer Ermüdung führt und somit zu einer Zwangspause zwingt.

Ein moderates Training ist wichtig für die Leistungssteigerung, aber auch für die Gesunderhaltung der Muskeln, Sehnen, Bänder, Knochen und Gelenke. Der Pferdetherapeut kann hier dem Trainer und Reiter beratend und unterstützend zur Seite stehen, um die Leistungsfähigkeit zu optimieren. Ein tieferer Einstieg in die Trainingslehre ist allerdings unabdingbar. Für weitere Informationen sei deshalb auf die weiterführende Literatur verwiesen.

6 Diagnostik und Therapie

6.1 Allgemeine Vorgehensweise

Vor jeder therapeutischen Maßnahme steht die Befunderhebung. Ist der Therapeut unfähig festzustellen, ob eine Läsion – und wenn ja, welche – vorliegt, ist eine Therapie unmöglich. Deshalb ist die Befundung der wichtigste Bestandteil der therapeutischen Arbeit. Zu den theoretischen Kenntnissen in Anatomie und Biomechanik gehört auch das Wissen um die Vorgehensweise und Anwendung verschiedener Therapieformen.

Die Bestandsaufnahme aller verfügbaren Erkenntnisse können Hinweise auf die Ursachen von Läsionen und schließlich auf die ausgewählte Therapieform geben. Die Kernarbeit des Therapeuten liegt zwar darin, eine Läsion aufzuspüren und diese zu behandeln, dennoch kann eine Therapie nur langfristig erfolgreich sein, wenn auch die Ursache der Störung behoben wird. Die Ursachen zu ergründen, gehört deshalb ebenfalls zur Arbeit des Therapeuten. Um den Ursachen auf die Schliche zu kommen, ist viel Erfahrung nötig, und es erfordert oftmals mühevolle Kleinarbeit.

Auch wenn die Ursachen klar auf der Hand liegen, ist nicht gesagt, dass diese dann auch immer behoben werden können. Wenn man davon ausgeht, dass eine Läsion durch einen ungünstig einwirkenden Reiter herbeigeführt wird, dieser aber nicht bereit oder fähig ist, an seinen reiterlichen Fähigkeiten zu arbeiten, kann der Therapeut aus seiner eigenen Kraft heraus die auslösenden Faktoren nicht dauerhaft abstellen. Somit bleibt ihm nur die Möglichkeit der Schadensbegrenzung und der wiederholten Behandlung ein und derselben Läsion, die sich immer wieder manifestieren wird, solange die Ursache hierfür bestehen bleibt.

Die Ursache-Folge-Ketten müssen dem Therapeuten klar sein, um ein möglichst geschlossenes Therapiekonzept anbieten zu können. Darum geht sein Schaffen über die Diagnostik und Manuelle Therapie hinaus. Ein Blick über den Tellerrand schadet dabei nicht, Erfahrungen in Training, Haltung und Fütterung von Pferden sind unabdingbar. Tiermedizinische Diagnoseverfahren wird der Therapeut nicht anbieten können und soll es auch nicht, denn dies ist die Domäne der Tierärzte. Der Therapeut darf darüber aber Bescheid wissen, um den Pferdebesitzer beraten zu können.

So ergeben sich viele Randgebiete, die der Therapeut – wenn auch oft nur theoretisch – mit abdecken muss. Die praktischen Fähigkeiten der Befunderhebung und Therapie fruchten nur auf der Basis seines Wissens.

6.1.1 Befundungs- und Behandlungsablauf

Die Reihenfolge der therapeutischen Vorgehensweise ist in ihrem Grundgerüst fixiert. Der Ablauf kann lediglich in gewissen Punkten variieren, sodass viele Pferdeosteopathen ihr persönliches Schema entwickelt haben. Im Kern ist eine Abweichung der allgemeinen Vorgehensweise jedoch nicht sinnvoll, da die Befundung und Behandlung aufeinander aufbauen. Außerdem ist es ratsam, sich immer an denselben Ablauf zu halten, damit nichts vergessen wird und somit eine umfassende Untersuchung und Therapie gewährleistet ist.

Zunächst ist der Befundungs- und Behandlungsablauf wie folgt gegliedert:

- Anamnese
- Adspektion
- Ganganalyse
- Palpation
- Weichgewebediagnostik inkl. Behandlung
- artikuläre Diagnostik (Gelenktests) inkl. Behandlung
- spezifische Tests und Kontrollen (Zähne, Ausrüstung, Trainingstests etc.)

Im Innenverhältnis kann insofern variiert werden, als man auf die äußeren Umstände eingehen und den Eigenheiten des Pferdes Rechnung tragen muss. Weiter lässt sich die Vorgehensweise abändern, wenn unter bestimmten Voraussetzungen die Reihenfolge nicht relevant ist. Lässt sich beispielsweise ein Pferd nicht gerne am Kopf berühren, kann es von Vorteil sein, zuerst den Rumpf und die Beine zu palpieren. Hat das Pferd im Laufe der weitergehenden Arbeit sein Misstrauen abgelegt, kann man die Befundung am Kopf nachholen.

Manche Therapeuten bevorzugen die Vorgehensweise von oben nach unten oder von vorne nach hinten. Letztendlich ist dies egal, wichtig ist nur ein logischer Aufbau, um keine Strukturen zu vergessen. In gewissen, argumentierbaren Situationen ist es vielleicht auch nötig, vom vorgegebenen Schema abzuweichen. Wenn ein Pferd offensichtlich erkrankt ist, macht es sicherlich Sinn, gegebenenfalls gleich zu Beginn bei der Adspektion – also noch vor der Ganganalyse und weiteren Befundung – die PAT-Werte zu ermitteln und ein fiebriges Pferd sofort an den Tierarzt zu überweisen.

Bei einem eindeutig lahmen Pferd kann es auch mal Sinn machen, zuerst die als lahm ermittelte Gliedmaße näher zu untersuchen und sich von hier aus in die Peripherie vorzuarbeiten – ganz nach dem Motto bei „Da wo's weh tut" anfangen (▶ **Abb. 6.1**).

Praxistipp

Falsch wäre jedoch, nur die verletzte Gliedmaße zu behandeln! Schmerzen können in andere Körperteile ausstrahlen oder die (offensichtliche) Verletzung kann sich auch auf andere Strukturen auswirken. Es ist immer das ganze Pferd zu befunden und zu behandeln!

► **Abb. 6.1** Stellt der Therapeut eine eindeutige Lahmheit fest, macht es Sinn, die Gliedmaße unabhängig vom Vorgehen in der Befundung sofort näher zu untersuchen. Gegebenenfalls ist eine lokale Verletzung vorhanden, die möglicherweise schulmedizinisch versorgt werden muss. Es kann sich aber auch herausstellen, dass die Schmerzen von anderen Körperregionen ausstrahlen, was eine Befundung des ganzen Pferdes erforderlich macht.

Somit gibt es zwar einen klar strukturierten Plan, der aber individuell abgeändert werden kann und manchmal auch muss. Für das Wohl des Pferdes ist es wichtig, situationsbedingt zu handeln. Die theoretischen Ausführungen können die Praxis deshalb niemals ersetzen.

Ein wichtiger Grundsatz in der ganzheitlichen Therapie von Pferden ist die Behandlung der Muskulatur und Faszien vor jeder Mobilisierung oder Manipulation der Gelenke. Das bedeutet, dass keine Gelenkbehandlung durchgeführt werden darf, ohne vorherige Wartung der Muskel- und Faszienstrukturen.

Hierfür gibt es mehrere gute Gründe. Erfahrungsgemäß sind über 80 % der Läsionen eines Pferdes myofaszialer Natur. Die Behandlung der Weichgewebe schaltet somit im Vorfeld die Ursache für eventuelle sekundäre artikuläre Restriktionen aus. Ist eine verspannte Muskulatur aufgrund ihrer Fehlspannung der Anlass für eine artikuläre Blockierung, wird sich diese mit Beseitigung der muskulären Restriktion oft bereits von selbst auflösen.

Cave

Ohne vorherige Befundung und Behandlung der Muskulatur und Faszien dürfen keine artikulären Techniken angewendet werden! Die Folge der Missachtung dieser Regel können neben – wenn überhaupt – meist nur kurzfristigen Therapieerfolgen im schlimmsten Fall auch Verletzungen sein.

Würde man hingegen die Gelenkblockierung behandeln, wäre der Therapieerfolg fraglich, weil die nach wie vor verspannten Muskeln und verklebten Faszien den falschen Zug auf die Gelenkpartner nicht aufgeben. Somit ergeben sich folgende Möglichkeiten: Entweder die Restriktion kann nicht gelöst werden oder der Therapieerfolg ist nur von kurzer Dauer. Letztendlich besteht auch die Gefahr von Verletzungen wie Muskelfaserrissen sowie Zerrungen und Überdehnungen des Weichgewebes.

Zwar kann die Art der Blockierung identifiziert werden, indem der Charakter des Gelenkstopps bei artikulären Tests beurteilt wird, doch nicht selten ergibt sich ein leeres Endgefühl, wodurch die Restriktion nicht eindeutig bewertet werden kann. Ein leeres Endgefühl entsteht häufig durch eine schmerzende, weil verspannte Muskulatur. Diese Schmerzen können vermieden werden, wenn der Therapeut die Behandlung der Muskulatur voranstellt.

Merke

Über 80 % der Läsionen eines Pferdes haben ihren Ursprung im myofaszialen System.

Der Therapeut hat die Wahl, zunächst den gesamten Körper sowohl myofaszial als auch artikulär zu befunden und erst im 2. Untersuchungsgang zu behandeln. Diese Möglichkeit gibt dem Therapeuten einen Überblick über die gesamten Läsionen des Pferdekörpers. Der Nachteil jedoch ist, dass ein 2. Untersuchungsgang notwendig ist, bevor die Therapie erfolgen kann. Deshalb kann der Pferdeosteopath auch schon während der Befundung die gefundenen Läsionen sofort behandeln. Daraufhin können sich weiter entfernt bestehende Dysfunktionen, die noch nicht befundet worden sind, möglicherweise auch schon lösen. Dies ist für das Pferd kein Nachteil, dem Therapeuten spart es Zeit. Für die gesamte Befundung und Therapie benötigt man zwischen 45 Minuten und 1½ Stunden. Eine recht lange Zeit, in der viele Pferde Probleme haben, über die gesamte Dauer ruhig stehen zu bleiben. Darum kann eine Zeitersparnis, die jedoch nicht auf Kosten der Therapie gehen darf, vorteilhaft sein.

Merke

Jeder Behandlung muss die Befundung in Form eines geeigneten Testgriffs unmittelbar vorausgehen. Wird das gesamte Pferd zunächst befundet, ohne eine sofortige Behandlung anzusetzen, ist darum eine zweite Diagnostik der jeweiligen Struktur unmittelbar vor der therapeutischen Maßnahme notwendig.

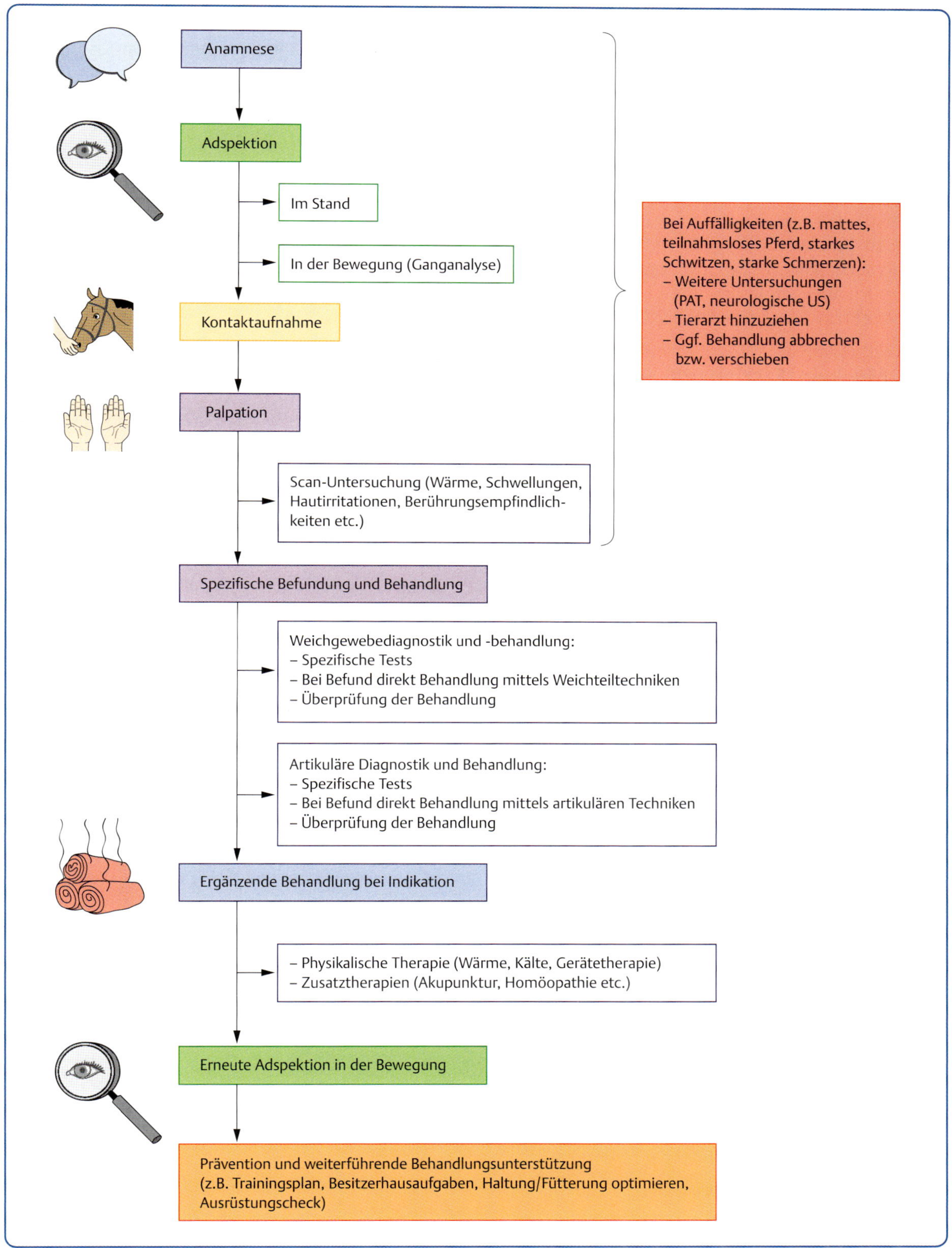

▶ **Abb. 6.2** Der Behandlungsplan im Überblick.

In der Praxis kann deshalb ein Behandlungsgang so aussehen, dass nach der obligatorischen Anamnese, Adspektion, Ganganalyse und Palpation die Befundung und Behandlung der Weichgewebestrukturen erfolgt und zum Schluss die verbliebenen artikulären Läsionen befundet und sofort behandelt werden (▶ **Abb. 6.2**).

In der Manuellen Therapie werden also grundsätzlich zuerst die Weichgewebe und im Anschluss die artikulären Dysfunktionen behandelt. Grundsätzlich können im Anschluss immer auch zusätzlich ergänzende Therapieformen zum Einsatz kommen, um die Manuelle Therapie zu unterstützen. Im Allgemeinen eignen sich hierfür die mittelfrequente Elektrotherapie, die Lasertherapie, die Magnetfeldtherapie, das kinesiologische Tapen und die Akupunktur. Die Aufzählung der ergänzenden Therapieformen ist beileibe nicht vollständig, sondern soll beispielhaft verstanden werden. Die ergänzenden Maßnahmen werden nur dann separat erwähnt, wenn sie sich für bestimmte Strukturen besonders eignen.

6.1.2 Muskeln, Faszien und andere Weichgewebe

Mehr als $^{3}/_{4}$ aller Läsionen, die Pferde aufweisen, finden sich im myofaszialen System. Ein Grund, diesen Strukturen große Aufmerksamkeit zu schenken und sich ausgiebig damit zu befassen. Weil die Behandlung der myofaszialen Bereiche mit viel Mühe verbunden ist und den größten Zeitrahmen während einer Therapiesitzung beansprucht, scheuen sich viele Therapeuten, sich intensiv mit dem Muskelsystem zu befassen. Will man jedoch eine ganzheitliche, nachhaltige und sinnvolle Therapie durchführen, darf man die Weichgewebe keinesfalls vernachlässigen. Im Gegenteil – der Hauptfokus sollte genau auf diesen Strukturen liegen. Der Therapieerfolg wird diese These bestätigen.

Dabei darf der Therapeut seinen Fokus nicht nur auf die Muskeln und Faszien richten, sondern sollte das Gefäß-, Nerven- und Lymphsystem nicht vergessen. Arbeitet man in einer bestimmten Region, taucht der Pferdeosteopath auch mental tief in die in diesem Bereich befindlichen Strukturen ein und nimmt jede Restriktion zur Kenntnis, egal welche Körperstruktur diese signalisiert. Anschließend entscheidet der Therapeut sich für die passende Therapieform, wendet diese an und überprüft durch nochmalige Befundung den Therapieerfolg.

6.1.3 Knochen und Gelenke

Ist die Befundung des myofaszialen Systems sowie des Weichgewebes abgeschlossen und wurden gegebenenfalls die muskulären Restriktionen mittels muskeltherapeutischer Maßnahmen gelöst, kann man sich ganz auf das artikuläre System konzentrieren. Läsionen, die nach der Behandlung des myofaszialen Systems noch Bestand haben, gehen in der Regel primär vom passiven Bewegungsapparat aus.

Man beginnt systematisch von kranial nach kaudal und von dorsal nach ventral. Das Befundungs- und Behandlungsschema des Skeletts kann demnach am Kiefergelenk beginnen, sich an der Wirbelsäule über Hals und Rücken fortsetzen und mit den Extremitäten abschließen. An den Extremitäten hat sich die Vorgehensweise von distal nach proximal bewährt, zumal die distalen Gelenke für die Tests des Bewegungsausmaßes und der Bewegungsqualität stets in Flexion verriegelt werden müssen. Das erleichtert den Befundungs- und Behandlungsablauf in der Praxis.

Bei den Gelenktests und Behandlungen sollte der Therapeut immer die Wahrscheinlichkeit von arthrotischen Veränderungen im Hinterkopf behalten, welche das Bewegungsausmaß teils erheblich einschränken können (hartes Endgefühl bei Gelenktests). Manipulationen sind dabei in den meisten Fällen kontraindiziert, vielmehr dienen in diesem Fall Mobilisierungen dazu, die noch vorhandene Bewegungsfähigkeit zu erhalten. Bei alten Pferden sollte immer mit einem Arthrosebefund gerechnet werden.

Die Behandlung von Gelenken, das Lösen der Restriktionen und Wiederherstellung der physiologischen Beweglichkeit verändert die gesamte Statik des Pferdes. Das Pferd erhält ein anderes Körpergefühl, an das es sich erst wieder gewöhnen muss, sofern die Läsion bereits seit längerer Zeit Bestand hatte. Darum ist es wichtig, dass sich das Pferd nach einer osteopathischen Behandlung moderat bewegen kann. Empfehlenswert ist in der Regel ein langsam aufbauendes Training, das sich über 3–5 Tage erstreckt. In jedem Fall soll das Pferd aber viel Koppelgang erhalten oder sich im Paddock nach eigenem Ermessen ausreichend bewegen können. Tage- oder gar wochenlange Boxenruhe hingegen ist kontraproduktiv und trägt eher dazu bei, dass das Pferd in die alte Läsion zurückfindet. Lernt das Pferd die neue Bewegungsmöglichkeit kennen, weiß es diese auch zu nutzen, wenn ihm die Gelegenheit dazu gegeben wird.

Praxistipp

Nach einer manuellen Behandlung sollte das Pferd keine Boxenruhe verordnet bekommen, sondern sich moderat bewegen können. Je nach Befund sollte das Pferd mindestens Koppelgang erhalten, in den meisten Fällen können die Pferde auch sofort wieder geritten werden. Wichtig ist jedoch ein langsamer Trainingsaufbau, um dem Pferd die Möglichkeit zu geben, sich an eine veränderte Statik und den neuen Bewegungsumfang zu gewöhnen.

6.2 Kopfstrukturen

Wenn das Pferd Vertrauen hat und die Palpation am Kopf problemlos zulässt, beginnt man am Schädel mit der spezifischen Befundung und Therapie der einzelnen Strukturen. Neben den Suturen und der sphenobasilären Symphyse (SBS), deren Behandlungstechniken im Kap. Kraniosakrale Osteopathie (S. 125) beschrieben wurden, finden wir lediglich noch das Kiefergelenk als „echtes“ Gelenk vor.

Neben den Strukturen des Kauapparats mitsamt dem Kiefergelenk und den Zähnen darf auch das Zungenbein als wichtige Stütze und Balanceinstrument bei der Befundung und Therapie nicht vernachlässigt werden.

Sicherlich schadet auch ein Blick auf die Sinnesorgane nicht, geben doch Augen, Ohren und Nüstern stets verschiedene Hinweise auf pathologische Vorgänge. Dabei begutachtet man die Konsistenz eines eventuellen Ausflusses von Nüstern und Augen und erfühlt beispielsweise die Temperatur an den Ohrspitzen, die einen Hinweis auf mögliches Fieber geben könnten, wenn diese sich heiß anfühlen. Schorf, warzenähnliche Wucherungen (Equines Sarkoid) oder aufgescheuerte Haut bevorzugt in oder an den Ohren sollte man ebenfalls registrieren und den Besitzer darauf hinweisen.

Augen, Ohren und Nüstern bleiben während der gesamten Therapiesitzung unter der Beobachtung des Therapeuten, geben sie dem Behandler doch deutliche Signale für Schmerzen, Unwohlsein oder auch Wohlbefinden.

6.2.1 Der Kauapparat

Der Kauapparat mit dem Gebiss und dem Temporomandibulargelenk (TMG) hat eine große Bedeutung für die Pferdegesundheit (► **Abb. 6.3**). Die Funktionalität von Kiefergelenk und Kautätigkeit der Zähne ist reziprok voneinander abhängig. So genügt es nicht, nur eine der Strukturen zu testen und gegebenenfalls zu behandeln. Findet man Unregelmäßigkeiten am Gebiss – beispielsweise Zahnhaken – sollte die Empfehlung gegeben werden, in Kürze einen Tierarzt zur Zahnkontrolle und eventuellen Behandlung hinzuzuziehen.

Ebenso wichtig ist die Nachbehandlung von Kiefergelenk und Kaumuskulatur etwa 7–14 Tagen nach einer Zahnkorrektur, um mögliche Verspannungen und Blockierungen zeitnah zu lösen, die aufgrund der Maulsperre, die der Tierarzt während der Behandlung anlegt, entstanden sein könnten. Muss der Tierarzt Korrekturen am Gebiss anbringen, verändert sich das Kauverhalten und somit die muskuläre Belastungssituation. Aus diesen muskulären Spannungsänderungen können sich zunächst Spasmen entwickeln, weil das Pferd die Belastungsänderung nicht gewohnt ist. Ein bis zwei Nachbehandlungen mit muskulären Entspannungstechniken helfen dem Pferd, das Gebiss physiologisch zu nutzen und Muskelspasmen zu verhindern.

> **! Merke**
> **Im Zeitraum von etwa 7–14 Tagen nach erfolgter Zahnbehandlung durch den Tierarzt sollte eine physiotherapeutische Nachbehandlung des Temporomandibulargelenks erfolgen, um mögliche Restriktionen zu lösen beziehungsweise zu vermeiden.**

Speziell das Kiefergelenk nimmt im Pferdeorganismus eine Schlüsselposition ein, weil es viele weitere Strukturen über Muskel- und Faszienketten beeinflusst. Unmittelbar betroffen ist auch das kraniosakrale System, das mit Dysfunktionen reagiert, wenn Läsionen im Temporomandibulargelenk auftreten. Neben dem direkten Einfluss auf den Kauapparat sind auch muskuläre Verbindungen zum Zungenbein vorhanden. Weiter beeinflusst die Funktion und Stellung des TMG die Halswirbelsäule, insbesondere sind das Atlantookzipitalgelenk (C 0/C 1), aber fortsetzend auch C 2 – C 4 von sekundären Läsionen durch ein dysfunktionales Temporomandibulargelenk betroffen. In der Fernwirkung konnte außerdem eine Beziehung zum homolateralen, insbesondere aber auch zum kontralateralen Hüftgelenk festgestellt werden.

Ursachen von Blockierungen im TMG ergeben sich durch Traumen (Schlag eines Artgenossen oder des Pferdebesitzers an den Kopf oder Unterkiefer des Pferdes), sekundäre Auswirkungen durch Traumen an anderen Körperregionen, längeres Fixieren des Kiefers mittels Maulgatter (Zahnbehandlungen), Gebissanomalien oder unsachgemäße Handhabung der Zäumung beziehungsweise des Trensen- oder Hebelarmgebisses durch den Reiter beispielsweise durch Ziehen oder Reißen am Zügel.

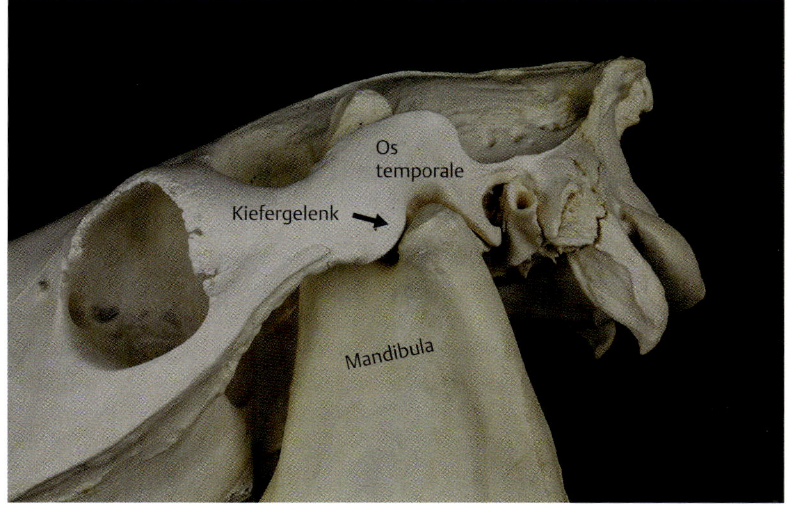

► **Abb. 6.3** Das Temporomandibulargelenk steht unmittelbar mit dem Kauapparat, aber auch mit dem Hüft- und Schultergelenk in enger Verbindung.

Läsionen in einem oder beiden Kiefergelenken führen zur Einschränkung der Kau- und Mahlbewegungen der Zähne. Die Folgen sind ungleichmäßige Abnutzung der Zähne und damit die Bildung von Zahnhaken, Sekundärläsionen im Bereich des Zungenbeins, der Halswirbelsäule und fernen Strukturen sowie die ungenügende Futterverwertung aufgrund schlechter Kauvorgänge.

Im Umkehrschluss behindern Zahnhaken eine physiologische Kaubewegung, wodurch es zu Einschränkungen in den myofaszialen Strukturen und schließlich zu Spasmen sowie zu artikulären Restriktionen im TMG kommt. Läsionen in peripheren Gebieten führen ihrerseits zu Blockaden im Kauapparat. Und nicht zuletzt wirken sich die Futterqualität und -konsistenz unmittelbar auf die Kaubewegungen aus. Deshalb ist die Fütterung von grobem Raufutter in guter Qualität eine Voraussetzung für die Gesunderhaltung der Zähne und die Funktionalität des Kiefergelenks.

Spezifische Befunderhebung

Anamnese

Um Zahn- und Kiefergelenkproblematiken abzuklären, sind folgende Aspekte und Fragen an den Besitzer wichtig:

- Futterqualität, Futterart, Futtermenge
- Fressverhalten: Reste im Futtertrog? Frisst das Pferd hastig oder langsam? Bildet das Pferd Heuknäuel, die es wieder ausspuckt? Öffnet das Pferd sein Maul während des Kauens übermäßig? Speichelt es beim Fressen sehr stark? Treten Verdauungsstörungen auf (Kotwasser, Durchfall etc.)?
- Verhaltensweisen: Schüttelt das Pferd aus ungeklärter Ursache öfters den Kopf beim Fressen? Hält es den Kopf schief, hoch oder tief? Gähnt das Pferd während des Fressens häufiger? Zeigt das Pferd Zähneknirschen?
- Während der Arbeit: Lässt sich das Pferd ungern aufzäumen? Nimmt es beim Reiten das Gebiss nicht an? Speichelt es zu stark oder zu wenig? Beißt es auf das Mundstück? Schiebt es die Zunge über das Gebiss? Verwirft es sich im Genick? Lässt es sich auf einer oder beiden Seiten nicht stellen? Wirft es den Kopf hoch (Headshaking)? Fallen anderweitige Symptome auf?
- Gesundheitsprophylaxe: Wann war die letzte Zahnkontrolle durch den Tierarzt? Waren Zahnkorrekturen notwendig? Wenn ja, was wurde genau gemacht?
- Sind Traumen, frühere Operationen oder Vorbehandlungen bekannt?

Adspektion in Stand und Bewegung

Der Sichtbefund kann wichtige Hinweise auf Anomalien und Probleme des Kauapparats ergeben. So sollte man auf Schwellungen im Kieferbereich (Knäste, ▸ Abb. 6.4; Entzündungen etc.) und muskuläre Asymmetrien (insbesondere M. temporalis und M. masseter) achten. Ein Blick ins Maul kann über Zahnfleischverletzungen, Über- oder Unterbiss, vorhandene Wolfszähne, diverse Gebissanomalien und gegebenenfalls Zahnhaken aufklären. Dieser oberflächliche Blick ins Pferdemaul ersetzt aber keineswegs die Kontrolle durch den Tierarzt.

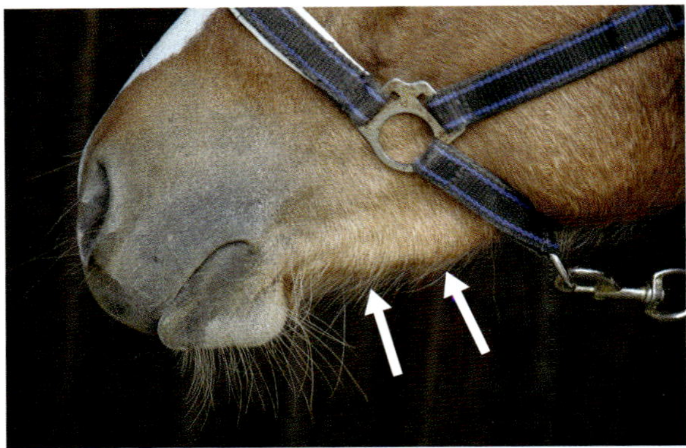

▸ **Abb. 6.4** Knäste sind Verdickungen am Unterkieferrand (Pfeile), die durch einen reitenden Milchzahn hervorgerufen werden.

Biomechanische Fakten

- **Gelenktyp:** inkongruentes Walzengelenk
- **Gelenkpartner konkav:** Os temporale
- **Gelenkpartner konvex:** Os mandibulare (Caput mandibulare des Processus condylaris)
- **Besonderheit:** Gelenkpartner getrennt durch einen Discus articularis (faserknorpelige Zwischengelenkscheibe)
- **Bewegungsmöglichkeiten:**
  - Gleiten in Richtung dorsokaudal und rostroventral sowie Rotation sagittal zum Öffnen und Schließen des Maules
  - kaudale und rostrale Gleitbewegung (Propulsion und Retropulsion) der Mandibula für die Mahlbewegung
  - Diduktion (laterale Mahlbewegung) der Mandibula
  - diese 3 Bewegungen der beiden Temporomandibulargelenke finden kombiniert, allerdings nicht synchron statt
- **beteiligte Muskulatur:**
  - M. masseter, M. temporalis (insbesondere zum Öffnen das Maules)
  - M. pterygoideus medialis und M. pterygoideus lateralis (für die Diduktion)
  - M. digastricus
  - M. sternomandibularis

Merke

Die Fressbewegungen erfordern dreidimensionale Bewegungen in den Kiefergelenken, die zwar kombiniert, aber nicht synchron ausgeführt werden.

Palpation und Testgriffe

Feststellen von Zahnhaken und Gebissanomalien

Palpation Der Therapeut palpiert unterhalb der Jochbeinleiste entlang der Zahnreihen und übt einen mäßigen Druck auf die Okklusion aus. Auf diese Weise drückt man die Maulschleimhaut gegen eventuelle spitze und scharfe Zahnhaken, worauf das Pferd eine Schmerzreaktion zeigt. Meist versucht das Pferd dabei, den Kopf wegzudrehen oder hochzureißen. Da die Gebissreihen der Maxilla breiter sind als die der Mandibula, bilden sich Zahnhaken meist an der lateralen Seite des Oberkiefers oder der medialen Seite des Unterkiefers. Das Pferd reagiert also lediglich auf die palpierbaren Haken am Oberkiefer, wodurch der Test natürlich nur teilweise eine Aussagekraft hat, weil eventuelle Zahnhaken im medialen Bereich nicht getastet werden können.

Gleittests rostrokaudal und laterolateral Diese Tests geben Aufschluss über Läsionen der Zahnflächen (Zahnhaken) sowie der umgebenden Strukturen wie TMG, deren Disken und der Kaumuskulatur. Weiterführend gibt ein positiver Test Hinweise auf Sekundärläsionen über mit dem Kauapparat in Verbindung stehende Strukturen, beispielsweise das Zungenbein.

Für die Tests steht der Therapeut neben dem Pferd und umgreift mit einer Hand den Nasenrücken des Pferdes, mit der anderen den Unterkiefer. Für den Test in rostrokaudaler Richtung fixiert man den Oberkiefer und führt mit der anderen Hand eine Gleitbewegung der Mandibula in rostraler und schließlich kaudaler Richtung aus.

Für den laterolateralen Test für die Diduktionsbewegung ist die Ausgangsstellung dieselbe, allerdings verschiebt man die Mandibula in lateraler Richtung. Man beurteilt insbesondere die Qualität der Verschiebung im Vergleich der linken und rechten Seite. Der Gleittest wird schnell und nahezu ruckartig durchgeführt, damit das Pferd keine Zeit hat, eine Muskelanspannung gegen diese Bewegung aufzubauen (▸ **Abb. 6.5**).

Zahnhaken lassen eine seitliche Gleitbewegung einoder beidseitig nicht zu, somit verspürt man in diesem Fall einen frühzeitigen und harten Bewegungsstopp. Ist der Stopp hingegen zäh-elastisch oder vermeidet das Pferd die Berührung der Zahnflächen grundsätzlich, indem es das Maul etwas öffnet (in diesem Fall sind keine Reibegeräusche zu hören), muss man von muskulären Verspannungen als Ursache ausgehen. Um diesen Befund nicht falsch einzuschätzen und eine muskuläre, bewusste Anspannung – begründet in einer Abwehrreaktion – nicht mit tatsächlichen, dauerhaften Spasmen zu verwechseln, ist besonders darauf zu achten, dass das Pferd vor dem Bewegungstest entspannt ist. Zunächst gilt es deshalb, das Vertrauen des Pferdes zu gewinnen, indem man am Pferdekopf sehr ruhig hantiert. Nur wenn das Pferd locker lässt, kann der Test verwertet werden, s. Kap. Zahnkontrolle (S. 175).

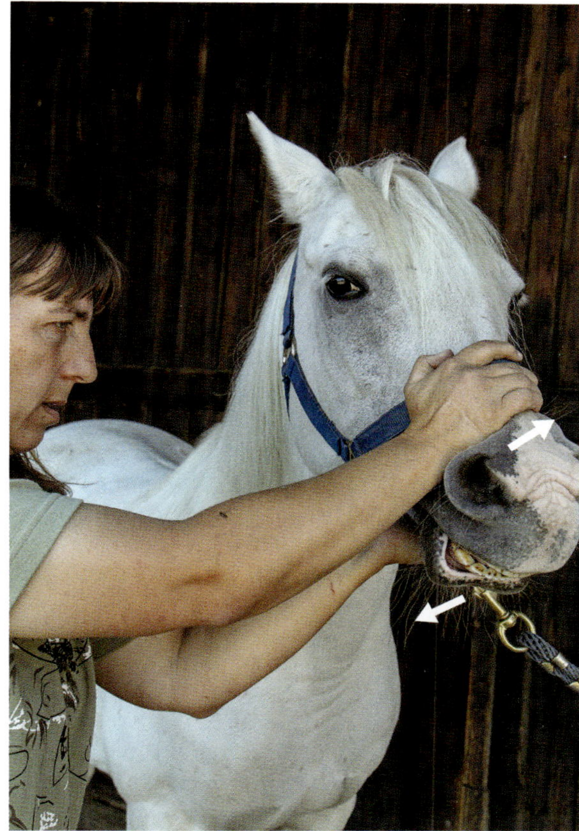

▸ **Abb. 6.5** Der Gleittest (Pfeile) gibt dem Therapeuten Aufschluss über mögliche Zahnhaken, aber auch über muskuläre Dysfunktionen.

Adspektion Schiebt man die Daumen in die Maulwinkel des Pferdes, animiert man es dazu, das Maul zu öffnen. Dies gibt den Blick auf die ersten Backenzähne frei, die auf Zahnhaken und Gebissanomalien (Wellen, Zahnlücken etc.) begutachtet werden können. Eine Stirnlampe hilft, die Maulhöhle auszuleuchten, um die Zahnstrukturen besser zu sehen. Dies verschafft allerdings nur einen groben Überblick über den Zahnstatus, der für die Befunderhebung durch den Pferdeosteopathen zunächst durchaus ausreichend ist. Die genaue Diagnostik sollte man dem geübten Tierarzt oder Pferdezahnarzt überlassen, der mit weiteren Hilfsmitteln wie einem Maulgatter arbeitet, um das Pferdemaul geöffnet zu halten. Dies ermöglicht ihm dann auch die Palpation der Zahnreihen mit der Hand.

Stellt man Anomalien fest, empfiehlt man dem Pferdebesitzer, sein Pferd zeitnah einem Tierarzt oder Pferdedentisten vorzustellen. Neben den direkten Auswirkungen wie einem schlechten Kauverhalten können Probleme des Zahnstatus auch sekundär Läsionen am Bewegungsapparat auslösen und unterhalten. Aus diesem Grund macht eine zeitnahe Korrektur von Gebissproblematiken Sinn.

Dennoch sollten ungeachtet des Zahnstatus alle weiteren Restriktionen manuell behandelt werden, da im Umkehrschluss auch diverse andere Läsionen Einfluss auf das Kiefergelenk und das Kauverhalten haben und somit diese Gebissanomalien erst verursachen können.

Stellungs- und Bewegungstests

Test auf kaudale und rostrale Läsion Beim Sichtbefund der Backenzähne kann man den Bewegungstest für das Öffnen des Maules miteinschließen. Hierzu drückt man mit den Daumen, die in die Maulwinkel des Pferdes geschoben wurden, auf die Laden des Oberkiefers und überprüft das Bewegungsausmaß der Maulöffnung. Zunächst testet man die beiden Seiten separat, wobei man auf einer Seite auf den Laden des Oberkiefers, auf der anderen auf den des Unterkiefers Druck ausübt. Kann das Pferd sein Maul auf Druck am Oberkiefer nicht öffnen, besteht eine kaudale Läsion, das bedeutet, dass die Mandibula nach kaudal verschoben ist. Hat das Pferd Schwierigkeiten, das Maul zu schließen, muss man von einer rostralen Läsion ausgehen, was mit einer Verschiebung der Mandibula nach rostral einhergeht.

Merke

In der Osteopathie wird eine Läsion mit der Richtungsbezeichnung angegeben, in welcher eine Bewegung möglich ist beziehungsweise in welche das Gelenk steht. Bei einer rostralen Läsion kann das Pferd also eine Bewegung nach rostral ausführen, nicht aber nach kaudal.

Dieser Test kann mit einem Sichtbefund der Incisivi bestätigt werden. Einen Hinweis auf eine bilaterale rostrale Läsion könnte ein Unterbiss geben. Im Umkehrschluss deutet ein Überbiss eher auf eine kaudale Läsion hin. Um diesen Faktor für die Beurteilung heranzuziehen, muss man allerdings den normalen Gebissstatus des Pferdes kennen. Dies wird in den meisten Fällen jedoch zunächst nicht der Fall sein. Für eine gesicherte Feststellung einer Läsion reicht dieser Sichtbefund selbstverständlich nicht aus.

Die Okklusion der Incisivi von Ober- und Unterkiefer sollte gleichmäßig sein. Weil die Maxilla breiter ist, können die Eckzähne des Oberkiefers im Vergleich zu denen des Unterkiefers einen geringen Überstand aufweisen. Es ist jedoch obligatorisch, beide Seiten zu vergleichen (► Abb. 6.6), um eine Verschiebung der Mandibula festzustellen. Ist der Überstand der Oberkiefereckzähne auf der rechten Seite größer oder treten die Eckzähne des Unterkiefers auf der linken Seite über die des Oberkiefers hervor, ist dies ein Hinweis auf eine unilaterale kaudale Läsion der linksseitigen Mandibula. Die Mandibula ist zur Seite der Läsion hin verschoben. Dabei luxiert das Caput mandibulae in der Fossa mandibularis hinter den Discus articularis.

Um einseitige Muskelanspannungen auszuschließen, bewegt man die Mandibula lateral und vergleicht die Bewegungsmöglichkeiten von beiden Seiten.

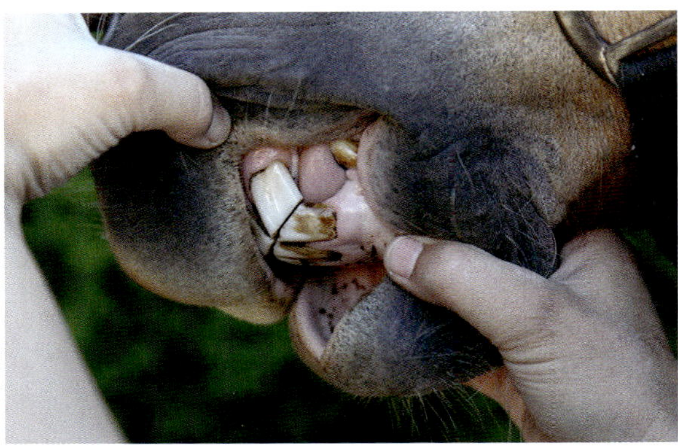

► **Abb. 6.6** Um die Stellung des Oberkiefers in Bezug auf den Unterkiefer zu überprüfen, begutachtet man im Seitenvergleich das Aufeinandertreffen der Eckzähne der Incisivi. Ein Befund kann nur im Seitenvergleich gestellt werden.

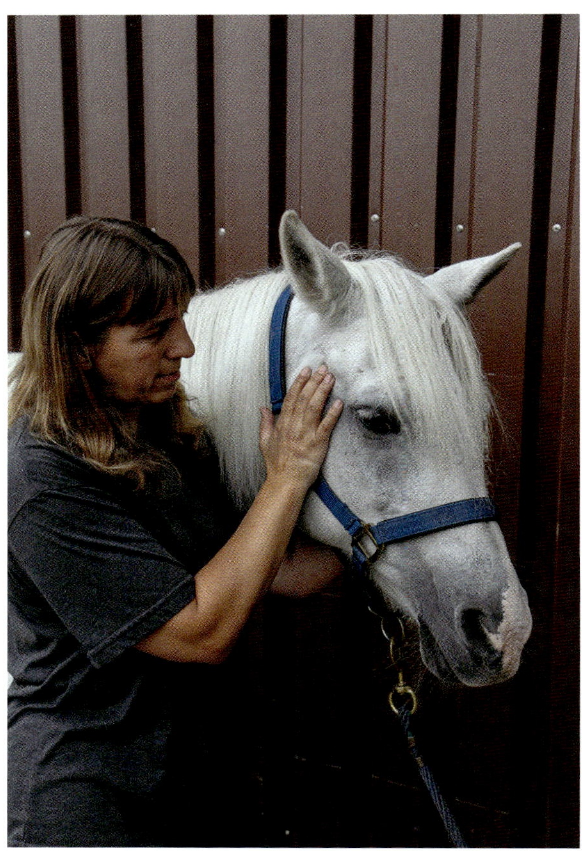

► **Abb. 6.7** Gleichzeitig palpiert der Therapeut das Kiefergelenk auf beiden Seiten und vergleicht die Größe des Gelenkspalts.

Palpation Gelenkspalt Diese erfolgt im Seitenvergleich (► Abb. 6.7) und gibt dem Therapeuten ebenfalls einen Hinweis auf eine mögliche Kompression des Kiefergelenks beziehungsweise kaudale Läsion der Mandibula. Der Pferdetherapeut steht mit seinem Gesicht zur Pferdenase neben dem Kopf des Pferdes. Er palpiert mit einer Hand auf der gegenüberliegenden Seite des Pferdekopfs den Gelenkspalt des Temporomandibulargelenks. Mit der anderen Hand ertastet der Therapeut gleichzeitig den Gelenkspalt des homolateralen Temporomandibulargelenks. Man vergleicht die Größe der Gelenkspalten und kann somit beurteilen, ob Läsionen vorliegen. Ein Blick auf die Stellung der Incisivi der Maxilla und Mandibula zueinander, wie oben beschrieben, ergibt zusätzliche Hinweise. Der Unterkiefer weicht auf die komprimierte Seite aus.

Behandlungstechniken

Dysfunktionen des Temporomandibulargelenks (TMG) beruhen sehr häufig auf muskulären Dysbalancen. Deshalb steht die Behandlung der Weichteilstrukturen, speziell der Muskulatur, an erster Stelle. Zudem muss das Gewebe vor jeder Manipulation und Mobilisation auf die Korrektur vorbereitet werden. Darum wendet man verschiedene Massagegriffe an, um die Muskulatur zu lockern und das Weichgewebe zu lösen.

Jede Gelenkläsion zieht muskuläre Verspannungen und Dysbalancen nach sich. Der Sichtbefund zeigt dies schon sehr deutlich in ungleich ausgeprägten Mm. temporales. Muskuläre Verspannungen müssen allerdings nicht immer die Folge sein, sondern stellen häufig auch die primäre Ursache dar, welche letztendlich zu artikulären Läsionen führt. Die Beurteilung von Ursache und Auswirkung ist oft schwierig, die Anamnese, die weitere genaue Befundung, die Art der Läsion und nicht zuletzt das Bauchgefühl des Therapeuten (das sich durch jahrelange Erfahrung entwickelt!), geben oft die entscheidenden Anhaltspunkte.

Für die Behandlung ist die Frage, ob die Henne oder das Ei zuerst da war, bei dieser Läsion nicht entscheidend, weil grundsätzlich die muskuläre Restriktion zuerst behandelt wird. War die primäre Läsion muskulärer Art, besteht die Chance, dass sich auch die artikuläre Restriktion bereits mithilfe der Muskelbehandlung löst.

Interessant ist die Frage nach der primären Läsion aber im Hinblick auf die Ursachenbeseitigung. Um der Ursache auf die Spur zu kommen, ist es von Vorteil zu wissen, wie welche Läsion entstanden ist. Nur so lassen sich Rezidive vermeiden.

Muskuläre Entspannungstechniken

Klassische Massagetechniken Primär werden die Mm. masseter und Mm. temporales mit klassischen Massagetechniken bearbeitet, um eine Entspannung und Lockerung zu erreichen. Für beide Muskelarten, die direkt über einem Knochen (Os temporale bzw. Os mandibulare) liegen, eignen sich deshalb Griffe wie Kompressionen, aber auch Querfriktionen und Ausstreichungen, s. Kap. Klassische Massage (S. 49).

Triggerpunkttherapie Alternativ oder ergänzend bietet sich die Triggerpunkttherapie am M. masseter an. Weiteres dazu s. Kap. Triggerpunktkatalog des Pferdes (S. 64). Der TrP 2, aber auch gegebenenfalls weitere durch Palpation aufgespürte Triggerpunkte werden klassisch mit direktem Druck und Querfriktionen behandelt. Die anschließende Dehnung erfolgt durch Auseinanderziehen der Muskelfasern im Faserverlauf mit den Fingern oder Handballen.

Kinesiologisches Taping Ergänzend bietet sich ein entspannendes Muskeltape auf dem M. masseter an, das beidseits getapet wird.

Artikuläre Techniken

Dekompression des TMG mit direkter und indirekter Technik Die Traktion ist das Mittel der Wahl zur Dekompression des Kiefergelenks beispielsweise bei einer kaudalen Läsion des Kiefergelenks. Je nach Befund übt der Pferdetherapeut dabei einseitig oder beidseitig mit seinen Fingern einen Zug auf die Kondylen der Mandibula nach ventrorostral in Richtung des Knochenverlaufs der Mandibulagabel aus. Für diese Technik steht der Therapeut frontal zum Pferd, wobei er den Kopf des Pferdes auf die Schulter legen kann, um ein entspanntes Arbeiten zu ermöglichen (► **Abb. 6.8**). Die Traktion wird so lange aufrechterhalten, bis der Release spürbar wird.

Sollte sich die Kompression mit der direkten Technik nicht lösen lassen, kann auf die indirekte Technik zurückgegriffen werden, bei der zuerst eine Kompression erwirkt wird. Die Läsion wird dadurch quasi verstärkt. Wie durch das Prinzip der klemmenden Schublade erfolgt nach der Kompression, die bereits den Release auslöst, erst die oben beschriebene Traktion, s. Kap. Technik mit gekreuzten Daumen (S. 139).

Mobilisation des TMG Die indirekte Dekompressionstechnik lässt sich mit wiederholenden Kompressions- und Dekompressionsanwendungen als Mobilisation durchführen. Hierbei erfahren auch die Masseter- und Temporalismuskeln eine Entspannung.

► **Abb. 6.8** Der Therapeut übt einen Zug auf die Mandibulagabel nach rostral aus (Pfeil), um das Temporomandibulargelenk zu entspannen.

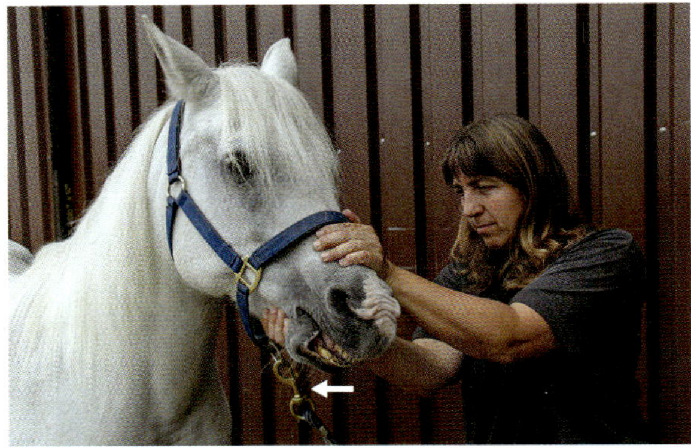

► **Abb. 6.9** Für die HVLA-Technik stellt der Therapeut die Mandibulagabel in die blockierte Richtung und initiiert einen schnellen, aber minimalen Impuls in die Korrekturrichtung (Pfeil).

Bei ein- oder beidseitigen Läsionen des Kiefergelenks kaudal oder rostral ist die laterale Beweglichkeit der Mandibula eingeschränkt. Durch wiederholende, mobilisierende Lateralbewegungen bis an die Bewegungsgrenze kann die Mandibula mobilisiert und das Bewegungsausmaß vergrößert werden. Man mobilisiert stets in die blockierte Richtung.

HVLA-Manipulation des TMG Eine einseitige Läsion kaudal zieht eine in ihrer Bewegung blockierte Mandibula zur kontralateralen Seite nach sich. Stellt der Therapeut beispielsweise eine Läsion kaudal auf der linken Seite fest, wird die Mandibula ebenfalls nach links verschoben sein. Die Bewegung nach rechts ist eingeschränkt. Um diese Restriktion zu lösen, stellt man die Mandibula in die blockierte Richtung, bis die Barriere erreicht ist, ein und gibt einen minimalen, aber schnellen Impuls in die blockierte Richtung (► **Abb. 6.9**). Über die Mandibula erhält man einen großen Hebel, wodurch eine Restriktion schon durch kleinste Impulse gelöst werden kann.

Merke

Nach der Behandlung ist der Therapieerfolg mithilfe der zuvor beschriebenen Tests zu überprüfen.

6.2.2 Das Os hyoideum (Zungenbein)

Aufgrund der muskulären Aufhängung ergeben sich Läsionen des Zungenbeins durch Fehlspannungen der Muskulatur. Artikuläre Blockierungen gibt es demnach nicht, dennoch hat das Zungenbein und dessen Stellung über die muskulären Verbindungen großen Einfluss auf die Schädelknochen, in erster Linie auf das Os temporale, mit dem es über das Tympanohyoideum korrespondiert. Bei Spannungsänderungen der mit dem Zungenbein in Verbindung stehenden Muskeln verändert sich die Lage des Os hyoideum, sodass dessen Balance gestört ist. Dies hat Auswirkungen auf die Funktionalität der Zunge, des Larynx und Pharynx. Von dieser Fehlstatik wird der Kauapparat in Mitleidenschaft gezogen, deren Auswirkungen in sekundären Läsionen multipler Art gipfeln. Nicht zuletzt bringt eine Lageveränderung des Os hyoideum das gesamte kraniosakrale System durcheinander.

Spezifische Befunderhebung

Anamnese

In Bezug auf die Funktionen des Zungenbeins kann der Pferdebesitzer über mögliche Gleichgewichtsprobleme, Unregelmäßigkeiten beim Fressen, muskuläre Verspannungen im Halsbereich sowie Schiefhaltung des Kopfes mit Verwerfen im Genick Auskunft erteilen. Weil das kraniosakrale System mitbetroffen ist, können die geschilderten Symptome mannigfaltig sein, sodass klare Hinweise auch fehlen können.

Adspektion in Stand und Bewegung

Bei der adspektorischen Beurteilung kann eine schiefe Kopfhaltung auffallen, aber auch Muskelspasmen im Halsbereich als längerfristige Auswirkung.

Biomechanische Fakten

- **Gelenktyp:** kein artikuläres Gelenk
- **Gelenkpartner:** Os hyoideum (Tympanohyoideum) und Os temporale (Pars tympanica)
- **Bewegungsmöglichkeiten:** Gleiten in verschiedene Richtungen (dorsorostral, ventrokaudal, laterolateral)
- **beteiligte Muskulatur:**
  - M. mylohyoideus
  - M. stylohyoideus
  - M. geniohyoideus
  - M. occipitohyoideus
  - M. ceratohyoideus
  - M. hyoideus transversus
  - M. sternohyoideus
  - M. sternothyroideus
  - M. omohyoideus
  - M. hyoglossus
  - M. thyrohyoideus

Palpation und Testgriffe

Stellungs- und Mobilitätstest

Der Therapeut greift mit Daumen und Zeigefinger den Processus lingualis des Basihyoideums, während die zweite Hand den Nasenrücken des Pferdes fixiert. Zunächst beurteilt man die Stellung des Processus, der sich bei ausgeglichenem Muskeltonus mittig befinden müsste. Bei muskulären Verspannungen wird der Processus lingualis stets zur hypertonen Muskelseite gezogen.

Nun prüft man die Beweglichkeit des Zungenbeins in alle Richtungen (laterolateral, dorsoventral und rostrokaudal). Die Bewertung erfolgt aufgrund der Symmetrie und Flexibilität der Bewegungen.

Test der muskulären Spannung

Der Behandler führt seine flache Hand zwischen Thyrohyoideum und Mandibula in die Tiefe, um die muskuläre Spannung zu beurteilen. Der Fokus wird dabei auf den Muskeltonus im Seitenvergleich und das qualitative Einsinken der flachen Hand in das Gewebe gelegt. Auf der Seite, zu der der Processus lingualis näher liegt, ist die Muskulatur hyperton.

Behandlungen

Die Behandlung des Zungenbeins kann nur über die Tonusangleichung der Muskulatur geschehen. Neben dem muskulären Tiefen-Release bietet sich hierfür auch die Unwinding-Technik an. Weiteres unter Kap. Tiefen-Release und Lift-Techniken (S. 85).

Tiefen-Release

Wie beim Test der muskulären Spannung dringt der Therapeut mit der flachen Hand lateral des Processus lingualis in die Tiefe ein, bis die Muskulatur einen Widerstand entgegensetzt. Nun wartet man geduldig auf den Release, der alsbald einsetzen wird und führt die Hand schließlich noch weiter in die Tiefe. Im Seitenvergleich testet man im Anschluss den gleichmäßigen Muskeltonus.

Unwinding

Der Pferdetherapeut greift den Processus lingualis mit 2 Fingern und folgt den Spannungen des Gewebes, bis der Release einsetzt (► **Abb. 6.10**). Auf diese Weise erreicht man das Lösen der muskulären und faszialen Strukturen und trägt zur Neuregulierung des kraniosakralen Systems bei.

> **Praxistipp**
> Pferde sind in der Lage, dem Behandler das Zungenbein durch Muskelanspannung aus den Fingern zu ziehen. Dies passiert, wenn der Muskeltonus zu hoch und dem Pferd der Griff an den Processus lingualis darum unangenehm ist. In diesem Fall bietet sich an, das Pferd kurz kauen zu lassen, indem man einen Finger in die Maulwinkel schiebt und damit die Kaubewegung animiert. Anschließend kann man den Processus lingualis nochmals vorsichtig mit den Fingern fassen, um die Tests und Behandlungen durchzuführen.

6.3 Die Wirbelsäule

Die Wirbelsäulenabschnitte sind in Halswirbel-, Brustwirbel-, Lendenwirbel-, Kreuzbeinwirbel- und Schweifwirbelsegmente unterteilt. Die Halswirbelsäule ist dabei der flexibelste Abschnitt, er ist aber auch auffallend oft von Läsionen betroffen. Zudem stellen die Übergänge der

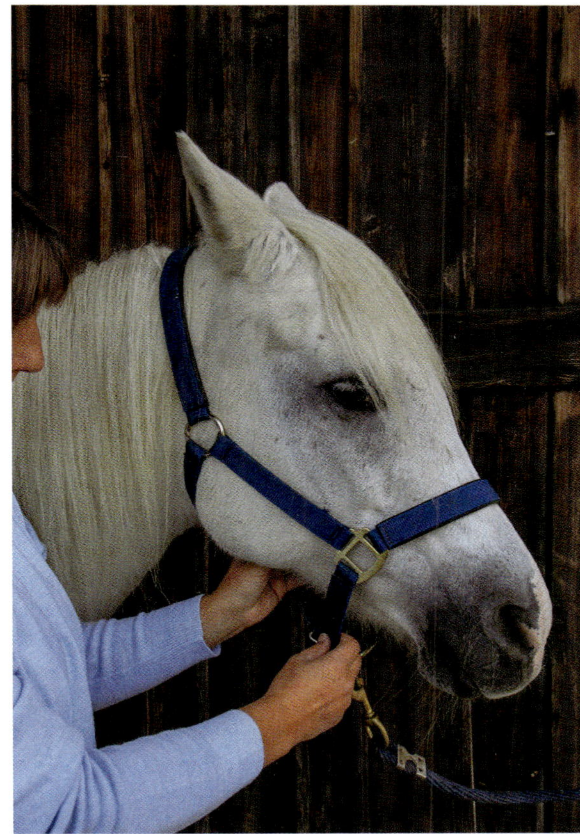

► **Abb. 6.10** Der Therapeut greift den Processus lingualis des Zungenbeins mit 2 Fingern und folgt den Spannungen des Gewebes, bis der Release einsetzt.

Wirbelsäulensegmente sowie die Umkehrpunkte von einer Kyphose in die Lordose und umgekehrt jeweils Schwachstellen dar, weil diese gelenkigen Verbindungen besonderen Beanspruchungen unterliegen.

Jede Stellungsänderung eines Wirbels ist stets eine Kombination von Bewegungen. So findet beispielsweise eine Lateroflexion immer in Verbindung mit einer Rotation des Wirbels statt, s. Kap. Biomechanische Überlegungen zur Wirbelsäule (S. 35). Zudem spielt für die Bewegungskombination auch die Stellung in Flexion oder Extension eine Rolle. So steht fest, dass eine flektierte Wirbelsäule eine Öffnung der Gelenkfacetten nach sich zieht, wodurch eine bessere Lateroflexion möglich ist. Infolgedessen ist eine geringere Wirbelrotation zu erwarten. Im Umkehrschluss zeugt eine deutliche Wirbelrotation (Verwerfen im Hals, Kippungen der Dornfortsätze zur Seite im BWS-Bereich) auf eine eingeschränkte Lateroflexion und/oder Flexions- und Extensionsbewegung hin. Spezielle Bewegungstests bestätigen diese Annahme. Die Rotationsbewegung stellt demnach eine Kompensationsbewegung dar, ist aber generell mit einer Lateroflexion verbunden. Rotationen treten aber umso häufiger zutage, je mehr Wirbelsäulenrestriktionen vorhanden sind. Somit finden wir Restriktionen oft in dreidimensionalen

Kombinationsläsionen, beispielsweise in einer Läsion „**E**xtension – Lateroflexion (**S**eitneigung) – **R**otation **re**chts“, kurz „**ESRre**“.

Läsionen der Wirbelsäule können selbstverständlich myofaszial und artikulär auftreten. Interessanterweise sind über 80 % der Wirbelsäulenläsionen muskulär bedingt, was wiederum die Wichtigkeit der Weichgewebebehandlung verdeutlicht.

Die Wirbelsäule ist in einer „doppel-S-Form“ aufgebaut und beginnt in der oberen Halswirbelsäule mit einer Kyphose (C 0 – C 3), geht dann ab C 4 – Th 11 in eine Lordose über, die ab Th 12 wieder von einer Kyphose abgelöst wird und bis zum letzten Kreuzbeinwirbel reicht. Obwohl die Wirbelsäulensegmente beziehungsweise teils die gelenkigen Wirbelverbindungen aus didaktischen Gründen einzeln besprochen werden, muss man stets die gesamte Wirbelsäule und deren Mechanik in die therapeutischen Überlegungen miteinbeziehen.

6.3.1 Das Atlantookzipitalgelenk

Die Hauptbewegungsrichtung des Atlantookzipitalgelenks (► **Abb. 6.11**) sind Flexion und Extension – deshalb wird dieses Gelenk auch als „yes-joint“ („Ja-Sage-Gelenk“) bezeichnet. Geringfügige Lateroflexion und Rotation sind zwar möglich, getestet wird neben der Flexions- und Extensionsbewegung aber nur die Lateroflexion. Das Okziput verfügt über 2 Kondylen, die sich in die Gelenkpfannen des Atlas einfügen. Somit ergibt sich die Behandlungsebene auf dem konkaven Gelenkpartner, welchen der Atlas darstellt. Bei einer Flexion findet zwischen den Gelenkpartnern ein Rollgleiten statt, wobei die Kondylen nach dorsal gleiten und nach ventral rollen.

Exkurs

Aus reiterlicher Sicht stellt die Lateroflexion des Genicks, sprich des Atlantookzipitalgelenks, nach den Richtlinien der Deutschen Reiterlichen Vereinigung (FN) die Stellung des Pferdes dar. Dabei ist zu beachten, dass diese Stellung im Atlantookzipitalgelenk erreicht werden soll, indem der direkte Zügel angenommen wird. Weil die Lateroflexion eine untergeordnete Bewegungsamplitude des Gelenks C 0/C 1 darstellt und der Kraftvektor über die gesamte Halswirbelsäule einwirkt, werden sich unweigerlich die weiteren Halswirbelgelenke, die – bis auf das Gelenk C 1/C 2 – eine deutlich bessere Lateroflexion auszuführen imstande sind, eher beziehungsweise zumindest in jedem Fall auch in eine Seitneigung bewegen. In der Praxis bedeutet dies, dass eine Stellung des Pferdekopfs immer über die Seitneigung der gesamten Halswirbelsäule erreicht wird und nicht nur allein im Genick. Eine häufig beobachtete zusätzliche Rotation des Kopfes stellt eine kompensatorische Ausweichbewegung dar, die auf falsche Hilfengebung, übertriebenen Stellungsversuch oder Läsionen in der Halswirbelsäule hindeuten kann.

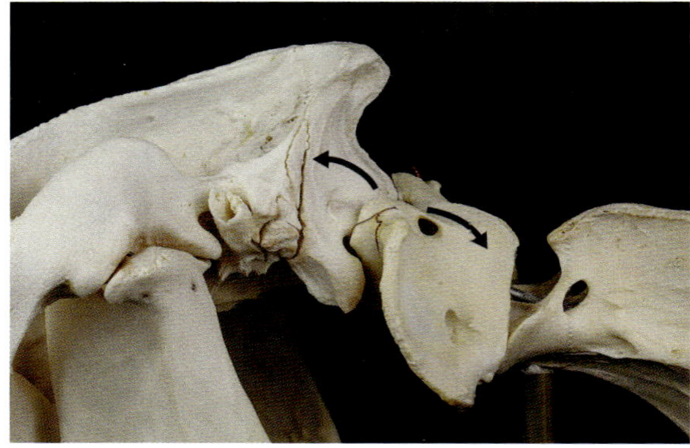

► **Abb. 6.11** Die Hauptbewegungsrichtung (Pfeile) des Atlantookzipitalgelenks sind Extension und Flexion.

Die komplette Extension des Atlantookzipitalgelenks ist erreicht, wenn sich die Nasenlinie des Pferdes in nahezu gerader Linie zum Hals befindet. Die Flexion wird insbesondere durch das Ligamentum nuchae und die Gelenkkapsel begrenzt. Die Nasenlinie erreicht dabei keine vertikale Linie, wenn die Flexion nicht durch die kaudalen Halswirbel mitgetragen wird. Flektieren alle Halswirbel in Summe – wobei die Flexion von C 1/C 2 am geringsten, die ab C 5 Richtung kaudal am größten ist – kann das Pferd die Nase sogar bis zur Brust und unter den Bauch führen.

Spezifische Befunderhebung

Anamnese

Bei Läsionen der oberen Halswirbelsäule berichten die Reiter häufig über ungenügendes Nachgeben im Genick sowie eine erschwerte Stellung (Lateroflexion) bei bestimmten Manövern. Die Pferde verwerfen sich im Genick, wobei der Verdacht eher auf den Übergang C 1/C 2 fällt, legen sich auf den Zügel, zeigen in Ruhe eine unnatürliche Kopfhaltung (vorgestreckt oder aufgerollt bis zu einer senkrechten Nasenlinie) bis hin zum Headshaking.

Manche Pferde haben sich angewöhnt, mit dem Kopf kreisförmige Schleuderbewegungen auszuführen. Die Ursache ist ungeklärt, kann neben einer unausgeglichenen Psyche (Nervosität, Abreagieren, Ersatzhandlung) aber auch mit Schmerzen in der oberen Halswirbelsäule in Verbindung stehen. Die Problematik dieser Verhaltensweise liegt insbesondere darin, dass die Kopfgelenke weiteren Belastungen ausgesetzt sind, was frühzeitige Abnutzungserscheinungen sowie diverse Läsionen zur Folge haben kann.

Schmerzen im Genickbereich können sich ebenfalls negativ auf die Ohrspeicheldrüse auswirken, die bei einer Flexionsläsion gequetscht wird, was die Speichelproduktion hemmt. Als Folge gerät das Pferd in einen Sympathikotonus, speichelt das Mundstück der Reitzäumung, aber auch das Futter ungenügend ein. Dies wiederum hat einen negativen Einfluss auf die Futterverwertung und führt zu Verdauungsstörungen (Abmagerung, Koliken etc.). Stresssymptomatiken fördern letztendlich die schmerzbedingten Muskelspasmen zusätzlich, sodass sehr oft Muskelproblematiken im Genickbereich zu finden sind.

Läsionen im Atlantookzipitalgelenk stehen nicht selten auch mit Zahn- und Kieferproblematiken in Verbindung. Eine Abklärung, ob Läsionen im Kauapparat bestehen, ist deshalb obligatorisch.

Adspektion in Stand und Bewegung

Wie bereits erwähnt, kann adspektorisch eine unnatürliche Kopfhaltung (übermäßig extensiert oder flektiert) auffallen, die auf allgemeine Kopfschmerzen oder Muskelverspannungen zurückzuführen sind. Ebenso kann eine Kopfschiefhaltung oder Rotationshaltung auffällig sein.

Sichtbar sind nicht selten auch Schwellungen im Bereich der Ohrspeicheldrüse oder eine Verdickung im Genickbereich (Genickbeule) infolge einer Schleimbeutelentzündung der Bursa subligamentosa nuchalis cranialis, welche zwischen dem Atlas und dem Nackenband liegt. Der Schleimbeutel kann sich aufgrund mechanischer Einwirkung (zum Beispiel Zug auf den Genickriemen des Zaumzeugs oder Stallhalfters) entzünden und später eine Genickfistel bilden.

In Bewegung fällt eine schiefe, zu hohe oder zu tiefe Kopfhaltung ins Auge.

Biomechanische Fakten

- **Gelenktyp:** Ellipsoidgelenk (Eigelenk)
- **Gelenkpartner konkav:** Atlas (C 1)
- **Gelenkpartner konvex:** Okziput (C 0)
- **Besonderheit:** keine Bandscheibe
- **Bewegungsmöglichkeiten:**
  - Extension und Flexion
  - in geringem Maße auch Lateroflexion
- **beteiligte Muskulatur:**
  - M. rectus capitis (dorsalis, ventralis, lateralis)
  - M. obliquus capitis cranialis
  - M. splenius
  - M. semispinalis
  - M. longissimus capitis
  - M. brachiocephalicus
  - M. multifidus cervicis

Palpation und Testgriffe

Bei der Palpation des Genickbereichs sind nicht selten deutliche Verhärtungen muskulären Ursprungs festzustellen. Dies ist darauf zurückzuführen, dass im Atlantookzipitalbereich die dorsalen subokzipitalen Muskeln unter einer dauerhaften Anspannung stehen. Das Futtermanagement gewährt den Pferden zu wenig Zeit für die Futteraufnahme vom Boden (= Entspannung der dorsalen Subokzipitalmuskulatur). Die reiterlichen Ziele fordern einen dorsalen Spannungsbogen mit oft lang anhaltenden Spannungszuständen im dorsalen Genickbereich (▶ Abb. 6.12). Das damit häufig in Verbindung stehende „Erzwingenwollen" einer vermeintlichen Versammlungshaltung durch Zug am Zügel (Flektieren des Kopfes) bringt übermäßigen Stress auf den Atlantookzipitalbereich.

▶ **Abb. 6.12** Die Hyperflexion bringt übermäßigen Stress auf das Atlantookzipitalgelenk. Zudem kommt es zu einer Überdehnung der dorsalen Bänder und Muskeln.

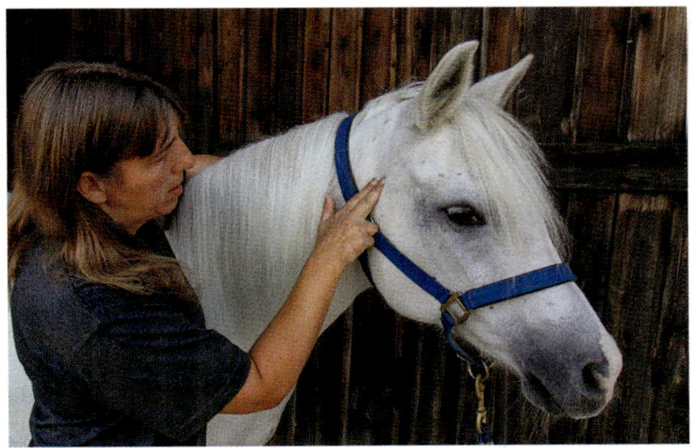

▶ **Abb. 6.13** Der Raum zwischen den Atlasflügeln und der Mandibulagabel wird als Ganaschenfreiheit bezeichnet und sollte aus reittechnischer Sicht mindestens 2–3 Fingerbreit betragen.

Bei akuten Entzündungen können Wärme und Schwellungen ertastet werden.

Positionstest

Der Pferdetherapeut steht seitlich neben dem Pferdehals und palpiert mit den Zeige- und Mittelfingern seiner Hände jeweils rechts und links des Pferdekopfs die Lücke zwischen dem aufsteigenden, kaudalen Rand der Mandibula und dem kranialen Rand des Atlasflügels (▶ Abb. 6.13). Man beurteilt dabei den Abstand der knöchernen Strukturen im Seitenvergleich. Diese Lücke zwischen Atlasflügel und Mandibula wird als Ganaschenfreiheit bezeichnet und sollte aus reittechnischer Sicht etwa 2–3 Fingerbreit betragen, um eine ausreichende Flexionsfähigkeit des Kopfes im Atlantookzipitalgelenk zu gewährleisten. Aus therapeutischer Sicht ist ein gleichmäßiger Abstand ausschlaggebend. Bei ungleicher lichter Weite ist von einer Fehlstellung des Atlas in Lateroflexion auszugehen.

Des Weiteren untersucht man die Abstände der Processus paracondylares des Okziputs in Bezug auf die kranialen Ränder der Atlasflügel. Eine Verringerung des beidseitigen Abstands deutet auf eine Flexionsläsion hin, eine Vergrößerung hingegen auf eine Läsion in Extension. Bei einer einseitigen Verringerung des Abstands kann man entweder von einer kontralateralen Atlasrotationsläsion oder einer einseitigen Okziputflexionsläsion ausgehen. Im Umkehrschluss bedeutet eine einseitige Vergrößerung entweder eine homolaterale Extensionsläsion oder wiederum eine kontralaterale Atlasrotation.

Flexionstest

Die Ausgangsposition ist wie beim Positionstest seitlich des Pferdekopfs. Der Behandler jedoch umgreift mit einer Hand den Nasenrücken des Pferdes, die andere liegt mit den rostral zeigenden Fingern auf dem Okziput. Kleiner Finger und Daumen erfühlen jeweils den Spalt zwischen dem Processus paracondylaris des Okziputs und dem kranialen Rand des Atlasflügels.

Die auf dem Os nasale liegende Hand übt nun leichten Druck auf den Pferdekopf aus, um eine Flexionsbewegung zu initiieren. Der Therapeut beurteilt die Bewegung in ihrem Ausmaß und Endgefühl. Ein eingeschränktes Bewegungsausmaß weist auf eine Läsion in Extension des Okziputs hin. Wendet das Pferd seinen Kopf bei diesem Test zu einer Seite, besteht die Läsion nur einseitig.

Extensionstest

Der Therapeut behält die Ausgangsstellung wie oben beschrieben bei und lässt eine Hand auf dem Okziput liegen. Die andere wechselt vom Os nasale zur Mandibula und führt eine Extensionsbewegung aus, indem der Osteopath den Pferdekopf anhebt. Befundet man eine Einschränkung, handelt es sich um eine Läsion in Flexion. Weicht das Pferd bei diesem Test zu einer Seite aus, besteht die Läsion einseitig und zwar auf der Seite, zu der das Pferd seine Nase wendet.

Lateroflexionstest

Die geringfügige Lateroflexion, die das Atlantookzipitalgelenk anbieten kann, testet man wiederum in obig beschriebener Ausgangsstellung. Für diesen Test liegt eine Handfläche auf dem Atlasflügel, die andere umfasst den Nasenrücken und führt eine Lateroflexion zur homolateralen Seite des eigenen Standpunkts aus (► **Abb. 6.14**). Besteht im Seitenvergleich eine Lateroflexionsläsion des Okziputs rechts, lässt sich der Kopf des Pferdes nicht nach links stellen. Dabei ist zu beachten, dass das Pferd über eine Rotationsbewegung des Atlas ausweicht. Jede Lateroflexionsbewegung zieht Wirbelrotationen nach sich. Das Pferd versucht jegliche Einschränkungen über die Rotation zu kompensieren.

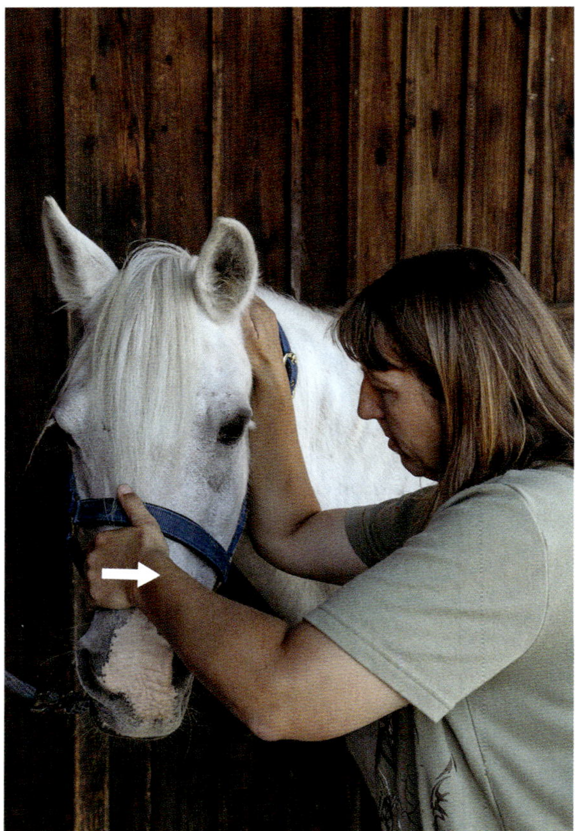

► **Abb. 6.14** Test der Lateroflexion (Pfeil) des Atlantookzipitalgelenks.

Praxistipp

Beim Lateroflexionstest ist auf eine genaue Ausführung zu achten. Das Pferd darf den Kopf nicht rotieren, damit das Ergebnis nicht verfälscht wird. Die Nase des Pferdes muss stets senkrecht unter dem Okziput und die Ohrenspitzen müssen auf gleicher Höhe bleiben. Die Gefahr einer Rotationskompensation durch das Pferd kann der Therapeut minimieren, indem er den Unterarm senkrecht hinter die Mandibula als Drehachse anlegt.

Behandlungstechniken

Da viele Läsionen im Bereich des Atlantookzipitalgelenks muskulären Ursprungs sind, ist die Behandlung des Weichgewebes besonders wichtig. Oftmals werden damit die artikulären Restriktionen bereits aufgelöst, sodass sich eine Gelenktechnik im Anschluss an die Muskelbehandlung erübrigt. Es können sich 4 verschiedene Läsionen von C 0 auf C 1 einstellen: Läsionen in Flexion und Extension sowie beidseits in Lateroflexion.

Weichgewebetechniken

Erfahrungsgemäß kommen Extensionsläsionen häufiger vor, weil die dorsalen Muskeln und Bänder unter stärkerer Anspannung stehen als die ventralen. Eine gute Ausarbeitung der dorsalen Weichgewebe steht deshalb im Fokus des Therapeuten.

Triggerpunkttherapie

Am Okziput (Crista nuchae) setzen mehrere Muskeln sowie das Ligamentum nuchae an. Insbesondere kommen die Muskelanteile des M. obliquus capitis, des M. rectus capitis und der M. splenius capitis für die Entstehung von Triggerpunkten in Betracht. TrP 1 finden wir direkt hinter dem Ohrgrund an den Ansatzstellen des M. splenius capitis, die sich an der Crista nuchae ossis occipitalis sowie am Processus mastoideus ossis temporalis befinden, s. Kap. Triggerpunktkatalog des Pferdes (S. 64). Findet sich hier ein reaktiver Triggerpunkt, ist dieser meist mit einer Extensionsläsion gekoppelt, bei einer einseitigen Reaktion ist die Lateroflexion eingeschränkt.

Der Triggerpunkt ist identisch mit dem Akupunkturpunkt Gb 20 und hat eine Beziehung zum Hüftgelenk. Über Muskel- und Faszienketten hat dieser Bereich außerdem Einfluss auf das Temporomandibulargelenk, das Zungenbein, die sphenobasiläre Symphyse sowie das Schultergelenk.

Empfindlichkeiten am TrP 1 übertragen sich oft auch auf die Ohren, an denen sich das betroffene Pferd dann nicht gerne anfassen lässt. Darum tastet man sich langsam von kaudal nach kranial zum TrP 1 vor und testet ihn mit vorsichtig ansteigendem direkten Druck. Ist der Punkt schmerzhaft, tauchen die Pferde mit dem Kopf nach unten oder zur Seite weg. Man komprimiert den Triggerpunkt mit der Druckstärke, die das Pferd gerade noch toleriert und wartet auf den Geweberelease. Anschließende Querfriktionen und Dehnungen schließen die Behandlung ab.

Massagetechniken

Sanfte Knetungen, Drückungen und Querfriktionen bieten sich aus dem Fundus der klassischen Massage an, um die Okzipitalmuskeln zu lösen. Zum Entspannen der langen Halsmuskeln helfen Faszien- und Muskelspindeltechniken. Da viele Muskeln ihren Ursprung am Rumpf haben und den gesamten Hals entlangziehen (zum Beispiel M. splenius capitis, M. brachiocephalicus, M. semispinalis capitis, M. longissimus capitis) muss bei Läsionen im Atlantookzipitalgelenk der gesamte Hals einer myofaszialen Behandlung unterzogen werden.

Kinesiologisches Taping

Zum ergänzenden Abschluss der Manuellen Therapie können die Halsmuskeln in detonisierender Technik zusätzlich getapet werden.

Temporallift

Unterstützend kann man zusätzlich den Temporallift (Ohrzugtechnik) (S. 143) aus der kraniosakralen Therapie anwenden. Er wirkt entspannend, vertrauensbildend und lösend. Dieser Griff hat sich vor allem bei Pferden bewährt, die nicht „loslassen“ können.

Okzipitallift und Cranial Base Release

Eine hervorragende Entspannungstechnik für die subokzipitalen Muskeln ist der Cranial Base Release (Okziput-Release), bei dem man die Finger hinter der Crista nuchae in die Weichgewebe hineingleiten lässt, bis ein Release spürbar wird. Diese Release-Technik wendet man bevorzugt als vorbereitende Maßnahme für den Okzipitallift an. Der Duralschlauchzug aus der kraniosakralen Osteopathie löst mitunter die kraniale und medulläre Dura mater, s. Kap. Okzipitallift (Duralschlauchzug von kranial) (S. 141).

Dehnungen

Nach erfolgter Weichgewebebehandlung kann eine passive Dehnung zur Erweiterung des Bewegungsumfangs durchgeführt werden. Die Dehnungen können je nach Befundung in Flexion, Extension oder Lateroflexion indiziert sein, s. Kap. Dehnungen (S. 90).

Wärmeapplikationen

Bei rezidivierenden Verspannungen der Muskulatur im atlantookzipitalen Übergang sowie bei Arthrosen unterstützen Wärmebehandlungen die Therapie. Es eignen sich Infrarotbestrahlungen (S. 154) mittels Solarium oder einer Handlampe oder Wärmeanwendungen (S. 156) mit Hot-Packs, Moor-, Fango-, Kartoffel- und Quarkpackungen.

Artikuläre Techniken

Nach der Weichgewebebehandlung sind die meisten Restriktionen bereits gelöst. Bestehen nach wie vor artikuläre Läsionen, überprüft man zuerst das Ergebnis der muskulären Arbeit, bevor artikuläre Techniken zum Einsatz kommen.

Mobilisation der Läsion in Extension

Die Hände liegen wie beim Test der Läsion auf dem Pferdekopf. Der Therapeut bewegt nun den Kopf des Pferdes durch Druck auf das Os nasale in Flexion bis zur motorischen Barriere. Diese Technik muss mit Bedacht ausgeführt werden, um eine Dehnung der Arteria vertebralia zu vermeiden. Nach mehrmaligen Wiederholungen sollte sich das Bewegungsausmaß erweitern.

Mobilisation der Läsion in Flexion

Die Korrekturhaltung deckt sich mit dem Testgriff zum Prüfen der Extensionsbewegung. Man mobilisiert durch wiederholende Bewegungen in Richtung Extension, indem der Kopf des Pferdes angehoben wird. Alternativ kann man die Mandibula auf seine Schulter legen, die Hände umgreifen von beiden Seiten aus das Okziput und üben einen sanften, wiederholenden Druck aus (► **Abb. 6.15**).

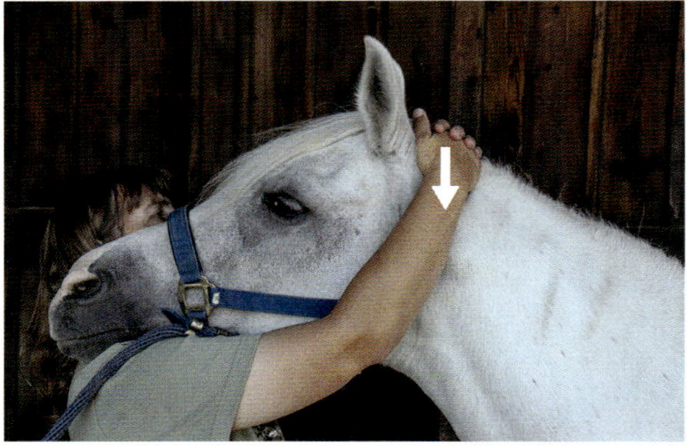

▶ Abb. 6.15 Wie beim Testgriff zum Prüfen der Extensionsbewegung liegen die Hände auf dem Atlantookzipitalgelenk und üben einen sanften, wiederholenden Druck (Pfeil) aus, um die Extensionsbewegung zu mobilisieren.

▶ Abb. 6.16 Die Verbindung zwischen Atlas und Axis lässt hauptsächlich eine Rotationsbewegung zu.

Mobilisation der Läsion in Lateroflexion

Die Handhaltung erfolgt wiederum wie beim Test der Läsion in Lateroflexion. Mobilisiert wird in die direkte, restriktive Richtung durch wiederholende Bewegungen bis an die Bewegungsgrenze.

Manipulation

Um die blutführenden Gefäße nicht zu verletzen, sind Manipulationen an der oberen Halswirbelsäule mit äußerster Vorsicht vorzunehmen. Reicht eine Mobilisierung nicht aus, um die Läsion zu lösen, geht man mit der HVLA-Technik bis zur motorischen Barriere und manipuliert das Gelenk mit einem kurzen, schnellen, aber wenig Kraft aufwendenden Impuls in die jeweilige restriktive Richtung.

6.3.2 Das Atlantoaxialgelenk

Ebenfalls bandscheibenfrei ist das Atlantoaxialgelenk, die Verbindung zwischen Atlas und Axis (▶ Abb. 6.16). Dieses besondere Gelenk ist hauptsächlich für Rotationsbewegungen zuständig und wird deshalb auch als „no-joint" („Nein-Sage-Gelenk") bezeichnet. Das Gelenk besteht aus zwei artikulären Flächen, einem lateralen Teil, wobei die paarigen Apophysen des Atlas mit dem kranialen Ende des Axis korrespondieren und dem medialen Zapfengelenk, das den Axis mithilfe seines Dens axis mit dem 1. Halswirbel verbindet. Hierfür bildet der Atlas mit seinem dorsalen und ventralen Bogen ein großes Foramen, in das der Dens axis hineinragt. Der Atlas besitzt deshalb keinen Wirbelkörper. Der Axis ist der längste Wirbel, hat aber eine schmale Form, sodass er oft nur als „Loch" palpabel ist.

Spezifische Befunderhebung

Anamnese

Typischerweise berichten Reiter, dass sich das Pferd im Genick verwirft, wenn eine Läsion des Atlantoaxialgelenks und/oder seiner umgebenden Strukturen vorliegt. Den Reitern fällt außerdem auf, dass das Gebiss nicht angenommen wird.

Adspektion in Stand und Bewegung

Vor allem in Bewegung fällt in schweren Fällen eine Kopfschiefhaltung auf, die den Pferden sehr zu schaffen macht, weil sie das Sehvermögen und das Gleichgewicht beeinträchtigt. „Rollende Augen" deuten auf diesen Umstand hin, können aber auch Schmerzen anzeigen.

Biomechanische Fakten

- **Gelenktyp:** Zapfengelenk
- **Gelenkpartner konkav:** Atlas (C 1) (Fovea dentis, Fovea articularis caudalis)
- **Gelenkpartner konvex:** Axis (C 2) (Dens axis, Processus articularis cranialis)
- **Besonderheit:** keine Bandscheibe
- **Bewegungsmöglichkeiten:**
  - Rotationsbewegungen links/rechts
  - in geringem Ausmaß auch Flexions- und Extensionsbewegungen, die allerdings nicht getestet werden
- **beteiligte Muskulatur:**
  - M. rectus capitis dorsalis major
  - M. obliquus capitis caudalis
  - M. splenius capitis
  - M. longissimus atlantis
  - M. longus (colli und capitis)
  - M. sternocephalicus
  - M. cutaneus colli
  - M. omotransversarius

Praxistipp

Bei einer beispielhaft angenommenen Linksrotation des Atlas um den Axis gleitet die rechte kaudale artikuläre Fläche des 1. Halswirbels auf der rechten Extremitas cranialis des Axis nach kaudal. Das bedeutet im Umkehrschluss, dass der Atlas bei einer Lateroflexion in entgegengesetzter Richtung von Okziput und Axis (die aufgrund der kyphotisch ausgebildeten oberen Halswirbelsäule eine Rotation entgegen der Lateroflexion ausführen) – also in die Bewegungsrichtung – rotiert.

Palpation und Testgriffe

Die Aussagen zum Atlantookziptalgelenk (S. 202) können auch auf das Atlantoaxialgelenk bezogen werden. Der Axis besitzt zudem ebenfalls eine Bursa subligamentosa nuchalis (caudalis), die sich durch mechanische Einwirkung entzünden und verdicken kann.

Test der Rotation des Atlas um den Axis

Der Pferdetherapeut umfasst das Os nasale von der ventralen Seite aus, sodass der Kopf des Pferdes in der Ellenbeuge des Behandlers zu liegen kommt und die Handfläche das Os nasale umfassen kann (▸ **Abb. 6.17**). Die zweite Hand palpiert den Atlasflügel (Ala atlantis), der Unterarm fixiert die Halswirbelsäule von C2 bis etwa C4/5. Mit einer leichten Flexion wird das Atlantookzipitalgelenk verriegelt, anschließend rotiert man den Pferdekopf im Gelenk C1/C2. Die Hand auf dem Atlasflügel unterstützt dessen Rotationsbewegung mit leichtem Druck nach lateral. Man beurteilt die Bewegungen nach Ausmaß, Endgefühl und im Seitenvergleich. Das Endgefühl sollte weich-elastisch sein, weil die periartikulären Bänder und Muskeln die Rotationsbewegung abbremsen.

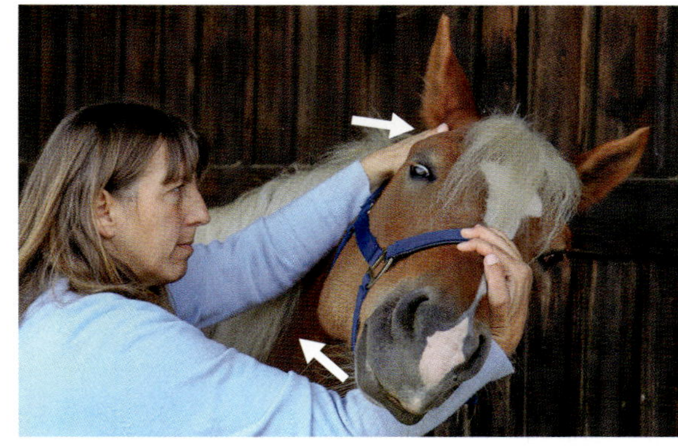

▸ **Abb. 6.17** Rotationstest (Pfeile) für die gelenkige Verbindung zwischen Atlas und Axis.

Behandlungstechniken

Große Rotationsbewegungen belasten die Muskulatur stark, sodass es häufig zu muskulären Dysfunktionen im Halsbereich kommt. Kopper, Headshaker und „Kopfroller" sind deutlich mehr gefährdet, muskuläre Überlastungserscheinungen zu entwickeln. Auch falsche reiterliche Einwirkungen beeinflussen die Rotatoren des Halses negativ. Artikuläre Restriktionen sind hingegen seltener.

Weichgewebetechniken

Triggerpunkttherapie

Der M. rectus capitis mit seinen dorsalen, lateralen und kaudalen Anteilen sowie der M. obliquus capitis caudalis sind prädestiniert für Triggerpunkte im Bereich des Atlantoaxialgelenks. Hier findet sich häufig ein ganzes Areal von mehreren Triggerpunkten im Muskelverlauf, die im Triggerpunktkatalog als TrA 3 bezeichnet sind, s. Kap. Triggerpunktkatalog des Pferdes (S. 64). Das Areal wird mit direktem Druck zunächst auf Triggerpunkte getestet, bei Ausweichreaktionen des Pferdes mit tolerierbarem Druck bis zum Release behandelt und anschließend mit Querfriktionen, Faszientechniken und Dehnungen therapiert.

Massagetechniken

Drückungen, Knetungen und Querfriktionen sind die Massagetechniken der Wahl, um verhärtete Muskeln im Bereich des Atlas und Axis zu entspannen. Der Assistent wird dabei angewiesen, den Kopf des Pferdes leicht in Extension zu halten, damit die Muskulatur entspannen kann.

Kinesiologisches Taping

Zum ergänzenden Abschluss der Manuellen Therapie können die Halsmuskeln in detonisierender Technik zusätzlich getapet werden.

Kälteapplikationen

Ist eine akute Entzündung der Bursa subligamentosa nuchalis (caudalis) diagnostiziert, die mit Schwellungen und Wärmeabstrahlung einhergeht, kann als Erste-Hilfe-Maßnahme eine Eisbehandlung mittels Eis-Lolli angewendet werden.

Elektrotherapie

Bei Genickbeulen kann unterstützend auch die mittelfrequente Elektrotherapie (S. 151) helfen. Hierbei entscheidet man sich für die Querdurchströmung, wobei die Elektroden beidseits der Schwellungsbereiche angebracht werden.

Artikuläre Techniken

Mobilisation der Läsion in Rotation

Die Handhaltung erfolgt wie beim Test der Rotation, wobei die Bewegungen für die Mobilisierung mehrfach bis zur motorischen Barriere wiederholt werden.

Manipulation mit HVLA der Läsion in Rotation

Die Ausgangsposition ist dieselbe wie beim Test und der Mobilisation. Der Atlas wird um den Dens axis bis zur motorischen Barriere rotiert. Man geht in Vorspannung und setzt schließlich einen schnellen, kurzen Impuls und verstärkt damit die Rotation.

> **Cave**
>
> **Die Rotationsbewegungen sollten bei Mobilisationen und Manipulationen mit größter Vorsicht durchgeführt werden. Niemals darf eine zu große Rotationsamplitude ausgeführt werden, da ansonsten die Arteria vertebralia verletzt werden könnte!**

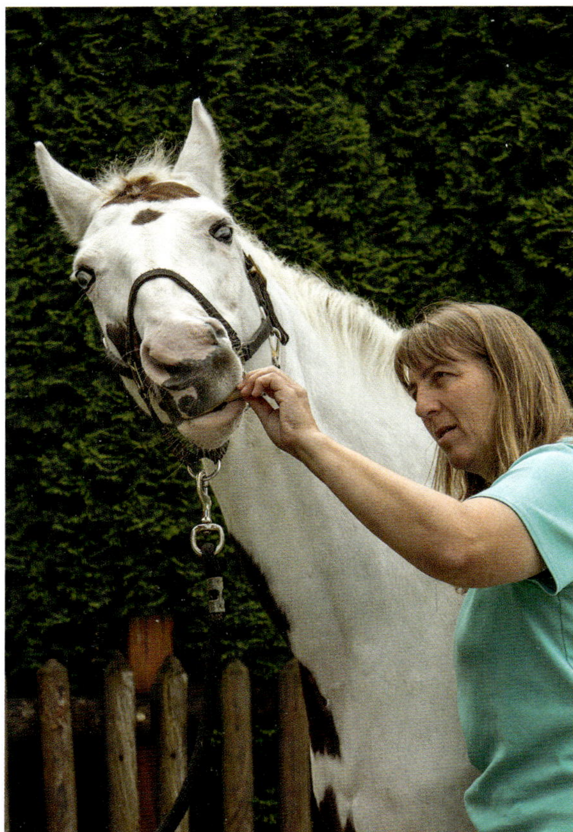

▶ **Abb. 6.18** Mithilfe eines Leckerli kann man das Pferd dazu bringen, die gewünschte Bewegung aktiv auszuführen. Das Pferd rotiert hierbei den Kopf im Atlantoaxialgelenk, wodurch nach wiederholter Durchführung eine Mobilisation stattfindet.

Aktive Mobilisation mithilfe der Karottenübung

Die sicherste Variante der Mobilisierung ist die aktive Bewegung, die das Pferd selbst initiiert. Hierfür braucht es allerdings eine gewisse Motivation, welche man mittels eines Leckerbissens gewinnt. Man führt also eine Karotte oder einen anderen Leckerbissen in einem Bogen vom Maul des Pferdes seitwärts nach dorsal und veranlasst das Pferd dadurch, eine Rotationsbewegung selbst auszuführen. Diese Übung ist vollkommen ungefährlich, weil das Pferd die Bewegung nur in schmerzfreiem Rahmen ausführen und sich nicht selbst verletzen wird. Diese Übung kann deshalb auch der Pferdebesitzer durchführen (▶ **Abb. 6.18**).

6.3.3 Die untere Halswirbelsäule

Zur unteren Halswirbelsäule gehören die Gelenke ab C 2 / C 3 – C 7 / Th 1. Die Größe der Wirbel verringert sich nach kaudal, sodass der 7. Halswirbel der kleinste ist. Dieser versteckt sich hinter der Skapula und besitzt auf beiden Seiten jeweils eine Gelenkfläche für die 1. Rippe. Die Wirbelkörper sind mit Bandscheiben miteinander verbunden, außerdem stehen die Wirbel über die kaudalen und kranialen Gelenkflächen in Kontakt. Die schräg verlaufenden Gelenkfacetten sind dafür verantwortlich, dass keine Lateroflexion ohne Rotation möglich ist.

Auf Höhe von C 3 zu C 4 kehrt sich die kyphotische Ausrichtung der oberen Halswirbelsäule in eine physiologische Lordose um. Aus diesem Grund ist der Übergang von C 3 auf C 4 eingeschränkten Bewegungskomponenten in Rotation zueinander ausgesetzt.

> **Praxistipp**
>
> Aufgrund der Umkehrung von einer Kyphose in eine lordotische Ausrichtung der Halswirbelsäule auf Höhe C 3/C 4, wobei die Gelenkfacetten in nahezu horizontaler Stellung ausgerichtet sind, kommt es zu starken Scherkräften, wenn der Reiter mit entsprechendem Zügelzug auf das Pferdemaul einwirkt. Der Kraftvektor trifft nahezu horizontal auf die Gelenkfacetten von C 3/C 4, was starke Translations- und Scherkräfte auslöst. Neben der Rotationsumkehr, die sich zum einen über die Stellung in Flexion oder Extension ergeben, stört die Stauchung der Facettengelenke die physiologische Rotation, weil die Öffnung der Facettengelenke durch die Krafteinwirkung des Zügels gegebenenfalls verhindert wird. Eine falsche Zügeleinwirkung hemmt deshalb den physiologischen Bewegungsablauf in Lateroflexion und gekoppelter Rotation, was häufige Blockierungen in den Halswirbelgelenken – bevorzugt in C 3/C 4 – zur Folge hat.

Spezifische Befunderhebung

Anamnese

Je nach Einsatz des Pferdes kristallisieren sich überwiegend Stellungsproblematiken, mangelnde Nachgiebigkeit in Verbindung mit einer zu hohen Kopfhaltung heraus. Infolgedessen verstärkt der Reiter den Zügelzug, um eine bessere Nachgiebigkeit im Genick und kaudalen Halsbereich zu erreichen. Dadurch werden aber bereits manifestierte Dysfunktionen (insbesondere im Bereich C 3/C 4) gefestigt (▶ **Abb. 6.19**). Es entstehen kompensatorische Muskelhypertrophien im ventralen Halsbereich mit der Ausbildung eines typischen Unterhalses. Dieser stört den Pferdebesitzer nicht nur optisch, sondern erschwert weitergehend die reiterliche Handhabung des Kopf-/Halsbereichs aufgrund des vom Pferd aufgebauten Gegendrucks.

Adspektion in Stand und Bewegung

Bei stark manifestierten Dysfunktionen fallen ein ausgeprägter Unterhals oder anderweitige Fehlhaltungen (oft auch in Rotation) des Halses auf. Läsionen, die noch nicht lange bestehen, können auch adspektorisch unauffällig sein.

Gegebenenfalls sind einseitig hervortretende Wirbel ersichtlich, die entweder auf eine Fehlstellung oder eine kompensatorische Schonhaltung zurückzuführen sind. Weitere Informationen liefern die Positions- und Bewegungstests.

► **Abb. 6.19** Bei entsprechendem Zügelzug wirken starke Scherkräfte (Pfeile) auf die Gelenkfacetten der Halswirbelsäule ein.

Biomechanische Fakten

- **Gelenktyp:**
  - Procc. articulares (Facettengelenke): Schiebegelenke
  - Wirbelkörper: Disci intervertebrales (Bandscheiben)
- **Gelenkpartner:**
  - C 2 / C 3, C 3/C 4, C 4/C 5, C 5/C 6, C 6/C 7, C 7 / Th 1
  - die Extremitas caudalis des jeweiligen Wirbels ist konkav ausgeformt und korrespondiert mit der konvexen Extremitas cranialis des nachfolgenden Wirbels
- **Bewegungsmöglichkeiten:**
  - Lateroflexion in Verbindung mit homo- oder kontralateraler Rotation (je nach Di- bzw. Konvergenz der Facettengelenke, die sich in Stellung Extension und Flexion ändern können)
  - Extension und Flexion
- **beteiligte Muskulatur:**
  - M. brachiocephalicus
  - M. cutaneus colli
  - M. omotransversarius
  - Mm. intertransversarii ventrales cervicis
  - M. multifidus cervicis
  - M. splenius
  - M. rhomboideus cervicis
  - M. trapezius (Pars cervicalis)
  - M. semispinalis capitis
  - M. longissimus (capitis und atlantis)
  - M. serratus ventralis cervicis
  - M. longus colli und capitis
  - M. omohyoideus
  - M. sternocephalicus
  - M. sternohyoideus (und -thyroideus)
  - M. spinalis

Praxistipp

Die Rotationskomponente der Halswirbel richtet sich nach der jeweiligen Stellung der Wirbelsäule in Flexion oder Extension, weil sich die Di- bzw. die Konvergenz der Facettengelenke dabei ändert. Dabei ist zu bedenken, dass in Neutralstellung der Wirbelsäule eine Umkehrung der Kyphose in eine Lordose im Gelenk C 3/C 4 stattfindet. Bei einer Lateroflexion in Neutralstellung führen die Wirbel von C 2 – C 7 eine Rotation in entgegengesetzter Richtung aus.

Stehen die Facettengelenke jedoch in Divergenz, das heißt, lösen sie sich voneinander, was bei einer Flexion geschieht, ist aus diesem Grund eine bessere Lateroflexion möglich und die Wirbel rotieren in die Richtung der Lateroflexion.

Für den Reiter bedeutet die biomechanische Komponente, dass ein tief eingestellter Hals zu einer besseren seitlichen Biegung fähig ist. Entspannte Pferde lassen sich nicht nur aufgrund des niedrigeren Muskeltonus leichter in Stellung bringen, sondern auch aufgrund ihrer besseren lateroflektorischen Gelenkbewegung in Flexionsstellung.

Palpation und Testgriffe

Die Halswirbelsäule ist einer der sensibelsten Bereiche des Pferdes. Während die Palpation meist problemlos geduldet wird, gilt es, bei den Bewegungstests mit äußerster Sorgfalt vorzugehen, um die Kooperation des Pferdes zu erhalten. Ängste und Schmerzen veranlassen das Pferd nicht selten zu einer muskulären Abwehrspannung, die zu Fehlinterpretationen führen kann oder eine Testung unmöglich macht (leeres Endgefühl!).

Test auf muskuläre Restriktionen

Bevor die Tests auf artikuläre Läsionen durchgeführt werden können, steht die Prüfung und Behandlung der Muskulatur und des Weichgewebes an. Nur bei einer entspannten Halsmuskulatur können die nachfolgenden Bewegungstests zur Beurteilung von artikulären Läsionen veranlasst werden. Zunächst palpiert der Pferdetherapeut die Muskeln der Halswirbelsäule und kontrolliert die Beschaffenheit des Gewebes. Harte, knotige und schmerzhafte Regionen zeugen von Verspannungen, die gleich im Anschluss mithilfe von verschiedenen Muskeltechniken gelöst werden, s. Kap. Weichgewebetechniken (S. 119).

Positionstest der unteren HWS

Aus praktischen Gründen trennt man den Positionstest des Atlas nicht von dem der unteren Halswirbelsäule. Somit palpiert man nach dem Atlas weiterführend die kaudale Halswirbelsäule, wobei die Hände seitlich auf den Wirbelkörpern aufliegen. Die Daumen liegen in der Drosselrinne und die Handflächen auf dem jeweiligen Wirbelkörper. Die Ausgangsposition ist unter dem Pferdehals. Die Daumen palpieren die ventralen Wirbelränder, wobei ein möglicher Höhenunterschied im Seitenvergleich eine Rotation des jeweiligen Wirbels anzeigt. Tritt auf einer Seite ein Wirbel deutlicher hervor, überprüft man, welche Struktur betroffen ist. Dieser Befund kann eine Lateroflexion oder einen Sideshift bedeuten. Möglich sind ebenfalls Extensions- und Flexionsläsionen in Bezug auf die Nachbarwirbel.

Test der Translationsbewegung

Damit Lateroflexionen möglich sind, müssen die Wirbel der Halswirbelsäule in der Lage sein, ihre Facettengelenke auf der konvexen Seite zu öffnen. Diese Fähigkeit testet man mit einer Shiftbewegung des einzelnen Wirbels. Die Ausgangsposition deckt sich mit der des Positionstests. Nach der Palpation der Wirbelkörper gibt man abwechselnd einen einseitigen Druck auf den jeweilig zu testenden Wirbel, um dessen Translationsbewegung zu überprüfen (▸ **Abb. 6.20**).

Der 7. Halswirbel nimmt eine Sonderstellung ein. Er kann nicht mehr palpiert werden, da er hinter dem Schulterblatt liegt. Darum ist dieser Test nur für die Wirbel bis C 6 möglich.

Passiver Test in Extension und Flexion

Flexions- und Extensionstest von C 3 – C 6 Man testet zunächst die Bewegungskomponente zwischen C 2 und C 3, wobei eine Hand flach auf dem Axis liegt. Der Daumen hält Kontakt zum Atlasflügel, während der kleine Finger C 3 palpiert. Mit der anderen Hand drückt der Therapeut den Nasenrücken des Pferdes in Richtung Brust, um eine Flexionsbewegung herbeizuführen. Auf diese Weise fährt der Behandler mit allen weiteren Halswirbeln fort. Für den Extensionstest bewegt der Therapeut den Pferdekopf sowie die weiterführenden Halsabschnitte nach oben.

Flexions- und Extensionstest von C 7 Lediglich der Übergang C 7 auf Th 1 muss mit einer anderen Technik getestet werden. Hierzu schiebt der Therapeut seine flache Hand hinter die Skapula tief in Richtung 1. Rippe. Möglicherweise muss sich der Therapeut mithilfe der Release-Technik zuerst einen Zugang verschaffen, wenn muskuläre Restriktionen vorliegen. Weiteres zu Release-Technik, s. Kap. Tiefen-Release und Lift-Techniken (S. 85). Anschließend lassen sich die Bewegungen in Extension und Flexion testen.

▸ **Abb. 6.20** Mit leichten Shiftbewegungen nach links und rechts testet man die Translationsbewegung der einzelnen Halswirbel.

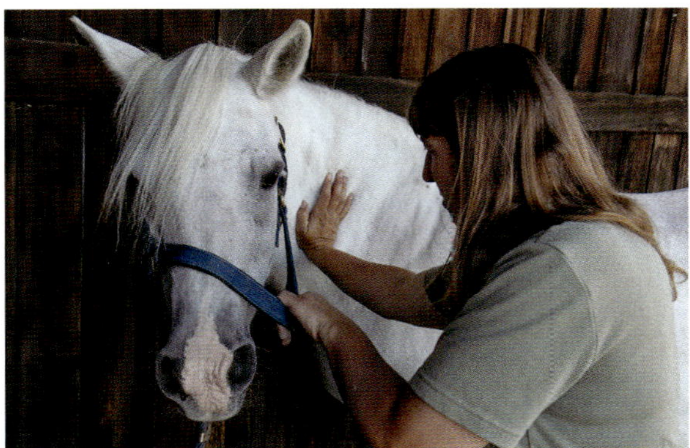

▸ **Abb. 6.21** Für den Lateroflexionstest der Halswirbelsäule liegt eine Hand auf dem zu testenden Wirbel, wobei man den Kopf des Pferdes in die Seitneigung führt.

Passiver Test in Lateroflexion C 3 – C 6

Der Therapeut steht in Schrittstellung neben dem Pferd, umfasst mit einer Hand den Nasenrücken des Pferdes oder greift in das Halfter und legt die andere Hand auf den zu testenden Wirbelkörper (▸ **Abb. 6.21**). Man beginnt bei C 3 und führt den Kopf des Pferdes in die Lateroflexion, bis die Bewegung stoppt. Man überprüft das Ausmaß und die Qualität der Bewegung im Seitenvergleich und beurteilt das Endgefühl. Aus praktischen Gründen wechselt man erst die Seite, wenn alle Wirbel einer Seite getestet wurden.

Die Durchführung des Tests in Lateroflexion kann vereinfacht werden, wenn man den Hals des Pferdes in eine leichte Flexion bringt. Hierbei erfolgt die gleichzeitige Rotation der Wirbel bei Lateroflexion in dieselbe Richtung. Spürt man deshalb ein Absinken des ventralen Wirbelrands sowie eine eingeschränkte laterale Flexion, ist eine Blockierung vorhanden.

Man sollte beim Lateroflexionstest darauf achten, dass das Pferd die Seitneigung ohne Rotation des Kopfes ausführt (▸ **Abb. 6.22**). Eine Rotation (▸ **Abb. 6.23**) kann eine Ausweichbewegung des Pferdes darstellen und gegebenenfalls eine Blockierung vertuschen.

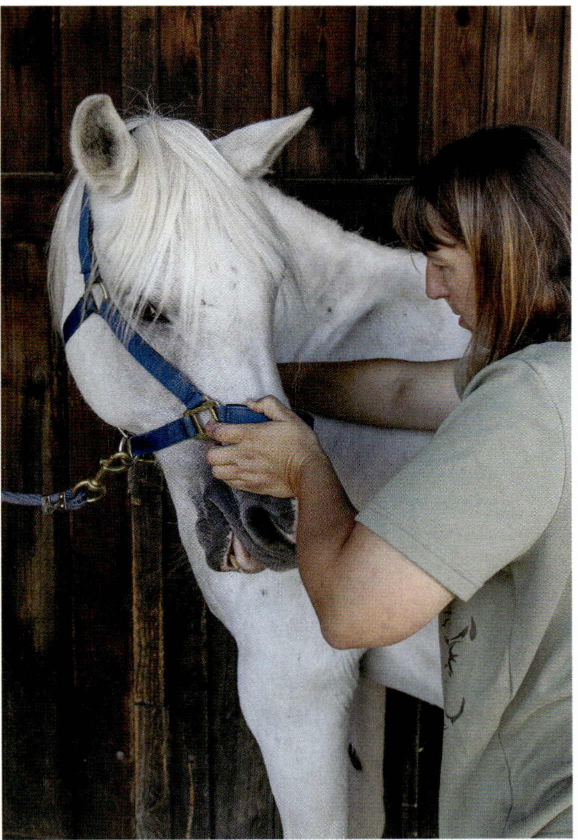

▸ **Abb. 6.22** Das Pferd sollte die Lateroflexion möglichst ohne Rotation ausführen, die eine mögliche Blockierung vortäuschen könnte.

Merke

Wirbelblockierungen der Halswirbelsegmente C 5 – C 7 erhärten den Verdacht auf ein dysfunktionales Zwerchfell, weil Restriktionen in diesem Bereich die Ganglien stellare und cervikale caudale reizen könnten und somit ein dauerhafter Sympathikotonus herbeigeführt wird.

Passiver Test in Lateroflexion des zervikothorakalen Übergangs

Die Palpation des Wirbels C 7 ist selbst mit erfolgtem Muskel-Release mittels Griff hinter das Schulterblatt schwierig. Die Bewegung in Lateroflexion lässt sich darum besser testen, wenn man das ipsilaterale Vorderbein aufnimmt, mit der anderen Hand das Halfter des Pferdes greift und eine Lateroflexion der gesamten Halswirbelsäule durchführt. Das Pferd sollte seine Nase ohne Widerstand bis zum Schulterblatt führen können. Sind die Facettengelenke in ihrer Gleitfähigkeit jedoch eingeschränkt, wird dieses erwartete Bewegungsausmaß nicht erreicht.

▸ **Abb. 6.23** In diesem Fall des Lateroflexionstests rotiert das Pferd den Kopf zusätzlich.

Aktiver Karottentest in Extension, Flexion und Lateroflexion

Alle Bewegungstests lassen sich auch aktiv mithilfe eines „Motivationsaktivators" durchführen. Hierzu bedient man sich beispielsweise einer Karotte, um das Pferd die Bewegungen in gewünschter Richtung ausführen zu lassen (▶ Abb. 6.24). So lassen sich alle Richtungen und Bewegungskomponenten gefahrlos testen, weil bei einer aktiven Bewegung, welche durch das Pferd selbst initiiert wird, Verletzungen so gut wie ausgeschlossen sind. Die Tests in Extension, Flexion und Lateroflexion-Rotation kann der Pferdebesitzer auch selbst ausführen. Diese Übungen machen insofern Sinn, als sie nicht nur als Test, sondern auch zur Mobilisierung dienen. Die genaue Ausführung ist deshalb unter Kap. Aktive Mobilisation mithilfe der Karottenübung (S. 214) beschrieben.

Praxistipp

Befundet man bei den Tests in Extension, Flexion oder Lateroflexion ein leeres Endgefühl, lässt das Pferd den Test – möglicherweise aufgrund von zu hoher Schmerzhaftigkeit – nicht zu. In diesem Fall sollte man auf die aktive Variante mittels Karottentest ausweichen, um das tatsächliche Bewegungsausmaß zu ermitteln.

Behandlungstechniken

Die Behandlung der Halswirbelsäule muss mit großer Sorgfalt geschehen, damit Verletzungen im Weichgewebe sowie in den Wirbelgelenken ausgeschlossen werden können. Der Therapeut muss sich außerdem in der Befundung der Läsion absolut sicher sein, bevor er manipulative oder mobilisierende Techniken anwendet. Zudem müssen Bewegungseinschränkungen aufgrund von Arthrose und akuten Verletzungen ausgeschlossen werden können.

Weichgewebetechniken

Triggerpunkttherapie

Den muskulären Status kann man sehr gut mittels Aufsuchen von Triggerpunkten beurteilen. Häufig reaktiv sind an der unteren Halswirbelsäule TrP 4 am M. brachiocephalicus auf Höhe der Intersectio clavicularis und TrP 5 an der Vorderkante der Skapula auf dem M. omotransversarius. Über die genaue Lage und Behandlungsstrategie sei auf das Kap. Triggerpunktkatalog des Pferdes (S. 64) verwiesen. Die Behandlung der Triggerpunkte mittels direkten Druckes, Massagen (Querfriktionen), Faszientechniken und Dehnungen sollte an der Halswirbelsäule stets mit leichter homolateraler Lateroflexion durchgeführt werden. Gegebenenfalls sollte man den Assistenten anweisen, den Pferdekopf in der entsprechenden Position zu halten.

▶ **Abb. 6.24** Aktiver Lateroflexionstest mittels Motivation durch Leckerli (Karottentest). Diese Übung kann der Pferdebesitzer selbst gefahrlos zum Test und zur Mobilisierung ausführen.

▸ **Abb. 6.25** Der M. brachiocephalicus ist häufig verspannt und kann gut mit dem C-Griff gelöst werden.

Massagetechniken

Der markante M. brachiocephalicus als Niederzieher des Kopfes und Vorführer der Vordergliedmaße stellt sich oft als Haupttäter bei muskulären Restriktionen heraus. Neben Quer- und Längsfriktionen sowie Walkungen kann dieser Muskel sehr gut gelöst werden, indem man ihn mit dem C-Griff umfasst und sanft von seiner Unterlage abhebt (▸ **Abb. 6.25**). Dabei arbeitet man sich von kaudal nach kranial vor und folgt dem sich verjüngenden Muskel, bis er aus den Fingern gleitet und in der Tiefe verschwindet.

Dehnungen

Werden Pferde häufig und dauerhaft in starker Flexionshaltung geritten, können passive und aktive Dehnungen zur Entspannung der Weichgewebe beitragen. Aktiv kann dies durch den Pferdebesitzer oder Trainer über das Longieren nach vorwärts-abwärts oder mittels der Möhrenübung unterstützt werden, s. Kap. Autostretching des Pferdes (S. 103). Der Therapeut kann mit passiven Dehnen des Halses (S. 100) langfristige Verspannungen bekämpfen.

Kinesiologisches Taping

Zum ergänzenden Abschluss der Manuellen Therapie können die Halsmuskeln in detonisierender Technik zusätzlich getapet werden.

Artikuläre Techniken

Die Mobilisierung und Manipulation der Wirbel C 3 – C 6 erfolgt jeweils äquivalent, sodass nachfolgend allgemein von der Behandlung des Halswirbels gesprochen wird.

Mobilisation der Läsion in Lateroflexion

Der Therapeut nimmt dieselbe Ausgangsstellung ein wie zur Testung. Das jeweilige Gelenk wird stets unter leichter Traktion schließlich durch wiederholende Bewegungen in die blockierte Richtung mobilisiert, bis sich das Bewegungsausmaß erweitert hat. Man achtet zugleich auf die Rotationsrichtung des Wirbels durch Palpation des Processus transversus und kann die Mobilisierung durch Druck auf den Querfortsatz des jeweiligen Wirbels in die entsprechende Rotationsrichtung unterstützen. Die Flexion der Halswirbelsäule erleichtert die Mobilisierung der Lateroflexion und Rotation in dieselbe Richtung.

Manipulation mit HVLA der Läsion in Lateroflexion

Thrust-Technik der Wirbelgelenke C 3 – C 6 Die Läsion in Lateroflexion ist stets mit einer Rotationskomponente sowie einer Flexions- oder Extensionskomponente kombiniert. Die Einstellung der Ausgangsposition für die Manipulation erfolgt entsprechend der gefundenen Läsion. Man lateroflektiert die Halswirbelsäule wie beim Test bis zur motorischen Barriere, stellt die Rotationskomponente durch Druck des Handballens auf den Processus transversus des jeweiligen Wirbels ein und führt den Hals in Flexion beziehungsweise Extension, um anschließend die Vorspannung herzustellen. Ist das Wirbelsegment in die Korrekturrichtung eingestellt, übt der Pferdetherapeut einen gezielten, kurzen und schnellen Impuls in die Korrekturrichtung aus, um die Blockierung zu lösen. Dabei öffnet sich die kontralaterale Gelenkfacette, was möglicherweise – jedoch keineswegs zwingend – durch ein Knackgeräusch zu hören ist, s. Kap. Manipulationen (S. 123).

Thrust-Technik des zervikothorakalen Übergangs (C 7 / Th 1) Die Gelenkfacetten des zervikothorakalen Übergangs lassen sich leichter lösen, wenn das homolaterale Vorderbein angehoben wird. Deshalb wird diese Gliedmaße flektiert am Fesselgelenk gehalten, und anschließend wird der Hals lateroflektiert. Hierzu greift der Therapeut den Halfter des Pferdes und führt den Kopf um seinen eigenen Körper herum (▸ **Abb. 6.26**). Dies verhindert ein kompensatorisches Abknicken und somit eine Hyperlateroflexion eines Wirbelgelenks, die erfolgt, um ein gegebenenfalls blockiertes Facettengelenk eines benachbarten Wirbels auszugleichen. Mit einer möglichst gleichmäßigen Lateroflexion findet eine homogene Öffnung der Gelenkfacetten statt. Die Lateroflexion stoppt,

▶ **Abb. 6.26** Lösen des zervikothorakalen Übergangs mithilfe der HVLA-Technik (Pfeil).

wenn sie an der Blockierung am zervikothorakalen Übergang angelangt ist. Mit zunächst wippenden Bewegungen wird die motorische Barriere festgestellt, das Pferd gleichzeitig zu einer Entspannungshaltung veranlasst, und schließlich mit einem schnellen, kurzen Impuls die Lateroflexion weiter fortgeführt, um den zervikothorakalen Übergang zu öffnen. Bei dieser Technik wird häufig ein Knackgeräusch ausgelöst.

Bevor man eine Manipulation der Halswirbelsäule durchführt, sollte man die Restriktion näher befunden. Zuerst muss ausgeschlossen werden, dass es sich um eine Arthrose handelt, die die Beweglichkeit aufgrund von Exostosen einschränkt. Der Weg zur Diagnostik führt über die Beurteilung des Endgefühls und die Testung aller Bewegungskomponenten. Fallen mehrere Blockierungen – beispielsweise in Flexion und in Lateroflexion-Rotation – auf und findet man ein hartes, artikuläres Endgefühl, ist von einer massiven Arthrose auszugehen. Damit wäre eine HVLA-Technik kontraindiziert.

Merke

Der Befund einer Arthrose schließt eine HVLA-Technik aus. Deshalb ist bei Restriktionen der Halswirbelsäule eine vorschnelle Manipulation kontraindiziert.

Das Alter des Pferdes kann nicht zum Ausschluss einer Arthrose herangezogen werden. Selbst junge Pferde können unter Arthrosen leiden, insbesondere wenn sie aufgrund traumatischer Einwirkung entstanden sind.

Aktive Mobilisation mithilfe der Karottenübung

Diese Mobilisationen kann der Pferdebesitzer auch selbst durchführen, da Verletzungen durch die aktive Bewegungskomponente nahezu ausgeschlossen sind. Die Mobilisation kann allerdings nicht gezielt auf ein Gelenk, sondern stets nur global durchgeführt werden. Leider können mit diesen Übungen nicht immer alle Läsionen gelöst werden, da eine globale Ausführung stets die Möglichkeit einer Kompensation durch benachbarte Wirbelgelenke zulässt. Außerdem wird das Pferd die Bewegung nie bis zur motorischen Barriere ausführen, da die aktive Bewegung nicht das Ausmaß der passiven Bewegung erreicht. Dennoch kann die aktive Mobilisierung dazu beitragen, Restriktionen vorzubeugen und das optimale Bewegungsausmaß zu erhalten.

Mobilisation in Flexion und Extension Für die Mobilisierung in Flexion und Extension bietet man dem Pferd einen Leckerbissen mit ausgestrecktem Arm in der Höhe an, in der das Tier seinen Kopf maximal nach oben strecken muss (▶ **Abb. 6.27**). Für die Flexionsübung bekommt das Pferd die Karotte an der Brust gereicht, wobei insbesondere die obere Halswirbelsäule angesprochen wird (▶ **Abb. 6.28**). Zur Flexion der gesamten Halswirbelsäule bietet man dem Pferd das Leckerli zwischen den Vorderbeinen an (▶ **Abb. 6.29**), s. auch Kap. Autostretching des Pferdes (S. 103). Die Flexionsübung lässt sich bei guter Beweglichkeit noch erweitern, wenn man dem Pferd den Leckerbissen unter dessen Bauch auf Bodenhöhe offeriert. Auf diese Weise muss das Pferd seinen Kopf zwischen seine Vorderbeine hindurchstecken, um den Leckerbissen zu erhaschen (▶ **Abb. 3.86**). Das Pferd flektiert hierzu nicht nur die Halswirbelsäule, sondern kyphosiert den gesamten Rücken. Sind Gelenkprobleme der Vorhand – insbesondere im Karpalgelenk – bekannt, sollte man auf letztere Übung verzichten, da die Vorhand bei dieser Aktion einer großen Belastung ausgesetzt ist.

Mobilisation in Lateroflexion Für die globale Mobilisierung der Halswirbelsäule in Lateroflexion lockt man den Pferdekopf wiederum mit Unterstützung einer Karotte als Lockmittel in einem Bogen zum Pferdekörper. Der Körper des Therapeuten dient dabei als Rotationsachse, um Knickbewegungen von Wirbelgelenken zu verhindern. Man bietet die Möhre in verschiedenen Höhen (Schulterblatt, Ellbogen, Karpalgelenk etc.) an (▶ **Abb. 3.87**, ▶ **Abb. 3.88**), wobei man feststellen wird, dass das Pferd die Bewegung – aus bereits bekannten Gründen – leichter ausführen kann, wenn die Karotte in tieferer Position gefüttert wird.

▶ **Abb. 6.27** Zur Mobilisation der Extensionsbewegung bietet man dem Pferd einen Leckerbissen oberhalb seines Kopfes an, damit es die Nase nach oben strecken muss.

▶ **Abb. 6.28** Für die Flexion insbesondere der oberen Halswirbelsäule reicht man dem Pferd einen Leckerbissen auf Höhe der Brust.

Um eine überwiegende Lateroflexion des Halses zu erreichen, bekommt das Pferd die Möhre an der Skapula gereicht. Für die Mobilisierung der gesamten Wirbelsäule einschließlich Brust- und Lendenwirbelsäule ermuntert man das Pferd, die Karotte auf Höhe des Tuber coxae zu erhaschen. Hierbei werden auch die langen Rücken- und Rumpfmuskeln der kontralateralen Seite gestretcht.

▶ **Abb. 6.29** Die gesamte Halswirbelsäule lässt sich aktiv gut flektieren, indem man dem Pferd ein Leckerli zwischen den Vorderbeinen reicht.

Eine weitere Variation ist die Lateroflexionsübung mit aufgehobenem Vorderbein. Entweder man flektiert das gleichseitige Vorderbein oder bittet einen Helfer, die kontralaterale Gliedmaße anzuheben. Als Folge wird die Mobilisierung der Läsion stärker zum Tragen kommen, weil sich das Pferd besser ausbalancieren muss.

Ergänzende Therapieformen

Elektrotherapie

Die mittelfrequente Elektrotherapie ist eine unterstützende Maßnahme bei muskulärem Hartspann im Bereich der gesamten Halswirbelsäule. Man entscheidet sich für eine Längsdurchströmung im Muskelverlauf, wobei die Elektroden im Bereich des Atlas und auf Höhe von C 7, direkt vor der Skapula, angebracht werden sollten.

Querdurchströmungen sind sinnvoll bei schmerzhaften, arthrotischen Veränderungen an bestimmten Wirbelgelenken, s. Kap. Elektrotherapie (S. 151).

Magnetfeldtherapie

Die meisten Hersteller von Magnetfeldgeräten bieten auch eine Halsmanschette an, die man zusätzlich oder separat anbringen kann, um diesen Bereich zu behandeln. Die Magnetfeldtherapie regt den Stoffwechsel an, spürbar wird eine Wirkung allerdings nur bei täglicher Anwendung über mehrere Wochen, s. Kap. Magnetfeldtherapie (S. 153).

Lasertherapie und Akupunktur

Der Low-Level-Laser aktiviert die Zellen und kann auch im gesamten Halsbereich zum Einsatz kommen. Spezielle Indikationen sind Arthrosen, verspannungsbedingte Schmerzsyndrome und die Reizung von Akupunkturpunkten (beispielsweise Gb 20, Bl 10, Bl 11 etc.). Weiteres dazu unter Kap. Lasertherapie (S. 153).

Kinesiologisches Taping

Zur Ergänzung der Manuellen Therapie können die Halsmuskeln in detonisierender Technik zusätzlich getapet werden.

6.3.4 Die Brustwirbelsäule

Die Bewegungen der Brustwirbelsäule sind durch die 18 anhaftenden Rippen relativ stark eingeschränkt. Extension und Flexion sind bei den ersten Brustwirbeln bis Th 6 am geringsten. Aufgrund der längeren Rippen, die einen größeren Hebelarm darstellen, steigt die Beweglichkeit nach kaudal hin an und erreicht ihre größte Amplitude bei den letzten 5 Brustwirbeln. Im Bereich Th 17 – L 2 hat das Pferd die größte Bewegungsfähigkeit in Extension und Flexion.

Die Brustwirbelsäule steht mit dem Thorax in unmittelbarer Verbindung, sodass eine therapeutische Abgrenzung beider Strukturen nicht möglich ist.

Spezifische Befunderhebung

Anamnese

Dem Pferdebesitzer fällt eine gewisse Berührungsempfindlichkeit des Rückens bereits beim Putzen und Satteln auf. Beim Reiten „gibt das Pferd den Rücken nicht her", läuft mit hoch erhobenem Kopf und lässt sich schlecht biegen. Pferde mit ungünstigen Rückenformen (Lordose, Lendenkyphose etc.) haben offensichtlich häufiger Rückenschmerzen. Stark gefährdet sind aber auch Pferde, die mit unpassenden Sätteln geritten werden und ungenügend ausgebildete Reiter tragen müssen.

Adspektion in Stand und Bewegung

Adspektorisch fällt eine anormale Rückenform auf, die Rückenschmerzen auslösen, verstärken oder unterhalten kann. Ungünstige Rückenformen wären beispielsweise ein zu kurzer, weil steifer Rücken, ein zu langer, da instabiler Rücken, aber auch übermäßig kyphotische und lordotische Formen, die nicht tragfähig genug sind. Zu überprüfen ist außerdem, ob eine Skoliose vorhanden ist.

Biomechanische Fakten

- **Gelenktyp:** Schiebegelenke
- **Gelenkpartner:** Th 1/Th 2, Th 2/Th 3, Th 3/Th 4 und fortlaufend bis Th 7/Th 18 mit jeweiligem Kontakt zu 2 Rippen über die Rippen-Wirbel-Gelenke (Art. costovertebrales) mit dem Rippenkopfgelenk (Art. capitis costae) und dem Rippenhöckergelenk (Art. costotransversaria)
- **Besonderheit:** Th 1 weist 4 Gelenkfacetten auf, Th 18 hingegen nur 2
- **Bewegungsmöglichkeiten:**
  - Flexion
  - Extension
  - Lateroflexion in Verbindung mit Rotation
  - Translation
  - Die Bewegungen in Extension und Flexion sind stets mit einer Rotation in die konkave oder konvexe Richtung verbunden, abhängig davon, ob die Wirbelsäule in Neutralstellung, in Kyphose oder Lordose steht. In Extension erfolgt eine Rotation in die entgegengesetzte Richtung, in Flexion hingegen in die gleiche Richtung.
  - Zudem gilt, dass bei einer Flexion eines Wirbels (Neigung nach kranial) der kraniale Wirbel nach ventral absenkt, während bei einer Extension der kraniale Wirbel dorsalisiert.
- **beteiligte Muskulatur:**
  - M. longissimus thoracis et lumborum (M. longissimus dorsi)
  - M. longissimus cervicis
  - M. multifidus thoracis
  - M. multifidus lumborum
  - M. spinalis
  - M. serratus dorsalis cranialis
  - M. trapezius
  - Mm. obliquus
  - M. erector spinae
  - Abdominalmuskulatur
  - Mm. psoas (für die Flexion)

Palpation und Testgriffe

Zuerst testet der Pferdeosteopath die Bewegungen der Brustwirbelsäule global, anschließend folgt die spezifische Untersuchung der einzelnen Wirbel. Dabei ist zu beachten, dass bei den globalen Tests auch die Lendenwirbelsäule bereits miteinbezogen wird, da keine klare Abtrennung der globalen Tests möglich ist.

Palpation auf Wärme, Sensibilität und Wirbeldyslokalisation

Zunächst palpiert der Therapeut den Verlauf der Brustwirbelsäule mit der flachen Hand, um Regionen mit erhöhter Wärme, Schwellungen und Berührungsempfindlichkeiten aufzuspüren. Anschließend wird die paravertebrale Muskulatur auf Wärme, Sensibilität und Verspannungen abgetastet. Für die Palpation der Wirbelpositionen nimmt der

Pferdetherapeut den jeweiligen Processus spinosus zwischen Daumen und Mittelfinger. Der Zeigefinger liegt dorsal auf dem Dornfortsatz auf. Nun überprüft der Therapeut Wirbel für Wirbel auf Lageabweichungen und Abstände zueinander. Seitliche Abweichungen haben meist Wirbelrotationen als Ursache.

Kibler'sche Hautfalte

Das Hautrollen kann über die gesamte Partie des Rückens durchgeführt werden. Es dient der Diagnostik von Störungen auf segmentaler Ebene. Gleichzeitig werden die Haut sowie die oberflächlichen Faszien mobilisiert und Verklebungen gelöst, s. Kap. Hautmobilisationen (S. 56).

Globaler Test für Flexion und Extension

Flexionstest vom Sternum ausgehend Der Therapeut übt mit den Fingern, der flachen Hand oder dem Therapiestäbchen einen sanften Druck auf das Xiphoid des Sternums beziehungsweise die Abdominalmuskulatur in dorsaler Richtung aus (▸ **Abb. 6.30**). Daraufhin sollte das Pferd die Brustwirbelsäule anheben. Idealerweise erwartet man eine Wölbung, bei der der Pferderücken vom Widerrist ausgehend eine nahezu waagerechte Linie bildet.

Kyphosiert nicht die gesamte Brustwirbelsäule gleichmäßig, sondern zeigen sich ventralisierte Bereiche, die nicht mit aufwölben, muss man von einer Einzel- oder Gruppenläsion des Wirbelsäulenabschnitts ausgehen. In diesem Fall handelt es sich um eine Läsion in Extension.

Ist die Flexionsbewegung in einem bestimmten Bereich eingeschränkt und weicht das Pferd dabei gleichzeitig zur Seite aus, besteht eine einseitige Läsion in Extension auf der konkaven Seite, weil sich die Gelenkfacetten auf dieser Seite nicht öffnen können. Zudem finden kompensatorische Wirbelrotationen statt, um der Flexionsbewegung zu entgehen, die die blockierten Wirbel nicht mitmachen können.

Flexionstest ausgehend von der Glutealmuskulatur Eine weitere Variation ist das Aufwölben der Brustwirbelsäule durch Reizung der Glutealmuskulatur mithilfe zweier Therapiestäbchen oder der Fingern. Bei dieser Technik ist die Wölbung der Lendenwirbelsäule allerdings präsenter, sodass als zusätzliche Unterstützung der Druckpunkt am Sternum Sinn macht. Da der Therapeut keine 3 Hände zur Verfügung hat, bedient er mit der einen Hand den Reizpunkt am Xiphoid des Sternums und mit der anderen Hand den kaudalen Bereich des Sakrums. Eine zusätzliche Lateroflexion zur Flexion erzielt man, in dem man gleichzeitig zur Stimulation am Xiphoid einseitig die Glutealmuskulatur reizt (globaler Test der Lateroflexion, s. u.).

Praxistipp

Sind Wirbelblockierungen vorhanden oder ist die paravertebrale Muskulatur verkürzt und kommt es dadurch beim globalen Flexionstest zu Schmerzen im Rückenbereich, muss der Therapeut mit teils vehementen Abwehrreaktionen des Pferdes rechnen. Deshalb ist größte Vorsicht bei den Flexionstests geboten, denn das Pferd könnte ausschlagen oder nach dem Therapeuten treten. Aus diesem Grund ist es von größter Wichtigkeit, dass der Therapeut niemals direkt hinter dem Pferd, sondern stets seitlich davon steht! Dies gilt insbesondere bei der bilateralen Stimulation der Glutealmuskulatur.
Wird der Druck auf das Xiphoid des Sternums beim Flexionstest unangenehm für das Pferd, muss man damit rechnen, dass der Vierbeiner mit den Hinterbeinen nach vorne unter den Bauch tritt. Aus Sicherheitsgründen sollte der Therapeut deshalb besonders sanft und vorsichtig vorgehen sowie eine sichere Position neben der Hinterhand beziehungsweise an der Schulter des Pferdes einnehmen.

▸ **Abb. 6.30** Beim Flexionstest, wobei das Xiphoid des Sternums oder die Abdominalmuskulatur stimuliert wird, sollte das Pferd den Rücken idealerweise bis zu einer waagerechten Linie aufwölben.

▶ **Abb. 6.31** Der Therapeut löst mit den Fingern an der lumbalen Rückenmuskulatur einen Reflex aus, wodurch der Rücken extensiert.

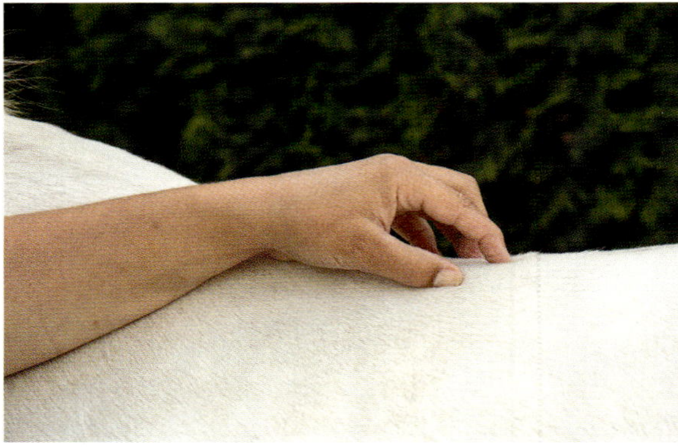

▶ **Abb. 6.32** In Ruhestellung palpiert der Therapeut mit dem Zeigefinger die Abstände der Dornfortsätze zueinander und beurteilt somit die Stellung der einzelnen Wirbel in Extension beziehungsweise Flexion.

Extensionstest mittels Reflexpunkten Für die Testung der Extension der Brust-, aber auch der Lendenwirbelsäule drückt der Therapeut mit Daumen und Zeigefinger bilateral auf die paravertebrale Muskulatur und stimuliert auf diese Weise das Absenken des Rückens (▶ **Abb. 6.31**). Die Qualität der Bewegung fließt in die Beurteilung mit ein: Läsionen äußern sich durch ungleichmäßige Lordosierung des jeweiligen Wirbelsäulenbereichs.

Spezifische Tests der einzelnen Brustwirbel in Flexion und Extension

Man wendet dieselbe Technik für die spezifischen Tests der einzelnen Brustwirbel in Flexion und Extension an wie für die globalen Tests, mit dem Unterschied, dass der Therapeut eine Hand auf den jeweiligen Dornfortsatz des einzelnen Brustwirbels legt und dessen Bewegung beurteilt. Findet man während der Flexionsbewegung keine Divergenz zum kranial gelegenen Wirbel, muss man von einer Flexionsläsion des einzelnen Wirbels ausgehen. Vermisst man hingegen eine Abstandsvergrößerung zum kaudal gelegenen Wirbel, diagnostiziert man eine Läsion in Extension. Derselbe Test lässt sich auch ohne Bewegungskomponente als reinen Stellungstest durchführen, um festzustellen, ob ein Wirbel in einer Flexions- oder Extensionsstellung blockiert ist (▶ **Abb. 6.32**).

Globaler Test in Lateroflexion

Wie bereits erwähnt, ist eine Lateroflexion immer einfach auszuführen, wenn die Wirbelsäule in Flexion steht. Aus diesem Grund wölbt man zunächst die Brustwirbelsäule anhand der Stimulation der Abdominalmuskulatur auf und reizt noch während der Flexionsbewegung des Pferdes die Glutealmuskulatur auf der kontralateralen Seite (▶ **Abb. 6.33**). Findet man keine Dysfunktionen vor, wird das Pferd seinen Rumpf um den Therapeuten herumbiegen. Getestet werden beide Seiten im Vergleich.

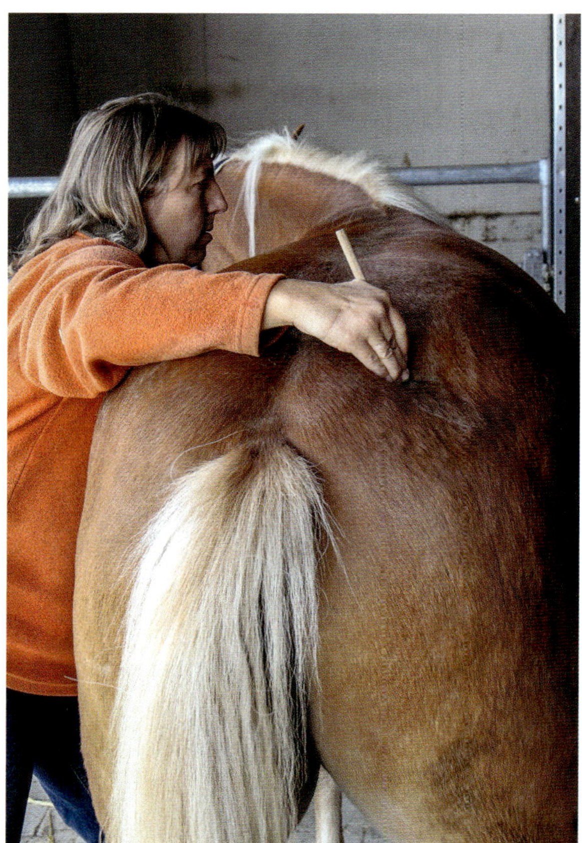

▶ **Abb. 6.33** Lateroflexionstest der Brust- und Lendenwirbelsäule durch Stimulation am Sternum und einseitiger Glutealmuskulatur.

▶ **Abb. 6.34** Test auf Beweglichkeit der einzelnen Wirbel.

Spezifischer Test der Wirbel in Lateroflexion und Rotation

Für den spezifischen Bewegungstest der einzelnen Brustwirbel nimmt der Behandler den Processus spinosus eines Wirbels zwischen beide Daumen und Zeigefinger (▶ Abb. 6.34). Nun schiebt er den Wirbel mit den Daumen sanft von sich weg und beurteilt, inwieweit der Wirbel diesem Druck ausweicht. Anschließend lässt der Therapeut den Wirbel wieder in die Ausgangsposition zurückgleiten. Auf diese Weise wird jeder Wirbel einzeln in seinem Bewegungsausmaß und im Seitenvergleich getestet.

Behandlungstechniken

Sind alle Wirbel in Extension, Flexion, Lateroflexion und Rotation getestet, kann man die Läsion benennen. So kann ein Wirbel beispielweise eine Läsion in Flexion, Lateroflexion links und Rotation rechts (FSliRre) aufweisen oder eine Läsion nur in Lateroflexion und Rotation ohne Flexion oder Extensionskomponente. Es können mehrere Wirbel (Gruppenläsion) oder einzelne Wirbel betroffen sein. Ein genauer Test weist dem Therapeuten den Weg zur Therapie. Nur wenn der Therapeut sich sicher ist, welche Läsion vorliegt, ist eine Behandlung möglich.

Merke

Diagnostiziert der Pferdeosteopath Gruppenläsionen im Brustwirbelbereich, können dahinter organische Erkrankungen stecken. Der Therapeut sollte deshalb auch an ein viszerales Problem denken, wenn eine ganze Wirbelgruppe Läsionen aufweist und es trotz fachgerechter Behandlung zu Rezidiven kommt, s. Kap. Viszerale Osteopathie (S. 148).

Weichgewebetechniken

Im Rückenbereich des Pferdes sind muskuläre Verspannungen eine der häufigsten Läsionen eines Reitpferds. Mit eine Rolle spielen als Ursache besonders oft nicht passende Sättel und ungenügend ausgebildete Reiter. Hierzu muss man sich vor Augen halten, dass das Pferd von Natur aus nicht als Reittier vorgesehen ist und trotz züchterischer Bemühungen das Gerittenwerden für ein Pferd stets eine Form der Kompensierung darstellt. Somit kommt es relativ schnell zu Überlastungserscheinungen, wenn das Training – sprich die Anpassungsvorgänge (um der reiterlichen Belastung langfristig standhalten zu können) – nicht angemessen vollzogen werden kann.

Sinnvoll ist deshalb, der Muskulatur – speziell im Rückenbereich – nicht nur eine therapeutische, sondern auch eine regelmäßige, präventive Betreuung zukommen zu lassen. Pferde, deren Weichgewebe einer regelmäßigen Behandlung unterzogen werden, haben größere Chancen, die reiterlichen Einflüsse langfristig zu kompensieren und bleiben dadurch länger gesund.

Muskelverspannungen sind außerdem häufig die Ursache von sekundären Wirbeldysfunktionen. Bevor man Wirbelkorrekturen durchführt, sollte deshalb der Muskeltonus normalisiert werden. Auf diese Weise können sich bereits viele artikuläre Läsionen auflösen, weil deren Ursache behoben ist. Somit wären keine weiteren artikulären Techniken mehr notwendig. Des Weiteren darf daran erinnert werden, dass 80 % aller Läsionen muskulären Ursprungs sind.

Triggerpunkttherapie

Im Rückenbereich finden sich häufig viele Triggerpunkte, die sich bei Druck meist durch die typische lokale Muskelzuckungsantwort (local twitch response) auszeichnen und damit diagnostiziert sind. Betroffen sind hauptsächlich der M. trapezius (TrA 16) sowie der M. longissimus dorsi (TrA 17, TrP 18). Weiteres unter Kap. Triggerpunktkatalog des Pferdes (S. 64). Im Zuge der Abklärung von Triggerpunkten wird auch der TrP 15 des M. rhomboideus gecheckt, der sowohl bei Rückenproblemen als auch bei Schulterdysfunktionen in den meisten Fällen aktiviert ist.

Auf die gefundenen Triggerpunkte bringt man einen maximal starken Druck, der vom Pferd gerade noch toleriert wird. Bewährt hat sich der Druck mit dem gekröpften Daumen. Der Druck wird so lange aufrechterhalten, bis die Muskelzuckung nicht mehr präsent ist. Anschließend wird der Muskel – an der Rückenmuskulatur eignen sich insbesondere Querfriktionen mit der Zweihandtechnik – ausgiebig massiert. Den Abschluss der Behandlung bildet das Aufdehnen der Muskulatur. Dieses kann über Spindelzelltechniken oder besser durch Lateroflexion der gesamten Wirbelsäule über die Reflexpunkte an der Glutealmuskulatur erfolgen.

Massagetechniken

Für die therapeutische und präventive Muskel- und Faszienbehandlung lassen sich an der Rücken- und Schultermuskulatur verschiedene Massagetechniken einsetzen. Der Klassiker ist die Querfriktion, die verklebte Muskelfasern zuverlässig löst. Bewährt hat sich ebenso die Längsfriktion, die mit einer Vibration gekoppelt wird. Hierzu werden die Hände übereinandergelegt und die Finger-

▶ **Abb. 6.35** Die Längsfriktion am M. longissimus dorsi kann mit einer Vibration gekoppelt werden, um die Effektivität zu steigern.

spitzen in schräger Position aufgesetzt (▶ **Abb. 6.35**). Dabei gilt: Je steiler die Handhaltung, desto intensiver ist der Druck. Nun arbeitet man paravertebral der Wirbelsäule der Muskelfaser folgend auf dem Muskelbauch des M. longissimus dorsi entlang in mehreren Spuren, bis der gesamte Muskel abgedeckt wurde.

Weitere indizierte Massagegriffe sind je nach Muskeltonus und Therapieziel das Hautrollen (als Kibler-Falte zur Diagnostik und Therapie, insbesondere der oberflächlichen Faszien), Drückungen, Streichungen, Verwindungen, Vibrationen und gegebenenfalls (mit Einschränkung) Klopfungen zur Muskeltonisierung, s. Kap. Klassische Massage (S. 49).

Spindelzelltechnik

Um die Muskulatur, speziell den langen Rückenmuskel, zu detonisieren, kann auch die Spindelzelltechnik beitragen. Die Muskelspindeln sind Rezeptoren im Muskelbauch, die die Länge der Muskelfasern messen. Messen die Spindelzellen, dass der Muskel zu kurz ist, veranlasst das Gehirn eine Gegenregulation, das heißt, der Muskel verlängert sich, wird also detonisiert. Um diesen Mechanismus auszulösen, wird der Muskel künstlich verkürzt, indem der Therapeut die Muskelfasern im Faserverlauf in Richtung Muskelbauch zusammenschiebt. Nach etwa 15 Wiederholungen erfolgt eine gegenregulatorische Entspannung.

Erfahrungsgemäß hält die Entspannung allerdings nicht sehr lange an, wenn man nicht mit weiteren Techniken die Muskelfasern und Faszien von Verklebungen löst. Für die kurzfristige Weiterbehandlung kann die Spindelzelltechnik aber gute Dienste leisten.

Dehnungen

Die vorhergehende myofasziale Behandlung sollte mit Dehnungen ergänzt werden, die aktiv und passiv durchgeführt werden können. Passiv gelingt dies durch Reizung des M. pectoralis profundus und/oder der Glutealmuskulatur, wie sie auch für die Tests der Wirbelsäulenflexion angewendet werden, s. Kap. Dehnen von Rumpf und Rücken (S. 101).

Den Pferdebesitzer kann man auch mit den aktiven Dehnungen als Hausaufgabe beauftragen, nachdem er das Pferd durch Bewegung (Reiten, Longieren) aufgewärmt hat. Für die Behandlung des Rückens bietet sich insbesondere die Verbeugeübung an, bei der das Pferd seinen Kopf zwischen die Vorderbeine hindurchsteckt und den ihm angebotenen Leckerbissen unter dem Bauch möglichst weit kaudal und auf Bodenhöhe zu erhaschen versucht, s. Kap. Autostretching des Pferdes (S. 103).

Kinesiologisches Taping

Zum ergänzenden Abschluss der Manuellen Therapie können die Rückenmuskeln – oder auch die gesamte dorsale Muskelkette – in detonisierender Technik zusätzlich getapet werden.

Wärmeapplikationen

Für den Rückenbereich haben sich bei chronischen Muskelverspannungen und arthrotischen Veränderungen der Brustwirbel verschiedene Wärmebehandlungen als Ergänzung zur Manuellen Therapie bewährt. Besonders bieten sich die heiße Rolle (S. 156) und das Solarium (S. 154) sowie Kartoffel-, Quark-, Fango- und Moorpackungen an. Während der Therapiesitzung kann man auch ein oder mehrere Wärmepads auf den Rücken legen.

Kälteapplikationen

Bei akuten Entzündungen, die mit Wärme und Schwellungen einhergehen, können auch Kälteanwendungen indiziert sein, s. Kap. Kryotherapie (S. 157). Hier sei insbesondere die Anwendung des Eis-Lollis empfohlen.

Unwinding

Um eine muskuläre Entspannung herbeizuführen, bietet sich im Rückenbereich die Unwinding-Technik besonders an, s. Kap. Lösen der transversalen Faszien- und Membranebenen (S. 144) und Kap. Behandlung der Diaphragmen mit Unwinding (S. 144).

Artikuläre Techniken

Nach der Weichgewebebehandlung verbliebene artikuläre Läsionen können auf verschiedenen Wegen therapiert werden. Es wird empfohlen, zunächst stets die „weichen" und sanften Techniken anzuwenden, die vom Pferd besser akzeptiert und verarbeitet werden können als sogenannte „harte" Techniken. Das Prinzip sollte der Regel folgen, dem jeweiligen Gelenk den Korrekturweg zu weisen, aber es nicht zu zwingen, den Weg einzuschlagen. Erst wenn das Gewebe – und hierzu zählen sowohl die artikulären als auch die myofaszialen Strukturen – darauf vorbereitet und und dazu bereit ist, kann eine Korrektur erfolgen.

Beispiel

Ein Wirbel, der eine Läsion in Extension aufweist, hatte einen „Grund“, diese Position einzunehmen und seine ursprüngliche „normale“ Lage zu verlassen. Irgendeine Ursache verhindert die Flexionsbewegung zurück in die Normalposition. Die Beseitigung der Ursache wird den Weg zur Normalität ebnen. Dies ist die erste Voraussetzung für eine nachhaltige Korrektur.

Im 2. Schritt erleichtert man dem Wirbel den Weg zurück in die Normalposition. Hierzu öffnet man die Gelenkfacetten (beispielsweise durch Muskelentspannungen und Flexionstechniken), damit der Weg aus der Extensionshaltung zurück in die Bewegung Richtung Flexion wieder möglich (aber nicht erzwungen) wird. Auf diese Weise findet das Pferd sofort in seine Balance zurück, der Wirbel nimmt das Angebot, sich zu normalisieren, an und das Pferd kann sein Bewegungspotenzial wieder voll nutzen.

Erzwingt man hingegen die Flexion des Wirbels, beispielsweise durch direkte Manipulationstechniken, ohne zuvor das Gewebe vorbereitet zu haben (Weichgewebetechniken, Mobilisierungen etc.), kann dies mit Schmerzen einhergehen, da der Wirbel in eine Position zurückgedrückt wird, die er in der jetzigen Situation von selbst nicht einnehmen kann. Eventuell und sogar sehr wahrscheinlich (weil häufig) sind Fehlspannungen der Muskulatur die Ursache. Im Resultat können Schmerzen auftreten (durch Überdehnung von nicht vorbereitetem Weichgewebe) sowie Balanceschwierigkeiten durch abrupte Statikveränderungen. Dies zwingt das Pferd in einen Heilungsprozess, der unter anderem eine reiterliche Zwangspause nach sich zieht.

Merke

Bei lange bestehenden, chronischen Dysfunktionen sind Mobilisationen das Mittel der Wahl. Bei akuten Traumen (soeben passierte Stürze) sind hingegen HVLA-Techniken die empfohlene Therapieform für die Korrektur der entstandenen Läsionen.

Globale Mobilisation in Flexion, Extension und Lateroflexion

Die Mobilisierung der Brustwirbelsäule wird äquivalent zum Test durchgeführt. Nach der Weichgewebebehandlung stimuliert man zunächst mit den Fingern oder dem Therapiestäbchen entweder die Glutealmuskulatur (▸ **Abb. 6.36**) oder das Xiphoid des Brustbeins, wodurch das Pferd dazu veranlasst wird, den Thorax anzuheben und die Wirbelsäule zu flektieren. Zunächst wiederholt man die Flexion, bis eine Erweiterung der Mobilität sichtbar wird, anschließend mobilisiert man die Lateroflexion durch einseitige Stimulation an der Glutealmuskulatur. Die Flexion kann abwechselnd mit der Extension durchgeführt werden, um das Bewegungsausmaß zu optimieren. In der Regel reicht eine 3- bis 5-malige Wiederholung aus.

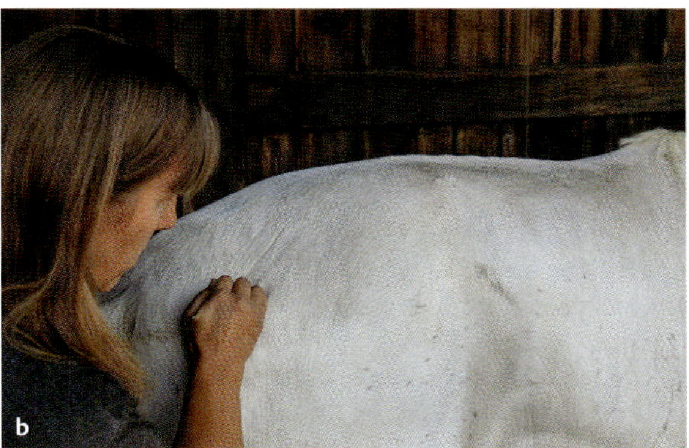

▸ **Abb. 6.36** Mobilisation der Wirbelsäule in Flexion.
a Ausgangsposition.
b Aufwölben der Wirbelsäule durch Stimulation der Glutealmuskulatur. Zur Mobilisation wird die Flexion 3- bis 5-mal wiederholt.

Spezifische Mobilisation des einzelnen Wirbels

Die Art der Läsion bestimmt die Therapierichtung des einzelnen Wirbels. Ergibt der Test eine Rotation des Wirbels nach rechts, befindet sich der Dornfortsatz links und muss nach rechts korrigiert werden. Diese Läsion in Rotation rechts kann mit direkten, rhythmischen Schaukelbewegungen des Processus spinosus des jeweiligen Wirbels in die Korrekturrichtung – in diesem Fall nach rechts – normalisiert werden. Hierzu haken die Finger beider Hände an den benachbarten Wirbeldornfortsätzen ein und mobilisieren den zu korrigierenden Wirbel mit den Daumen in die jeweilige Richtung (▸ **Abb. 6.37**).

Spezifische Korrektur mit direkter HVLA-Technik

Für die Impulstechnik legt man die Handflächen übereinander und setzt den Handballen auf den Processus spinosus des zu korrigierenden Wirbels an. Mit einem schnellen Impuls führt man den Wirbel in seine normale Position zurück.

Spezifische Mobilisierung mit indirekter Technik

Sind direkte Techniken nicht erfolgreich, spricht die Läsion möglicherweise auf die indirekte Technik an. Hierzu mobilisiert man den Dornfortsatz des betroffenen Wirbels in die Läsionsrichtung hinein (Schubladentechnik!).

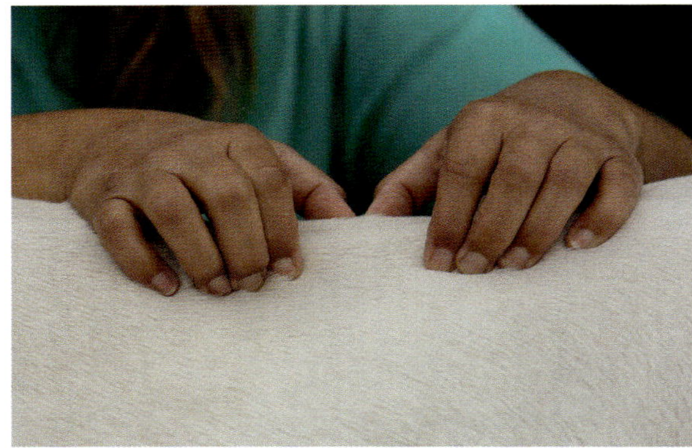

▶ **Abb. 6.37** Zur Mobilisation eines einzelnen Wirbels in Läsion Rotation haken die Finger beider Hände an den Dornfortsätzen der Nachbarwirbel ein, während die Daumen den zu korrigierenden Wirbel in die blockierte Richtung mobilisieren.

Wenn der Release eingetreten ist, kann man den Wirbel in die Korrekturrichtung mobilisieren. Anschließend testet man den neuen Bewegungsumfang.

Korrektur durch Muskelstimulation

Diese Technik erfordert die vorherige Tonusregulierung der eingesetzten Muskulatur. Ein kontrakter Muskel arbeitet ansonsten gegen die Korrektur. Das Prinzip dieser Technik liegt darin, das jeweilige Gelenk über den Muskelzug wieder in seine normale Lage zu bringen. Der Therapeut setzt dabei die Agonisten und Antagonisten ein, um die Dysfunktion eines Gelenks zu normalisieren. Hierzu verstärkt man über die Stimulation des Agonisten zunächst die Läsion. Der Antagonist wird gedehnt und anschließend stimuliert, worauf dieser sich reflexartig kontrahiert und den jeweiligen Gelenkpartner oder Wirbel in die zu korrigierende Richtung mitnimmt.

Stellt der Therapeut eine Läsion eines Brustwirbels in FSRli (Flexion, Lateroflexion und Rotation links) fest, geht er für die Korrektur des Wirbels wie folgt vor: Für die Ausgangsstellung geht der Behandler auf die rechte Seite des Pferdes und legt den Daumen seiner rechten Hand auf den Processus spinosus des korrigierenden Wirbels. Die linke Hand stimuliert zunächst den M. rectus abdominis, der den Rücken wölbt und die Facettengelenke verstärkt in Öffnung bringt. Die Stimulation der Glutealmuskulatur (bevorzugt für die Wirbelkorrektur im kaudalen Bereich) auf der rechten Seite oder wahlweise Druck auf den M. obliquus externus abdominis (für Korrekturen kranial von Th 16), lösen eine Lateroflexion des Rumpfes nach links aus und verstärken die Läsion des Wirbels in Lateroflexion und Rotation links. Für die Stimulation des M. obliquus externus abdominis auf der linken Seite muss der Therapeut über den Rücken weit nach ventral greifen.

Jetzt geht der Pferdetherapeut in die Gegenregulation über, indem er die Antagonisten (welche sich aktuell in Dehnung befinden) mit dem Finger stimuliert, um eine reflektorische Kontraktion zu erreichen und den Wirbel in die Korrekturrichtung zu bringen. Die Muskeln der Wahl sind in diesem Fall der M. longissimus lumborum, um den gesamten Rücken in die Extension zu bringen sowie der M. erector spinae auf der rechten Seite auf Höhe von Th 13. Zudem unterstützt man die Bewegung des Wirbels durch Druck auf den Processus spinosus nach ventral und links, um die Korrektur zu unterstützen.

Für die Läsionen der verschiedenen Wirbelsegmente müssen stets die passenden Muskeln ausgewählt werden, die die entsprechenden Korrekturbewegungen initiieren.

Praxistipp

Wenn möglich, sollte die Korrektur der kombinierten Läsionen gleichzeitig erfolgen. Ist dies nicht durchführbar, korrigiert man einen Wirbel mit gekoppelten Fehlstellungen stets zuerst über die größte Bewegungsamplitude. Dies ist die Flexion beziehungsweise Extension. Danach stellt man die Lateroflexion in Verbindung mit der Rotation ein.

Ergänzende Therapieformen

Elektrotherapie

Bei Arthrosen, Spondylosen, Verspannungen, Nervenregeneration und allgemeinen schmerzbedingten Zuständen kann die mittelfrequente Elektrotherapie als ergänzende Maßnahme die Arbeit des Manualtherapeuten unterstützen. Die Elektroden werden für den Rückenbereich am Widerrist sowie am Kreuzbein angebracht, s. Kap. Mittelfrequente Elektrotherapie (S. 152).

Magnetfeldtherapie

Um den Stoffwechsel im Rückenbereich anzuregen, kann die Magnetfeldtherapie gute ergänzende Dienste leisten. Diese zusätzliche Behandlungsform macht allerdings nur Sinn, wenn sie über mindestens 4–6 Wochen täglich angewendet wird. Um den Rückenbereich zu behandeln, sind spezielle Decken mit Einschubfächern für die Magnetfeldpads am Markt, s. Kap. Magnetfeldtherapie (S. 153).

Lasertherapie und Akupunktur

Im Rückenbereich kann der Softlaser ebenso zur Förderung des Stoffwechsels beitragen und eignet sich bei chronischen Erkrankungen im Brustwirbelbereich (Kissing spines, Arthrose, ältere Sehnen- und Bänderverletzungen) besonders gut. Zudem kommt er bei Hautentzündungen, offenen Verletzungen, Ekzemen und Abszessen zum Einsatz. Ideal ist auch dessen Einsatz in der Akupunktur, speziell an den auf dem über den Rücken laufenden Blasenmeridian befindlichen Shu-Punkten, s. Kap. Lasertherapie (S. 153).

6.3.5 Die Lendenwirbelsäule

Die Lendenwirbelsäule nimmt den Schub aus der Hinterhand über das Kreuzbein und Iliosakralgelenk auf und leitet diesen zur Brustwirbelsäule weiter. Im Gegensatz zur Brustwirbelsäule werden die 5–6 Lendenwirbel nicht durch Rippen gestützt. Auffällig sind die ausgeprägten Processus transversi. Die Lendenwirbelsäule steht in einer Flexion, wodurch der Processus spinosus des 3. Lendenwirbels den höchsten Punkt der Kyphose bildet. Der Wirbel L 3 hat außerdem die längsten Querfortsätze.

Schmerzsyndrome und Bewegungseinschränkungen findet man in der Lendenwirbelsäule relativ häufig. Sie ist als freitragendes Wirbelsäulensegment einer großen Belastung ausgesetzt, insbesondere sind der thorakolumbale sowie der lumbosakrale Übergang davon betroffen. Überlastungen entstehen häufig durch unpassende Sättel, deren Schwerpunkt zu weit in Richtung Lendenwirbelsäule verlagert ist.

Spezifische Befunderhebung

Anamnese

Die Befragungen der Pferdebesitzer ergeben oft ähnliche Aussagen, die auch für die Brustwirbelsäule zutreffen, s. Kap. Anamnese (S. 216). Berichten die Besitzer allerdings über das „Ausfallen" oder Nachziehen der Hinterhand, über Zehenschleifen, Versammlungsprobleme, zu wenig Raumgriff und Schwierigkeiten bei Biegungen, sollte der Therapeut an Läsionen der Lendenwirbelsäule denken.

Adspektion in Stand und Bewegung

Interessanterweise wirken Pferde mit Lendenwirbelproblemen adspektorisch oft wie 2 verschiedene Pferde, die am thorakolumbalen Übergang zusammengesetzt wurden. Manchmal findet man eine übermäßige Kyphose des paravertebralen Lendenbereichs mit segmentalen Auffälligkeiten wie Verquellungen, stumpfem Fell und Berührungsempfindlichkeit. Muskuläre Verspannungen führen zu einer aufgezogenen Lendenpartie. Die Hinterhufe könnten an den Zehen Schleifspuren aufweisen, was ein Hinweis auf Problematiken im Lenden- oder Kreuzbeinbereich (inklusive ISG) sein kann.

Aufgrund der Abhängigkeiten der einzelnen Wirbelsäulenabschnitte untereinander kann die Lendenwirbelsäule nicht allein für sich beurteilt werden. So müssen Auffälligkeiten stets in Bezug auf die benachbarten und myofaszial korrespondierenden Strukturen gesehen werden.

Biomechanische Fakten

- **Gelenktyp:** Schiebegelenke
- **Gelenkpartner:** Th 18/L 1, L 1/L 2, L 2/L 3, L 3/L 4, L 4/L 5, L 5/L 6, L 6/S 1
- **Besonderheit:** lange Processus transversi
- **Bewegungsmöglichkeiten:**
  - Extension
  - Flexion
  - Lateroflexion mit Rotation
- **beteiligte Muskulatur:**
  - M. rectus abdominis
  - M. obliquus abdominis
  - M. psoas
  - M. longissimus lumborum
  - M. multifidus lumborum

Palpation und Testgriffe

Die Tests zum Aufspüren von Dysfunktionen der Lendenwirbelsäule decken sich im Großen und Ganzen mit denen der Brustwirbelsäule, s. Kap. Brustwirbelsäule – Palpation und Testgriffe (S. 216). In der Regel werden diese beiden Wirbelsäulenabschnitte auch in einem Arbeitsschritt getestet.

Palpation auf Wärme, Sensibilität und Wirbeldyslokalisationen

Der Therapeut palpiert den Wirbelsäulenabschnitt sowie die paravertebralen Bereiche auf Wärme, sensible Regionen, Muskelverspannungen und Fehlstellungen der Lendenwirbel. Wärmeherde können auf Wirbelläsionen hindeuten, ebenso segmentale Auffälligkeiten.

Osteopathisch beurteilt man die Abstände der Dornfortsätze zueinander, um Flexions- beziehungsweise Extensionsläsionen einzuordnen. Seitliche Abweichungen weisen auf Lateroflexions- und Rotationsläsionen hin.

Globaler Test für Flexion und Extension

Flexionstest ausgehend vom M. rectus abdominis Um die Lendenwirbelsäule aufzuwölben und somit die Bewegung in Flexion zu überprüfen, übt der Therapeut mit seinen Fingern oder dem Therapiestäbchen einen sanften Druck auf den kaudalen Bereich des M. rectus abdominis aus. Idealerweise erwartet man eine Wölbung, die sich in nahezu waagerechter Linie bis zum Widerrist fortsetzt. Gegebenenfalls übt man gleichzeitig einen Druck auf das Xiphoid des Sternums aus, um eine gleichmäßige Divergenz der Facettengelenke zu erreichen.

Flexionstest ausgehend von der Glutealmuskulatur Alternativ lässt sich die Flexion der Lendenwirbelsäule über die Glutealmuskulatur erreichen, wobei diese Technik die meist bevorzugte Variante der Therapeuten ist. Die Brustwirbelsäule kann hier ebenfalls flektieren, sollte aber für eine gleichmäßige Facettengelenkdivergenz über den M. rectus abdominis in Sternumnähe unterstützt werden.

Bleiben bei den Flexionstests die Facettengelenke ein oder mehrerer Wirbel beidseits in Extension blockiert, wird dies durch eine Delle sichtbar – das Pferd wölbt nicht bis zum Widerrist gleichmäßig auf. Das Pferd kann sich außerdem der Wölbung widersetzen, indem es Ab-

▶ **Abb. 6.38** Das Pferd senkt die Kruppe ab und versucht auf diese Weise, sich der Rückenwölbung zu entziehen. Hier muss der Therapeut von Wirbelrestriktionen ausgehen und spezifische Tests durchführen.

wehrreaktionen wie Ausschlagen zeigt oder mit der Hinterhand „in die Knie geht" (▶ **Abb. 6.38**). Es senkt dabei die Kruppe ab, anstatt den Rücken aufzuwölben.

Ist eine Gelenkfacette nur einseitig blockiert, wird das Pferd mit einer Lateroflexion zur Seite der Blockierung antworten. Bei einer Läsion in Extension einseitig kann die Gelenkfacette auf der Seite der Lateroflexion nicht öffnen.

Flexionstest ausgehend vom Sakrum Mit Druck auf die Sakrumspitze kann die Lendenwirbelsäule ebenfalls reflektorisch in Flexion gehen.

Extensionstest mittels Reflexpunkten Vergleiche Kap. Globaler Test für Flexion und Extension (S. 217) bei der Brustwirbelsäule.

Globaler Test in Lateroflexion

Für die Prüfung der Lateroflexion stimuliert man lediglich eine Seite der Glutealmuskulatur. Mit zusätzlicher Flexion ist eine Lateroflexion einfacher, deshalb wird die Seitneigung in der Regel in Kombination mit der Flexion getestet. Bei Druck auf die linke Seite der Glutealmuskulatur führt das Pferd eine Lateroflexion nach rechts aus, wenn keine Läsionen dagegenstehen. Entsprechend testet man eine Lateroflexion links mit der Stimulation des Glutealmuskels auf der rechten Seite.

Spezifische Tests der einzelnen Lendenwirbel in Flexion und Extension

Die Technik des Aufwölbens beziehungsweise Absenkens des Pferderückens ist dieselbe wie bereits beschrieben. Allerdings legt der Therapeut für die Testung der einzelnen Lendenwirbel seine zweite Hand auf den jeweiligen Processus spinosus und beurteilt dessen Bewegung. Divergiert der Wirbel bei einer Flexionsbewegung nicht in Bezug auf den kranialen Nachbarwirbel, muss man von einer Flexionsblockierung des Testwirbels ausgehen. Wird der Abstand hingegen zum kaudalen Nachbarwirbel nicht größer, handelt es sich um eine Läsion in Extension.

Spezifischer Test der Wirbel in Lateroflexion und Rotation

Für den spezifischen Test nimmt der Behandler wie schon bei der Brustwirbelsäule den Dornfortsatz des zu testenden Lendenwirbels zwischen Daumen und Mittelfinger. Nun schiebt er den Wirbel mit den Daumen sanft von sich weg und beurteilt Bewegungsausmaß und -qualität. Anschließend lässt man den Wirbel wieder in die Ausgangsposition zurückgleiten. Die Wirbel werden einzeln im Seitenvergleich getestet.

Behandlungstechniken

Die Behandlungen der Lendenwirbelsäule decken sich zum größten Teil mit den Behandlungstechniken der

Brustwirbelsäule (S. 219). Aus diesem Grund sollen sie hier nicht mehr einzeln aufgeführt werden, da die Behandlungstechniken der Brustwirbelsäule auf die Lendenwirbelsäule angewendet werden können. Für die Korrekturen der Lendenwirbel sind ebenfalls zunächst verschiedene Muskeltechniken (Friktionen, Verwindungen, Hautrollen sowie spezifische Muskeltherapien wie Triggerpunkttherapie, speziell mit den TrP 19 und 23) anzuwenden, s. Kap. Triggerpunktkatalog des Pferdes (S. 64) und Kap. Spindelzelltechnik (S. 220). Außerdem bieten sich auch globale und spezifische direkte und indirekte Mobilisierungen in Flexion, Extension und Lateroflexion mit Rotation an. Auch die physikalischen und ergänzenden Therapieformen gelten äquivalent. In Ausnahmefällen stehen Korrekturen mit HVLA-Techniken, wie nachfolgend angeführt, zur Verfügung.

Artikuläre Manipulationstechnik

Hebeltechnik der Läsion in Lateroflexion und Rotation Eine spezielle Technik für die Lendenwirbelsäule steht dem Therapeuten mit der Hebeltechnik zur Verfügung. Durch Anheben der jeweiligen hinteren Extremität kann man eine Lateroflexion auf der Seite erreichen, auf der das Bein angehoben wird. Um den blockierten Wirbel exakt anzusteuern, wird das Bein in der Tripleflex langsam nach kranial genommen, bis man spürt, dass die Bewegung am blockierten Wirbel angekommen ist und die motorische Barriere erreicht ist. Hierzu liegt die zweite Hand am Läsionswirbel auf, um das „Ankommen" der Bewegung zu spüren.

Mit der Tripleflex in Abduktion bewirkt man außerdem eine ausgeprägte Rotation der Lendenwirbel (▶ **Abb. 6.39**). Befindet sich ein Wirbel beispielsweise in Läsion Lateroflexion und Rotation links, kann diese durch Anheben des rechten Beines, Einstellen in Protraktion und Abduktion – bis die Bewegung am Läsionswirbel angekommen ist – in Vorspannung gehen und durch Impulsgebung (HVLA) deblockiert werden. Für den Thrust wird die Gliedmaße in minimaler, aber blitzartiger Bewegung nach dorsal geführt, um die Gelenkfacette des jeweiligen Lendenwirbelsegments zu öffnen.

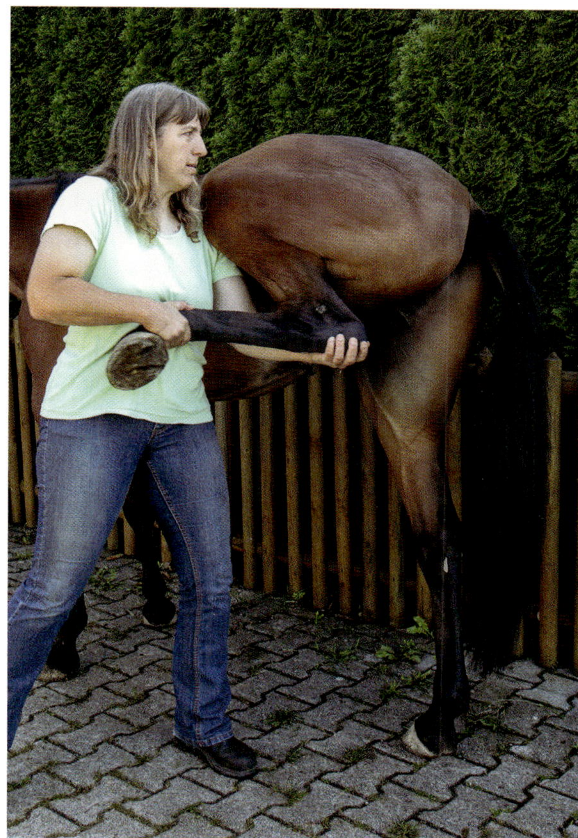

▶ **Abb. 6.39** Die Tripleflex und Abduktion der hinteren Gliedmaße bewirkt ab einem bestimmten Grad eine Rotation der Lendenwirbel. Um Gelenkstress der distalen Gelenke zu vermeiden, platziert der Therapeut das Knie des Pferdes auf seiner Schulter und initiiert mit der Schulter den Impuls nach dorsal.

6.3.6 Sakrum und Iliosakralgelenk

Der Komplex des Kreuzbeins, des Beckens und dessen Verbindung, des Iliosakralgelenks (ISG), kann therapeutisch nicht getrennt werden, da sie eine funktionelle Einheit bilden. Liegen Rotationen des Beckens vor, sind das ISG und das Sakrum immer mitbetroffen. Um den Überblick zu wahren, werden dennoch die Strukturen separat abgehandelt, für die therapeutische Herangehensweise in der Praxis müssen aber stets alle Komponenten in Kombination betrachtet werden, um die Auswahl der jeweiligen Techniken und deren Reihenfolge zu bestimmen.

Spezifische Befunderhebung

Anamnese

In Bezug auf Läsionen im Sakrum spielen verschiedene Faktoren eine Rolle, die stets als Gesamtkomplex zu beurteilen sind. Deshalb sind die Dysfunktionen im Beckenbereich global zu sehen. Sie können anamnestisch kaum voneinander abgegrenzt werden.

Bei Restriktionen im Becken-/Sakrumbereich berichten die Reiter unter anderem von einer ungenügend untertretenden und schleppenden Hinterhand, von Zehenschleifen und eingeschränkter Biegefähigkeit. Häufig wird auch darüber geklagt, dass das Pferd auf einer Seite schlecht oder gar nicht angaloppiert sowie über schiefes (Läsion über die schrägen Transversalachsen) oder zähes (Läsion in bi- oder unilateraler Nutation) Rückwärtsrichten. Ebenso wird von „allgemein steifen Bewegungen" berichtet. Oft fällt auch eine Schweifschiefhaltung auf. In manchen Fällen sind die Pferde auf der Hinterhand lahm, was sich meist in einer Hangbeinlahmheit äußert.

Adspektion in Stand und Bewegung

Eine Läsion im Sakrum-/Beckenbereich ist adspektorisch bereits durch eine fehlerhafte Beckenstellung zu erkennen. Das Pferd wird hierzu auf ebenem Boden in geschlossener Beinstellung von hinten betrachtet. Der Vergleich beider Tubera coxae sowie Tubera sacrales ergibt bei Läsionen einen Höhenunterschied. Dieser kann auf Beckenrotationen und/oder ein dorsalisiertes Ilium hinweisen. Weitere adspektorische Hinweise im Stand können eine aufgeworfene Lendenpartie (dorsalisierte Sakrumbasis) oder eine waagerechte Kruppe (ventralisierte Sakrumbasis) sein.

Eine abnorme Schweifhaltung (► Abb. 6.40, ► Abb. 6.41) lässt den Therapeuten an verschiedene Sakrumläsionen denken. Eine hohe Schweifhaltung kann auf eine ventralisierte Sakrumbasis hindeuten, ein eingezogener Schweif hingegen lässt eher eine dorsalisierte Sakrumbasis vermuten. Diese Läsionen ziehen außerdem eine aufgeworfene Nierenpartie und eine flach auslaufende Kruppe nach sich.

Schweifschiefhaltungen werden häufig mit Sakrumfehlstellungen in Verbindung gebracht. Dabei kann ein nach links getragener Schweif eine Sakrumläsion in L/L oder R/L bedeuten, während ein rechts getragener Schweif Läsionen in R/R oder L/R annehmen lässt.

Einen ersten und häufig (aber nicht immer) mithilfe der Bewegungstests der Sakrumbasen über die schrägen Transversalachsen bestätigten Hinweis auf spezifische Sakrumläsionen erhält man über die Schweifhaltung des Pferdes – insbesondere in Bewegung beim Wegtraben auf gerader Linie.

Man findet bei den jeweiligen Sakrumläsionen folgende Schweifhaltungen (► Abb. 6.42):

- Sakrumläsion R/L → Schweifhaltung nach links ventral
- Sakrumläsion R/R → Schweifhaltung nach rechts dorsal
- Sakrumläsion L/R → Schweifhaltung nach rechts ventral
- Sakrumläsion L/L → Schweifhaltung nach links dorsal

► **Abb. 6.40** Adspektorisch ist bei diesem Pferd eine leichte, aber kontinuierliche Schweifschiefhaltung zu erkennen. Die Tests ergaben neben einer Sakrumläsion eine zusätzliche Lateroflexion und Rotation des Beckens sowie eine ISG-Blockierung.

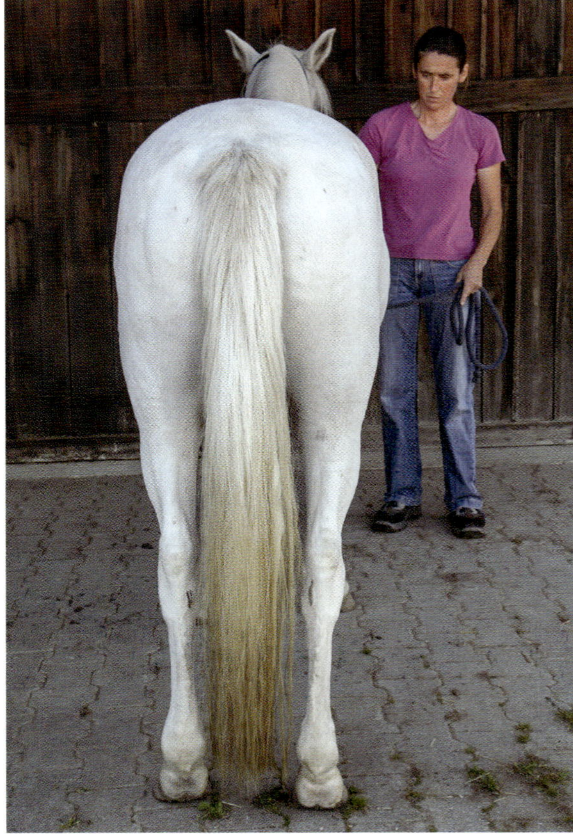

► **Abb. 6.41** Das Pferd nach der Sakrum-, ISG- und Beckenkorrektur: Der Schweif hängt gerade, das Becken ist symmetrisch, das Pferd ist wieder ausbalanciert.

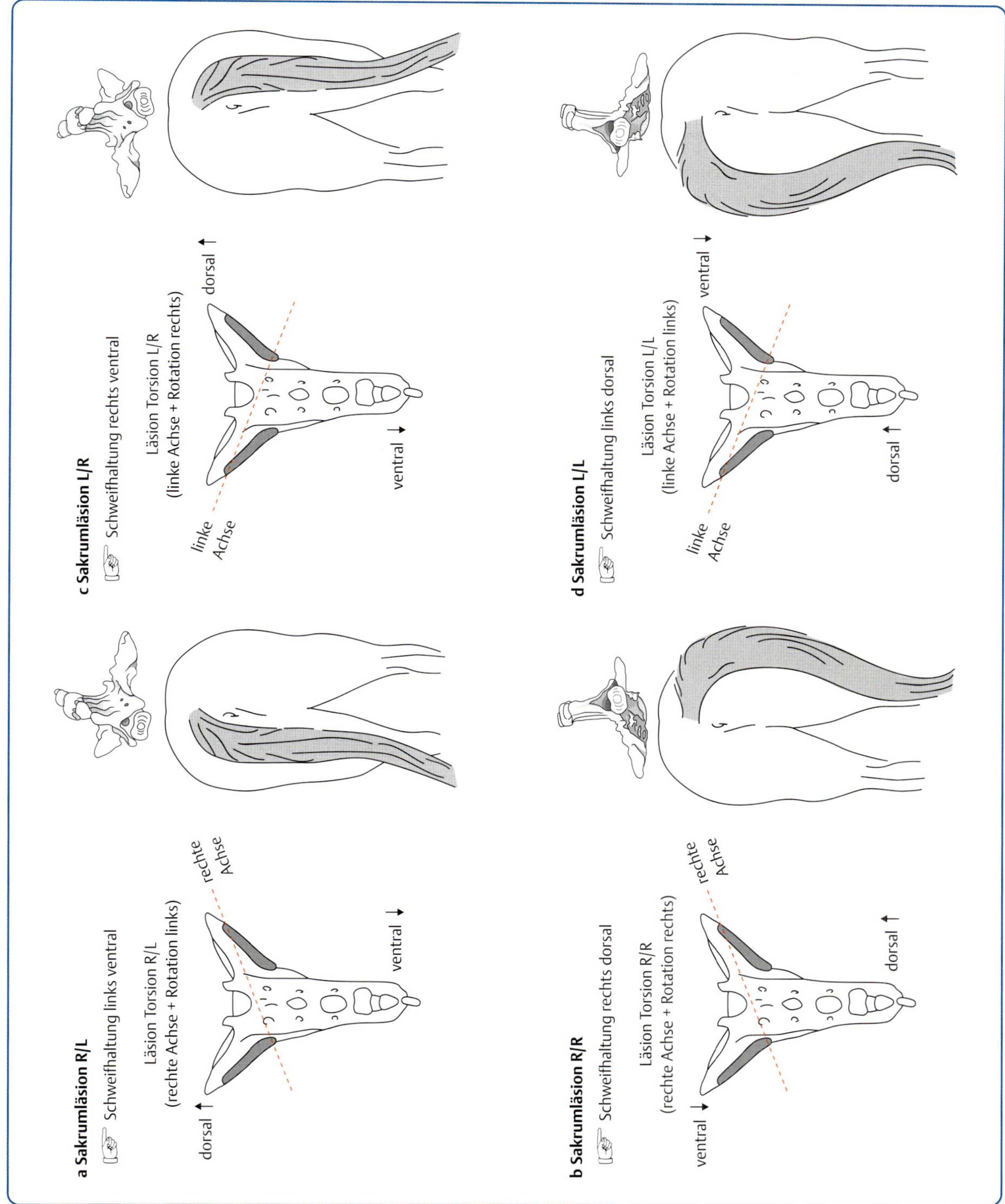

▶ **Abb. 6.42** Bei den verschiedenen Sakrumläsionen zeigen sich unterschiedliche Schweifhaltungen.

Praxistipp

Der Schweifschiefhaltung wird häufig zu viel Bedeutung beigemessen, vermutlich deshalb, weil ein schiefer Schweif für jedermann offensichtlich ist. Schweifschiefhaltungen rühren jedoch nicht immer von Sakrumläsionen her, sondern können sich unter anderem auch durch muskuläre Fehlspannungen einstellen. Vor einer zu schnellen Diagnostik allein aufgrund des Sichtbefunds muss deshalb gewarnt werden. Es darf daran erinnert werden, dass ein Hinweis allein nicht ausreicht, um eine Diagnose zu erstellen. Findet der Therapeut mindestens 3 Hinweise, die auf eine bestimmte Läsion hindeuten, kann er davon ausgehen, dass die Tests seine Vermutung bestätigen werden.

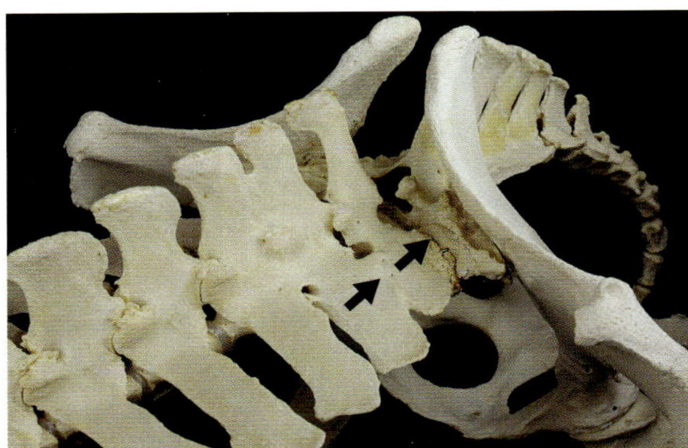

▶ **Abb. 6.43** Häufig verwachsen die Querfortsätze des letzten Lendenwirbels mit der Sakrumbasis (Sakralisation, Pfeil). In diesem Fall haben auch Verwachsungen der weiteren Lendenwirbel miteinander stattgefunden (Pfeil).

Biomechanische Fakten

- **Gelenktyp und Gelenkpartner:**
  - Os ilium (konkav)/Sakrum (konvex) (Art. sacroiliaca, Iliosakralgelenk): straffes Gelenk („bumerangförmig")
  - Sakrumbasis/L 6 (Art. lumbosacralis, Lumbosakralgelenk), medial über Knorpelscheibe sowie beidseits lateral Kontakt über die Sakrumbasis mit den Querfortsätzen von L 6 (Facies articularis processus transversi vertebrae lumbalis VI), die in vielen Fällen verwachsen (sakralisieren, ▶ Abb. 6.43) und damit in eine Nutations- bzw. Kontranutationsbewegung auf L 5/L 6 übergeht
  - Sakrumspitze/1. Schweifwirbel (Sakrokokzygealgelenk)
- **Besonderheit:** Verwachsung (Sakralisation) der Querfortsätze von L 6 und Sakrumbasis relativ häufig → Bewegungsunfähigkeit in diesem Bereich
- **Bewegungsmöglichkeiten:**
  - Nutation und Kontranutation über die mittlere Transversalachse
  - Torsionen über die linke und rechte schräge Transversalachse (L/L, L/R, R/R, R/L, ▶ Abb. 6.44)

Die Sakrumbewegungen finden über verschiedene Achsen statt. Die mittlere Transversalachse verläuft direkt vor dem Dornfortsatz des ersten Kreuzbeinwirbels und verbindet die beiden Gelenkflächen des Iliosakralgelenks miteinander. Über diese Achse finden Nutation- und Kontranutationsbewegungen statt.

Die Bewegungen um die beiden schrägen Transversalachsen ergeben Torsionen nach ventral beziehungsweise dorsal. Die schrägen Achsen – eine linke und eine rechte

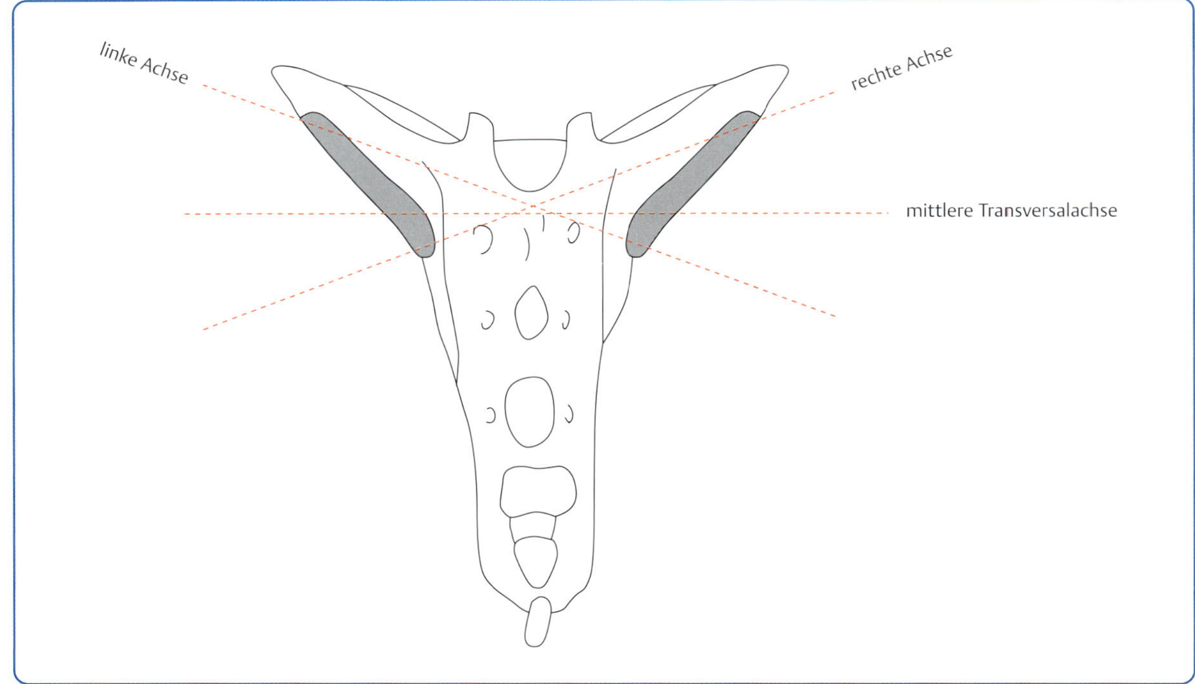

▶ **Abb. 6.44** Die verschiedenen Bewegungsmöglichkeiten des Sakrums um die mittlere und die beiden schrägen Transversalachsen.

Transversalachse – verlaufen von der kranialen Gelenkfläche des Iliosakralgelenks zur kontralateralen, kaudalen Iliosakralgelenkfläche. Die Achsen kreuzen sich medial unmittelbar vor dem ersten Processus spinosus des Sakrums.

Die Rotationsbewegungen um diese Achsen werden stets mit einer lateralen Neigung um diese Achsen begleitet.

Es gibt somit 4 verschiedene Möglichkeiten der sakralen Torsionen: L/L, L/R, R/R, R/L (▶ **Abb. 6.45**).

R/R = Rechtsrotation um die rechte schräge Transversalachse:

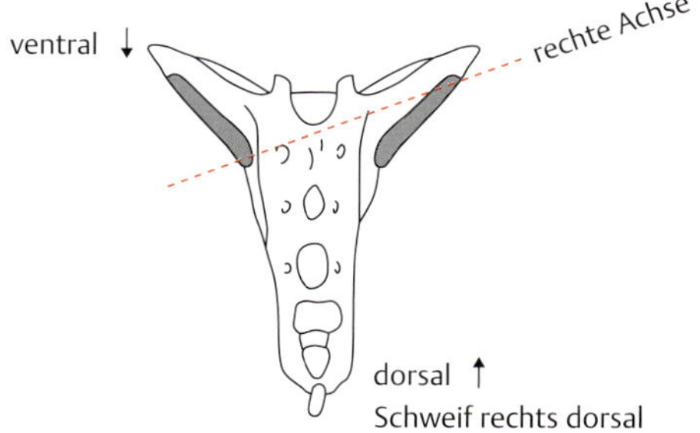

Die linke Kreuzbeinbasis kippt nach ventral (Nutation), die Sakrumspitze schiebt sich dorsal und rotiert dabei nach rechts (die Dornfortsätze zeigen nach links).

R/L = Linksrotation um die rechte schräge Transversalachse:

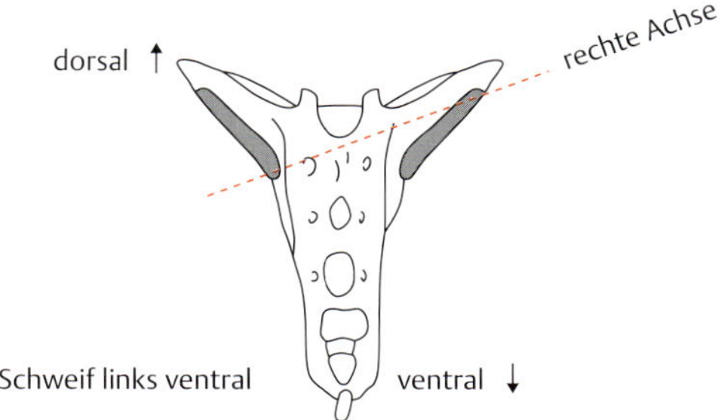

Die linke Kreuzbeinbasis kippt nach dorsal (Kontranutation), die Sakrumspitze schiebt sich ventral und rotiert dabei nach links (die Dornfortsätze zeigen nach rechts).

L/L = Linksrotation um die linke schräge Transversalachse:

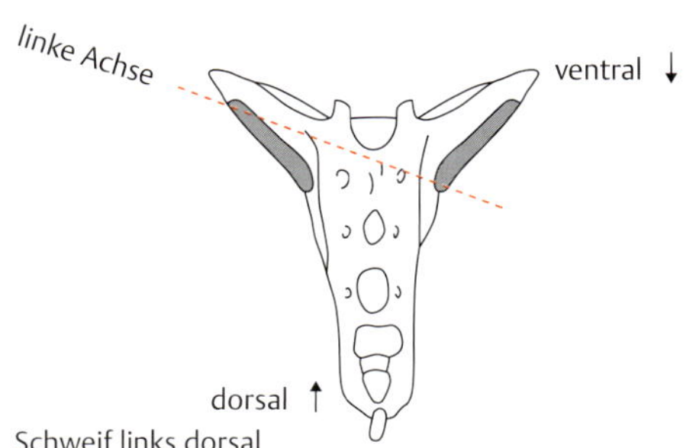

Die rechte Kreuzbeinbasis kippt nach ventral (Nutation), die Sakrumspitze schiebt sich dorsal und rotiert dabei nach links (die Dornfortsätze zeigen nach rechts).

L/R = Rechtsrotation um die linke schräge Transversalachse:

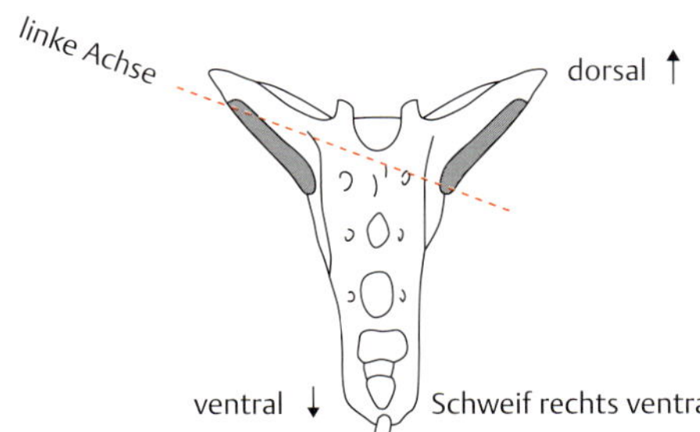

Die rechte Kreuzbeinbasis kippt nach dorsal (Kontranutation), die Sakrumspitze schiebt sich ventral und rotiert dabei nach rechts (die Dornfortsätze zeigen nach links).

▶ **Abb. 6.45** Rotationsmöglichkeiten des Sakrums.

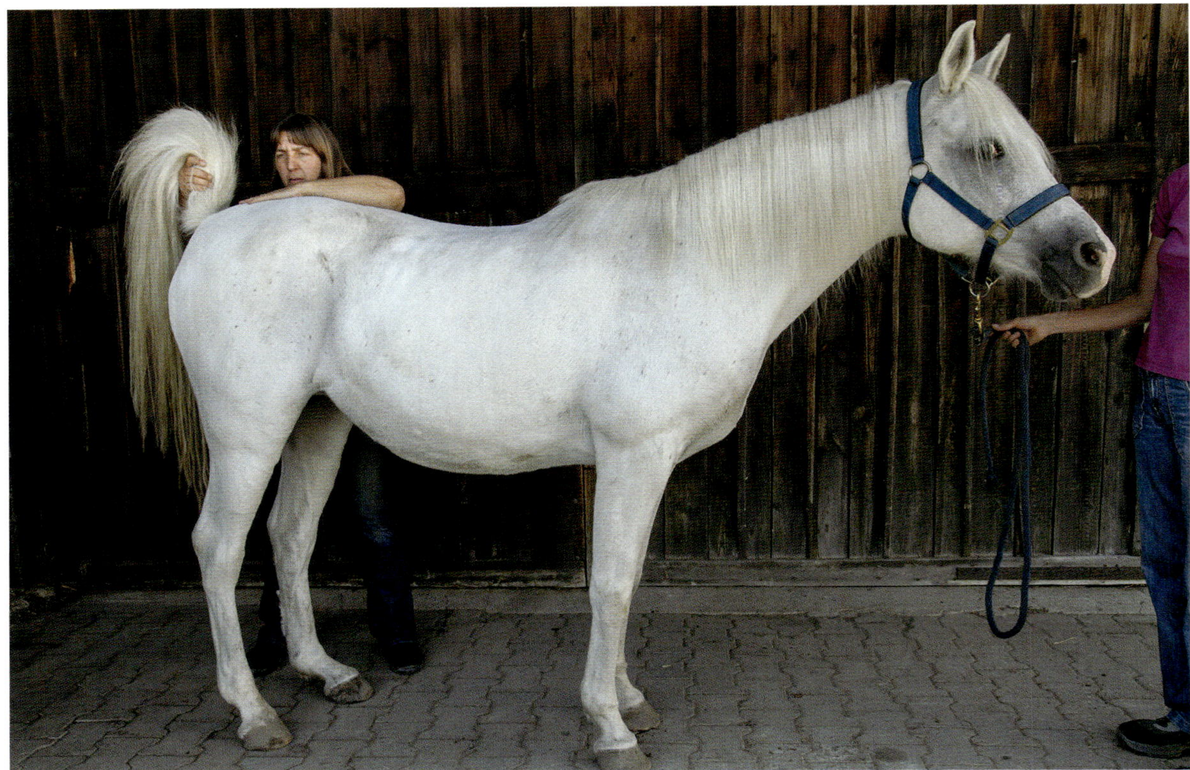

▶ **Abb. 6.46** Nutationstest für das Sakrum: Wird der Schweif nach oben geführt, müsste sich die Sakrumbasis absenken.

Merke

Bei der Bezeichnung der Bewegungsrichtung des Sakrums um die schrägen Achsen wird mit dem 1. Buchstaben die Achse bezeichnet, mit dem 2. die Rotationsrichtung.
Beispiel: L/R = Rechtsrotation um die linke schräge Transversalachse.

Die Sakrumbewegungen kombinieren sich beim Laufen in einer Form, dass die Bewegungen um die schrägen Achsen auf beiden Seiten eine Kreisbewegung ergeben, die gegensätzlich ablaufen. Hakende Bewegungen der Hinterhand, eingeschränkter Raumgriff oder ungenügendes Anheben einer Gliedmaße können darum auf Blockierungen im Bereich des Sakrums hindeuten.

Palpation und Testgriffe

Sichtbefund und Palpation können bereits Hinweise für eine Art von möglichen Läsionen des Sakrums geben. Diese werden schließlich durch die Mobilitätstests erhärtet oder entkräftet.

Positionstest

Für die Untersuchung der Kreuzbeinstellung palpiert man mit der flachen Hand die Processus spinosi des Sakrums und beurteilt Wärme, Schwellungen sowie die Stellung. Die Wahrnehmung der Position der Dornfortsätze vermittelt einen ersten Eindruck über eventuelle Fehlstellungen.

Tests in Bezug auf die mittlere Transversalachse

Über die mittlere Transversalachse lassen sich Nutation- und Kontranutationsbewegungen überprüfen.

Nutationstest Der Therapeut legt eine Hand mit den Fingerspitzen kaudal zeigend auf die Processus spinosi des Sakrums. Mit der zweiten Hand umfasst er die Schweifrübe des Pferdes und führt diese nach dorsal (▶ Abb. 6.46). Mit der Hand auf dem Sakrum sollte man nun eine Absenkung der Sakrumbasis spüren – das Sakrum ventralisiert sich bilateral. Bei einer Blockierung ist keine Bewegung zu spüren.

Kontranutationstest Die Ausgangsstellung deckt sich mit dem Nutationstest, allerdings bewegt der Therapeut den Schweif nun nach ventral und führt eine Traktion nach kaudal und ventral aus (▶ Abb. 6.47). Das Sakrum macht eine Kontranutationsbewegung (die Sakrumbasis dorsalisiert sich bilateral), wenn keine Bewegungseinschränkung vorhanden ist.

Beim Nutations- und Kontranutationstest besteht die Möglichkeit der bilateralen Bewegung der Sakrumbasis ventral beziehungsweise dorsal, womit keine Mobilitätseinschränkung vorliegt.

Im Falle einer unilateralen Blockierung senkt beziehungsweise hebt sich nur eine Seite der Sakrumbasis. Diese Bewegungseinschränkung kann man spezifisch testen, indem man den Schweif diesbezüglich etwas schräg nach dorsal beziehungsweise nach kaudal und ventral führt.

▶ **Abb. 6.47** Kontranutationstest für das Sakrum: Ein Zug am Schweif des Pferdes in ventraler Richtung dorsalisiert die Sakrumbasis, wenn keine Bewegungseinschränkung vorliegt.

Will man beispielsweise testen, ob sich die linke Sakrumbasis anheben lässt oder ob eine unilaterale Nutationsläsion vorliegt, bringt man den Schweif minimal nach rechts und führt eine Traktion nach ventral und kaudal aus.

> **Merke**
> **Die unilaterale Läsion des Sakrums in Nutation beziehungsweise Kontranutation ist keine Dysfunktion über die schrägen Transversalachsen (R/R, L/R, L/L, R/L), sondern eine einseitige Blockierung über die mittlere Transversalachse. Dies muss beim Test und der Korrektur berücksichtigt werden.**

Möchte man hingegen testen, ob sich die linke Sakrumbasis absenken lässt, wird der Schweif nach oben und links geführt.

Lassen sich beide Seiten der Sakrumbasis nicht bewegen, handelt es sich um eine (bilaterale) Läsion in Nutation (Sakrumbasis kann nicht dorsalisieren) oder Kontranutation (Sakrumbasis kann nicht ventralisieren).

Tests in Bezug auf die schrägen Transversalachsen

Test der rechten Sakrumbasis Die rechte Sakrumbasis wird über die linke Schrägachse getestet. Führt man den Schweif unter einer leichten Traktion nach dorsal, kranial und leicht links, senkt sich die rechte Sakrumbasis über die linke Schrägachse ab. Ist dies nicht der Fall, was man mit den aufgelegten Fingerspitzen erfühlen kann, handelt es sich um eine Läsion L/R.

Führt man den Schweif unter einer leichten Traktion hingegen nach ventral, kaudal und leicht links, dorsalisiert die rechte Sakrumbasis um die linke schräge Transversalachse. Kommt dem Behandler die Sakrumbasis bei der Palpation nicht entgegen, handelt es sich um eine Läsion L/L.

Test der linken Sakrumbasis Die linke Sakrumbasis wird über die rechte Schrägachse getestet. Die Schweifführung erfolgt unter leichter Traktion nach dorsal, kranial und leicht rechts, worauf sich die linke Sakrumbasis ventralisieren müsste. Bei einer Mobilitätseinschränkung handelt es sich um eine Läsion R/R.

Um zu testen, ob sich die linke Sakrumbasis dorsalisiert, führt man den Schweif unter leichter Traktion nach ventral, kaudal und leicht rechts. Spürt man keine Bewegung unter den auf der linken Sakrumbasis aufgelegten Fingern, ist eine Sakrumläsion R/L diagnostiziert, weil die linke Sakrumbasis nicht dorsalisieren kann.

> **Merke**
> **Beim Test der Sakrumbewegungen über die schrägen Transversalachsen wird der Schweif exakt so weit seitlich abgestellt, dass die Traktion im rechten Winkel zur jeweiligen schrägen Transversalachse stattfindet.**

Mobilitätstest für das Iliosakralgelenk

Das Iliosakralgelenk ist ein straffes Gelenk, das einen festen Halt über die Ligamenta erhält. Die Beweglichkeit ist deshalb sehr gering, wirkt sich aber bei einer Blockierung deutlich auf das Sakrum, das Ilium und das Gangbild aus. Insbesondere ist der Raumgriff eingeschränkt, es leidet aber die gesamte Biomechanik des Beckens und der Hinterhand.

Man testet die Beweglichkeit des Iliosakralgelenks wie folgt: Der Therapeut steht seitlich vom Pferd und fasst mit einer Hand an den Tuber coxae. Die andere Hand greift auf die mediale Seite des Tuber ischiadicum und bewirkt damit einen Zug nach lateral. Die Hand auf dem Tuber coxae dient lediglich der Fixierung. Spürt der Therapeut eine minimale, aber eindeutige Bewegung, kann er von einer normalen Funktionalität des ISG ausgehen. Findet hingegen keine Bewegung statt, ist das Gelenk blockiert.

Behandlungstechniken

Die Ursachen von Sakrumläsionen sind vielfältig und treten in der Regel kombiniert mit Läsionen des Iliums und der benachbarten Wirbelsäulenabschnitte (Lendenwirbelsäule sowie Schweifwirbel) auf. Damit die Behandlungen von Sakrumläsionen Bestand haben, müssen die beteiligten Strukturen wie Becken, Hüfte, LWS und Schweifwirbel ebenfalls untersucht und entsprechend mitbehandelt werden. Sakrumläsionen, die sich über die Bewegung um die schrägen Transversalachsen ergeben, sind sehr häufig von Beckenrotationen begleitet, s. Kap. Ilium (S. 258).

Wenn in diesem Fall auch nicht explizit aufgeführt, müssen vor jeder artikulären Korrektur die umgebenden muskulären und faszialen Strukturen einer Behandlung unterzogen worden sein, damit Muskelkontraktionen die Normalisierung der Sakrumstellung nicht verhindern und die Läsionen in kürzester Zeit nicht wieder auslösen können.

Ergänzend kann man bei verschiedenen Läsionen begleitende Maßnahmen wie Elektrotherapie, Lasertherapie, Magnetfeldtherapie und physikalische Therapien wie Kryo- und Wärmetherapien anwenden. Zudem können abschließend – je nach Läsionsart – ein korrigierendes Kinesiotape sowie ergänzende Muskeltapes angebracht werden.

Kraniosakrale Techniken

Wie bereits bekannt, können sich myofasziale Spannungsverhältnisse sowohl auf das artikuläre System als auch auf die intrakraniellen Membranen auswirken. Aus diesem Grund dürfen in Zusammenhang mit Sakrumläsionen und deren Korrekturen die kraniosakralen Komponenten nicht vernachlässigt werden. Selbst bei strukturellen Behandlungsansätzen können kraniosakrale Techniken eine Therapie ergänzen und den Behandlungserfolg festigen.

Insbesondere eignen sich für die Normalisierung des Sakrums der Sakrallift und Terminallift, s. Kap. Behandlung der intrakraniellen Membranen (S. 140). Schweifzugtechniken machen somit in vielerlei Hinsicht Sinn. Zum einen lösen sie die Membranen und haben über den Duralschlauch eine Auswirkung bis in den Schädel des Pferdes, zum anderen entspannen sie an Ort und Stelle die Membranen, Muskeln und Faszien, die einen Druck auf die am Sakrum austretenden Nerven – mit all seinen negativen Auswirkungen – ausüben können.

Artikuläre Techniken

Für die Arbeit am Sakrum stehen manipulative und mobilisierende Techniken über den Hebelarm des Schweifs zur Verfügung, aber auch Methoden über Reflextechniken, die schon von der Brust- und Lendenwirbelsäule her bekannt sind.

Korrektur der Sakrumläsion in Nutation

Um das Sakrum in Läsion ventral (Nutationsläsion) zu normalisieren, führt der Pferdetherapeut mit dem Schweif eine Traktion auf der Medianachse nach ventral und kaudal aus. Die zweite Hand überprüft die Bewegungen der Sakrumbasis. Die Traktion wird in Stufe 3 ausgeführt und einige Zeit aufrechterhalten. Der Assistent wird zeitgleich angewiesen, das Pferd mit tiefem Kopf rückwärts zu richten, was die Dorsalisierung der Sakrumbasis unterstützt.

Einseitige Läsionen einer ventralisierten Sakrumbasis erfordern einen Schweifzug kontralateral der Läsionsseite nach ventral und kaudal.

Ohne die Hilfe eines Assistenten kann der Behandler die bilaterale Dorsalisierung der Sakrumbasis unterstützen, indem er mit dem Ellbogen auf den Apex des Sakrums drückt, während er eine Schweiftraktion nach ventral ausführt. Bei mittleren und großen Pferden ist hierfür ein Hocker notwendig, um den Ellbogen senkrecht anzusetzen und einen Kraftvektor von dorsal zu gewährleisten.

Eine weitere Alternative ist der sanft rhythmische Zug am Schweif nach ventral, der die Sakrumbasis nach dorsal mobilisiert (▶ Abb. 6.49). Diese Oszillationstechnik mobilisiert außerdem den gesamten Bereich der Hinterhand in dorso-ventraler Richtung.

Korrektur der Sakrumläsion in Kontranutation

Für die Normalisierung der Sakrumläsion in Kontranutation muss der Behandler die Sakrumbasis ventralisieren. Dies geschieht, indem der Therapeut den Schweif auf der Medianebene nach dorsal (bis zur Senkrechten) führt und dabei eine Traktion initiiert. Der Assistent wird gebeten, das Pferd gleichzeitig mit hohem Kopf vorwärts zu führen. Die Sakrumbasis ventralisiert sich.

Steht kein Assistent für diese Technik zur Verfügung, kann der Behandler die Ventralisierung der Sakrumbasis unterstützen, indem er zugleich mit dem Ellbogen auf die Sakrumbasis drückt.

Bei unilateralen Läsionen in Kontranutation wird die Schweiftraktion leicht in die kontralaterale Richtung der Läsion durchgeführt und der Ellbogen entsprechend an der dorsalisierten Sakrumbasis aufgesetzt (▶ Abb. 6.50).

Mobilisierung der Läsion L/L mittels Reflexpunkten

Um die rechte Sakrumbasis anzuheben, stimuliert man mit dem Therapiestäbchen die Glutealmuskulatur der rechten Seite. Auf der gegenüberliegenden Seite ventralisiert man das Ilium, indem man mit dem Stäbchen einen Druck auf dem M. longissimus lumborum ausübt. Man wechselt die Seiten, um die Bewegung umzukehren. Man wiederholt diesen Vorgang einige Male, bis sich die Beweglichkeit des Sakrums verbessert hat.

HVLA-Technik der Läsion L/L

Bei einer Läsion L/L kann das Pferd die rechte Sakrumbasis nicht anheben. Der Therapeut stellt sich demzufolge auf die linke Seite des Pferdes und stellt den Schweif in einer Traktion in Stufe 3 nach links (senkrecht zur schrägen Transversalachse), ventral und kaudal ein. Der Assistent bringt gleichzeitig den Pferdekopf etwas nach rechts und veranlasst das Pferd, mit gesenktem Kopf rückwärts zu treten. Im Moment der Rückwärtsbewegung und des Abfußens des linken Hinterbeins schiebt das Pferd die rechte Hintergliedmaße unter seinen Körper. Dies ist der Zeitpunkt, an dem sich die rechte Sakrumbasis dorsalisieren müsste. Im selben Augenblick setzt der Therapeut einen kurzen, schnellen Impuls mit dem Schweif in die eingestellte Richtung, um die Sakrumbasis zu normalisieren (▶ Abb. 6.48).

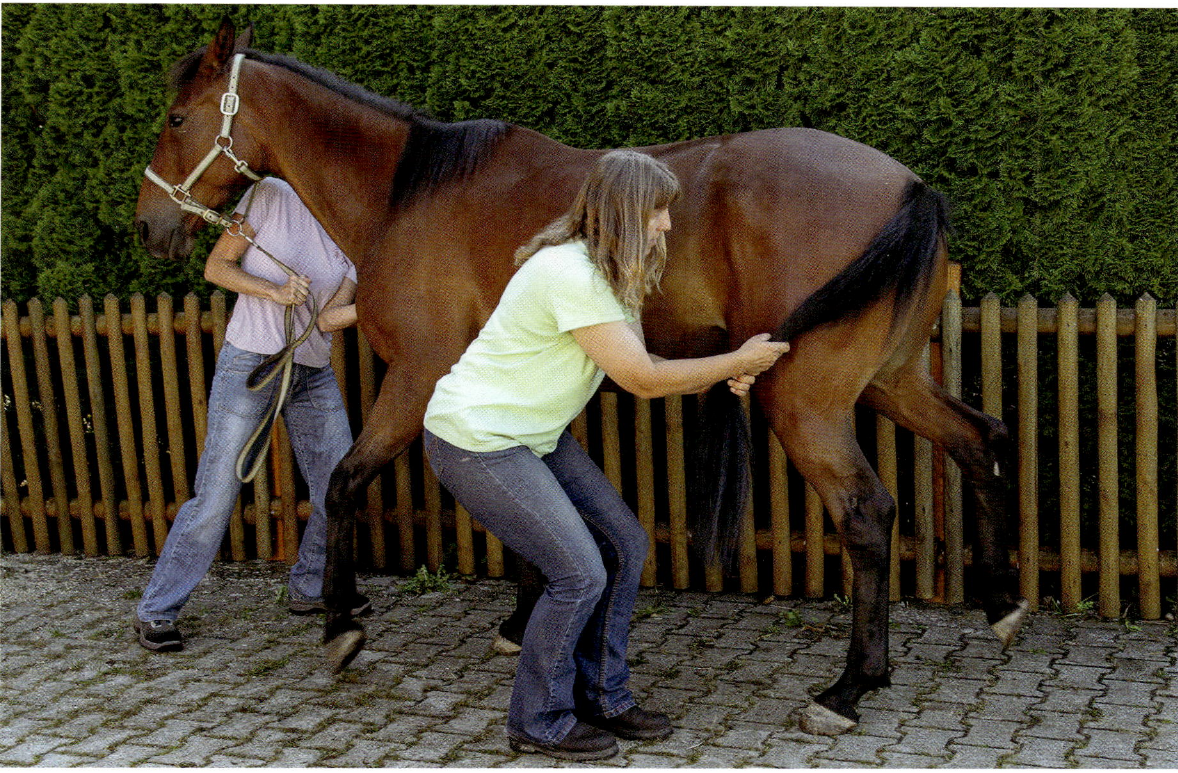

▸ **Abb. 6.48** Korrektur der ventralisierten rechten Sakrumbasis, Läsion L/L: Der Schweifzug richtet sich nach links und ventral, der Assistent führt das Pferd rückwärts. Der Therapeut wartet während der Rückwärtsbewegung ab, bis das Pferd das linke Hinterbein anhebt, und gibt dann den Impuls über den Schweif.

▸ **Abb. 6.49** Eine Alternative zur Mobilisation einer bilateralen Sakrumläsion in Nutation ist die Oszillationstechnik: Der Schweifzug erfolgt in rhythmischen Impulsen nach ventral (Pfeil).

▸ **Abb. 6.50** Variante zur Korrektur einer rechten Sakrumbasis in Kontranutation: Der Ellbogen gibt Druck auf die rechte Sakrumbasis (Pfeil), während der Schweif nach rechts dorsal geführt wird (Pfeil).

Mobilisierung der Läsion R/R mittels Reflexpunkten

Das Ziel ist es, die linke Sakrumbasis anzuheben. Dabei stimuliert man mit den Therapiestäbchen abwechselnd die linke Glutealmuskulatur und die rechte lumbale Rückenmuskulatur. Man kehrt die Bewegung um, geht also in die Läsion hinein, um schließlich wieder zu wechseln, damit die linke Sakrumbasis erneut nach oben geholt werden kann. Nach wiederholtem Vorgang normalisiert sich die linke Sakrumbasis in Richtung dorsal.

HVLA-Technik der Läsion R/R

Das Lösen der fixierten linken Sakrumbasis nach ventral erfolgt wie bei der HVLA-Korrektur L/L beschrieben, nur mit seitenverkehrten Parametern. Der Therapeut steht auf der rechten Seite und der Schweif wird nach rechts, ventral und kaudal eingestellt. Das Pferd wird vom Helfer mit leicht nach links gestelltem Kopf rückwärts geführt, während der Behandler den Thrust setzt.

► **Abb. 6.51** Lösen des blockierten ISG: Der Therapeut mobilisiert in rhythmischen Traktionen an der medialen Seite des Tuber sacrale (schwarzer Pfeil), während der Assistent eine Schweiftraktion in Stufe 3 nach kaudal und leicht dorsal ausführt (weißer Pfeil).

Mobilisierung der Läsion L/R mittels Reflexpunkten

Um die rechte Sakrumbasis zu senken, stimuliert man mit 2 Therapiestäbchen jeweils abwechselnd die linke Glutealmuskulatur und die rechte lumbale Rückenmuskulatur. Mit Wechseln der Stimulation von der Glutealmuskulatur zur Lumbalmuskulatur wechselt man die Bewegungsrichtung. Nach wiederholtem Vorgang sollte sich die rechte Sakrumbasis ventralisieren.

HVLA-Technik der Läsion L/R

Bei einer Läsion L/R ist die rechte Sakrumbasis dorsal fixiert. Der Therapeut führt den Schweif unter Traktion bis in die Senkrechte nach dorsal sowie leicht nach links – rechtwinklig zur schrägen Transversalachse. Das Pferd wird vom Assistenten mit erhobenem, leicht rechts gestelltem Kopf vorwärts geführt. Beim Rückführen der rechten Gliedmaße während der Vorwärtsbewegung übt der Therapeut einen schnellen, kurzen Impuls aus, um das Sakrum zu korrigieren.

Mobilisierung der Läsion R/L mittels Reflexpunkten

Bei der Läsion R/L gilt es, die linke Sakrumbasis zu ventralisieren. Wie zuvor bereits beschrieben, verwendet man 2 Therapiestäbchen abwechselnd links und rechts diagonal an der Gluteal- und Lumbalmuskulatur, um das Sakrum in Bewegung zu versetzen. Mit der Stimulation der linken Lumbalmuskulatur gibt man den Impuls für die linke Sakrumbasis nach ventral. Ein mehrmaliges Wechseln der Bewegungsrichtung mobilisiert das Sakrum und kann die linke Basis absenken.

HVLA-Technik der Läsion R/L

Um die linke Sakrumbasis nach unten zu bringen, erfolgt die Thrust-Technik analog zur Normalisierung der Läsion L/R, nur mit seitenverkehrten Parametern. Der Therapeut führt den Schweif dorsal bis zur Senkrechten, stellt ihn so weit nach rechts ein, dass er senkrecht zur rechten schrägen Transversalache steht und übt eine Traktion aus. Der Assistent bringt den Pferdekopf in der Zwischenzeit nach links und führt das Tier mit erhobenem Kopf vorwärts. Im Moment der Schubbewegung der linken Hintergliedmaße initiiert der Pferdetherapeut einen kurzen, schnellen Impuls, um die Ventralisierung der linken Sakrumbasis zu unterstützen.

Merke

Die Ligamenta des Iliosakralgelenks und Beckenbereichs unterliegen hormonellen Veränderungen und entspannen vor dem Abfohlen, um den Geburtskanal zu öffnen. Dies ist bei Behandlungen von trächtigen Stuten zu berücksichtigen.

Technik zum Lösen des Iliosakralgelenks

Variante 1 – Mobilisierung Der Therapeut hakt mit den Fingern auf der medialen Seite des homolateralen Tuber sacrale ein und zieht dieses nach lateral. Mit der anderen Hand führt man eine Schweiftraktion nach kaudal aus. Dabei führt man den Schweif zusätzlich so weit nach dorsal, dass sich die Sakrumbasis ventralisieren kann. Wenn ein Assistent zur Verfügung steht, kann dieser die Schweiftraktion in Stufe 3 ausführen, sodass der Therapeut die Finger beider Hände für den lateralen Zug am Tuber sacrale zur Verfügung hat (► **Abb. 6.51**). Während der Helfer die Schweiftraktion kontinuierlich aufrechterhält, mobilisiert der Therapeut mit rhythmischen Traktionen am Tuber sacrale das ISG. Nach erfolgter Korrektur testet man den Behandlungserfolg erneut.

Variante 2 – Oszillationstechnik Die Oszillationstechnik wird insbesondere bei einer kombinierten Läsion einer Beckenrotation und Sakrumläsion, welche zu einer ISG-Kompression führt, angewendet. Vergleiche Kap. Korrektur des Iliums in Läsion Rotation beziehungsweise dorsal – ventral: Variante 2: Oszillationstechnik (S. 261).

6.3.7 Die Schweifwirbel

Die Schweifwirbel stellen die Verlängerung der Wirbelsäule dar und dienen dem Pferd als Balanceinstrument. Somit treten Schweifschiefhaltungen auf, wenn das Gleichgewicht des Pferdes gestört ist. Nicht immer muss es sich also gleich um eine Sakrumläsion handeln, obwohl diese oft mit „im Boot" ist.

Als Bestandteil der Wirbelsäule dürfen die Schweifwirbel in der Befunderhebung und Therapie nicht vernachlässigt werden. Läsionen können aufgrund eines Traumas oder sekundär auftreten.

Spezifische Befunderhebung

Anamnese

Pferdebesitzer berichten, dass die Pferde den Schweif schief tragen oder einklemmen. In beiden Fällen kann es sich um primäre Schweifwirbelblockierungen oder auch sekundäre Auswirkungen von anderen Läsionen handeln. Bei ungewöhnlichen Schweifhaltungen oder Schweifschlagen ohne klar ersichtlichen Grund (also nicht wie beispielsweise zur Fliegenabwehr) muss man an Wirbeldysfunktionen im Schweifsegment oder in benachbarten Strukturen denken.

Adspektion in Stand und Bewegung

Findet man im Stand oder in Bewegung (am deutlichsten zeigt sich eine abnorme Schweifhaltung im Trab) eine Schweifschiefhaltung vor, kann dies ein Hinweis auf Blockierungen der kaudalen Wirbel oder des Sakrums sein. Der Schweif sollte locker getragen werden und in Bewegung leicht hin- und herpendeln. Ist dies nicht der Fall, bedarf es einer näheren Befundung.

Biomechanische Fakten

- **Gelenkpartner:**
  - Sakrum/1. Schweifwirbel
  - weitere Schweifwirbel (Gesamtanzahl meist 18–21), die nach kaudal rudimentär auslaufen
- **Besonderheit und Bewegungsmöglichkeiten:** Der 1. Schweifwirbel weist 2 kraniale Gelenkfortsätze auf, die eine Bewegung in Flexion, Extension, Lateroflexion und Rotation in Bezug auf das Sakrum zulassen. Die weiteren Schweifwirbel besitzen beidseits konvexe Wirbelkörperenden und sind mit dem Nachbarwirbel jeweils mit einem bikonkaven Diskus (Bandscheibe) verbunden.
- **beteiligte Muskulatur:**
  - M. sacrocaudalis dorsalis/ventralis medialis/lateralis Dabei funktionieren die ventralen Wirbelsäulenschweifmuskeln als Niederzieher und bei einseitiger Kontraktion als seitliche Beuger. Der M. sacrocaudalis dorsalis medialis fungiert als Verlängerung der Mm. multifidii. Der M. sacrocaudalis dorsalis lateralis stellt die Fortsetzung des M. longissimus dar.
  - M. coccygeus (Niederzieher des Schweifs)
  - Mm. intertransversarii dorsales und ventrales caudae (seitlicher Beuger)

Palpation und Testgriffe

Die Schweifwirbel werden einzeln auf Fehlstellungen, Schmerzen, Wärme und Schwellungen palpiert. Nebenbei kann man den Puls an der ventralen Seite der Schweifrübe ertasten und kontrollieren.

Mobilitätstest

Der Pferdetherapeut legt eine Hand auf den 1. Schweifwirbel, der sich noch im Rumpf des Pferdes befindet und als einziger Schweifwirbel einen Dornfortsatz aufweist. Die zweite Hand bewegt den Schweif unter leichter Traktion in alle Richtungen, um die Mobilität des 1. Schweifwirbels und somit den Sakrumübergang zu testen. Die Bewegungen erfolgen in Flexion, Extension, Lateroflexion und Rotation. Mit den weiteren Wirbeln verfährt man in gleicher Weise.

> **Cave**
> **Wirkt die Schweifrübe bei den Testbewegungen völlig kraftlos und schlapp, muss an eine Nervenläsion (Lähmung) gedacht werden. Eine Behandlung und das Einsetzen des Schweifes als Hebelinstrument (Sakrumkorrektur) sind in diesem Fall kontraindiziert.**

Behandlungstechniken

Als Steuerungselement ist eine gute Mobilität der Schweifrübe besonders wichtig. Es bieten sich zunächst Weichgewebetechniken an, die Bänder, Muskeln und Sehnen in einen optimalen Spannungszustand bringen sowie anschließende Mobilisierungen der einzelnen Schweifwirbelsegmente.

Die Behandlung der schweifbewegenden Muskeln ist obligatorisch, um dem Pferd keine falschen Läsionen anzudichten. Eine Schweifschiefhaltung kann nämlich auch rein muskulärer Art sein.

Triggerpunkttherapie

Zu überprüfen und gegebenenfalls zu behandeln sind die TrA 24 und 25 von M. semimembranosus und M. semitendinosus sowie der TrP 23 im kranialen Bereich des M. biceps femoris, s. Kap. Triggerpunktkatalog des Pferdes (S. 64). Reaktive Areale lassen sich nach intensivem direkten Druck bevorzugt mit Querfriktionen lösen. Insbesondere müssen auch die intermuskulären und oberflächlichen Faszien im Bereich der M. semitendinosus und M. semimembranosus gelöst werden. Die Protraktion der jeweiligen Gliedmaße dehnt die Muskelpartie auf.

Massagetechniken

Knetungen und Querfriktionen sind die bevorzugten Techniken des M. semimembranosus und des M. semitendinosus. Weiterführend vom M. longissimus bis zum Schweifansatz (M. sacrocaudalis dorsalis lateralis) können Längs- und Querfriktionen, Drückungen und Kompressionen durchgeführt werden.

Kinesiologisches Taping

Zur Ergänzung der Manuellen Therapie können die Muskeln M. semimembranosus, M. semitendinosus, M. sacrocaudalis dorsalis lateralis und die weiterführende dorsale Muskelkette über den M. longissimus dorsi in detonisierender Technik zusätzlich getapet werden.

Lösen von Blockierungen der Schweifwirbelsegmente

Analog der Terminallifttechnik hat sich die globale Schweifzugtechnik in Richtung kaudal und ventral bewährt, s. Kap. Terminallift (S. 143). Die Traktion kann dabei langsam von Stufe 1 bis Stufe 3 gesteigert werden. Damit werden die Wirbelkörper voneinander gelöst und fügen sich bei gefühlvollem Nachgeben in physiologischer Richtung zusammen. Des Weiteren erreicht man eine Dehnung und Lockerung der Weichgewebe wie Muskeln, Sehnen und Bänder.

Mobilisation der Schweifwirbelsegmente

Man kann den Schweif in alle Richtungen mobilisieren, indem man die Schweifrübe in Form einer liegenden 8 bewegt. Klemmt das Pferd mit dem Schweif, führt man die Bewegungen zunächst sehr langsam aus, um keine Gegenwehr zu provozieren.

Translationen der Schweifwirbelsegmente

Die Verschiebung der einzelnen, benachbarten Schweifwirbelsegmente in dorsoventraler Richtung mobilisiert die rudimentären Wirbelknochen und löst eventuelle Blockierungen.

6.4 Rumpf und Extremitäten

Therapeuten, Reiter und Trainer stellen die Wirbelsäule oftmals zu stark in den Fokus und vergessen dabei die Wichtigkeit der Strukturen von Rumpf und Extremitäten. Sicherlich darf die Wirbelsäule als zentrales Element des Körpers angesehen werden, doch die peripheren Gelenke des Rumpfes und der Gliedmaßen können ebenso sowohl primär als auch sekundär Dysfunktionen aufweisen.

Bei den Extremitäten ist das Augenmerk außerdem auf die Stellung der Hufe zu richten, die großen Einfluss auf die Statik der Gliedmaßen und somit auf das gesamte Pferd hat. Ohne die gleichzeitige, ordentliche Hufpflege und -korrektur durch einen kompetenten Hufschmied ist die osteopathische, chiropraktische und physiotherapeutische Arbeit nur die Hälfte wert.

6.4.1 Das Scapulothorakal- und Scapulohumeralgelenk

Der Schulterkomplex besteht aus 2 Gelenken, dem Scapulothorakal- und Scapulohumeralgelenk. Die Verbindung zwischen der Skapula und dem Thorax ist allerdings kein echtes Gelenk, da die knöchernen Strukturen nicht direkt über eine Gelenkkapsel in Verbindung stehen. Vielmehr findet die Vorhand über feste Bänder- und Sehnenstrukturen Halt am Thorax. Die aponeurotische Verbindung fixiert den Thorax zwischen den Schulterblättern wie eine Schaukel, welche durch das muskuläre Spannungsmuster in Balance bleibt. Eine Dysfunktion kann sich ergeben, wenn es zu Fehlspannungen in den muskulären Strukturen kommt, eine Fehlstatik durch Stellungsfehler oder vernachlässigte Hufpflege vorliegt.

Das Scapulohumeralgelenk verbindet über ein Kugelgelenk das Schulterblatt mit dem Oberarm. Die Winkelung dieses Gelenks hat großen Einfluss auf die Bewegungen und Gangqualität des Pferdes. Der Winkel zwischen Skapula und Humerus sollte 90° betragen, wobei beide Gelenkpartner jeweils in einem Winkel von 45° zur Horizontalen stehen sollten. Die Horizontale bildet die Winkelhalbierende von Skapula und Humerus. Abweichungen ergeben sich unter anderem rassebedingt, wodurch etwas flacher gestellte Schultern (horizontalisierte Skapula in Verbindung mit einem Humerus, der sich der Senkrechten annähert) eine Protraktion der Gliedmaße erleichtert und weicher zu sitzende Gänge ergeben. Die Belastung des Sehnen- und Weichgewebeapparats ist hingegen erhöht. Der geöffnete Schulterwinkel tendiert außerdem eher zu einer Extensionsläsion.

Eine steile Schulter mit vertikalisierter Skapula und einem vergrößerten Öffnungswinkel zwischen Skapula und Humerus (> 100°) beschränkt die Protraktion der Gliedmaße und somit den Raumgriff, und geht mit einer ebenfalls steiler gestellten Fesselung einher. Dies führt zu einer Mehrbelastung der Gelenke, härteren Gängen und weist die Tendenz zu einer Flexionsläsion auf.

Die beiden Gelenke des Schulterkomplexes bilden eine Einheit. Die Gelenke bewegen sich stets simultan und können deshalb auch therapeutisch nicht komplett voneinander getrennt werden.

Die bemerkenswerten aponeurotischen Verbindungen zwischen Skapula und axialem Skelett erlauben dem Pferd einen entsprechenden Bewegungsspielraum. Die fehlende Clavicula ermöglicht es dem Schulterkomplex, die Aufgabe als Stoßdämpfer hervorragend zu erfüllen. Über diesen Aufhängeapparat federt das Pferd die Stöße bei Sprüngen und schnellen Gangarten ab. Deshalb ist eine entspannte muskuläre Struktur im subskapulären Bereich eine wichtige Voraussetzung für eine funktionale Stoßdämpfung und somit eine schmerzfreie und uneingeschränkte Bewegung.

Spezifische Befunderhebung

Anamnese

Läsionen des Schulterkomplexes können mit Hangbein-, in manchen Fällen aber auch mit Stützbeinlahmheiten einhergehen. Die Pro- und/oder Retraktion der Gliedmaße ist eingeschränkt. Stolpern und „Auf-der-Vorhand-

Laufen“ sind weitere Symptome einer Dysfunktion im Schulterbereich. Wenn die Ab- und Adduktion der Schulter eingeschränkt ist, gibt es häufig Probleme bei Seitengängen.

Durch einen muskulären Verspannungszustand kann die Nervenfunktion im Schulterbereich beeinträchtigt werden. Durch einen Schlag gegen die Skapula oder lang anhaltende myofasziale Verspannungen können die Subscapularisnerven (aus dem Plexus brachialis mit Innervation der Subscapularismuskeln) und die Suprascapularisnerven (innervieren die Mm. infra- und supraspinatus, austretend aus der Tuberositas des Akromions) gequetscht werden. Die Pferde treten dabei unsicher auf, haben Schwierigkeiten mit der Koordination und stolpern häufig.

Adspektion in Stand und Bewegung

Für die Beurteilung der Schulterpartie ist der Seitenvergleich besonders wichtig. Das Pferd wird auf Muskelatrophien und Gleichmäßigkeit der Schulterwinkelung begutachtet. Dabei vergleicht man die Höhen der knöchernen Strukturen der rechten und linken Seite miteinander. Palpiert wird hierzu der kraniale Rand der Skapula und man misst auf beiden Seiten den Abstand zum höchsten Punkt des Widerrists.

Praxistipp

Zur Abstandsmessung nimmt man das Therapiestäbchen und fixiert die Höhe zwischen kranialem Skapularand und Widerrist mit dem Finger auf dem Stäbchen und vergleicht diesen mit der anderen Seite. Auch zur Beurteilung eines möglichen Höhenunterschieds der beiden Bug- und Karpalgelenke kann das Therapiestäbchen nützlich sein, wenn man die jeweils gleichen Strukturen von links und rechts mit dem Stäbchen verbindet. Ist das Stäbchen in waagerechter Position, sind die Knochen auf gleicher Höhe.

Schließlich überprüft man das Höhenverhältnis des Scapulohumeralgelenks, indem man je einen Daumen in den Spalt des linken und rechten Schultergelenks legt. Man vergleicht die Höhe beider Finger miteinander. Man kann die Gelenkspalten auch mit einer Schnur oder einem Stab verbinden, um zu sehen, ob die Gelenke auf gleicher Höhe stehen. Verglichen werden außerdem die beiden Processus styloideus medialis des Radius miteinander (► **Abb. 6.52**).

Biomechanische Fakten

- **Gelenktyp:**
  - Scapulothorakalgelenk: „falsches Gelenk“ mit scapulothorakaler Gleitfläche durch aponeurotische Verbindungen
  - Scapulohumeralgelenk: Kugelgelenk
- **Gelenkpartner konkav:** Skapula (Cavitas glenoidalis scapulae)
- **Gelenkpartner konvex:** Humerus (Caput humeri)

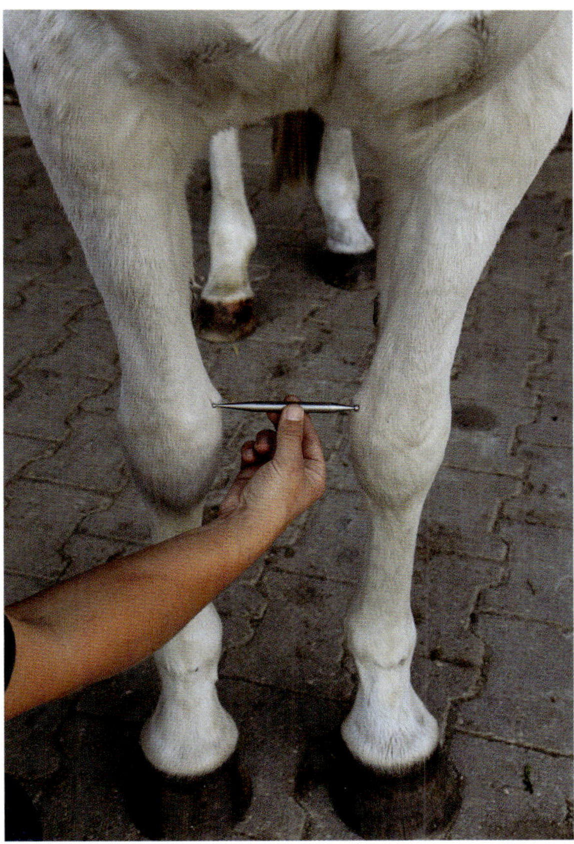

► **Abb. 6.52** Höhenvergleich der beiden Processus styloideus medialis des Radius mithilfe eines Therapiestäbchens.

- **Bewegungsmöglichkeiten:**
  - Extension und Flexion in großer Amplitude
  - eingeschränkte Abduktion und Adduktion
  - begrenzte Rotation
- **beteiligte Muskulatur:**
  - M. infraspinatus
  - M. supraspinatus
  - M. pectoralis descendens (für die Adduktion auch M. pectoralis profundus und transversus)
  - M. subclavius
  - M. omotransversarius
  - M. brachiocephalicus
  - M. deltoideus
  - M. triceps
  - M. biceps
  - M. latissimus dorsi
  - M. rhomboideus
  - Mm. teres major und minor
  - M. trapezius

Palpation und Testgriffe

Die Höhenvergleichstests und Begutachtung der Muskulatur auf Asymmetrien geben erste Auskünfte über den Zustand der Schulter. Weitere, folgende Funktionstests schließen sich der Befundung an.

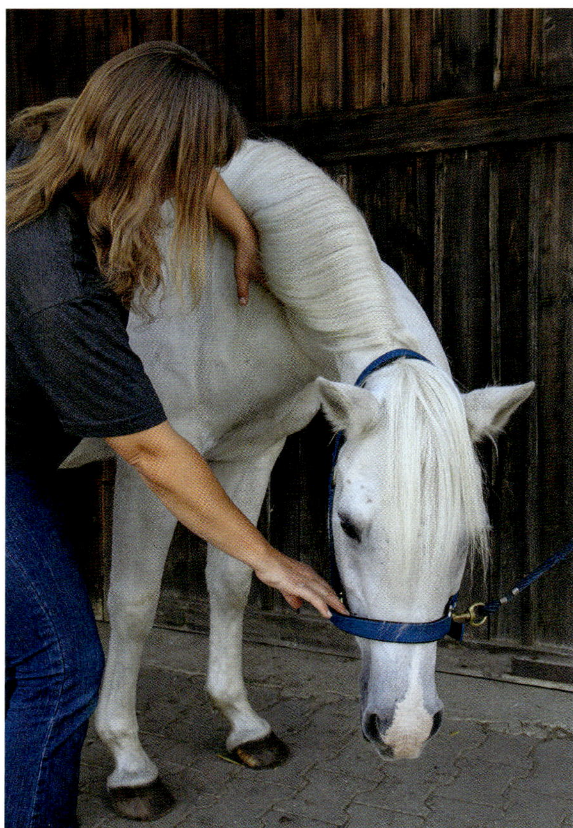

► **Abb. 6.53** Release der subskapulären Muskulatur mittels „C7-Griff". Bei richtiger Release-Technik entspannt das Pferd innerhalb kurzer Zeit und senkt den Kopf. Der Therapeut hält lediglich eine leichte Lateroflexion aufrecht.

► **Abb. 6.54** Mit der Hebung der Schulter testet der Therapeut das translatorische Gleiten des Scapulothorakalgelenks (Pfeile).

Palpation und Releasetest

Bei der obligatorischen Palpation der Schulterpartie konzentriert man sich auf eventuelle Wärme, Schwellungen, Muskelspasmen und Hautwiderstände. Der Therapeut palpiert in erster Linie die Skapularänder und testet, inwieweit sich das Schulterblatt von der subskapulären Muskulatur abheben lässt. Hierzu schiebt er die flache Hand am kranialen Rand des unteren Drittels der Skapula hinter das Schulterblatt (► **Abb. 6.53**) und testet den Muskel-Release. Muskuläre Dysfunktionen bestehen, wenn sich die Hand nur wenige Zentimeter oder gar nicht hinter das Schulterblatt schieben lässt.

Test auf translatorisches Gleiten des Scapulothorakalgelenks

Man testet die Bewegung des Schulterblatts in (kaudo-)dorsaler und (kranio-)ventraler Richtung. Hierzu nimmt man das Vorderbein auf, flektiert das Karpalgelenk und hält das Bein mit einer Hand am Fesselgelenk fest (► **Abb. 6.54**). Die zweite Hand stützt das Karpalgelenk von kranial. Nun hebt man die gesamte Vordergliedmaße durch Streckung der eigenen Knie an, wobei sich der Schulterblattknorpel nach dorsal schiebt. Der Höhenunterschied zu den Dornfortsätzen des Widerrists sollte deutlich geringer werden.

Praxistipp

Um beim Test des translatorischen Gleitens des Scapulothorakalgelenks das Karpalgelenk zu schonen, erfolgt der Handgriff am Fesselkopf von palmar, wodurch der Unterarm des Therapeuten bei der Flexion des Karpalgelenks auf den Ellbogen des Pferdes trifft und somit eine übermäßige Flexion des Karpalgelenks verhindert. Der Unterarm des Therapeuten unterstützt die Schulterhebung maßgeblich.

Anschließend senkt der Therapeut das Bein langsam wieder ab, wobei die Skapula wieder nach ventral gleitet. Wenn die translatorischen Gleitbewegungen nicht mühelos vonstatten gehen, sind auch die Flexions- und Extensionsbewegungen eingeschränkt. Dabei gilt, dass bei einer ungenügenden Gleitbewegung nach dorsal automatisch die Flexion vermindert beziehungsweise die Retraktion der Gliedmaße begrenzt ist. Geringfügiges Gleiten nach ventral steht folglich mit einer eingeschränkten Extension und Protraktion in Verbindung.

▶ **Abb. 6.55** Abduktionstest des Scapulothorakalgelenks.

▶ **Abb. 6.56** Der Oberschenkel des Therapeuten unterstützt die Adduktionsbewegung.

Flexions- und Extensionsbewegung des Scapulothorakalgelenks

Für die Extension und Flexion der Schulter bewegt sich das Schulterblatt um eine (nicht exakt fixierte) Achse, die sich im oberen Drittel der Skapula etwa im Verlauf der Spina scapulae befindet. Der Therapeut legt seine Hand auf diese Drehachse, um die Rotationsbewegung des Schulterblatts zu beurteilen.

Der Behandler hebt hierzu das Bein an und bringt es mit Unterstützung seines Oberschenkels, der am Karpalgelenk ansetzt, nach kaudal und überprüft die Bewegung des dorsalen Skapularands nach kranial. Anschließend führt der Therapeut das Bein in die Protraktion, um die Rotation der Skapula nach kaudal zu überprüfen.

Abduktions- und Adduktionstest des Scapulothorakalgelenks

Für den Abduktionstest winkelt der Therapeut wiederum das Vorderbein des Pferdes an, umfasst das Fessel- und Karpalgelenk des Pferdes und führt das Bein lateral (▶ **Abb. 6.55**). Das Schulterblatt bewegt sich im dorsalen Bereich nach medial, im ventralen nach lateral.

Für den Adduktionstest führt der Therapeut das Röhrbein nach medial (▶ **Abb. 6.56**), wobei er die Bewegung mit seinem Oberschenkel unterstützt. Die Skapula hebt sich im dorsalen Bereich von seiner Unterlage ab, während der ventrale Teil die Adduktion des Beines mitmacht.

Flexions- und Extensionstests des Scapulohumeralgelenks

Obwohl sich das Scapulohumeralgelenk bei den vorgenannten Tests in Flexion und Extension mitbewegt, lässt sich das Buggelenk noch spezifisch testen. Hierzu nimmt der Therapeut eine Hockstellung ein, flektiert die Vordergliedmaße des Pferdes und legt das Röhrbein auf seinem Oberschenkel ab. Eine Hand palpiert nun das Schultergelenk, die andere drückt das Olecranon nach dorsal und kaudal, um eine Flexion des Schultergelenks zu erreichen. Ist die Bewegung eingeschränkt, ist eine Extensionsläsion diagnostiziert.

Für den Extensionstest drückt der Therapeut bei gleicher Ausgangsstellung das Olecranon nach ventral. Ein vermindertes Bewegungsausmaß bedeutet eine Läsion in Flexion.

Abduktions- und Adduktionstest des Scapulohumeralgelenks

Mit aufgehobenem Vorderbein führt der Therapeut das Olecranon nach medial, um die Adduktion des Humerus zu testen (▶ **Abb. 6.57**). Die Schulter des Behandlers hat Kon-

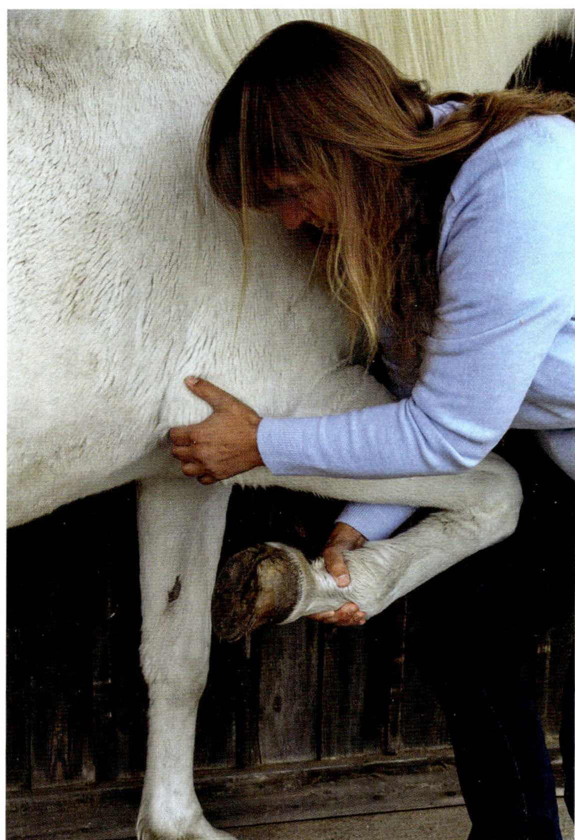

▸ **Abb. 6.57** Der Therapeut bringt das Olecranon für den Abduktionstest des Scapulohumeralgelenks nach medial, für den Adduktionstest nach lateral.

takt mit dem Buggelenk und sollte eine Lateralbewegung des Humerus spüren. Ist diese Bewegung jedoch eingeschränkt, ist die Abduktion des Schultergelenks blockiert.

Bringt man das Olecranon nach lateral, sollte die mit dem Scapulohumeralgelenk korrespondierende Schulter des Therapeuten eine Medialbewegung des Humerus spüren. Bei einer Bewegungseinschränkung ist die Adduktion des Schultergelenks blockiert, was einer Abduktionsläsion entspricht.

Alternativ kann der Therapeut für diese Tests die Hände am Olecranon und Buggelenk platzieren, während er das Röhrbein des Pferdes auf seinem Oberschenkel ablegt.

Behandlungen des Scapulothorakal- und Scapulohumeralgelenks

Die Korrektur des Scapulothorakal- und Scapulohumeralgelenks wird nicht separat durchgeführt, da sich die Gelenke nicht unabhängig voneinander bewegen. Weil das Scapulothorakalgelenk keine knöcherne, sondern lediglich eine aponeurotische Verbindung vom Schulterblatt zum Rumpf aufweist, sind hier muskuläre Techniken das Mittel der Wahl.

Weichgewebetechniken

Muskuläre Techniken stehen bei der Normalisierung der Schulterfunktion an erster Stelle. Zu 95% lassen sich Schulterproblematiken mit Weichgewebetechniken lösen.

Mobilisation mithilfe des translatorischen Gleitens

Die Ausgangsstellung ist dieselbe wie beim Testgriff für das translatorische Gleiten. Das Vorderbein wird langsam angehoben und der Schulterblattknorpel nach dorsal geschoben. Diese Stellung hält man für einige Zeit aufrecht, bis man einen Release spürt. Erst dann senkt man das Bein langsam wieder ab. Diesen Vorgang wiederholt man einige Male, bis sich das Bewegungsausmaß erweitert und das Schulterblatt eine bessere Beweglichkeit in dorsoventraler Richtung erfährt.

Triggerpunkttherapie

Um die Beweglichkeit der Schulter zu verbessern, sind die TrP 6–10 nach dem Triggerpunktkatalog zu überprüfen und zu behandeln, s. Kap. Triggerpunktkatalog des Pferdes (S. 64). Auch der TrP 15 am M. rhomboideus und das TrA 16 am M. trapezius sind bei eingeschränkter Schulterbeweglichkeit miteinzubeziehen. Diese Muskeln beeinflussen die Schultermobilität ebenfalls nicht unerheblich. Während die Triggerpunkte auf dem M. infraspinatus und M. supraspinatus nicht besonders häufig aktiv sind, findet man hingegen sehr oft das komplette Gebiet am M. trapezius, direkt hinter dem Schulterblattknorpel vertriggert. Zu überprüfen ist in diesem Fall unbedingt die Passform des Sattels.

Klassische Massage

M. infraspinatus und M. supraspinatus eignen sich besonders für Drückungen und Querfriktionen. Querreibungen sollten auch beim M. trapezius nicht fehlen und die Anteile des M. triceps können sehr gut mit Knetungen bearbeitet werden. Bestens bewährt haben sich Friktionen am Skapularand, die mit der Handkante oder dem Daumen ausgeführt werden können.

Kinesiologisches Taping

Ergänzend können die Muskeln M. rhomboideus, M. infra- und supraspinatus, M. triceps brachii in detonisierender Technik zusätzlich getapet werden.

Mobilisation der Extension und Flexion

Die Extensions- und Flexionsbewegungen werden wie beim Test beschrieben mehrmals wiederholt, um die muskulären Strukturen zu lösen und eine bessere Beweglichkeit zu erreichen. Wird die Bewegung stets bis zur motorischen Barriere geführt, wird der Bewegungsumfang langsam erweitert.

Myofascial Release des Scapulothorakalgelenks

Um Weichteilverklebungen im subskapulären Bereich zu lösen, führt man die flache Hand auf Höhe des 7. Halswirbels hinter das Schulterblatt in die Tiefe und wartet auf den Release. Lässt das Gewebe los, schiebt man die Hand

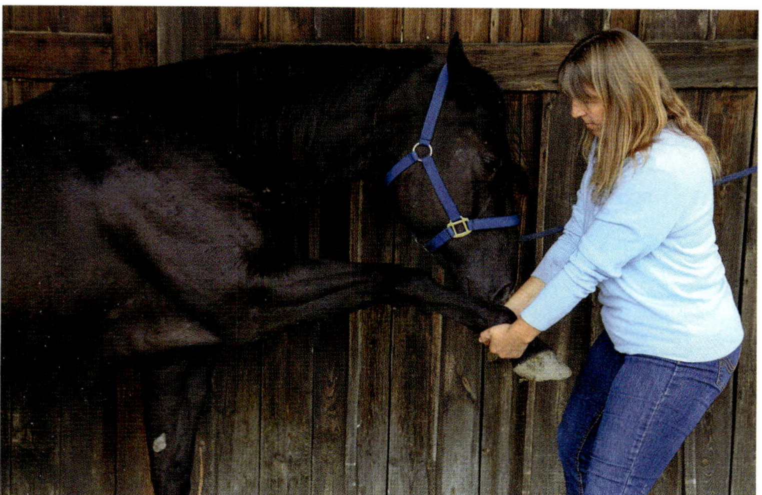

► **Abb. 6.58** Ein kurzer, schneller Impuls in die blockierte Richtung nach kranial und dorsal deblockiert die Flexionsläsion des Scapulohumeralgelenks.

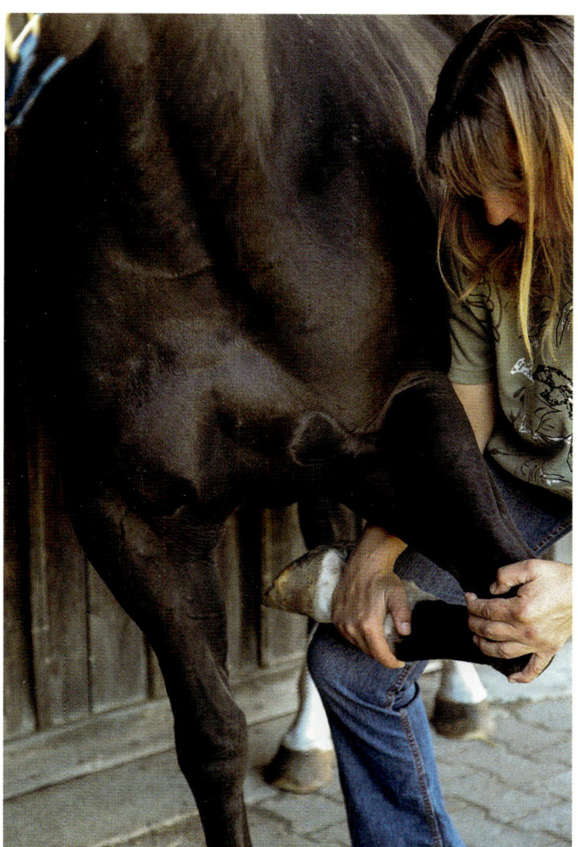

► **Abb. 6.59** Bei einer Adduktionsläsion der Schulter führt der Therapeut das Karpalgelenk mitsamt der Schulter in die Abduktion, während der Assistent das Pferd vorwärts führt.

wiederum bis zur Barriere weiter hinter die Skapula und wartet erneut auf den Release. Diese Technik entspannt die Subscapularismuskulatur und sorgt so für eine bessere Beweglichkeit des Schulterbereichs. Über die Beeinflussung des Plexus brachialis erzielt man außerdem eine allgemeine Entspannung des Pferdes, die es mit Abkauen, Kopf senken, Augen schließen und gegebenenfalls vermehrtem Speichelfluss quittiert.

Artikuläre Techniken

Artikuläre Techniken kommen beim Schulterkomplex seltener zum Einsatz, weil sich Läsionen lediglich auf das Scapulohumeralgelenk beschränken und diese auch nicht besonders häufig vorkommen.

HVLA-Technik bei Flexions- und Extensionsblockierung

Bei einer Läsion in Flexion bringt der Therapeut das Vorderbein des Pferdes in eine Protraktion. Dabei umgreift er das Fesselgelenk (► **Abb. 6.58**) und hebt das Bein bis zur motorischen Barriere an. Nun setzt er einen kurzen, schnellen Impuls nach kranial und dorsal, um die Bewegungsblockade zu überwinden.

Für die Korrektur einer Extensionsläsion führt der Therapeut das Vorderbein des Pferdes in die Retraktion bis zu motorischen Barriere. Dabei ergreift er das Bein unterhalb des Fesselgelenks und führt es nach kaudal. Schließlich setzt er auch hier einen kurzen, schnellen Impuls, diesmal in kaudaler Richtung, um die Blockierung zu lösen.

Korrektur der Läsion in Abduktion und Adduktion

Die Läsion in Abduktion korrigiert der Therapeut, indem er das Vorderbein des Pferdes aufnimmt, das Karpalgelenk des Pferdes an seinem Oberschenkel abstützt. Mit einer Hand umfasst der Therapeut von medial das Fesselbein, von lateral das Olecranon. Mit der Schulter lehnt man sich gegen das Scapulohumeralgelenk und bringt es so weit wie möglich in Adduktion. Während der Therapeut diese Stellung beibehält, führt der Assistent das Pferd rückwärts, wodurch sich die Schulter schließt und die Korrektur stattfindet.

Bei einer Läsion in Adduktion bringt der Therapeut die Schulter so weit wie möglich in Abduktion, indem er das Karpalgelenk nach lateral führt. Die zweite Hand stützt das Fesselgelenk (► **Abb. 6.59**). Nun führt der Assistent das Pferd vorwärts, wodurch die Bewegungsparameter in die Abduktion verstärkt werden und die Korrektur erfolgen kann.

6.4.2 Das Humeroradiocubitalgelenk (Ellbogengelenk)

Zu den großen Gelenken gehört das Ellbogengelenk des Pferdes, das sich aus dem Humeroulnargelenk und dem Humeroradialgelenk zusammensetzt und das mehr muskulären Fehlzügen als artikulären Läsionen unterworfen ist. Es hat aufgrund seiner Bauart eine federnde Komponente und weist deshalb eine gute Stoßdämpferfunktion auf. Anfällig ist das Olecranon jedoch für – traumatisch bedingte – Umfangsvermehrungen (Stollbeule), die beim Liegen durch die Hufeisen beziehungsweise die eingeschraubten Stollen verursacht werden. Aber auch Schläge oder Stürze könnten eine derartige Verletzung hervorrufen.

Spezifische Befunderhebung

Anamnese

Läsionen am Ellbogen sind meist traumatisch bedingt, sodass die Besitzer von Schlägen durch andere Pferde oder Stürzen zu berichten wissen.

Adspektion in Stand und Bewegung

Bei Ellbogengelenkentzündungen, die meist traumatischen Ursprungs sind, zeigt sich eine typische Hangbeinlahmheit. Gegebenenfalls findet sich eine Stollbeule, die meist aber keine Bewegungseinschränkung oder Lahmheit nach sich zieht. Ein deutliches Hervortreten oder eine mediale Engstellung des Olecranons ist ein wichtiges Kriterium für den Pferdetherapeuten. Der sogenannte untergestellte Ellbogen gilt als erheblicher Mangel, da er die Bewegungsfreiheit einschränkt und einen korrekten Gang behindert. Beim Vortraben kann sich ein bügelnder Gang zeigen, der ursächlich durch eine Dysfunktion der Karpalgelenksbeuger (M. extensor carpi ulnaris, M. flexor carpi radialis und ulnaris, M. flexor digitorum superficialis und profundus) und einer damit verbundenen Fehlstellung des Ellbogengelenks bedingt ist. Gesicherte Aussagen können allerdings rein adspektorisch nicht getätigt werden, sondern bedürfen weiterer Untersuchungen und Tests.

Biomechanische Fakten

- **Gelenktyp:** Scharniergelenk
- **Gelenkpartner konkav:**
  - Art. humeroulnaris: Ulna (Olecranon)
  - Art. Humeroradialis: Radius (Caput radii)
- **Gelenkpartner konvex:** Humerus (Condylus humeri)
- **Bewegungsmöglichkeiten:**
  - Extension (kombiniert mit geringer Adduktion)
  - Flexion (kombiniert mit geringer Abduktion)
- **Besonderheit:** Wird das Gelenk flektiert, findet automatisch auch eine geringe Abduktion statt, die durch die Form der Trochlea entsteht. Ebenso können leichte translatorische, laterale Gleitbewegungen stattfinden, wenn die Kollateralbänder maximal entspannt sind. Die kollateralen Bänder stabilisieren das Gelenk und bremsen die Extension bei 140° ab. Eine vollständige Streckung bis 180° oder sogar darüber hinaus, wie es beim Menschen der Fall ist, ist dem Pferd nicht möglich. Auch eine Supination und eine Pronation, wie sie beim Menschen möglich sind, kann das Pferd aufgrund der zusammengewachsenen Unterarmknochen Ulna und Radius (Synostose) nicht bewerkstelligen.
- **beteiligte Muskulatur:**
  - M. triceps brachii
  - M. anconeus (begrenzt die Flexion des Ellbogengelenks)
  - M. biceps brachii
  - M. extensor carpi radialis (Verbindung: Lacertus fibrosus)
  - M. brachialis

Palpation und Testgriffe

Die Palpation gibt Aufschluss über Wärme, Schwellungen (insbesondere am Olecranon in Form einer Stollbeule), Form und Stellung des Gelenks.

Test auf Flexion und Extension des Humeroradiocubitalgelenks

Das aufgehobene Vorderbein wird mit den Händen an Karpal- und Fesselgelenk fixiert. Mit dem Unterarm stabilisiert man das Ellbogengelenk des Pferdes, während die Hand am Karpalgelenk dieses nach dorsal und geringfügig nach lateral führt, um die Flexion und Abduktion des Ellbogengelenks zu testen.

Beim Test für die Extension des Gelenks nimmt der Therapeut dieselbe Ausgangsstellung ein. Nun aber führt der Pferdeosteopath das Vorderfußwurzelgelenk nach kaudal und etwas medial, um die Extension und Adduktion des Ellbogengelenks zu testen (► Abb. 6.60).

Test auf Abduktion und Adduktion des Ellbogengelenks

Der Therapeut legt das Fesselgelenk des aufgehobenen Vorderbeins auf seinem Oberschenkel ab, indem er dabei in die Hocke geht (► Abb. 6.61). Mit einer Hand umfasst er nun das Olecranon, mit der anderen das Karpalgelenk. Das Karpalgelenk wird nun für den Test in Abduktion nach lateral geführt, um zu prüfen, ob sich der Epicondylus des Humerus nach medial bewegt.

Für den Adduktionstest wird das Karpalgelenk bei gleicher Ausgangsstellung nach medial geführt, wobei sich der Epicondylus lateral bewegen sollte. Mit diesen Tests können in erster Linie Instabilitäten des Ellbogengelenks festgestellt werden.

In derselben Ausgangsstellung fixiert man nun das Karpalgelenk und überprüft die Beweglichkeit des Olecranons. Damit lässt sich die Festigkeit der Kollateralbänder beurteilen. Die Mobilität des Olecranons untersucht man zusätzlich im Stand bei belastetem Bein. Die Beurteilung erfolgt wie immer im Seitenvergleich.

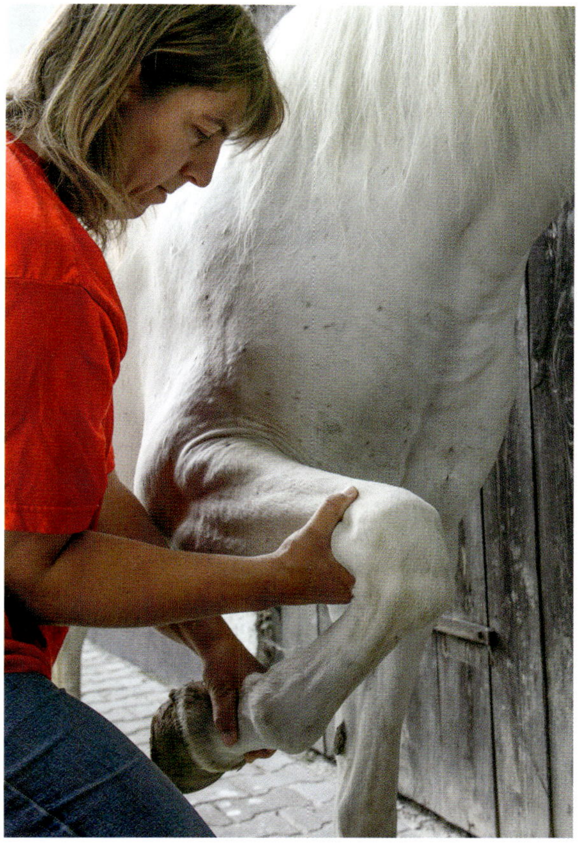

► **Abb. 6.60** Für den Test auf Flexion und Extension des Ellbogengelenks bewegen die Hände des Therapeuten das Gelenk in Extension und Flexion, wobei Karpalgelenk und Fesselgelenk gestützt werden.

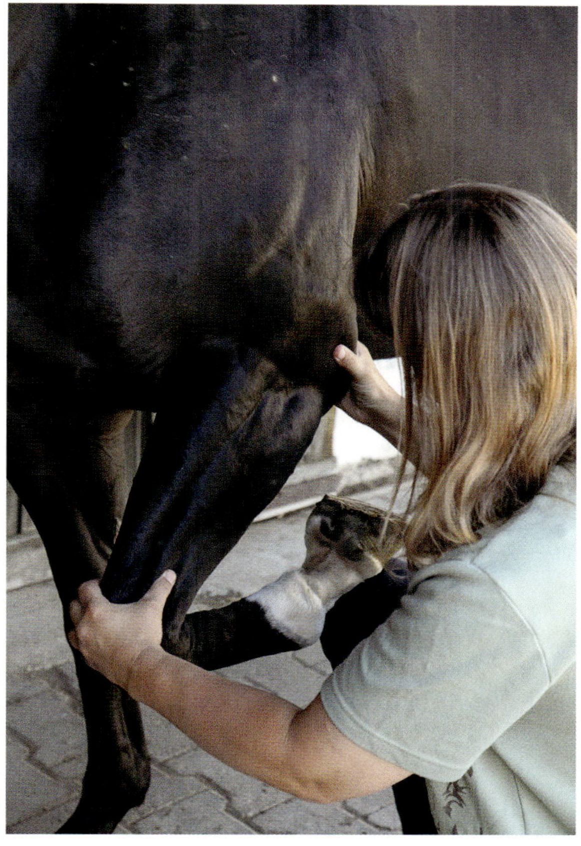

► **Abb. 6.61** Für den Test in Abduktion und Adduktion des Ellbogengelenks wird das Karpalgelenk bei aufgehobenem Vorderbein nach medial beziehungsweise lateral geführt.

Behandlungstechniken

Wie schon beim Schultergelenk stehen auch beim Ellbogengelenk die Weichgewebetechniken im Vordergrund. Diesen Techniken sollte deshalb große Beachtung geschenkt werden, und sie sollten immer vor einer eventuell notwendigen artikulären Technik stehen.

Weichgewebetechniken

Der M. triceps brachii mit seinen 3 Anteilen wird standardmäßig untersucht und behandelt, um seine Funktion zu verbessern beziehungsweise zu erhalten. Bei lockeren Kollateralbändern muss der M. triceps zur Stabilisierung herangezogen werden. Deshalb ist dessen Funktionalität ein wichtiger Baustein für die Stabilität und Mobilität des Ellbogengelenks.

Triggerpunkttherapie

Um die Weichgewebe im Bereich des Ellbogengelenks in Funktion zu halten, werden obligatorisch die umgebenden Muskeln nach Triggerpunkten abgescannt. Nach dem Triggerpunktkatalog reagieren bei Läsionen insbesondere die TrP 9–12, s. Kap. Triggerpunktkatalog des Pferdes (S. 64). Betroffen sind das Caput longum und Caput laterale des M. triceps sowie die Ursprungsregion der Extensoren (M. extensor carpi radialis). An muskulären Dysfunktionen sind aber häufig auch die Mm. pectorales (M. pectoralis profundus – TrP 13 und transversus – TrP 14) beteiligt.

Myofascial Release Technique

Um die medialen Weichgewebe zu entspannen, gleitet der Therapeut mit seiner flachen Hand hinter dem Ellbogen nach kranial und dorsal, soweit es das Gewebe zulässt. In dieser Stellung verharrt man und wartet auf den Release. Diese Release-Technik ist insbesondere bei Pferden sinnvoll, deren Ellbogen untergestellt sind, da nicht selten die medial liegende Muskulatur verspannt ist. Mit beteiligt zeigt sich oft auch der „Flexionsbegrenzer“ und Extensor des Ellbogengelenks, M. anconeus, der mit seinem hohen Sehnenanteil für Verspannungen und zu hohem Tonus prädestiniert ist.

Klassische Massage

Die Pektoralismuskeln eignen sich hervorragend auch für die Anwendung der Friktionstechnik. Die Anteile des M. triceps sprechen hingegen sehr gut auf Knetungen und Drückungen an.

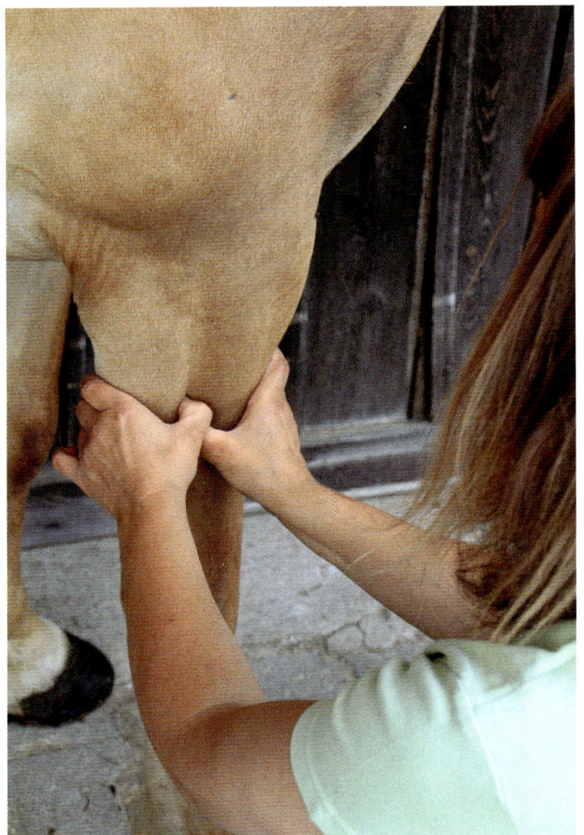

▶ **Abb. 6.62** Lösen der intermuskulären Faszien der Ellbogenflexoren und -extensoren.

Lösen der intermuskulären Faszien der Ellbogenflexoren und -extensoren

Das Lösen der intermuskulären Faszien insbesondere der Ellbogenflexoren und -extensoren ermöglicht ein freies Gleiten der Muskelfasern und trägt somit zur Optimierung der Ellbogenmobilität bei. Hierzu dringen die beiden Daumen des Therapeuten tief in die Muskelfurchen zwischen den Flexoren und Extensoren ein (▶ **Abb. 6.62**) und lösen im Muskelverlauf die verklebten Faszien. Dabei beginnt man kurz oberhalb des Karpalgelenks und arbeitet sich bis zum Ellbogen vor.

Kinesiologisches Taping

Zum ergänzenden Abschluss der Manuellen Therapie kann insbesondere der M. triceps brachii in detonisierender Technik zusätzlich getapet werden.

Elektrotherapie

Am Ellbogengelenk treten häufig Stollbeulen auf, die mithilfe der mittelfrequenten Elektrotherapie behandelt werden können. Man wählt hierzu eine Querdurchströmung und platziert die Elektroden medial und lateral des Olecranons.

Artikuläre Techniken

Weil die Funktionalität des Ellbogengelenks maßgeblich am Raumgriff der Gliedmaße beteiligt ist, ist ein optimales Bewegungsausmaß für die Gesunderhaltung des Bewegungsapparats im Allgemeinen und für die Leistungssteigerung des Sportpferds im Speziellen ein entscheidender Faktor. Aufgrund der vielen stabilisierenden Muskeln sind Impulstechniken am Humeroradiocubitalgelenk erfolgversprechender als Mobilisationen.

HVLA-Technik der Läsion in Flexion und Abduktion

Der Therapeut führt die betroffene Gliedmaße diagonal in Richtung gegenüberliegendes Hinterbein unter den Pferdebauch hindurch. Hierfür ist ein Assistent hilfreich, der das Bein aufnimmt und dem Therapeuten unter dem Pferdebauch weiterreicht. Der Therapeut führt eine Traktion bis zur motorischen Barriere aus, geht in Vorspannung und setzt einen kurzen, schnellen Impuls in Richtung diagonales Hinterbein.

HVLA-Technik der Läsion in Extension und Adduktion

Der Behandler umfasst das betroffene Bein am Fesselgelenk und führt es in eine Protraktion. Langsam wird eine Traktion nach dorsal und lateral aufgebaut, bis man an der Bewegungsgrenze angekommen ist. Daraufhin übt der Therapeut einen kurzen, schnellen Impuls in die Traktionsrichtung aus.

Praxistipp

Bei einer Protraktion (Extension) der vorderen Gliedmaße gehen alle Gelenke in Extension, das Ellbogengelenk jedoch in Flexion. Im Umkehrschluss sind alle Gelenke bei einer Retraktion flektiert, bis auf das Ellbogengelenk, das extensiert wird. Deshalb muss beispielsweise eine Korrektur einer Extensions- und Adduktionsläsion über eine Beugung des Gelenks erfolgen, also einer Protraktion (Extension) der Gliedmaße.

6.4.3 Das Karpalgelenk und das Os pisiforme

Zwischen 7 und 9 Knochen bilden das Karpalgelenk mit 3 horizontalen Gelenkspalten (▶ **Abb. 6.63**). Da jeder Knochen jeweils mit einer Knorpelfläche ausgestattet ist, erfüllt dieser Knochenkomplex eine hervorragende Pufferfunktion. Stabilisiert wird das Gelenk von periartikulären Bändern.

Dennoch besteht eine gewisse Beweglichkeit des Karpalgelenks in alle Richtungen, sodass eine passive Zirkumduktion möglich ist. Diese Bewegung führt das Pferd auch beim sogenannten „Bügeln“ aus. Die Karpalgelenkknochen stehen dabei unter einer höheren Belastung, die zu frühzeitigen Verschleißerscheinungen führen kann.

Das Os carpi accessorium (Os pisiforme) gehört zur proximalen Reihe der Karpalgelenkknochen und gleitet bei einer Flexion des Karpalgelenks nach medial. Bei einer Blockierung des Erbsbeins ist darum auch die Flexion der Art. carpi eingeschränkt.

► **Abb. 6.63** Das Karpalgelenk besitzt 3 horizontale Gelenkspalten und wird von 7–9 Knochen gebildet.

Spezifische Befunderhebung

Anamnese

Karpalgelenkprobleme können sich durch unterschiedliche Ursachen ergeben, häufig jedoch infolge von Fehlstellungen und dem damit verbundenen frühzeitigen Verschleiß. Fehlende Stoßdämpfungseigenschaften durch Knorpelabbau, der sich durch Fehlbelastungen über Jahre ergeben hat, können Schmerzen und Lahmheiten nach sich ziehen.

Doch auch muskulärer Hypertonus unterschiedlicher Genese führt langfristig zu Fehlspannungen, die letztendlich einseitige Überlastungen im Karpalgelenk zur Folge haben.

Adspektion in Stand und Bewegung

Dem erfahrenen Therapeuten stechen diverse Fehlstellungen sofort ins Auge (► **Abb. 6.64**). Eine gebrochene Achse im Verlauf des Radius und Os metacarpale tertium deuten auf (artikuläre) Fehlstellungen oder (muskuläre) Fehlspannungen hin.

Sicht- und tastbare Gallen zeugen von Verletzungen der Gelenkkapsel – meist durch Überlastung. Auch Überbeine sind die Folge von Überlastungserscheinungen oder rühren von einem Schlag her, der zu einer Knochenhautreizung geführt hat und somit eine Knochenzubildung hervorgerufen hat.

Exkurs

Pferde, die sich mit einem sogenannten „hängenden Knie" (das eine Vorbiegigkeit des Karpalgelenks beschreibt) präsentieren, sind nicht in der Lage, das Vorderfußwurzelgelenk vollständig zu extensieren. Folglich kommt es zu einer muskulären Überlastung. Ursachen können angeborene Fehlstellungen, aber auch die Verkürzung der Beugesehnen sein, die wiederum unterschiedliche Gründe haben. So kommen muskuläre Kontrakturen infrage (M. digitorum profundus) oder Schmerzen im Sehnenbereich, die eine Schonhaltung nach sich ziehen. Primäre Beugesehnenverletzungen sind ein Beispiel dafür, allerdings auch Hufrollenproblematiken. Das Pferd versucht, den Druck auf den Hufrollenbereich zu mildern, indem es die Spannung von der Beugesehne nimmt. Das geschieht durch leichtes Flektieren des Karpalgelenks. Ein typisches Beispiel dafür, dass die primäre Läsion nicht dort liegt, wo es zunächst den Anschein hat.

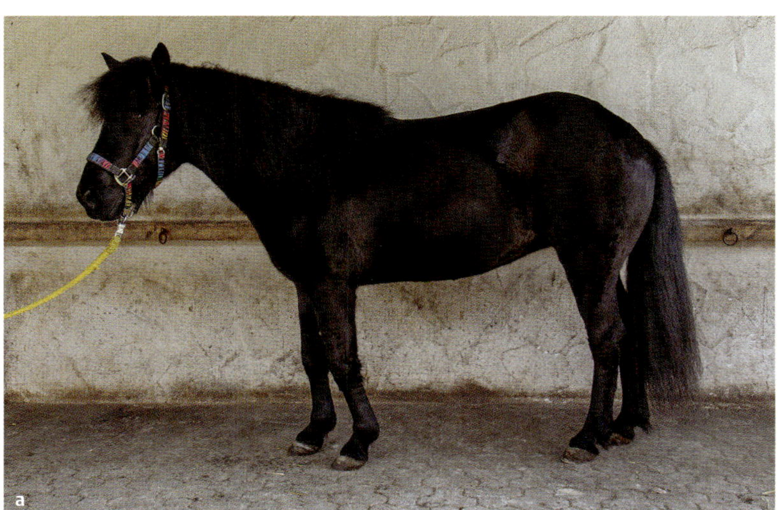

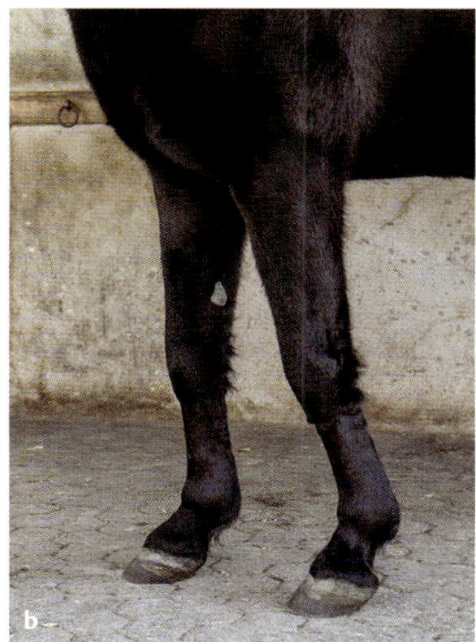

► **Abb. 6.64** Pferde mit einer Vorbiegigkeit sind nicht in der Lage, das Karpalgelenk vollständig zu extensieren. Folgen sind immer muskuläre Überlastungen.

Beim Vortraben ist häufig ein Bügeln ersichtlich (übermäßige Lateralisierung der Röhre beim Vorführen der Gliedmaße). In der Seitenansicht können Instabilitäten durch „Flattern" des Karpalgelenks in der Streckphase deutlich werden, s. Kap. Videoaufnahmen (S. 172) und Kap. Videos zur Ganganalyse (S. 278).

Biomechanische Fakten

- **Gelenktyp:** zusammengesetztes Wechselgelenk
- **Gelenkpartner:**
  - **Art. antebrachiocarpea**
    - Gelenkpartner konkav: proximale Gelenkreihe
    - Gelenkpartner konvex: Radius
  - **Art. mediocarpea**
    - Gelenkpartner plan: distale Gelenkreihe
    - Gelenkpartner plan: proximale Gelenkreihe
  - **Art. carpometacarpea**
    - Gelenkpartner plan: distale Gelenkreihe
    - Gelenkpartner konvex/konkav: Os metacarpale II–IV
  - **Art. intercarpeae**
    - Gelenkpartner konvex/konkav: Os carpi accessorium, Os carpi intermedium
    - Gelenkpartner konvex: Radius
  - **dabei beinhalten:**
    - **proximale Gelenkreihe:** Os carpi radiale, Os carpi intermedium, Os carpi ulnare, Os carpi accessorium
    - **distale Gelenkreihe:** Os carpale secundum, Os carpale tertium, Os carpale quartum
- **Besonderheit:** Das Os carpi accessorium führt bei einer Flexion des Karpalgelenks eine mediale Translation aus, bei einer Extension eine laterale Translation. Es verhindert eine Hyperflexion des Karpalgelenks und dient als Spannungsregler der Beugesehnen und des M. extensor carpi ulnaris.
- **Bewegungsmöglichkeiten:**
  - Flexion (inkl. Abduktion und Translation)
  - Extension (inkl. Adduktion und Translation)
- **beteiligte Muskulatur:**
  - M. extensor carpi radialis, ulnaris und obliquus
  - M. extensor digitorum communis und lateralis
  - M. flexor carpi radialis, ulnaris und digitorum superficialis und profundus
  - M. pronator teres

Palpation und Testgriffe

Bei der Palpation des Karpalgelenks achtet man auf Schwellungen (Gallen), Knochenzubildungen (Überbeine) und Wärme.

Praxistipp

Bei Bewegungstests aller distalen Gelenke sollte man darauf achten, ob ein Knistern oder Knacksen spür- und/oder hörbar ist. Um den Befund zu erhärten, kann man ein Gelenk mittels Stethoskop auskultieren. Werden dabei Reibegeräusche deutlich hörbar, weisen diese auf arthrotische Veränderungen hin.

► **Abb. 6.65** Basisgriff für den Test auf Flexion, Extension und Zirkumduktion des Karpalgelenks.

Test auf Flexion, Extension und Zirkumduktion

Jede Flexionsbewegung ist mit einer Abduktionsbewegung kombiniert, jede Extension mit einer Adduktion. Bei der Beurteilung des Bewegungsmusters ist dies zu berücksichtigen.

Der Pferdetherapeut steht mit dem Gesicht zum Pferdekopf, hebt das Vorderbein an und umfasst es am Fesselkopf mit einer Hand (► **Abb. 6.65**). Die zweite Hand liegt am Karpalgelenk, wobei der Daumen das Os carpi accessorium palpiert, während die anderen Finger die Gelenkspalten an der dorsalen Seite ertasten. Nun flektiert und extensiert der Therapeut das Bein, um das Öffnen und Schließen der Gelenkspalten und die Bewegung der Karpalgelenkknochen in Bezug zueinander zu testen. Dabei ist zu beachten, dass sich die proximale Gelenkspalte am weitesten öffnen sollte und die distale geschlossen bleibt. Neben dem Bewegungsumfang überprüft man außerdem, ob bei der Flexion des Gelenks gleichzeitig eine Abduktion stattfindet und bei der Extension eine Adduktion.

Da die Gelenke des Karpalgelenks auch eine passive Zirkumduktion zulassen, wird auch diese Bewegung in ihrem Ausmaß im Seitenvergleich überprüft.

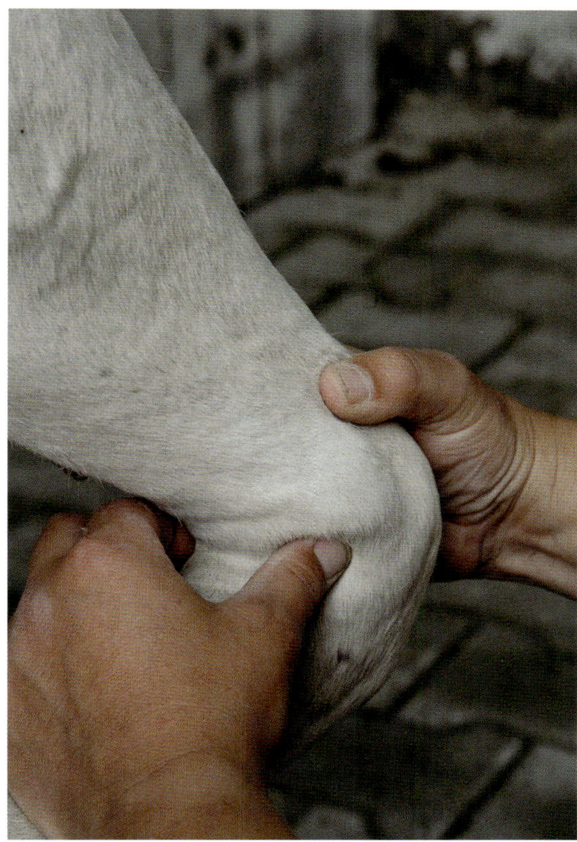

▶ **Abb. 6.66** Bei 90°-flektiertem Karpalgelenk testet der Therapeut die Verschieblichkeit des Os carpi accessorium nach lateral und medial.

Mobilitätstest der einzelnen Karpalgelenkknochen

Der Therapeut steht vor dem Pferd und nimmt die in die Protraktion geführte Gliedmaße auf Höhe des Fesselgelenks zwischen seine Knie. Auf diese Weise hat er beide Hände frei, um das Karpalgelenk zu palpieren. Die Daumen liegen von dorsal auf den Karpalgelenkknochen, deren Mobilität bei leichter Flexions- und Extensionsbewegung überprüft und beurteilt wird.

Test des Os carpi accessorium

Während der Flexions- und Extensionsprüfung des Karpalgelenks prüft der Therapeut gleichzeitig das mediale Gleiten des Os pisiforme bei der Flexion mit dem Daumen. Bei einer Extension testet der Behandler die laterale Translation.

Das Os carpi accessorium kann auch passiv getestet werden, indem der Therapeut in die Hocke geht und das Vorderbein des Pferdes in einer 90° starken Flexion des Karpalgelenks auf dem Oberschenkel ablegt. Eine Hand umfasst nun das Karpalgelenk, um es zu stabilisieren (▶ **Abb. 6.66**). Die andere Hand greift das Os carpi accessorium mit Zeigefinger und Daumen und prüft dessen Mobilität nach lateral und medial. Weil das Erbsbein unter Spannung steht, wenn das Karpalgelenk extensiert ist, kann die Beweglichkeit nur bei flektiertem Vorderfußwurzelgelenk getestet werden.

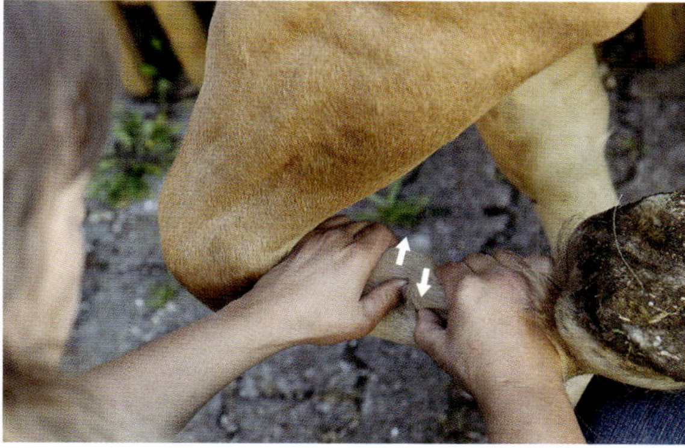

▶ **Abb. 6.67** Die Sehnenbehandlung mit dem Schlangengriff (Pfeile) beugt Verklebungen vor und fördert den Stoffwechsel.

Behandlungstechniken

Das Erbsbein wird stets in demselben Untersuchungsgang getestet, wie auch das Karpalgelenk. Finden sich Dysfunktionen sowohl des Karpalgelenks als auch des Os carpi accessorium, wird das Erbsbein vor den weiteren Läsionen des Karpalgelenks behandelt, aber nachdem die Weichgewebetechniken durchgeführt wurden.

Weichgewebetechniken

Unterhalb des Karpalgelenks befinden sich keine Muskeln mehr, dennoch dürfen deren sehnige Ausläufer nicht vergessen werden. Der Zustand der Sehnen beeinflusst die Stellung eines Gelenks und dessen Mobilität. Sie müssen deshalb ebenso in das Behandlungskonzept miteinbezogen werden, um die Funktionalität der Gelenke zu erhalten oder wiederherzustellen.

Sehnenbehandlung

Bei jeglichen Gelenkdysfunktionen im Karpalgelenk und den distalen Bereichen sind die Sehnen auf ihre Gleitfähigkeit, Struktur, Lage und Mobilität zu überprüfen. Um verbackene oder verkürzte Sehnen wieder gleitfähig zu machen, flektiert man zunächst das Bein, um den Zug von den Beugesehnen zu nehmen. Mit Daumen und Zeigefinger palpiert man die Grenzfurche zwischen oberflächlicher und tiefer Beugesehne und trennt die Sehnen voneinander, um Verklebungen zu lösen. Nachfolgend bieten Querfriktionen eine gute Möglichkeit, die faszialen Strukturen aufzutrennen.

Der Schlangengriff (▶ **Abb. 6.67**) aus der klassischen Massage macht die Sehnen geschmeidiger und fördert damit den Stoffwechsel, s. Kap. Petrissage – Knetungen (S. 53).

Anschließend kann man bei Tendopathien mithilfe der mittelfrequenten Elektrotherapie eine ergänzende Behandlung mittels Längsdurchströmung durchführen.

Artikuläre Techniken

Allgemeine und spezifische Mobilisation des Karpalgelenks

Der Therapeut nimmt dieselbe Stellung wie bei den Testgriffen ein. Prüft er die Mobilität von Flexion und Extension (jeweils in Verbindung mit der obligatorischen Abduktion und Adduktion), mobilisiert er unter leichter Traktion das Karpalgelenk durch mehrfache Wiederholungen der Testbewegung, bis das Bewegungsausmaß eine Verbesserung erfährt.

Eine allgemeine Lockerung und bessere Stoffwechsellage erreicht man mit der Zirkumduktion, die ebenfalls wie im Test, aber mit entsprechenden Wiederholungen, durchgeführt wird.

Die spezifische Mobilisierung der einzelnen Karpalgelenkknochen lässt sich realisieren, wenn man in Frontalstellung das Vorderbein des Pferdes zwischen die Knie klemmt und mit den Daumen die Translation jedes einzelnen Knochens zunächst testet und schließlich durch Wiederholungen mobilisiert. Unterstützt werden die Gleitbewegungen durch das passive Flektieren und Extensieren des Karpalgelenks.

Mobilisation des Os carpi accessorium

Der Therapeut nimmt das Vorderbein des Pferdes analog zum Test des Erbsbeins auf. Während der Bewegung in Flexion und Abduktion mobilisiert er das Os pisiforme mit dem Daumen nach medial. Während der Extensionsbewegung mobilisiert der Behandler das Erbsbein nach lateral.

HVLA-Technik des Os carpi accessorium

Ist eine Mobilisierung des Erbsbeins nicht ausreichend, um es zu lösen, führt der Therapeut die Bewegung bis zur motorischen Barriere aus und gibt dann einen kurzen, schnellen Impuls in Flexion und Abduktion, währenddessen er den Druck am Os carpi accessorium nach medial beibehält.

Ergänzende Therapieformen

Wärmeapplikationen

Arthrosen kommen im Karpalgelenk sowie in den distalen Gelenken relativ häufig vor. Rotlichtbestrahlungen und feuchte, warme Wickel unterstützen bei schmerzbedingten, arthrotischen Veränderungen im Bereich der betroffenen Gelenke, s. Kap. Wärmeanwendungen (S. 156).

Kälteapplikationen

Akute Entzündungen sind im gesamten Beinbereich hervorragend mit dem Eis-Lolli zu behandeln. Insbesondere sind akute Sehnenverletzungen eine Indikation für die Eisbehandlung, s. Kap. Kryotherapie (S. 157) und Kap. Bewegtes Eis (S. 158).

Elektrotherapie

Degenerative Gelenkprozesse sind auch mithilfe der mittelfrequenten Elektrotherapie gut behandelbar. Hier bringt man die Elektroden auf der medialen Seite proximal des Karpalgelenks sowie auf der lateralen Seite distal des Gelenks an, um eine effektive Querdurchströmung zu gewährleisten.

Tendopathien werden mithilfe der Querdurchströmung ergänzend behandelt, s. Kap. Elektrotherapie (S. 151).

Lasertherapie

Der Softlaser kann ebenfalls gut bei degenerativen Gelenkserkrankungen eingesetzt werden, s. Kap. Lasertherapie (S. 153).

Magnetfeldtherapie

Mit speziellen Gamaschen können pulsierende Magnetfelder ans Bein gebracht werden. Sie wirken regenerierend, schmerzstillend und sorgt für eine Aktivierung des Zellstoffwechsels, s. Kap. Magnetfeldtherapie (S. 153).

Hydrotherapie

Wassergüsse sind empfehlenswert zur Anregung des Lymph- und Kreislaufsystems und sollten bei Pferden mit der Neigung zu angelaufenen Beinen regelmäßig angewendet werden. Sie können die manuelle Lymphdrainage sehr gut unterstützen, s. Kap. Hydrotherapie (S. 158).

Kinesiologisches Taping

Bei Sehnenproblemen – insbesondere mit einer bereits beginnenden Verkürzung und einer folglichen Vorbiegigkeit des Karpalgelenks – eignen sich ergänzende Tapingmaßnahmen hervorragend. Es kommen insbesondere Muskel- und Sehnentapes für die Beugesehnen sowie ein Korrekturtape im dorsalen Beinbereich infrage.

6.4.4 Fesselgelenk und Gleichbeine

Das Metacarpophalangialgelenk steht in einer physiologischen Hyperflexion von 130°, was notwendig für die Abfederung des Körpergewichts beim Auffußen ist. Hierfür puffern die Beugesehnen den Großteil des Gewichts ab. In extremen Fällen führt die Dehnung der Sehnen so weit, dass die Gleichbeine den Boden berühren (beispielsweise bei der Landung nach einem hohen Sprung). Bei der Therapie müssen der Komplex von Fesselgelenk, Gleichbeinen, M. interosseus medius (Fesselträger) und M. flexor digitorum profundus und superficialis (tiefe und oberflächliche Beugesehne) in Kombination betrachtet werden.

Die Tests und Behandlungsgriffe sind für die Vorder- und Hintergliedmaßen im Prinzip äquivalent. Zu beachten sind jedoch ein leicht unterschiedliches Handling (Aufnehmen des Beines) sowie kleinere Differenzen in Anatomie und Bewegungsausmaß (die Hintergliedmaße ist in der Regel steiler).

Spezifische Befunderhebung

Anamnese

Sehnenverletzungen können die Funktionalität des Fesselkomplexes erheblich beeinträchtigen. Bei der Untersuchung müssen deshalb stets auch die Gleichbeine und Sehnen miteinbezogen werden. Blockierungen des Metacarpophalangialgelenks und der Gleichbeine sind häufig die Folge falscher Zugkräfte der Sehnen, deren Ursache wiederum traumatisch oder schleichend – beispielsweise durch vernachlässigte Hufpflege – bedingt sein kann. Denkbar sind ebenfalls Sehnenüberlastungen durch überfällige oder falsche Hufbeschläge, die sich negativ auf die gesamte Beinstatik auswirken. Angeborene und erworbene Fehlstellungen wirken sich ebenso ungünstig auf die Zugbelastung der Sehnen und somit auf die Druckverteilung der Gelenkflächen aus. Symptome von möglichen Problematiken im Bereich des Fesselgelenks mit seinen umgebenden Strukturen sind Taktfehler, ungenügender Raumgriff, Verspannungen und letztendlich auch (rezidivierende) Lahmheiten.

Adspektion in Stand und Bewegung

Überlastungen von Gelenken und Sehnen zeigen sich häufig durch Überbeine (Exostosen) und Gallen (Dilatation von Synovialflüssigkeit) im Fesselgelenksbereich. Die als „Schönheitsfehler" bagatellisierten, weil schmerzlosen Schwellungen zeugen jedoch von einer vorausgegangenen Kapselverletzung des Gelenks, die in erster Linie durch Überlastung entsteht.

Biomechanische Fakten

- **Gelenktyp:** Scharniergelenk
- **Gelenkpartner konkav:** Os compedale (Fesselbein)
- **Gelenkpartner konvex:** Os metacarpale III (Röhrbein)
- **Bewegungsmöglichkeiten:**
  - Extension und Flexion (in erster Linie)
  - in geringem Maße auch Abduktion und Adduktion
  - Bei einer Traktion kann das Gelenk auch rotiert werden, was im Falle der aufgefußten Gliedmaße nicht möglich ist. Die distale Gelenkfläche des Metacarpus ist mit einem sagittalen Kamm ausgestattet, der sich exakt in die Furche an der proximalen Gelenkfläche des Os compedale einschmiegt, was eine Rotation bei Belastung der Gliedmaße nicht zulässt. Therapeutisch ist die Rotationskomponente deshalb unbedeutend.
  - Die Gleichbeine weisen die Möglichkeit der Translation nach lateral, medial sowie proximal und distal auf.
- **beteiligte Muskulatur:**
  - M. flexor digitorum profundus und superficialis (tiefe und oberflächliche Beugesehne)
  - M. extensor digitorum communis und lateralis
  - M. interosseus medius (Fesselträger)

Palpation und Testgriffe

Der einleitende Griff in die Fesselgelenksregion erspürt gegebenenfalls Verdickungen (weich: Gallen, hart: Exostosen) und Wärme als erste Hinweise auf Problematiken in diesem Bereich.

Das Fesselgelenk und seine umliegenden Strukturen sollten eine klare, „trockene" Struktur aufweisen. Einer Palpation werden im Zuge dessen auch die Griffelbeine unterzogen, deren distale Enden (Griffelbeinknöpfchen) relativ häufig frakturieren. Dies geschieht in aller Regel traumatisch durch einen Schlag gegen den Metacarpus, wodurch meist das laterale Griffelbein betroffen ist.

Im akuten Zustand bildet sich eine überwärmte Schwellung, die von einer Lahmheit begleitet wird. Selbst ausgeheilte Griffelbeinbrüche können gegebenenfalls palpiert werden. Wenn die abgebrochenen Frakturteile stören und immer wieder zu Lahmheiten führen, müssen diese operativ entfernt werden.

Test der Sehnen

Vor den artikulären Tests werden die Sehnen einer genauen Palpation unterzogen. Oberflächliche und tiefe Beugesehnen müssen sich klar voneinander abgrenzen lassen. Ob sich die Sehnen voneinander trennen lassen, wird immer bei flektierten Distalgelenken überprüft. Die Palpation der Sehnen darf nicht schmerzhaft sein, eventuelle Sensibilitäten können allerdings auch ohne pathologischen Befund auftreten. Für die genaue Beurteilung ist der Seitenvergleich maßgebend. Man überprüft bei der Palpation der Sehnen außerdem eine eventuelle Überwärmung, Verdickung und Verbackung des Gewebes.

Test auf Flexion und Extension des Fesselgelenks

Der Therapeut nimmt das Bein des Pferdes hoch und hält mit einer Hand das Röhrbein direkt oberhalb des Fesselgelenks fest (► **Abb. 6.68**). Mit der anderen Hand greift er an den Huf und führt eine leichte Traktion der distalen Zehengelenke aus. Um den gesamten Block der distalen Zehengelenke zu verriegeln, bringt er diesen nun in eine maximale Flexion. Schließlich flektiert der Behandler das Fesselgelenk und testet dabei die Mobilität des Fesselbeins in Bezug auf das Röhrbein. Im Anschluss testet er die Extension, indem er das Fesselgelenk in die maximale Streckung bringt.

! Merke

Alle Tests werden auf Bewegungsausmaß, Gelenkspiel und Endgefühl sowie stets im Seitenvergleich durchgeführt und beurteilt. Des Weiteren testet man die Gelenke immer unter einer leichten Traktion (Stufe 2).

▶ **Abb. 6.68** Der Test auf Flexion des Fesselgelenks sollte stets unter einer leichten Traktion durchgeführt werden.

▶ **Abb. 6.69** Um die Sehnenspannung aufzuheben, wird die Translation der Gleichbeine unter Flexion des Fesselgelenks geprüft.

Test auf Abduktion und Adduktion des Fesselgelenks

Äquivalent zum Test der Flexion und Extension bewegt der Therapeut den distalen Komplex in leichter Traktion zunächst lateral in die Abduktion und schließlich medial in die Adduktion, um dessen Bewegungsausmaß zu testen.

> **Merke**
> **Die Adduktion des Fesselgelenks ist geringer als die Abduktion, weil die mediale Gelenkfläche der distalen Zehengelenke eine höhere Kondyle als die laterale aufweist.**

Translationstest der Gleichbeine

Da die Gleichbeine beim stehenden Pferd über den Zug des M. interosseus medius blockiert sind, muss das Fesselgelenk flektiert werden, um die Mobilität der Gleichbeine zu testen. Der Therapeut hebt also das Bein an und flektiert das Fesselgelenk, um die Sehnenspannung aufzuheben.

Nun nimmt man die Gleichbeine zwischen Daumen und Zeigefinger (▶ **Abb. 6.69**) und schiebt sie zunächst nach lateral, dann nach medial, um deren Mobilität zu prüfen. Für den Test der proximalen und distalen Translation extensiert der Therapeut die distalen Gelenke (für die Überprüfung des inferioren Gleitens) und flektiert diese wieder (für die Überprüfung des superioren Gleitens). Dabei verschieben sich die Gleichbeine in die jeweilige Richtung. Kann der Therapeut keine Bewegung in eine bestimmte Richtung feststellen, ist das jeweilige Gleichbein blockiert.

Behandlungstechniken

Bei Dysfunktionen der Gleichbeine sind oft auch die Sehnen von Läsionen betroffen. Vor der Korrektur der Gleichbeinblockierungen steht deshalb die Sehnenbehandlung (S. 247). Auch das Fesselgelenk kann durch verkürzte und dysfunktionale Sehnen komprimiert oder fehlgestellt werden. Vor jeder artikulären Korrektur steht deshalb die Weichgewebebehandlung. Neben den obligatorischen Weichgewebe- und anschließenden artikulären Behandlungen können auch im Fesselbereich ergänzende Therapieformen (S. 248) zur Anwendung kommen.

Weichgewebetechniken

Wenn tiefe und oberflächliche Beugesehnen unter zu großer Spannung stehen, können sich weitreichende negative Folgen für das Pferd ergeben. In diesem Zusammenhang darf die Belastung für den Hufrollenkomplex nicht übersehen werden. Um Überlastungen zu minimieren oder im Vorfeld zu vermeiden, ist eine adäquate Sehnenpflege zu empfehlen. Diese bezieht genügend lange Aufwärmphasen vor jedem sportlichen Einsatz ebenso mit ein wie die therapeutische manuelle Behandlung der Sehnenstrukturen.

Sehnenbehandlung

Die allgemeine Technik zur Sehnenbehandlung (S. 247) wurde im Kapitel Weichgewebetechniken zum Karpalgelenk bereits beschrieben.

Für eine weitere Variante nimmt der Therapeut das Bein hoch und flektiert die distalen Gelenke, um die

Spannung von den Sehnen zu nehmen. Knapp oberhalb der Gleichbeine drückt der Behandler nun die Sehnenstränge mit dem Daumen zur Seite. Während der Pferdetherapeut die Gliedmaße extensiert, bleibt der Daumendruck bestehen, wodurch die Sehnen gedehnt werden. Anschließend kann man das Bein auffußen lassen, wobei der Daumendruck und somit die Sehnenspannung so weit wie möglich aufrechterhalten bleibt.

Artikuläre Techniken

Dem Therapeuten stehen für die Korrektur des Fesselgelenks und der Gleichbeine verschiedene Techniken in Form von Mobilisationen und Manipulationen zur Verfügung.

Mobilisation des Metacarpophalangialgelenks in Flexion und Extension

Einschränkungen des Fesselgelenks in Extension stehen häufig mit Läsionen der Beugesehnen in Verbindung. Verkürzte Sehnen verhindern die physiologisch maximale Extension. Deshalb müssen die Sehnen stets mitbehandelt werden. Wie beim Test der Flexion und Extension der Fessel wird diese Bewegung in wiederholter Form mit voller Ausschöpfung des jeweils möglichen Bewegungsausmaßes durchgeführt, bis sich der Bewegungsumfang erweitert. Die distalen Gelenke werden dabei unter leichter Traktion im Block bewegt.

Mobilisation des Fesselgelenks in Abduktion und Adduktion

Äquivalent zur Ausführung des Tests werden auch hier wiederholte passive Bewegungen in Abduktion und Adduktion ausgeführt, um eine eingeschränkte Beweglichkeit zu verbessern.

HVLA-Technik zur Korrektur der Gleichbeine

Bei eingeschränkten Translationsbewegungen der Gleichbeine ist wiederum auf die Sehnen ein Augenmerk zu richten. Insbesondere sollte allerdings der M. interosseus medius begutachtet werden.

Korrektur der Läsion laterolateral Ist das mediale oder laterale Gleichbein in Translation blockiert, bringt der Therapeut das Bein zunächst in eine Flexion, um die Sehnenspannung aufzuheben. In dieser Stellung wird das Bein des Pferdes fixiert, indem der Therapeut die Fessel und das Röhrbein des Pferdes mit seinem Unterarm stützt. Je nachdem, ob das mediale oder laterale Gleichbein fixiert ist, gibt man mit dem Handballen einen kurzen, schnellen Impuls auf das blockierte Gleichbein nach lateral beziehungsweise medial (▶ **Abb. 6.70**).

Korrektur der Läsion distal Bei beidseits distal fixierten Gleichbeinen hebt der Therapeut das Bein des Pferdes mit Blick zum Pferdeschweif an. Das Karpalgelenk fixiert man am Oberschenkel, die Hände umfassen den Hufrand.

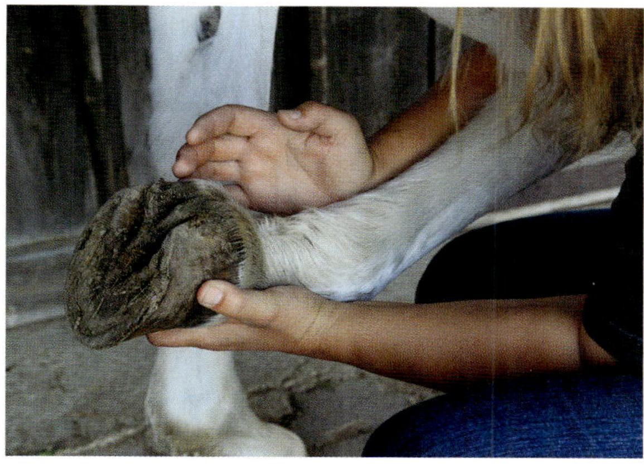

▶ **Abb. 6.70** Bei der HVLA-Korrektur eines blockierten Gleichbeins übt der Therapeut einen kurzen, schnellen und gezielten Impuls mit dem Handballen aus.

Während man das Bein flektiert, sollten die Gleichbeine nach proximal gleiten. Bei einer Blockierung stoppt die Bewegung an der motorischen Barriere, die man mit einem schnellen, kurzen Impuls überwindet, um die Flexion zu verstärken. Die Gleichbeine werden dabei „mitgenommen“ und nach proximal befreit.

Ist jedoch nur das mediale Gleichbein distal blockiert, neigen die distalen Gelenke zu einer zusätzlichen Abduktion. Während der Korrektur sollte man deshalb das flektierte Bein zusätzlich adduzieren. Im umgekehrten Fall abduziert man das Bein zusätzlich zur Flexion, wenn nur das laterale Gleichbein in Läsion distal blockiert ist.

Korrektur der Läsion proximal Der Therapeut fasst das aufgehobene Bein direkt oberhalb der beidseits proximal fixierten Gleichbeine, um diese in ihrer Bewegung nach proximal zu begrenzen. Nun extensiert der Therapeut die Gliedmaße, wobei er die Gleichbeine gleichzeitig und aktiv nach distal schiebt. Die Extension kann mit einem kurzen, schnellen Impuls am Bewegungsende nochmals verdeutlicht werden, um die Gleichbeine weiter nach distal zu bringen.

Ist lediglich das mediale Gleichbein proximal blockiert, neigen die Gelenke zu einer Adduktion. Die Korrektur erfolgt in diesem Fall durch eine Extension, die mit einer Abduktion kombiniert wird. Im umgekehrten Fall des lateralen proximal blockierten Gleichbeins, tendiert die Gliedmaße zur Abduktion. Der Therapeut induziert zur Extension deshalb eine zusätzliche Adduktion.

6.4.5 Kron- und Hufgelenk

In diesem Kapitel werden Kron- und Hufgelenk der Vorder- und Hintergliedmaßen zusammen besprochen, da sich dieselben Läsionen ergeben können und die Korrektur identisch ist. Es ist jedoch zu beachten, dass sich die Handhabung der Hintergliedmaße von der Vordergliedmaße unterscheidet, da die Flexion des Sprung- und Karpalgelenks in gegensätzlicher Richtung funktioniert. Ebenso unterscheiden sich die Knochen und Gelenke vom Aufbau her etwas. Beispielsweise sind das Hufbein sowie das Kronbein an der Hintergliedmaße etwas schmaler als an der Vorderextremität.

Bei der Untersuchung und Behandlung der distalen Gelenke darf der Hufrollenkomplex nicht vergessen werden. Hierzu gehören 3 Bestandteile: Das Os sesamoideum distale (Strahlbein), die darunter liegende Bursa podotrochlearis (Schleimbeutel) und der M. flexor digitorum profundus (tiefe Beugesehne). Sie bilden als funktionelle Einheit die Hufrolle.

Spezifische Befunderhebung

Anamnese

Die meisten Lahmheiten stehen mit Läsionen im distalen Extremitätenbereich in Verbindung. Somit sind häufig Stützbeinlahmheiten die Folge von Verletzungen, Überlastungserscheinungen, falschem Beschlag oder Fehlbelastungen. Oft berichtet der Pferdebesitzer auch von einer Hufrollenproblematik. Diese äußert sich im Anfangsstadium gegebenenfalls durch häufiges Stolpern oder Wegknicken der Gliedmaße in der Bewegung.

Merke

Stolpern kann ein Hinweis auf eine Hufrollenproblematik sein. Berichtet der Besitzer davon, dass sein Pferd ständig stolpert, sollte man den Provokationstest für den Hufrollenkomplex durchführen, s. Kap. Provokationstest für das Os naviculare (S. 252).

Adspektion in Stand und Bewegung

Es müssen sich nicht unbedingt adspektorische Anzeichen zeigen, dennoch können bei arthrotischen Veränderungen gegebenenfalls Knochenzubildungen bereits sichtbar sein (Schale). Schwellungen und Bindegewebsverdickungen können auf degenerative Prozesse oder Verletzungen hindeuten.

Ein besonderes Augenmerk sollte man auf den Huf richten, denn er spiegelt die Gesundheit des Pferdes wider. So können sich Querrillen, Längsspalten oder Risse bilden, die auf einen Verletzungs- oder Krankheitsverlauf hindeuten. Die Hufqualität sagt außerdem etwas über die Stoffwechsellage des Pferdes aus.

Der Huf beziehungsweise das Hufeisen kann bei Fehlbelastungen und Gelenkblockaden unregelmäßig abgelaufen sein. Die Winkelung des Hufs sollte auf Symmetrie zur Fesselwinkelung überprüft werden.

In der Ganganalyse können sich Stützbeinlahmheiten und Taktunreinheiten zeigen.

Biomechanische Fakten

- **Gelenktyp:** Sattelgelenke
- **Gelenkpartner konkav:**
  - Krongelenk: Os coronale (Kronbein)
  - Hufgelenk: Os ungulare (Hufbein)
- **Gelenkpartner konvex:**
  - Krongelenk: Os compedale (Fesselbein)
  - Hufgelenk: Os coronale (Kronbein)
- **Besonderheit:** Strahlbein (Os sesamoideum distale/Os naviculare) palmar/plantar des Os ungulare → Hufrollenkomplex
- **Bewegungsmöglichkeiten:**
  - Flexion und Extension (größte Mobilität)
  - Abduktion und Adduktion (wobei die Abduktion aufgrund der höheren medialen Kondyle größer ist als die Adduktion)
  - Rotation (nicht bei belastetem Bein)
  - Hufgelenk: dorsopalmare bzw. dorsoplantare Translation
- **beteiligte Muskulatur:**
  - M. flexor digitorum profundus und superficialis
  - M. extensor digitorum communis und lateralis
  - M. interosseus medius

Palpation und Testgriffe

Man palpiert den Gelenkbereich auf Wärme, Schwellungen und allgemeinen Zustand des Gewebes ab. Man fühlt am Fesselkopf, ob eine Pulsation spürbar ist, die auf eine Entzündung im Hufbereich hindeuten würde.

Flexion und Extension des Huf- und Krongelenks

Für den Bewegungstest des Huf- und Krongelenks nimmt der Therapeut dieselbe Stellung ein wie beim Flexions- und Extensionstest des Fesselgelenks, s. Kap. Test auf Flexion und Extension des Fesselgelenks (S. 249). Für den Test des Krongelenks fixiert der Behandler mit der einen Hand das Fesselbein und nimmt mit dem Daumen Kontakt mit dem Krongelenkspalt auf. Die andere Hand greift den Huf, führt eine leichte Traktion aus und flektiert den gesamten distalen Block. Für den Extensionstest streckt er die distalen Gelenke und überprüft so die Mobilität, das Bewegungsausmaß und das Endgefühl des Krongelenks in Extension.

Für den Hufgelenkstest geht der Therapeut ebenso vor, mit dem Unterschied, dass er nun den Daumen in die Fesselbeuge legt und damit den Kontakt zum Gelenkspalt des Hufgelenks aufnimmt.

Provokationstest für das Os naviculare

Wie beim Flexionstest des Hufgelenks legt der Therapeut seinen Daumen in die Fesselbeuge auf Höhe des Hufgelenkspalts und flektiert das Hufgelenk, bis das Bewegungsende erreicht ist. Geben die Reaktionen des Pferdes Hinweise auf Schmerzen, liegt die Annahme einer Hufrollenproblematik nahe. Ein derartiger Befund sollte von einem Tierarzt mittels bildgebender Verfahren genauer untersucht werden, um den Verdacht zu bestätigen oder zu entkräften.

Abduktion und Adduktion des Huf- und Krongelenks

Die Ausgangstellung bleibt wie gehabt: Der Daumen der Hand, die das Fesselgelenk umfasst, liegt wiederum im jeweiligen Gelenkspalt. Die andere Hand platziert man zunächst auf dem lateralen, dann auf dem medialen Tragrand und prüft mit Druck auf die jeweilige Seite die Abduktion beziehungsweise die Adduktion. Zu beachten ist, dass die Abduktion ein größeres Bewegungsausmaß hat als die Adduktion.

Rotation des Huf- und Krongelenks

Für den Test der Innen- und Außenrotation der beiden distalen Gelenke bleibt die Ausgangsstellung mit der fixierenden Hand wie zuvor beschrieben. Lediglich die aktive Hand greift den Huf nun mit dem „Gurkenglasgriff" (► **Abb. 6.71**), um unter leichter Traktion die Rotationskomponenten des Huf- und Krongelenks zu testen.

Translationstest des Hufgelenks

Wiederum bleibt die Stellung der fixierenden Hand wie bei den vorigen Tests beschrieben, wobei der Daumen knapp oberhalb des Hufgelenkspalts das Os coronale festhält. Die Aktivhand umfasst den Huf mit dem Daumen am Ballen aufliegend, die Finger umfassen die Hufspitze. Die Hand am Huf führt die translatorische Bewegung nach dorsopalmar/plantar aus, um die Gleitbewegung zu testen (► **Abb. 6.72**).

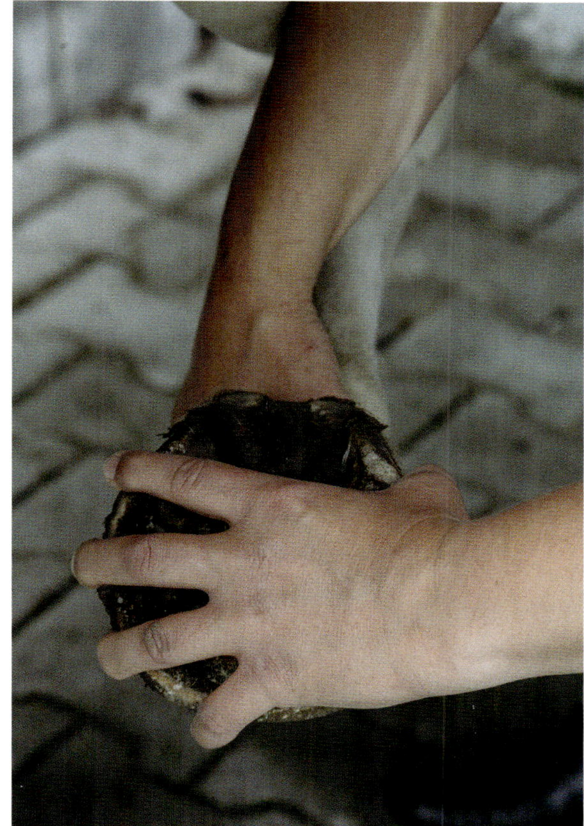

► **Abb. 6.71** Für den Test der Rotation von Huf- und Krongelenk bedient sich der Therapeut des sogenannten Gurkenglasgriffs.

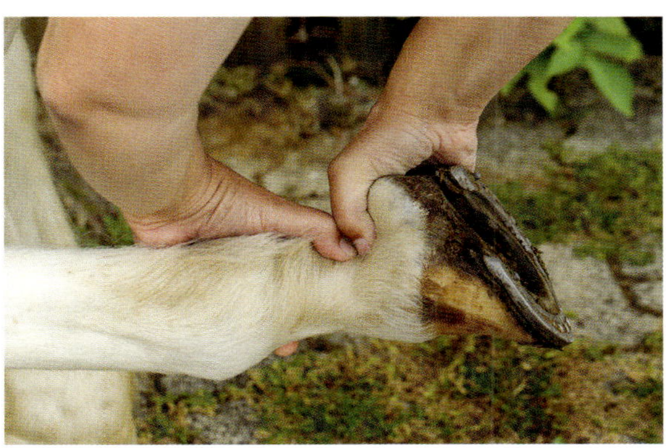

► **Abb. 6.72** Für den Translationstest umfassen die Finger des Therapeuten die Nachbarknochen nahe des Gelenkspalts und verschieben das Hufbein parallel zur Behandlungsebene gegen das Kronbein.

Behandlungstechniken

Vor der artikulären Behandlung muss sichergestellt sein, dass die Sehnen und Bänder funktional sind, s. Kap. Sehnenbehandlung (S. 247). Weiter sollten zunächst eventuelle Einschränkungen der Sesambeine (Os sesamoideum proximale, Os naviculare) gelöst werden, die sich blockierend auf die Gleitfähigkeit der Sehnen auswirken können.

Dysfunktionen des Hufgelenks kommen relativ häufig vor und führen nicht selten zu wochen- und montagelangen Lahmheiten, die unter Umständen schwer diagnostizierbar sind. Bei unklaren Stützbeinlahmheiten sollte die Funktion des Hufgelenks überprüft und gegebenenfalls behandelt werden.

Artikuläre Techniken

Nach Überprüfung und gegebenenfalls Behandlung des Sehnen- und Bänderapparats (zum Beispiel mit Schlangengriff, Querfriktionen und ergänzend mit Elektro- oder Lasertherapie) kommen im distalen Beinbereich artikuläre Techniken zum Einsatz.

Traktionen des Huf- und Krongelenks

Relativ häufig sind arthrotische Veränderungen die Auslöser für ein „leichtes Ticken", insbesondere beim Auffußen auf einer schrägen Unterlage beziehungsweise beim Laufen auf einem Kreisbogen. Löst man die Gelenkstrukturen durch eine Traktion in Stufe 3 voneinander, finden die Gelenkpartner dabei minimal veränderte Kontaktpunkte, kann die Lahmheit gegebenenfalls sofort verschwinden.

Mobilisationen des Huf- und Krongelenks

Bei Läsionen in Flexion, Extension, Abduktion, Adduktion oder Rotation gelten dieselben Regeln für deren Korrektur, wie sie bereits bei den Tests beschrieben wurden. Die

Handhaltung erfolgt äquivalent zu den Tests, wobei die Bewegungen unter Traktion bis zur motorischen Barriere ausgeführt und mehrfach wiederholt werden, bis eine verbesserte Mobilität erreicht ist.

HVLA-Technik des Huf- und Krongelenks

Auch hier gelten dieselben Ausgangspositionen wie bei den Tests und Mobilisationen. Wird die motorische Barriere eines blockierten Gelenks erreicht, übt man einen kurzen, schnellen Impuls in die zu korrigierende Richtung aus, um die Blockierung zu beheben. Dabei ist stets darauf zu achten, dass die „Überspannung" der Bewegung nur minimal stattfindet und extrem schnell durchgeführt wird, damit das Pferd keinen Widerstand entgegensetzen kann.

Lasertherapie

Entzündungen des Hufgelenks, gegebenenfalls unter Einbeziehung des Strahlbeins, sind häufige Diagnosen im distalen Beinbereich. Das gut im Hufmantel einbettete Hufgelenk ist nicht direkt palpierbar, was die Befundung und Behandlung erschwert. Neben den bereits erwähnten Traktionen haben sich auch Laserbehandlungen bewährt, s. Kap. Lasertherapie (S. 153). Der Laserstrahl erhält dabei über die Fesselbeuge Zugang zum Hufgelenk.

6.4.6 Die Rippen

Acht sternale und 10 asternale Rippen bilden den Brustkorb des Pferdes (▸ Abb. 6.73). Die Rippen sind dabei sehr flexibel – eine Notwendigkeit, um die Atmung zu gewährleisten. Selbst Stöße und traumatische Einwirkungen können die Rippen sehr gut absorbieren. Der Brustkorb bewegt sich außerdem mit jeder Aktion der Vorhand und Wirbelsäule mit. Die gelenkige Verbindung der Rippen mit den Brustwirbeln führt zu einem gemeinsamen Bewegungskomplex, sodass die Rippen und die Brustwirbel therapeutisch nicht separat betrachtet werden können. Lediglich aus didaktischen Gründen werden die Rippen unabhängig von der Brustwirbelsäule besprochen.

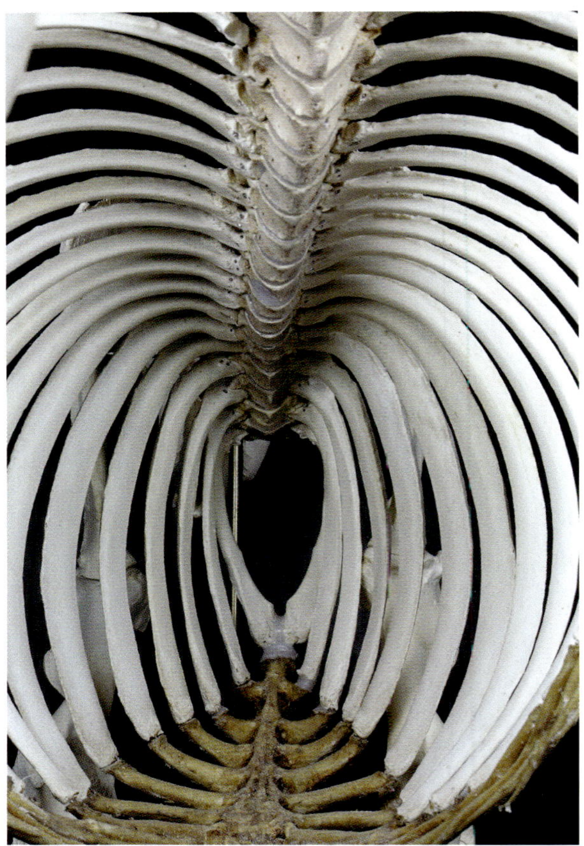

▸ **Abb. 6.73** Der Brustkorb des Pferdes besteht aus 8 sternalen und 10 asternalen Rippen.

Spezifische Befunderhebung

Anamnese

Rippen und Brustwirbel beeinflussen sich gegenseitig, sodass bei Brustwirbelläsionen zwingend auch die Rippen mituntersucht werden müssen. Die Pferdebesitzer berichten von reiterlichen Problemen bei Biegungen und konditionellen Problemen. Deren Ursache ist in einer behinderten Atmung zu finden, die wiederum von blockierten Rippen ausgehen kann. Insbesondere wenn der Tierarzt keine Lungenprobleme feststellen konnte, ist die Dysfunktion in aller Regel mechanisch.

Adspektion in Stand und Bewegung

Bei der Begutachtung der Atmung ist auf einen gleichmäßigen Atemrhythmus zu achten, dessen Inspiration und Exspiration sich in der Minute 8- bis 16-mal wiederholen sollte. Der Brustkorb sollte sich auf beiden Seiten gleichmäßig bewegen.

Biomechanische Fakten

- **Gelenkarten:**
  - Artt. costovertebrales (Rippen-Wirbelgelenke): Artt. capitis costae (Rippenkopfgelenke), Artt. costotransversariae (Rippenhöckergelenke)
  - Rippen-Sternumgelenke (Symphyse): Artt. costochondralis (asternale Rippen), Artt. sternocostale (sternale Rippen)
- **Gelenkpartner konkav:** Brustwirbel
- **Gelenkpartner konvex:** Rippenkopf, Rippenhöcker
- **Besonderheit:** Die Rippen korrespondieren über jeweils 2 konvexe Gelenkflächen (Rippenkopf) mit denen zweier benachbarter Brustwirbel.
- **Bewegungsmöglichkeiten:** Bei der Inspiration (Einatmung) bewegen sich die Rippen nach kranial und lateral (der Thorax weitet sich). Bei der Exspiration hingegen verschieben sich die Rippen nach kaudal und medial. Diese Bewegungen erinnern an einen Eimer-

henkel. Zu beachten ist, dass sich die kaudalen Rippen eben wie Eimerhenkel verhalten, da sie mehr Bewegung nach kranial und kaudal haben als die kranialen Rippen, deren Bewegungsausmaß eher einem Pumpenschwengel ähnelt (lateral-medial).

- **beteiligte Muskulatur:**
  - Diaphragma (Zwerchfell) als wichtigsten Atemmuskel
  - Mm. intercostales externi und interni
  - Mm. pectorales descendens, profundus, transversus
  - Mm. abdominis (M. obliquus externus abdominis, M. obliquus internus abdominis, M. transversus abdominis, M. rectus abdominis)
  - M. serratus ventralis thoracis
  - M. serratus dorsalis cranialis und caudalis
  - M. subclavius

Palpation und Testgriffe

Die Palpation der Rippen ist ein wichtiges diagnostisches Mittel. Dabei sollte der Atemrhythmus (8–16 Atemzüge/Minute) überprüft werden. Die Bewegungen des Thorax können bereits Hinweise auf mögliche Läsionen geben.

Beim Abtasten der Rippen achtet der Therapeut auf gleichmäßige Abstände des Interkostalraums und auf abgesunkene oder hervorstehende Rippen. Ebenso überprüft man die Mobilität der Rippen bei der Inspiration und Exspiration.

Positions- und Mobilitätstest der 1. Rippe

Über die Myofascial Release Technique dringt man mit den Fingern der flachen Hand lateral des Brustbeins in das Gewebe ein, bis die Finger die 1. Rippe ertasten. Bei Läsionen kann der Gewebewiderstand so groß sein, dass die Rippe nicht palpiert werden kann. Um den Muskelwiderstand zu verringern, kann man alternativ auch das homolaterale Vorderbein flektieren. Weiteres unter Kap. Myofascial Release Technique (S. 81).

Ist die Rippe zu spüren, übt man einen leichten Druck auf den Knochen aus, um dessen Mobilität zu beurteilen. Die Beweglichkeit ist zwar gering, die Rippe lässt sich aber normalerweise problemlos nach kaudal schieben, wenn keine Läsion vorhanden ist. Ist jedoch ein Widerstand gegeben, kann dies auf eine Blockierung der Rippe in Inspiration hindeuten.

Der Therapeut beurteilt die Bewegungen der Rippe in der Ein- und Ausatemphase. Während der Inspiration sollte sich die Rippe kranial bewegen, während der Exspiration kaudal.

Positions- und Mobilitätstest der Rippen 2–18

Der Therapeut beginnt mit dem letzten Rippenzwischenraum, die einzelnen Rippen und deren Abstände zueinander zu palpieren. Rippe für Rippe arbeitet er sich nach kranial, bis er hinter dem Ellbogen die 2. Rippe erreicht. Der Therapeut prüft den Interkostalraum auf Gleichmäßigkeit, die Mobilität der einzelnen Rippen bei der Inspiration und Exspiration und auf eine eventuell abgesunkene oder hervorstehende Rippe.

Findet man eine Rippe, die weiter nach lateral und kranial steht (hierbei ist der kraniale Interkostalraum verengt, der kaudale hingegen vergrößert), befindet sich die Rippe in Läsion Inspiration. Palpiert man eine Rippe weiter medial und kaudal (kranialer Zwischenrippenraum = vergrößert, kaudaler Interkostalraum = verringert), befindet sie sich in Läsion Exspiration.

Behandlungstechniken

Für den Therapeuten stellt sich die Frage, ob bei einer Rippenläsion die Ursache primär in der Rippe, in den korrespondierenden Brustwirbeln oder in der Viszera, also der Lunge, zu suchen ist. Es ist vorteilhaft, zunächst die primäre Läsion zu behandeln, da sich damit die sekundäre in der Regel von selbst reguliert. Oft helfen die Intuition und die Erfahrung des Therapeuten dabei, die primäre Läsion zu erkennen. Es ist meist nicht diejenige, die die deutlichsten Auswirkungen nach sich zieht. Ist eine Korrektur nicht nachhaltig, kann man davon ausgehen, dass man nicht die primäre, sondern die sekundäre Läsion korrigiert hat.

Weichgewebetechniken

Wie so oft gehen auch im Rumpfbereich artikuläre Läsionen häufig von myofaszialen Restriktionen aus. Die Behandlung der Weichgewebe steht deshalb obligatorisch vor jeder artikulären Technik. Ein Verzicht auf die Weichgewebetechniken muss als schwerwiegender Fehler des Therapeuten gewertet werden.

Als wichtigster Atemmuskel darf das Zwerchfell in der Behandlungsstrategie des Therapeuten keinesfalls vergessen werden. Aufgrund der Bedeutsamkeit wird das thorakolumbale Diaphragma (Zwerchfell) (S. 257) im nächsten Kapitel separat besprochen.

Klassische Massagetechniken

Im Zuge der Palpation der Interkostalräume kann die Zwischenrippenmuskulatur massiert werden (▶ **Abb. 6.74**). Hierzu eignet sich der Daumen oder die Handkante, die zwischen den Rippen von dorsal nach ventral gleitet. Die Muskeln werden dabei mit Querfriktionen gelöst und ge-

▶ **Abb. 6.74** Die Interkostalräume werden auf gleiche Abstände palpiert und die Zwischenrippenmuskulatur ausmassiert.

ben den Rippen mehr Mobilität zurück. Das Fazit daraus ist eine erleichterte Atmung.

Triggerpunkttherapie

Im Rumpfbereich sollte man den TrP und TrA 10, 13, 17, 20, 21 und 30 besondere Aufmerksamkeit schenken. Testung und die Behandlung, s. Kap. Triggerpunktkatalog des Pferdes (S. 64).

Myofascial Release

Neben der Pektoralismuskulatur (M. pectoralis descendens) eignet sich auch die Zwischenrippenmuskulatur für die Myofascial Release Technique. Auf den M. obliquus externus abdominis sowie die Mm. intercostales wird mit dem Daumen oder der Handkante ein mäßiger Druck aufgebaut und auf den Release des Gewebes gewartet, s. Kap. Myofascial Release Technique (S. 81).

Lösen der Faszien im Thoraxbereich

Faszientechniken sind im Thoraxbereich besonders wichtig, da sich bei Restriktionen – oft auch durch eine traumatische Einwirkung wie durch einen Huftritt eines Artgenossen – schnell Verklebungen bilden können. Für die praktische Anwendung eignen sich das Hautrollen, das Verwinden aus der klassischen Massage und das Abheben, s. Kap. Hautmobilisationen (S. 56).

Kinesiologisches Taping

Zur Ergänzung können die Pektoralis-, Abdominal- und Intercostalmuskeln entsprechend den Läsionen atemunterstützend getapet werden.

Artikuläre Techniken

Nach der Ausarbeitung des Weichgewebes stehen dem Therapeuten verschiedene Mobilisations- und Manipulationstechniken zur Korrektur der Rippen zur Verfügung. Die funktionelle Kombination mit der Brustwirbelsäule erfordert eine gleichzeitige Überprüfung und Korrektur der Brustwirbel.

Mobilisation der 1. Rippe in Läsion Inspiration

Stellt der Therapeut beim Testgriff fest, dass sich die 1. Rippe nicht nach kaudal bewegen lässt, liegt eine Läsion Inspiration vor. Zur Korrektur nimmt der Behandler das entsprechende Vorderbein des Pferdes auf und führt es in eine Protraktion (▶ Abb. 6.75). Unter einer leichten Traktion bringt der Therapeut das Bein in eine Adduktion und beginnt, kreisende Bewegungen nach medial auszuführen, um die Rippe zu mobilisieren und nach kaudal zu korrigieren.

Mobilisation der 1. Rippe in Läsion Exspiration

Die Ausgangsposition ist dieselbe wie bei der Korrektur der Rippe in Inspiration. Unter leichtem Zug des Beines in Protraktion führt der Therapeut das Vorderbein nun allerdings in Abduktion und arbeitet mit kreisenden Bewegungen nach lateral. Hierbei wird die 1. Rippe nach kranial mobilisiert.

▶ **Abb. 6.75** Zur Korrektur der 1. Rippe in Inspiration bringt der Therapeut das Vorderbein unter leichter Traktion in eine Adduktion und mobilisiert die Rippe unter kreisenden Bewegungen nach kaudal.

Mobilisation der Rippen 2–18 in Läsion Inspiration

Der Therapeut stellt eine Fixierung einer Rippe nach kranial und lateral fest. Der kraniale Zwischenrippenraum ist verengt, der kaudale erweitert. Für die Korrektur hakt der Therapeut mit seinen Fingern am kranialen Rand der Rippe ein, übt während der Exspiration eine Traktion nach kaudal auf die Rippe aus und hält diesen Zug auch während der Inspiration aufrecht. Dies wiederholt er während weiterer 5 Atemzüge und bringt die Rippe mit jedem Ein- und Ausatmen ein Stück weiter nach kaudal.

Mobilisation der Rippen 2–18 in Läsion Exspiration

Die Rippe ist bei einer Läsion in Exspiration nach kaudal und medial fixiert. Nun hakt der Therapeut am kaudalen Rand der Rippe ein und beginnt diese nach kranial zu ziehen, sobald das Pferd einatmet. Die Traktion wird auch während der Exspirationsphase aufrechterhalten und bis zu 5-mal wiederholt. Mit jedem Atemzug korrigiert sich die Rippe weiter in seine normale Position.

HVLA-Technik der Rippen 2–18 in Läsion Inspiration

Die fixierte Rippe steht nach kranial und lateral. Der Therapeut legt somit seine Handballen auf den kranialen Rand der jeweils zu korrigierenden Rippe. Die zweite Hand legt der Therapeut unterstützend über die erste. Durch Druck bringt der Therapeut die Rippe bis zur motorischen Barriere und übt während der Exspirationsphase einen schnellen, kurzen Impuls nach kaudal und medial aus, um die Rippe zu korrigieren (▶ Abb. 6.76).

HVLA-Technik der Rippen 2–18 in Läsion Exspiration

Die fixierte Rippe steht kaudal und medial. Der Therapeut legt die Hände wie oben beschrieben auf den kaudalen Rand der fixierten Rippe, bringt sie an das kraniale Bewegungsende und übt während der Inspirationsphase einen kurzen, schnellen Impuls aus (▶ Abb. 6.77).

▶ **Abb. 6.76** Bei der Läsion Inspiration legt der Therapeut die Handballen auf den kranialen Rand der blockierten Rippe und korrigiert diese nach kaudal und medial.

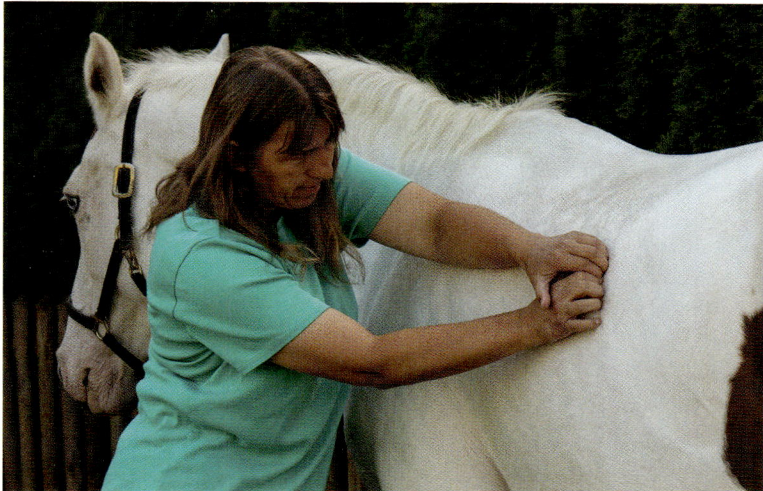

▶ **Abb. 6.77** Bei der Läsion Exspiration hakt der Therapeut mit den Fingern am kaudalen Rand der blockierten Rippe ein und korrigiert diese nach kranial.

6.4.7 Das thorakolumbale Diaphragma (Zwerchfell)

Das Diaphragma durchspannt den Körper des Pferdes in der Transversalebene und trennt den Thorax vom Abdomen. Es zieht von den Lendenwirbeln L2 – L6 über die mediale Seite der 8 kaudalen Rippen bis zum Xiphoid des Sternums. Als der wichtigste Atemmuskel ist das Zwerchfell höchst elastisch und bildet eine Kuppelform, die sich konvex bis zur 7. Rippe erstrecken kann. Man unterscheidet beim Zwerchfell die 3 muskulären Anteile (Pars lumbalis, Pars costalis, Pars sternalis) und den zentral liegenden sehnigen Zwerchfellspiegel (Centrum tendineum). Es gibt 3 Zwerchfellöffnungen für die Aorta, den Ösophagus und die Vena cava caudalis. Innerviert wird das Diaphragma durch den N. phrenicus, der an den Ventralästen von C5 – C7 austritt.

Spezifische Befunderhebung

Anamnese

Die Funktion des Diaphragmas kann von diversen Einflüssen beeinträchtigt werden. Dysfunktionen können Wirbel- oder Rippenblockierungen als Ursache haben, aber auch diverse organische und psychische Störungen.

Hinweise auf eine eingeschränkte Zwerchfellfunktion können Leistungsabfall und Atemprobleme sein. Der Atemrhythmus kann dabei unregelmäßig, schnell und/oder flach sein.

Läsionen in den Halswirbelsegmenten C5 – C7 geben weitere Verdachtspunkte für ein dysfunktionales Zwerchfell. Die Wirbelblockierungen führen zur Reizung der Ganglien stellare und cervicale caudale, wodurch eine dauerhafte Stimulation der sympathischen Nervenfasern ausgelöst wird. Das Pferd ist damit ständig sympathikoton und wirkt nervös, fahrig, unruhig und hyperaktiv. Folglich sind diese meist kachektisch wirkenden Pferde vermeintlich schwerfuttrig, weil sie die aufgenommene Energie sofort wieder verbrauchen.

Adspektion in Stand und Bewegung

Sichtbar ist häufig eine beschleunigte, flache und gegebenenfalls unregelmäßige Atmung. Eine einseitige Funktionseinschränkung des Diaphragmas kann eine Thoraxrotation nach sich ziehen. Die Folge davon sind nicht selten Wirbelrotationen.

Palpation und Testgriffe

Das Diaphragma ist nicht direkt zu palpieren, der Therapeut muss sich deshalb auf die übertragenen Gewebespannungen verlassen und seine Sinne schulen, um die feinen Restriktionen zu erspüren.

Test auf Spannung und Mobilität des Diaphragmas

Der Therapeut legt seine Hände auf die Dornfortsätze der ersten Lendenwirbel und auf das Xiphoid des Sternums. Die Hände üben einen sanften Druck auf das Gewebe aus, um die Spannung des Zwerchfells zu prüfen. Zunächst testet man mit der abdominal liegenden Hand den Widerstand beim Druck in Richtung dorsokranial, dann nach dorsokaudal. Ist der Widerstand hart und unnachgiebig, muss man von einer Läsion in Inspiration ausgehen. Ein weiches, elastisches Nachgeben hingegen ist ein Hinweis auf eine Läsion in Exspiration. Die physiologische Funktionalität des Zwerchfells liegt zwischen den beiden Extremen. Es erfordert viel Übung, die Gewebespannungen richtig einzuschätzen. Manche Therapeuten erspüren die Gewebespannung besser mit der passiven Listening-Technik aus der kraniosakralen Therapie, s. Kap. Lösen superfizieller Faszien (S. 82).

Test der N. phrenicus

Der N. phrenicus innerviert das Zwerchfell und tritt an den Halswirbelsegmenten C5 – C7 aus. Ist das Pferd an diesen Punkten sensibel, was man mit einem Daumendruck prüfen kann, ergibt sich eine Rückkopplung über den Nervenverlauf auf das Zwerchfell. So beeinflussen Läsionen der Halswirbel C5 – C7 die Zwerchfellfunktion und umgekehrt, s. Kap. Passiver Test in Lateroflexion C3 – C6 (S. 210).

Behandlungstechniken

Um die Spannung des Zwerchfells in die Normalität zurückzuführen, eignen sich Behandlungsstrategien aus der kraniosakralen Therapie (Unwinding) sowie Myofascial Release Techniques am besten, s. Kap. Behandlung der Diaphragmen mit Unwinding (S. 144) und Kap. Lösen des Diaphragmas (S. 89). Ebenso kann ein regulierendes, kinesiologisches Tape (S. 160) dazu beitragen, die Zwerchfellspannung zu normalisieren.

6.4.8 Das Ilium

Die Funktionalität von Becken, Kreuzbein, Iliosakralgelenk, Lendenwirbelsäule und Hüftgelenk findet stets in Kombination statt. Die einzelnen Strukturen sind zwar teils getrennt test- und korrigierbar, dennoch müssen die Nachbarstrukturen immer miteinbezogen werden, weil sich Läsionen in diesem Komplex in der Regel nicht auf ein einzelnes Gelenk beschränken.

Das Becken stellt die knöcherne Verbindung der Hinterhand zum Thorax des Pferdes dar. Der knöcherne Kontakt erfolgt allein über eine relativ kleine Gelenkfläche des Iliosakralgelenks. Test und Korrektur des ISG, s. Kap. Mobilitätstest für das Iliosakralgelenk (S. 230) und Kap. Technik zum Lösen des Iliosakralgelenks (S. 234). Blockierungen im ISG führen unmittelbar auch zu Dysfunktionen im Becken und Sakrum.

Spezifische Befunderhebung

Anamnese

Der knöcherne Beckenring ist über viele Bänder am Sakrum fixiert, die sich bei hormonellen Veränderungen während der Trächtigkeit entspannen, um den Geburtsvorgang durch eine größere Flexibilität zu erleichtern. Bei Stuten, die kurz vor der Geburt stehen oder soeben abgefohlt haben, kann darum eine gewisse Instabilität des Iliosakralgelenks bestehen. Darauf muss man bei der Befundung und Behandlung des Pferdes Rücksicht nehmen.

Weil man den Block von ISG, LWS, Sakrum und Ilium stets als Gesamtpaket betrachten muss, gelten dieselben anamnestischen Befunde wie beim Sakrum und Iliosakralgelenk, s. Kap. Spezifische Befunderhebung (S. 225).

Adspektion in Stand und Bewegung

Ein Beckenschiefstand lässt sich oft schon adspektorisch erkennen (▶ Abb. 6.78). Während das Pferd alle 4 Beine gleichmäßig belastet und geschlossen aufgestellt ist,

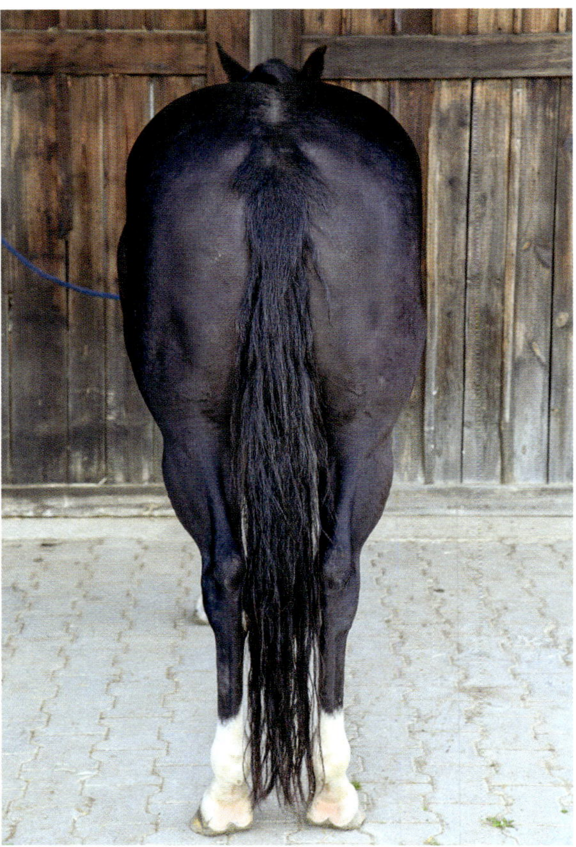

▶ **Abb. 6.78** Eine Beckenrotation kann man meist schon adspektorisch erkennen. Hierzu muss das Pferd auf ebenem Boden square (geschlossen) aufgestellt werden. Bei diesem Pferd ergibt sich adspektorisch kein Befund.

blickt der Therapeut von hinten auf die Kruppe des Pferdes und beurteilt die Beckenposition. Eine Beckenrotation zeigt sich aufgrund unterschiedlicher Höhen des rechten und linken Tuber coxae. Diese können unter Umständen aber auch in Verbindung mit einem einseitig dorsalisierten Ilium stehen, insbesondere wenn gleichzeitig das homolaterale Tuber coxae zurückversetzt ist, das Tuber ischiadicum tiefer und das Tuber sacrale höher liegt. Bei der manchmal auch als Beckenhochstand bezeichneten Läsion erscheint die Kruppe höher und führt dazu, dass das Pferd die Hinterbeine oft in Schrittstellung platziert (► **Abb. 6.79**), da es mit dem Bein auf der Seite mit einem dorsalisierten Ilium weiter kranial auffußt.

Im Umkehrschluss strecken sich die Gelenke von Hüfte und Knie bei einem ventralisierten Ilium stärker, sodass das seitengleiche Bein deutlicher kaudal auffußt. Die Läsion Ilium ventral oder dorsal kann auch beidseits vorkommen, wobei die Hinterbeine bei einem Ilium ventral kaum unter den Körper treten können. Bei einem beidseitigen Ilium dorsal hingegen kommt es zu einer unterschobenen Hinterhand, wodurch es zu einer Überlastung der ischiokruralen Muskulatur kommt und somit häufig Verspannungen und Triggerpunkte in diesen Muskelgruppen zu finden sind.

Muskuläre Asymmetrien im Becken- und proximalen Hinterhandbereich können sich bei länger bestehenden Beckenläsionen einstellen. Aufschluss über Läsionen im Beckenbereich gibt auch die Adspektion beim Vortraben an der Hand in gerader Linie sowie anschließend auf der Zirkellinie an der Longe.

Zu enge oder zu weit gestellte Tubera sacrales lassen ein Ilium in flare oder Ilium out flare vermuten.

Biomechanische Fakten

- **beteiligte Muskulatur:**
  - M. gluteus medius
  - M. gluteus superficialis
  - M. iliacus
  - M. psoas minor und major
  - M. gluteus profundus
  - M. obturatorius externus und internus
  - Mm. gemelli
  - M. quadratus femoris
  - M. biceps femoris
  - M. semimembranosus
  - M. semitendinosus
  - M. gracilis
  - M. adductor femoris
  - M. sartorius
  - M. pectineus
  - M. tensor fasciae latae
  - M. quadriceps femoris

► **Abb. 6.79** Fällt auf, dass das Pferd immer in Schrittstellung und stets mit demselben Bein weiter vorne steht, muss man an ein dorsalisiertes Ilium denken. In diesem Fall steht das Pferd mit dem linken Hinterbein weiter kranial, was den Verdacht bestärkt, dass das linke Ilium dorsalisiert sein könnte.

▶ **Abb. 6.80** Der Therapeut palpiert beide Tubera coxae, um festzustellen, ob ein Höhenunterschied besteht, was den Verdacht auf einen Beckenschiefstand erhärtet.

- **beteiligte Bänder:**
  - Ligg. sacroischiadica (Lig. sacrotuberale latum)
  - Lig. transversum acetabuli
  - Lig. pubicum ventrale
  - Lig. accessorium
  - Lig. capitis ossis femoris
  - Ligg. intertransversaria
  - Lig. iliolumbale

Palpation und Testgriffe

Der gesamte Beckenbereich wird palpatorisch untersucht. Dabei achtet der Therapeut auf Veränderungen der Gewebespannung, Schwellungen, Wärme und sonstige Auffälligkeiten. Die Stellung des Beckens wird über den Positionstest beurteilt.

Positionstest

Der Therapeut steht dicht hinter dem Pferd, das in geschlossener Stellung, alle 4 Beine gleichmäßig belastend, steht (▶ Abb. 6.80). Die Finger beider Hände kontaktieren die Tubera coxae auf beiden Seiten von kranial, um festzustellen, ob ein Hüfthöcker in Bezug zum anderen mehr kranial oder kaudal steht. Der hochgestreckte Daumen erleichtert die Beurteilung der horizontalen Lage beider Tubera coxae. Befinden sich die Hüfthöcker nicht auf gleicher Höhe, liegt die Vermutung einer Beckenrotation oder eines dorsalisierten Iliums nahe.

Um diese Läsionen zu differenzieren, palpiert der Therapeut außerdem die Tubera ischiadica und Tubera sacrales und beurteilt deren Lage zueinander. Eng gestellte Tubera sacrales deuten schließlich auf eine Läsion in flare, weit gestellte hingegen auf eine Läsion out flare hin.

Allgemeiner Mobilitätstest des Beckens

Wie beim Positionstest steht der Therapeut direkt hinter dem Pferd und platziert seine Hände auf den Tubera coxae. Nun schaukelt der Behandler den gesamten Beckenkomplex rhythmisch nach links und rechts und beurteilt die Mobilität. Es lassen sich gegebenenfalls einseitige Restriktionen feststellen. Die fixierten Strukturen erfahren mit diesem Test gleichzeitig auch eine Lockerung und Entspannung.

Mobilitätstest für das Becken dorsal und ventral

Der Therapeut steht seitlich neben dem Pferd und bringt die Hinterhand in eine Triple-Flexion. Dabei stützt eine Hand den Huf, die andere liegt dorsal auf dem Os ilium. Nun führt man eine leichte Abduktion und vertikale Translation aus, um die Bewegung des Iliums nach dorsal, medial und kaudal zu testen. Bei diesem Testgriff ist darauf zu achten, dass die vertikale Translation nicht übertrieben wird, um keine Rotation in der Lendenwirbelsäule hervorzurufen.

Mobilitätstest für das Becken kranial und kaudal

Die Ausgangsposition ist wiederum die Triple-Flexion des Hinterbeins. Der Therapeut palpiert nun das jeweilige Tuber sacrale und nachfolgend das Tuber ischiadicum, während er das Bein zunächst in die Protraktion und schließlich in die Retraktion führt. Dabei beurteilt er die Bewegungen der knöchernen Referenzpunkte des Beckens.

Mobilitätstest des Iliums in out flare und in flare

Die Ausgangsposition des Therapeuten deckt sich mit der der vorgenannten Mobilitätstests. Der Therapeut bringt das Hinterbein in eine Triple-Flexion, während eine Hand auf dem Ilium ruht. Für den Test in Richtung in flare bringt der Therapeut das Bein in die Abduktion, um zu testen, ob sich das Tuber sacrale nach medial bewegt.

Für den Test in Richtung out flare führt der Therapeut das Bein in eine Adduktion, um zu palpieren, ob sich das Tuber sacrale nach lateral bewegt.

Bei einer Läsion des Iliums in flare ist der Rücken im Lendenbereich eher lordotisch, während der Mobilitätstest eine Bewegungseinschränkung des Tuber sacrale nach lateral ergibt. Das gleichseitige Hinterbein fußt lateral der Schwerpunktlinie auf und vollzieht eine Außenrotation.

Bei einer Läsion des Iliums out flare führt die homolaterale Hintergliedmaße eine Innenrotation aus und fußt medial der Schwerpunktlinie auf. Zudem tritt das Tuber sacrale deutlich hervor, dass eine „Spitze“ (Kyphose) sichtbar wird. Das Tuber sacrale ist lateral blockiert, demnach ist die Bewegung nach medial eingeschränkt.

Behandlungstechniken

Weil der Beckenbereich von starken Bändern und Muskeln umgeben ist, müssen die Weichgewebe im Vorfeld gelockert werden, bevor artikuläre Behandlungen zum Einsatz kommen. Über weiterführende Muskel- und Faszienketten dürfen aber der Vorhand- und der Schädelkomplex nicht vergessen werden, womit es diverse Rückkopplungsmechanismen gibt. Insbesondere sind das Schultergelenk und die obere Halswirbelsäule einer exakten Befundung zu unterziehen.

Weichgewebetechniken

Die umfassenden Zusammenhänge des Beckenkomplexes mit LWS, ISG, Sakrum und Hüftgelenk erfordern eine gesamte Behandlung der Hinterhand mit muskulären Techniken. Es eignen sich verschiedene Massage- und Triggerpunkttechniken für diesen Bereich.

Massagetechniken

Drückungen und Kompressionen sind prädestinierte Griffe für die Glutealmuskulatur, um die Muskelfasern zu lockern. Diese sind somit auch die vorbereitenden Griffe für die anschließende artikuläre Behandlung. Soll das Pferd jedoch auf einen Wettkampf oder Training vorbereitet werden, können Klopfungen, Hacken und Vibrationen den Muskeltonus erhöhen, um die Muskeln in einen optimalen Leistungstonus zu versetzen.

Triggerpunkttherapie

Getestet und gegebenenfalls behandelt werden alle Triggerpunkte der Hinterhand, insbesondere die TrP 18, 19, 20, 21, 22, 23, 26, 27, 28, 29 und die TrA 24 und 25 des Triggerpunktkatalogs, s. Kap. Triggerpunktkatalog des Pferdes (S. 64). Insbesondere ist darauf zu achten, dass der M. semimembranosus und M. semitendinosus in entspanntem Zustand sind, da diese mitunter am häufigsten hyperton sind.

Myofascial Release der Adduktoren

Einen Tiefen-Release im Adduktorenbereich entspannt den proximalen Bereich der Hinterhand und bereitet das Gewebe auf eventuelle weitere Weichgewebe- und artikuläre Techniken vor, s. Kap. Tiefen-Release und Lift-Techniken (S. 85).

Artikuläre Techniken

Es gibt eine Fülle von möglichen Läsionen und Korrekturen für das Becken, wobei sich die Auswahl auf die gängigsten und wirkungsvollsten Techniken beschränken soll. In der Regel sollte man mit den „weichen“ Techniken beginnen und die Technik wechseln, wenn sie nicht zum Erfolg geführt hat. Zudem muss man bedenken, dass sich die Läsionen im gesamten Beckenraum gegenseitig bedingen. Eine Korrektur kann nicht von Bestand sein, wenn die ursächliche, primäre Läsion nicht gefunden beziehungsweise behandelt wird. Bevorzugterweise sollte immer die primäre Läsion zuerst korrigiert werden, weil sich die sekundären Dysfunktionen dann oft von selbst lösen.

Korrektur des Iliums in Läsion Rotation beziehungsweise dorsal – ventral

Variante 1: indirekte-direkte Mobilisationstechnik Der Assistent begibt sich auf die Seite des ventralen Iliums und drückt mit seinen Händen das Tuber coxae zunächst noch weiter ventral. Er verstärkt also die Läsion. Der Therapeut hingegen schiebt auf der gegenüberliegenden Seite das dorsal stehende Tuber coxae ebenfalls noch stärker in die Läsion nach dorsal hinein. Verspürt man einen Release, kehrt man die Parameter um. Der Therapeut drückt nun den dorsalen Hüfthöcker in die Korrekturrichtung ventral, während der Assistent das ventral stehende Tuber coxae nach dorsal schiebt.

Variante 2: Oszillationstechnik Eine Beckenrotation steht fast immer mit einer Sakrumläsion und einer gleichzeitigen ISG-Kompression in Verbindung. Löst man die Kompression des ISG, korrigieren sich die Beckenrotation und die Sakrumläsion häufig gleichzeitig. Geht die Läsion vom Becken aus, ist das ISG auf der Seite des ven-

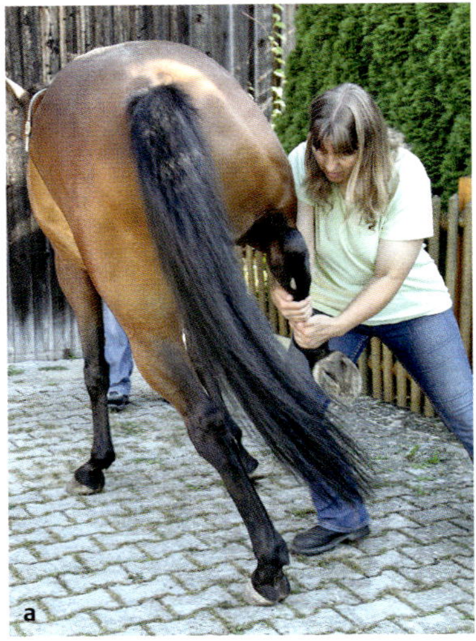

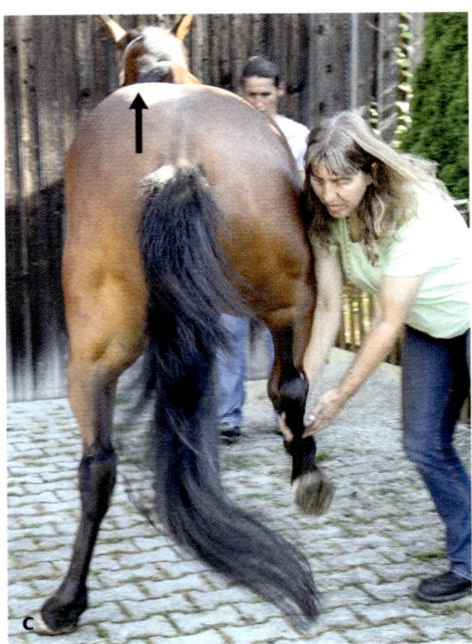

▸ **Abb. 6.81** Der Therapeut schiebt das Pferd bei aufgehobenem Hinterbein weg, damit es einen Ausgleichssprung machen muss. Beim Auffußen des Sprungbeins dorsalisiert sich das homolaterale Ilium (Pfeil).
a Schubphase.
b Sprungphase.
c Landephase.

tral stehenden Iliums komprimiert. Ist das Sakrum die Ursache der Beckenrotation findet sich die Kompression des ISG meist auf der Seite des dorsalisierten Iliums. Um die ISG-Kompression zu lösen, veranlasst der Therapeut auf der Kompressionsseite des ISG eine Triple-Flexion der Hintergliedmaße und beginnt mit oszillierenden Bewegungen des Beines dorsal und ventral. Infolgedessen lösen sich verklebte Faszien, Bänder und hypertone Muskeln, die die Kompression aufrechterhalten haben. Daraufhin korrigiert sich die jeweilige Primär- und Sekundärläsion gleichermaßen.

Merke

Das ISG ist auf der Seite des in Richtung dorsal stehenden Iliums komprimiert, wenn die Läsion von einer Sakrumdysfunktion ausgeht. Die Kompression findet auf der Seite des ventral stehenden Iliums statt, wenn die Beckenrotation die Primärläsion ist.

Variante 3: Umspringtechnik Bei dieser Korrekturvariante dürfen keine nervalen Läsionen vorliegen. Das Pferd sollte sicher im Gleichgewicht stehen können, der Boden muss rutschsicher und eben sein. Der Therapeut begibt sich auf die Seite des dorsal fixierten Iliums. Er hebt das Hinterbein hoch und bringt es in Triple-Flexion (▸ Abb. 6.81). Jetzt schiebt er das Pferd von sich weg, indem er seine Schulter gegen den Femur des Pferdes drückt. Der Therapeut bringt das Pferd somit aus dem Gleichgewicht, sodass es zu einem Ausgleichssprung veranlasst wird. Es macht also einen Sprung zur Seite, um die Balance wieder zu erlangen. Beim Auffußen des gegenüberliegenden Hinterbeins schiebt sich das ventralisierte Ilium nach dorsal, während sich das dorsal stehende Ilium auf der Seite des Therapeuten ventralisiert.

Variante 4: HVLA-Korrektur Der Therapeut hat außerdem die Möglichkeit, die Korrektur über einen großen Hebel – die hinteren Extremitäten – durchzuführen. Hierzu führt der Therapeut das Hinterbein auf der Seite des dorsalen Iliums in eine Retraktion. Er hebt das Bein nach kaudal und dorsal unter leichter Adduktion an, bis er an das Bewegungsende stößt. Nun übt man einen kurzen, schnellen Impuls in die Traktionsrichtung (nach kaudal, dorsal und medial) aus, um das Ilium zu ventralisieren.

Bei der Korrektur des Iliums in Läsion ventral führt der Therapeut das Hinterbein in die Protraktion. Dabei blickt er in Richtung der Kruppe des Pferdes und führt das Hinterbein des Pferdes an dessen Fesselkopf gehalten unter leichter Adduktion nach kranial und dorsal bis zum Bewegungsende. Ein kurzer, schneller Impuls in die Traktionsrichtung dorsalisiert das Ilium.

HVLA-Korrektur des Iliums in Läsion out flare

Der Therapeut bringt das Hinterbein der Läsionsseite in eine Triple-Flexion. Die dem Pferdekopf zugewandte Hand liegt auf dem Tuber coxae. Nun bringt der Therapeut das Bein in eine Abduktion mit einer leichten Außenrotationskomponente, bis das Bewegungsende erreicht ist. Ein kurzer, schneller Impuls in die weitere Abduktions- und Außenrotationsrichtung korrigiert die Läsion.

HVLA-Korrektur des Iliums in Läsion in flare

Der Therapeut steht auf der der Läsion gegenüberliegender Seite und lässt sich von seinem Assistenten das Hinterbein von der kontralateralen Seite unter den Pferdebauch hindurch reichen. Der Therapeut greift das Bein am Fesselkopf und führt eine langsame Traktion nach ventral aus, bis das Pferd die Spannung aus dem Bein nimmt. Schließlich verstärkt der Therapeut die Traktion und führt das Bein weiter in Adduktion und zusätzlicher Innenrotation bis zur motorischen Barriere. Die Bewegungsrichtung führt der Therapeut mit einem kurzen, schnellen Impuls weiter, um die Korrektur herbeizuführen.

Ergänzende Therapieformen

Elektrotherapie

Insbesondere bei Muskelatrophien im Kruppenbereich, die durch ein dysfunktionales Ilium entstanden sind, kann ergänzend zur Manuellen Therapie mit mittelfrequenten Strömen der Muskelaufbau unterstützt werden. Man wählt eine Längsdurchströmung, bei der die Elektroden lateral des Tuber sacrale und auf Kniehöhe angebracht werden, s. Kap. Elektrotherapie (S. 151).

Magnetfeldtherapie

Mit einem Magnetspulenpad auf dem Kruppenbereich kann der Bereich mittels pulsierender Magnetfelder wieder aktiviert werden, insbesondere wenn Fehlstellungen und Blockierungen des Beckens über einen längeren Zeitraum Bestand hatten, s. Kap. Magnetfeldtherapie (S. 153).

Kinesiologisches Taping

Kinesiotapes (S. 160) haben sich hervorragend bewährt, um korrigierte Beckenstellungen zu stabilisieren. Hierzu nutzt man insbesondere Korrektur- und Muskeltapes entsprechend der jeweiligen Läsion.

6.4.9 Das Hüftgelenk

Die Articulatio coxae verbindet den Femur mit dem Beckenring. Das Hüftgelenk ist als Kugelgelenk ausgeformt, dessen großzügige Überdachung der Gelenkpfanne, die den Femurkopf fest umschließt, aber gewisse Bewegungseinschränkungen nach sich zieht. Im Gegenzug ist das Gelenk allerdings sehr stabil, wozu auch die starken Bänder und Muskeln beitragen. Die Stabilität der Art. coxae ist notwendig, um die Schubkraft von der Hinterhand auf die Wirbelsäule zu übertragen und eine schnelle Vorwärtsbewegung des Pferdes zu gewährleisten.

! Merke

Über Muskel- und Faszienketten besteht ein besonderer Bezug des Hüftgelenks zu den jeweils gleichseitigen und kontralateralen Kiefer- und Schultergelenken. Dies sollte den Therapeuten dazu veranlassen, bei Einschränkungen in einem der 3 Gelenke (Hüft-, Schulter- oder Kiefergelenk), vorrangig auch die anderen Gelenke dieser Muskelkette zu untersuchen. Die Korrektur eines einzelnen Gelenks kann keinen Bestand haben, wenn Dysfunktionen in einem der anderen Gelenke vorhanden sind.

Spezifische Befunderhebung

Anamnese

Läsionen des Hüftgelenks kommen häufig vor, wenn Pferde ausrutschen oder beim Springen stürzen. Meist kommt es zu Bänder- und Muskelzerrungen, damit zu Schonhaltungen und Fehlstellungen. Oft rutschen die Pferde mit dem Bein unter den Bauch, ein Ausrutschen in Abduktion kommt seltener vor, führt aber dann zu einer Adduktorenzerrung. Bei Hüftläsionen muss man auch an Nervenirritationen (N. ischiadicus) denken sowie an Ausstrahlungen (referred pain) von Kniegelenksläsionen oder Dysfunktionen des Urogenitaltrakts. Bewegungseinschränkungen des Hüftgelenks können sich außerdem auf die Lendenwirbelsäule – insbesondere über den M. iliopsoas – auswirken.

Adspektion in Stand und Bewegung

Im Stand sind in der Regel keine Auffälligkeiten zu sehen, die Adspektion in Bewegung hingegen gibt mehr Aufschluss. Hinweise auf Hüftgelenksläsionen geben Gangbilder, bei denen das Pferd mit den Hinterbeinen einoder beidseitig nicht spurtreu auffußt und eine schaufelnde Bewegung (in Abduktion oder Adduktion) in Verbindung mit einer Innen- oder Außenrotation ausführt.

Biomechanische Fakten

- **Gelenktyp:** Kugelgelenk
- **Gelenkpartner konkav:** Os ilium (Facies lunata des Acetabulums, Hüftpfanne)
- **Gelenkpartner konvex:** Caput femoris (Oberschenkelkopf)
- **Bewegungsmöglichkeiten:**
  - Extension und Flexion
  - Abduktion und Adduktion (eingeschränkt durch ausgeprägtes Acetabulum und starke Muskeln und Ligamenta – insbesondere Lig. accessorium femoris)
  - geringfügige Rotation
  - Die Bewegungen erfolgen stets kombiniert. Beim Vorführen der Gliedmaße, also einer Flexion des Hüftgelenks, dreht sich der Femurkopf nach kaudal in die Gelenkpfanne des Os ilium. Am Ende der Flexionsbewegung erfolgt eine Außenrotation des Femurs, zugleich kommt es zu einer Abduktion der Gliedmaße. Die Flexionsbewegung ist also mit einer Außenrotation und Abduktion kombiniert.
  - Führt das Pferd die Gliedmaße in die Retraktion, extensiert das Hüftgelenk. Mit der Streckung erfolgen zusätzlich Innenrotation und Adduktion. Aus diesem Grund muss das Bein stets leicht nach medial geführt werden, wenn der Therapeut eine Retraktion durchführt.
- **beteiligte Muskulatur:**
  - für die Flexion:
    - M. iliopsoas
    - M. tensor fasciae latae
    - M. rectus femoris

- für die Extension:
  - M. gluteus medius
  - M. semitendinosus
  - M. semimembranosus
  - M. biceps femoris
- für die Abduktion:
  - M. gluteus superficialis, medius und profundus
  - M. biceps femoris
- für die Adduktion:
  - M. semimembranosus
  - M. obturatorius internus
  - Adduktoren (M. gracilis, M. adductor brevis und longus, M. pectineus)
- für die Rotation:
  - M. iliopsoas (Außenrotation)
  - M. gluteus medius (Innenrotation)
  - Mm. gemelli (Außenrotation)
  - M. obturatorius internus und externus (Außenrotation)
  - M. quadratus femoris (Außenrotation)
  - M. semimembranosus (Innenrotation)

- **beteiligte Bänder:**
  - Lig. transversum acetabuli
  - Lig. accessorium
  - Lig. capitis ossis femoris
  - Lig. pubicum ventrale

Merke

Eine Flexion des Hüftgelenks (Protraktion der Gliedmaße) ist immer mit einer am Bewegungsende folgenden Abduktion und Außenrotation kombiniert. Bei einer Extension des Hüftgelenks (Retraktion der Gliedmaße) folgen hingegen eine Adduktion und Innenrotation.

Palpation und Testgriffe

Die Art. coxae ist in der Regel nicht direkt zu ertasten. Palpierbar ist vielmehr der Trochanter major des Femurs, der dem Therapeuten die Lage des Hüftgelenks verrät. Optisch ist das Hüftgelenk etwa 15 cm kranial des Tuber ischiadicum zu suchen. Bei Entzündungen im Bereich des Hüftgelenks lassen sich Wärme und Schwellungen ertasten. Das Pferd ist in diesem Bereich dann berührungsempfindlich.

Flexions- und Extensionstest

Der Therapeut bringt die Hintergliedmaße in eine Triple-Flexion. Eine Hand liegt dabei auf dem Trochanter major, die andere stützt das Bein an der Hufspitze. Durch die Triple-Flexion werden die distalen Gelenke arretiert. Indem der Therapeut das Bein nun nach kranial und kaudal bewegt, testet er das Bewegungsausmaß des Hüftgelenks. Der Test wird wie immer im Seitenvergleich beurteilt.

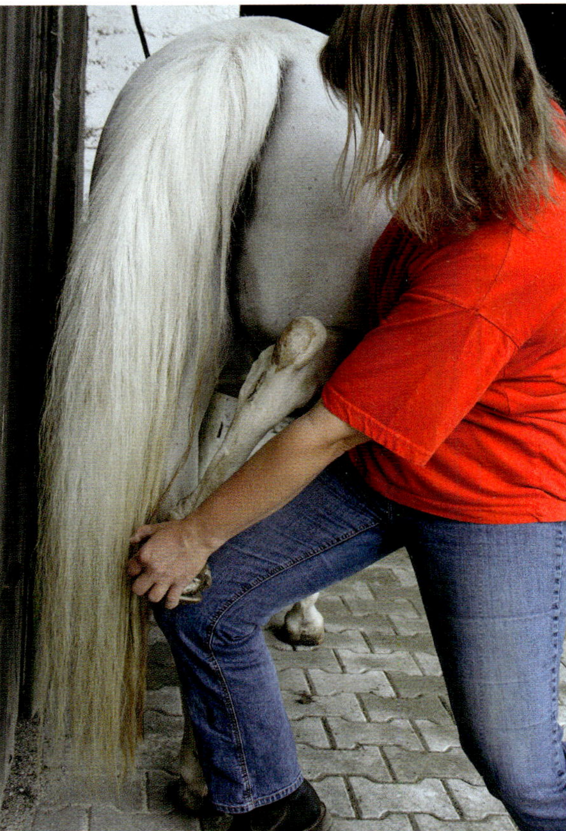

► **Abb. 6.82** Beim Adduktionstest schiebt der Therapeut die angewinkelte Gliedmaße mithilfe seines Oberschenkels in die Adduktion, um das Bewegungsausmaß zu testen.

Abduktions- und Adduktionstest

Wiederum flektiert der Behandler die distalen Gelenke der Hinterhand. Eine Hand liegt auf dem Trochanter major, die andere umfasst die Hufspitze (► **Abb. 6.82**). Mithilfe des eigenen Oberschenkels schiebt der Therapeut die angewinkelte Hintergliedmaße in eine Adduktion, um dessen Bewegungsausmaß zu testen.

Für den Abduktionstest zieht der Therapeut das Bein nach lateral (► **Abb. 6.83**). Dabei ist zu beachten, dass die Bewegung nur so weit geführt werden kann, dass keine Rotation des Beckens und der Lendenwirbelsäule stattfindet. Die Hüftgelenksabduktion ist dann beendet, wenn das Becken die Rotationsbewegung weiterführt.

Praxistipp

Ist die Abduktion des Hüftgelenks eingeschränkt, kompensieren die Pferde die Bewegung mit einer frühzeitigen Beckenrotation. Beim Abduktionstest des Hüftgelenks ist deshalb darauf zu achten, dass die Abduktionsbewegung gestoppt wird, sobald eine Beckenrotation einsetzt.

▶ **Abb. 6.83** Die Abduktion des Hüftgelenks geht nur so weit, bis die Beckenrotation einsetzt.

Behandlungstechniken

Aufgrund der starken „Ummantelung" des Hüftgelenks über Bänder und Muskeln, stehen die Läsionen des Hüftgelenks fast immer mit muskulären Dysfunktionen in Verbindung. Vor der artikulären Korrektur stehen deshalb immer die Weichgewebetechniken. Sinn machen ebenfalls ergänzende Therapieformen, insbesondere Magnetfeld- und Elektrotherapie. Weiteres hierzu in Kap. Magnetfeldtherapie (S. 153) und Kap. Elektrotherapie (S. 151).

Weichgewebetechniken

Ein starker Hüftbeuger ist der M. iliopsoas, der zudem die Adduktion unterstützt und an der Außenrotation des Hüftgelenks beteiligt ist. Dieser Muskel ist sowohl bei Reitern als auch bei Pferden oft verkürzt und provoziert darum die häufigste Hüftläsion bei Pferden in Flexion, Adduktion und Außenrotation (FLADAR). Die direkte Behandlung des Muskels ist dem Therapeuten nicht möglich, deshalb sind die umliegenden Muskeln sorgfältig zu behandeln, um einen indirekten Einfluss auf den M. iliopsoas zu nehmen. Oft reagieren auch sämtliche Triggerpunkte im Bereich der Hinterhand insbesondere die der Agonisten und Antagonisten (M. biceps femoris, M. semitendinosus, M. semimembranosus, M. tensor fasciae latae).

Dehnung des M. iliopsoas

Muskelverkürzungen kann mit passiven Dehnungen begegnet werden, wobei pathologische Crosslinks aufgelöst werden und das Bewegungsausmaß verbessert wird. Zur Dehnung des M. iliopsoas und seiner Synergisten wird eine Retraktion der Hintergliedmaße durchgeführt, s. Kap. Dehnen der hinteren Extremität (S. 97).

Triggerpunkttherapie

Infrage kommende Triggerpunkte, die bei Läsionen des Hüftgelenks getestet und behandelt werden sollten, sind die Stresspunkte und -areale 19 (M. gluteus medius), 21 (M. tensor fasciae latae), 22 (M. gluteus superficialis), 23 und 26 (M. biceps femoris), 24 (M. semimembranosus), 25 (M. semitendinosus) und 29 (M. gracilis). Weiteres hierzu unter Kap. Triggerpunktkatalog des Pferdes (S. 64).

Massagetechniken

Für die Behandlung der Hinterhandmuskeln rund um das Hüftgelenk können Drückungen, Kompressionen, aber auch Querfriktionen, Verwindungen und gegebenenfalls Knetungen zum Einsatz kommen. Auch Vibrationen, sanftes Hacken und Klopfen eignen sich für die großen Muskelgruppen, die unter anderem an den Bewegungen des Hüftgelenks beteiligt sind, s. Kap. Klassische Massage (S. 49).

Artikuläre Techniken

Es kommen 2 mögliche Hüftgelenksdysfunktionen vor, die nach den vorbereitenden Weichgewebebehandlungen am besten mit Manipulationstechniken gelöst werden können.

Zum einen kommt die Läsion in **Fl**exion, **Ad**duktion und **A**ußen**r**otation vor, kurz **FLADAR** genannt. Kennzeichnend für diese Läsion sind Pferde, die aus der Hüfte heraus in der Vorführphase einen Bogen nach medial machen (Adduktion), aber mit der Hufspitze nach außen zeigen (Außenrotation) und medial der Hufspur auftreten.

Zum anderen findet man die Läsion in **Ex**tension, **Ab**duktion und **I**nnen**r**otation, kurz **EXABIR** genannt. Diese Läsionsart kommt seltener vor als die FLADAR-Läsion. Gehäuft lässt sich diese Läsionsart aber bei vielen Trabrennpferden feststellen. Das Pferd führt die Gliedmaße in einem Bogen nach außen (Abduktion) vor, tritt dabei lateral der Hufspur auf, wobei die Hufspitze nach innen zeigt (Innenrotation).

Zusammenfassung

Die osteopathischen Dysfunktionen des Hüftgelenks sind:

- Läsion in **Fl**exion, **Ad**duktion und **A**ußen**r**otation = FLADAR (häufiger): Hierbei tritt das Pferd verstärkt medial (Adduktion) auf, wobei der Huf nach außen zeigt (Außenrotation).
- Läsion in **Ex**tension, **Ab**duktion und **I**nnen**r**otation = EXABIR (seltener): Bei dieser Läsion führt das Pferd das Bein in einem Bogen nach außen, tritt lateraler auf (Abduktion) und die Hufspitze zeigt nach medial (Innenrotation).

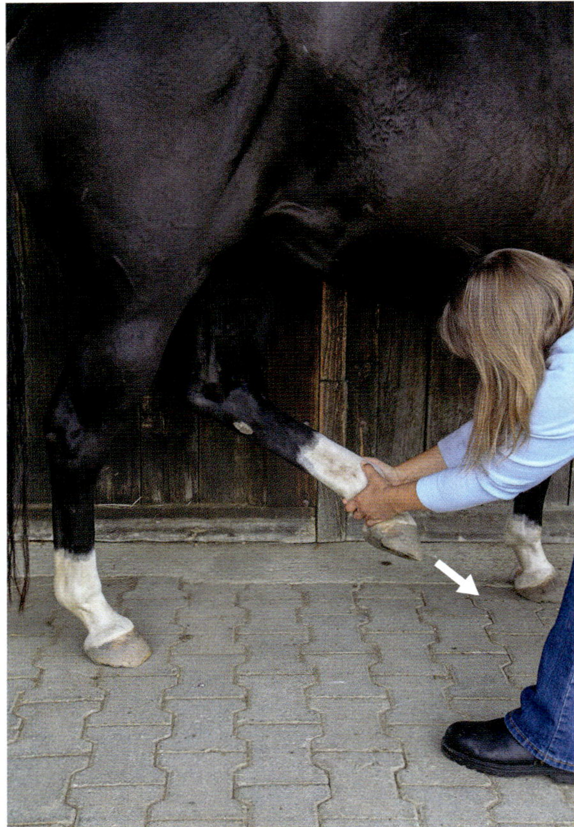

► Abb. 6.84 Korrektur der Läsion FLADAR: Der Therapeut führt das Bein in Richtung gegenüberliegendes Vorderbein (Pfeil) bis an das Bewegungsende. Das Pferd korrigiert sich beim Zurückziehen der Gliedmaße selbst.

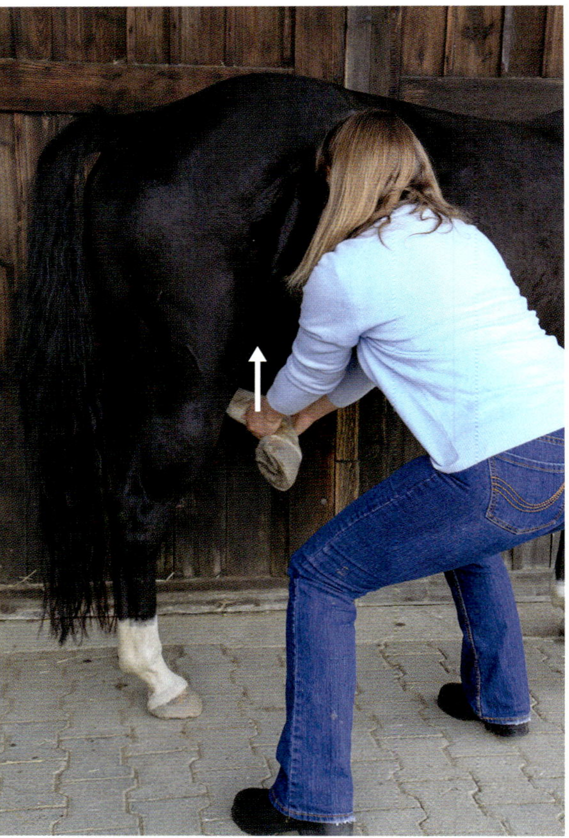

► Abb. 6.85 Korrektur der Läsion EXABIR: Der Therapeut führt das Bein in Richtung Knie des anderen Hinterbeins (Pfeil). Die Korrektur findet durch das Zurückziehen des Beines statt.

Reflextechnik der Läsion in Flexion, Adduktion und Außenrotation (FLADAR)

Bei dieser Läsion tritt das Pferd verstärkt medial (Adduktion) auf, wobei der Huf nach außen zeigt (Außenrotation). Die Ursache ist in der Regel ein Spasmus des M. iliopsoas, der als Flexor und Außenrotator fungiert. Beeinflusst wird der Muskeltonus des M. iliopsoas unter anderem durch die Zwerchfellspannung, Dysfunktionen von Organen, Wirbelblockierungen und Nervenkompressionen.

Bei der Korrektur provoziert der Therapeut die Bewegung der Hintergliedmaße in Extension, Abduktion und Innenrotation, indem das Pferd sein Bein reflexartig in diese Richtung zieht. Hierzu geht man wie folgt vor: Der Therapeut steht auf der gegenüberliegenden Seite des zu korrigierenden Hüftgelenks. Von seinem Assistenten lässt er sich die Gliedmaße unter den Pferdebauch hindurch reichen. Der Therapeut greift das Bein am Fesselkopf und bringt es kranial, ventral und medial in Richtung des gegenüberliegenden Vorderbeins (► Abb. 6.84). Der Therapeut führt das Bein möglichst tief am Boden entlang, bis er an das Bewegungsende stößt. Das Pferd sollte entspannt sein und keine Gegenspannung aufbauen. Am Bewegungsende angelangt, verstärkt man kurz die Traktion in Verbindung mit einer Außenrotation und Adduktion. Daraufhin zieht das Pferd sein Bein reflexartig zurück. Beim Zurückziehen des Beines korrigiert sich das Pferd selbst in Richtung Extension, Innenrotation und Abduktion.

Reflextechnik der Läsion in Extension, Abduktion und Innenrotation (EXABIR)

Bei dieser Läsion führt das Pferd sein Bein in einem Bogen nach außen, tritt lateraler auf (Abduktion) und die Hufspitze zeigt nach medial (Innenrotation). Für die Korrektur steht der Therapeut wiederum auf der gegenüberliegenden Seite des zu behandelnden Hüftgelenks (► Abb. 6.85) und lässt sich die Hintergliedmaße von seinem Assistenten unter den Pferdebauch hindurchreichen. Der Therapeut greift das Fesselgelenk und bringt das Bein in Richtung des anderen Hinterbeins (nicht diagonal zum Vorderbein wie bei der FLADAR-Läsion, sondern direkt in Richtung Knie des anderen Hinterbeins). Er führt die Gliedmaße so weit in die Adduktion, bis die motorische Barriere erreicht ist. Das Pferd wird schließlich das Bein reflexartig zurückziehen, wodurch eine Korrektur des Hüftgelenks stattfindet.

Ergänzende Therapieformen

Grundsätzlich eignen sich Gerätetherapie (S. 151) (Elektro, Laser und Magnetfeld), aber auch das Kinesiologische Taping (S. 160) gut für eine Festigung der manuellen Maßnahmen im Hüftbereich.

6.4.10 Das Kniegelenk

Streng genommen besteht die Art. genus aus 3 Gelenken. Zum einen setzt es sich aus der Art. femorotibialis (Kniekehlgelenk) und der Art. femoropatellaris (Kniescheibengelenk) zusammen. Des Weiteren findet sich zwischen dem Condylus lateralis tibiae und Caput fibulae die straffe Art. tibiofibularis, das proximale Tibiofibulargelenk. Somit bilden 4 Knochen die Grundlage des Kniegelenks: Die distale Epiphyse des Os femoris, die proximale Epiphyse der Tibia, die proximale Epiphyse der Fibula und die Patella.

Am häufigsten finden sich Läsionen des Kniescheibengelenks, wobei das Gleiten der Patella in der Flexions- und Extensionsbewegung nach distal und proximal eingeschränkt ist. Zudem kommen Läsionen beim Einrasten und Lösen der Kniescheibe relativ häufig vor.

Über die sogenannte Spannsägekonstruktion ist das Kniegelenk unmittelbar mit dem Sprunggelenk gekoppelt, sodass eine separate Bewegung eines Gelenks allein nicht möglich ist.

Die Untersuchung und Behandlung des Kniegelenks ist bei manchen Pferden sehr schwierig, weil diese im Kniebereich oft überempfindlich reagieren. Bei der Palpation muss man darum sehr vorsichtig vorgehen und mit voller Konzentration arbeiten. Der Therapeut muss immer mit einer plötzlichen Abwehrreaktion (zum Beispiel Ausschlagen) rechnen. Deshalb ist es wichtig, sich bei der Palpation des Kniegelenks – von der Kruppe oder dem Sprunggelenk aus – langsam an den Kniebereich heranzutasten.

Spezifische Befunderhebung

Anamnese

Wirbelblockierungen mit nachfolgenden Nervenkompressionen, Bänderüberdehnungen oder ein Trauma sind nur einige Ursachen, die auf eine Fixation der Patella über dem medialen Rollkamm, die sich nicht mehr löst, zurückzuführen sind. Diskutiert werden ebenfalls Aufzuchtfehler mit falscher Ernährung (Mineralstoffmangel) oder erbliche Dispositionen, die mit einer Bänderschwäche einhergehen.

Löst sich die eingerastete Patella nicht von selbst, ist eine Flexion des Knie- und Sprunggelenks nicht mehr möglich. Die Pferde zeigen daraufhin ein entsprechendes Gangbild.

In manchen Fällen kommt es vor, dass die Patella nicht einrasten kann, sodass ein ermüdungsfreies Stehen des Pferdes nicht möglich ist. Die Pferde sind schnell erschöpft, nicht leistungsfähig und ruhen oft im Liegen.

Andere Läsionen wie angegriffene Menisken des Kniekehlgelenks äußern sich meist durch Hangbeinlahmheiten des Pferdes, insbesondere in Wendungen und Biegungen. Knieläsionen sind jedoch über die Art der Lahmheit nicht eindeutig zu diagnostizieren, da sie auch von anderen Gelenken und Strukturen ausgehen kann. Eine genaue Untersuchung ist deshalb immer erforderlich.

Adspektion in Stand und Bewegung

Sichtbar sind oftmals Schwellungen des Kniegelenks aufgrund einer Bursitis (der Bursa infrapatellaris proximalis und distalis unterhalb des Lig. patellae intermedium), die sich als lokale Schwellung darstellt. Verletzungen innerhalb des Gelenks äußern sich in generalisierten Schwellungen, gegebenenfalls in Verbindung mit einer Überwärmung, die auf eine akute Entzündung hindeutet.

Biomechanische Fakten

- **Gelenktyp:**
  - Art. femorotibialis (Kniekehlgelenk): Drehwinkelgelenk (Mischung aus Rad- und Scharniergelenk, auch als Drehscharnier- oder bikondyläres Gelenk bezeichnet)
  - Art. femoropatellaris (Kniescheibengelenk): Schlittengelenk
  - Art. tibiofibularis proximalis: straffes Gelenk
- **Gelenkpartner konkav:**
  - Art. femoropatellaris: Trochlea ossis femoris
  - Art. femorotibialis: Kondylen der Tibia
- **Gelenkpartner konvex:**
  - Art. femoropatellaris: Patella
  - Art. femorotibialis: Kondylen des Femurs
- **Besonderheit:** Das Kniekehlgelenk ist ein inkongruentes Gelenk, das medial und lateral jeweils durch einen Meniscus articularis egalisiert wird. Die Menisken sind halbmondförmig ausgebildet, ihre konvexen Ränder sind etwa 10 mm dick sind und haben daher eine ideale Pufferwirkung.
- **Bewegungsmöglichkeiten:**
  - hauptsächlich Extension und Flexion
  - Innen- und Außenrotation (kombiniert mit Extension und Flexion)
  - Abduktion und Adduktion (durch die kollateralen Bänder eingeschränkt und deshalb nur passiv möglich)
- **beteiligte Muskulatur:**
  - Flexion:
    - M. biceps femoris (kaudaler Anteil)
    - M. popliteus
    - M. semitendinosus (in der Hangbeinphase)
    - M. gastrocnemius

- Extension:
  - M. biceps femoris (kranialer Anteil)
  - M. tensor fasciae latae
  - M. vastus lateralis
  - M. quadriceps femoris
  - M. medialis intermedius
  - M. semimembranosus (in der Stützbeinphase)
  - M. semitendinosus (in der Stützbeinphase)
- Rotation:
  - M. semimembranosus (Innenrotation in der Hangbeinphase)
  - M. gracilis (Innenrotation)
  - M. biceps femoris (Außenrotation)

Palpation und Testgriffe

Palpiert werden die Symmetrie der Muskeln rund um das Kniegelenk, die Kniebänder (mediales Kollateralband und die Kniescheibenbänder) und der Gelenkspalt mit seinen Menisken.

Cave

Die Palpation der Knieregion muss unter größter Vorsicht erfolgen, da einige Pferde sehr sensibel auf Berührungen im Kniebereich reagieren.

Mobilitätstest des Kniekehlgelenks in Flexion und Extension

Das Hinterbein des Pferdes wird in einer Triple-Flexion angehoben. Die kaudale Hand umfasst das Fesselgelenk von medial, während die kranial zeigende Hand im C-Griff das Knie palpiert (▸ Abb. 6.86). Der Therapeut bewegt nun das Bein in Flexion und Extension, um die Bewegungskomponente im Knie zu testen. Zudem überprüft er das Ausmaß der Innenrotation und Adduktion während der Flexion sowie die Außenrotation und Abduktion in der Extensionsphase.

Provokationstest des medialen und lateralen Meniskus

Die Ausgangsstellung ist dieselbe wie beim Flexions- und Extensionstest. Das Bein wird in die Triple-Flexion gebracht und eine Hand palpiert im C-Griff den Gelenkspalt des Art. femorotibialis (▸ Abb. 6.86).

Um den medialen Meniskus zu tasten, dreht der Therapeut die Tibia in eine leichte Innenrotation, während das Knie flektiert ist. Damit wird der mediale Meniskus besser tastbar. Der Therapeut übt mit den Fingern einen erhöhten Druck auf den Meniskus aus, um zu prüfen, ob das Pferd dabei eine Schmerzreaktion zeigt.

Um den lateralen Meniskus zu tasten, führt der Therapeut eine Außenrotation der Tibia bei flektiertem Knie aus (▸ Abb. 6.86). An der lateralen Seite des Kniegelenkspalts kann der Therapeut den Rand des lateralen Meniskus palpieren. Wiederum prüft er, ob eine Druckschmerzhaftigkeit vorhanden ist.

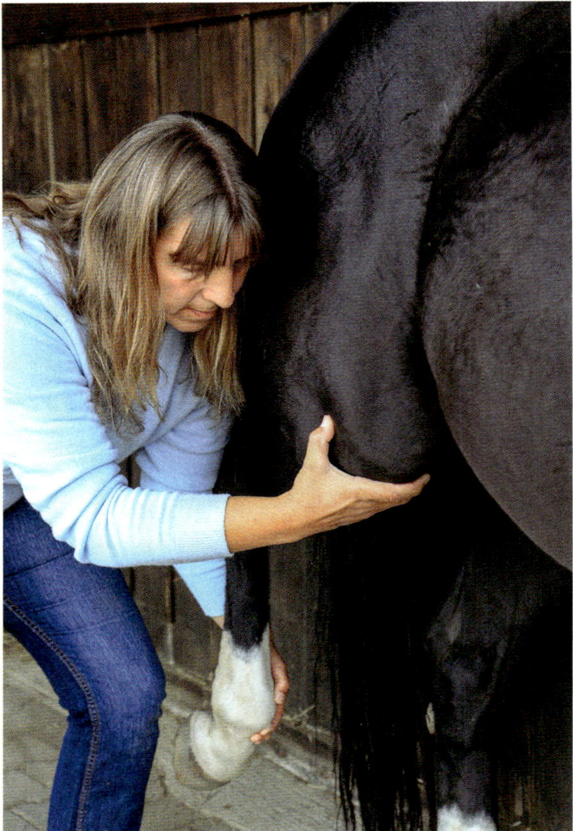

▸ **Abb. 6.86** Bei flektierter und leicht außenrotierter Gliedmaße palpiert der Therapeut den lateralen Meniskus.

Merke

Grundsätzlich sind die Menisken nur eingeschränkt beweglich. Dennoch weist der laterale Meniskus mehr Beweglichkeit auf als der mediale, was zu einer erhöhten Läsionsanfälligkeit führt. Der Innenmeniskus hingegen wird bei einer Außenrotation am stärksten verformt. Dieser Fakt zieht vor allem Läsionen im medialen Meniskus nach sich.

Mobilitätstest der Patella

Der Therapeut blickt in Richtung Pferdekopf und legt die dem Pferd zugewandte Hand auf dessen Kruppe. Mit der anderen Hand umfasst er vorsichtig die Kniescheibe im C-Griff. (Die Berührung erfolgt zunächst an der Kruppe, dann erst gleitet die Hand langsam zum Knie hinab.)

Nun nimmt der Therapeut Kontakt mit seiner Schulter zum Pferd auf und schiebt die Hinterhand in sanften, rhythmischen Bewegungen von sich weg, um eine schaukelnde Bewegung zu initiieren. Gleichzeitig testet der Therapeut mit der auf der Patella liegenden Hand die Mobilität der Kniescheibe, indem er diese nach dorsal, ventral, medial und lateral schiebt.

Test auf translatorische Gleitbewegungen der Patella in Bewegung

Der Therapeut umfasst die Patella im C-Griff und bittet seinen Assistenten, das Pferd anzuführen.

> **Cave**
> **Wenn sich das Pferd im Stand problemlos am Knie anfassen ließ, kann es nun während der Bewegung Abwehrreaktionen zeigen, da es die Berührung am Knie beim Schrittgehen nicht gewohnt ist. Deshalb ist bei diesem Test größte Vorsicht geboten.**

Während das Pferd vorwärts schreitet, überprüft der Therapeut die Gleitbewegungen der Patella nach proximal und distal. Der Test wird stets im Seitenvergleich durchgeführt.

Um eine deutlichere Translation der Patella zu erzielen, kann man das Pferd über am Boden liegende Stangen führen lassen. Damit muss das Pferd eine stärkere Flexion im Knie ausführen und die Gleitbewegung der Patella verstärkt sich.

> **Praxistipp**
> Stellt der Therapeut fest, dass bei den Testbewegungen knirschende oder knackende Geräusche auftreten, müssen weitere Untersuchungen veranlasst werden, um die Ursache hierfür zu ergründen. Knirschende Geräusche geben einen Hinweis auf degenerative Knochen- oder Knorpelveränderungen, während man bei knackenden Geräuschen an eine Bänderproblematik denken muss. In diesen Fällen sind HVLA-Techniken kontraindiziert.

Behandlungstechniken

Sollte das Pferd eine Palpation des Knies nicht zulassen, besteht immer noch die Möglichkeit, auf die Funktionalität des Knies indirekt Einfluss zu nehmen. Dies geschieht in erster Linie über die Behandlung der das Knie bewegenden Muskulatur mittels Massagen und Triggerpunkttherapie. Eine weitere Maßnahme kann die Akupunktur darstellen. Weiter hat der Therapeut auch die Möglichkeit, bei entsprechender Indikation (beispielsweise bei Tendopathien, Arthrosen oder Myopathien) auf physikalische Therapien (Elektrotherapie etc.) zurückzugreifen. Neben den ergänzenden Therapieformen sollte man vor allem bei Instabilitäten wie lockeren Kniebändern oder häufigen Patellaluxationen an eine gezielte Trainingstherapie zum Muskelaufbau denken.

Weichgewebetechniken

Die Kniebänder und Menisken sind häufiger von Läsionen betroffen als die artikuläre Struktur des Kniegelenks. Deshalb ist auf diese Strukturen bei der Weichgewebebehandlung ein besonderes Augenmerk zu richten.

Massagetechniken

Die direkte Palpation der Kniescheibenbänder und Kollateralbänder des Kniekehlgelenks gibt Aufschluss über deren Zustand. Die Behandlung von fixierten, unelastischen und verhärteten Bändern besteht mittels Querfriktionen. Sie fördern die Durchblutung, brechen Verklebungen auf und aktivieren den Stoffwechsel. Sollte das Pferd Schmerzen signalisieren, wird die Friktion entsprechend sanfter ausgeführt und der Toleranzgrenze des Pferdes angepasst, s. Kap. Klassische Massage (S. 49).

Die umgebende Muskulatur wird vor jeder manipulativen oder mobilisierenden Technik mit Techniken der klassischen Massage behandelt. Es eignen sich Drückungen, Friktionen, Knetungen und Kompressionen insbesondere der Muskulatur, die für die Knieaktionen zuständig ist. Dabei sind der M. semimembranosus, M. semitendinosus, M. biceps femoris, M. gracilis, M. gastrocnemius, M. tensor fasciae latae und der M. quadriceps femoris besonders zu berücksichtigen.

Triggerpunkttherapie

Von Bedeutung sind in Zusammenhang mit der Kniefunktion die Triggerpunkte der Muskeln, die für die Aktionen des Knies zuständig sind. Deshalb sind folgende Triggerpunkte besonders zu berücksichtigen: TrP 29 (M. gracilis), TrP 26 (M. biceps femoris), TrP 28 (M. gastrocnemius), TrA 24 (M. semimembranosus), TrA 25 (M. semitendinosus). Weiteres zu Triggerpunkten s. Kap. Triggerpunktkatalog des Pferdes (S. 64).

Lösen einer eingerasteten Patella

Bei einer eingerasteten Patella ist es dem Pferd nicht möglich, das Knie zu flektieren. Um die Patella zu lösen, steht der Therapeut mit Blick zum Pferdekopf und umfasst mit einer Hand den Femur. Der Daumen liegt auf der lateralen Seite der Patella. Die andere Hand liegt auf der Kruppe des Pferdes.

Zunächst veranlasst der Therapeut eine Außenrotation des Femurs und schiebt die Kniescheibe in einem Bogen nach dorsal, medial, ventral und schließlich nach lateral. Ist die Bewegungseinschränkung erreicht, weist der Therapeut seinen Assistenten an, das Pferd rückwärts zu führen. Hilfreich ist es außerdem, wenn der Helfer das Pferd (über die entsprechende Kopfstellung des Pferdes) zu einer Voltenbewegung nach innen veranlassen kann, damit die Außenrotation des Femurs unterstützt wird.

Artikuläre Techniken

Neben der Dysfunktion einer eingerasteten Patella sind Bänder- und Meniskusprobleme die häufigsten Knieläsionen. Aus diesem Grund ist es wichtig, dass der Therapeut die Lage der Menisken korrigieren kann.

Mobilisierung der Menisken

Die Menisken sind mit insgesamt 5 Haltebändern an der Tibia beziehungsweise am Femur befestigt. Sowohl der laterale als auch der mediale Meniskus ist jeweils mit einem kranialen und einem kaudalen Band (Lig. tibiale craniale bzw. Lig. caudale menisci mediale bzw. laterale) an der Tibia fixiert. Der laterale Meniskus hat über das Lig. meniscofemorale eine zusätzliche Stabilisierung an der Femurkondyle.

Mobilisierung des medialen Meniskus nach kranial Bei einer Innenrotation verlagert sich der mediale Meniskus in Relation zur Tibia nach kranial. Einen zurückverlagerten Innenmeniskus mobilisiert man deshalb wie folgt in seine physiologischen Lage zurück: Der Therapeut bringt das Bein zunächst in eine Flexion, eine Valgusstellung (mediale Gelenkfläche öffnet sich) und eine Außenrotation. Für die Korrektur führt der Therapeut das Bein nun in eine Extension und Innenrotation unter Beibehaltung der Valgusstellung, um den Innenmeniskus nach kranial zu mobilisieren. Diese Bewegung wiederholt man, bis sich die Meniskuslage normalisiert hat (► **Tab. 6.1**).

Mobilisierung des medialen Meniskus nach kaudal Soll der Innenmeniskus nach kaudal verlagert werden, kehren sich die Parameter um. Das Knie wird in Valgusstellung von einer Innenrotation und Extension in eine Außenrotation und Flexion geführt, um den Meniskus nach kaudal zu mobilisieren (► **Tab. 6.1**).

Mobilisierung des lateralen Meniskus nach kranial Der Therapeut beginnt in der Ausgangslage einer Varusstellung (laterale Gelenkfläche öffnet sich) mit Flexion und Innenrotation und führt das Bein bei Beibehaltung der Varusstellung in eine Extension und Außenrotation (► **Abb. 6.87**), um den Meniskus nach kranial zu mobilisieren (► **Tab. 6.1**).

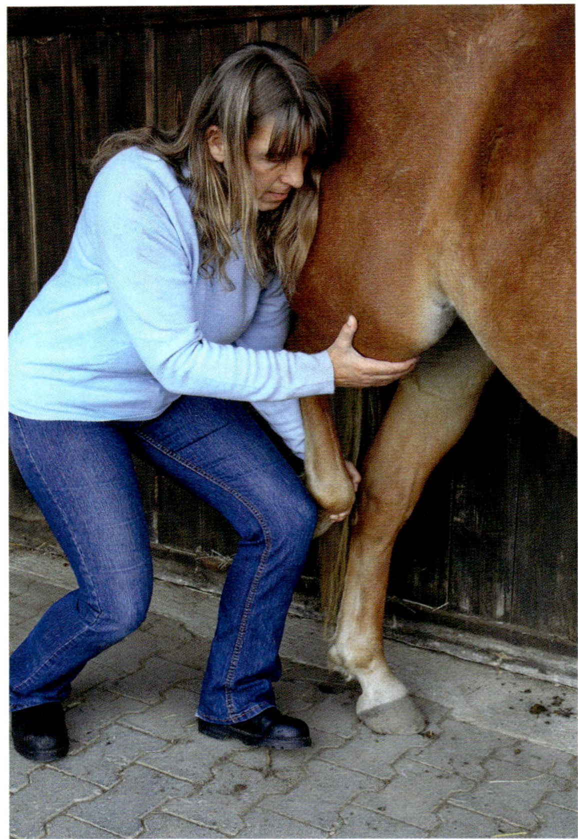

► **Abb. 6.87** Nach der Ausgangsposition Flexion, Varusstellung und Innenrotation mobilisiert der Therapeut den lateralen Meniskus über die wiederholte Extension und Außenrotation nach kranial.

Mobilisierung des lateralen Meniskus nach kaudal Wiederum öffnet man den lateralen Gelenkspalt mithilfe der Varusstellung und beginnt die mobilisierende Bewegung in einer Extension und Außenrotation, die man schließlich in die Flexion und Innenrotation führt. Daraufhin verlagert sich der Außenmeniskus nach kaudal (► **Tab. 6.1**).

Ergänzende Therapieformen Für den Kniebereich haben sich neben der Anwendung von Laser-, Magnetfeld- und Strombehandlungen insbesondere auch kinesiologische Tapes (S. 160) bewährt. Vor allem für die Läsionen der Kniebänder und Patellaverlagerungen sind stabilisierende Tapes eine gute Ergänzung. Weiter können entspannende oder tonisierende Muskeltapes die Therapiemaßnahmen unterstützen.

6.4.11 Das Sprunggelenk

Das Tarsalgelenk steht funktionell mit dem Kniegelenk über die Spannsägekonstruktion in Verbindung. Beim Beugen des Sprunggelenks wird automatisch auch das Knie flektiert. Finden wir eine Läsion in Flexion oder Extension in einem der beiden Gelenke, ist deshalb unmittelbar auch das andere Gelenk in seiner Mobilität eingeschränkt.

► **Tab. 6.1** Mobilisationsrichtungen der Menisken.

Mobilisationsrichtung der Menisken			
medialer Meniskus nach kaudal	**medialer Meniskus nach kranial**	**lateraler Meniskus nach kaudal**	**lateraler Meniskus nach kranial**
1. Valgus	1. Valgus	1. Varus	1. Varus
2. Flexion	2. Extension	2. Flexion	2. Extension
3. Außenrotation	3. Innenrotation	3. Innenrotation	3. Außenrotation

Das Sprunggelenk besteht aus 4 horizontalen Gelenkspalten, der Art. tarsocruralis zwischen Tibia und Talus, der Art. talocalcaneocentralis, der Art. centrodistalis und der Art. tarsometatarsea. Zudem gehören noch die Gelenkspalten Art. calcaneoquartalis und das Gelenk zwischen Talus und Calcaneus (Art. talocalcanea) zum Inventar. Die Knochen des Tarsalgelenks sind: Calcaneus, Talus, Os tarsale centrale und Os tarsale I–IV.

Das Sprunggelenk ist hervorragend geeignet, um die Schubkräfte auf die benachbarten Gelenke und die Wirbelsäule zu übertragen. Um die Stabilität zu gewährleisten, ist es mit starken Bändern fixiert.

Aufgrund der vielen kleinen Knochen ist das Tarsalgelenk allerdings anfällig für arthrotische Veränderungen.

Spezifische Befunderhebung

Anamnese

Ein typisches Anzeichen für Einschränkungen der Mobilität des Tarsalgelenks (meist sind hierfür degenerative Veränderungen verantwortlich) sind steife Gänge. Dennoch ist dies kein sicheres Zeichen für Läsionen im Tarsalgelenk, weil Restriktionen in allen anderen proximalen Gelenken sowie der Wirbelsäule ähnliche Gangbilder aufweisen. Die Besitzer berichten gegebenenfalls vom „Einlaufen" des Pferdes. Ein zunächst steifer Gang, wobei das Pferd unwillig, langsam und in kleinen Schritten vorwärts geht, wird nach etwa 10 Minuten Aufwärmphase lockerer. Das sogenannte „Einlaufen" ist typisch für arthrotische Veränderungen.

Adspektion in Stand und Bewegung

Eine weiche Schwellung am Calcaneus deutet auf eine Piephacke hin, eine vermehrte Füllung der Bursa subcutanea calcanea, die durch einen Schlag entstehen kann. Lateral und medial weiche Schwellungen rühren von synovialen Dilatationen her (Kreuzgallen, Grubengallen, Eiergallen).

Mögliche Knochenzubildungen an der medialen Seite des Sprunggelenks sind Folgen arthrotischer Veränderungen der kleinen Gelenkknochen.

In Bewegung können steife Gänge auf degenerative Veränderungen hinweisen, ein „Zittern" oder „Flattern" des Gelenks nach dem Auffußen sind Anzeichen für instabile Bänder.

Biomechanische Fakten

- **Gelenktyp:** Schraubengelenk (Art. tarsocruralis)
- **Gelenkpartner konkav/konvex:** Tibia, Talus
- **Bewegungsmöglichkeiten:** Extension und Flexion (hauptsächlich), in geringem Maße auch Außenrotation in Verbindung mit Abduktion sowie Innenrotation in Kombination mit Adduktion
- **beteiligte Muskulatur:**
  - an der Spannsägekonstruktion beteiligte Muskulatur:
    - M. flexor digitorum superficialis
    - M. peroneus tertius
  - weitere Muskelbeteiligung: Extension in der Stützbeinphase: M. semitendinosus
- **Extension:**
  - M. gastrocnemius
  - M. flexor digitorum superficialis und profundus
  - M. biceps femoris (kaudaler Anteil)
  - M. soleus
- **Flexion:**
  - M. tibialis cranialis
  - M. extensor digitorum longus und lateralis
  - M. fibularis tertius

Palpation und Testgriffe

Bei der Palpation achtet man auf Wärme und Schwellungen, die auf Entzündungen hindeuten könnten. Manchmal lassen sich auch Gallen ertasten, die nicht schmerzhaft sind, aber auf eine (frühere) Kapselverletzung hinweisen.

Flexion und Extension der Tarsalgelenks

Die Flexion des Tarsalgelenks testet man durch Hochnehmen des Hinterbeins, während eine Hand die Fessel flektiert hält und die andere das Sprunggelenk in der Beuge palpiert. Die Hand in der Tarsalgelenkbeuge ertastet und beurteilt den Öffnungsgrad der Gelenkspalten im Seitenvergleich.

Für den Extensionstest nimmt man das Bein hoch und legt die Röhre auf dem Oberschenkel ab, als wolle man den Huf auskratzen. Eine Hand übt einen Druck auf den Calcaneus aus, um die Extension des Sprunggelenks zu unterstützen (▶ **Abb. 6.88**). Mit dem Oberschenkel begleitet der Therapeut die Bewegung des Beines nach kaudal und in Adduktion bis zur Medianlinie. Am Ende der Bewegung streckt sich automatisch auch die Hufspitze. Man beurteilt die Bewegung im Seitenvergleich.

Abduktion und Adduktion des Calcaneus

Für den Abduktionstest nimmt der Therapeut dieselbe Ausgangsstellung ein wie beim Extensionstest. Die Hand auf der medialen Seite drückt nun gegen den Calcaneus, während die laterale Hand am Sprunggelenk gegenhält. Der Behandler testet die Mobilität des Calcaneus.

Für den Adduktionstest bleibt die Ausgangsstellung dieselbe, es wird lediglich die Handposition vertauscht. Diesmal drückt die laterale Hand den Calcaneus nach medial, während die mediale Hand am Sprunggelenk gegenhält.

▶ **Abb. 6.88** Für den Extensionstest des Sprunggelenks übt eine Hand Druck auf den Calcaneus aus (Pfeil), um die Extension zu unterstützen.

Behandlungstechniken

Bei arthrotischen Veränderungen kann die Mobilität des Sprunggelenks teils extrem eingeschränkt sein. In diesem Fall sind HVLA-Techniken kontraindiziert. Grundsätzlich lassen sich bei arthrosegeplagten Pferden schmerzlindernde Traktionen anwenden.

Weichgewebetechniken

Auch am Sprunggelenk und den distalen Gelenken können Weichgewebetechniken in Form von Sehnenbehandlungen durchgeführt werden. Zudem führt jede Sehne zu einem zugehörigen Muskelbauch, der auch wenn weit proximal gelegen, immer in die Behandlung miteinbezogen werden muss, um den Zug von den Sehnen zu nehmen, die gegebenenfalls das zu behandelnde Gelenk komprimieren.

Sehnenbehandlung und Massagetechniken

Die allgemeine Technik zur Behandlung der Sehnen wurde im Kapitel Weichgewebetechniken zum Karpalgelenk bereits beschrieben, s. Kap. Weichgewebetechniken (S. 247). Im Sprunggelenksbereich ist die Behandlung der Achillessehne (gebildet von der Sehne des M. gastrocnemius und des M. soleus) von Bedeutung. Um Spannung von der Sehne zu nehmen, muss das Tarsalgelenk extensiert werden. Daraufhin folgen Friktionen im Sehnenverlauf, um die Faszien zu lösen und die Durchblutung zu fördern. Der M. gastrocnemius wird zusätzlich mit Daumenknetungen, Querfriktionen (in diesem Fall steht die Sehne unter Spannung, d. h. das Bein bleibt auf dem Boden stehen, ▶ **Abb. 3.10**), Drückungen und Kompressionen massiert. Zudem sollten alle Muskeln, die an der Bewegung des Tarsalgelenks beteiligt sind, einer muskeltherapeutischen Behandlung mit Massagetechniken unterzogen werden.

Triggerpunkttherapie

Prädestiniert für die verbesserte Funktionalität des Sprunggelenks ist die Behandlung der Triggerpunkte in den Muskeln, die an den Bewegungen des Tarsalgelenks mitwirken. Es sind insbesondere die TrA 24 (M. semimembranosus), TrA 25 (M. semitendinosus), TrP 26 (M. biceps femoris), TrP 27 (M. flexor digitorum lateralis) und vor allem der TrP 28 (M. gastrocnemius). Zu den Behandlungsschritten und Punktbeschreibungen s. Kap. Triggerpunktkatalog des Pferdes (S. 64).

Artikuläre Techniken

Traktionen

Das Sprunggelenk ist prädestiniert für degenerative Gelenkprozesse. Bei arthrotischen Gelenken können Traktionen der Stufe 3 Linderung verschaffen.

Mobilisation der Läsion in Extension und Flexion

Der Therapeut nimmt dieselbe Ausgangsstellung wie beim Test der Extension ein. Das Röhrbein des Pferdes liegt dabei auf dem Oberschenkel des Behandlers. Nun führt der Therapeut mehrere Wiederholungen der Flexions- und Extensionsbewegungen durch, wobei er die physiologische Bewegungsrichtung bei der Flexion und Extension durch die schräge Achse des Talus berücksichtigt. Somit bewegt sich das Bein in der Extension zusätzlich in die Adduktion und Innenrotation, während es in der Flexionsphase kombiniert eine Abduktion und Außenrotation ausführt. Der erst langsame und bedächtige Rhythmus wird mit einer erhöhten Anzahl von Wiederholungen kraftvoller und schneller.

HVLA-Technik der Läsion des Calcaneus in Abduktion

Ergibt der Testgriff eine Läsion des Fersenbeinhöckers in Abduktion, wendet man denselben Griff an wie für den Test in Adduktion, also die laterale Hand auf dem Calcaneus, die mediale auf den kleinen Sprunggelenkknochen auf der Innenseite des Tarsalgelenks (▶ **Abb. 6.89**). Der Therapeut fixiert das Bein und führt schließlich einen schnellen, kurzen Impuls auf den Calcaneus nach medial aus.

▸ **Abb. 6.89** Ein schneller, kurzer Impuls auf den Calcaneus von lateral (Pfeil) deblockiert die Abduktionsläsion des Fersenbeinhöckers.

HVLA-Technik der Läsion des Calcaneus in Adduktion

Der Therapeut greift das Bein wie beim Test für die Abduktionsbewegung des Fersenbeinhöckers. Nach Fixierung des Hinterbeins führt der Therapeut einen schnellen, kurzen Impuls auf den Calcaneus nach lateral aus, um die Funktionseinschränkung zu lösen.

Ergänzende Therapieformen

Elektrotherapie

Insbesondere bei schmerzbedingten arthrotischen Zuständen kann die mittelfrequente Elektrotherapie Linderung verschaffen. Man wählt eine Querdurchströmung und setzt die Elektroden medial oberhalb und lateral unterhalb des Tarsalgelenks an.

Auch Piephacken können mittels Querdurchströmung mit mittelfrequenten Strömen behandelt werden, s. Kap. Elektrotherapie (S. 151).

Magnetfeldtherapie

Pulsierende Magnetfelder können die Manuelle Therapie ebenfalls unterstützen, wobei man die Gamaschen auf Sprunggelenkshöhe anbringt. Die Therapie muss allerdings über mehrere Wochen täglich angewandt werden, um eine Wirkung zu erzielen, s. Kap. Magnetfeldtherapie (S. 153).

Lasertherapie und Akupunktur

Die Low-Level-Lasertherapie eignet sich ebenfalls zur Unterstützung der Manuellen Therapie und kann auch zur Stimulierung von Akupunkturpunkten zum Einsatz kommen. Weiteres unter Kap. Lasertherapie (S. 153). Für das Sprunggelenk kommt insbesondere der Nahpunkt Bl 60 infrage, der sich unter anderem auch auf chronische Rückenprobleme positiv auswirkt.

Wärmeapplikationen

Die Schmerzen bei chronischen Gelenkfunktionsstörungen können durch Wärmezufuhr gelindert werden. Am Sprunggelenk bieten sich wiederum warme, feuchte Wickel (Kartoffel-, Quarkpackungen), Infrarotbestrahlung oder Hotpacks an. Weiteres dazu s. Kap. Infrarot-Bestrahlung (S. 154) und Kap. Wärme- und Kältetherapie (S. 156).

Kälteapplikationen

Bei akuten, stumpfen Verletzungen und Entzündungen kann der Eis-Lolli eine gute Hilfe sein, um starke Schwellungen zu minimieren, s. Kap. Bewegtes Eis (S. 158).

Kinesiologisches Taping

Ergänzend zur Manuellen Therapie sind Tapingmaßnahmen für Muskeln und Sehnen, aber auch – je nach Läsion – Korrekturtapes geeignet.

Zusammenfassung

Folgende Behandlungsgrundsätze sollte man als Therapeut stets im Hinterkopf behalten und bei der Arbeit am Pferd beherzigen. Sie müssen als Selbstverständlichkeit gelten und werden deshalb nicht bei jeder Technikbeschreibung extra erwähnt.

- Immer zuerst die Weichgewebetechniken anwenden.
- Proximale Strukturen fixieren.
- Stets in leichter Traktion arbeiten.
- Die exakte physiologische Bewegungsrichtung beachten.
- Allzeit auf das Gewebe hören.
- Nicht gegen die Muskelspannung des Pferdes arbeiten.
- Wenn man sich der Läsion nicht sicher ist, sollte man nicht behandeln.
- Die Sicherheit des Therapeuten (und Assistenten) sowie des Pferdes geht vor.
- Das Pferd in die Compliance bringen und nicht um jeden Preis eine Technik durchsetzen wollen.
- Das Pferd muss bereit sein, die Therapie anzunehmen.
- Der Therapeut sollte stets bestrebt sein, das eigene Gefühl zu verbessern.

7 Nachsorge

Die Therapie des Pferdes ist mit einer osteopathischen Behandlung noch lange nicht abgeschlossen. Es liegt in der Verantwortung des Therapeuten, den Therapieerfolg zu kontrollieren und gegebenenfalls weiter zu begleiten. Diese Aufgabe umfasst weitere Kontrolluntersuchungen, Nachbehandlungen und gegebenenfalls eine zusätzliche physiotherapeutische und medizinische Betreuung des Pferdes, bevorzugt in Zusammenarbeit mit dem behandelnden Tierarzt. Weiter sollte der Therapeut dem Pferdebesitzer Tipps zur Pflege und zum sportlichen Einsatz des Pferdes geben, die sich auch über die Erstellung von Trainingsplänen erstrecken.

7.1 Kontrolluntersuchungen und Nachbehandlung

Die unmittelbare Kontrolle der Behandlung erfolgt zunächst direkt nach der Therapie. Der Therapeut kontrolliert den Behandlungserfolg durch Gelenktests, Überprüfung der Triggerpunkte, Test auf Druckschmerzhaftigkeit der Muskeln und nicht zuletzt durch eine abschließende Ganganalyse. Das Vortraben nach der Behandlung zeigt dem Therapeuten, ob eine Symmetrie und körperliche Balance erreicht wurde. Das Pferd sollte möglichst gleichmäßig und rhythmisch auffußen, Kopf und Schweif gerade tragen und im Rücken locker schwingen. Je nach dem Eingangsbild kann selbstverständlich nicht immer das Optimum erreicht werden, das Ziel sollte jedoch sein, dass stets eine Verbesserung zu verzeichnen ist.

Merke

Das Ziel einer therapeutischen Behandlung ist nicht die Perfektion, sondern eine Verbesserung des körperlichen und psychischen Zustands des Pferdes.

Der Anspruch, das Pferd mit einer einzigen Behandlung gesund zu therapieren, ist zwar lobenswert, bei tief verwurzelten, chronischen Restriktionen aber unrealistisch. Zudem muss man bedenken, dass ein zu starker Eingriff in die – kompensierte – Balance des Pferdes zunächst mehr Probleme mit sich bringen kann als die schrittweise, langsame, dafür aber nachhaltige Umstellung der statischen Situation. Für den Therapeuten gilt es deshalb, sich tief in die Physis und Psyche des Pferdes hineinzufühlen, um das erträgliche Maß einer körperlichen Umstellung zu begreifen, welches das Pferd verarbeiten kann.

Aus diesem Grund muss das Ziel einer jeden Behandlung die Verbesserung des körperlichen Zustands sein, die erst nach mehreren Behandlungen in ein Optimum geführt werden kann.

Eine Ausnahme bilden akute traumatische Ereignisse, die erst kürzlich zu Dysfunktionen geführt haben. Diese Restriktionen können oft mit einer einzigen Behandlung gelöst werden, falls sie nicht chronifiziert sind und keine weiteren Folgeschäden ausgelöst haben.

Die meisten Pferde tragen jedoch langjährige, chronische Läsionen mit sich herum, die im Laufe der Zeit nicht mehr vollständig kompensiert werden können und somit körperliche und psychische Probleme verursachen, die der Besitzer deswegen oft erst spät erkennt. Meist zeigen sich Dysbalancen unter dem Sattel. Sie sind schließlich der Auslöser für den Besitzer, einen Tierarzt und/oder Therapeuten zu Rate zu ziehen.

Nach einer therapeutischen Behandlung sollte dem Pferd Gelegenheit gegeben werden, die Therapie zu verarbeiten. Die Länge der Trainingspause richtet sich danach, welche Techniken der Therapeut angewendet hat und welche Restriktionen gelöst worden sind. Die anschließende Ruhephase darf jedoch nicht mit einem längeren Aufenthalt in der Box assoziiert werden. Vielmehr soll sich das Pferd nach der Behandlung frei bewegen können. Auslauf und Koppelgang sind deshalb obligatorisch. In den meisten Fällen kann das Pferd auch leicht an der Longe oder unter dem Sattel (Schrittausritte) bewegt werden.

Sind keine gravierenden Eingriffe notwendig gewesen, ist auch ein sofortiger reiterlicher Einsatz möglich. Gezielt kann eine Behandlung deshalb durchaus auch für die Vorbereitung zu einer Turnierprüfung erfolgen. Der Therapeut stellt dann seine Behandlungsstrategie darauf ein. Dem Pferd darf man sein jetziges Gleichgewicht nicht nehmen, um den momentan möglichen Bestzustand für die Prüfung zu erreichen. Somit ist die Normalisierung von beispielsweise lang bestehenden Beckenrotationen oder Kreuzbeinläsionen auf einen späteren Termin zu verschieben.

Der Therapeut bestimmt die Länge der Ruhephase unter Berücksichtigung der Läsionsarten und der Behandlungsstrategie, die er angewendet hat. Eine Richtlinie, die in häufigen Fällen zur Anwendung kommt, sind 3 Tage Koppelgang oder dosiertes Training, das über 1 Woche bis zum normalen Trainingsrhythmus langsam wieder hochgefahren wird.

Häufig wird die Frage von den Pferdebesitzern gestellt, wie viele Behandlungen notwendig sind. Dies ist wohl die am schwierigsten zu beantwortende Frage, weil der Therapeut keine hellseherischen Fähigkeiten hat, um zu beurteilen, wie ein Pferd die Behandlung annehmen und verarbeiten kann. Die Chronifizierung von Läsionen spielt eine sehr große Rolle, wie viele Behandlungen zur Korrektur von Dysfunktionen nötig sind, um eine nachhaltige Besserung zu erreichen. Letztendlich bestimmen auch die Ursachen den Fortlauf der Therapie. Können die Ursachen nicht gefunden und/oder nicht abgestellt werden, kann eine dauerhafte Therapie erforderlich sein, um dem Pferd zu helfen, die Folgen bestmöglich zu kompensieren. Nicht selten sind die reiterlichen Einwirkungen eines ungenügend ausgebildeten Reiters die Fehlerquelle im System. Kann oder will der Reiter seinen Reitstil nicht verbessern, wird er dieselben Läsionen wieder anreiten, die der Therapeut versucht hat zu eliminieren. Somit ergibt sich eine Bandbreite von einer einzigen Behandlung bis hin zur jahrelangen Dauertherapie.

Bei dauerhaft notwendigen Therapien sollten die Behandlungsabstände nach den Erfordernissen des Pferdes gerichtet werden. Um einen gewissen Status zu erhalten, ist meist alle 2–4 Wochen eine Behandlung notwendig. In Ausnahmefällen kann der Behandlungsabstand aber auch auf 6–8 Wochen erweitert werden, wobei der Therapeut dann in der Regel nicht auf die vorhergehenden Therapie aufbauen kann, sondern jeweils wieder vom Ausgangslevel beginnen muss.

Die Nachfolgetermine sollten jeweils nach der letzten Therapie vereinbart werden, weil der Therapeut dann am besten beurteilen kann, welcher Zeitabstand dem Pferd zugemutet werden kann.

Auch wenn nur eine Behandlung notwendig war, sollte ein Nachfolgetermin zur Kontrolle des nachhaltigen Therapieerfolgs vereinbart werden. Grundsätzlich sind aber 1- bis 2-mal jährlich Kontrollbehandlungen anzuraten, um kürzlich entstandene Restriktionen frühzeitig erfassen und behandeln zu können.

7.2 Pflege- und Trainingshinweise für den Besitzer

Eine therapiebegleitende Pflege durch den Pferdebesitzer kann die Behandlung unterstützen und die Fitness des Pferdes erhalten und steigern. Der Therapeut kann den Pferdebesitzer in einfache Techniken einweisen, ihm aber auch Trainingshinweise, Fütterungstipps und Vorschläge zur Haltungsverbesserung mit auf den Weg geben. Die Anweisungen richten sich jeweils nach den Umsetzungsmöglichkeiten des Pferdebesitzers. Auch hier wird ein Optimum wohl nie erreicht werden können, denn gewisse Umstände lassen sich oft nicht ändern. Dennoch ist jede noch so geringe Verbesserung als Erfolg zu werten, deshalb ist es die Mühe wert, selbst nur kleine Fortschritte anzustreben.

Man kann dem Pferdebesitzer verschiedene Massagegriffe zeigen, die er dann auch täglich anwenden kann, um die Muskulatur locker zu halten, beispielsweise Streichungen, Vibrationen, Kompressionen oder Hautmobilisationen. Jegliche Dehnungen, Reflextechniken, Manipulationen und Mobilisationen sollten aber dem erfahrenen Therapeuten vorbehalten bleiben, weil durch eine fehlerhafte Ausführung Verletzungen oder langfristige Schäden am Bewegungsapparat des Pferdes entstehen können. Bei falsch ausgeführter Technik kann es zu Zerrungen und Überdehnungen der Weichgewebestrukturen kommen, bei fehlerhaft durchgeführten Manipulationen können beispielsweise Verletzungen an der Gelenkkapsel auftreten.

Unter die heiklen Techniken fällt auch das allzu beliebte Rückenaufwölben, das sich viele Pferdebesitzer abschauen oder auch angewiesen bekommen, ohne zu wissen, was sie eigentlich tun.

In einem Fall wendete der Pferdebesitzer diese Technik täglich an seinem Pferd – nach Anweisung des Therapeuten – an, wohl mit dem Ziel, den Pferderücken flexibel zu erhalten. Der Pferdebesitzer wölbte den Rücken nach bestem Wissen und Gewissen 3-mal täglich auf. In der Folge wurde das Pferd nach 1 Jahr gut gemeinter Eigenbehandlung aufgrund eines völlig überdehnten dorsalen Rückenbands auf Dauer reituntauglich. Zu häufiges Wölben und vor allem ein Überwölben der Rückenpartie kann auch Schaden anrichten. Deshalb muss sich der Therapeut der Verantwortung bewusst sein, welche Aufgaben er dem Pferdebesitzer gefahrlos übertragen kann.

Auch Dehnungen können nachteilige Folgen haben, wenn sie falsch angewendet werden. Eine kurze Einweisung allein reicht hier ebenfalls nicht.

Dennoch kann der Pferdebesitzer jede Menge für das Wohlergehen seines Pferdes tun: Neben einfachen Massagetechniken kann der Therapeut auch physikalische Therapien anweisen wie Eis- oder Wärmebehandlungen. Das Wichtigste, was der Pferdebesitzer für sein Pferd aber tun kann ist: Reiten lernen!

Praxistipp

Die beste Unterstützung, die der Pferdebesitzer seinem Pferd geben kann, um es langfristig fit und gesund zu erhalten, ist neben einer artgerechten Haltung und Fütterung, gut reiten zu lernen.

So banal dies klingen mag, aber Läsionen entstehen meist durch falsche reiterliche Einwirkungen, was jedoch nicht heißen soll, dass die Pferde von fortgeschrittenen Reitern nie Blockierungen haben. Man kann dem Pferd allerdings mit fundiertem Reiten zu seiner Balance verhelfen, die nötigen Muskeln aufbauen und den Körper fit halten. Um das Pferd gesund und leistungsfähig zu erhalten, ist die beste Unterstützung der therapeutischen Arbeit also, einfach gut zu reiten. Hierfür ist allerdings ein wenig Anstrengung beispielsweise in Form von beständigem Reitunterricht nötig, denn Reiten lernt man – wie auch das Therapieren von Pferden – nicht innerhalb weniger Wochen, sondern sein ganzes Leben lang.

Teil 4
Anhang

8 Videos zur Ganganalyse

In den meisten Fällen genügt das **Vorführen des Pferdes** im Schritt und Trab auf hartem Boden. Dabei wird die Bewegungsqualität von vorne, der Seite und von hinten beurteilt (▸ Video 8.1).

Lediglich bei Lahmheiten und genauerer Beurteilung von speziellen Problemen wird die **Ganganalyse** ausgeweitet (▸ Tab. 5.2). In bestimmten Verdachtsfällen (Sehnenproblemen) ist das Vorführen zusätzlich auf weichem Boden sinnvoll. Um die Bewegungsqualität weiter zu differenzieren, kann das Pferd auch an der Longe in allen 3 Grundgangarten (Schritt, Trab, Galopp) auf beiden Händen vorgestellt werden (▸ Video 8.2).

Für eine exakte Bewegungsanalyse können Videoaufnahmen (S. 172) sehr hilfreich sein. Oft ist das Auf- und Abfußen des Hufes sowie die Schwebe- und Stützphase der Gliedmaßen in Echtzeit nicht exakt zu beurteilen. Zeitlupen können helfen, die Gangart exakt zu analysieren.

8.1 Ganganalyse auf der Geraden

Zur besseren Orientierung finden Sie folgende Videosequenzen ab dem entsprechenden Zeitpunkt im (▸ Video 8.1):

- Schritt von hinten: 00:00
- Schritt von vorne: 04:10
- Trab von hinten: 07:27
- Trab von vorne: 10:52
- Schritt, rechte Seite: 14:04
- Schritt, linke Seite: 16:53
- Trab, rechte Seite: 19:28
- Trab, linke Seite: 21:31

8.2 Ganganalyse an der Longe

Zur besseren Orientierung finden Sie folgende Videosequenzen ab dem entsprechenden Zeitpunkt im (▸ Video 8.2):

An der Longe, von der Mitte aus:

- Schritt, linke Hand: 00:00
- Trab, linke Hand: 03:41
- Galopp, linke Hand: 07:00
- Schritt, rechte Hand: 09:52
- Trab, rechte Hand: 12:47
- Galopp, rechte Hand: 15:35

An der Longe, von außen:

- Schritt, linke Hand: 18:18
- Trab, linke Hand: 21:01
- Galopp, linke Hand: 23:22
- Schritt, rechte Hand: 26:02
- Trab, rechte Hand: 29:03
- Galopp, rechte Hand: 31:18

▸ **Video 8.1** Ganganalyse auf der **Geraden im Schritt und Trab**, jeweils von vorne und von hinten. Das Video bietet zu jeder Sequenz erst eine Aufnahme in Echtzeit und anschließend einen Ausschnitt in Zeitlupe. Hinweis: Das Video ist über den QR-Code abrufbar. Bitte schalten Sie Ihren Lautsprecher an. Die Kommentare sind zu Standbildern gesprochen.

▸ **Video 8.2** Ganganalyse an der Longe im **Schritt, Trab und Galopp**, jeweils auf der linken und rechten Hand. Beurteilt wird von der Mitte aus sowie von außen. Das Video bietet zu jeder Sequenz erst eine Aufnahme in Echtzeit und anschließend einen Ausschnitt in Zeitlupe. Hinweis: Das Video ist über den QR-Code abrufbar. Bitte schalten Sie Ihren Lautsprecher an. Die Kommentare sind zu Standbildern gesprochen.

9 Weiterführende Literatur

[1] Ackermann WP. Die gezielte Diagnose und Technik der Chiropraktik. Grünwald: USP-Publishing; 2008

[2] Brehm W, Gehlen H, Ohnesorge B. Handbuch Pferdepraxis. 4. Aufl. Stuttgart: Enke in Georg Thieme Verlag KG; 2016

[3] Budras KD, Röck S. Atlas der Anatomie des Pferdes. 7. Aufl. Hannover: Schlütersche; 2013

[4] Dejung B. Triggerpunkt-Therapie. 3. Aufl. Bern: Huber; 2009

[5] Eser KML. Checkliste Osteopathie Pferd. 2. Aufl. Stuttgart: Sonntag; 2017

[6] Ettl R. Bildatlas der Manuellen Therapie am Pferd, Bd. 1 – Weichgewebetechniken. Marklkofen: Silver Horse Edition; 2021

[7] Ettl R. Bildatlas der Manuellen Therapie am Pferd, Bd. 2 – Wirbelsäule und Rumpf. Marklkofen: Silver Horse Edition, 2023

[8] Ettl R. Kinesiotaping beim Pferd. Schmerzen lindern – Bewegungen optimieren.2. Aufl. Stuttgart: Thieme; 2021

[9] Ettl R. Muskelprobleme bei Pferden lösen. Wentorf: Crystal; 2016

[10] Ettl R. Klassische Pferdemassage. Marklkofen: Silver Horse Edition; 2011

[11] Ettl R. Pferde gut in Form – Richtiges Training für die Fitness und Gesundheit. Stuttgart: Müller Rüschlikon; 2007

[12] Ettl R. Unterrichtsbegleitende Skripten zur Ausbildung „Manuelle Therapie am Pferd“. Marklkofen: Silver Horse Edition; 2006

[13] Ettl R. Sporttherapie für Pferde. Schwarzenbek: Cadmos; 2000

[14] Evrard P. Kraniosakrale Pferdeosteopathie für Tierärzte. Stuttgart: Sonntag; 2003

[15] Evrard P. Lehrbuch der strukturellen Osteopathie beim Pferd. Stuttgart: Thieme; 2023

[16] Gerber V, Gerber H, Straub R. Untersuchungsmethoden beim Pferd. Stuttgart: UTB; 2008

[17] Gronberg P. ABC of the horse. Tuusula: Pg Team Oy; 2011

[18] Irnich D. Leitfaden Triggerpunkte. München: Urban & Fischer, Elsevier; 2008

[19] Kolster BC. Massage. 4. Aufl. Heidelberg: Springer; 2016

[20] König HE, Liebich HG. Anatomie der Haussäugetiere. 7. Aufl. Stuttgart: Thieme; 2018

[21] Liem T. Kraniosakrale Osteopathie. 7. Aufl. Stuttgart: Hippokrates; 2018

[22] Liem T, Dobler TK. Leitfaden Osteopathie. 4. Aufl. München: Urban & Fischer, Elsevier; 2016

[23] Lindel K. Muskeldehnung. 2. Aufl. Heidelberg: Springer; 2011

[24] Lomba JA, Peper W. Handbuch der Chiropraktik und strukturellen Osteopathie. 3. Aufl. Stuttgart: Haug; 2005

[25] Manheim CJ. Praxisbuch Myofascial Release. Bern: Huber; 2011

[26] Myers TW. Anatomy Trains. 3. Aufl. München: Urban & Fischer, Elsevier; 2015

[27] Nathan B. Berührung und Gefühl in der Manuellen Therapie. Bern: Huber; 2001

[28] Nickel R, Schummer A, Seiferle E, Hrsg. Lehrbuch der Anatomie der Haustiere, Bd. 1 Bewegungsapparat. 8. Aufl. Stuttgart: Parey Verlag in MVS Medizinverlage Stuttgart; 2004

[29] Paoletti S. Faszien. 2. Aufl. München: Urban & Fischer, Elsevier; 2011

[30] Richter P, Hebgen E. Triggerpunkte und Muskelfunktionsketten in der Osteopathie und Manuellen Therapie. 3. Aufl. Stuttgart: Hippokrates; 2011

[31] Taylor FGR, Hillyer MH. Klinische Diagnostik in der Pferdepraxis. 2. Aufl. Hannover: Schlütersche; 2004

[32] Van den Berg F. Angewandte Physiologie, Band 2. Organsysteme verstehen. 2. Aufl. Stuttgart: Thieme; 2005

[33] Van den Berg F. Angewandte Physiologie, Band 4. Schmerzen verstehen und beeinflussen. 2. Aufl. Stuttgart: Thieme; 2008

[34] Van den Berg F. Angewandte Physiologie, Band 5. Komplementäre Therapien verstehen und integrieren. Stuttgart: Thieme; 2005

[35] Wancura-Kampik I. Segment-Anatomie. 4. Aufl. München: Urban & Fischer, Elsevier; 2022

[36] Wissdorf H, Gerhards H, Huskamp B, Deegen E. Praxisorientierte Anatomie und Propädeutik des Pferdes. 3. Aufl. Hannover: Schaper; 2010

Sachverzeichnis

Kinesiotaping beim Pferd
Schmerzen lindern – Bewegungen optimieren
Online-Version im VetCenter
Renate Ettl
2. Auflage
Thieme
Ettl
Kinesiotaping beim Pferd
2. Auflage

Thieme